中国海相碳酸盐岩油气勘探开发理论与技术丛书

中国海相碳酸盐岩
储层特征、成因和分布

沈安江　寿建峰　张宝民　周进高　张惠良　等著

石油工业出版社

内 容 提 要

本书通过对四川、塔里木、鄂尔多斯等盆地碳酸盐岩储层进行解剖，介绍了我国碳酸盐岩储层岩石类型、成岩作用和成岩环境，总结了礁滩储层、岩溶储层和白云岩储层的发育条件和分布规律，并预测和评价了规模储层的分布，对海相碳酸盐岩储层研究有重要的指导意义。

本书可供从事碳酸盐岩油气勘探的地质人员、开发人员及相关院校师生参考阅读。

图书在版编目（CIP）数据

中国海相碳酸盐岩储层特征、成因和分布 / 沈安江等著 .
北京：石油工业出版社，2016.8
（中国海相碳酸盐岩油气勘探开发理论与技术丛书）
ISBN 978-7-5183-0313-7

Ⅰ. 中…
Ⅱ. 沈…
Ⅲ. 碳酸盐岩－储集层－研究－中国
Ⅳ. P588.24

中国版本图书馆 CIP 数据核字（2014）第 172561 号

出版发行：石油工业出版社有限公司
（北京朝阳区安定门外安华里 2 区 1 号 100011）
网　址：www.petropub.com
编辑部：（010）64523544
图书营销中心：（010）64523633
经　销：全国新华书店
印　刷：北京中石油彩色印刷有限责任公司

2016 年 8 月第 1 版　2016 年 8 月第 1 次印刷
889×1194 毫米　开本：1/16　印张：19
字数：480 千字

定价：160.00 元

《中国海相碳酸盐岩油气勘探开发理论与技术丛书》

编　委　会

《中国海相碳酸盐岩储层特征、成因和分布》

编　写　人　员

沈安江　寿建峰　张宝民　周进高　张惠良

郑兴平　潘文庆　郑剑锋　乔占峰　倪新锋

常少英　李　昌　辛勇光　张建勇　郝　毅

陆俊明　张　静　张虎权　王小芳　包洪平

洪海涛　单秀琴　罗宪婴

前　言

中国海相碳酸盐岩分布面积广，总面积大于 $455 \times 10^4 km^2$。其中，中国陆上海相盆地 28 个，面积 $330 \times 10^4 km^2$；海域海相盆地 22 个，面积 $125 \times 10^4 km^2$。第三轮油气资源评价结果表明，中国陆上海相碳酸盐岩油气资源丰富，原油 $340 \times 10^8 t$，天然气 $24.3 \times 10^{12} m^3$。在渤海湾、塔里木、四川和鄂尔多斯盆地探明油 $15 \times 10^8 t$，气 $2.2 \times 10^{12} m^3$，探明率分别为 4.41% 和 9.05%，勘探潜力大，是我国油气资源战略接替的重要领域。

储层是碳酸盐岩油气勘探的核心，中国海相碳酸盐岩储层研究面临三个方面的问题：(1) 碳酸盐岩储层类型和成因不清，制约了对规模储层发育条件和分布规律的认识；(2) 缺乏表征碳酸盐岩储层非均质性的手段，制约了有效储层分布预测；(3) 中国海相碳酸盐岩复杂的叠加改造史需要一套适用的储层研究方法和技术。

20 年前，立足于当时华北任丘、四川盆地和鄂尔多斯盆地的勘探成果，陶洪兴、张荫本、唐泽尧等编撰了《中国油气储层研究图集 · 卷二 · 碳酸盐岩》，系统总结了当时碳酸盐岩储层的地质认识。20 年过去了，尤其是近十年，塔里木盆地和四川盆地碳酸盐岩油气勘探取得了重大突破。如川东北环开江—梁平海槽长兴组—飞仙关组礁滩储层勘探的突破，发现了普光和龙岗大气田；塔中良里塔格组礁滩和鹰山组岩溶储层勘探的突破，发现了塔中大油气田；塔北奥陶系岩溶储层勘探的突破，发现了塔北大油气田。勘探突破推动了碳酸盐岩储层地质认识的深化，包括储层类型、特征、规模储层发育条件和分布规律的认识。同时，储层地质认识的深化又推动了三大盆地碳酸盐岩油气勘探，如顺层岩溶储层发育模式的提出，突破了潜山岩溶储层勘探的束缚，发现了塔北南缘斜坡区奥陶系亿吨级油田。所以，随着碳酸盐岩储层地质认识的深化和资料的进一步丰富，很有必要编撰一本能反映近十年来，尤其是“十一五”以来碳酸盐岩储层研究成果的专著，以更好地指导中国海相碳酸盐岩油气勘探。

本书以塔里木盆地、四川盆地和鄂尔多斯盆地为研究重点，以“十一五”国家科技重大专项“四川、塔里木等盆地及邻区海相碳酸盐岩大油气田形成条件、关键技术及目标评价”项目下设的“四川、塔里木、鄂尔多斯盆地海相碳酸盐岩储层形成机理与有利储层分布预测”课题为依托，系统总结了碳酸盐岩储层研究的最新成果。参加本书编写的有中国石油勘探开发研究院、塔里木油田分公司、西南油气田分公司、长庆油田分公司的相关专家，因此，这一成果是集体智慧的结晶。

为了既能反映近十年来，尤其是“十一五”以来碳酸盐岩储层研究的最新成果，又简明扼要地起到教学和科研参考书的作用，本书共编排了六章内容。第一章介绍了碳酸盐岩油气勘探现状及趋势，碳酸盐岩储层研究现状及趋势。第二章系统阐述了碳酸盐岩储层的共性特征，包括储层岩石类型和孔隙类型、储层成岩作用和成岩环境、储层类型和基本特征。第三章至第五章通过实例的解剖分别论述了中国海相碳酸盐岩礁滩储层、岩溶储层和白云岩储层的特征、成因和分布规律。第六章系统总结了中国海相碳酸盐岩礁滩储层、岩溶储层和白云岩储层的发育条件和分布规律，预测和评价了规模储层的分布。最后，以中国海相叠合盆地碳酸盐岩储层的特殊性作为本书的结尾。

本书各章的文字经编写组多次开会讨论后，形成统一的认识和观点，最后由沈安江统稿完成。在编撰过程中，得到了中国工程院院士赵文智教授的悉心指导，很多认识和观点都是在他的启发下形成和升华的；范嘉松教授、侯方浩教授、方少仙教授、顾家裕教授、王一刚教授和文应初教授多次参加审稿会，提出了很好的建议，为本书整体水平的提高起到了关键的作用。在此，对老专家们的大度和无私奉献表示真挚的感谢。本书同时还得到了美国科罗拉多矿业大学 Clyde H.Moore 教授和英国剑桥大学 Tony Dickson 教授的悉心指导，在此表示真挚的感谢。

本书既体现了近十年来碳酸盐岩储层研究的最新成果，又具有实际的应用价值，更是一本教学、生产和科研的参考书。由于编写组水平有限，错误和不当之处在所难免，希望广大读者批评指正。

目　　录

第一章 绪 论

据不完全统计，碳酸盐岩分布面积占全球沉积岩总面积的20%，所蕴藏的油气储量占世界总储量的52%。大约70%以上的碳酸盐岩石油储量来自中东的侏罗系、白垩系和古近—新近系，70%以上的天然气储量来自于原苏联、中东、美国和中国的石炭系、二叠系。截至2009年底，全球共发现碳酸盐岩大油气田399个，其中，油田312个，气田87个，80%以上在特提斯带和环太平洋带。

全球碳酸盐岩油气藏探明总可采储量1434.50×10^8t油当量。其中，石油750.10×10^8t；天然气684.4×10^8t油当量。碳酸盐岩油气藏储量规模大，如阿拉伯盆地North Field气田可采储量220.10×10^8t油当量，Ghawar油田可采储量133.10×10^8t，碳酸盐岩大油气田平均可采储量为5.60×10^8t油当量。

全球碳酸盐岩油气藏的油气产量约占油气总产量的60%，中东石油产量约占全球总产量的2/3，其中，80%的产量来自碳酸盐岩地层。目前已确认的全球10口日产量万吨以上的油井都来自碳酸盐岩油气田，而日产量稳定在千吨以上的油井，绝大多数分布在碳酸盐岩油气田中。

第一节 碳酸盐岩油气藏勘探现状及趋势

一、碳酸盐岩油气藏勘探现状

（一）国内外碳酸盐岩油气藏勘探历史

碳酸盐岩油气藏1884年首次发现于美国印地安那州的莱马，但直到20世纪初叶中东和美国有了储量大发现，碳酸盐岩油气藏才成为石油工业的重要组成部分。而后50年代后期和60年代早期，共深度点地震技术的出现使得碳酸盐岩圈闭的精确确定和描述得以实现，带来了碳酸盐岩油气藏数量和规模的突破。另外，随着阿莫克石油公司在沙特阿拉伯对碳酸盐岩油气藏的大量开发，有必要详细研究碳酸盐岩储层，以便能更好地了解油藏的几何形态、连续性及品质，这无疑对70年代碳酸盐岩油气藏的成功勘探做出了贡献。

在北美，大多数碳酸盐岩油气藏发现于20世纪50—60年代，70年代开始下降，反映从那以后碳酸盐岩油气勘探进入了成熟期。在中东，从20世纪20年代开始，碳酸盐岩油气储量稳步增长，60年代达到高峰，70年代和80年代由于油气工业的国有化而使储量增长速度锐减。世界上其余地区的碳酸盐岩油气藏大多发现于70年代，包括中国任丘潜山油藏及四川盆地的裂缝性气藏。

20世纪80年代，由于低油价的影响，全球碳酸盐岩油气勘探投入受到影响，仅在少数地区有大发现。这些发现包括中国南海的流花-11油气田、鄂尔多斯盆地靖边气田、意大利Tempo Rossa油气田、菲律宾West Linapacan和美国Cotton Valley/Lodgepole礁型油气田。

近20年来，全球海相碳酸盐岩大油气田仍不断有重大发现，如滨里海盆地的

Kashagan、Rakushechnoye 及 Aktote 油气田，中东的 Kushk、Umm Niqa 及 Karan 油气田，扎格罗斯的 Yadavaran、Kish 和 Yadavaran 油气田，总探明可采储量 92.63×10^8t。中国陆上碳酸盐岩油气勘探近 20 年来也取得了重大进展，近 24.35×10^8t 石油总探明储量的 45.17% 及近 $22000 \times 10^8 m^3$ 天然气总探明储量的 81.82% 发现于这一时期。

中国海相碳酸盐岩油气勘探始于 20 世纪 50 年代，可划分为 4 个阶段：

（1）1953—1977 年，勘探领域主要集中在四川盆地和渤海湾盆地，四川盆地在川南、川西南地区发现了一批碳酸盐岩缝洞型气藏，以卧龙河、威远、中坝等裂缝孔隙型整装气藏为代表，渤海湾盆地发现了任丘奥陶系—元古宇潜山油藏。这一时期的适用勘探技术有地面构造调查、地面油苗显示、重磁电勘探和少量二维模拟地震勘探。

（2）1978—1994 年，四川盆地勘探发生重大转变，以大中型气田为目标，以裂缝—孔隙性储层为主要勘探对象，在山地地震勘探技术和高陡构造变形机理研究取得突破基础上，发现了大池干井、五百梯和相国寺等一批大中型整装气藏；鄂尔多斯盆地勘探取得重大突破，发现了靖边气田。这一时期的适用勘探技术有二维高精度地震勘探技术。

（3）1995—2004 年，四川盆地打破了以石炭系为主的勘探思路，川东北地区三叠系飞仙关组鲕滩气藏的勘探取得重要进展，相继发现了罗家寨、铁山坡等一批高含硫大中型整装气藏；渤海湾盆地大港千米桥潜山油藏勘探取得重大发现；塔里木盆地成为碳酸盐岩油气勘探的重要战场，相继发现了和田河气藏、塔河—轮南潜山油藏。这一时期的适用勘探技术有三维地震技术和酸化压裂技术等。

（4）2005 年至今，环开江—梁平海槽周缘二叠—三叠系礁滩气藏勘探取得重要进展，相继发现了以普光、龙岗为代表的大型整装气藏，四川盆地进入了储量增长高峰期；塔里木盆地碳酸盐岩油气勘探也进入了新的历史时期，发现了塔中良里塔格组和鹰山组、塔北南缘围斜区奥陶系大型整装油气藏。这一时期的适用勘探技术有高精度三维地震技术、大型酸化压裂技术、成像测井技术和水平井技术等。

20 世纪上半叶，大多数碳酸盐岩油气藏的发现靠地表地质、油苗和重磁调查，而后期的大量发现主要靠地震技术的进步。勘探技术的进步和石油地质规律认识的深化，尤其是碳酸盐岩岩石类型、沉积相和储层孔隙类型、成因研究，是推动碳酸盐岩油气勘探取得快速突破的源泉。

（二）国内外碳酸盐岩油气藏勘探现状

1. 国外碳酸盐岩油气藏勘探现状

截至 2009 年，全球共发现碳酸盐岩大油气田 398 个，其中油田 48 个、油气田 263 个、气田 87 个（C&C，2007；AAPG，2009；BP，2009；张抗，金之均，2009）。地域上，碳酸盐岩油气藏主要分布在北半球，特提斯域和邻墨西哥湾，层位上以中—新生界为主。

（1）中东是碳酸盐岩油气藏最为富集的地区，共发现碳酸盐岩油气藏近 141 个，最终可采油 545.77×10^8t、可采气 $644353.32 \times 10^8 m^3$。储层为碳酸盐岩建隆及裂缝—喀斯特储层；烃源岩以泥质灰岩为主，少量海相泥岩；盖层为蒸发岩及细粒碎屑岩。生储盖组合主要分布于侏罗系、白垩系和古近—新近系。

（2）中亚—里海地区共发现碳酸盐岩油气藏近 15 个，最终可采油 9.50×10^8t、可采气 $32574 \times 10^8 m^3$。储层以碳酸盐岩建隆为主，少量裂缝—喀斯特储层；烃源岩以泥质灰岩为主，少量海相泥岩；盖层为蒸发岩及细粒碎屑岩。生储盖组合主要分布于上古生界，少量石炭系及侏罗系。

(3) 亚洲地区共发现碳酸盐岩油气藏近40个，最终可采油 11.35×10^8t、可采气 $32359.00\times10^8m^3$。储层在中国以裂缝—喀斯特储层为主，少量礁滩和白云岩储层，在远东以碳酸盐岩建隆为主；烃源岩以海相泥页岩为主；盖层以细粒碎屑岩为主。生储盖组合分布可以从前寒武系至新近系。

(4) 非洲地区共发现碳酸盐岩油气藏近19个，最终可采油 16.66×10^8t、可采气 $2107.00\times10^8m^3$。储层以碳酸盐岩建隆为主，少量白云岩和裂缝—喀斯特储层；烃源岩以海相泥页岩为主，少量泥质灰岩；盖层以蒸发岩及细粒碎屑岩为主，少量致密碳酸盐岩。生储盖组合主要分布于白垩系和古近—新近系。

(5) 欧洲地区共发现碳酸盐岩油气藏近44个，最终可采油 22.21×10^8t，可采气 $61684.00\times10^8m^3$。储层以裂缝—喀斯特储层及白垩为主，少量碳酸盐岩建隆；烃源岩以海相泥页岩为主；盖层以细粒碎屑岩为主，少量蒸发岩及致密碳酸盐岩。生储盖组合主要分布于二叠系、三叠系、侏罗系和白垩系。

(6) 北美地区共发现碳酸盐岩油气藏近132个，最终可采油 73.62×10^8t、可采气 $32214.00\times10^8m^3$。储层以裂缝—喀斯特储层、碳酸盐岩建隆为主；烃源岩以海相泥页岩为主，少量泥质灰岩；盖层以细粒碎屑岩为主，少量蒸发岩。生储盖组合主要分布于奥陶系、志留系、泥盆系和石炭系。

(7) 南美地区共发现碳酸盐岩油气藏近7个，最终可采油 3.05×10^8t，最终可采气 $311.00\times10^8m^3$。储层类型有裂缝—喀斯特储层、白云岩储层、碳酸盐砂及前斜坡/远端碳酸盐岩；烃源岩以海相泥页岩为主；盖层以细粒碎屑岩及致密碳酸盐岩为主。生储盖组合主要分布于侏罗系和白垩系。

上述7大油气区碳酸盐岩油最终可采储量 682.16×10^8t，80%分布在中东；碳酸盐岩气最终可采储量 $805602.32\times10^8m^3$，43%分布在中东。

2. 国内碳酸盐岩油气藏勘探现状

我国碳酸盐岩油气藏主要分布于四川盆地、塔里木盆地、鄂尔多斯盆地及渤海湾盆地。渤海湾盆地1975年发现了任丘奥陶系—元古宇潜山油田，探明石油地质储量 4.10×10^8t。鄂尔多斯盆地1989年发现了靖边气田，储层为马家沟组五段白云岩风化壳，探明天然气地质储量 $4666\times10^8m^3$。

四川盆地19个含油气层系中有12个为碳酸盐岩层系，层位跨度从震旦系灯影组至中三叠统雷口坡组，主要含油气层位为川东石炭系薄层白云岩及川东北二叠—三叠系礁滩白云岩。长兴组—飞仙关组代表性气藏有龙岗、元坝、毛坝、罗家寨、渡口河、铁山坡、普光、黄龙场、五百梯和云安场等气藏；石炭系黄龙组代表性气藏有卧龙河、五百梯、沙坪场、沙罐坪、雷音铺、福成寨、张家场、双龙、相国寺和板东等气藏。另有雷口坡组的磨溪、中坝和卧龙河气藏，震旦系灯影组的威远气田，栖霞组—茅口组的圣灯山、宋家场、纳溪、卧龙河、付家庙、阳高寺、老翁场等气藏。截至2010年底，碳酸盐岩气藏探明储量 $12000\times10^8m^3$ 以上。

塔里木盆地碳酸盐岩油气藏主要分布于塔中和塔北两大地区。塔北探明面积 $1700km^2$，探明储量油 9.7×10^8t、气 $1200\times10^8m^3$，包括塔河—轮南奥陶系潜山油气藏、南缘围斜区奥陶系顺层岩溶储层油气藏、英买1—英买2井区奥陶系裂缝型岩溶储层油气藏、牙哈—英买力地区寒武系白云岩潜山构造油气藏。塔中奥陶系良里塔格组礁滩储层探明油 6078×10^4t、气 972×10^8m^3。塔中鹰山组岩溶储层探明油 5783×10^4t、气 1683×10^8m^3。另外，塔西南玛扎塔格构造发现和田河气田，探明天然气地质储量 616.94×10^8m^3，储层为鹰山组白云岩和石炭系生屑灰岩。

二、碳酸盐岩油气藏勘探趋势

（一）碳酸盐岩油气藏勘探潜力

我国海相碳酸盐岩分布面积广，总面积大于 455×10^4km^2。其中，陆上海相盆地 28 个，面积 330×10^4km^2；海域海相盆地 22 个，面积 125×10^4km^2（李静等，2007）。第三轮油气资源评价结果表明，我国陆上海相碳酸盐岩油气资源总量丰富，原油 340×10^8t、天然气 24.3×10^{12}m^3。在渤海湾盆地、塔里木盆地、四川盆地和鄂尔多斯盆地探明油 24.35×10^8t、天然气 2.2×10^{12}m^3，探明率分别为 7.16% 和 9.05%，勘探潜力巨大。

（二）碳酸盐岩油气藏勘探前景

虽然全球碳酸盐岩油气勘探潜力巨大，但储量增长的高峰期主要在 20 世纪 50—70 年代。这反映从那以后碳酸盐岩油气勘探进入了成熟期，易于发现的碳酸盐岩油气藏大多被探明，难以发现的碳酸盐岩油气藏勘探依赖于勘探技术进步及勘探领域的拓展，并将在 21 世纪为全球带来第二个储量增长高峰期。就勘探领域的拓展而言，未来主要表现为以下 4 个趋势，即由台缘向台内、由浅层向深层、由构造向岩性、由陆地向海洋勘探方向发展，勘探技术进步为勘探领域的拓展提供了保障。

1. 由台缘向台内勘探方向发展

据全球 398 个碳酸盐岩油气藏储层类型统计，礁滩相碳酸盐岩砂及碳酸盐岩建隆储层占近 50%，而且以台缘带大型的礁滩体为主，台内礁滩的勘探程度较低。中国也不例外，四川盆地二叠—三叠系礁滩白云岩储层的勘探主要集中在环开江—梁平海槽的两侧，塔里木盆地奥陶系良里塔格组礁滩灰岩储层的勘探主要集中在塔中北斜坡的台缘带。

由于碳酸盐岩台地和台洼的分异作用，平坦台地上可以发育大面积层状分布的台内滩，如四川盆地二叠系茅口组、栖霞组及三叠系飞仙关组，塔里木盆地奥陶系鹰山组和一间房组，台洼周缘可以发育类似于台缘带的礁滩，如四川盆地二叠系长兴组，其规模不亚于台缘带的礁滩，而且分布范围更广。四川盆地磨溪地区磨溪 1 井是位于台内为数不多的探井，长兴组礁滩发育，储层物性好，以铸模孔和残留粒间孔为主，3891.00 ~ 3922.00m 井段测试，日产气 53.70×10^4m^3，展示了台内礁滩良好的勘探前景。

与台缘带礁滩勘探相比，台内礁滩勘探可能会面临两方面的风险，一是远离烃源，二是有效储层发育的地质背景不如台缘礁滩。

2. 由浅层向深层勘探方向发展

同样，据全球 398 个碳酸盐岩油气藏储层类型统计，大约 72% 的碳酸盐岩油气藏埋藏深度小于 3000m，埋藏深度大于 4000m 的仅占 11%，塔里木盆地奥陶系及四川盆地龙岗地区长兴组—飞仙关组碳酸盐岩油气藏埋藏深度 5000 ~ 6000m，探明的碳酸盐岩油气藏总体分布在中浅层，这主要是受勘探成本、勘探技术（如深层地震成像问题）及深层石油地质条件认识程度不足等原因的制约。

储层成因机理研究揭示，碳酸盐岩深层存在规模储层发育和保存的机理，包括：(1)

同生期沉积—成岩环境控制早期孔隙发育，并为深层成岩流体的活动提供了通道；(2) 多旋回构造运动控制多期次岩溶孔洞、溶洞与裂缝的发育；(3) 流体—岩石相互作用控制深部溶蚀与孔洞的发育。所以，碳酸盐岩储层的发育不受深度制约，塔里木盆地轮东 1 井埋深 6800m 仍发育洞高 4.50m 的大型洞穴，塔深 1 井埋深 6000 ~ 7000m，大型溶洞仍完好保存，8000m 井深白云岩溶蚀孔洞发育。勘探实践进一步证实深层碳酸盐岩油气藏是客观存在的，美国阿纳达科盆地志留系碳酸盐岩气藏埋藏深度 8000 ~ 9000m，可采储量 $792.87 \times 10^8 m^3$，岩性为不整合面之下的石灰岩和白云岩，孔隙类型有粒内溶孔、砾间孔和溶蚀孔洞、溶蚀扩大的裂缝。四川盆地通南巴地区元坝侧 1 井于二叠系长兴组 7360 ~ 7390m 测试获气，无阻流量达 $50 \times 10^4 m^3/d$。

随着勘探技术的进步及深层石油地质规律认识程度的深入，由浅层向深层勘探方向发展不仅是碳酸盐岩油气藏勘探的趋势，而且已经逐步成为现实。

3. 由构造向岩性勘探方向发展

由于碳酸盐岩储层强烈的非均质性，储层侧向连续性差，油气运移主要是通过断层实现的，而碳酸盐岩地层比碎屑岩地层具有更为发育和复杂的断裂系统，所以，油气运移要比碎屑岩地层远得多。古隆起是油气由低势区向高势区长期长距离运移的指向区，在烃源充足的条件下可以充注古隆起的高部位及斜坡区。塔北古隆起就是典型的实例，高部位的潜山区及围斜部位的顺层岩溶储层发育区均是油气的有利富集区。

四川盆地加里东期乐山—龙女寺古隆起控制了震旦—奥陶系天然气的富集，开江、泸州两个印支期古隆起控制了石炭系—中三叠统天然气的富集，三个古隆起控制了四川盆地 81.75% 的天然气探明储量。塔里木盆地碳酸盐岩油气也主要分布在塔中和塔北两个古隆起上，几乎控制了 90% 以上的油气探明储量。

事实上，古隆起及斜坡部位控制了碳酸盐岩的油气富集区，但由于碳酸盐岩储层强烈的非均质性，单个的碳酸盐岩油气藏基本上为岩性或地层圈闭，探井打的高点并不代表构造高点，而是地貌高点。所以，古隆起及斜坡部位的储层发育区不管是在地貌高点还是斜坡或谷地上，都是有利的勘探目标。

4. 由陆地、浅海向海洋深水勘探方向发展

虽然 20 世纪陆地及浅海碳酸盐岩油气藏勘探发现了大量的油气探明储量，而且勘探潜力依然巨大，但 21 世纪海洋深水碳酸盐岩油气勘探取得的重大突破又展示了一个更有远景的勘探领域。

巴西桑托斯盆地面积 $32.7 \times 10^4 km^2$，该盆地 2006 年发现了 Tupi 油气田，油田面积 $900km^2$，油田所处海域水深 2126m，油藏距海底深度 3831m，储层岩性为海相碳酸盐岩，以石灰岩为主，探明可采储量 $9.10 \times 10^8 t$ 油当量；2007 年发现 Carioca 油气田，油田所处海域水深 2140m，储层为盐下碳酸盐岩，以石灰岩为主，探明可采储量 $0.462 \times 10^8 t$ 油当量；2008 年发现 Jupiter 油气田，油田所处海域水深 2187m，油藏距海底深度 3065m，储层为盐下碳酸盐岩，以石灰岩为主，探明可采储量 $6.02 \times 10^8 t$ 油当量。

巴西桑托斯盆地连续三年所取得的勘探成果揭示海洋深水碳酸盐岩油气勘探的巨大前景，随着深水勘探技术的提高，勘探成本的降低，必将会成为继陆地和浅海之后的重要勘探接替领域。

第二节　碳酸盐岩储层研究现状及趋势

储层是碳酸盐岩油气藏勘探与研究的核心问题，油藏描述的核心是储层描述，尤其是储层非均质性表征。碳酸盐岩储层研究和认识程度的提高加速了碳酸盐岩油气储量的发现；反之，碳酸盐岩油气勘探的新发现又促进了储层研究和认识程度的提高。与碳酸盐岩油气勘探现状及趋势相对应，下文将从研究历史、研究现状和发展趋势三个方面来论述碳酸盐岩储层的研究现状及发展趋势。

一、碳酸盐岩储层研究历史

碳酸盐岩储层的研究历史可以划分为以下三个阶段：

（1）20 世纪 50 年代碳酸盐岩的研究工作主要集中在岩石类型和沉积相认识上，为当时碳酸盐岩油气藏的大发现发挥了重要的作用。

Bob Ginsburg 于 20 世纪 50 年代发表的关于南佛罗里达和巴哈马碳酸盐岩沉积作用的论文（Ginsburg，1957；Ginsburg 和 Lowenstam，1958）点燃了全球碳酸盐岩沉积学研究的兴趣，促进了碳酸盐岩沉积环境模型的建立。Robin Bathurst（1958）关于 Dination 石灰岩成岩作用的论文具里程碑式的意义，它使当时的沉积岩石学家对碳酸盐岩的组构和结构有了更好的理解。Bob Folk 于 1959 年发表了碳酸盐岩分类的论文，阐明了结构、组构和组分可以用于解释古代石灰岩的沉积环境。

（2）20 世纪 60—80 年代是碳酸盐岩研究的黄金时期，尤其是成岩作用研究，为 20 世纪 60—70 年代碳酸盐岩油气藏的大发现发挥了重要的作用。

通过对现代海洋和淡水体系碳酸盐组分大量而深入的研究，获得了许多关于地质和地球化学条件对复杂成岩作用控制的基本认识，碳酸盐岩成岩作用研究得到飞速发展。岩石地球化学分析（如微量元素、同位素和流体包裹体等）在沉积环境恢复、成岩作用研究中发挥了重要作用，为 20 世纪 70 年代碳酸盐岩油气储量增长高峰期的到来提供了技术支撑，而碳酸盐岩开发的技术需求又推动了储层精细研究和评价工作。

20 世纪 80 年代末至 90 年代初，层序地层理论的应用给碳酸盐岩研究工作带来了革新。Rick Sarg（1998）、Wolfgang Schlager（1989）和 Maurice Tucker（1993）在这方面做了很多开创性工作。而此时，层序地层理论作为一种储层预测工具主要集中在碳酸盐岩的早期成岩作用和孔隙演化上。

（3）20 世纪 90 年代出现了通过露头层序地层解释和追踪进行储层地质建模工作的高潮，目的是表征储层非均质性和预测有效储层分布。

通过露头层序地层解释和追踪进行储层地质建模的代表作有 Tinker（1996）和 Kerans 等（1994）的著作。这些储层建模工作对基于工程 / 地质为目的的碳酸盐岩孔隙分类方案的出台十分必要，Jerry Lucia（1995）最先提出了碳酸盐岩孔隙分类方案。

这一时期的其他重要进展还有 Bob Folk（1993）和 Hank Chavitz（Chafetz 和 Buczynski，1992）系统阐述了生物活动对碳酸盐岩成岩作用和孔隙改造的重要性。Noel James 等（1992）揭示了温带冷的海水中碳酸盐岩早期改造孔隙成岩作用的重要性。海水成岩环境中微生物作用可能被夸大了，毫无疑问，微生物在成岩过程中可能扮演重要角色

（胶结作用和溶解作用），但主要在深海环境的深水灰泥丘中起作用。

二、碳酸盐岩储层研究现状

进入21世纪，碳酸盐岩储层研究的方法和手段更为综合，认识进一步深化，同时，更加强调对油气勘探和开发的应用效果。

（1）层序地层理论为碳酸盐岩储层成因和预测研究提供了可行的格架，尤其在预测早期成岩环境和改造孔隙的成岩作用方面十分有用，短期和长期的气候变化及海平面变化在恢复古代碳酸盐岩储层成岩作用和孔隙演化中具重要作用。

（2）基于构造发育史、水文地质、岩石基本特征、层序地层的综合分析和碳酸盐岩地球化学特征的综合应用（Isabelmontene，1994），晚期埋藏成岩作用和在埋藏条件下储层孔隙演化特征的认识更为深刻。新一代分析测试仪器的出现，地球化学方法和手段越来越多地被应用于碳酸盐岩研究中。

（3）白云石成因的争论仍将继续，似乎每个月都会产生一种新的成因模式来解释古代白云石的成因，但没有一个能适合所有环境的全能模式。古代白云石成因模式的选择应该充分考虑地质和水文地质背景，而不是目前的白云石化学特征。蒸发背景下的渗透回流白云石化再次引起了人们的研究兴趣，而混合水白云石化模式越来越受到质疑，台地范围的受地热对流驱动的海水白云石化作用似乎仍然是一个可以被人们所接受的白云石化模式。

关于白云石化作用对孔隙发育所起的作用仍存在争议。Weyl（1960）发表了题为《通过白云石化作用形成的孔隙——质量守恒的需要》的论文，提出了石灰岩完全白云石化将导致增孔13%的观点。进入21世纪，有学者认为白云石化作用基本上是一种胶结现象，其结果是导致孔隙的破坏，而不是孔隙的形成，白云岩中的孔隙是遗留和继承的，而不是通过白云石化作用新形成的。

（4）地质、录井、试油、测井和地震资料的综合利用，尤其是成像测井和三维地震资料的利用，使得碳酸盐岩储层特征研究更加深入，成因解释更加合理，在更精细的层面上表征储层的非均质性和预测有效储层分布。

成像测井和三维地震储层预测技术精细雕刻岩溶缝洞储层及礁滩储层的技术已趋成熟，并在塔里木盆地复杂岩溶缝洞储层和四川盆地礁滩白云岩储层油气勘探和开发中发挥了重要的作用。

三、碳酸盐岩储层研究发展趋势

未来碳酸盐岩储层研究，有五个值得观注的领域。

（一）露头数字化技术和储层地质建模

这已经成为近几年碳酸盐岩储层研究的热点领域，核心是层序地层理论指导下的野外储层精细地质建模和数字化，从三维的角度表征储层非均质性。基于野外储层地质模型的地震响应特征正演模型的建立，预测井下有效储层的分布，提高探井和高效开发井成功率。

（二）层序地层理论与储层分布预测

从20世纪90年代以来，层序地层一直是碳酸盐岩沉积储层研究的热点。层序地层理论提供了更为符合地质实际的地层对比方法和更为精确的等时地层格架，为层序格架中沉积相、储层成因和分布规律分析奠定了基础，尤其是层序界面对储层发育的控制。

（三）近代沉积物特征研究和类比

“将今论古”是地质学研究的基本原理，现代或近代沉积物的沉积环境和成岩作用研究和类比，有助于古代经历长期成岩改造的岩石形成环境和成岩演化的理解。在 20 世纪 50—70 年代，地质学家对现代碳酸盐沉积物的沉积特征和沉积环境开展了大量的研究工作，如美国佛罗里达、巴哈马台地、波斯湾、太平洋环礁及澳大里亚大堡礁等的现代碳酸盐沉积，建立了大量现代沉积环境及早期成岩作用的模式，目的是为了更好地理解古代碳酸盐岩地层。

（四）储层地球化学特征和成因分析

碳酸盐岩结构组分的地球化学特征研究已经成为成岩产物成因分析的重要工具，尤其是氧碳稳定同位素、锶同位素、包裹体等的地球化学特征研究；并呈现两大趋势，一是结构组分的微区分析，二是分析测试技术的创新解决更多的地质问题。微区取样技术和微量分析技术的进步使碳酸盐岩结构组分的微区分析成为可能，不同温压条件下溶解动力学物理模拟技术的进步将会成为 21 世纪地质学家理解碳酸盐岩成岩—孔隙演化过程的重要手段。

（五）三维可视化技术和有效储层预测

地震储层预测技术，预测孔隙度在三维空间的分布，包括裂缝、岩溶缝洞及基质孔，呈现的新趋势是地质和地球物理结合更为紧密，储层地质建模为地震储层预测提供了重要的工具。

未来的碳酸盐岩储层研究将定位在综合分析和应用研究上，研究重点主要有以下三个方面，它将影响对碳酸盐岩油气藏勘探和开发的潜能。

(1) 碳酸盐岩储层主控因素和成因机理的深化研究，建立储层发育分布模型，解决储层宏观分布规律问题，为领域和区带评价提供支撑。

更为精细的层序地层研究及基于层序地层理论的成岩作用模式的建立；不同地质背景下白云石化机理及模式的建立，通过地质、地球化学和水文地质的综合研究来更好地理解白云石化作用及其对孔隙演化的影响；古气候方面的基础研究，探索旋回性气候变化对碳酸盐的生产、碳酸盐矿物相及碳酸盐成岩作用的影响；同位素和两相流体包裹体分析解决古代碳酸盐岩地层中白云石和方解石重结晶的控制因素和识别标志；热液作用的类型、特征及对储层叠加改造的影响；各种成岩环境不同成岩产物（结构组分）地球化学特征及识别图版的建立。

(2) 建立露头区精细的层序地层模型和储层空间结构模型，表征储层非均质性，如礁/滩储层野外储层地质建模、岩溶缝洞的野外储层地质建模、埋藏白云岩野外储层地质建模和蒸发白云岩野外储层地质建模。

(3) 深部碳酸盐岩属性的精细地震成像，尤其是孔隙度属性，建立基于野外储层地质模型的地震正演模型，如礁/滩储层地震正演模型、岩溶缝洞储层地震正演模型、埋藏白云岩储层地震正演模型和蒸发白云岩储层地震正演模型，预测地下有效储层分布，提高探井和高效开发井部署的成功率。

第二章　碳酸盐岩储层类型和特征

塔里木、四川和鄂尔多斯盆地是中国最为重要的海相含油气盆地。塔里木盆地的海相碳酸盐岩主要分布在震旦—奥陶系，由于埋藏深度大，目前的勘探目的层主要为奥陶系，并在塔中和塔北两大古隆起及斜坡区的良里塔格组、一间房组和鹰山组取得重大勘探发现。四川盆地的海相碳酸盐岩分布跨度大，从震旦—三叠系共有 19 个碳酸盐岩层系，其中的 12 个层系发现了规模不等的气藏，川东石炭系黄龙组及川东北地区的二叠—三叠系是主要的富气层位。鄂尔多斯盆地的海相碳酸盐岩主要分布在寒武—奥陶系，目前发现的气藏仅有靖边气藏，层位为奥陶系马家沟组五段。

本章结合塔里木、四川和鄂尔多斯海相含油气盆地碳酸盐岩地层的实际资料，论述碳酸盐岩结构组分、岩石类型、孔隙类型、成岩作用和成岩环境的基本特征，并对碳酸盐岩储层的类型和基本特征作简要的阐述。

第一节　储层岩石类型和孔隙类型

一、碳酸盐岩结构组分

碳酸盐岩与碎屑岩的最大区别是矿物组分相对简单，但结构组分却非常复杂。碳酸盐岩常见的结构组分有颗粒、胶结物和基质三类。

（一）碳酸盐颗粒

颗粒组分包括骨骼颗粒和非骨骼颗粒（Peter A. Scholle 和 Dana S. Ulmer–Scholle，2003），在塔里木、四川和鄂尔多斯海相含油气盆地碳酸盐岩地层中均常见，构成颗粒碳酸盐岩的重要结构组分。

常见的骨骼颗粒有菌藻类（或蓝细菌）、钙藻、海绵类、珊瑚类、层孔虫、苔藓虫、簸和非簸有孔虫、腕足类、腹足类、头足类、双壳类、三叶虫、介形类、棘皮类和其他不确定化石等（图 2–1）。其中，藻类、海绵类、珊瑚类、层孔虫、苔藓虫是地质历史时期非常重要的造礁生物。骨骼颗粒的类型、大小和丰度能很好地反映沉积环境，但与沉积介质的能量大小并无直接关系。

常见的非骨骼颗粒有鲕粒、豆粒、球粒和似球粒、团块及内碎屑等（图 2–2）。非骨骼颗粒的类型、大小和丰度能很好地反映沉积介质的能量大小。

在碳酸盐沉积环境中，碳酸盐颗粒组分由于普遍缺乏长距离的搬运作用，并且与生物组分关系密切，故可直接反映其沉积环境特征 (Ginsburg，1956；Swinchatt，1965；Thibodaux，1972；Bathurst，1975；Carozzi，1967；Wilson，1975，1979)。相反，硅质碎屑岩的颗粒组分与沉积物的物源、气候、源岩区构造演化阶段及搬运距离相关，而与其沉积时的环境条件并不一定具有密切关系（Krynine，1941；Folk，1954；Pettijohn，1957；Blatt，1982）。

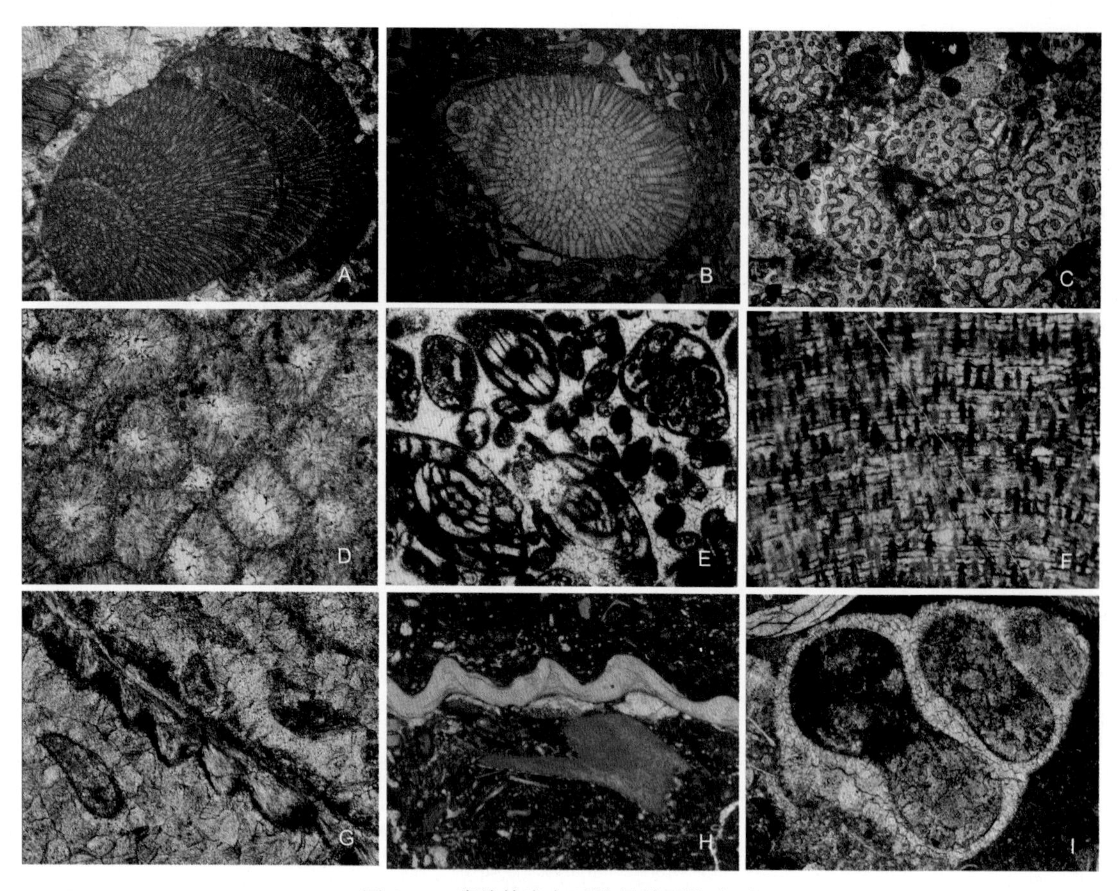

图 2-1　碳酸盐岩主要的骨骼颗粒类型

（A）管孔藻 *Solenopora*，上奥陶统良里塔格组，塔里木盆地和田河地区，玛 401 井，2309.10m，×10，单偏光；（B）棘口苔藓虫 *Batostoma* sp.，上奥陶统良里塔格组，塔里木盆地和田河地区，玛 401 井，2236.25m，×10，单偏光；（C）纤维海绵 *Inozoans*，上奥陶统良里塔格组，塔里木盆地塔中地区，塔中 82-6 井，5672.83m，×10，单偏光；（D）蜂巢珊瑚 *Favosites*，上奥陶统，陕西富平小园剖面，×5，单偏光；（E）原小纺锤䗴 *Profusulinella*，上石炭统黄龙组，四川盆地，江油马角坝，地表采集（张荫本提供），×5，单偏光；（F）图瓦层孔虫 *Tuvaechia*，上奥陶统良里塔格组，塔里木盆地塔中地区，塔中 45 井，6067.10m，×5，单偏光；（G）小嘴贝 *Rhynchonellid indet*，上奥陶统，陕西礼泉东庄剖面，×10，单偏光；（H）腕足类碎片，上二叠统长兴组，四川盆地广安地区，广 3 井，4212.30m，×10，单偏光；（I）腹足类化石全口螺 *Holoea*，中—下奥陶统鹰山组，塔里木盆地轮南地区，轮南 12 井，5392.85m，×10，单偏光

（二）碳酸盐基质

碳酸盐基质是指颗粒之间除胶结物以外的填隙物，通常以碳酸盐泥、微晶和微亮晶三类为主。但值得一提的是，碳酸盐基质是个相对的概念，不能单单通过直径大小来进行划分，有时细小的粒屑也是作为基质而存在的。最为典型的实例是塔里木盆地奥陶系一间房组及良里塔格组的棘屑灰岩储层，除沿棘屑周缘呈共轴增生的亮晶方解石外，大多数的粒间孔为碳酸盐泥、微晶和微亮晶充填，碳酸盐泥的溶解为次生溶孔的发育奠定了物质基础（图 2-3）。

碳酸盐泥（直径小于 1 μm）相当于碎屑岩中的黏土，可以形成纯碳酸盐泥沉积，也可作为支撑较大颗粒的基质（基质支撑）或是作为较大颗粒自支撑（颗粒支撑）格架间隙内的充填物。碳酸盐泥可以是碳酸盐生物解体后的产物（机械破碎成因），也可以直接由非生物沉淀形成（化学沉淀成因），有的甚至与微生物的新陈代谢有关（有机生物作用成因）。

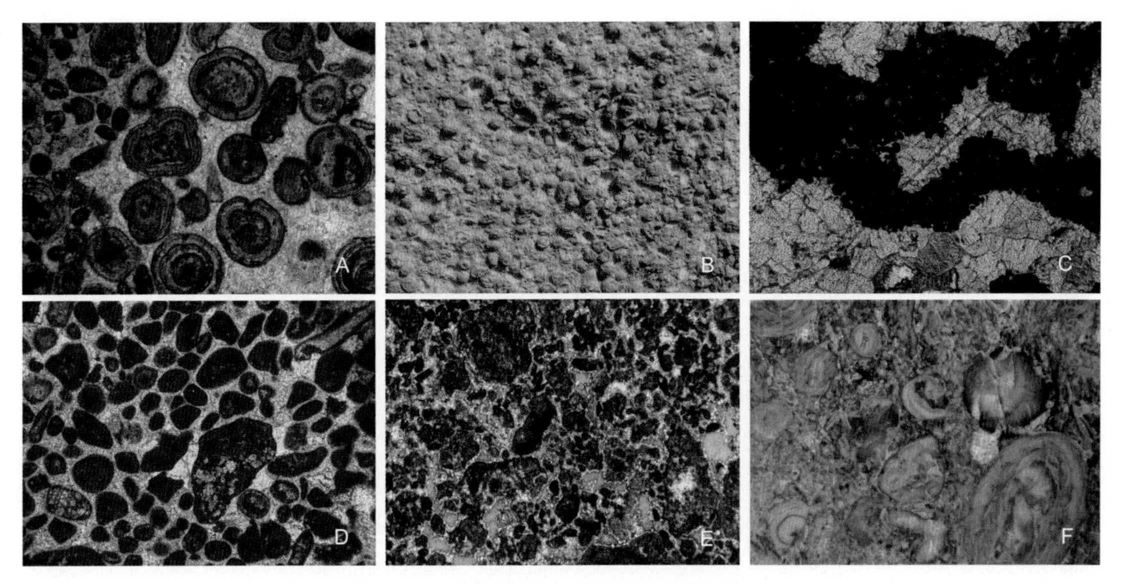

图 2–2　碳酸盐岩主要的非骨骼颗粒类型

（A）鲕粒，同心纹层构造，上奥陶统良里塔格组，塔里木盆地，塔中 30 井，5095.15m，×5，单偏光；（B）豆粒，下三叠统飞仙关组，四川盆地绵阳地区，鱼洞梁剖面，×0.5，单偏光；（C）球粒，上奥陶统良里塔格组，塔里木盆地塔中地区，塔中 83 井，5179.35m，×10，单偏光；（D）砂屑，上奥陶统良里塔格组，塔里木盆地塔中地区，塔中 83 井，5439.54m，×10，单偏光；（E）藻团块，中三叠统雷口坡组，四川盆地江油地区，青林 1 井，3697.31m，×10，单偏光；（F）核形石，上奥陶统良里塔格组，塔里木盆地塔中地区，塔中 82-5 井，5680.50m，×0.5，单偏光

微晶（micrite）由直径 1 ～ 4 μm 的方解石晶体构成，可以是非生物沉淀形成或是通过较大的碳酸盐颗粒破碎形成。微晶形成于沉积盆地内，极少有显示搬运的痕迹（Folk，1959）。微亮晶（microspar）是由新生变形（重结晶）作用形成的方解石组构，平均晶体大小超过 30 ～ 50 μm（Folk，1965）。

（三）碳酸盐胶结物

碳酸盐胶结物是指沉淀于颗粒之间的亮晶方解石或其他自生矿物（包括文石、白云石和石膏等），与砂岩中胶结物相似，是在沉积后阶段从孔隙溶液中以化学方式沉淀形成的，可以沉淀于海水、大气淡水及埋藏成岩环境，充填于各种原生孔隙和次生孔隙中。塔里木、四川和鄂尔多斯海相含油气盆地碳酸盐岩的亮晶方解石和其他自生矿物非常普遍，主要见于颗粒碳酸盐岩中（图 2–3）。

胶结物形态、胶结物的分布样式和胶结物的大小与沉淀环境的某些方面有关，如孔隙流体的化学性质、胶结物沉淀的速率以及孔隙体系中水的相对饱和度。传统观点认为绝大多数淡水方解石胶结物的形状趋于等轴粒状（渗流带除外），而海水方解石和文石胶结物的形状则趋于伸长的纤维状（Lippmann，1973；Folk，1974；Lahann，1978；Lahann 和 Siebert，1982；Given 和 Wilkinson，1985；González 等，1992；Dickson 等，1993）。

二、碳酸盐岩岩石类型

沉积物的结构和沉积场所能量的相互依赖性这一认识已被广泛应用于两套最广为人们所接受的碳酸盐岩分类中，分别为 Folk（1959）的分类和 Dunham（1962）的分类。本书的岩石描述主要应用 Dunham 的分类。

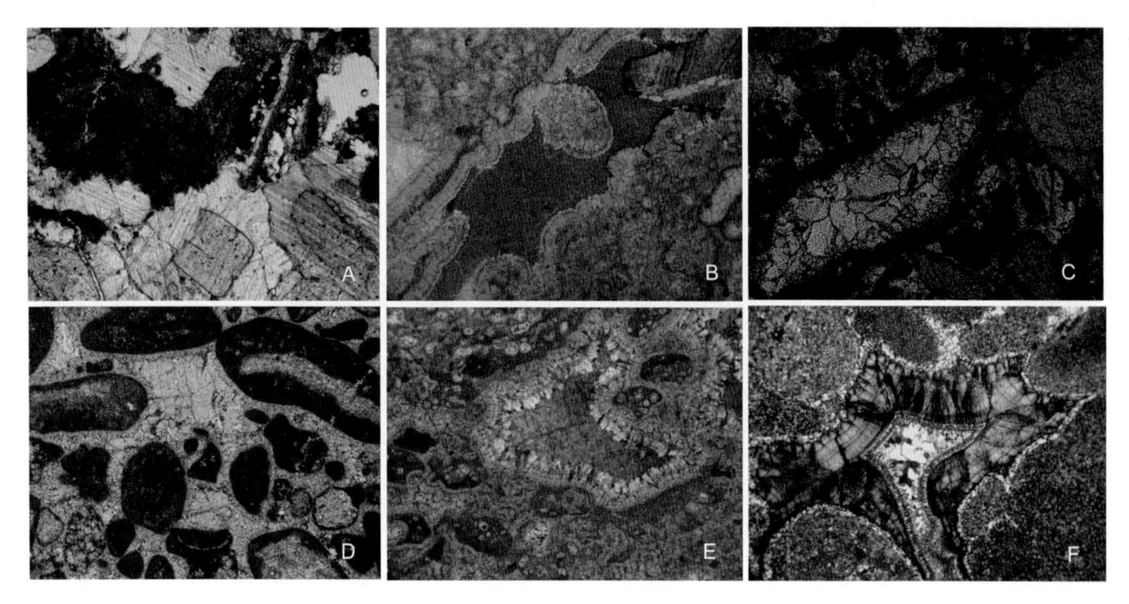

图 2–3　碳酸盐岩中基质和胶结物类型

（A）棘屑灰岩残留粒间孔中充填的碳酸盐泥，上奥陶统良里塔格组，塔里木盆地塔中地区，塔中 62 井，15–6/61，×10，单偏光；（B）藻丘白云岩格架孔中充填的碳酸盐基质微晶及微亮晶，上寒武统，塔里木盆地牙哈地区，牙哈 5 井，6396.53m，×10，单偏光；（C）海水胶结物充填生物体腔孔及粒间孔，上奥陶统良里塔格组，塔里木盆地塔中地区，塔中 84 井，5009.04m，×10，单偏光；（D）砂屑灰岩粒间孔中充填的两个世代的亮晶方解石胶结物，上奥陶统良里塔格组，塔里木盆地塔中地区，塔中 83 井，5435.28m，×10，单偏光；（E）藻丘白云岩格架孔中充填的等厚环边白云石胶结物及硬石膏，中—下寒武统，塔里木盆地塔中—巴楚地区，方 1 井，4602.50m，×10，单偏光；（F）颗粒白云岩粒间孔中充填的两个世代的硅质胶结物，×10，正交光

Folk 的分类比较详细，紧紧围绕着沉积结构特征，不仅包括了颗粒的大小、磨圆度、分选性和叠置样式，同时还包括了颗粒成分（图 2–4）。Folk 分类的复杂性使得它更适用于显微镜下识别碳酸盐岩的岩石类型。相反，Dunham 的分类实质上是结构分类，既简单又方便，很适于在野外及井场使用。

Dunham 的分类主要基于生物粘结作用的有无、灰泥的有无、颗粒与基质之间的支撑关系（图 2–5）。共分为四种岩石类型：泥晶灰岩、粒泥灰岩、泥粒灰岩和颗粒灰岩，代表了一个能量递变的过程。Dunham 使用这些岩石名称术语时特别强调了它们与常用的硅质碎屑岩名称术语之间的关系。术语“绑结岩”突出了碳酸盐岩中生物的粘结和格架形成的重要作用，广义上的礁灰岩（粘结岩、障积岩和格架岩）均可置于“绑结岩”中。“结晶岩”可以是结晶灰岩或结晶白云岩，它们是碳酸盐岩特有的岩石类型。同 Folk 的分类一样，岩石命名按其所含的组分及含量进行修饰（如鲕粒颗粒灰岩、球粒颗粒灰岩等），以进一步阐述沉积场所的生物和物理条件。

除上述岩石类型外，还有未纳入到 Folk（1959）或 Dunham（1962）分类体系的特殊成因的岩石类型。如与风暴、滑塌作用相关的各种角砾灰岩或砾屑灰岩、瘤状灰岩；与浊流作用相关的各种碳酸盐浊积岩；与蒸发环境相关的各种含蒸发矿物的碳酸盐岩等。

Folk（1959）和 Dunham（1962）的分类缺少白云岩的分类。笔者根据近几年对塔里木、四川和鄂尔多斯盆地白云岩的研究，将白云岩划分为同生沉积或交代成因白云岩和次生交代或重结晶成因白云岩两大类（表 2–1）。

异化颗粒的体积含量		>10%异化颗粒 异化岩（Ⅰ和Ⅱ）		<10%异化颗粒 微晶石灰岩（Ⅲ）		未受搅动的礁灰岩 （Ⅳ）
		亮晶方解石胶结 >泥晶填隙物	泥晶填隙物> 亮晶方解石胶结	1%~10%异化颗粒	<1% 异化 颗粒	
		亮晶异常化学岩（1）	微晶异常化学岩（2）	最丰富的异化颗粒类型		
>25%内碎屑 （Ⅰ）		内碎屑亮晶砾屑灰岩 （Ii：Lr） 内碎屑亮晶灰岩 （Ii：La）	内碎屑泥晶砾屑灰岩 （IIi：Lr） 内碎屑泥晶灰岩 （IIi：La）	内碎屑： 含内碎屑泥晶灰岩 （LIIi：Lr or La）	微晶灰岩(IIIm：L);假如受扰动和微晶化(IIImX：L); 假如为原生白云石：白云岩（IIIm：D）	生物灰岩（IV：L）
<25%内碎屑	>25% 鲕粒 （0）	鲕粒亮晶砾屑灰岩 （Io：Lr） 鲕粒亮晶灰岩 （Io：La）	鲕粒泥晶砾屑灰岩 （IIo：Lr） 鲕粒泥晶灰岩 （IIo：La）	鲕粒： 含鲕粒泥晶灰岩 （IIIo：Lr or La）		
<25%内碎屑	<25%鲕粒 化石与球粒体积比 >3：1 （b）	生物亮晶砾屑灰岩 （Ib：Lr） 生物亮晶灰岩 （Ib：La）	生物泥晶砾屑灰岩 （IIb：Lr） 生物泥晶灰岩 （IIb：La）	化石： 含化石泥晶灰岩 （LIIb：Lr,La,or Ll）		
<25%内碎屑	<25%鲕粒 化石与球粒体积比 3:1~1:3 （bp）	生物球粒亮晶灰岩 （IIbp：La）	生物球粒泥晶灰岩 （IIbp：Lr）	球粒： 含球粒泥晶灰岩 （IIIp：La）		
<25%内碎屑	<25%鲕粒 化石与球粒体积比 <1：3 （p）	球粒亮晶灰岩 （Ip：La）	球粒泥晶灰岩 （IIp：La）			

图 2–4　Folk（1959）的碳酸盐岩分类

此分类主要为成分和结构分类

可识别的沉积结构					沉积结构 不可识别
沉积时原始组分未被粘结在一起				原始组分 在沉积时 被粘结在 一起	
含灰泥 （灰泥和细粒粉砂级碳酸盐）			缺少灰泥 颗粒支撑		
灰泥支撑		颗粒支撑			
颗粒含量 <10%	颗粒含量 >10%				
泥晶灰岩	粒泥灰岩	泥粒灰岩	颗粒灰岩	绑结岩	结晶岩

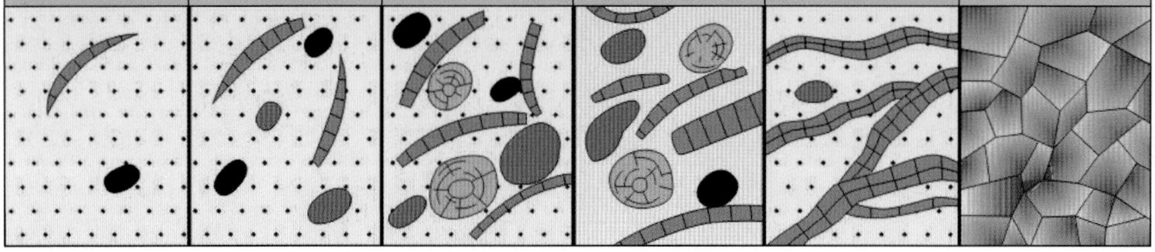

图 2–5　Dunham（1962）的碳酸盐岩分类

此分类主要为结构分类，分类依据为可识别的原始结构组分的出现与否

表 2-1　白云岩的岩石学分类

成因类型	亚类	粒度（mm）	与石灰岩对比
同生沉积或交代成因白云岩	（藻）泥晶白云岩		（藻）泥晶灰岩
	颗粒白云岩		颗粒灰岩
	藻丘（礁）白云岩		藻丘（礁）灰岩
次生交代或重结晶成因白云岩	粉晶白云岩	0.03 ~ 0.1	
	细晶白云岩	0.1 ~ 0.25	
	中晶白云岩	0.25 ~ 0.5	
	粗晶白云岩	0.5 ~ 2.0	
	巨粗晶白云岩	>2.0	

同生沉积或交代成因白云岩是同生期及浅埋藏早期沉积物未完全固结成岩时白云石化作用的产物，白云石化作用具组构选择性，往往保留原岩结构，可以用 Folk（1959）或 Dunham（1962）的石灰岩命名术语命名白云岩，两者间有很好的对应关系，只要把石灰岩结构分类表中的“石灰岩”改为“白云岩”即可。次生交代或重结晶成因白云岩是埋藏期交代作用和重结晶作用的产物，甚至是热液作用的产物，原岩结构难以保存或残存部分原岩结构，往往以晶粒白云岩的形式出现，可按晶粒大小对其进行命名，如粉晶白云岩、细晶白云岩、中晶白云岩、粗晶白云岩等，可归入 Dunham（1962）的“结晶岩”类中。

塔里木、四川和鄂尔多斯盆地主要碳酸盐岩类型有：颗粒灰岩（grainstone）、泥粒灰岩（packstone）、粒泥灰岩（wackestone）、泥晶灰岩（mudstone）、绑结岩（boundstone）、粘结岩（bindstone）、漂浮岩（floatstone）、次生灰岩、白云岩（dolomite）及蒸发岩（evaporite）等类型（图 2–6）。塔里木盆地中—下寒武统以同生沉积或交代成因白云岩及蒸发岩为主；上寒武统及蓬莱坝组以次生交代或重结晶成因白云岩为主；鹰山组和一间房组以颗粒灰岩、泥粒灰岩为主；良里塔格组以绑结岩、粘结岩为主，少量漂浮岩。四川盆地震旦系灯影组—寒武系、石炭系黄龙组以发育不同类型的白云岩为主，包括同生沉积或交代成因白云岩及次生交代或重结晶成因白云岩；下二叠统以发育颗粒灰岩、泥粒灰岩为主，少量粒泥灰岩及泥晶灰岩；上二叠统长兴组—下三叠统飞仙关组以发育绑结岩及颗粒灰岩为主，强烈白云石化；中—下三叠统嘉陵江组及雷口坡组以发育同生沉积或交代成因白云岩及蒸发岩为主。鄂尔多斯盆地寒武系以发育同生沉积或交代成因白云岩及蒸发岩为主；马家沟组一—五段以发育不同类型的白云岩为主，包括同生沉积或交代成因白云岩及次生交代或重结晶成因白云岩；马家沟组六段及中—上奥陶统以发育颗粒灰岩、泥粒灰岩为主，盆地南缘发育绑结岩。

塔里木、四川和鄂尔多斯盆地碳酸盐岩岩石类型控制储层发育类型和特征。塔里木盆地鹰山组—良里塔格组石灰岩地层以发育岩溶储层和礁滩储层为主；上寒武统—蓬莱坝组以发育埋藏—热液改造型白云岩储层为主；中—下寒武统以发育沉积型白云岩储层为主。四川盆地下古生界以发育埋藏—热液改造型白云岩储层为主；上二叠统长兴组—下三叠统飞仙关组以发育礁滩白云岩储层为主；中—下三叠统嘉陵江组及雷口坡组以发育沉积型白云岩储层为主。鄂尔多斯盆地寒武系和马家沟组一—四段盐间及盐下以发育沉积型白云岩储层为主，马家沟组四段发育埋藏—热液改造型白云岩储层；马家沟组五—六段及中—上奥陶统以发育岩溶储层为主，少量礁滩储层。

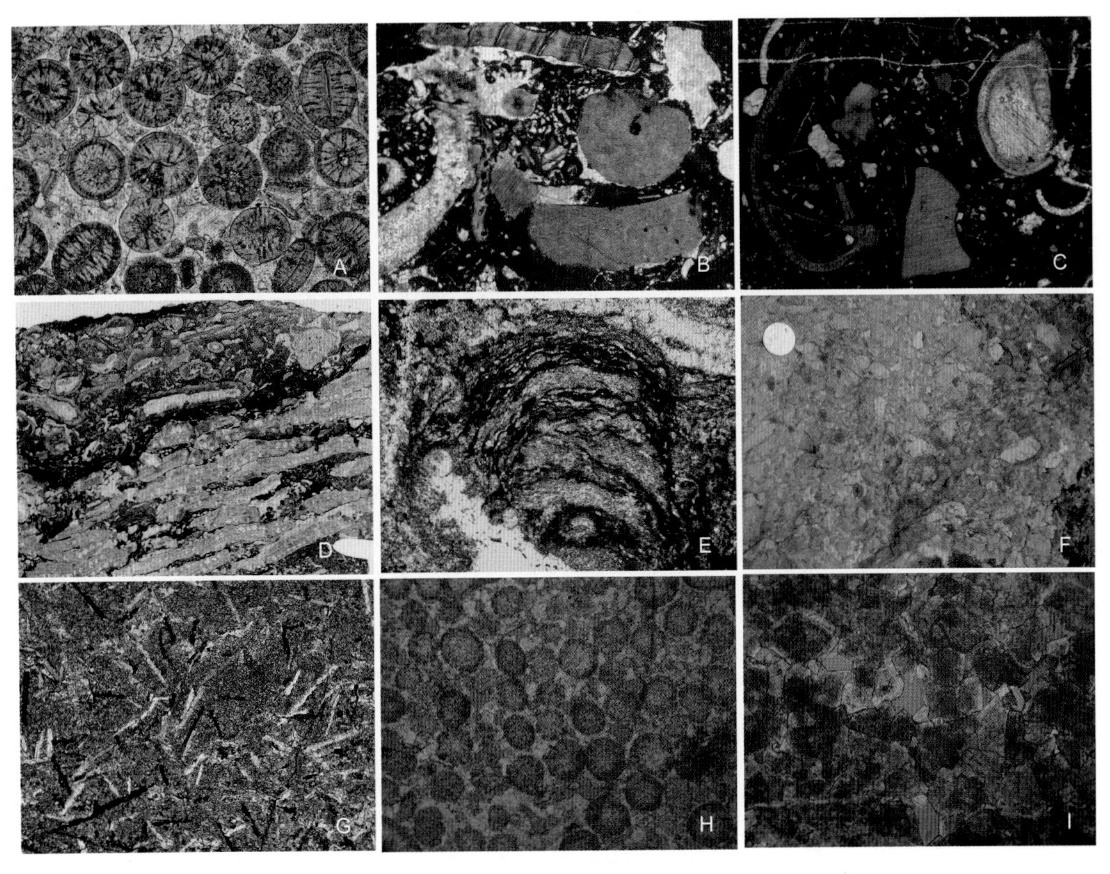

图 2–6　塔里木、四川、鄂尔多斯盆地碳酸盐岩主要岩石类型

(A) 亮晶鲕粒灰岩，鲕粒多呈放射状，中寒武统张夏组，鄂尔多斯盆地，庆深 1 井，4096.34m，×10，单偏光；(B) 泥晶生屑灰岩，上二叠统长兴组，四川盆地卧龙河地区，卧 102 井，3539.66m，×10，单偏光；(C) 生屑泥晶灰岩，上二叠统长兴组，四川盆地卧龙河地区，卧 102 井，3535.50m，×10，单偏光；(D) 珊瑚格架岩或障积岩，上奥陶统良里塔格组，塔里木盆地塔中地区，塔中 72 井，5058.50m，×10，单偏光；(E) 藻叠层石粘结岩，上奥陶统，鄂尔多斯盆地，陕西泾阳铁瓦殿剖面，×10，单偏光；(F) 砾屑灰岩，上奥陶统，鄂尔多斯盆地，陕西陇县背锅山剖面，×0.5，单偏光；(G) 膏云岩，发育大量针状硬石膏，下奥陶统马家沟组三段，鄂尔多斯盆地，宜探 1 井，2684.00m，×10，正交光；(H) 亮晶鲕粒白云岩，中寒武统，塔里木盆地牙哈地区，牙哈 7X–1 井，5833.20m，×10，单偏光；(I) 中粗晶白云岩，下奥陶统蓬莱坝组，塔里木盆地牙哈地区，牙哈 3 井，5968.20m，×10，单偏光

三、碳酸盐岩孔隙类型

（一）孔隙分类

1. Choquette 和 Pray 的孔隙分类

Choquette 和 Pray（1970）的碳酸盐岩 15 种基本孔隙类型的主要特征见图 2–7，组构选择性是该分类的主要参数。如果孔隙和组构之间有明确的依赖关系，则称该孔隙为组构选择性的，如果孔隙和组构之间没有明确的依赖关系，则称该孔隙为非组构选择性的。

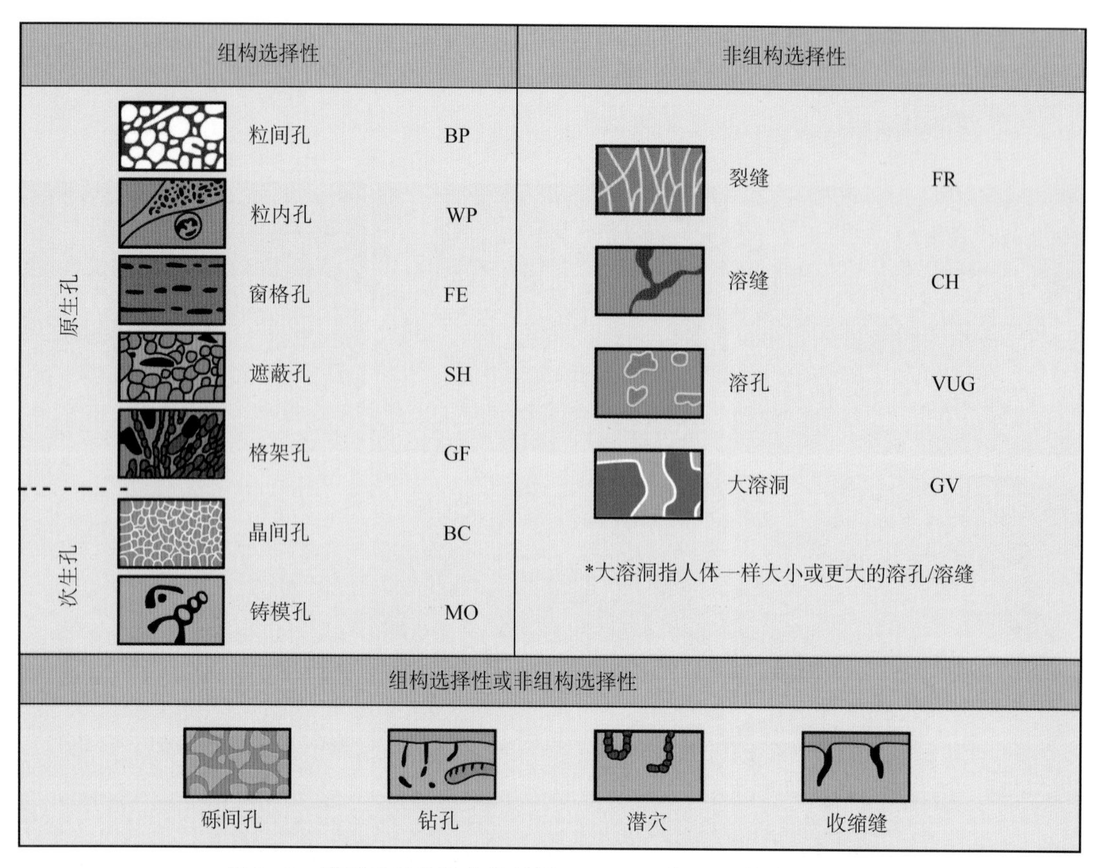

图 2–7 碳酸盐岩孔隙分类（据 Choquette 和 Pray 修改，1970）

此分类由基本的孔隙类型构成，每种孔隙类型用一个缩写符号（如铸模孔——MO）表示

2. Lucia 的孔隙分类

Lucia 的孔隙分类（1983，1995b，1999）突出了碳酸盐岩孔隙空间的岩石特征，最常见和最重要的孔隙是颗粒或晶体之间的孔隙空间，被称为粒间孔，其他的孔隙空间被称为孔洞，孔洞又分为孤立的孔洞和连通的孔洞两类。Lucia 的三大类孔隙（粒间孔、孤立的孔洞和连通的孔洞）有着明显不同的岩石特征。

Choquette 和 Pray 的孔隙分类当用于确定孔隙的成因和演化时有很大的优越性，但 Lucia 的孔隙分类则更能精确地反映岩石特征的基本差异。

图 2–8 列出了 Lucia 基于颗粒和晶粒的大小和分选的粒间孔岩石物理方法分类，该分类基本遵循了 Dunham 的碳酸盐岩的岩石分类，但将泥粒灰岩组构再细分为以颗粒为主和以灰泥为主两个亚类，同时还包括了晶粒结构的白云岩。

图 2–9 阐述了 Lucia（1983）基于孔洞相互连通状况的孔洞孔隙空间岩石物理方法分类。孤立的孔洞或在颗粒的内部，或明显大于岩石的平均颗粒大小，仅通过粒间孔而相互连通，在成因上具典型的组构选择性特征。化石内的孔隙（如有孔虫的房室）、鲕粒和化石溶解形成的铸模孔、石膏结核溶解产生的铸模孔以及化石的遮蔽孔都是孤立孔洞的典型实例。孤立孔洞的发育增加了岩石的总孔隙度，但渗透率不会有实质性的提高（Lucia，1983；Moore，1989）。连通的孔洞指的是明显大于岩石的平均颗粒大小的孔隙，它们形成明显的相互连通的孔隙系统。连通的孔洞通常为非组构选择性的，包括洞穴、砾间孔、裂

缝、溶蚀扩大裂缝及窗格孔等。

本书采用 Choquette 和 Pray 的孔隙分类。

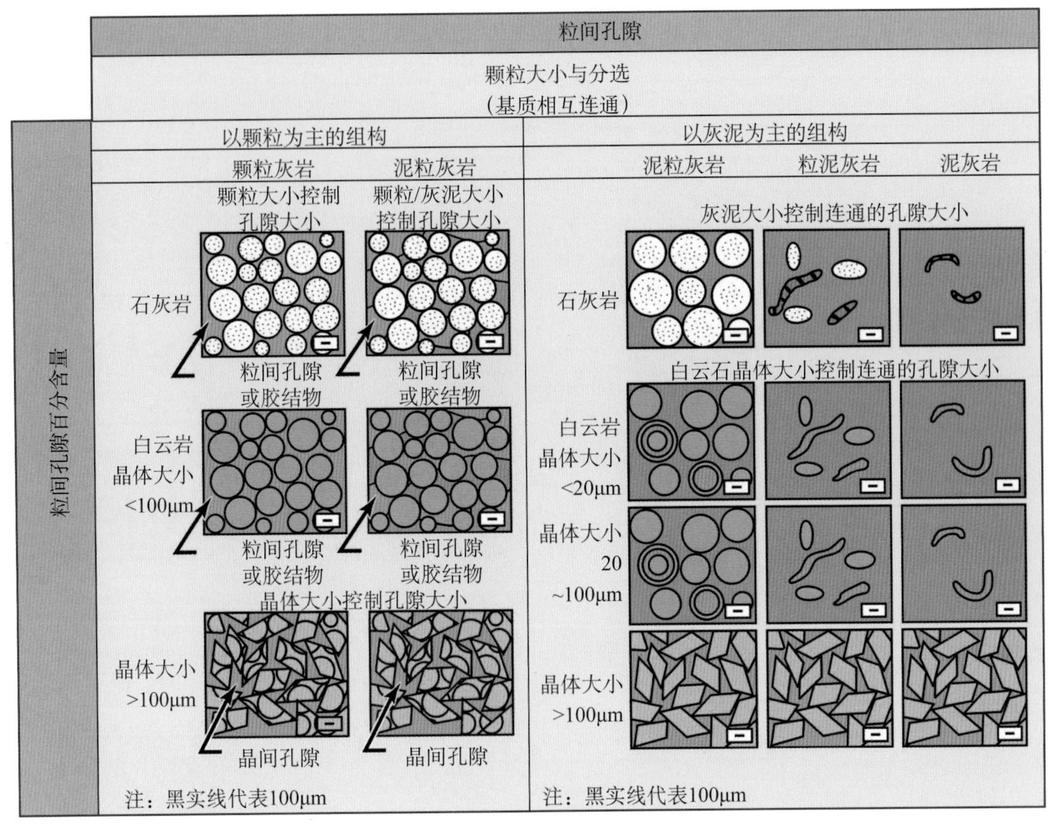

图 2–8 根据颗粒和晶粒的大小和分选所建立的粒间孔岩石学方法分类（据 Lucia，1995）

（二）孔隙类型

1. 原生孔隙

碳酸盐沉积物中常见的原生孔隙有粒间孔、粒内孔、含灰泥沉积物的沉积孔隙、格架孔和窗格孔等，在大多数情况下被胶结物部分或完全充填而失去有效性。

1）粒间孔（intergranular porosity）

指碳酸盐颗粒（如鲕粒、砂屑、球粒、生屑等）之间的孔隙。在沉积期，不含灰泥的碳酸盐颗粒沉积物和硅质碎屑沉积物一样，以粒间孔为主（Choquette 和 Pray，1970），其孔隙度范围在 40% ~ 50% 之间（Enos 和 Sawatsky，1981），该值接近于等径球粒正排列的孔隙度上限值 47.6%（Graton，1935）。

塔里木、四川和鄂尔多斯盆地碳酸盐岩储层粒间孔或残留粒间孔（部分被胶结物充填）十分发育，主要见于颗粒灰岩、颗粒白云岩中（图 2–10）。有些残留粒间孔可能是次生成因的，是粒间充填的胶结物被溶蚀形成的，称为粒间溶孔。

2）粒内孔（intragranular porosity）

指沉积作用之前形成的颗粒内部的孔隙。碳酸盐沉积物可以通过各种方式形成粒内孔，这是与碎屑岩沉积物最大的差异之一。各种生物的体腔（如有孔虫、腹足动物、厚壳蛤、腕足动物居住的房室等）是非常重要的粒内孔隙，生物的介壳和骨骼及某些非生物颗

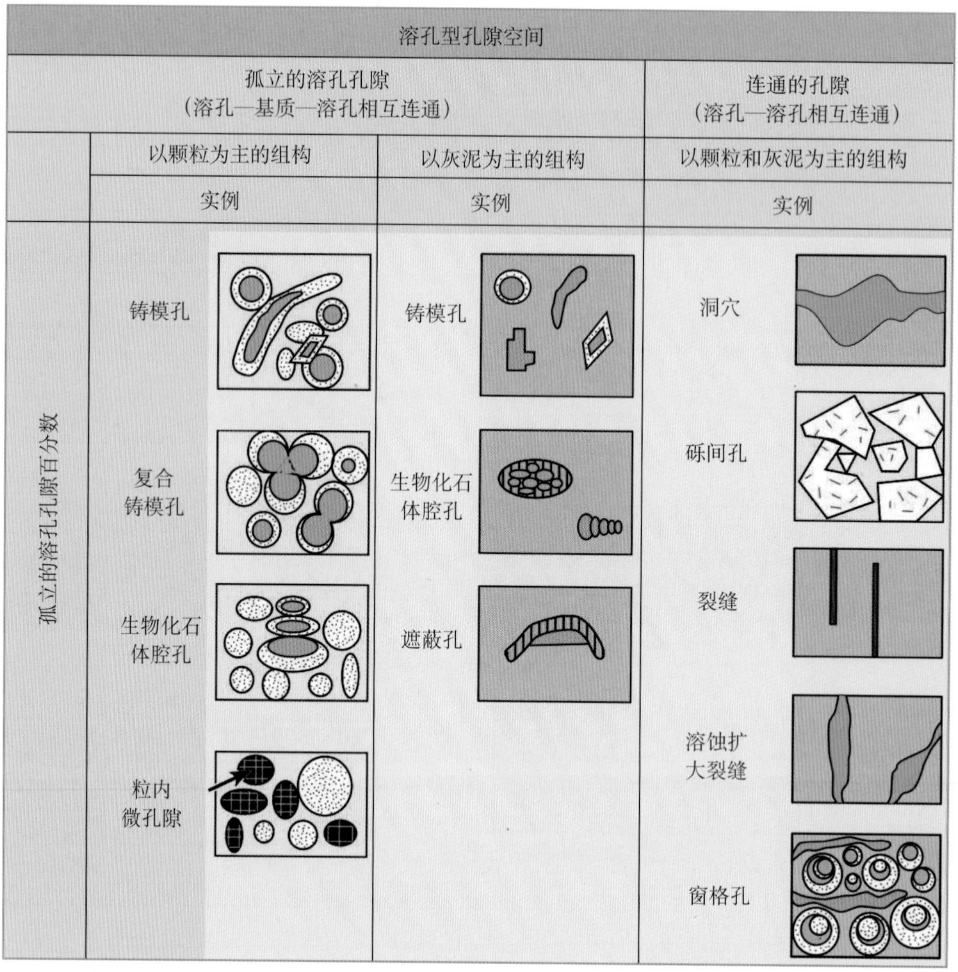

溶孔型孔隙空间

孤立的溶孔孔隙（溶孔—基质—溶孔相互连通）

连通的孔隙（溶孔—溶孔相互连通）

以颗粒为主的组构　以灰泥为主的组构　以颗粒和灰泥为主的组构

实例　实例　实例

孤立的溶孔孔隙百分数

铸模孔　铸模孔　洞穴

复合铸模孔　生物化石体腔孔　砾间孔

生物化石体腔孔　遮蔽孔　裂缝

粒内微孔隙　溶蚀扩大裂缝

窗格孔

图 2–9　根据孔洞的连通性所建立的孔洞型孔隙空间的岩石学方法分类（据 Lucia，1983）

粒（如鲕粒和球粒）的超微结构也可以形成重要的粒内孔隙（Robinson，1967；Loreau 和 Purser，1973；Enos 和 Sawatsky，1981）。另外，沉积前、沉积过程中以及沉积后，微穿孔藻类和真菌类的活动可明显增加碳酸盐颗粒的粒内孔（Perkins 和 Halsey，1971）。

塔里木、四川和鄂尔多斯盆地碳酸盐岩储层粒内孔发育，但大多被不同类型的胶结物充填，现在所见到的大多是残留粒内孔或粒内次生溶孔（图 2–10）。

3）含灰泥沉积物的沉积孔隙

含灰泥碳酸盐沉积物孔隙度可以从 44% 至 75% 以上。颗粒支撑的灰泥质沉积物（如泥粒灰岩）的孔隙度最低（44% ～ 68%）；灰泥支撑的沉积物（粒泥灰岩）的孔隙度为 60% ～ 78%（Enos 和 Sawatsky，1981）；而深海软泥的孔隙度可以高达 80%（Schlanger 和 Douglas，1974）。深海软泥异常高的孔隙度无疑是高粒内孔的缘故，而高的粒内孔与沉积物主要由生物组分构成有关。在太平洋深海钻探中，遇到了 45% 粒内孔隙度和 35% 粒间孔隙度的深海软泥（Schlanger 和 Douglas，1974）。

这类孔隙主要见于近代或现代的碳酸盐沉积物中，未经历压实或其他成岩作用的改造，塔里木、四川和鄂尔多斯盆地碳酸盐岩储层几乎未见到这类孔隙。

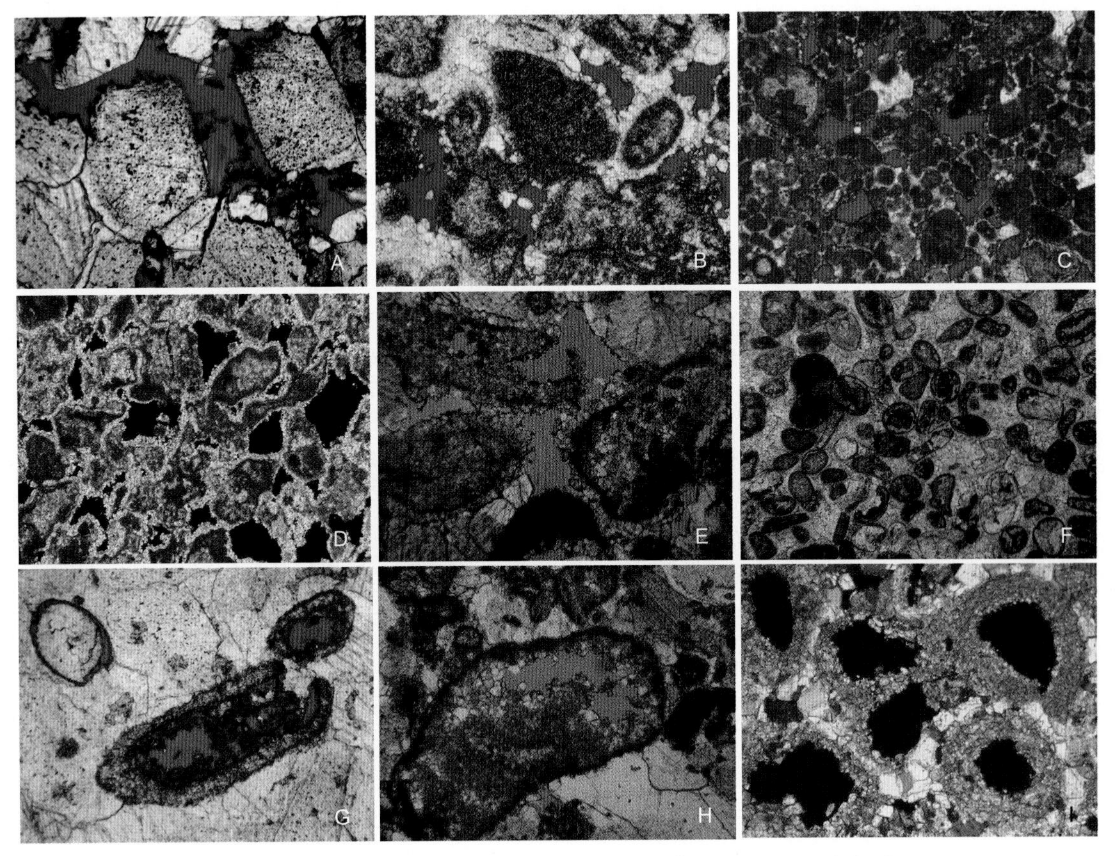

图 2-10　塔里木、四川、鄂尔多斯盆地碳酸盐岩粒间孔孔隙类型

(A) 亮晶棘屑灰岩，粒间孔，上奥陶统良里塔格组，塔里木盆地塔中地区，塔中 62-1 井，4872.08m，×20，铸体片，单偏光；(B) 亮晶砂屑灰岩，残留粒间孔，上奥陶统良里塔格组，塔里木盆地塔中地区，塔中 72 井，5048.80m，×20，铸体片，单偏光；(C) 亮晶砂屑灰岩，粒间溶孔，中—下奥陶统鹰山组，塔里木盆地塔中地区，中古 203 井，6572.69m，×10，铸体片，单偏光；(D) 藻团粒白云岩，等厚环边白云石胶结物，残留粒间孔，×10，正交光；(E) 亮晶生屑、砂屑灰岩，残留粒间孔及粒内溶孔，上奥陶统良里塔格组，塔里木盆地塔中地区，塔中 82-6 井，5670.90m，×20，铸体片，单偏光；(F) 亮晶砂屑灰岩，粒内溶孔，上奥陶统良里塔格组，塔里木盆地塔中地区，塔中 72-1 井，5036.44m，×10，铸体片，单偏光；(G) 亮晶生屑、棘屑灰岩，粒内溶孔，上奥陶统良里塔格组，塔里木盆地塔中地区，塔中 62-1 井，4872.40m，×20，铸体片，单偏光；(H) 亮晶生屑、砂屑灰岩，粒内溶孔，×20，铸体片，单偏光；(I) 鲕粒白云岩，粒内溶孔，下三叠统嘉陵江组，四川盆地磨溪地区，磨 22 井，3171.03m，×20，正交光

4）格架孔

是生物礁环境下由造礁生物的生态发展而形成的的一种原生孔隙。造架生物（如石珊瑚）生长过程中可以构建一个开放的生物礁格架，导致格架间发育大量的孔隙空间，另外，很多附礁生物（如穿贝海绵和双壳动物）对生物礁格架的钻孔作用也可产生大量的孔隙（Moore 等，1976；Land 和 Moore，1980；Tucker 和 Wright，1990）。与生物礁相关的格架孔在生物礁形成早期的沉积环境中就趋于被粒度不等的内沉积物及亮晶方解石胶结物所快速充填，使得孔隙体系更为复杂（Land 和 Moore，1980；Moore，1989；Tucker 和 Wright，1990）。

塔里木盆地塔中良里塔格组礁滩储层以颗粒灰岩为主，格架岩不发育，所以仅在塔中 30 井和塔中 44 井见到少量被完全充填的格架孔，巴楚露头区一间房组礁滩储层也以颗粒灰岩为主，虽然障积岩发育，但几乎不发育格架孔。四川盆地二叠系长兴组海绵礁格架岩残留少量的格架孔，但格架岩大多被亮晶方解石充填而变得致密，构成储层主体的是与格架岩伴生的滩相生屑灰岩强烈白云石化后形成的白云石晶间孔和晶间溶孔。鄂尔多斯盆地南缘中—上奥陶统露头见到发育良好的珊瑚格架灰岩，但均因强烈胶结作用而变得致密，井下未见到典型的格架岩，但马家沟组六段为晶间孔发育的生屑白云岩，可能与四川盆地长兴组类似。

5）窗格孔

窗格孔是一种网格状或窗格状成层有规律分布的孔洞群，鸟眼孔或鸟眼构造（被充填）是其典型的代表，因形似鸟眼而得名，常见于潮上带与藻类有关的泥质为主的沉积物（岩石）中（Shinn，1968；Tucker 和 Wright，1990），但也有人认为类似的孔隙或构造在潮下带也可见到，故孔隙命名使用窗格孔，而不使用鸟眼孔。潮上带与藻类有关的粒泥灰岩的窗格孔孔隙度可以达到 65%，随后的基质白云石化所形成的晶间孔使得较大的窗格孔得以相互连通（Enos 和 Sawatsky，1981）。

塔里木盆地塔中地区良里塔格组沉积了一套窗格孔十分发育的潮上带与藻类有关的灰泥及粪球粒为主的沉积物，少量砂屑，顺层分布，但窗格孔完全为亮晶方解石充填（图 2–11A—C）。四川和鄂尔多斯盆地未见到类似的岩石类型和孔隙。

2. 次生孔隙

在成岩过程中各种成岩作用使原生孔隙逐渐丧失。与此同时，孔隙建造作用又将使岩石的次生孔隙或渗透率增加。常见的孔隙建造作用主要有四类：溶解作用、白云石化作用、角砾岩化作用和喀斯特作用，而裂缝作用主要是提高岩石的渗透率，对孔隙度并无太大的影响（Lucia，1995）。

1）溶解作用和次生孔隙的形成

溶解作用可发生在埋藏过程的任何时间，并主导次生孔隙的形成。同生期组构选择性溶解形成的次生孔隙最为常见，其形态受不稳定矿物相颗粒的形态所控制，与相对海平面下降导致的不稳定矿物相受大气淡水淋溶有关（图 2–11D—F）。而晚期次生孔隙一般为非组构选择性的，与埋藏成岩环境有机酸、盆地热卤水、TSR 及热液的作用有关，形成大小不等的溶孔、溶缝和溶洞（图 2–11G—I），其分布通常受溶解事件发生时已经存在的孔隙分布、不整合面及断裂所控制。

2）白云石化作用和次生孔隙的形成

Wey1（1960）根据质量守恒原理，提出了埋藏成岩环境下方解石向较大密度的白云石转化时，会导致孔隙度增加 13%。然而，与白云石化作用相关的孔隙演化是一个复杂的问题。很多研究者认为，由于 CO_3^{2-} 的净搬入，白云石化事件不会形成新的孔隙增量，并且由于白云石的胶结作用，使得它的孔隙度总是小于其原岩（石灰岩）（Lucia 和 Major，1994）。然而，其他一些学者指出，在 CO_3^{2-} 来源局限的成岩背景下，白云石化事件可以形成新的孔隙增量（Moore，1989；Purser 等，1994）。旋回顶部残留的方解石、文石及石膏等在暴露期受大气淡水作用而发生溶解，可能是白云石化地层序列中使孔隙度增加最为重要的途径，尤其是萨布哈白云岩储层和渗透回流白云岩储层。

笔者认为，在封闭或半封闭的埋藏成岩环境下，白云石化作用不会导致孔隙的净增加，白云石晶间孔是对原岩孔隙的继承和再调整，但原岩孔隙的存在有利于成岩介质的进入和加速白云石化作用的发生。白云石化作用有利于孔隙的保存，同时，形成的白云岩在埋藏

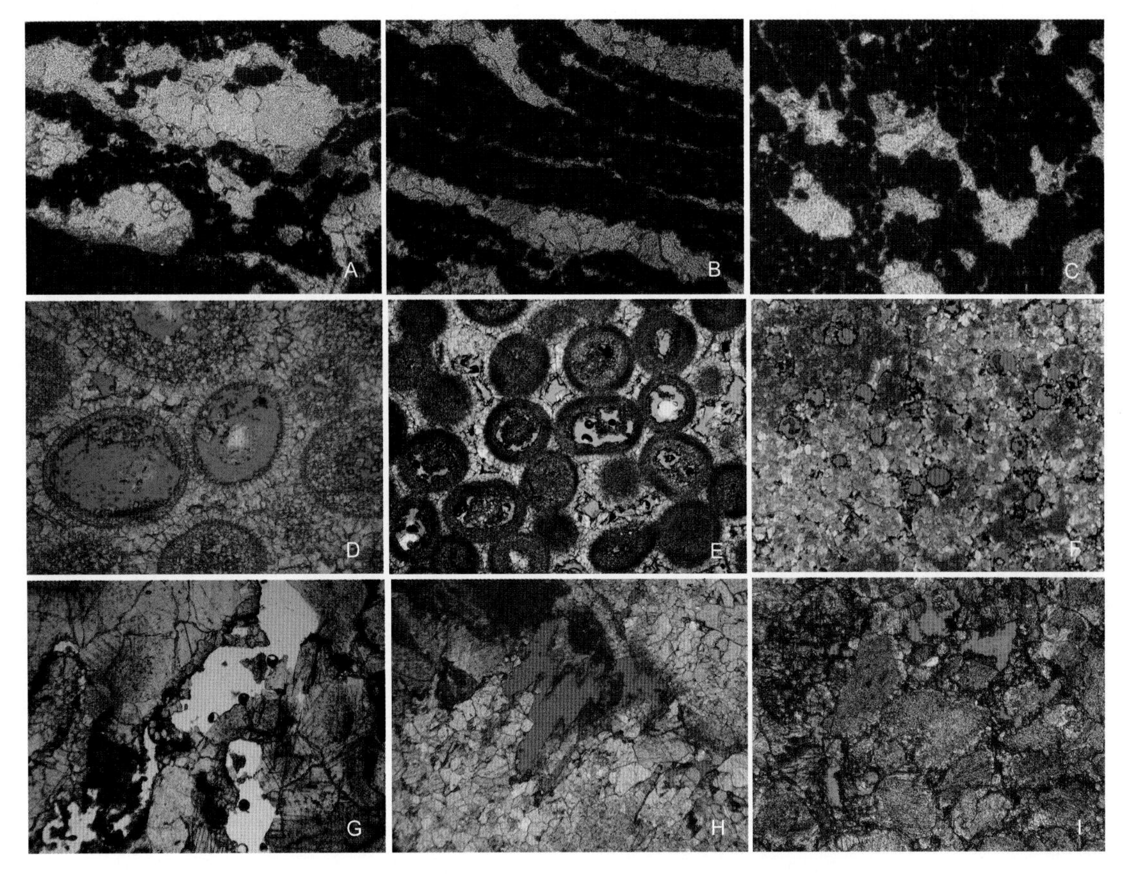

图 2–11　塔里木、四川、鄂尔多斯盆地窗格孔孔隙类型

（A）藻泥晶球粒灰岩，窗格孔为亮晶方解石充填，上奥陶统良里塔格组，塔里木盆地塔中地区，塔中 84 井，5142.59m，×10，单偏光；（B）藻泥晶球粒灰岩，顺层分布的窗格孔为亮晶方解石充填，上奥陶统良里塔格组，塔里木盆地塔中地区，塔中 84 井，5143.24m，×10，单偏光；（C）藻泥晶球粒灰岩，窗格孔为亮晶方解石充填，上奥陶统良里塔格组，塔里木盆地塔中地区，塔中 83 井，5332.38m，×10，单偏光；（D）鲕粒白云岩，鲕模孔形成于同生期文石鲕的选择性溶解，下三叠统飞仙关组，四川盆地罗家寨地区，罗家 9 井，3106.00m，×20，铸体片，单偏光；（E）亮晶鲕粒白云岩，鲕模孔形成于同生期文石鲕的选择性溶解，下三叠统飞仙关组，四川盆地罗家寨地区，罗家 2 井，3215.87m，×10，铸体片，单偏光；（F）细晶残余鲕粒白云岩，鲕模孔形成于同生期文石鲕的选择性溶解，下三叠统飞仙关组，四川盆地罗家寨地区，罗家 2 井，3249.24m，×5，铸体片，单偏光；（G）亮晶棘屑灰岩，亮晶方解石非组构选择性溶解形成的溶孔，与埋藏溶蚀作用有关，上奥陶统良里塔格组，塔里木盆地塔中地区，塔中 62 井，15–26/61，×10，单偏光；（H）泥晶藻团块灰岩，沿缝合线发育的次生溶孔，与埋藏溶蚀作用有关，上奥陶统良里塔格组，塔里木盆地塔中地区，塔中 71 井，5033.49m，×10，铸体片，单偏光；（I）亮晶棘屑灰岩，沿缝合线发育的次生溶孔，与埋藏溶蚀作用有关，中奥陶统一间房组，塔里木盆地巴楚地区，一间房 22 号解剖点剖面，样号 P22–4–3–2，×10，铸体片，单偏光

成岩环境下受有机酸、盆地热卤水、TSR 及热液的作用，比石灰岩更容易溶解形成溶孔，表现为晶间孔的进一步溶蚀扩大。

白云石化作用对塔里木、四川和鄂尔多斯盆地碳酸盐岩储层的发育起到非常重要的控制作用（图 2–12）。塔里木盆地中—下寒武统发育沉积型白云岩储层（包括萨布哈白云岩储层和渗透回流白云岩储层），其孔隙形成于文石鲕及石膏结核在暴露期受大气淡水作用而发生的溶解；上寒武统及蓬莱坝组发育埋藏—热液改造型白云岩储层，白云岩晶间孔及晶间溶孔是在埋藏成岩环境对原岩孔隙的继承和再调整，是受有机酸、盆地热卤水、TSR 及热液作用导致晶间孔的进一步溶蚀扩大。四川盆地嘉陵江组及雷口坡组发育沉积型白云岩储层；长兴组—飞仙关组发育埋藏—热液改造型白云岩储层，是礁滩储层强烈的白云石化。鄂尔多斯盆地寒武系及马家沟组以发育沉积型白云岩储层为主，中央隆起马家沟组四段发育埋藏—热液改造型白云岩储层。

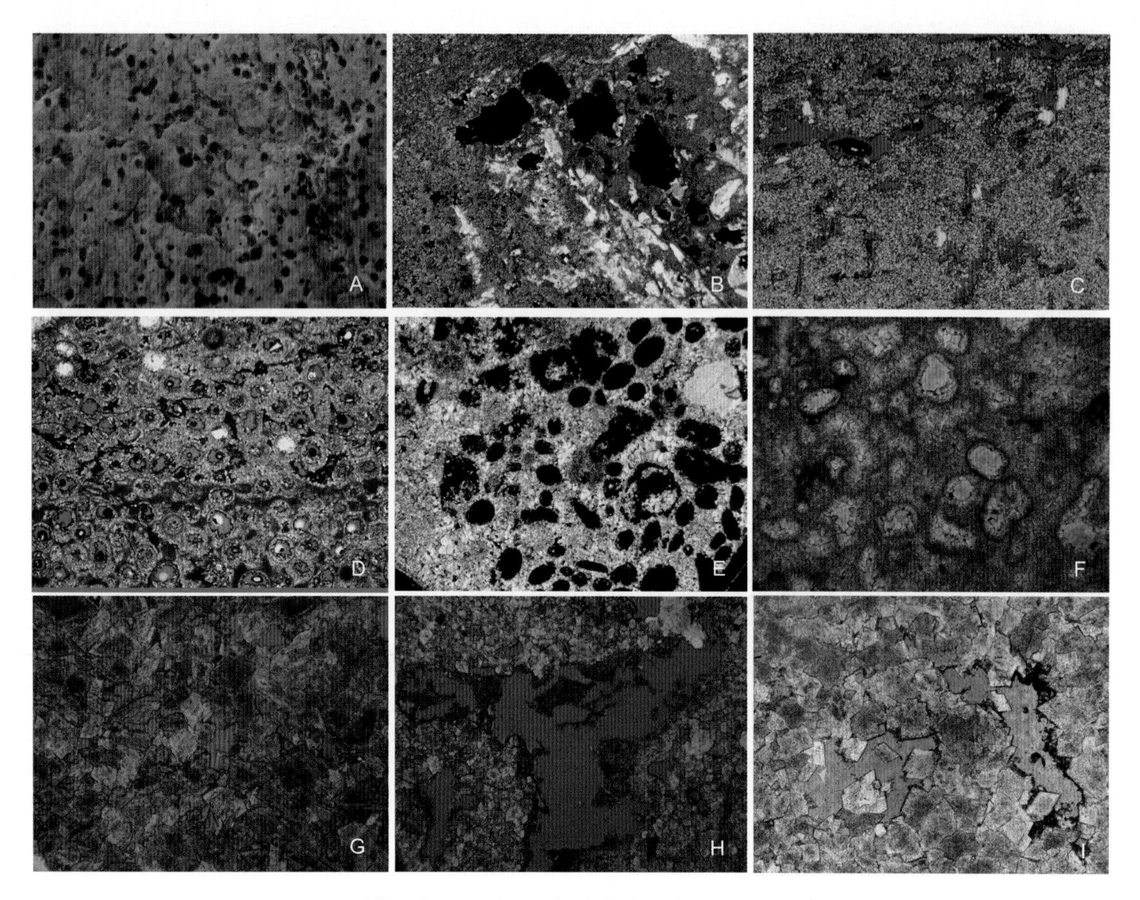

图 2–12　塔里木、四川、鄂尔多斯盆地白云岩储层孔隙类型

(A) 萨布哈白云岩储层，石膏溶孔，寒武系，塔里木盆地牙哈地区，牙哈 10 井，4–10/25，×0.5，岩心；(B) 萨布哈白云岩储层，石膏溶孔，中三叠统雷口坡组一段，四川盆地磨溪地区，磨 34 井，2738.8m，×10，正交光；(C) 萨布哈白云岩储层，石膏溶孔，下奥陶统马家沟组五段，鄂尔多斯盆地，陕 30 井，3629.00m，×10，铸体片，单偏光；(D) 渗透回流白云岩储层，鲕模孔，下三叠统飞仙关组，四川盆地，罗家 2 井，×10，铸体片，单偏光；(E) 渗透回流白云岩储层，鲕模孔，中三叠统雷口坡组一段，四川盆地川中地区，兴华 1 井，3281.58m，×10，铸体片，单偏光；(F) 渗透回流白云岩储层，鲕模孔，下寒武统，塔里木盆地塔中—巴楚地区，方 1 井，4598.20m，×10，铸体片，单偏光；(G) 埋藏—热液改造型白云岩储层，晶间孔和晶间溶孔，上寒武统，塔里木盆地牙哈地区，牙哈 3 井，5967.15m，×10，铸体片，单偏光；(H) 埋藏—热液改造型白云岩储层，晶间孔和晶间溶孔，寒武系，塔里木盆地牙哈地区，牙哈 10 井，6171.11m，×10，铸体片，单偏光；(I) 埋藏—热液改造型白云岩储层，晶间孔和晶间溶孔，上二叠统长兴组，四川盆地龙岗地区，龙岗 12 井，6496.00m，×10，铸体片，单偏光

3）角砾岩化作用和次生孔隙的形成

非组构选择性的角砾岩砾间孔隙和裂缝是地下极其重要的孔隙类型。角砾岩化可明显增加储层孔隙度，而裂隙则总体是增加储层渗透率，而不是孔隙度。

碳酸盐岩地层的角砾岩化可以发生在各种地质背景下，包括蒸发岩溶解引起的地层垮塌、喀斯特作用下石灰岩的溶解垮塌、洞穴埋藏过程中的垮塌、断裂作用等形成的孔洞缝（Blount 和 Moore，1969）。

蒸发岩溶解引起的地层垮塌往往导致上覆地层角砾岩化，形成膏溶角砾岩，同时伴生大量孔洞缝的发育，孔洞缝的大小与角砾的大小成正比。塔里木盆地中—下寒武统、四川盆地嘉陵江组和雷口坡组、鄂尔多斯盆地寒武系—马家沟组均发育有厚度不等的膏岩及盐岩，与膏岩及盐岩溶解相关的膏溶角砾岩在露头及井下均较常见，顺层规模分布，孔隙类型有砾间缝、砾间孔及砾间溶孔，有时白云岩角砾还继承了原岩的基质孔（图 2–13A）。喀斯特作用下石灰岩的溶解垮塌、洞穴埋藏过程中的垮塌、断裂作用等导致的角砾岩化将在下文阐述。

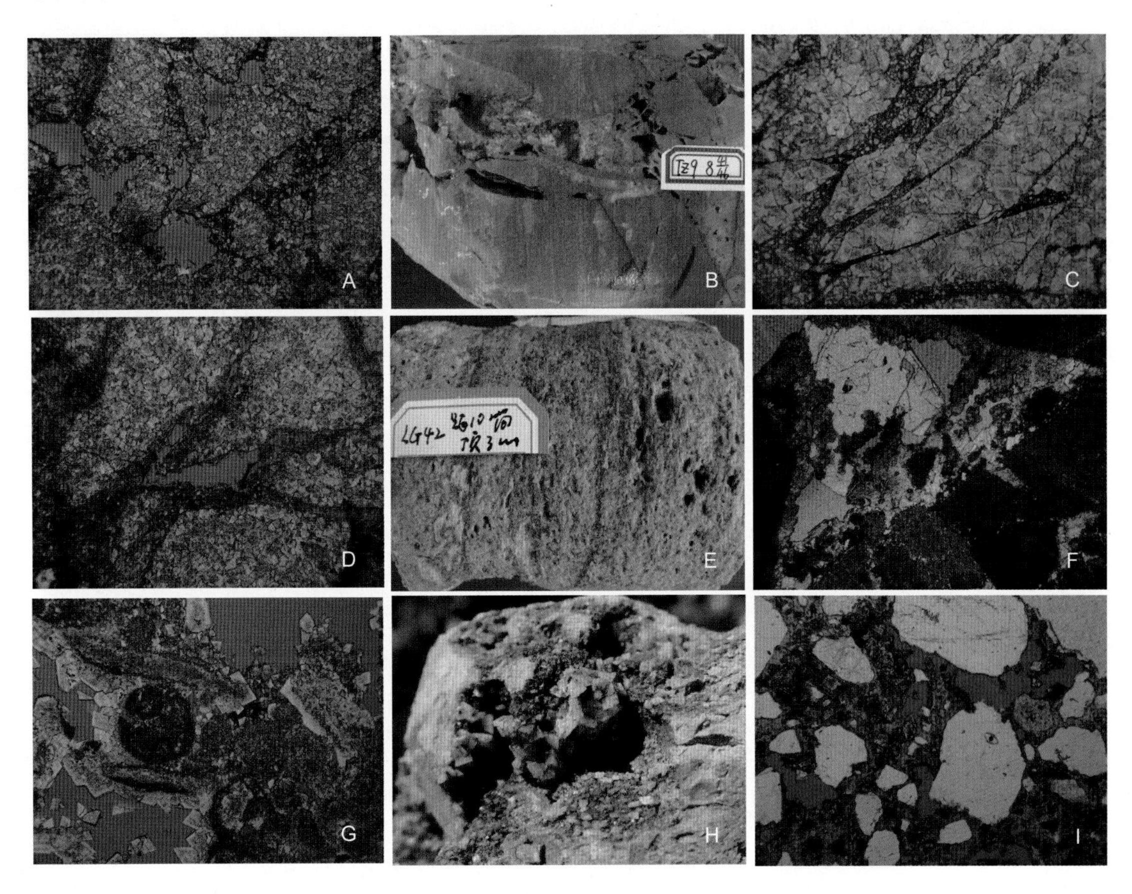

图 2–13　塔里木、四川、鄂尔多斯盆地碳酸盐岩储层缝洞类型

（A）白云岩角砾岩化形成的砾间孔被进一步的溶蚀扩大，寒武系，塔里木盆地牙哈地区，牙哈 10 井，6210.40m，×10，铸体片，单偏光；（B）裂缝及沿裂缝发育的溶孔溶洞，部分为亮晶方解石充填，下奥陶统蓬莱坝组，塔里木盆地塔中地区，塔中 9 井，8–41/46，×0.5，岩心；（C）细中晶白云岩，角砾岩化，沿裂缝发育的砾间孔渗流物充填，寒武系，塔里木盆地塔中地区，塔中 1 井，5310.45m，×10，单偏光；（D）细晶白云岩，角砾岩化，砾间缝及砾间孔发育，寒武系，塔里木盆地牙哈—英买力地区，英买 321 井，5350.28m，×10，铸体片，单偏光；（E）岩溶洞穴为钙泥质砂砾岩充填，充填物中发育大小不等的孔洞，岩心，下奥陶统鹰山组，塔里木盆地塔北地区，轮古 42 井，5829.00m，×0.5；（F）泥晶白云岩，角砾岩化，砾间孔发育，部分被方解石部分充填，寒武系，塔里木盆地牙哈—英买力地区，牙哈 7X–1 井，5834.31m，×10，铸体片，单偏光；（G）颗粒白云岩，溶孔发育，埋藏—热液作用的产物，寒武系，塔里木盆地牙哈—英买力地区，牙哈 303 井，5924.46m，×10，铸体片，单偏光；（H）中—粗晶白云岩，溶蚀孔洞发育，部分为亮晶方解石充填，热液作用的产物，寒武系，塔里木盆地塔北地区，塔深 1 井，7–3/21，×0.5，岩心；（I）洞穴充填物，溶孔发育，热液作用的产物，上寒武统，塔里木盆地牙哈—英买力地区，英买 321 井，5337.55m，×10，铸体片，单偏光

4）岩溶作用和缝洞的形成

岩溶作用或喀斯特作用特指表生期碳酸盐岩地层暴露于地表，受大气淡水淋溶作用形成不同大小的缝洞，与同生期大气淡水淋溶作用的最大区别是表生期大气淡水作用的对象是已经固结的碳酸盐岩，而同生期大气淡水作用的对象是碳酸盐沉积物。岩溶作用可划分为三个阶段：构造抬升阶段、表生期岩溶作用阶段和缝洞埋藏演化阶段。形成的缝洞往往超出薄片及岩心所能观察的尺度，并划分为溶孔（岩心和薄片尺度）、溶洞（＜0.5m）和洞穴（＞0.5m）三个级别。

构造抬升阶段以形成不同规模的张性裂缝、断裂及相应的充填物为特征，断裂两侧的岩石发生角砾岩化，喀斯特面表层（0 ～ 50m 深度）的裂缝容易受到大气淡水溶蚀形成溶洞和溶缝，如果是规模更大的断裂，则大气淡水的影响深度可以更大些。裂缝及断裂系统为表生期大气淡水活动提供了通道。

表生期岩溶作用阶段以受各种岩溶作用影响形成不同规模的缝洞及相应的充填物为特征，充填物可以是异源的搬运沉积，也可以是原地的溶解垮塌角砾。如果是未被充填的缝洞，则以岩心收获率低、钻井放空和钻井液漏失为特征。

缝洞埋藏演化阶段以表生期形成的缝洞埋藏期发生垮塌、围岩角砾岩化和受埋藏—热液溶蚀作用改造形成新的储集空间为特征。

塔里木、四川和鄂尔多斯盆地碳酸盐岩储层的缝洞普遍发育，并构成岩溶储层非常重要的储集空间（图 2–13B—I），如塔里木盆地的鹰山组和一间房组、四川盆地的下二叠统和雷口坡组、鄂尔多斯盆地的马家沟组和中—上奥陶统。岩溶作用形成的储集空间包括缝洞、基质孔及围岩缝洞。缝洞形成于表生期的大气淡水淋溶作用和埋藏期的埋藏—热液溶蚀作用，基质孔（包括砾间孔、砾间缝、溶孔）以缝洞充填物为载体，围岩缝洞形成于洞穴垮塌导致围岩的角砾岩化。

第二节　储层成岩作用和成岩环境

一、碳酸盐岩成岩环境

碳酸盐岩孔隙的形成和改造主要发生在以下四个成岩环境（图 2–14）：大气淡水、海水、蒸发海水和埋藏成岩环境。三个地表或近地表的成岩环境，即大气淡水、海水和蒸发海水成岩环境。各成岩环境的孔隙流体特征具明显的差异，埋藏成岩环境成岩流体以海水—大气淡水混合水、有机酸、复杂的盆地卤水、TSR 和热液为特征。

（一）大气淡水成岩环境

大气淡水成岩环境中溶解作用和胶结作用都是最为重要的成岩作用，其中溶解作用主要受大气和土壤中 CO_2 的驱动，包括两种类型：一是同生期相对海平面短暂下降与沉积物暴露导致不稳定矿物的溶解作用，主要位于向上变浅序列的上部，受三级或高频层序界面控制；二是表生期已经埋藏成岩又返回地表附近的岩石发生的岩溶作用，受不整合面或二级层序界面控制。溶解作用主要发生在大气淡水渗流带、潜流带、滨岸附近海水和大气淡水的混合带，可形成各种大小的孔隙、孔洞和洞穴。溶解的碳酸钙在溶液中达到饱和就会发生沉淀和胶结作用，因此，其发育部位可与溶解作用相重叠，主要发生于渗流带和潜流带下部。

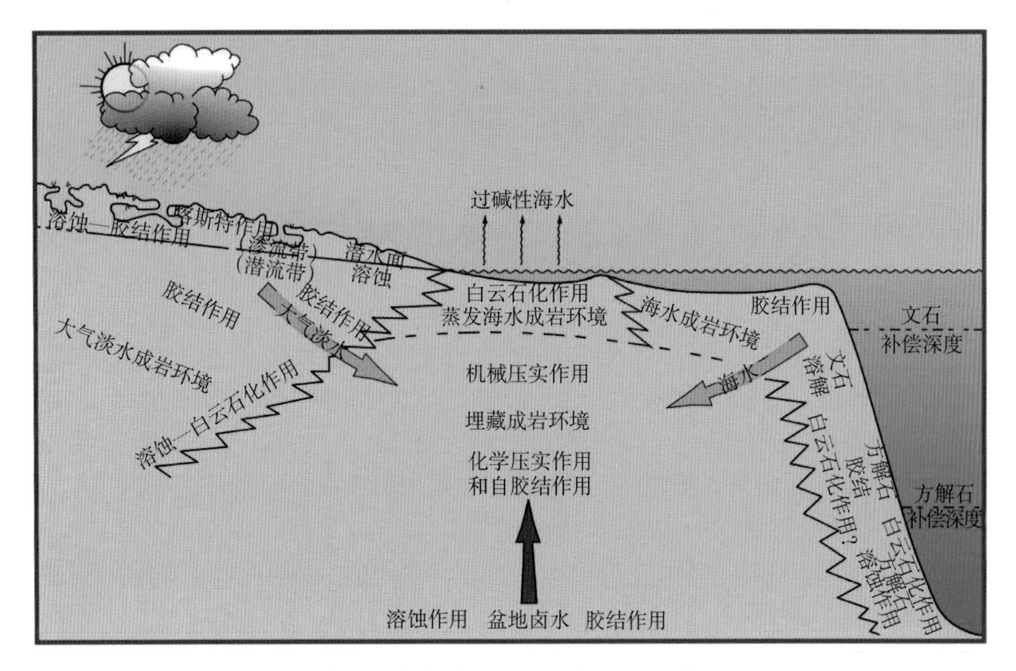

图 2–14 常见的成岩环境示意图（据 Moore 修改，2001）

沉积之后的孔隙改造和演化事件主要发生在四个成岩环境中

塔里木、四川和鄂尔多斯盆地碳酸盐岩储层大多数的组构选择性溶孔形成于同生期的大气淡水成岩环境，如四川盆地鲕滩白云岩中的鲕模孔，膏云岩中的膏模孔等。而大多数的非组构选择性溶蚀缝洞形成于表生期的大气淡水成岩环境，以塔北低凸起一间房组—鹰山组岩溶缝洞为代表，同样可见于四川盆地的雷口坡组和鄂尔多斯盆地的马家沟组五段。

（二）海水成岩环境

海水成岩环境，也是碳酸盐沉积物起源的场所，其孔隙流体以正常或受到改造过的海水为特征，对绝大多数碳酸盐矿物相都是过饱和的（Moore，1989；Morse 和 Mackenzie，1990；Tucker 和 Wright，1990）。因此，海水成岩环境是海水胶结物大量发育导致孔隙损失严重的潜在场所（Land 和 Moore，1980；James 和 Choquette，1983）。

海水胶结作用通常受流体流过孔隙体系时的流速所控制，这与沉积环境条件（如水动力强度、沉积物的孔隙度和渗透率、沉积作用的速率等）密切相关。因此，胶结作用并不是在整个海水成岩环境中均普遍发育，而是只发育于特定的亚环境中，如陆棚边缘礁滩和潮间带海滩岩中。在塔里木、四川和鄂尔多斯盆地主要发育于高能相带的礁滩相沉积中，亮晶方解石充填原生孔隙。

（三）蒸发海水成岩环境

在蒸发海水成岩环境中，最为重要和常见的成岩作用是与蒸发岩伴生的白云石化作用。海相蒸发地层主要发育在干旱气候背景下的两大沉积背景中：萨布哈（潮间—潮上坪）和障壁蒸发潟湖（或台地）。与蒸发海水环境相关的白云岩储层中，蒸发岩封割了储层，偶尔也通过胶结作用破坏孔隙。但蒸发岩的沉淀对白云石化作用及蒸发岩溶解形成溶孔有重要的贡献，与萨布哈背景有关的白云岩中高效孔隙的发育常常依赖于白云石化之后的大气淡水淋滤和石膏的溶解。

塔里木盆地中—下寒武统、四川盆地雷口坡组和嘉陵江组、鄂尔多斯盆地寒武系—马家沟组都经历了蒸发海水成岩环境，除膏岩和盐岩沉积外，与蒸发环境相关的白云石化作用可以形成萨布哈白云岩储层和渗透回流白云岩储层。

（四）埋藏成岩环境

埋藏成岩环境的成岩流体以海水和大气淡水的混合水（Folk，1974）或高温高压条件下经历长期岩—水反应形成的复杂化学成分的盆地卤水为特征（Stoessell 和 Moore，1983）。由于强烈的岩—水相互作用，这些成岩流体相对于绝大多数稳定的碳酸盐矿物相（如方解石和白云石）是饱和的（Choquette 和 James，1987）。在埋藏成岩环境的高温高压状态下，压溶作用是非常重要的孔隙破坏作用，由于孔隙流体总体上处于过饱和状态，压溶产物将以胶结物的形式在邻近的孔隙中沉淀而破坏孔隙。局部也可以通过与烃类热降解相关的溶解作用形成次生孔隙。另外，埋藏白云石化作用也可以形成白云石晶间孔。

在深埋藏成岩环境下，由于成岩流体的流动相当缓慢，使得绝大多数的埋藏成岩作用进展迟缓（Choquette 和 James，1987）。然而，由于所经历地质时间的跨度很长，埋藏成岩作用同样能彻底地改造岩石。

二、碳酸盐岩成岩阶段

Choquette 和 Pray（1970）将碳酸盐岩成岩作用划分为三个阶段：早成岩阶段、中成岩阶段和晚成岩阶段（图 2–15）。

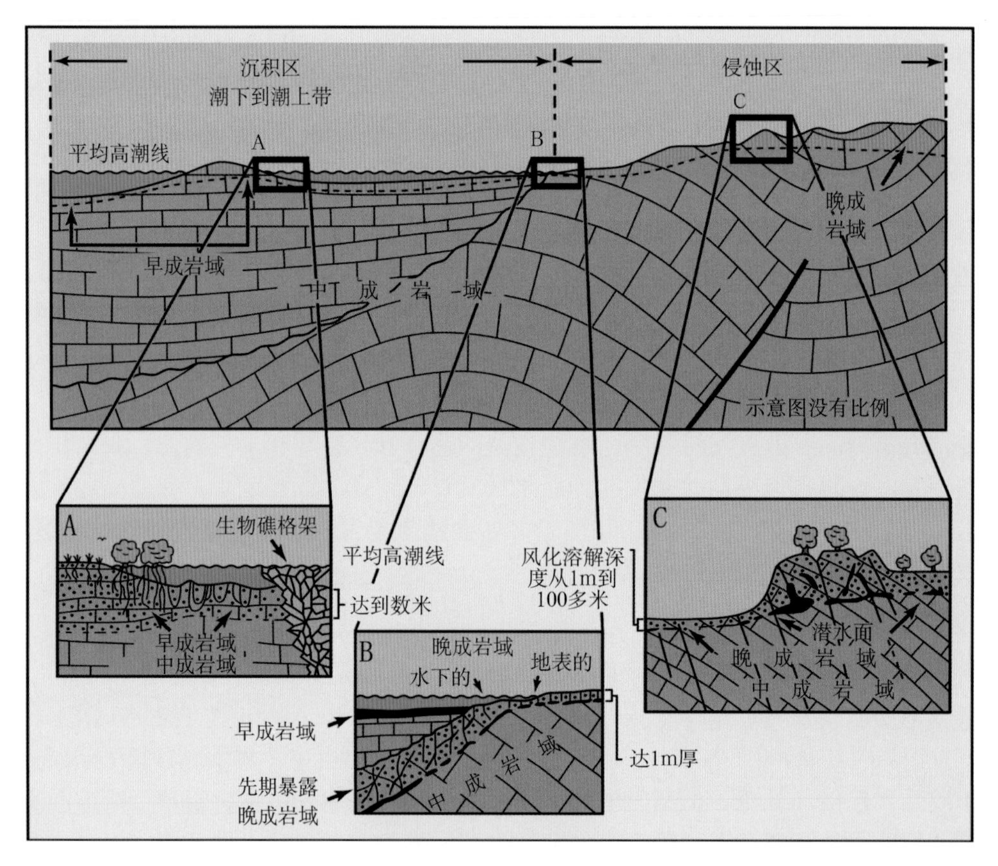

图 2–15　Choquette 和 Pray 提出的孔隙演化的主要成岩阶段（据 Choquette 和 Pray，修改，1970）

（一）早成岩阶段

早成岩阶段指的是从沉积物初始沉积到沉积物被埋藏到表生成岩作用不能影响到的深度之前的这段时间。早成岩阶段的上限一般是沉积分界面，该分界面可以位于地表，也可以位于水下。早成岩阶段的下限是表层补给的大气淡水、海水（或蒸发海水）通过重力和对流作用无法活跃或循环到达的临界深度。

早成岩阶段的沉积物或岩石在矿物相上通常是不稳定的，或正处于矿物稳定化的进程中。孔隙改造通过溶解作用、胶结作用和白云石化作用得以快速完成。就其孔隙改造的体积而言，该阶段是非常重要的。早成岩阶段活跃的成岩环境包括大气淡水潜流带、大气淡水渗流带、海水和蒸发海水成岩环境。

（二）中成岩阶段

中成岩阶段指沉积物被埋藏到表生成岩作用影响深度以下的时间段。总的来说，中成岩阶段以埋藏成岩环境中对孔隙改造十分缓慢的成岩作用为特征，以压实及与压实相关的成岩作用为主。尽管成岩改造的速率缓慢，但其所经历的成岩改造时间却是十分漫长的，因此，孔隙改造也可以很好地完成（Scholle 和 Halley，1985；Heydari，2000）。

（三）晚成岩阶段

晚成岩阶段指的是经历过中成岩阶段的碳酸盐岩地层暴露于地表再次受到表生成岩作用影响的时间段，往往与不整合面、裂缝或断层相关。晚成岩阶段特指古老岩石的侵蚀，而不是沉积旋回中较小的沉积间断所导致的新沉积物遭受侵蚀。正因如此，晚成岩阶段受影响的碳酸盐岩地层是矿物相稳定的石灰岩或白云岩，相对不易受表生成岩作用的影响。很多表生成岩环境均可出现在晚成岩阶段，大气淡水渗流带和大气淡水潜流带成岩环境最为常见。

笔者认为 Choquette 和 Pray（1970）的早、中、晚成岩阶段的划分不能完全体现受多旋回构造运动控制的中国海相叠合盆地碳酸盐岩复杂的埋藏史，应该增加再埋藏阶段，特指晚成岩阶段之后喀斯特地貌被再次埋藏的历史。

三、碳酸盐岩成岩作用

成岩作用包括沉积物沉积后发生的所有物理或化学变化过程。因此，成岩作用开始于海底（同生或早期成岩蚀变），伴随着整个埋藏过程（中期成岩蚀变），并延续至随后的抬升阶段（晚期成岩蚀变）。成岩作用可以使孔隙度和渗透率减小，也可以使其增大。但就一般而言，随着时间和埋深的增加，孔隙度和渗透率都将趋于逐渐减小并消失。现代沉积物孔隙度平均约为 35% ~ 45%，其中，颗粒灰岩可达 70%，对于泥晶灰岩或白垩则更高。而古老碳酸盐岩平均孔隙度不到 5%，即使是有效储集岩的平均孔隙度也远小于现代类似碳酸盐沉积物的孔隙度。

塔里木、四川和鄂尔多斯盆地碳酸盐岩成岩现象非常丰富，本节以成岩环境为纲，重点阐述海水成岩环境、大气淡水成岩环境和埋藏成岩环境的成岩作用类型及特征。但白云石化作用、硅化作用和硫酸盐等矿物的成岩作用可以发生在不同的成岩环境，故对上述成岩作用重点阐述不同成岩环境所发生的白云石化作用、硅化作用和硫酸盐等矿物的成岩作用的区别。

（一）海水成岩环境的成岩作用

塔里木、四川和鄂尔多斯盆地碳酸盐岩海水成岩环境所发生的成岩作用主要有以下六类，主要见于礁滩相高能沉积物中，以破坏孔隙为主。

1. 隐晶质高镁方解石胶结物

主要以环绕颗粒的泥晶结壳的形式出现，生物钻孔也大多被隐晶质高镁方解石胶结物充填（图 2–16A），是海底成岩环境发生最早的成岩作用之一。

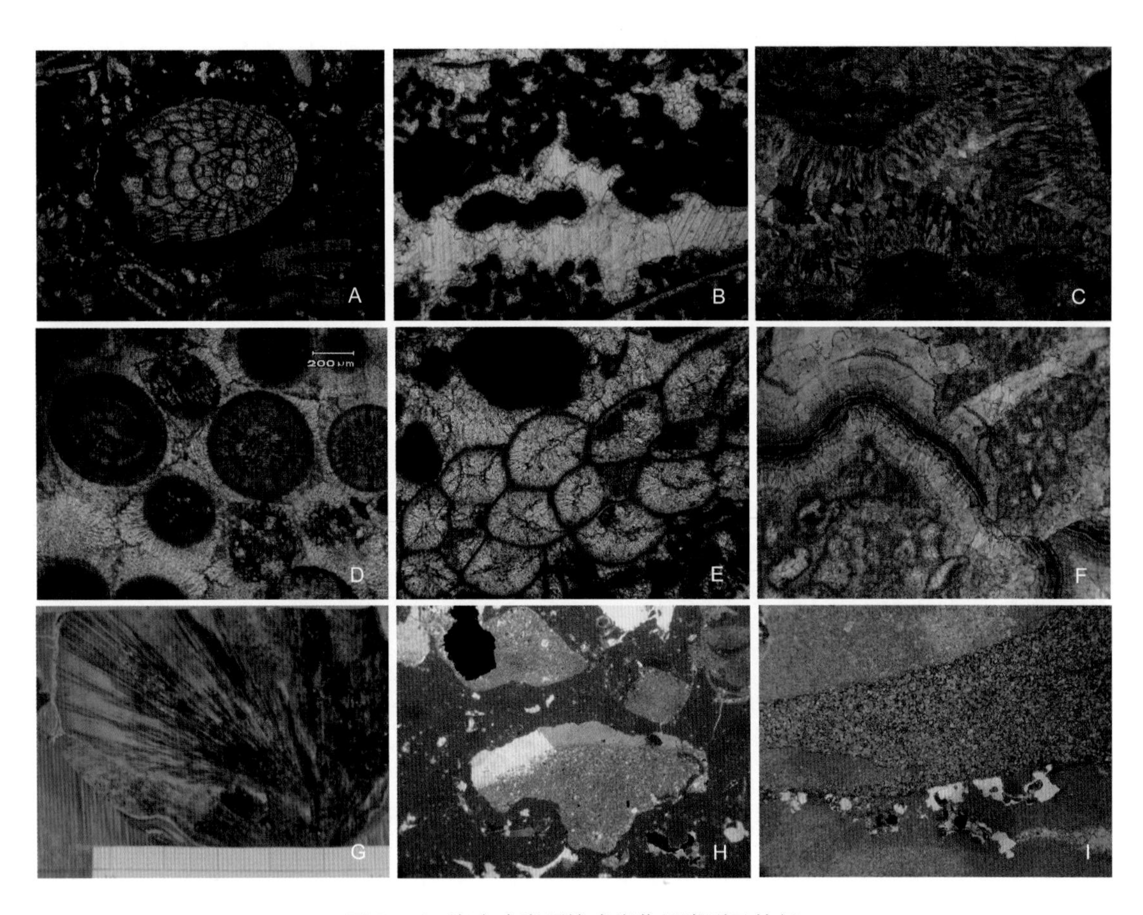

图 2–16　海水成岩环境成岩作用类型及特征

(A) 亮晶生屑、砂屑灰岩，珊瑚体腔孔为亮晶方解石充填，生物钻孔，隐晶质高镁方解石胶结物充填钻孔并构成泥晶套，上奥陶统良里塔格组，塔里木盆地塔中地区，塔中 84 井，5006.67m，×10，单偏光；(B) 藻泥晶球粒灰岩，窗格孔发育，叶片状高镁方解石胶结物形成等厚环边结壳，与孔隙中央等轴粒状亮晶方解石呈溶蚀接触，上奥陶统良里塔格组，塔里木盆地塔中地区，塔中 75 井，4237.00m，×10，单偏光；(C) 海绵礁灰岩，格架孔充填刃状高镁方解石胶结物，不均一消光，上二叠统长兴组，四川盆地龙岗地区，龙岗 001–2 井，6601.80m，×10，正交光；(D) 亮晶鲕粒灰岩，纤状文石胶结物（现为方解石）自鲕粒周缘向粒间生长，呈缝合线接触，下寒武统仙女洞组，四川盆地，旺苍剖面，×10，单偏光；(E) 苔藓虫体腔孔中充填的纤状（放射状）文石胶结物（现为方解石），上奥陶统良里塔格组，塔里木盆地塔中地区，塔中 84 井，5009.80m，×10，单偏光；(F) 藻丘白云岩，藻格架孔周缘充填的文石质葡萄石，现已白云石化，但仍保留原始组构，上寒武统，塔里木盆地牙哈地区，牙哈 5 井，6396.53m，×10，单偏光；(G) 海绵礁灰岩骨架孔中葡萄状文石胶结物之方解石假象，上二叠统长兴组，四川盆地，椿木坪剖面；(H) 含生屑泥晶灰岩，原生孔下部为同沉积期内沉积物充填，上部为亮晶方解石充填，构成示底构造，中—上奥陶统，塔里木盆地塔中地区，塔中 12 井，4883.00m，×10，正交光；(I) 泥粉晶白云岩，海底硬地被生物钻孔，钻孔被亮晶方解石充填后又被削平，上覆沉积物很可能是潜穴充填物，结晶相对较粗，中—下寒武统，塔里木盆地塔中—巴楚地区，和 4 井，5359.55m，×10，单偏光

2. 高镁方解石胶结物

主要见于亮晶颗粒灰岩的粒间孔中（图 2–16B、C），少量可见于窗格孔、生物体腔孔等原生孔隙中，呈纤状至叶片状或隐晶质环绕颗粒的等厚结壳，对较小的孔隙，可全为高镁方解石胶结物充填，对较大的孔隙，孔隙中央为淡水方解石胶结，两者间呈溶蚀不整合接触。

3. 文石胶结物

主要见于生物体腔孔、藻架孔等较大的原生孔隙中（图 2–16D、E），呈纤状或叶片状等厚环边向孔隙中央生长，对较小的孔隙，可全为文石胶结物充填，对较大的孔隙，孔隙中央为石膏或等轴粒状淡水方解石充填。

4. 葡萄石胶结物

主要见于藻架孔等较大的原生孔洞中，成分以文石质为主（图 2–16F、G）。

5. 内沉积物充填

内沉积物的形成可能与生物活动有关，充填较大型的孔洞，并可与后期胶结物一起构成示底构造（图 2–16H）。

6. 生物钻孔和潜穴

生物钻孔是生物对坚硬基质的破坏作用，潜穴是生物对软基质的改造作用，钻孔及潜穴的充填物与宿主岩石的成份有很大的差别，易于识别（图 2–16A、I）。

（二）大气淡水成岩环境的成岩作用

1. 不稳定矿物的溶解作用

不稳定矿物的溶解作用是淡水渗流带非常普遍的成岩作用，以组构选择性溶解为特征，包括文石和高镁方解石、文石质鲕粒和生屑壳的溶解，形成铸模孔和粒间溶孔，与同生期相对海平面下降导致沉积物暴露有关（图 2–17A、B）。

2. 重力形和新月形胶结作用

淡水渗流带非常普遍的成岩作用类型。受重力作用、毛管压力和液体表面张力的作用，胶结物容易沉淀于颗粒下方和颗粒接触部位，从而形成重力形和新月形胶结物（图 2–17C）。尤其见于新生代沉积地层中，古老海相碳酸盐岩由于后期的成岩叠加改造作用而不易识别。

3. 渗流粉砂沉积作用

淡水渗流带非常普遍的成岩作用，灰质粉砂屑充填渗流缝（与暴露和干裂等因素有关）及先存的孔隙，常构成（假）示底构造（图 2–17D）。

4. 亮晶方解石胶结作用

有四种亮晶方解石胶结物类型：一是与棘屑呈共轴增生的亮晶方解石（图 2–17E），形成于淡水潜流带，但可延续到埋藏成岩环境；二是叶片状或马牙状亮晶方解石胶结物，形成于淡水潜流带（图 2–17F）；三是等轴粒状亮晶方解石胶结物（图 2–17F、G），形成于淡水潜流带；四是块状亮晶方解石胶结物（图 2–17H），可能与混合水有关。

5. 表生岩溶作用

淡水潜流带和混合带均可发生非组构选择性溶解作用，被溶解的主要是稳定的碳酸盐矿物，可以是已有孔隙的溶蚀扩大，也可以形成新的溶孔，溶孔中可以充填放射轴状或马牙状亮晶方解石胶结物（图 2–17I）、等轴粒状亮晶方解石胶结物及块状亮晶方解石胶结物中的一种或几种。

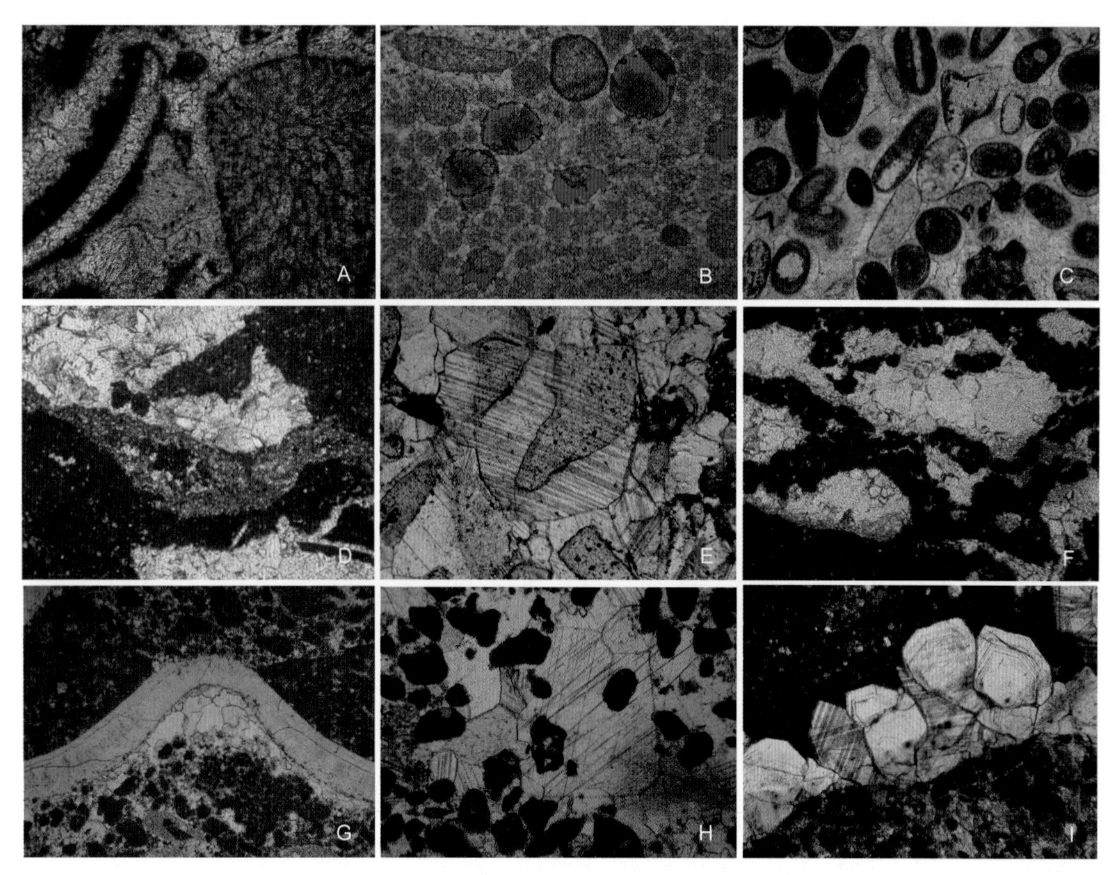

图 2-17　大气淡水成岩环境成岩作用类型及特征

(A) 亮晶生屑灰岩，生屑壳体被泥晶套包裹，文石质生屑壳在淡水渗流带被淋溶形成铸模孔，并为潜流带等轴粒状亮晶方解石充填，上奥陶统良里塔格组，塔里木盆地塔中地区，塔中 83 井，5120.72m，×10，单偏光；(B) 鲕粒白云岩，文石质鲕粒选择性溶解形成铸模孔，同生期大气淡水淋溶的产物，中寒武统，塔里木盆地牙哈地区，牙哈 7X-1 井，5833.00m，×10，铸体片，单偏光；(C) 鲕粒生屑、砂屑灰岩，在等厚环边纤状方解石之上发育的淡水渗流带重力形胶结，中奥陶统一间房组，塔里木盆地轮南地区，轮南 54 井，5456.89m，×10，单偏光；(D) 藻泥晶灰岩，发育的窗格孔，下部为淡水渗流带渗流粉砂充填，上部为淡水潜流带等轴粒状方解石充填，构成示底构造，上奥陶统良里塔格组，塔里木盆地塔中地区，塔中 83 井，5176.76m，×10，单偏光；(E) 亮晶棘屑灰岩，亮晶方解石共轴增生在棘屑上，上奥陶统良里塔格组，塔里木盆地塔中地区，塔中 62 井，15-6/61，×10，单偏光；(F) 藻泥晶砂屑灰岩，发育窗格孔，并具溶蚀扩大的现象，窗格孔为马牙状及等轴粒状两个世代的亮晶方解石充填，两者间呈溶蚀不整合接触，上奥陶统良里塔格组，塔里木盆地塔中地区，塔中 84 井，5142.59m，×10，单偏光；(G) 泥晶生屑、砂屑灰岩，遮蔽孔为淡水潜流带等轴粒状亮晶方解石充填，使得介壳埋藏后具抗压实能力而未破碎，中—下奥陶统鹰山组，塔里木盆地轮南地区，轮南 18 井，5296.95m，×10，单偏光；(H) 亮晶砂屑灰岩，潜流带非组构选择性溶解形成的溶孔为等轴粒状亮晶方解石及块晶方解石充填，中—下奥陶统鹰山组，塔里木盆地轮南地区，轮古 17 井，5545.44m，×10，单偏光；(I) 洞穴充填物，洞穴壁为放射轴状或马牙状亮晶方解石胶结物充填，中奥陶统一间房组，塔里木盆地英买力地区，英买 9 井，5175.50m，×10，单偏光

（三）埋藏成岩环境的成岩作用

这里讨论的埋藏成岩环境成岩作用类型不包括白云石化作用，事实上埋藏白云石化作用是埋藏成岩环境非常重要的孔隙改造作用。

1. 机械压实作用

大多数的颗粒灰岩在同生期已被亮晶方解石胶结，具有较强的抗压实能力，机械压实作用现象不明显。常见的机械压实作用现象有颗粒呈线状接触、胶结物剥离、颗粒的破裂或位移等（图 2–18A—C）。

2. 化学压溶作用

压溶作用的典型表象为微缝合线、缝合线、纤细薄层和溶解薄层等不同类型缝合线的形成（图 2–18D—F）。缝合线最易发育于两种岩性的交界处，侧向构造挤压也可形成斜交或垂直层面的缝合线。沿缝合线发育白云石化和不溶残余及扩大的次生溶孔。

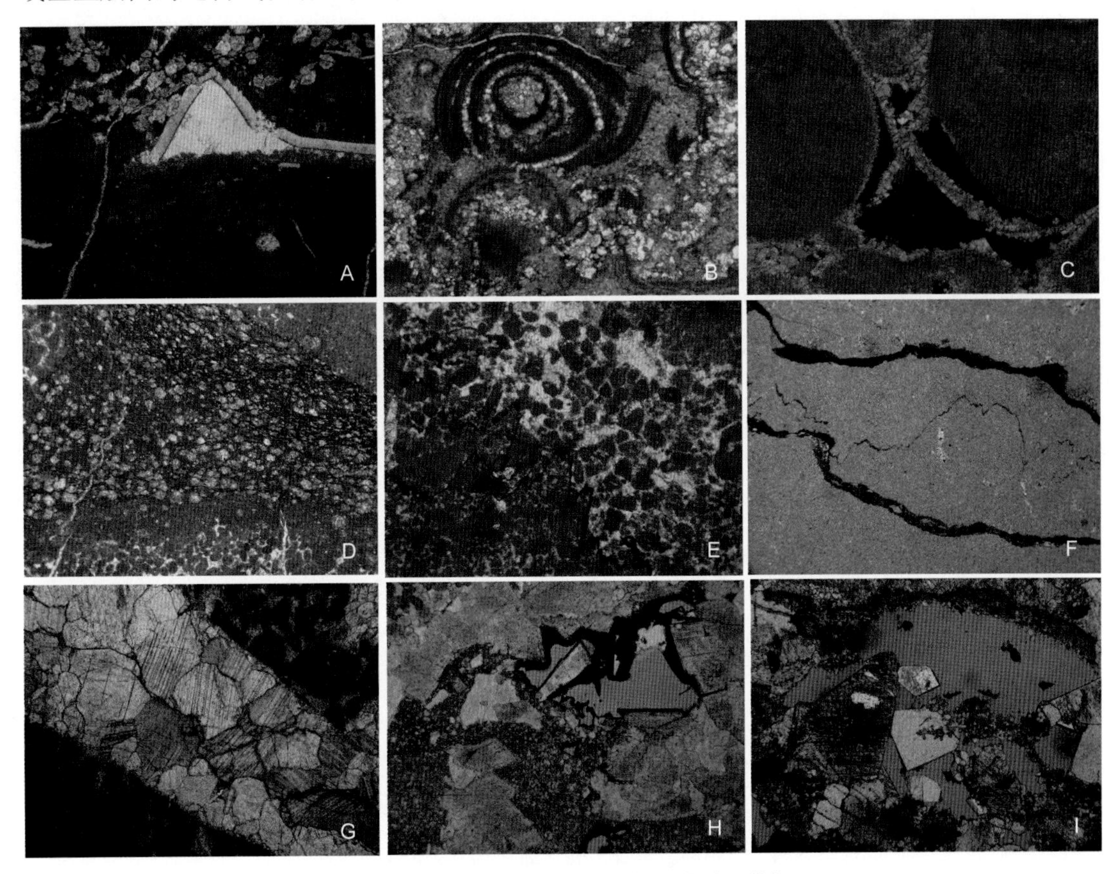

图 2–18 埋藏成岩环境成岩作用类型及特征

（A）泥晶灰岩，沿缝合线发育埋藏白云石化作用，机械压实作用导致生屑的破碎，遮蔽孔中的亮晶方解石形成于生屑破碎之后，中—下奥陶统鹰山组，塔里木盆地轮南地区，轮古 9 井，5748.40m，×10，单偏光；（B）白云质鲕粒灰岩，埋藏期压实压溶作用下鲕粒发生变形、破裂，下三叠统飞仙关组，四川盆地龙岗地区，龙岗 001–1 井，5987.12m，×10，单偏光；（C）亮晶鲕粒白云岩，粒间等厚环边纤状方解石胶结物（已白云石化）在埋藏期压实作用下与颗粒剥离并破裂，石炭系黄龙组，四川盆地川东北地区，池 34 井，3196.06m，×10，正交光；（D）泥晶灰岩中发育的纤细薄层，强烈压溶作用的产物，属缝合线的一种类型，沿压溶面发育的自形白云石，上奥陶统良里塔格组，塔里木盆地塔中地区，塔中 403 井，4099.40m，×10，单偏光；（E）当压实作用进一步增强时，产生压溶缝合线，缝合线最易发育于两种岩性的交界处，中—下奥陶统鹰山组，塔里木盆地轮南地区，轮古 9 井，5754.70m，×10，单偏光；（F）泥晶灰岩中发育的溶解薄层，是强烈压溶作用的产物，属缝合线的一种类型，不溶残余堆积，奥陶系，塔里木盆地塔中地区，塔参 1 井，4387.36m，×10，单偏光；（G）亮晶藻砂屑灰岩，埋藏期形成的剪切裂缝为粒状亮晶方解石充填，中奥陶统一间房组，塔里木盆地英买力地区，英买 9 井，5161.60m，×10，单偏光；（H）中—粗晶白云岩，构造抬升过程中可以形成多期次的张性裂缝，裂缝及砾间孔为渗流沉积物充填，中—下奥陶统，塔里木盆地塔中地区，塔参 1 井，5102.80m，×10，铸体片，单偏光；（I）亮晶砂屑灰岩，埋藏溶蚀作用导致非结构选择性溶蚀，形成次生超大溶孔，与有机酸有关，溶孔为埋藏亮晶方解石部分充填，上奥陶统良里塔格组，塔里木盆地塔中地区，塔中 72-1 井，4952.53m，×10，铸体片，单偏光

3. 构造裂缝作用

受多旋回构造运动的叠加改造，可发育多期次的裂缝，包括埋藏背景下发育的裂缝

（图 2–18G），构造抬升背景发育的裂缝（图 2–18H），再埋藏背景还可发育不同期次的裂缝。裂缝为不同时期的成岩介质提供通道的同时，也为不同时期的成岩产物所充填，如铁方解石、无铁方解石、（鞍状）白云石和硅质等。

4. 埋藏溶解作用

埋藏溶解作用表现为两种形式，一是孔隙型颗粒灰岩受侵蚀性成岩介质的作用形成基质溶孔（图 2–18I），二是沿缝合线、裂缝等流体通道的溶解形成扩大的次生溶孔，非组构选择性。

（四）白云石化及硅化作用发生的成岩环境

白云石化及硅化作用既可发生于蒸发海水成岩环境、埋藏成岩环境，也可发生于海水及大气淡水成岩环境。

1. 萨布哈白云石化作用

潮坪相纹层构造、伴生的石膏和泥 / 粉晶白云岩是萨布哈白云石化作用的重要识别依据，石膏的溶解和未云化灰泥的溶解是与萨布哈白云石化作用相关储层发育的主要过程。萨布哈白云石化作用普遍见于塔里木盆地的中—下寒武统、四川盆地的雷口坡组和嘉陵江组、鄂尔多斯盆地的寒武系及马家沟组（图 2–19A）。

2. 渗透回流白云石化作用

渗透回流白云石化作用发育于蒸发台地（或潟湖）中靠近台缘一侧，包括台缘或台内高能滩相灰岩的白云石化及礁丘灰岩的白云石化，原岩结构常能保留，可伴有石膏沉淀充填残留孔。残留的原生孔、淡水渗流带不稳定矿物溶解形成的铸模孔及粒间溶孔、石膏溶孔是与渗透回流白云石化作用相关储层的主要孔隙类型。渗透回流白云石化作用普遍见于塔里木盆地的中—下寒武统、四川盆地的雷口坡组和嘉陵江组、鄂尔多斯盆地的寒武系及马家沟组（图 2–19B）。

3. 混合水白云石化作用

对于广泛分布的陆表海、陆棚或构造高地中共生的白云岩，其中没有蒸发矿物或蒸发岩，也缺乏潮上标志，用高镁钙比的超盐度卤水的白云石化作用模式不能解释。Badiozamani（1973）提出了大气淡水和海水混合的白云石化作用机理。根据实验，5% ~ 40% 的海水与地下淡水混合，将会使方解石不饱和，而对白云石则会增强其饱和度，这样在盐度降低而 Mg/Ca 比值保持不变的情况下也可引起白云石化作用。然而，随后的研究发现，实际需要满足的条件比实验室结果苛刻得多，海水和淡水的比例要在 30% ~ 40% 之间才有可能发育，对于地质历史上能否满足这一机制的苛刻条件仍然存在很大的疑问。具雾心亮边构造的环带状白云石被认为是混合水成因的（图 2–19C）。

4. 埋藏白云石化作用

埋藏成岩环境的白云石化可分为两种类型，一是交代白云石化作用，二是重结晶白云石化作用。交代白云石包括浅—中埋藏期沿压溶缝合线分布的自形—半自形细—中晶白云石，持续的白云石化作用可以形成白云岩斑块，直至完全白云石化成白云岩地层。重结晶白云石包括中—深埋藏期白云石的重结晶作用，形成自形—半自形中—粗晶白云岩，也是重要的孔隙建造作用，发育晶间孔和晶间溶孔。

塔里木盆地上寒武统及蓬莱坝组、鄂尔多斯盆地中央隆起马家沟组四段普遍发育埋藏白云石化成因的白云岩，以重结晶白云石化作用为主，形成结晶白云岩（图 2–19D）。塔里木盆地奥陶系鹰山组—良里塔格组交代白云石化作用也非常普遍，主要沿缝合线分布，形成白云岩斑块（图 2–19E）。

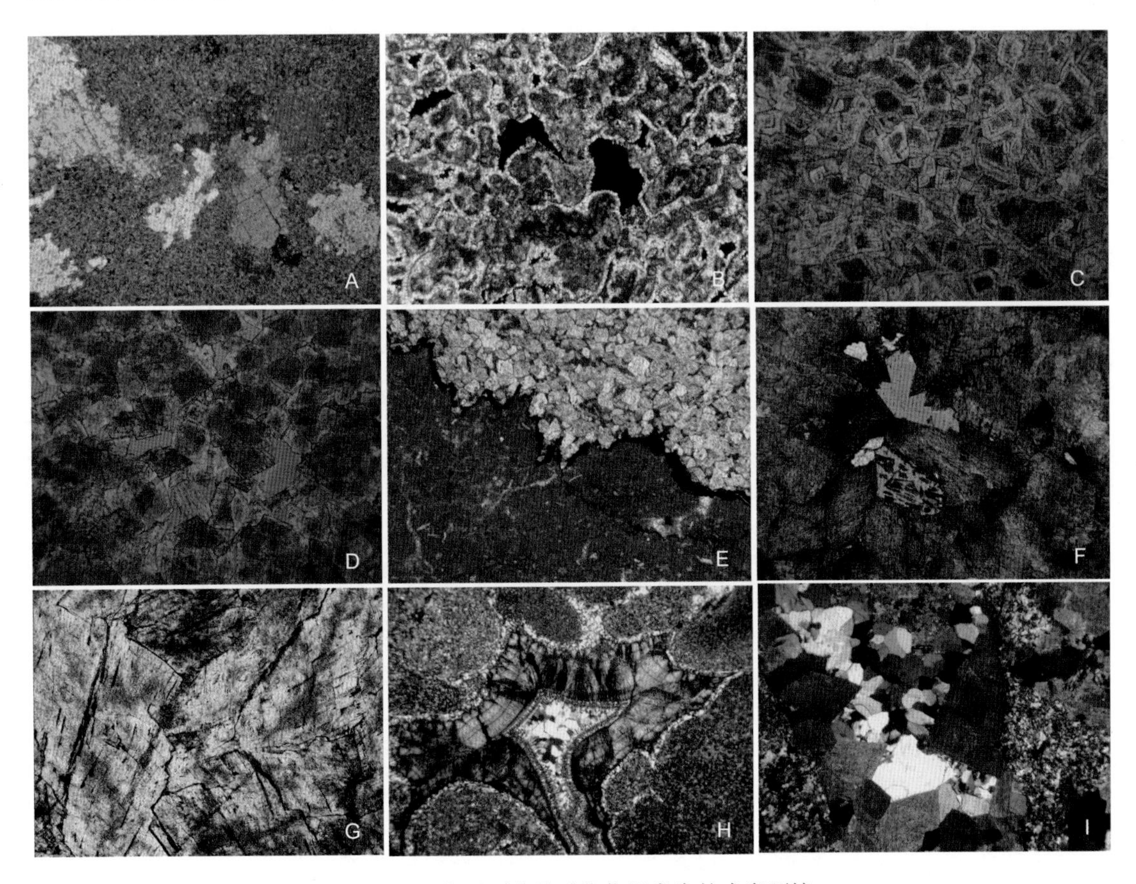

图 2–19　白云石化及硅化作用发生的成岩环境

（A）泥晶白云岩，潮坪相石灰岩萨布哈白云石化的产物，石膏呈斑块状分布于白云岩中，中—下寒武统，塔里木盆地塔中—巴楚地区，和 4 井，5079.80m，×10，正交光；（B）亮晶藻团粒白云岩，渗透回流白云石化作用的产物，保留原岩结构，中三叠统雷口坡组，四川盆地江油地区，中坝 80 井，3133.62m，×10，正交光；（C）中晶白云岩，白云石为自形晶，具环带状构造和雾心亮边结构，被认为是混合水白云石化的产物，寒武系，塔里木盆地英买力地区，英买 321 井，5379.88m，×10，单偏光；（D）中晶白云岩，重结晶白云石化作用的产物，中—深埋藏环境，下奥陶统，塔里木盆地牙哈地区，牙哈 3 井，5968.20m，×10，铸体片，单偏光；（E）泥晶灰岩，沿缝合线的交代白云石化形成斑块状白云岩，缝合线为白云石化介质的流动提供了通道，中奥陶统，塔里木盆地轮南地区，轮古 42 井，5905.25m，×10，单偏光；（F）鞍状白云岩（或斑块），白云石晶体边缘为弧形，原岩可能是中—粗晶白云岩，受热液的改造成鞍状白云岩，晶间孔发育，寒武系，塔里木盆地塔中地区，塔中 40-8 井，4584.28m，×10，铸体片，单偏光；（G）孔洞中充填的鞍状白云石，晶面弯曲，与热液作用有关，下奥陶统马家沟组五段，鄂尔多斯盆地，宜探 1 井，2422.90m，×10，单偏光；（H）颗粒白云岩，粒间孔为玉髓及显晶石英充填或交代，硅化具组构选择性，寒武系，塔里木盆地塔中地区，塔中 1 井，6068.05m，×10，正交光；（I）中—粗晶白云岩，白云石被溶蚀成不完整的晶体，晶间孔及晶间溶孔为玉髓和显晶石英充填，寒武系，塔里木盆地塔中地区，塔中 40-8 井，4585.32m，×10，正交光

5. 热液白云石化作用

鞍状白云石及伴生热液矿物的出现是热液白云石化的重要标志之一，表现为三种形式：一是充填裂缝或溶孔的鞍状白云石，二是鞍状白云石斑块，三是热液对原白云岩的叠加改造。塔里木盆地塔中地区鹰山组热液作用活跃，热液作用除形成热液溶蚀洞穴外，热液白云石化作用形成白云岩斑块及透镜体，鞍状白云石充填孔洞及裂缝（图 2–19F、G）。

6. 硅质胶结和交代作用

硅质胶结和交代作用既可发生于同生期，称为成岩早期硅化作用，又可发生于埋藏期，称为硅质热液硅化作用。塔里木、四川和鄂尔多斯盆地碳酸盐岩硅质胶结和交代作用非常普遍（图 2−19H、I）。

早期硅化作用通常为组构选择性，以交代原始结构组分为主，以隐晶和微晶质石英为主，不具备孔隙建造作用。

硅质热液硅化作用通常为非组构选择性，交代和胶结充填作用同等重要，隐晶、微晶和显晶质石英同等重要。热液流体在一定条件下对碳酸盐矿物不饱和，具有溶蚀作用，因此，具备一定的孔隙建造作用。

（五）硫酸盐等矿物成岩作用发生的成岩环境

1. 石膏的交代和沉淀作用

石膏的交代和沉淀作用既可发生于同生期蒸发海水成岩环境（图 2−20A），又可发生于埋藏成岩环境蒸发盐矿物的被活化和再沉淀（图 2−20B），更有来自热液沉淀的石膏（图 2−20C）。

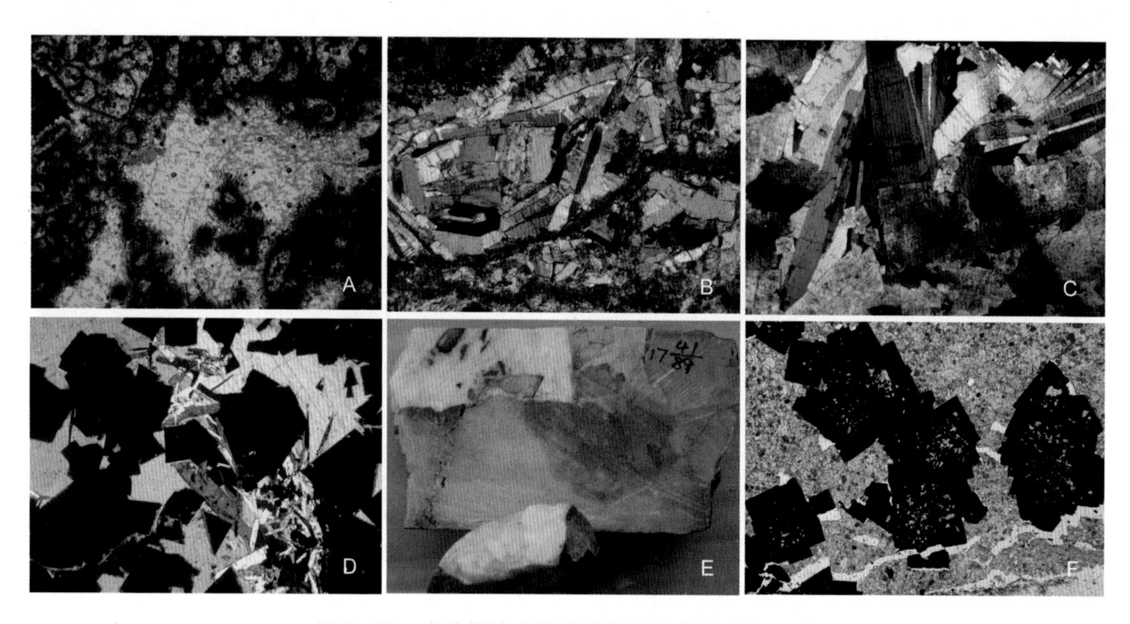

图 2−20　硫酸盐等矿物成岩作用发生的成岩环境

(A) 藻礁（丘）格架岩，格架孔为硬石膏充填，石膏为同生期从高浓度卤水中析出的产物，埋藏期脱水为硬石膏，下寒武统，塔里木盆地塔中—巴楚地区，方 1 井，4598.50m，×10，正交光；(B) 细—中晶白云岩，白云石化作用和硬石膏交代作用常伴生，在埋藏环境温度升高的条件下，从深部卤水中析出硬石膏，寒武系，塔里木盆地塔中地区，塔中 75 井，4804.83m，×10，正交光；(C) 鞍状白云石晶间孔和晶间溶孔为硬石膏充填，硬石膏和鞍状白云石均属热液矿物，从热液中沉淀鞍状白云石的同时也沉淀了硬石膏，寒武系，塔里木盆地塔中地区，塔中 75 井，4793.09m，×10，正交光；(D) 天青石和萤石，是非常常见的热液矿物，与深埋藏环境热液活动有关，寒武系，塔里木盆地塔中地区，塔中 1 井，6198.40m，×10，正交光；(E) 重晶石是非常常见的热液矿物，与深埋藏环境热液活动有关，下奥陶统，塔里木盆地塔中地区，塔中 16-2 井，17−41/89，×0.5，岩心；(F) 生屑、砂屑泥晶灰岩，自生矿物黄铁矿交代作用，与埋藏期封闭体系还原成岩环境有关，上奥陶统，塔里木盆地塔中地区，塔中 25 井，3767.25m，×10，单偏光

2. 其他热液矿物的交代和沉淀作用

天青石的交代和沉淀作用（图 2−20D）、重晶石的交代和沉淀作用（图 2−20E）、自生

黄铁矿交代作用（图 2–20F）、闪锌矿的析出作用和萤石的析出作用（图 2–20D）主要见于埋藏成岩环境，是热液活动的重要标志性矿物。

第三节　碳酸盐岩储层类型和特征

一、碳酸盐岩储层类型

碳酸盐岩储层的分类至今仍未有一个大家认可的方案，本书立足塔里木、四川和鄂尔多斯盆地数百口井的岩心和薄片观察，同时综合录井、测井、试油和地震资料，提出表 2–2 的碳酸盐岩储层类型划分方案。这一划分方案既考虑了物质基础、地质背景和成孔作用三个储层发育条件，又考虑了油气勘探生产的实用性。

沉积型礁滩储层是从物质基础的角度命名的，礁滩相沉积作为非常特殊的沉积体系，是储层非常重要的载体，尽管成孔作用因礁滩体所经历地质背景的不同而有变化，如有的礁滩体发生了白云石化作用，而有的礁滩体则发生了同生溶解作用及埋藏溶蚀作用，但寻找有效储层的前提是必须要找到礁滩体。所以，不管储层的成因如何，只要储层的载体是礁滩体，就称为礁滩储层。

后生溶蚀—溶滤型岩溶储层是从地质背景和成孔作用的角度命名的，由于碳酸盐岩在表生环境容易发生岩溶作用的特殊属性，在古隆起及围斜区地质背景下容易发生表生岩溶作用，形成缝洞型岩溶储层，不整合面及断裂体系是寻找岩溶储层的重要标志，对岩性没有特殊的选择性，可以是不同类型的石灰岩和白云岩。所以，不管岩性如何，只要是岩溶作用成因的，就称为岩溶储层。

白云岩储层是从物质基础和成孔作用的角度命名的，白云岩可以形成于同生期的白云石化作用，也可形成于埋藏期的白云石化作用，孔隙的发育是溶解作用和白云石化作用叠合的结果，寻找有效储层的前提是必须找到白云岩。这类储层与岩溶储层之间没有交叉关系，即使岩性都是白云岩，但两者的成因是不一样的。与礁滩储层之间有一定的交叉关系，白云石化礁滩储层的归属存在不确定性，这也是这一分类方案留下的不足。事实上，很多白云岩储层的原岩以礁滩沉积为主，只是因白云石化程度的不同而导致颗粒结构的残留程度不同而已。

不管分类方案如何，所面对的勘探对象不外乎礁滩、岩溶和白云岩三类储层，这又是一个很有实用性的分类方案。

二、碳酸盐岩储层特征

（一）沉积型礁滩储层

包括进积—加积型镶边台缘礁滩储层和台内缓坡型礁滩储层两类。前者以塔中良里塔格组礁滩灰岩储层及环开江—梁平海槽二叠—三叠系礁滩白云岩储层为代表；后者以四川盆地二叠—三叠系台内礁滩为代表，有两种分布形式，一是台内大面积分布的滩相，二是台洼周缘礁滩。储集空间以基质孔为主，如颗粒铸模孔、粒间（溶）孔、晶间（溶）孔等，相对均质。同生期大气淡水溶解作用、埋藏溶蚀作用及白云石化作用是孔隙发育的主要建设性成岩作用。礁滩储层是四川盆地非常重要的储层类型。

表 2-2 中国海相碳酸盐岩储层类型及基本特征

储集层类型				形成机理	基本特征	典型实例		
						塔里木盆地	鄂尔多斯盆地	四川盆地
沉积型	沉积型礁滩储层及沉积型白云岩储层	礁滩储层	进积—加积型镶边台缘礁滩储层	高能礁 / 滩沉积受早表生大气淡水淋溶 + 埋藏岩溶作用 + 多期次白云石化作用	岩性以生屑灰岩、颗粒灰岩为主；储集空间为生物格架孔、体腔孔和粒间孔、粒间溶孔等	塔中 1 号带良里塔格组礁滩	西缘、南缘中上奥陶统礁滩	开江—梁平海槽两侧长兴组和飞仙关组礁滩
			台内缓坡型礁滩储层		岩性以台内生屑砂屑滩、颗粒灰岩滩为主；储集空间以基质孔为主，少量格架孔	一间房组—鹰山组台内滩	—	栖霞组、长兴组、飞仙关组台内滩
		白云岩储层	萨布哈白云岩储层	萨布哈白云石化 + 同生期大气淡水溶蚀	岩性以蒸发潮坪膏云岩为主；储集空间以石膏结核溶孔为主，少量晶间孔	塔北、塔中中寒武统（和4井、牙哈10井等）	中下奥陶统马家沟组五段	下—中三叠统嘉陵江组和雷口坡组
			渗透—回流白云岩储层	渗透 − 回流白云石化 + 同生期大气淡水溶蚀	岩性以颗粒白云岩、藻礁白云岩为主；储集空间为铸模孔、粒间溶孔、藻礁格架孔等	塔北、塔中中寒武统（牙哈 7X−1 井、方 1 井等）	东部盐间马家沟组	下—中三叠统嘉陵江组、雷口坡组和川东石炭系黄龙组
成岩型	埋藏—热液改造型白云岩储层	埋藏白云岩储层		交代作用 + 重结晶作用 + 埋藏岩溶作用	岩性以细、中、粗晶白云岩为主；储集空间以晶间孔、晶间溶孔为主，少量溶蚀孔洞	塔北、塔中上寒武统及下奥陶统蓬莱坝组（东河 12 井、英买 32 井等）	上寒武统三山子组，中部马家沟组四段，南缘奥陶系	上震旦统灯影组和寒武系，川北中二叠统栖霞组和川东石炭系黄龙组
		构造—热液白云岩储层		热液白云石化作用 + 热液溶蚀作用	鞍状白云石，斑块状受断裂控制；储集空间主要以残余溶蚀孔洞和晶间孔为主	晚海西期断裂—热液发育区	—	晚海西期断裂—热液发育区
改造型	后生溶蚀—溶滤型岩溶储层	层间岩溶储层		层间岩溶作用	发育于巨厚碳酸盐岩层系内的古隆起及其斜坡部位，储集空间为溶蚀孔、洞、缝和未—半充填大型溶洞	巴楚—塔中中—下奥陶统鹰山组、蓬莱坝组	—	—
		顺层岩溶储层		顺层岩溶作用	与潜山岩溶伴生，发育于古隆起围斜低部位，循环深度可达几百至数千米；储集空间以溶蚀孔、洞、缝和未—半充填大型溶洞为主	塔北南缘鹰山组、一间房组	盆地西缘中—上奥陶统	—
		潜山（风化壳）岩溶储层	石灰岩潜山	喀斯特岩溶 + 垂向岩溶作用 + 热液作用	发育于古隆起核部，储集空间包括缝洞、基质孔等，构成岩溶缝洞体系	轮南低凸奥陶系灰岩潜山	—	—
			白云岩风化壳			牙哈潜山构造带寒武系；英买 32 潜山构造带寒武系	龙岗地区三叠系雷口坡组四段	靖边及东部盐上马家沟组
		受断裂控制岩溶储层		断裂或裂缝作用 + 垂向岩溶作用	张性构造环境，如背斜的核部等，碳酸盐岩内幕或裸露区	英买 1−2 井区一间房组—鹰山组	四川盆地茅口组	盆地西缘上奥陶统

（二）后生溶蚀—溶滤型岩溶储层

包括层间岩溶储层、顺层岩溶储层、石灰岩潜山岩溶储层、白云岩风化壳储层和受裂缝控制岩溶储层五种类型，分别以塔中北坡鹰山组、塔北南缘奥陶系、轮南低凸奥陶系、靖边马家沟组五段和英买 1–2 井区奥陶系为代表。储集空间以缝洞为主，缝洞规模可大可小，充填程度和充填物特征也各有差异，非均质性极强。受多旋回构造运动控制的多期次岩溶作用及热液作用导致缝洞的发育。岩溶储层是塔里木盆地非常重要的储层类型，只有白云岩风化壳储层还可见于四川和鄂尔多斯盆地，特征也有很大的差异。

（三）白云岩储层

沉积型白云岩储层主要形成于同生期，与蒸发的气候条件相关，并往往与膏盐沉积相伴生，包括萨布哈白云岩储层和渗透回流白云岩储层两类，在塔里木盆地中—下寒武统、四川盆地三叠系及鄂尔多斯盆地寒武系—马家沟组均有发育。储集空间以石膏溶孔、颗粒铸模孔、粒间孔为主，少量晶间孔及砾间孔。同生期大气淡水溶解作用及同生期的萨布哈白云石化、渗透回流白云石化作用是孔隙发育的主要建设性成岩作用，古气候背景及沉积相带控制储层的分布。

埋藏—热液改造型白云岩储层形成于埋藏期，包括埋藏白云岩储层和热液白云岩储层两类，分别以塔里木盆地蓬莱坝组及鹰山组为代表。储集空间以白云石晶间孔、晶间溶孔（洞）及热液溶蚀洞穴为主，相对均质。埋藏白云石化、埋藏溶蚀及热液溶蚀作用导致孔隙的发育，热液溶蚀作用往往沿断裂发育，并同时发生热液矿物的沉淀，埋藏白云石化和埋藏溶蚀作用往往沿渗透性好的岩层发育。大量案例揭示埋藏白云岩储层主要沿陆棚边缘分布，可能与埋藏流体的运动主要集中在沉积期或沉积后不久建立起来的高孔隙度—渗透率带有关，残留结构显示塔里木盆地蓬莱坝组埋藏白云岩储层的原岩大多为礁滩相的颗粒灰岩。

小　结

（1）碳酸盐岩与碎屑岩的最大区别是矿物组分相对简单，但结构组分却非常复杂。碳酸盐岩常见的结构组分有颗粒、胶结物和基质三类。颗粒组分包括骨骼颗粒和非骨骼颗粒。

（2）沉积物的结构和沉积场所能量的相互依赖性这一认识已被广泛应用于两套最广为人们所接受的碳酸盐岩分类中，分别为 Folk（1959）的分类和 Dunham（1962）的分类。Folk 分类的复杂性使得它更适用于显微镜下识别碳酸盐岩的岩石类型；相反，Dunham 的分类实质上是结构分类，既简单又方便，很适用于野外及井场地质学家使用该分类。

（3）常见的孔隙分类有 Choquette 和 Pray 的孔隙分类以及 Lucia 的孔隙分类，组构选择性是前者的主要分类参数，后者突出了碳酸盐岩孔隙空间（粒间孔、孤立的孔洞和连通的孔洞）的岩石特征。

（4）塔里木、四川和鄂尔多斯盆地碳酸盐岩储层常见的原生孔隙有粒间孔、粒内孔、格架孔和窗格孔等，大多被晚期胶结物充填。常见的次生孔隙有组构选择性溶解作用形成的孔洞缝（如铸模孔）及非组构选择性溶解作用形成的孔洞缝、白云石化作用形成的晶间孔和晶间溶孔，角砾岩化作用形成的孔洞缝。

（5）塔里木、四川和鄂尔多斯盆地碳酸盐岩储层经历了大气淡水、海水、蒸发海水和埋藏成岩环境，早期、中期和晚期三个成岩阶段，孔隙的改造作用贯穿于不同的成岩环境和成岩阶段。

（6）不同成岩阶段和成岩环境有其特有的成岩作用类型和特征，同生期和表生期大气淡水成岩环境的溶解作用、同生期和埋藏期的白云石化作用对塔里木、四川和鄂尔多斯盆地碳酸盐岩储层的孔隙建造具重要的意义。

（7）塔里木、四川和鄂尔多斯盆地碳酸盐岩储层可划分为 3 大类 12 个亚类的成因类型，不同类型储层有其特有的特征、成因和分布规律。

第三章　礁滩储层特征及成因

礁滩储层的孔隙发育机理非常复杂，可以是各种建设性成岩作用叠合的结果，但受沉积相控制的沉积物特征决定了礁滩储层发育的物质基础，成因上属沉积型礁滩储层。礁滩相沉积作为非常特殊的沉积体系，是储层非常重要的载体，尽管成孔作用因礁滩体所经历地质背景的不同而有变化，如有的礁滩体发生了白云石化作用，而有的礁滩体则发生了同生溶解作用及埋藏溶蚀作用，但寻找有效储层的前提是必须找到礁滩相沉积，尽管礁滩相沉积不全是有效储层。

第一节　概　述

礁滩储层包括镶边台缘礁滩储层及台内缓坡型礁滩储层两类，有时甚至只发育滩而不发育礁。所以，滩可分为两种类型：一是礁滩复合体中的滩相沉积，与礁的发育有密切的联系；二是滩相沉积，如鲕粒滩及生屑滩，即使偶尔夹有规模很小的礁相沉积，那也只是生物建造的局部富集，滩的发育与礁没有成因联系。塔里木盆地和四川盆地的勘探实践已经证实，不管是哪种类型的滩，均可以发育成有效储层，而生物结构的礁核相建造往往很致密。

塔里木盆地奥陶系一间房组和鹰山组广泛发育台内生屑滩，鹰山组台缘滩相沉积也十分发育，是有效礁滩储层的主要发育层位，以颗粒灰岩为主，颗粒成分有鲕粒、球粒、砂屑、内碎屑和生屑等。上奥陶统良里塔格组Ⅱ段发育比较典型的台缘带礁核相生物建造，但规模和分布局限，岩性致密，有效储层的载体仍然为台缘滩相颗粒灰岩，储集空间以基质孔为主，少量孔洞及洞穴。下奥陶统蓬莱坝组台缘滩及台内滩沉积也非常发育，白云石化程度高，以晶粒白云岩为特征，发育晶间孔和晶间溶孔，但残留的颗粒结构仍揭示原岩为高能滩相颗粒灰岩。

四川盆地礁滩储层主要发育于二叠系长兴组和三叠系飞仙关组，石炭系黄龙组、二叠系栖霞组、三叠系嘉陵江组和雷口坡组也有不同程度的发育。台缘礁滩储层更易于发生白云石化，保留原岩结构或因埋藏重结晶而残留部分原岩结构，而台内滩储层则多未发生白云石化或弱白云石化。长兴组以礁滩储层为特征，但有效储层的载体为滩顶或礁盖的滩相生屑灰岩或生屑白云岩；飞仙关组以鲕粒滩储层为特征，储集空间以基质孔为主，包括残留粒间孔及粒间溶孔、鲕粒铸模孔，受埋藏白云石化叠加改造的礁滩储层还可发育晶间孔及晶间溶孔。

鄂尔多斯盆地南缘中—上奥陶统也发现有类似于环开江—梁平海槽长兴组的礁滩体，滩顶或礁盖的生屑灰岩易发生白云石化形成有效储层，粉细晶白云岩厚 5 ~ 40m。旬探 1 井还钻揭下奥陶统马家沟组六段台缘滩相砂屑白云岩储层，残留粒间孔发育。

第二节　镶边台缘礁滩储层

镶边台缘礁滩储层可细分为镶边台缘礁滩灰岩储层，以塔里木盆地塔中地区上奥陶统良里塔格组为例阐述其特征和成因，镶边台缘礁滩白云岩储层，以四川盆地环开江—梁平海槽长兴组及鄂尔多斯盆地南缘上奥陶统为例阐述其特征和成因，镶边台缘鲕滩白云岩储层，以四川盆地环开江—梁平海槽飞仙关组为例阐述其特征和成因。

一、台缘礁滩石灰岩储层

塔里木盆地塔中地区上奥陶统良里塔格组礁滩灰岩储层主要分布在巴楚—塔中台地北缘东段的塔中1号断裂带，南北宽1～20km，东西长260km，有利勘探面积$1298km^2$，储量规模4×10^8t油当量（油1.5×10^8t、气$3000\times10^8m^3$），探明储量天然气$972\times10^8m^3$、石油6078×10^4t。

（一）地质背景

塔中1号断裂带形成于早奥陶世末，地震结构表现比较清楚，断裂结构及切割地层有所差异。上奥陶统沉积前遭受长期的侵蚀，缺失中奥陶统及上奥陶统下部地层。上奥陶统良里塔格组沉积时形成高陡的坡折带，沿着断裂坡折带发育台地边缘礁滩复合体，向北部的满加尔凹陷相变为砂泥岩。塔中1号断裂坡折带控制了塔中的基本构造格局及上奥陶统台缘礁滩复合体的沉积演化。

在塔中隆起下奥陶统鹰山组长期暴露的岩溶斜坡背景上，海平面上升沉积了上奥陶统良里塔格组，自下而上由含泥灰岩段—颗粒灰岩段—泥质条带灰岩段构成，并可识别出五期礁滩体，由内侧向外侧迁移叠加。礁滩复合体在地貌上营建为地貌凸起，顶部遭受暴露和大气淡水的同生溶蚀，形成孔隙型储层。良里塔格组从良五段至良一段均发育有礁滩储层，其中颗粒灰岩段（良二段）岩性条件整体最好，储层发育最多。有利的储集区带由内带向外带迁移，呈现出与礁滩体进积、加积大体一致的趋势（图3–1）。良里塔格组台缘礁滩厚度大，多期次加积—进积厚度300～500m，累计储层厚度30～100m，总体上台缘比台内礁滩体更发育，溶蚀强度更大，储集性能更好。

（二）储层岩性

储层岩石类型主要为颗粒灰岩和礁灰岩。颗粒灰岩的颗粒含量大于70%，颗粒成分有各种生屑和砂/砾屑，尤以棘屑最为富集，颗粒支撑。礁灰岩主要由障积岩构成，骨架岩并不发育，而且规模不大，具小礁大滩的特征。有效储层主要发育于滩相的颗粒灰岩中，尤其是棘屑灰岩。

（三）储集空间

宏观储集空间以岩心级别的溶蚀孔洞为主，少量大型溶洞及裂缝，微观储集空间以薄片级别的溶孔为主，包括粒间溶孔、粒内溶孔、晶间溶孔和微裂缝。

塔中62—塔中82井区岩心溶蚀孔洞发育（图3–2A—C），孔洞呈圆形、椭圆形及不规则状，大多半充填—未充填，孔洞发育段岩石呈蜂窝状，面孔率一般1%～2%，最高可达10%。溶洞大多顺层或沿斜缝分布，孔洞发育段与不发育段呈层状间互分布。对塔中

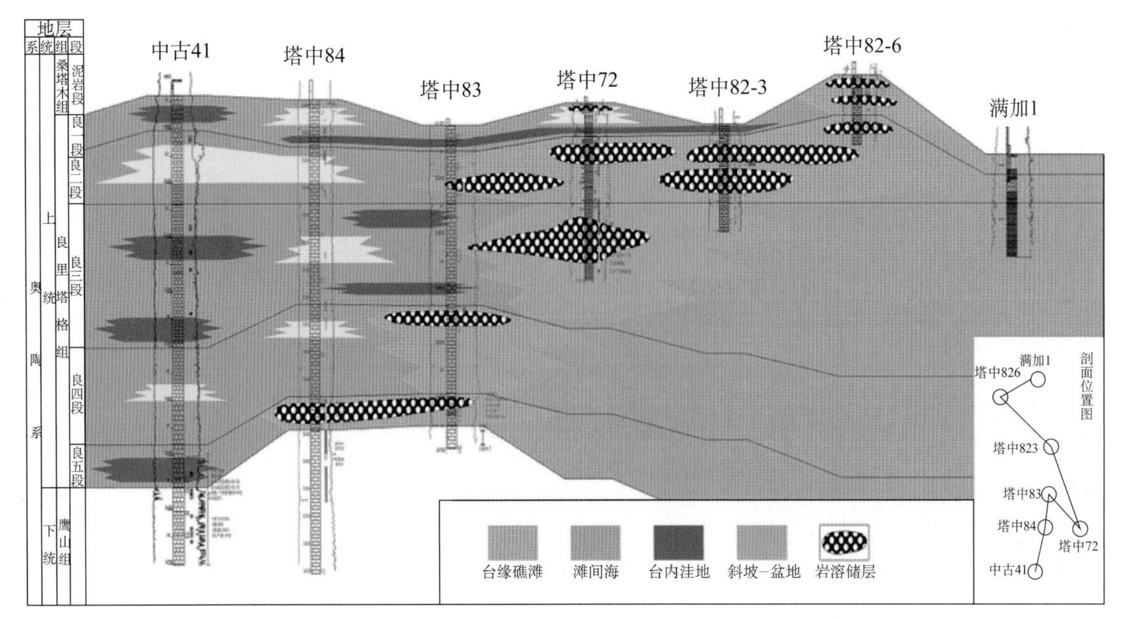

图 3–1　塔中 1 号断裂带奥陶系良里塔格组礁滩复合体发育期次及迁移规律

62 井可视大、小洞和孔的统计表明，大小多为 1 ～ 5mm，占所统计 239 个孔洞的 66.5%（图 3–3）。岩心统计表明绝大数孔洞处于半充填—未充填状态，塔中 62–1 井全充填洞占 4.4%，半充填—未充填占 95.6%，塔中 82 井半充填—未充填孔洞为 100%。

大型溶洞主要表现为钻井过程中钻井液漏失、放空等，取心中可见洞内充填物且取心收获率常常较低、破碎。这类储集空间主要分布在塔中台缘带的东段，在塔中 62 井区西部、82 井区东部尤为发育。塔中 82 井第 3 筒心发育半充填大型溶洞，测井资料上表现为井径显著扩大、自然伽马升高、电阻率降低，表现出典型溶洞测井响应特征。塔中 44 井在 4920.85 ～ 4923.84m 井段发育了近 3m 的大型溶洞，内充填富含黄铁矿的钙质泥岩。塔中 62–2 井进入石灰岩段后边漏边打了 53m，共漏失钻井液 636.5m^3，取心中见充填泥岩、块状方解石。塔中 62–1 在 4959.1 ～ 4959.3m 和 4973.21 ～ 4973.76m 井段分别放空 0.2m、0.55m，漏失钻井液 467.36m^3，另外可见到岩溶角砾岩以及充填泥质的岩溶缝。中古 31 井洞穴高度可达 4.5m，被石灰岩角砾、泥沙充填—半充填，放空 0.2 ～ 1.68m，平均 0.83m。塔中 62-2 井、塔中 82-1 井进入石灰岩段因漏失严重无法钻进而完井。

塔中北斜坡良里塔格组部分井大型缝洞系统发育，约四分之一的井发生钻录井异常（放空、漏失、溢流等）。岩心观察可见洞穴充填石灰岩角砾、泥沙和方解石胶结物，成像测井显示大段暗色斑块（图 3–4 A），地震剖面上有明显的杂乱反射与“串珠”响应（图 3–4 B）。

裂缝的发育对改善礁滩储层性能有重要影响。该区发育构造缝、溶蚀缝、成岩缝等多种类型裂缝，以高角度微小裂缝为主。裂缝孔隙度较小，裂缝发育井段裂缝率仅 0.05% ～ 0.3%，但岩心样品的物性分析表明含裂缝样品是未含裂缝样品渗透率的 10 ～ 100 倍。溶蚀缝一般近于直立，宽度 0.2 ～ 5mm 常见。成岩缝主要为缝合线，是压溶作用的产物。缝合线形成于埋藏早中期，在泥晶灰岩、含泥质条带或条纹的泥晶灰岩中最发育，缝宽 0.2 ～ 0.5mm，长 2 ～ 10cm，其中为泥质和溶蚀残余物充填，有的可见沥青；显微镜下可见沿缝合线发生白云石化及扩溶现象。

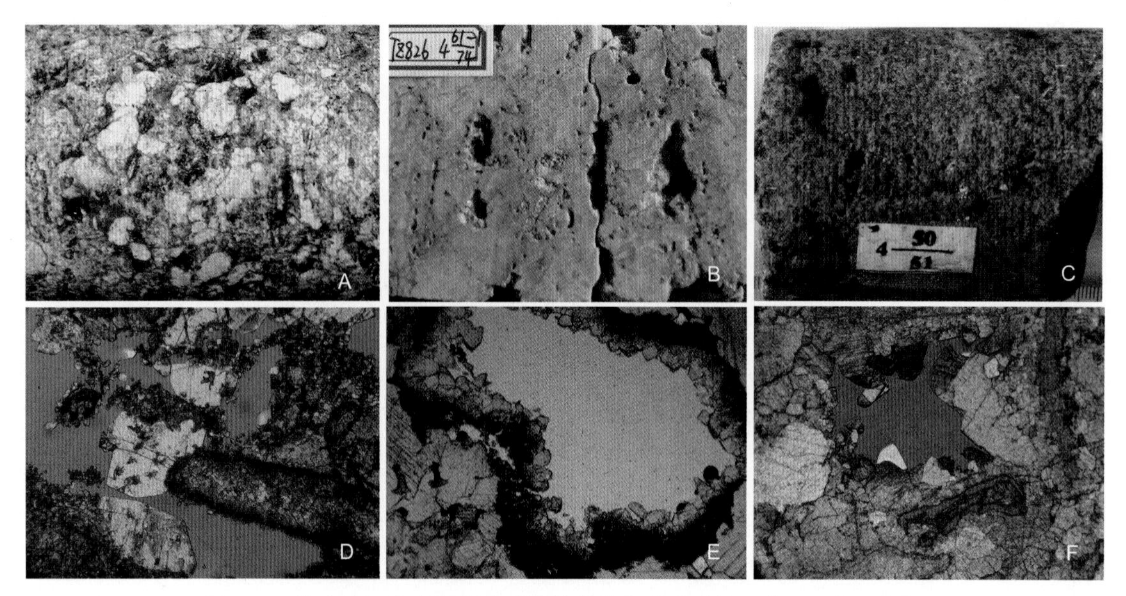

图 3–2　塔中地区上奥陶统良里塔格组台缘带礁滩储层岩心和薄片特征

（A）泥亮晶棘屑灰岩，含一定量的藻泥屑，粒间溶孔溶洞发育，上奥陶统良里塔格组，塔里木盆地塔中地区，塔中 62 井，15–55/61，×0.5，岩心；（B）亮晶棘屑灰岩，粒间溶孔和溶蚀孔洞发育，孔径可达 2cm，少量充填方解石，上奥陶统良里塔格组，塔里木盆地塔中地区，塔中 82-6 井，4–61/74，×0.5，岩心；（C）泥亮晶生屑、棘屑灰岩，含一定量的藻泥屑，粒间溶孔和溶蚀孔洞发育，孔径可达 1cm，上奥陶统良里塔格组，塔里木盆地塔中地区，塔中 62-1 井，4–50/51，×0.5，岩心；（D）亮晶棘屑灰岩，粒内溶孔和粒间溶孔相连，构成溶蚀孔洞（>2mm），内充少量亮晶方解石，上奥陶统良里塔格组，塔里木盆地塔中地区，塔中 72-1 井，4952.53m，×10，铸体片，单偏光；（E）亮晶生屑、藻屑灰岩，颗粒溶解形成粒内溶孔，充填少量亮晶方解石，藻包壳残留，上奥陶统良里塔格组，塔里木盆地塔中地区，塔中 62 井，15–17/61，×10，单偏光；（F）亮晶藻泥屑、棘屑灰岩，藻泥屑溶蚀形成粒内溶孔和粒间溶孔发育，亮晶方解石充填，上奥陶统良里塔格组，塔里木盆地塔中地区，塔中 62 井，4753.85m，×10，铸体片，单偏光

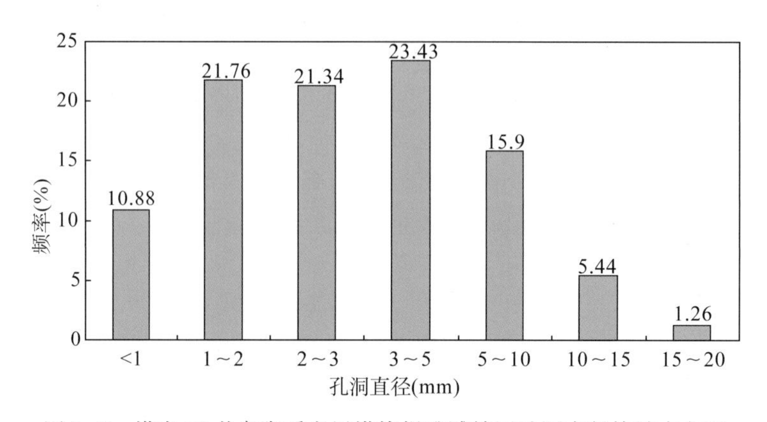

图 3–3　塔中 62 井奥陶系良里塔格组礁滩储层孔洞直径统计直方图

微观储集空间主要有粒间溶孔、粒内溶孔、晶间溶孔和微裂缝（图 3–2D—F）。粒间溶孔是出现频率最高的一种储集空间类型，也是最主要的储集空间，其孔径 0.1 ～ 1.5mm，主要出现在亮晶颗粒灰岩中。粒内溶孔是出现频率较高的一种储集空间类型，孔径 0.1 ～ 0.5mm。晶间溶孔出现在重结晶的方解石晶体之间，孔径大小 0.1 ～ 0.5mm，出现频率较低。微裂缝出现的频率也较高，镜下观察的微裂缝主要是构造缝和缝合线，裂缝率一般为 0.1% ～ 0.5%。

统计表明，塔中 1 号带主要为粒间溶孔，约占 60%，粒内溶孔和晶间溶孔次之，占

30% 左右，裂缝最少，不到 10%。在粒间溶孔中，孔径大于 1mm 的占 80% 以上，其中大多数孔径大于 2.5mm。粒内溶孔和晶间溶孔孔径均在 0.1 ~ 2mm，而裂缝主要分布在 0.1 ~ 1mm。岩心观察统计结果分析，塔中 62 井区孔洞较发育，多数为 2 ~ 5mm，以未充填和半充填居多。裂缝也主要以半充填为主，能构成孔、洞、缝网络系统，对油气储集和渗流均具重要意义。

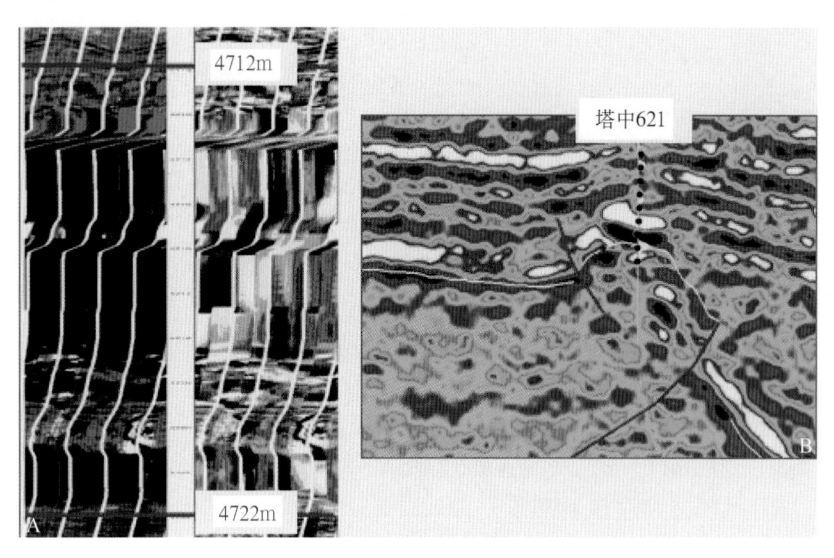

图 3–4　塔中良里塔格组礁滩储层溶洞特征

（A）半充填洞穴的成像测井特征呈暗色斑块（塔中 58 井，放空 1.17m，累计漏失钻井液 1650m³）；（B）塔中 62-1 井南北向地震剖面，洞穴具明显的杂乱反射与"串珠"响应特征

（四）储层类型

根据储集空间组合特征，储层可划分为孔洞型、裂缝型、裂缝—孔洞型、洞穴型，主要发育孔洞型、裂缝—孔洞型储层。

孔洞型储层较发育，在基质孔隙发育的基础上经过溶蚀改造而成，裂缝欠发育。岩心物性分析揭示，基质孔隙度可达 2%，溶蚀孔洞发育段孔隙度可达 4% ~ 6%，局部甚至可高达 10% 以上。

裂缝—孔洞型储层不但孔洞发育，而且裂缝也发育。孔洞是其主要的储集空间，裂缝既作为储集空间又作为渗流通道。与孔洞型及裂缝型储层相比，次生溶蚀孔洞和裂缝的存在大大提高了储层的储集能力。

洞穴型储层很难取到岩心，但测井响应特征明显，井眼局部扩径，密度大幅降低，声波时差和中子跳跃，深浅双侧向电阻率降低。这类储层在钻井过程中气测出现异常，溢流不断，井漏、井涌频繁，甚至出现钻具放空，主要在塔中 82—塔中 62 井区发育。

裂缝型储层以裂缝为其主要储集空间，基质孔隙度差，溶蚀孔洞不发育。孔渗关系不明显，低孔岩样的渗透率明显增大，反映了裂缝的存在。

（五）储层物性

根据岩心样品的物性数据统计，最大孔隙度 12.74%，最小孔隙度 0.099%，平均孔隙度 2.03%，渗透率分布范围 0.002 ~ 840mD，平均 8.39mD（图 3–5）。因此，良里塔格组礁滩储层整体属中低孔—中低渗储层，局部夹中高孔—中高渗相对优质储层。储层孔隙度与渗透率之间的相关性差。

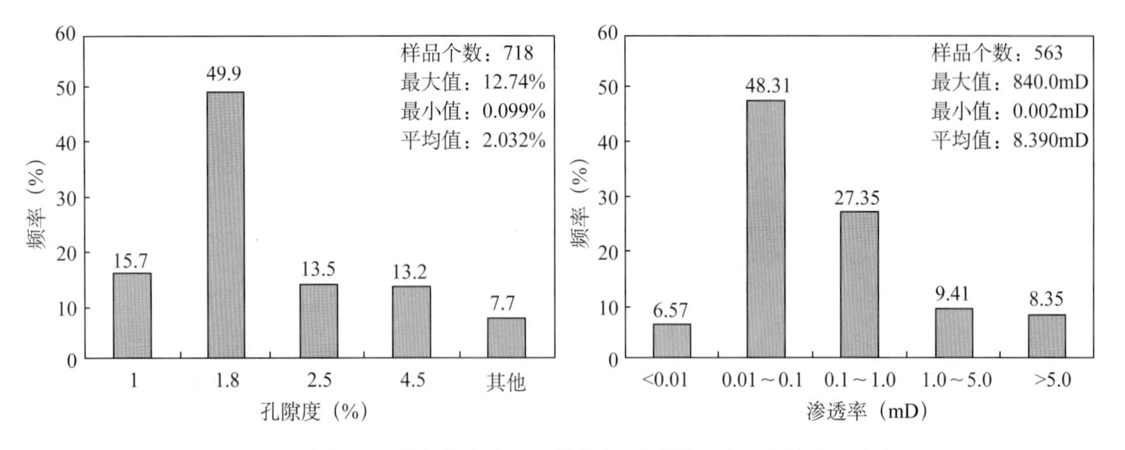

图 3–5　塔中 1 号带上奥陶统良里塔格组礁滩储层岩心物性统计直方图

沉积相与常规物性的关系揭示，礁基—礁翼和台缘粒屑滩灰岩物性最好，平均基质孔隙度在 2% 以上，为有效储层。灰泥丘物性差，平均孔隙度 1.3%；滩间海孔隙度最低，一般小于 0.8%。测井解释储层段孔隙度一般为 2% ～ 6%，大型缝洞发育段孔隙度大于 8%，有部分钻井钻遇大型缝洞系统的孔隙度高达 25%。

塔中 1 号带台缘礁滩储层孔喉结构差，喉道细。塔中 62 井区中值半径平均只有 0.036μm，结构系数平均为 0.34，歪度系数为 2.96，属细歪度。单井压汞曲线揭示，塔中 62 井 4736 ～ 4756m 井段孔喉结构最好，曲线呈两段式，即低平台段和高斜段，低平台段代表了分选和连通性好的大孔大喉的孔喉结构，高斜段代表细孔细喉的孔喉结构（图 3–6），属孔隙型储层。塔中 44 井基本呈高平台的特点，即代表分选好的细孔细喉的孔喉结构。这说明生屑滩比礁核储层物性好。

从测试、试油情况看，塔中北坡良里塔格组无措施工业油气流井达到 17 口，另外出大水井 4 口，酸压措施达到工业油气流的井 20 口，表明 Ⅰ + Ⅱ类优良储层比较发育，占总井数 45% 左右。

（六）储层成因

塔中 1 号坡折带上奥陶统良里塔格组台缘礁滩厚度大，多期次加积—进积厚度 300 ～ 500m，储层累计厚度 30 ～ 100m，宽度 1 ～ 20km。储层发育主控因素有以下 4 个方面：（1）台缘带礁滩沉积，生屑灰岩滩沉积为储层发育奠定了物质基础；（2）相对海平面下降、礁滩体暴露和大气淡水溶蚀导致组构选择性基质溶孔的发育，不同类型的基质溶孔构成了礁滩储层储集空间的主体，也是礁滩储层重要的发育期；（3）沿断裂和裂缝发育的溶蚀孔洞是礁滩储层储集空间的重要补充，溶蚀孔洞主要形成于表生期的岩溶作用；（4）埋藏成岩环境的埋藏溶蚀作用、热液作用可以形成非组构选择性基质溶孔及溶洞，是礁滩储层储集空间的重要补充。各种建设性成岩作用的叠加改造导致了前述的礁滩储层储集空间的多样性。

塔中 62 井测试井段为 4703.50 ～ 4770.00m，厚 66.50m，中测酸压，日产油 $38m^3$，气

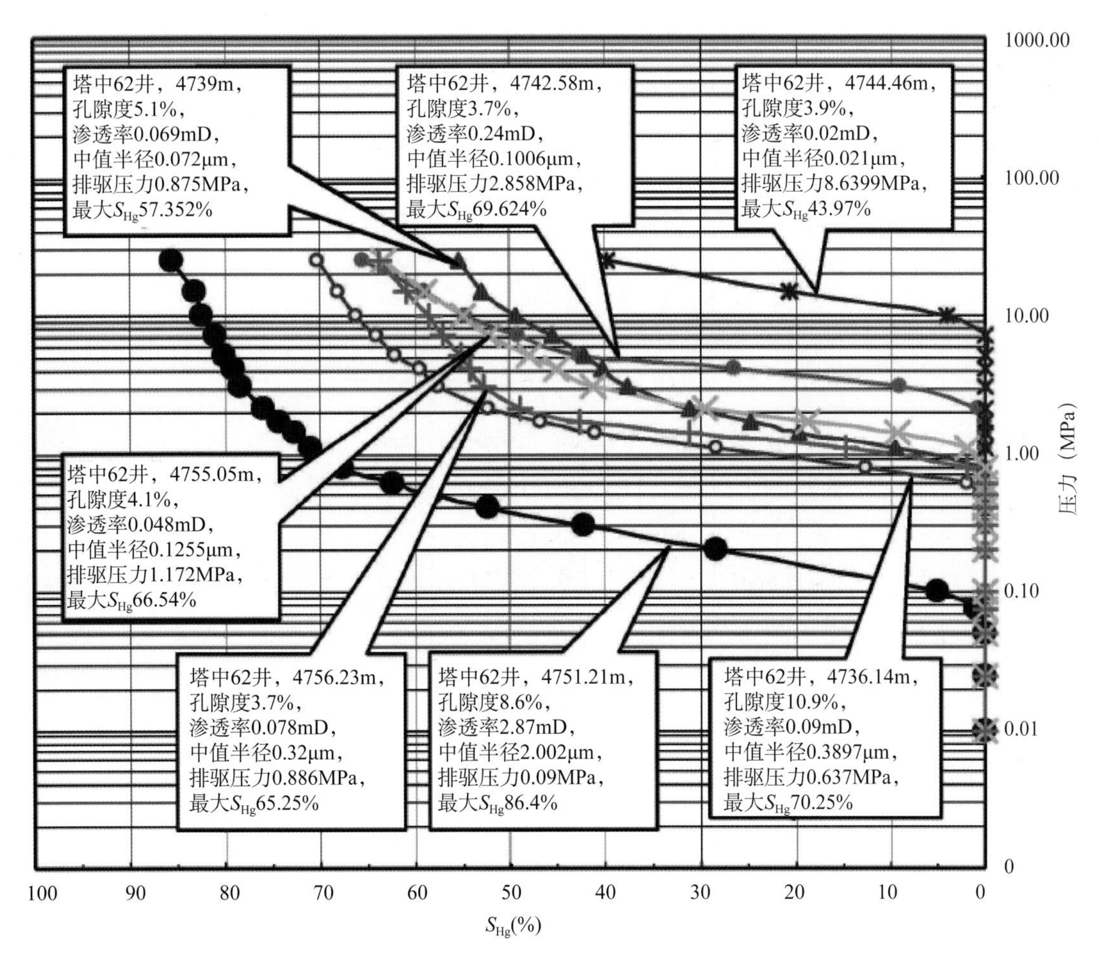

图 3–6　塔中 1 号带塔中 62 井区上奥陶统良里塔格组礁滩储层压汞曲线特征

29762m^3。测试段的相应取心段为 4706.00 ~ 4759.00m，经铸体薄片鉴定，有效储层共 3 层 10m，岩性为泥亮晶棘屑灰岩，与非储层泥晶棘屑灰岩呈不等厚互层（图 3–7）。高分辨率层序地层研究揭示，高位体系域向上变浅准层序组上部的台缘礁滩体最易暴露和受大气淡水淋溶形成优质储层，而且越紧邻三级层序界面的准层序组，溶蚀作用越强烈，储层厚度越大，垂向上多套储层相互叠置（图 3–7）。紧邻储层之下的泥晶棘屑灰岩粒间往往见大量的渗流沉积物，再往深处才变为正常的泥晶棘屑灰岩，构成完整的大气淡水渗流带→潜流带淋溶剖面，孔隙类型以组构选择性基质溶孔为特征。塔中 62 井—塔中 82 井区良里塔格组礁滩储层的垂向分布特征揭示其同生期的大气淡水溶蚀成因。

塔中 1 号坡折带台缘外带的 24 井区、62 井区和 82 井区的上奥陶统良里塔格组顶部，皆存在不同程度的表生期岩溶作用，形成大型溶洞及角砾、泥质、层纹状方解石充填物。良一段（泥质条带石灰岩段）在塔中 1 号带中段部分剥蚀，在东段全部剥蚀，说明良里塔格组沉积末期海平面下降百米以上，表生岩溶作用强度大大强于同生期受海平面升降控制的大气淡水溶蚀作用。这些中等尺度孔洞现今仍然得到部分保存，对储集空间有积极的贡献。

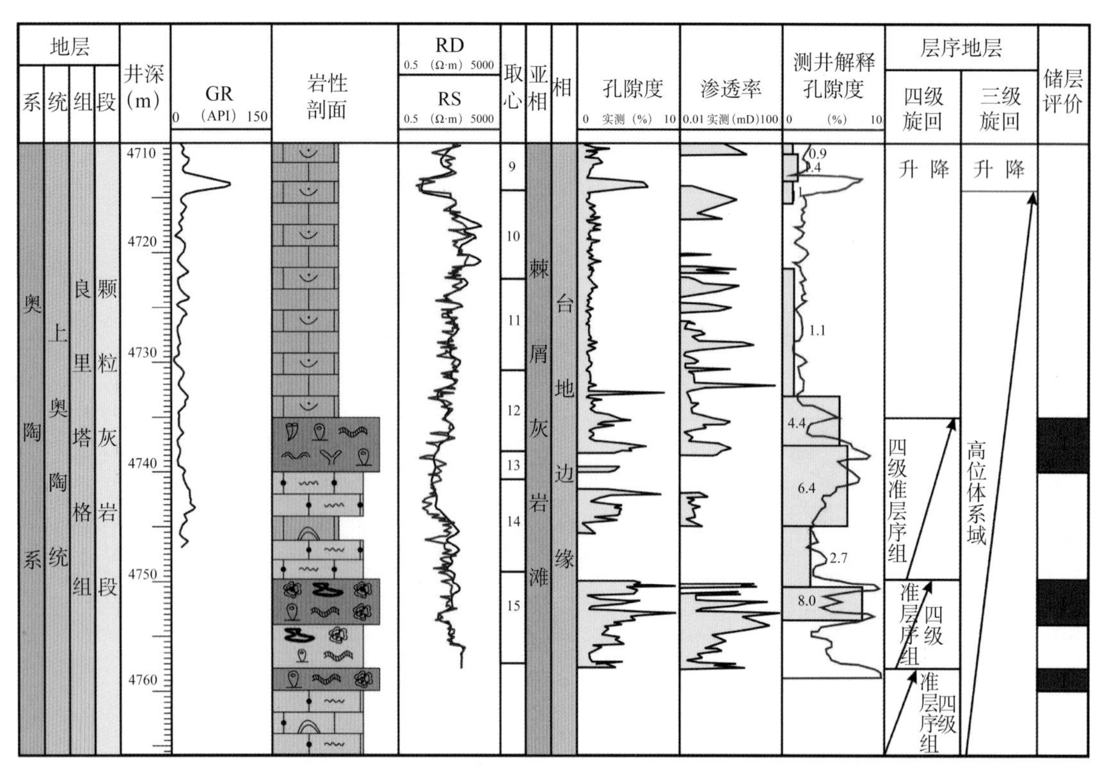

图 3–7 塔中 62 井 4730 ~ 4765m 井段海平面升降旋回导致的三次大气淡水渗流带→潜流带旋回与三套储层发育的关系（有效储层发育于高频旋回的上部）

埋藏成岩期可以形成非组构选择性基质溶孔或小的孔洞，还可形成大的洞穴，前者与有机酸、盆地热卤水及 TSR（硫酸盐热化学还原反应）有关，后者与热液活动有关，其分布受断层、不整合面及渗透性岩石的控制。塔中 45 井区良里塔格组热液作用活跃，而塔中 62—塔中 82 井区及塔中 24—塔中 26 井区以有机酸、盆地热卤水作用为主。塔中 45 井 6073 ~ 6105m 钻遇萤石发育段，累计厚度 12m，缝洞发育，是热液活动的产物，也是油气的主要赋存段。6078 ~ 6106m 测井解释Ⅰ、Ⅱ类储层有效孔隙度达 3.8% ~ 13.3%，完井酸化试油 9mm 油嘴日产油 300m^3，日产气 111548m^3。萤石包裹体均一温度 70 ~ 110℃，缝洞充填方解石包裹体均一温度 80 ~ 110℃，裂缝充填方解石包裹体均一温度 80 ~ 120ºC，Rb–Sr 和 Sm–Nd 法测试的萤石年龄介于 263 ~ 241Ma 之间，说明热液活动主要发生于二叠纪晚期。

对塔中 62 井良里塔格组礁滩储层成岩作用、孔隙成因开展了岩石学、结构组分的微区地球化学测试分析。礁滩储层的岩石显微组构主要有棘屑、生物壳、灰泥、共轴增生胶结物及孔洞充填方解石等。阴极发光揭示棘屑共轴增生胶结物分为明显的两部分，一期为不发光、晶体边缘棱角状的方解石，二期为明亮发光的粒状方解石胶结物，代表其不同的成岩环境（图 3–8）。

亮晶棘屑灰岩中方解石胶结物的电子探针分析表明，早期的棘屑和灰泥保留了海水成岩作用的特征，方解石胶结物 Fe、Mn、Sr 含量低，说明受到了晚期埋藏作用的影响，多数孔洞充填物具有极低的 Fe、Mn、Sr、Na、K 含量，为晚期埋藏充填。

通过对该段棘屑灰岩中的方解石胶结物进行包裹体均一温度、盐度分析，发现在方解石晶体中发育有水质包裹体（W_{L+V}，W_L）和烃质包裹体（O_{L+V}，O_L，O_V）。与烃类包裹体伴生的水溶液属于 $MgCl_2$—NaCl—H_2O 体系，对应的盐度范围为 17.3% ~ 19.0%（wt）NaCl，均一温度范围 85 ~ 95℃；与烃类包裹体伴生的水溶液属于 NaCl—H_2O 体系，对应的盐度范围 4.8% ~ 6.6%（wt）NaCl，均一温度具有较宽的范围，主峰有两个，分别为 110 ~ 130℃、140 ~ 160℃（图 3–9），反映了中、深埋藏环境两次流体活动。

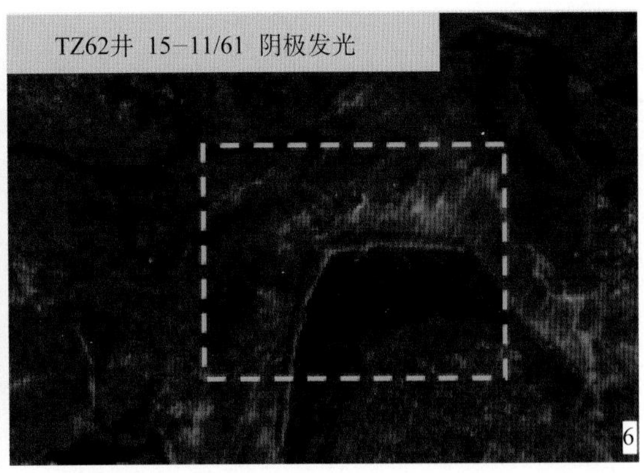

图 3–8 塔中 62 井第 15–11/61 块棘屑灰岩阴极发光特征

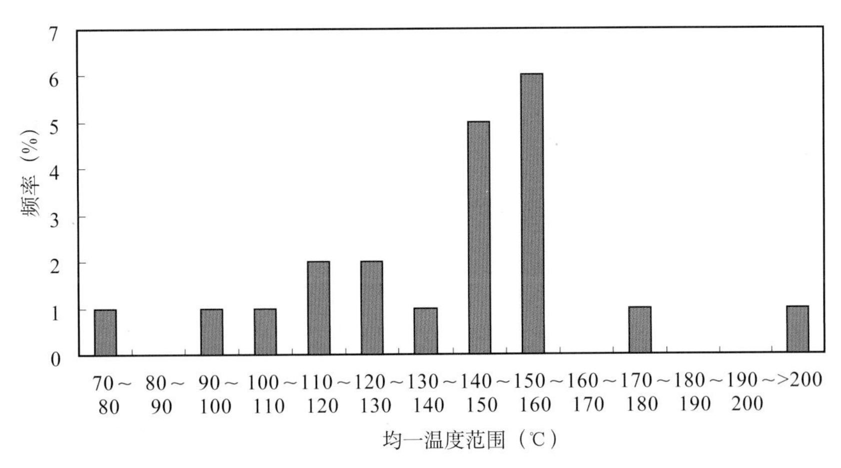

图 3–9 塔中 62 井良里塔格组方解石胶结物包裹体均一温度分布直方图

岩石微区组分碳氧稳定同位素分析表明：棘屑、生物壳、灰泥等代表原始沉积的组分，多数已遭受过不同程度的成岩改造，少数还保留有原始海水的信息；共轴增生胶结物从同位素、阴极发光可以看出是淡水—浅埋藏的连续胶结过程；孔洞充填方解石是不断持续埋藏增温过程下的结果，其碳源主要源于围岩，因此碳同位素基本位于晚奥陶世海水的范围，而氧同位素偏差较大（图 3–10）。

该段亮晶棘屑灰岩 Sr 同位素分析发现三分之二数据高于当时晚奥陶世海水的正常 Sr 同位素值，反映了淡水对储层成岩的重要影响。

通过以上微区多组构地球化学分析（表 3–1），认为塔中 62 井的亮晶棘屑灰岩高产储层段主要经历了海底成岩作用、同生期大气淡水溶蚀作用和埋藏成岩作用，基质孔隙成因是同生期大气淡水溶蚀与晚期埋藏溶蚀作用的叠加，孔洞及溶洞与表生期岩溶作用有关。

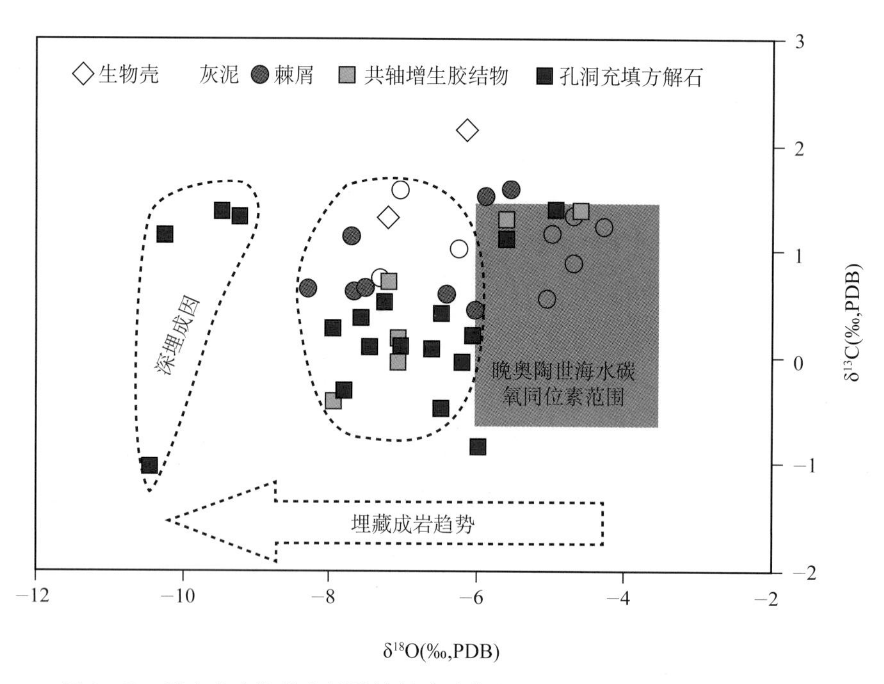

图 3–10 塔中上奥陶统良里塔格组碳酸盐岩不同结构组分碳氧稳定同位素

表 3–1 塔中上奥陶统良里塔格组碳酸盐岩不同结构组分地化特征

序号	微区组分	阴极发光	碳氧同位素（‰，PDB）	包裹体均一温度（℃）	电子探针	成因解释
1	灰泥	暗红色夹亮斑点	−5 ~ −8	—	—	沉积，受成岩改造
2	棘屑	暗红色夹亮斑点	−4 ~ −7	—	K、Na、Mg、Sr 含量较高，Fe/Mn 约小于 1	沉积，受成岩改造
3	共轴增生胶结物	不发光	−4 ~ −6	—	中等 Sr、Mg、Ba 含量，Fe/Mn ＞ 1	大气淡水
4		暗红色	−7 ~ −8	85 ~ 95	Mg、Sr 含量较高，Fe/Mn ＜ 1	浅埋藏
5	孔洞充填方解石	明亮发光	−5 ~ −8	110 ~ 130	中等 Ba，少量 Mg，Fe/Mn ＞ 1	中埋藏
6		暗淡发光	＜ −9	140 ~ 160	不含 K、Na，少量 Mg，Fe/Mn 远大于 1	深埋藏

（七）孔隙演化史

塔中北斜坡上奥陶统良里塔格组属正常海水台地边缘高能礁滩沉积，原生孔隙发育，但遭受海水胶结严重。同生期遭受强烈的大气淡水溶蚀，产生显微尺度的组构选择性铸模孔、粒内溶孔、粒间溶孔，表生期岩溶作用产生非组构选择性超大孔洞及溶洞，岩心观察可发育厘米级小洞以及少量洞穴和大缝导致钻录井异常，特别是早期活动断层可以伴生较大尺度的洞穴，如塔中 72 井良三段。早期大气淡水溶蚀奠定了储层发育的基础。

之后持续埋藏，经历压实、压溶和胶结，早期孔隙得到一定程度的消减。

漫长埋藏史中发生过两次构造抬升事件，分别是海西期和燕山期，但目的层没有暴露地表。构造活动产生的裂缝改善了储渗性能。海西期断裂沟通深部热液，局部 HF 等酸性流体沿断裂、裂缝产生溶蚀孔洞。当热液温度降低后，沉淀的硅质和萤石破坏了部分孔隙。

燕山—喜马拉雅期烃源岩成熟排放有机酸，对早期孔洞缝进行了显著的溶蚀扩大，多显示为非组构选择性，溶蚀扩大边凹凸不平见残余物，部分孔洞中见少量重晶石、萤石等热液矿物。

因此，塔中北坡良里塔格组礁滩储层孔隙经历了长期而复杂的演化（图 3–11），其关键时期分别为晚加里东期同生大气淡水溶蚀、表生岩溶作用和燕山—喜马拉雅期的埋藏溶蚀，局部海西期热液溶蚀有重要贡献，燕山—喜马拉雅中晚期裂缝大多未完全充填胶结，对储集性能有一定贡献。

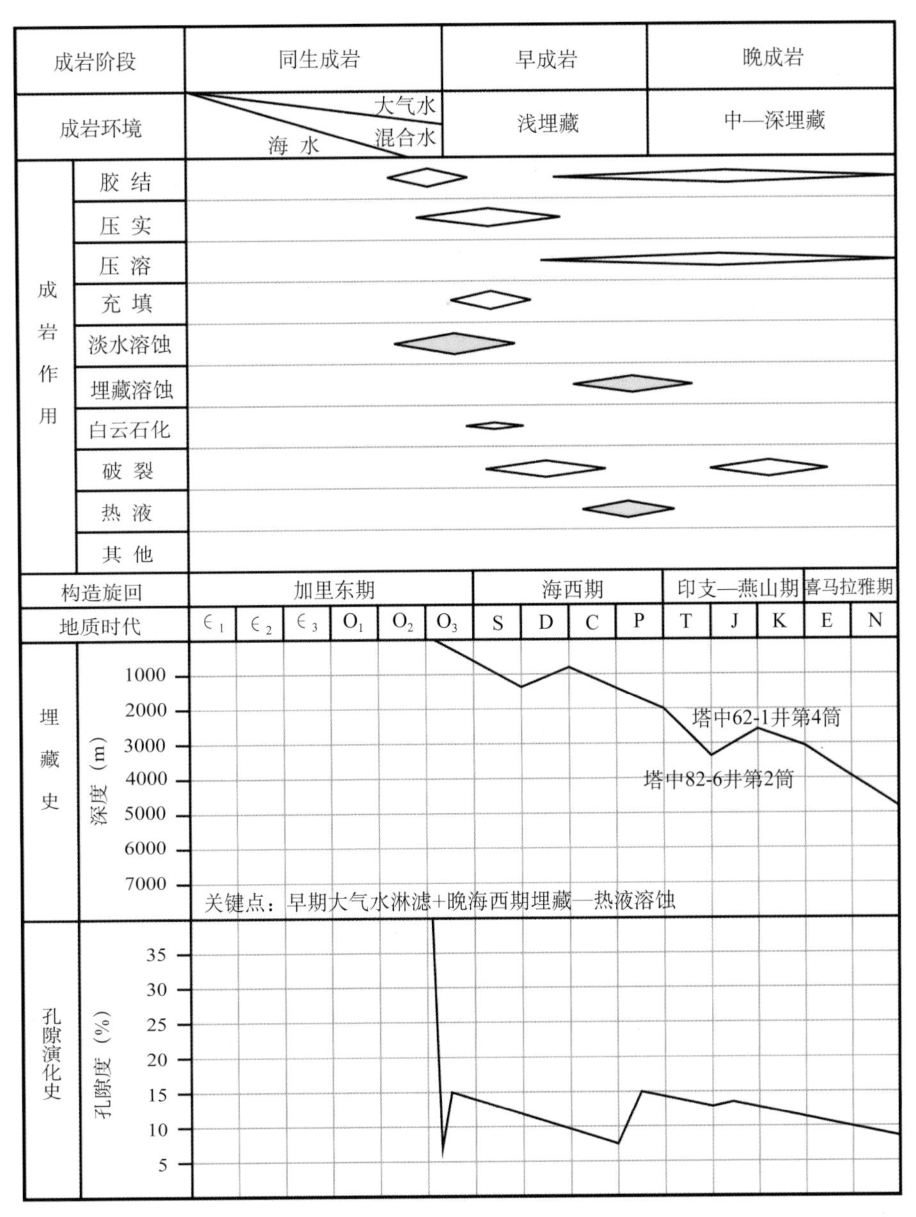

图 3–11　塔中 62—塔中 82 井区上奥陶统良里塔格组礁滩储层成岩—孔隙演化史图

二、台缘礁滩白云岩储层

环开江—梁平海槽两测的台缘礁滩白云岩储层已成为四川盆地非常重要的勘探领域，

鄂尔多斯盆地南缘中—上奥陶统礁滩白云岩位于陡的台地边缘，多期断阶带控制多排礁滩的发育，是非常重要的潜在勘探领域。

（一）四川盆地环开江—梁平海槽长兴组

1. 地质背景

四川盆地在早二叠世晚期发生构造抬升作用，致使局部地区茅口组顶部遭受剥蚀。晚二叠世早期（龙潭 / 吴家坪），在夷平背景上海侵由北向南推进，整个盆地表现为碳酸盐缓坡沉积，储层不发育。长兴期，随着峨眉地裂运动的进一步加强，在拉张构造背景下，形成城口—鄂西海槽、开江—梁平海槽、盐亭—潼南台内洼地，构成“三隆三洼”的古地理格局（图 3–12）。沿海槽和台洼边缘发育了礁滩复合体，经后期成岩改造形成规模储层。

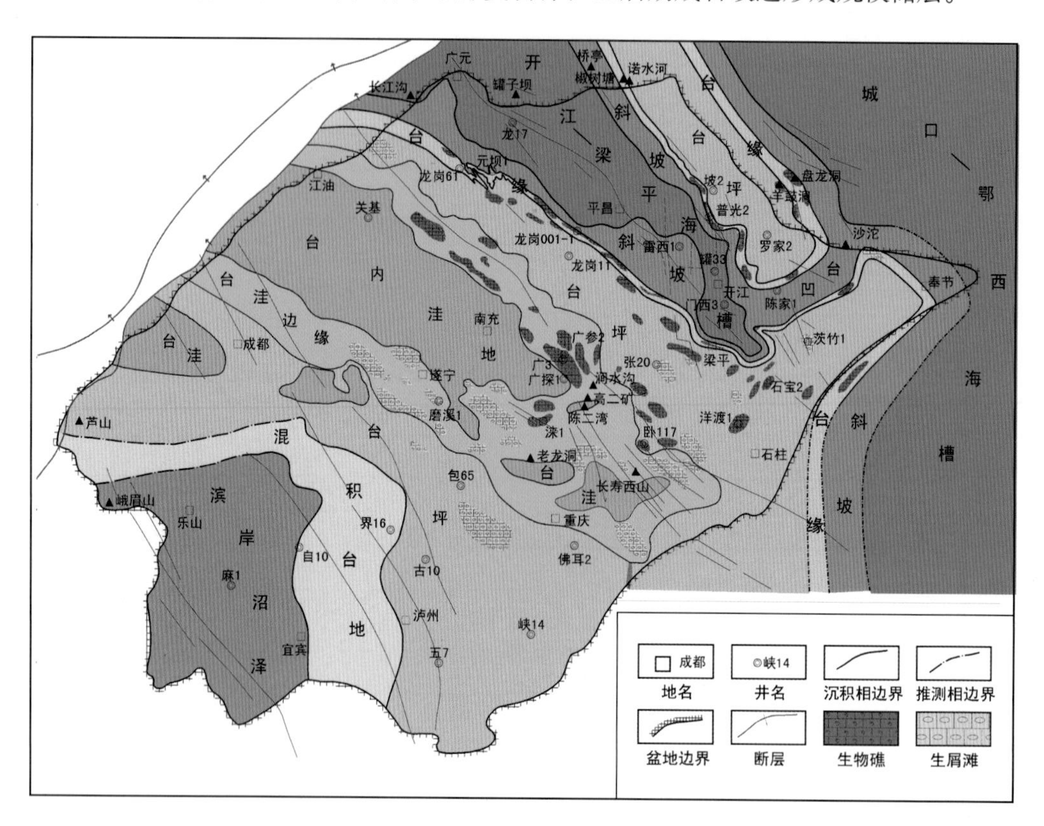

图 3–12　四川盆地长兴组沉积中晚期岩相古地理格局与断裂的分布图

2. 储层岩性

主要岩性有三种：晶粒白云岩、残余生物碎屑白云岩及残余生物骨架白云岩。此外，还有白云岩与石灰岩的过渡类型。

1）晶粒白云岩

晶粒白云岩是生物碎屑灰岩或生物骨架灰岩经埋藏白云石化和重结晶作用强烈改造形成，白云石多呈半自形—自形的细、中晶结构（图 3–13A、B），晶体污浊，白云石具雾心亮边结构。仍可识别出棘皮、有孔虫、䗴、腕足和海绵等生物残余。

2）残余生物碎屑白云岩

残余生物碎屑白云岩是生物碎屑石灰岩经强烈白云石化作用形成。生物内部特征部分消失，可识别的生物含量大于50%，主要包括有孔虫、䗴和海百合茎，少量腕足类、腹足类、瓣鳃类、红藻和绿藻等。交代生物碎屑的白云石一般为粉晶，晶体污浊，他形—半自形，很少见雾心亮边构造。交代海百合茎的白云石往往呈单晶结构（图3–13C、D）。生屑间为交代基质的泥晶—细晶白云石和少量干净明亮的白云石胶结物。

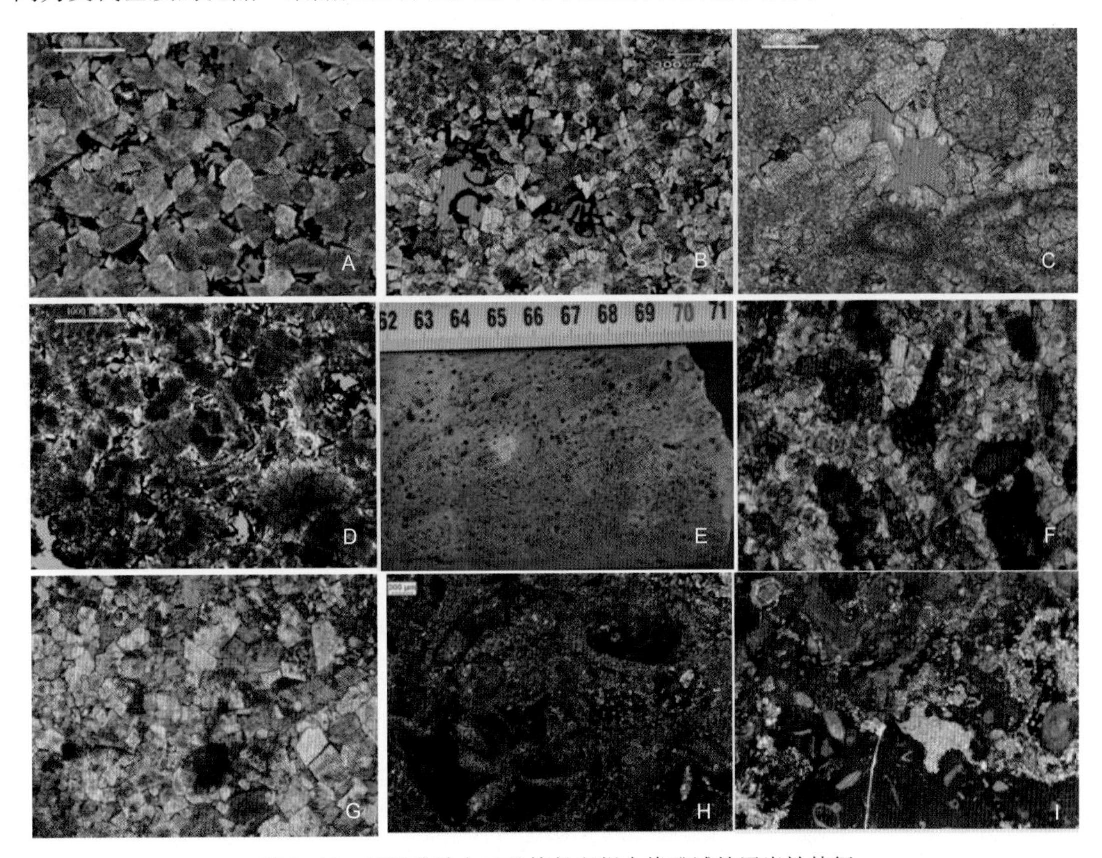

图3–13 四川盆地上二叠统长兴组台缘礁滩储层岩性特征

(A) 细晶白云岩，晶间孔发育，上二叠统长兴组，龙岗2井，6130.71m，×10，铸体片，单偏光；(B) 细晶白云岩，晶间孔、晶间溶孔发育，上二叠统长兴组，龙岗26井，5794m，×10，铸体片，单偏光；(C) 残余生物碎屑白云岩，粒间溶孔发育，上二叠统长兴组，龙岗2井，6126.13m，×10，铸体片，单偏光；(D) 残余生物碎屑白云岩，粒间溶孔、粒内溶孔发育，上二叠统长兴组，龙岗82井，4231.83m，×10，铸体片，单偏光；(E) 残余生物骨架白云岩，生物体腔孔发育，上二叠统长兴组，云安12–2井，4795.90m，岩心；(F) 残余生屑云质灰岩，选择性白云石化，晶间孔及生物碎屑溶孔发育，上二叠统长兴组，龙岗12井，6393.8m，×10，铸体片，染色，单偏光；(G) 残余生物碎屑灰质白云岩，选择性白云石化，晶间孔发育，上二叠统长兴组，龙岗18井，6360.5m，×10，铸体片，染色，单偏光；(H) 残余生物骨架灰质白云岩，选择性白云石化，晶间孔及生物碎屑内溶孔发育，上二叠统长兴组，龙岗12井，6393.8m，×10，染色，单偏光；(I) 残余生物骨架云质灰岩，选择性白云石化，晶间孔、生物体腔孔发育，方解石充填，上二叠统长兴组，天东53井，×10，染色，单偏光

3）残余生物骨架白云岩

残余生物骨架白云岩是由礁核相海绵骨架灰岩经强烈白云石化作用形成，可识别的造礁生物主要有串管海绵、纤维海绵和硬海绵，偶见水螅和珊瑚，有时含少量苔藓虫、管壳石、古石孔藻、蓝绿藻等包壳联结—粘结生物。格架间充填棘屑、有孔虫、䗴、腕足类、瓣鳃类、腹足类、藻屑等附礁生物。交代海绵水管系统的白云石一般为泥晶结构，交代海绵骨骼及其他生物的白云石多为粉、细晶结构（图3–13E）。

4）*石灰岩—白云岩过渡岩类*

残余生屑灰质白云岩 / 云质灰岩，白云石为他形—半自形，白云石选择性交代生物碎屑（图 3–13F、G）。发育少量的白云石晶间孔和生屑溶孔。

残余生物骨架灰岩 / 云质灰岩，部分为纤维海绵骨架组构，部分为串管海绵骨架组构，方解石和白云石含量相差不大，形成白云岩—石灰岩过渡类型。孔隙类型包括生物体腔溶孔，格架间残余孔隙，总体孔隙性较差（图 3–13H、I）。

3. 储集空间

岩心尺度储集空间主要有残余生物体腔孔、格架孔和溶孔溶洞，孔径 1mm ～ 3cm 不等，孔洞内见自形程度高的白云石、方解石和石英不完全充填，面孔率 2% ～ 6%。薄片尺度储集空间因岩性而异，晶粒白云岩储集空间以晶间孔和溶孔为主，孔径一般为 0.2 ～ 0.8mm，面孔率 2% ～ 12% ；残余生物碎屑白云岩孔隙多为粒间溶孔和生物铸模孔，局部构造缝发育；残余生物骨架白云岩储集空间主要为生物体腔孔、格架孔及其溶蚀扩大孔，少量白云石晶间孔和粒间溶孔。总体而言，上述孔洞多被白云石、方解石和石英半充填，沥青分布于白云石化后的各类孔隙中，残余孔隙直径大多为 0.1 ～ 0.6mm，最大达 1.3mm，溶孔直径一般为 1 ～ 3cm，总面孔率一般为 2% ～ 12%。过渡岩类孔隙性相对较差，发育少量的白云石晶间孔、生屑溶孔、生物体腔溶孔、格架间残余孔隙及溶洞、裂缝等（表 3–2，图 3–14）。

表 3–2　四川盆地长兴组台缘礁滩储层储集空间类型及特征

储集空间		特征简述	形成阶段	发育程度
类	亚类			
孔隙	粒间孔	主要为发育于亮晶生屑灰岩，受方解石胶结作用或之后的沥青充填影响，几乎未见有效残余粒间孔隙	同生期、浅埋藏期	差
	粒间溶孔	生屑及角砾屑边缘及胶结物遭溶蚀而成，连通性较好	浅埋藏后期—中深埋藏早期	好
	晶间溶孔	分布于晶粒白云岩及残余生物碎屑白云岩中		好
	格架孔	造架生物格架间孔隙，多为溶蚀成因		中—差
	体腔孔	主要包括造架生物海绵体腔孔，腹足体腔孔，多为溶蚀成因	同生期，近地表暴露为主	中—差
	生物（屑）内溶孔	以有孔虫及䗴房室孔、绿藻中央茎溶孔为主，偶见海绵水管系统、苔藓虫虫室溶孔，多为溶蚀成因		中—差
	铸模孔	生物腔体全部被溶蚀形成的孔隙		差
	孔隙型溶洞	溶孔（通常为生物体腔孔）的继续溶蚀扩大而成，连通较差，与大气淡水溶蚀有关	同生期，近地表暴露	中
	裂缝型溶洞	沿裂缝局部溶蚀扩大，呈串珠状	抬升期为主	中
溶洞	粒间孔	主要为发育于亮晶生屑灰岩，受方解石胶结作用或之后的沥青充填影响，几乎未见有效残余粒间孔隙	中深埋藏期	差—中
	粒间溶孔	生屑及角砾屑边缘及胶结物遭溶蚀而成，连通性较好	抬升期为主	差—中

4. 储层物性

1）储层喉道类型

长兴组生物礁滩储层喉道类型以片状喉道、管束状喉道、粒间隙为主，见孔隙缩小型、缩颈型喉道（图 3–15）。

（1）孔隙缩小型喉道：晶间孔、粒间孔的缩小部分，与孔隙很难区分，此喉道既是渗流通道又是孔隙的一部分，是储集岩的最佳喉道（图 3–15A）。

（2）缩颈型喉道：当生物（生屑）经过压实，排列较紧密，颗粒之间常以点接触形式，使两颗粒之间喉道变成“瓶颈”状，此种喉道由于在“瓶颈”处变得很小，因而其渗透作用比孔隙缩小型喉道要小得多（图 3–15B）。

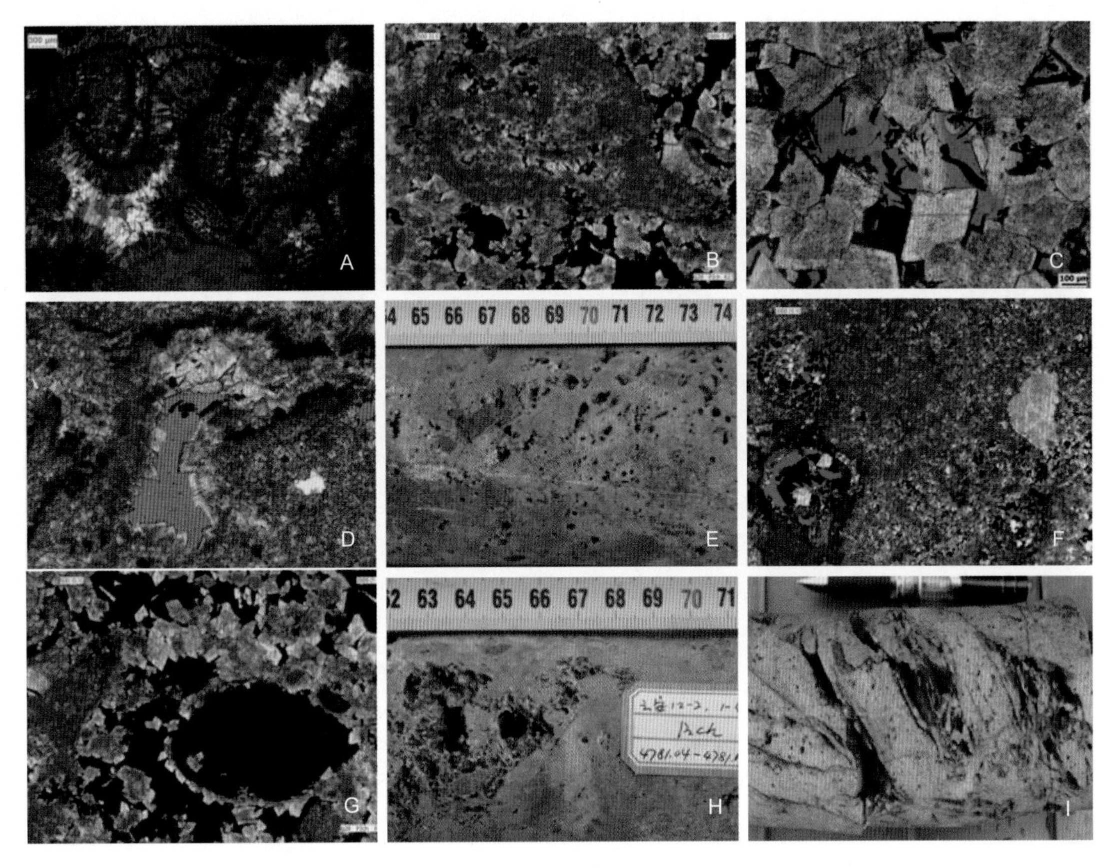

图 3–14　四川盆地上二叠统长兴组台缘礁滩储层储集空间类型

（A）粒间孔，方解石充填，生物碎屑灰岩，上二叠统长兴组，龙岗 001–1 井，6180.51m，×10，单偏光；（B）粒间溶孔，沥青充填，残余生物碎屑细晶白云岩，上二叠统长兴组，龙岗 28 井，5976m，×10，铸体片，单偏光；（C）晶间溶孔，沥青充填，细晶白云岩，上二叠统长兴组，龙岗 2 井，6130.71m，×10，铸体片，单偏光；（D）格架孔，残余生物骨架云岩，上二叠统长兴组，龙岗 82 井，×10，铸体片，单偏光；（E）体腔孔，残余生物骨架白云岩，上二叠统长兴组，云安 12–12 井，4792.55m，岩心；（F）生屑内溶孔，残余生物碎屑细晶白云岩，沥青充填，上二叠统长兴组，龙岗 28 井，6001.6m，×10，铸体片，单偏光；（G）铸模孔，细晶白云岩，沥青充填，上二叠统长兴组，龙岗 28 井，5976m，×10，铸体片，单偏光；（H）孔隙性溶洞，残余生物骨架白云岩，上二叠统长兴组，云安 12–2 井，4781.14m，岩心；（I）构造缝，残余生屑白云岩，上二叠统长兴组，龙岗 2 井，6129.13m，岩心

（3）片状喉道：此类喉道是孔隙缩小型喉道的进一步缩小，使颗粒间、白云石晶间溶蚀孔隙呈网状相连，喉道宽在 0.1 ～ 0.5μm 之间，是区内较普遍发育的一种喉道，对储层孔隙连通具重要意义（图 3–15C）。

（4）管束状喉道：压实作用进一步加强，颗粒排列更加紧密而形成颗粒之间呈线接触关系，两颗粒之间的通道形成管状。喉道宽 0.1 ～ 0.2μm，呈交叉状、树枝状分布，喉道很细而狭窄（图 3–15D、E），也是区内储层普遍发育的一种喉道。

（5）粒间隙：此喉道是管束状喉道的进一步缩小，两颗粒间或白云石晶体间线性排列更加紧密，颗粒之间的通道更加窄小，喉道宽度小于 0.1μm，此类喉道在储层中也很常见（图 3–15F）。

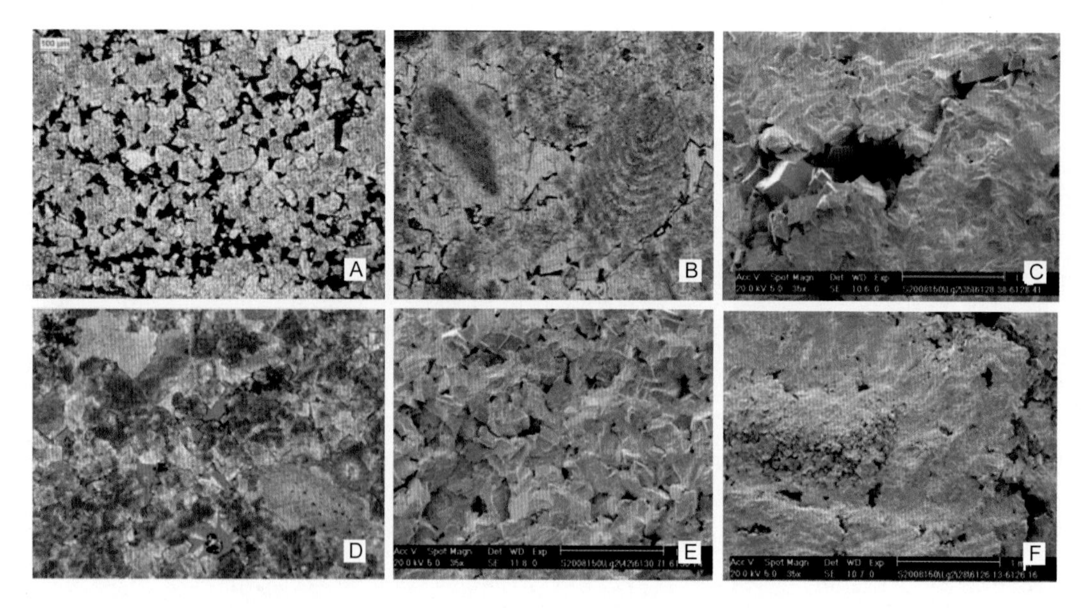

图 3–15　四川盆地上二叠统长兴组台缘礁滩白云岩储层孔隙结构

（A）孔隙缩小型喉道，晶粒白云岩，晶间孔发育，沥青充填，上二叠统长兴组，龙岗 001–1 井，6166.76m，×10，单偏光；（B）缩颈型喉道，残余生物碎屑白云岩，粒间孔发育，沥青充填，上二叠统长兴组，龙岗 2 井，6119.17m，×10，单偏光；（C）片状喉道，晶粒白云岩，上二叠统长兴组，龙岗 2 井，6128.38m，扫描电镜照片；（D）管束状喉道，残余生物碎屑白云岩，晶间溶孔发育，上二叠统长兴组，龙岗 12 井，6286m，×10，铸体片，单偏光；（E）管束状喉道，残余生屑白云岩，上二叠统长兴组，龙岗 2 井，6125.04m，扫描电镜照片；（F）粒间隙喉道，残余生屑白云岩，上二叠统长兴组，龙岗 2 井，6126.13m，扫描电镜照片

2）储层孔渗特征

以龙岗气田为例，长兴组礁滩白云岩储层孔隙度分布范围主要集中在 3% ~ 13% 之间，存在 6% 和 11% 两个峰值（图 3–16）；渗透率主要介于 0.001 ~ 100mD 之间，以 1mD 为主；孔隙度与渗透率关系图（图 3–17）显示，孔隙度与渗透率虽然具有一定的正相关性，但相关性并不强，说明孔隙类型多样，储层非均质性较强。压汞分析显示，孔隙度较高的储层孔喉半径较大，但分布范围较宽，显示储层具有较强的非均质性；孔隙度较低储层，虽然孔喉半径分布范围较窄，储层均质性较好，但孔喉半径极小，均为微孔，难以作为有效储层。压汞参数统计显示储层平均毛细管压力曲线图（图 3–18），孔隙度大于 4% 的储层压汞曲线成单斜型，说明孔隙结构比较复杂，非均质性较强；孔隙度介于 2% ~ 4% 之间

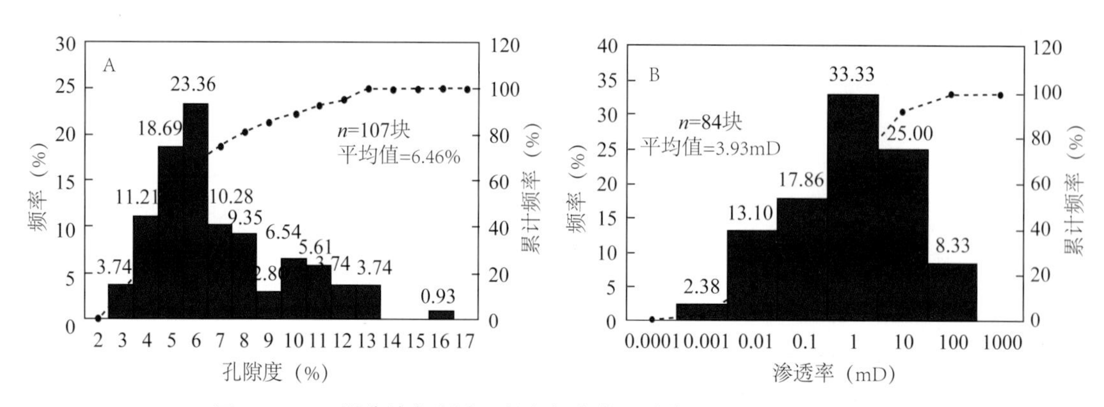

图 3–16　四川盆地龙岗地区长兴组台缘礁滩储层产层段物性直方图

的储层压汞曲线为高平台的两段式，进汞压力从 1 ~ 10MPa 之间，进汞量为 40%，进汞压力从 10 ~ 100MPa 之间，进汞量也只有 40%，说明该类型储层约一半孔隙具有一定储集性能，而另一半微孔不具备储集性能。综合分析各类参数，将长兴组台地边缘礁滩储层划分为四种类型（表 3–3）。

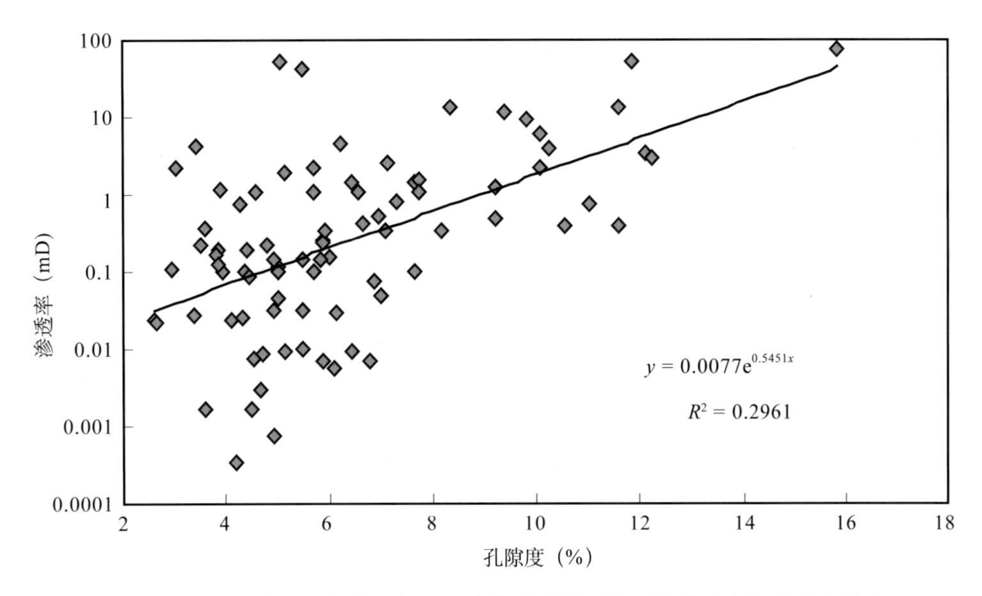

图 3–17　四川盆地龙岗地区长兴组台缘礁滩储层产层段孔隙度与渗透率关系

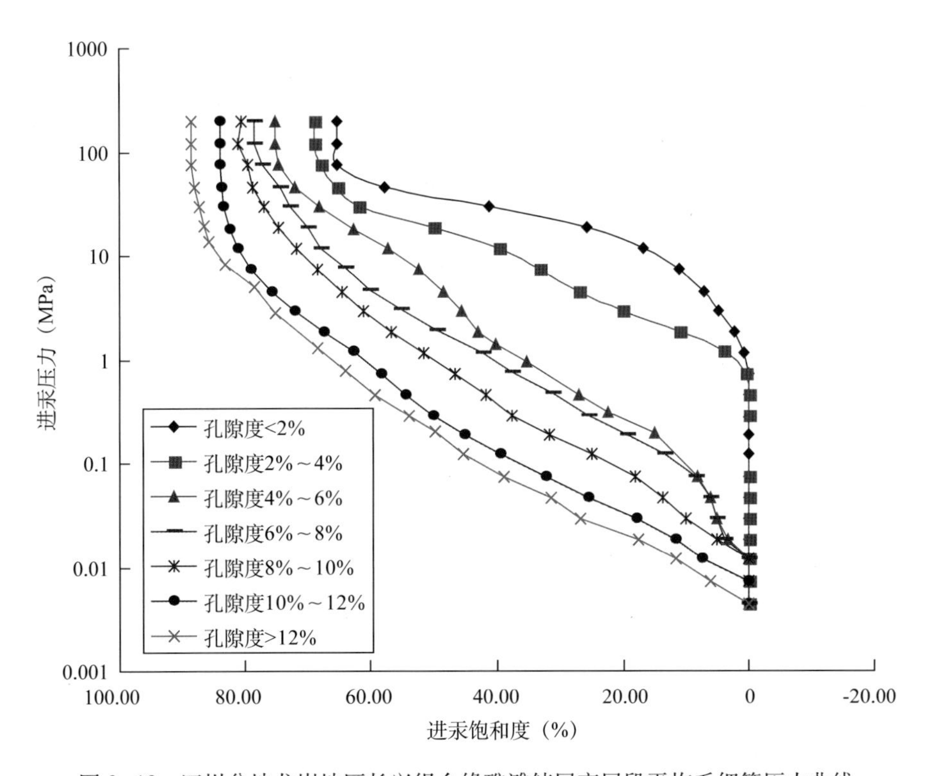

图 3–18　四川盆地龙岗地区长兴组台缘礁滩储层产层段平均毛细管压力曲线

表 3–3　四川盆地龙岗地区台缘礁滩储层类型及特征

储层类别		Ⅰ类储层	Ⅱ类储层	Ⅲ类储层	Ⅳ类储层
沉积微相		礁盖	礁盖	礁盖、礁核	礁核
岩性类型		晶粒白云岩、残余生屑白云岩	晶粒白云岩、残余生屑白云岩、残余生物骨架白云岩	残余生屑白云岩、残余生物骨架白云岩、残余生屑灰质白云岩 / 云质灰岩、残余生物骨架灰质白云岩 / 云质灰岩	残余生屑灰质云岩 / 云质灰岩、残余生物骨架灰质云岩 / 云质灰岩
孔隙类型		晶间溶孔、粒间溶孔	晶间溶孔、粒间溶孔、粒内溶孔、格架孔	粒间溶孔、粒内溶孔、格架孔	粒间溶孔、粒内溶孔、格架孔
孔喉类型		孔隙缩小型、缩颈型、片状、管束状	孔隙缩小型、缩颈型、片状、管束状、粒间隙	缩颈型、片状、管束状、粒间隙	片状、管束状、粒间隙
孔隙度（%）	一般	≥ 12.0000	6.0000 ～ 12.0000	2.0000 ～ 6.0000	< 2.0000
	平均	12.3	8.1167	4.2243	0.98
渗透率（mD）	一般	> 20	0.2 ～ 20	0.01 ～ 0.2	< 0.01
	平均	35.5268	15.1268	0.03718	0.00518
排驱压力（MPa）	一般	0.0044 ～ 0.2903	0.0117 ～ 0.2836	0.0044 ～ 0.7236	1.1553
	平均	0.0552	0.1901	0.3165	1.1553
中值压力（MPa）	一般	0.7137 ～ 1.3055	0.9066 ～ 2.4166	4.6827 ～ 39.5637	37.8751
	平均	16.0096	1.6532	17.5658	37.8751
最大孔喉半径（μm）	一般	2.5914 ～ 168.5659	2.5914 ～ 4.000	0.02 ～ 3	0.6362
	平均	72.862	3.862	26908	< 0.8
中值半径（μm）	一般	0.0235 ～ 1.0298	0.3042 ～ 0.8107	0.0186 ～ 0.157	< 0.02
	平均	3.4207	0.4804	0.0736	0.0194
束缚水饱和度（%）	一般	13.0408 ～ 13.786	7.2637 ～ 23.2776	12.2946 ～ 31.5185	> 24
	平均	13.4134	17.6797	25.6430	34.7169

5. 储层测井响应特征

礁滩白云岩储层具有“四高一低”的特点，即相对高伽马、高电阻、高声波时差、高中子和低密度。而礁核相表现为：低伽马、低声波、低中子和高阻高密度特点（图 3–19）。

6. 储层地震响应特征

地震剖面上生物礁整体外形呈丘状、宝塔状反射，礁内杂乱反射或空白，礁底断续弱反射或连续较强反射，略向上拱，礁两翼地层上超反射特征明显。

环开江—梁平海槽礁滩白云岩储层发育在生物礁顶部，储层表现为高阻抗背景中的低阻抗特征，为低频、中强变振幅、微幅蚯蚓状、亚平行反射（图 3–20）。

7. 储层成因

礁滩白云岩储层受沉积和成岩作用双重控制，台地边缘背景沉积的礁滩体为规模储层发育奠定了物质基础，同生溶蚀作用和埋藏白云石化作用是优质储层发育的关键，埋藏溶蚀作用的叠加改造进一步改善储集性能。

1）同生溶蚀作用是优质储层发育的关键

由于相对海平面下降，礁滩体暴露出海面。大气淡水首先溶蚀由文石或高镁方解石组成的不稳定粒屑（如水螅、瓣鳃类和腹足类等）形成铸模孔。溶蚀强度受海平面下降幅度、古地貌、降雨量及大气淡水作用时间等因素影响，因此不同级别的层序界面、不同的古地貌其溶蚀程度存在差异，进而导致后期白云石化和溶蚀作用强度也明显不同。

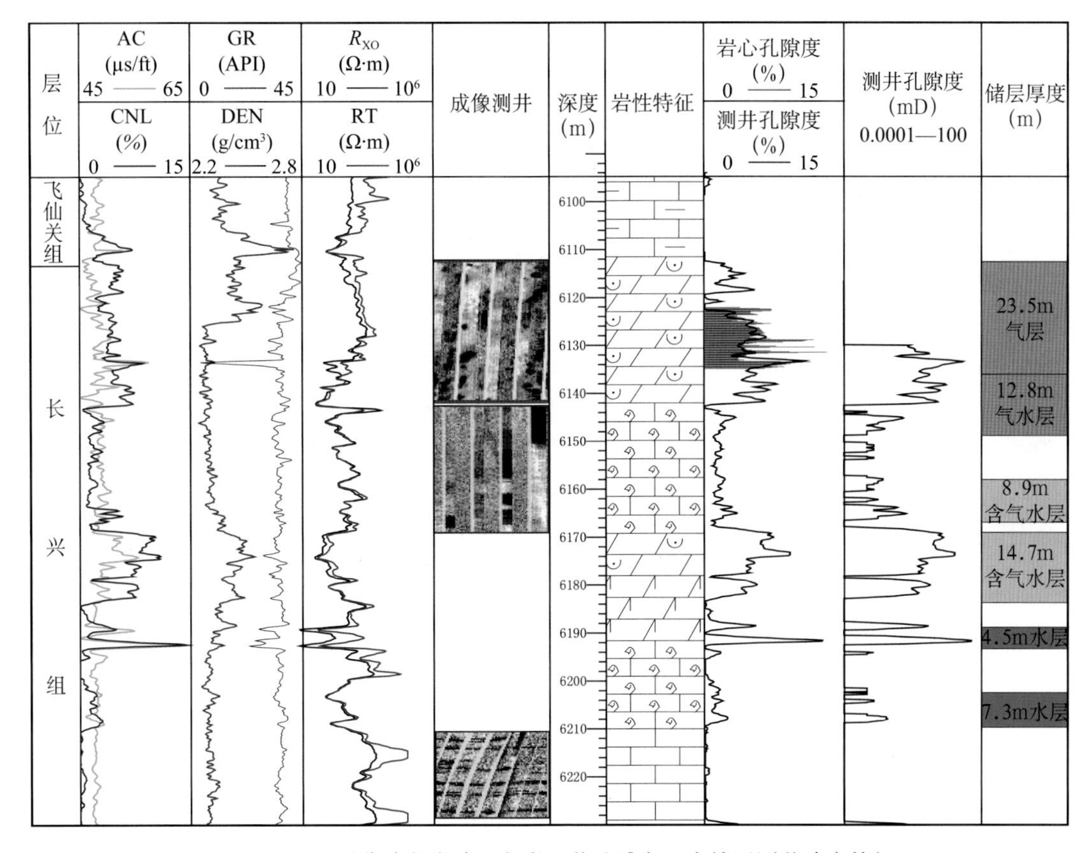

图 3-19　四川盆地龙岗地区龙岗 2 井礁滩白云岩储层测井响应特征

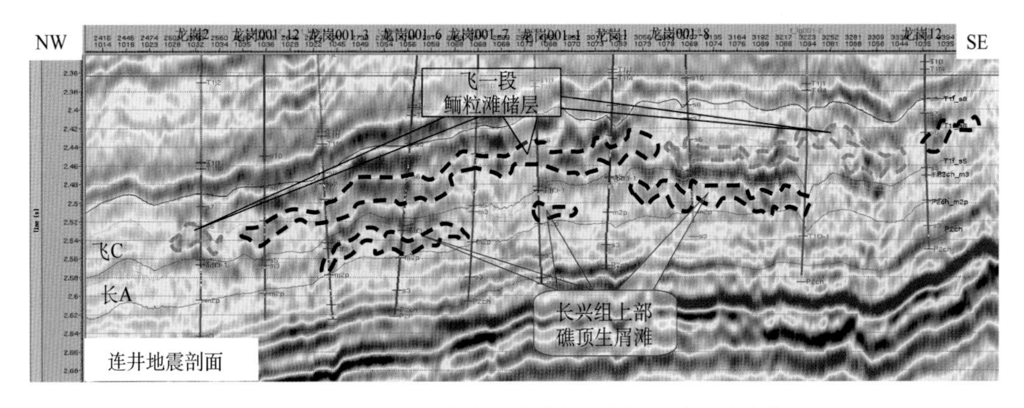

图 3-20　四川盆地龙岗地区礁滩白云岩储层地震响应特征

同生期淡水溶蚀作用在一定程度上决定了储层的分布。对龙岗地区的统计表明，长兴组 I、II 类储层多分布于礁滩体顶部的生屑滩微相中，而其他微相中则多发育 III、IV 类储层（图 3-21A）。因为生屑滩往往发育在生物礁演化的晚期，容易接受大气淡水的溶蚀，因此在埋藏前便具有较好的渗流条件，为埋藏白云石化和溶蚀作用提供了更好的介质通道。

而礁核相通常位于礁旋回的中下部，接受大气淡水溶蚀的概率小，而且海水胶结作用强烈而使原始格架孔损失殆尽，不利于后期埋藏白云石化和埋藏溶蚀作用的进行。

长兴组顶部为三级层序界面，与海侵体系域和早期高位体系域相比，该界面之下的晚期高位体系域礁滩体经受了更强的大气淡水溶蚀，后期的白云石化和溶蚀作用更强，储层厚度及储集性能均好于海侵体系域和下部高位体系域。龙岗台缘带长兴组礁滩储层厚度、储层类型统计表明（图 3–21B），长兴组礁滩储层主要发育在高位体系域上部，并且Ⅰ、Ⅱ类储层厚度分别占长兴组储层总厚度的 30.7% 和 21.3%。由此可见，同生期大气淡水溶蚀作用是储层发育的关键。

2）埋藏白云石化作用是优质储层发育的重要补充

“没有白云岩，就没有优质储层”，岩石学和地球化学分析表明，礁滩白云岩储层形成于埋藏环境。

（1）岩石学证据。

长兴组礁滩气藏的白云岩储层多为结构较均一的细晶白云岩，白云石晶粒多为 0.15 ~ 0.2mm，他形—半自形晶为主，少量自形晶，有的具有雾心—亮边结构，常见海百合和腕足类碎屑（或其幻影）。孔隙主要是非选择性溶孔，大小不一，从较小的晶间溶孔到超大溶孔均有发育，部分砂糖状白云岩以晶间孔为主。薄片观察显示，最早的白云石化作用发生于纤状、刀鞘状或放射状海水方解石胶结物之后，形成环边状白云石胶结物或交代早期方解石环边胶结物、孔洞中部粒状方解石胶结物以及颗粒、骨架生物（图 3–22A—C），并常见白云石化沿缝合线发生的现象（图 3–22D）。此外，白云石具有较强的橘红色阴极发光（图 3–22E、F），表明形成于还原环境而含有一定数量的 Mn^{2+} 和 Fe^{2+}。以上特征说明长兴组礁滩储层的白云石化作用发生时间相对较晚，具有埋藏成因特征。

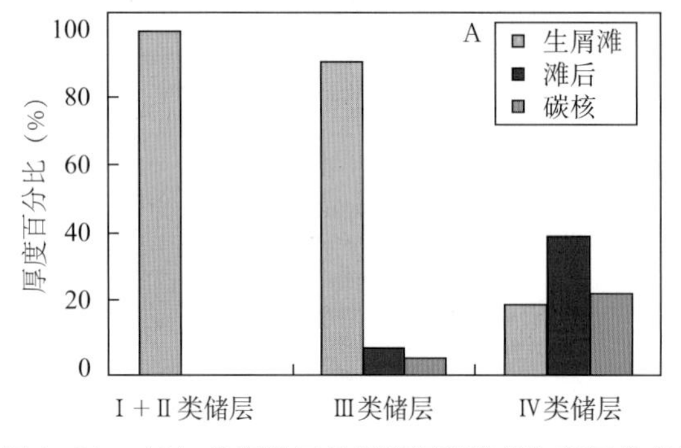

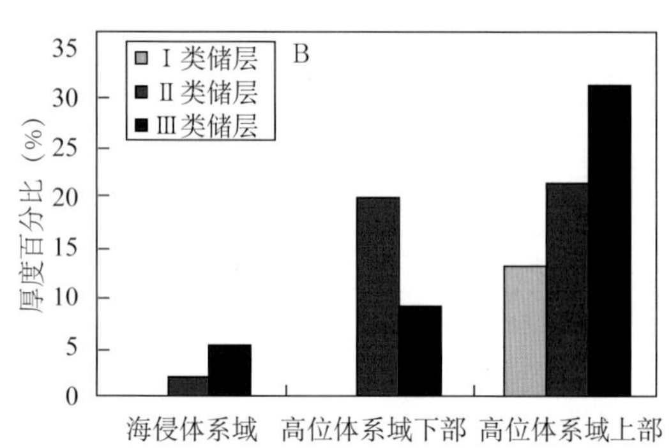

图 3–21 （A）龙岗地区长兴组沉积微相与储层发育关系；（B）龙岗地区长兴组台缘礁滩储层厚度与三级层序旋回关系直方图

（2）地球化学证据。

① Mg/Ca 比：白云石的 Mg/Ca 比跟其形成条件有关，一般来说，高的 Mg/Ca 比反映了白云石化速度缓慢而彻底，低 Mg/Ca 比则反映了快速而不彻底的白云石化作用。长兴组白云岩样品电子探针分析表明（图 3–23），各种产状的白云石（如云化的生屑、白云石雾心和亮边等）均为高 Mg/Ca 比（0.922 ~ 1.085，平均为 1.056，均为理想配比），显示了埋藏白云石化作用的特征。

②锶同位素（$^{87}Sr/^{86}Sr$）：长兴组所测试的 53 件白云岩样品有 27 件 $^{87}Sr/^{86}Sr$ 值位于长兴

组沉积期海水的范围内（图 3–24），指示了白云石化流体与长兴期海水的亲缘关系；然而也有近一半的样品 $^{87}Sr/^{86}Sr$ 超出了该范围，说明还有相对富 ^{87}Sr 的流体参与了白云石化作用。富 ^{87}Sr 的流体可能来自同生期大气淡水或来自富含黏土层位的埋藏压实流体。从白云岩的碳同位素数据，均位于正常海水的范围（图 3–25），据此可以排除大气淡水参与白云石化作用的可能性，表明白云石化作用发生于埋藏环境。

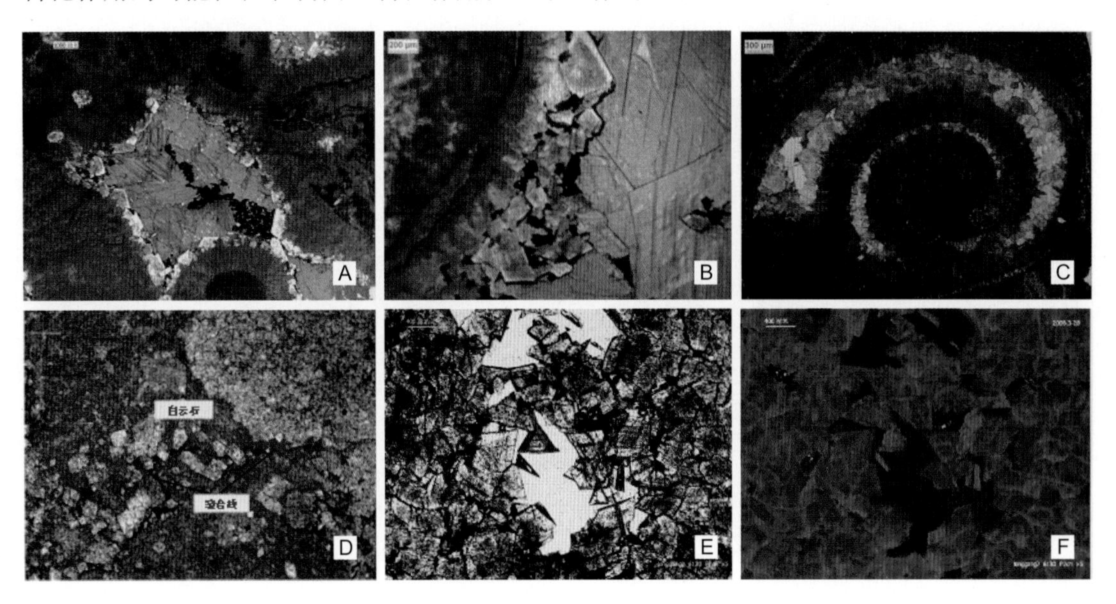

图 3–22　四川盆地上二叠统长兴组礁滩储层白云石化作用特征的微观照片

（A）生物骨架灰岩，白云石化作用发生于放射状方解石之后，白云石呈环边状分布于残余格架孔壁上，上二叠统长兴组，天东 53 井，4300.91m，×10，染色，单偏光；（B）生物骨架岩，白云石交代放射状方解石，在白云石化作用之后存在烃类充注，最后埋藏粗晶方解石充填残留孔洞，上二叠统长兴组，龙岗 001–1 井，6176.10m，×10，染色，单偏光；（C）腹足类生物的体腔孔中生长两期充填物，第一期为刀鞘状方解石，之后白云石完全将残余体腔孔充填，上二叠统长兴组，龙岗 001–1 井，6176.53m，×10，染色，单偏光；（D）含云灰岩，白云石沿缝合线分布，即白云石化作用的时间在缝合线之后，发生于埋藏条件下，上二叠统长兴组，龙岗 001–1 井，6117.74m，×10，染色，单偏光；（E）晶粒白云岩，上二叠统长兴组，龙岗 2 井，6130.21m，×10，单偏光；（F）晶粒白云岩，阴极发光具较强的橘红色，上二叠统长兴组，龙岗 2 井，6130.21m，×10

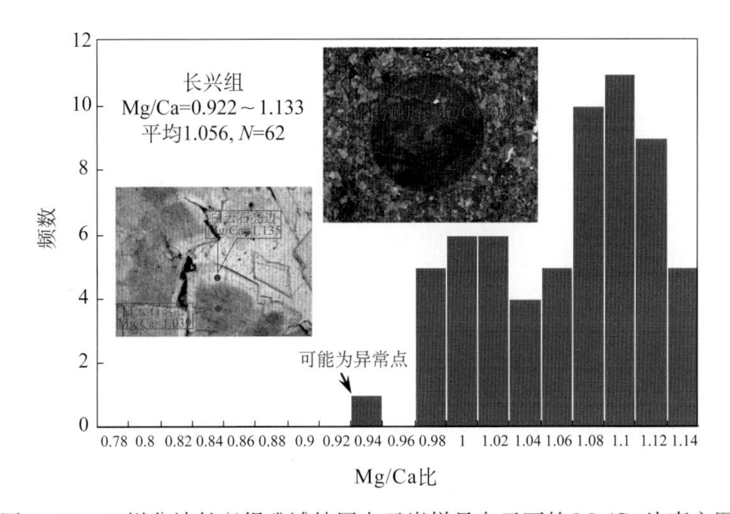

图 3–23　四川盆地长兴组礁滩储层白云岩样品白云石的 Mg/Ca 比直方图

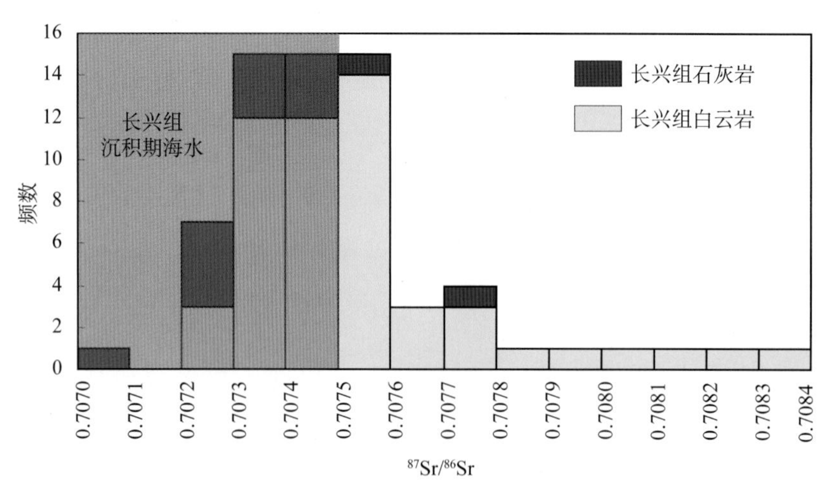

图 3–24 四川盆地长兴组礁滩储层白云岩 $^{87}Sr/^{86}Sr$ 分布图

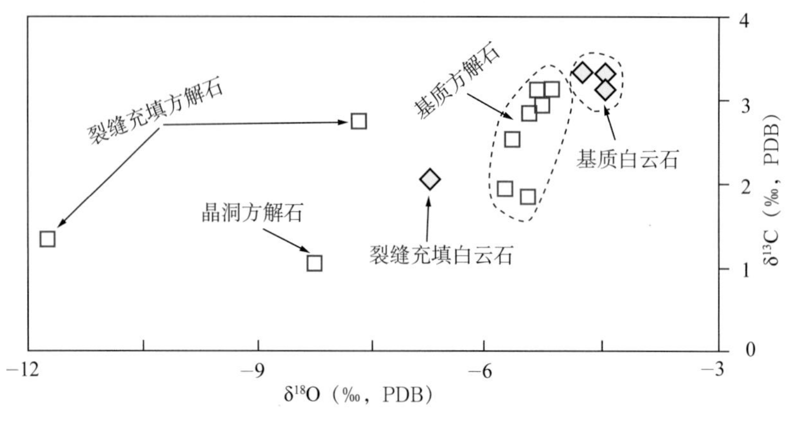

图 3–25 四川盆地上二叠统长兴组礁滩白云岩储层不同结构组分碳氧稳定同位素特征

③碳、氧同位素：长兴组残余生物碎屑白云岩、残余生物骨架白云岩及晶粒白云岩具有类似的碳、氧同位素组成，三者的 $\delta^{13}C$ 平均值分别为 3.4‰，2.1‰和 3.0‰，$\delta^{18}O$ 平均值分别为 −5.2‰，−5.3‰和 −5.1‰，与代表长兴期海水的石灰岩（$\delta^{13}C$ 平均值为 3.0‰，$\delta^{18}O$ 平均值为 −5.9‰）十分相似（表 3–4），表明生屑白云岩、礁白云岩及晶粒白云岩这三者具有相同的白云石化流体（即长兴期海水）。虽然各类碳酸盐矿物氧同位素组成具有随成岩强度加大具有偏负的演化趋势（图 3–25），但 $\delta^{13}C$ 值均位于正常海水范围（0 ~ 4‰ PDB），且 $\delta^{13}C$ 和 $\delta^{18}O$ 不存在明显的正相关关系（图 3–26），表明白云石化作用与大气淡水无关。另外，与晚二叠世海水的氧同位素分布相比较，白云岩的 $\delta^{18}O$ 值几乎都比同期海水偏负，显示了埋藏白云石化作用的特征。

表 3–4 四川盆地长兴组礁滩白云岩储层碳氧稳定同位素特征

岩性	$\delta^{13}C$（‰，PDB）			$\delta^{18}O$（‰，PDB）		
	最小	最大	平均	最小	最大	平均
石灰岩	2.2	3.5	3.0	−6.93	−4.6	−5.9
生屑白云岩	3.3	3.57	3.4	−6.2	−4.4	−5.2
礁白云岩	1.2	3	2.1	−6.3	−4.6	−5.3
晶粒白云岩	2.1	4.3	3.0	−7.33	−3.9	−5.1

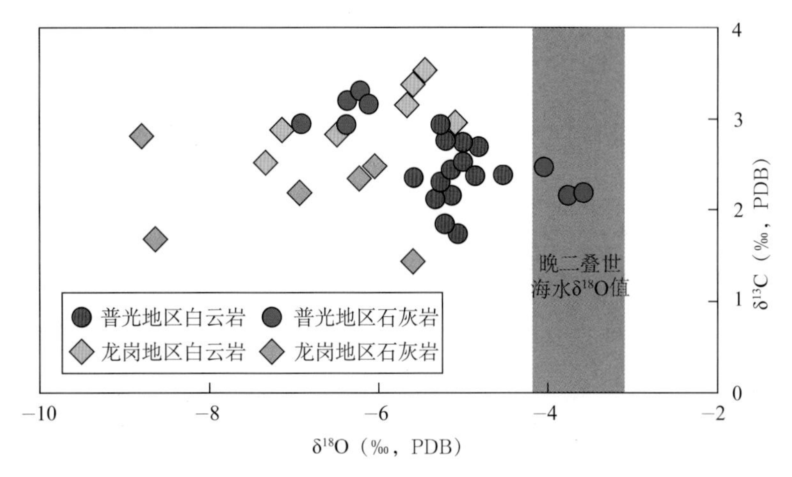

图 3–26 四川盆地上二叠统长兴组礁滩白云岩储层全岩碳氧稳定同位素特征

（3）白云石化模式。

上述特征表明长兴组白云岩储层形成于埋藏环境，地层中封存的长兴期海水以及某种富 ^{87}Sr 的“外来”流体是造成白云石化作用的原因。目前看来，后者最可能来自于海槽相区的硅质泥页岩。在埋藏压实过程中，长兴组封存的海水以及海槽区硅质泥页岩中的流体被挤压排出，然后沿断裂、裂缝进入相对多孔的生屑滩相灰岩，促使其白云化（图 3–27）。

长兴组白云岩多沿台地边缘分布，有如下原因：①台地边缘靠近海槽，具有充足的白云石化流体供应；②台地边缘断裂相对发育（图 3–28），有利于白云石化流体的活动。

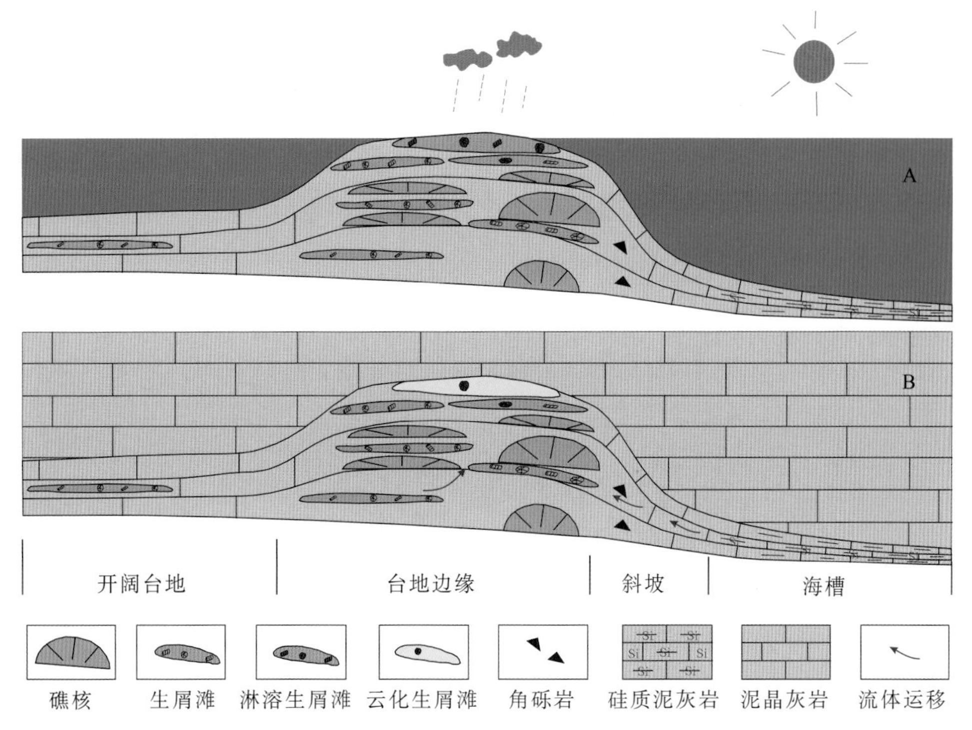

图 3–27 四川盆地上二叠统长兴组礁滩白云岩储层埋藏白云石化作用模式图

（A）准同生期，礁滩体顶部的生屑滩暴露出海面接受大气淡水的溶蚀而形成铸模孔；（B）埋藏压实阶段，地层中的 Mg^{2+} 流体受压实排出，沿断裂、裂缝进入相对多孔的生屑滩灰岩，发生白云石化作用

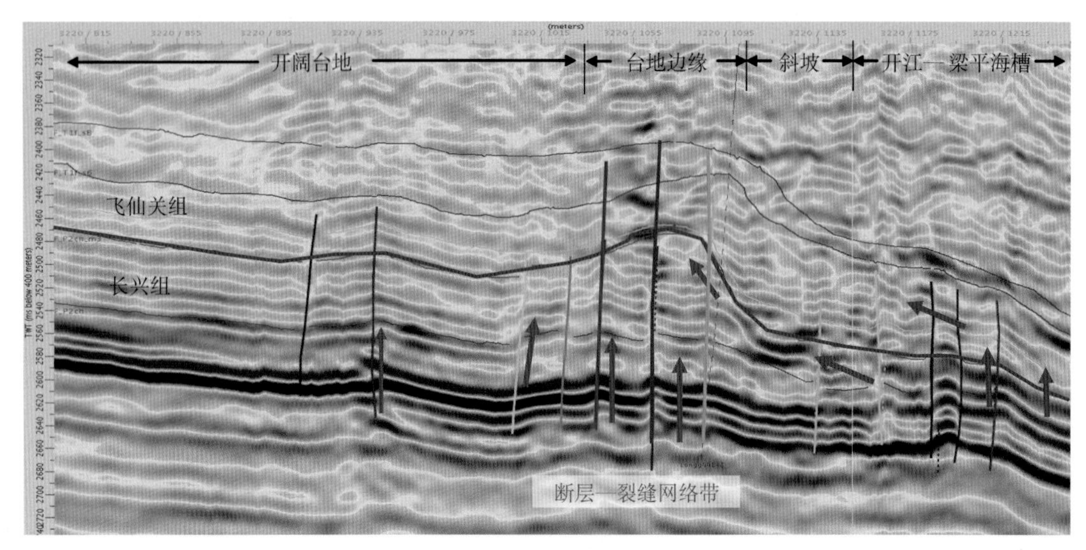

图 3–28　龙岗三维 Line3220 测线地震高分辨率处理后解释剖面

揭示台缘带断裂发育，为埋藏白云石化介质提供了通道

埋藏环境中白云石化流体的数量有限、Mg/Ca 比相对较低，因此常形成晶粒相对较粗的砂糖状白云岩。另外，由于白云石化作用期间方解石（或文石）的溶蚀速率往往大于白云石的沉淀速率，因而常发育晶间孔及较大的溶蚀孔洞，在盆地流体沿断层和（或）裂缝向上运移并与较冷的地层水混合的部位，溶蚀作用尤为强烈，因此，长兴组白云岩通常发育较大的孔洞。另外白云石化的一个重要作用就是，白云石化流体的富集阻碍了后期方解石的充填，在埋藏过程中为储层保存了孔隙。

3）埋藏溶蚀作用及构造破裂改善了储集性能

长兴组礁滩储层的埋藏溶蚀发生在白云石化作用之后，主要有两期。第一期为浅埋藏晚期的有机酸对残余方解石的溶蚀作用，形成粒间溶孔、格架溶孔和晶间溶孔，也可见到沿缝合线发生溶蚀扩大而形成的溶缝，此类溶孔多呈半充填状，有利于储层发育。第二期为深埋期的构造破裂及伴随的溶蚀作用，构造破裂作用主要是提高储层的渗透率，但沿构造缝的溶蚀可产生超大溶孔和溶洞，进一步增加储层的孔隙度（图 3–29）。长兴组礁滩储层是埋藏溶蚀和破裂作用的直接结果，二者产生的孔隙度约为 5%。

综上所述，四川盆地环开江—梁平海槽长兴组台缘礁滩白云岩储层为埋藏白云石化作用的产物，早期大气淡水淋滤作用为储层的发育奠定了基础，埋藏溶蚀和破裂作用提高储层质量。优质储层的形成是埋藏白云石化作用和多期溶蚀作用叠加的结果。

（二）鄂尔多斯盆地南缘中—上奥陶统

鄂尔多斯盆地南缘中—上奥陶统礁滩是我国北方生物礁研究最早的地区之一，研究历史近 50 年。然而，由于含礁地层主要分布在渭北隆起的最高峰（如北仲山）、次高峰（如铁瓦殿、将军山），以及泾河等深切峡谷中，因山高、坡陡、谷深，荆棘丛生，野外工作条件极为艰苦。由此，导致其研究程度仍然很低。例如，东庄组页岩、唐陵组砾岩和铁瓦殿组的层位归属，生物礁、礁丘、灰泥丘和滩的纵横向展布与有利储集层段的高频层序特征、岩石类型、微相类型、物性特征等一系列未决难题均聚焦于此。下文结合前人资料和最新勘探成果，就盆地南缘礁滩的分布及其储层特征做简要论述。

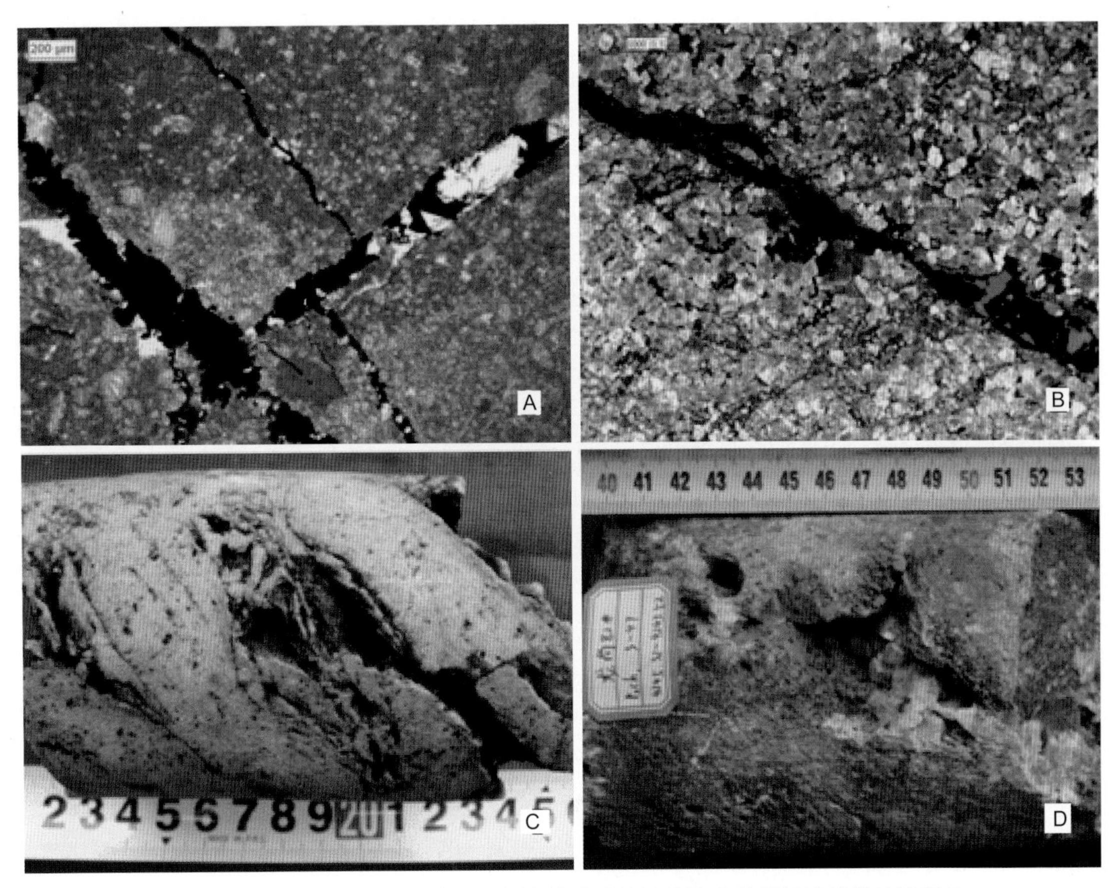

图 3–29　四川盆地上二叠统长兴组台缘礁滩储层沿构造缝及压溶缝的扩溶现象

(A) 泥晶生屑灰岩，构造缝发育，沥青充填缝隙，上二叠统长兴组，龙岗 001–1 井，6174.21m，×10，单偏光；(B) 细晶白云岩，缝合线溶蚀扩大缝，沥青充填缝隙，上二叠统长兴组，龙岗 26 井，5803m，×10，铸体片，单偏光；(C) 细粉晶白云岩，裂缝、溶孔发育，上二叠统长兴组，龙岗 2 井，6129.13m，岩心；(D) 细粉晶白云岩，裂缝、溶孔发育，上二叠统长兴组，龙岗 82 井，4245.52m，岩心

1. 礁滩分布与沉积特征

盆地南缘礁滩主要分布于渭河地堑北界断裂以北的渭北隆起南缘，西起陇县、东至富平呈近东西向延伸达 250km。自西向东，如陇县背锅山、永寿好时河、礼泉东庄、淳化铁瓦殿和徐家山、富平将军山等露头剖面（图 3–30）。而向北的渭北隆起覆盖区，已有钻井（淳 2、永参 1、淳探 1、旬探 1、耀参 1 和新耀 2 等）以及耀县桃曲坡剖面，则均为开阔台地内缓坡灰泥丘（即礁后潟湖）沉积。

上述露头剖面，含礁碳酸盐岩最厚达千米。其底与下伏三道沟组不整合接触，顶与上奥陶统东庄组页岩不整合接触。例如，泾阳铁瓦殿剖面，背锅山组和铁瓦殿组分别厚 521.6m 和 533.6m（何自新等，2004）；在泾阳铁瓦殿和富平将军山剖面，三道沟组顶见典型红土风化壳；在东庄水库剖面，该套碳酸盐岩被东庄组页岩不整合覆盖，非常类似于塔里木盆地上奥陶统良里塔格组石灰岩与上覆桑塔木组“黑被子”的接触关系。

鄂尔多斯盆地南缘礁滩具有如下沉积特点：

(1) 典型的滩并不多见，而主要是高大的灰泥丘与礁丘及点礁组合，且造礁生物比较单调，主要有钙藻、苔藓虫、珊瑚和层孔虫等。

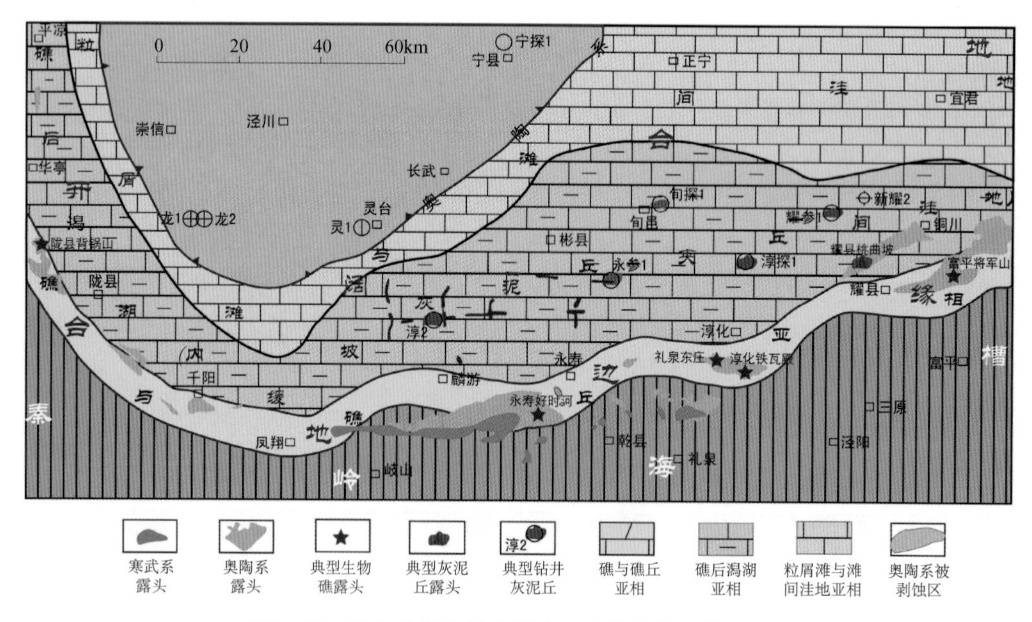

图 3-30　鄂尔多斯盆地南缘中—上奥陶统礁滩分布图

（2）由于鄂尔多斯盆地南缘位于克拉通边缘，因而同沉积断裂控制下的台地前缘斜坡重力流沉积非常发育，几乎占碳酸盐岩沉积总厚度的1/2甚至2/3。这些重力流沉积在平面上构成巨大的海底扇，其上扇为礁、丘前的巨大跌积岩块、崩塌角砾岩，无分选磨圆，无层理构造；中扇为略具定向排列和层理构造的砾屑灰岩和块状碳酸盐岩碎屑流，下扇为滑积成因瘤状灰岩和钙屑浊积岩，其沉积模式如图3-31所示。

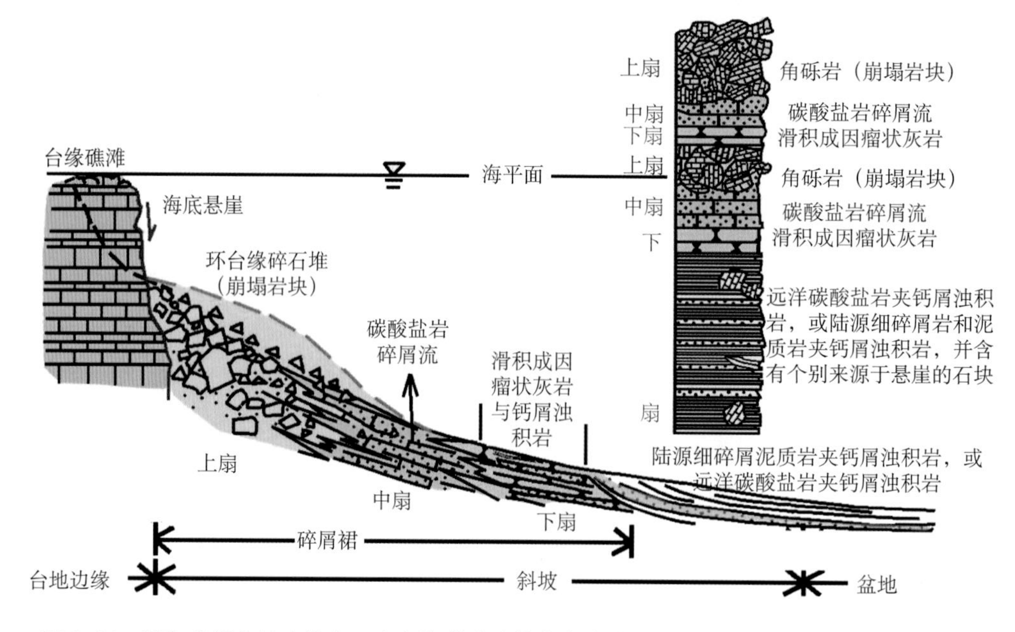

图 3-31　鄂尔多斯盆地南缘中—晚奥陶世碳酸盐岩台地跌积前缘块体垮塌—重力流沉积模式

（3）在垂向上，碳酸盐岩台地类型总体上经历了缓坡型→镶边型→同沉积断裂强烈活动、台地不断崩塌、后退消亡的演化，礁滩便发育在镶边台地演化的鼎盛阶段。例如，泾阳铁瓦殿剖面，中—上奥陶统在经历了短暂的缓坡型薄层状泥质泥晶灰岩和中层状亮晶砂屑灰岩这一浅缓坡沉积之后，便开始向镶边型台地演化，台地前缘斜坡巨大灰泥丘的发育标志着镶边台地初始形成；而台地边缘礁丘与生物礁、灰泥丘的发育标志着镶边台地发育到鼎盛；其上则是铁瓦殿组厚达 533.60m 的前缘斜坡重力流沉积，标志着台地的崩塌、后退和渐趋消亡。

（4）部分剖面，如富平小圆西沟—将军山剖面的礁基或礁盖，或灰泥丘丘顶发生埋藏白云石化。

2. 建设性成岩作用与储层发育特征

初步研究表明，鄂尔多斯盆地南缘中—上奥陶统礁滩经历了同生期大气淡水溶蚀、埋藏白云石化和表生岩溶三期、三类建设性成岩作用。但由于强烈的成岩作用破坏，目前已基本上看不到基质孔。

（1）同生期大气淡水溶蚀作用，目前发现最多的证据是渗流粉砂充填于礁丘、生物礁的造礁生物体腔孔、格架孔中，以及滩相（礁基、礁盖）砂屑白云岩的晶间孔中（图 3–32A 至 C）。

（2）埋藏溶蚀作用以铁瓦殿剖面第 13 层为典型，藻砂砾屑灰岩中砂砾屑被溶蚀成港湾状，见沿缝合线、渗流粉砂云化。可见，有机酸参与的埋藏溶蚀作用在前，埋藏白云石化在后（图 3–32D）。这方面也非常相似于塔里木盆地塔中 1 号带上奥陶统良里塔格组石灰岩。

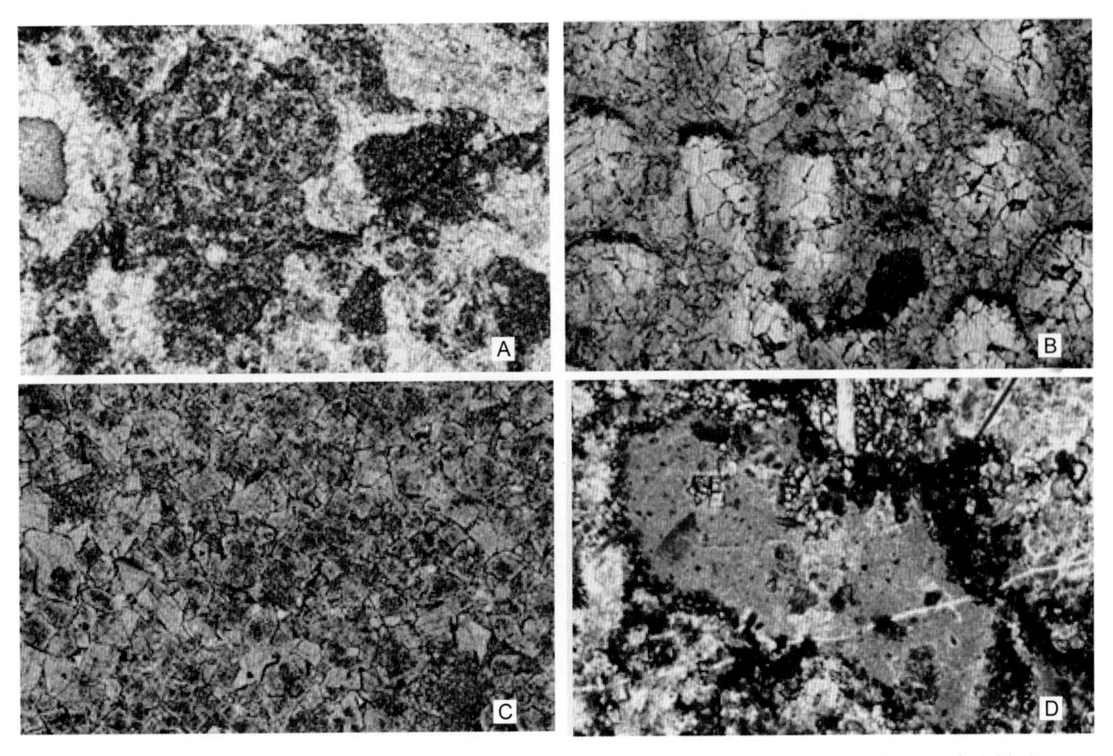

图 3–32　鄂尔多斯盆地南缘中—上奥陶统露头礁滩中的同生期大气淡水溶蚀证据——渗流粉砂

（A）礁丘格架灰岩中的渗流粉砂，泾阳铁瓦殿剖面第 20 层，×20，单偏光；（B）珊瑚礁中珊瑚体腔孔、格架孔中充填渗流粉砂，将军山剖面第 2 层，×20，单偏光；（C）粉细晶白云岩（原岩为生屑砂屑灰岩，属典型砂屑滩—礁基），晶间残余渗流粉砂并白云石化，富平小圆剖面第 2 层，×20，单偏光；（D）藻砂砾屑灰岩中的埋藏溶蚀与埋藏白云石化现象，铁瓦殿剖面第 13 层，×20，单偏光

（3）晚表生期岩溶作用以铁瓦殿剖面中—上奥陶统石灰岩底部发育溶洞为典型。在该剖面，以下伏三道沟组顶第0层凝灰岩风化壳为区域隔水层，第2层大型灰泥丘沿层发育两个溶洞。

综上所述，尽管鄂尔多斯盆地南缘渭北隆起露头区礁滩仅发现溶洞，没有发现基质孔隙，尽管其北部的渭北隆起覆盖区钻井均处于开阔台地内缓坡灰泥丘（即礁后潟湖）相带，缺乏高能相带，但上述丰富多彩的建设性成岩作用也无疑会造就有利储层。旬探1、耀参1井在中—上奥陶统试气分获302m³/d、242m³/d天然气流，说明有利礁滩储层的发育。

三、台缘鲕滩白云岩储层

四川盆地环开江—梁平海槽飞仙关组台缘鲕滩白云岩储层层位上主要分布于飞仙关组一—二段，地域上主要分布于川东北地区，是非常重要的勘探领域。

（一）地质背景

飞仙关组沉积早—中期（飞一段、飞二段），四川盆地继承了长兴期“三隆三洼”的古地理格局，沿台地边缘发育了鲕滩白云岩储层。

（二）储层岩性

主要岩性有晶粒白云岩、残余鲕粒白云岩及鲕粒灰质和鲕粒白云岩过渡岩类。

1. 晶粒白云岩

晶粒白云岩，偶尔可见鲕粒幻影，主体由大小为0.15～0.40mm白云石晶粒组成，以自形—半自形为主，大多数白云石晶面平直，部分弯曲，晶体污浊，有时见雾心亮边结构（图3–33A、B）。

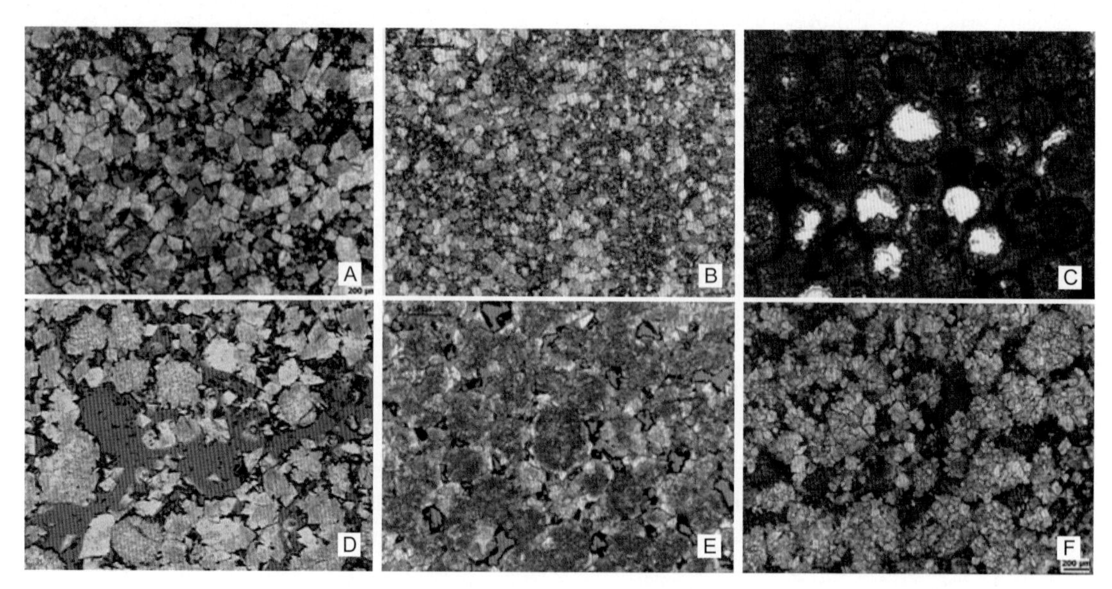

图3–33　四川盆地龙岗地区下三叠统飞仙关组台缘鲕滩白云岩储层岩性特征

（A）细晶白云岩，晶间孔发育，下三叠统飞仙关组，龙岗001–1井，6017.92m，×10，铸体片，单偏光；（B）细晶白云岩，晶间孔发育，下三叠统飞仙关组，罗家2井，块号7–789，×10，铸体片，单偏光；（C）泥晶鲕粒白云岩，鲕模孔发育，但多为孤立型，示底构造，下三叠统飞仙关组，罗家2井，块号3–309，×10，铸体片，单偏光；（D）残余鲕粒细晶白云岩，粒间、晶间孔发育，下三叠统飞仙关组，龙岗001–1井，6000.48m，×10，铸体片，单偏光；（E）残余鲕粒细晶白云岩，粒间溶孔发育，下三叠统飞仙关组，罗家2井，块号5–463，×10，铸体片，单偏光；（F）残余鲕粒灰质云岩，发育少量晶间孔，下三叠统飞仙关组，龙岗001–1井，5989.59m，×10，铸体片，染色，单偏光

2. 残余鲕粒白云岩

残余鲕粒白云岩，包括两种类型：残余鲕粒泥微晶白云岩和残余鲕粒粉—细晶白云岩。残余鲕粒泥微晶白云岩，鲕粒形态比较完整，颗粒间胶结物为泥晶、微晶白云石，在该区主要发育在沉积旋回的顶部，白云石化程度较高，但孔隙性较差（图 3–33C）；残余鲕粒粉—细晶白云岩，仅保留鲕粒形状或者幻影，鲕粒的原始结构破坏严重（图 3–33D、E），鲕间孔及溶孔发育，且孔径较大，一般都在 0.1 ～ 0.2mm，大者达 2mm，局部可为蜂窝状，面孔率一般为 5.0% ～ 10.0%。

3. 过渡岩类

残余鲕粒灰质云岩 / 云质灰岩（图 3–33F），是台缘带次要的储集岩类。白云石多选择性交代鲕粒，并以粉、细晶为主。粒间为一世代或二世代或一世代 + 二世代方解石胶结物充填，储集空间以鲕粒内溶孔、晶间孔和粒间溶孔为主。

（三）储集空间

岩心尺度宏观孔隙主要有溶孔溶洞，孔径 0.5 ～ 1mm，面孔率 3% ～ 8%。薄片尺度的微观孔隙因岩性不同而有所变化。晶粒白云岩主要发育晶间孔和残余溶孔，孔径一般为 0.1 ～ 0.2mm，少数溶孔内有时充填鞍状白云石、方解石和石英等自生矿物。残余鲕粒白云岩主要发育粒间孔、鲕模孔、溶孔等。总之，鲕滩白云岩储层储集空间可归纳如表 3–5、图 3–34 所示。

表 3–5　四川盆地飞仙关组台缘鲕滩白云岩储层储集空间特征

成因类型		特　征	形成阶段
类	亚类		
孔隙	晶间（溶）孔	分布于白云石晶粒之间，孔喉细小，呈片状，连通好	各成岩期
	粒间溶孔	颗粒边缘及胶结物遭反复溶蚀而成，连通性好	各成岩期
	粒内溶孔	鲕粒内部被选择性溶蚀而成，连通性较好	准同生—早成岩期
	铸模孔	鲕粒全部被溶蚀所形成的孔隙空间	准同生—早成岩期
洞穴	孔隙性溶洞	溶孔的继续溶蚀扩大而成	各成岩期
	裂缝性溶洞	顺层或沿裂缝局部溶蚀扩大，呈串珠状	各成岩期
裂缝	成岩缝	成岩过程中压实（溶）形成，呈网状，缝合状	成岩早中期
	构造缝	受构造作用形成，多以高角度缝出现	成岩后期

（四）储层物性

1. 储层喉道类型

喉道类型以孔隙缩小型喉道及片状喉道为主（图 3–35）；孔隙缩小型喉道是粒间孔之间的缩小部分，与孔隙很难区分，此喉道既是渗流通道又是孔隙的一部分，是储集岩的最佳喉道；片状喉道是孔隙缩小型喉道的进一步缩小，使颗粒间孔隙呈网状相连，喉道宽在 0.1 ～ 0.5μm 之间，对储层孔隙连通具重要意义。

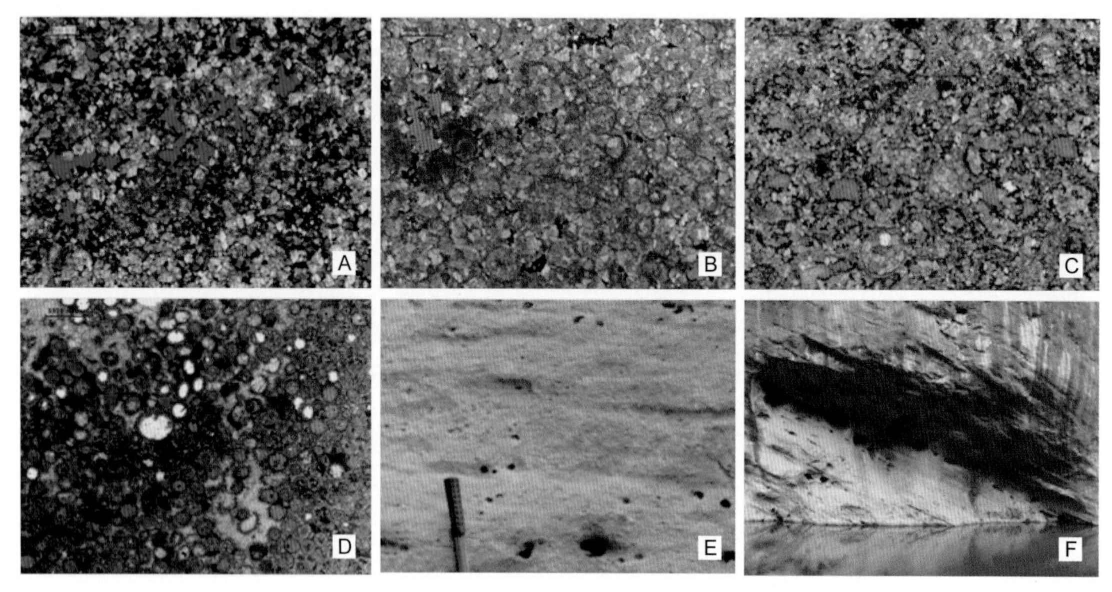

图 3–34　四川盆地下三叠统飞仙关组台缘鲕滩白云岩储层储集空间

（A）晶间溶孔，细晶白云岩，下三叠统飞仙关组，龙岗 26 井，5559m，×10，铸体片，单偏光；（B）粒间溶孔，残余鲕粒细晶白云岩，下三叠统飞仙关组，罗家 2 井，3252.2m，×10，铸体片，单偏光；（C）鲕内溶孔，示底构造，粉晶鲕粒白云岩，下三叠统飞仙关组，罗家 7 井，3940.50m，×10，铸体片，单偏光；（D）铸模孔，残余鲕粒泥晶白云岩，下三叠统飞仙关组，罗家 2 井，3530m，×10，铸体片，单偏光；（E）孔隙性溶洞，残余鲕粒白云岩，下三叠统飞仙关组，通江县诺水河剖面；（F）裂缝性溶洞，残余鲕粒白云岩，下三叠统飞仙关组，通江县诺水河剖面

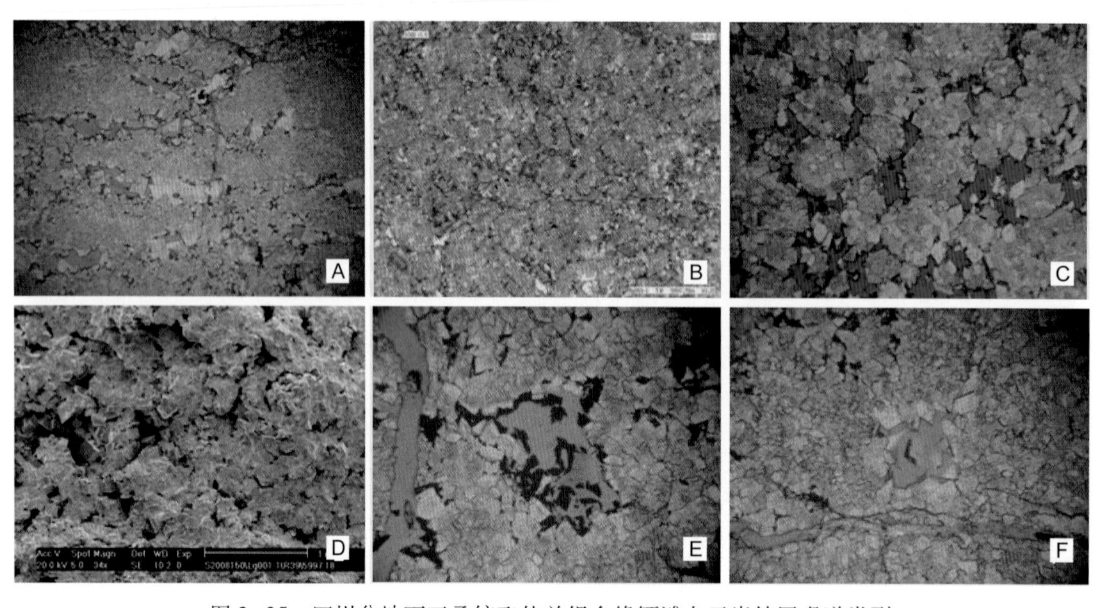

图 3–35　四川盆地下三叠统飞仙关组台缘鲕滩白云岩储层喉道类型

（A）片状喉道，细晶白云岩，粒间溶孔发育，扩溶微缝呈网状连通孔隙，下三叠统飞仙关组，龙岗 001–1 井，5997.65m，×10，铸体片，单偏光；（B）片状喉道，残余鲕粒细晶白云岩，粒间溶孔发育，扩溶微缝连通孔隙，下三叠统飞仙关组，龙岗 001–1 井，5997.75m，×10，铸体片，单偏光；（C）片状喉道、孔隙缩小型喉道，残余鲕粒白云岩，粒间孔和溶孔发育，下三叠统飞仙关组，罗家 1 井，3522.50m，×10，铸体片，单偏光；（D）片状喉道，细晶白云岩，下三叠统飞仙关组，龙岗 001–1 井，5997.18m，扫描电镜照片；（E）片状缩小喉道，细晶白云岩，晶间溶孔发育，微缝连通孔隙，下三叠统飞仙关组，龙岗 001–1 井，6001.50m，×10，铸体片，单偏光；（F）片状缩小喉道，细晶白云岩，晶间溶孔发育，微缝连通孔隙，下三叠统飞仙关组，龙岗 001–1 井，5993.5m，×10，铸体片，单偏光

2. 储层孔渗特征

根据龙岗地区产层段的物性频率图（图 3–36），孔隙度介于 3% ~ 19% 之间，渗透率则主要集中在 0.01 ~ 100mD 之间。孔隙度与渗透率之间具较好的正相关性（图 3–37），说明飞仙关组产层段储层具有相对较好的均质性。

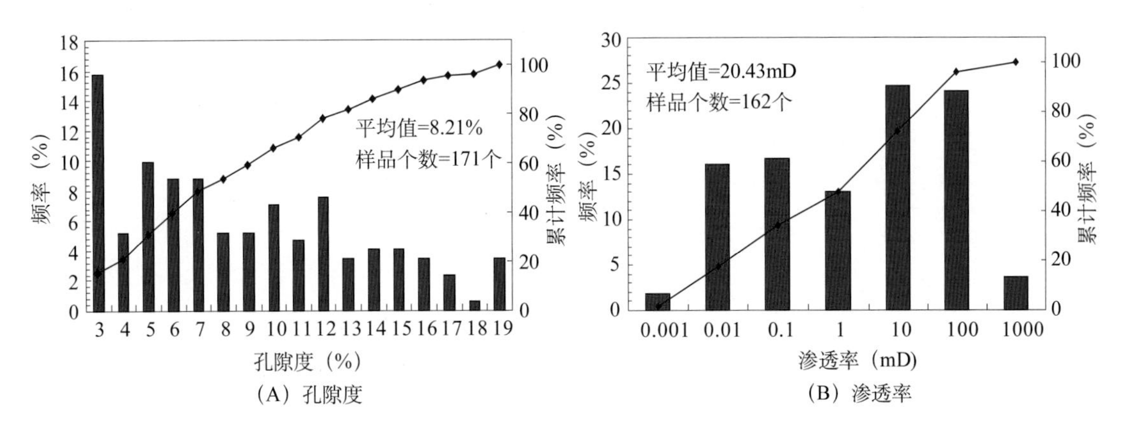

图 3–36　四川盆地龙岗地区飞仙关组台缘鲕滩白云岩储层产层段物性直方图

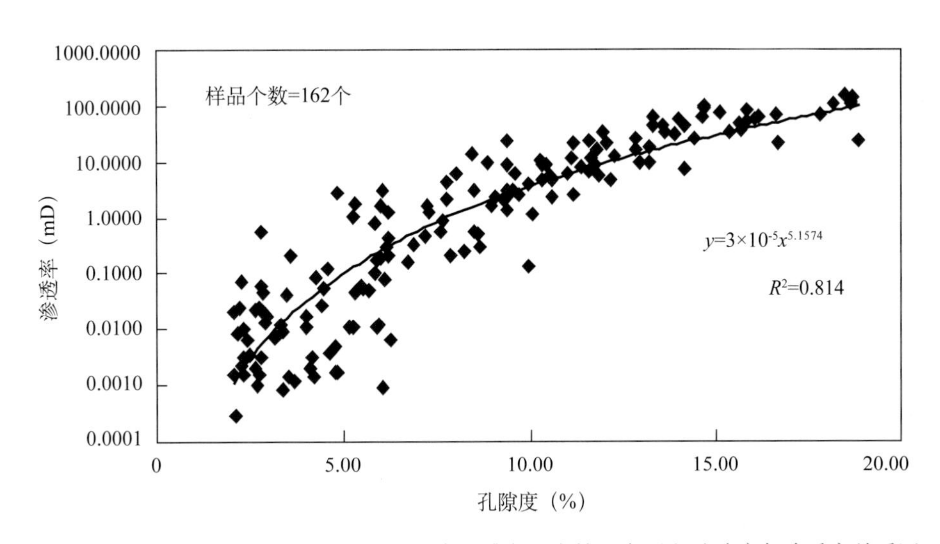

图 3–37　四川盆地龙岗地区飞仙关组台缘鲕滩白云岩储层产层段孔隙度与渗透率关系图

孔隙度较高的储层压汞曲线显示两段特征，压力 0.01 ~ 0.1MPa 段，显示平台特征，进汞量达 70%；而 0.1 ~ 100MPa，进汞量只有 20%；总体说明储层具有较好的均一性，孔喉半径相对集中，以大喉道孔隙为主，但也包括小喉道孔隙（图 3–38A）。中等孔隙度储层段压汞曲线特征表明，该类型储层孔喉半径分布较宽，孔隙类型较多，储层非均质性较强（图 3–38B）。低孔隙度储层段及非储层段，孔喉半径分布集中，孔隙类型相对单一，但均以微孔为主，储集性能较差（图 3–38C、D）。统计该地区压汞参数作出平均毛细管压力曲线图（图 3–39），也显示孔隙度大于 10% 的储层以大孔喉为主，孔隙度介于 10% ~ 6% 之间的储层孔喉半径分布范围较窄，而孔隙度小于 6% 的储层以小孔喉为主。结合储层宏观、微观特征，将飞仙关组台地边缘储层划分为四类（表 3–6）。

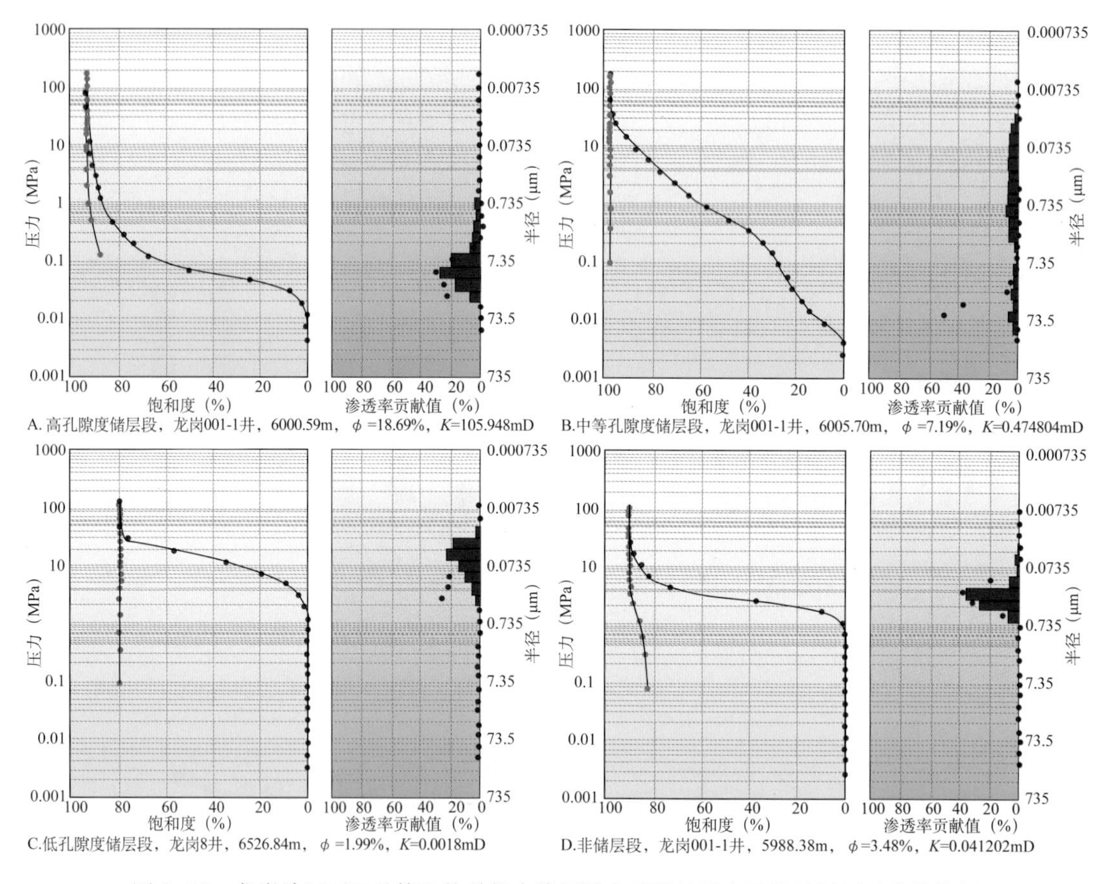

图 3–38 龙岗地区下三叠统飞仙关组台缘鲕滩白云岩储层产层段储层压汞曲线特征

表 3–6 龙岗地区飞仙关组台缘鲕滩白云岩储层物性特征

储层物性		Ⅰ类储层	Ⅱ类储层	Ⅲ类储层	Ⅳ类储层
主要沉积微相类型		潮上—潮间带鲕粒滩	潮上—潮间带鲕粒滩	潮上—潮间带鲕粒滩、潮下带鲕粒滩	潮下带鲕粒滩
主要储层岩性类型		晶粒白云岩、残余鲕粒细中晶白云岩	晶粒白云岩、残余鲕粒细中晶白云岩	残余鲕粒细中晶白云岩、残余鲕粒泥晶白云岩、残余鲕粒灰质云岩 / 云质灰岩	残余鲕粒泥晶白云岩、残余鲕粒灰质云岩 / 云质灰岩、鲕粒灰岩
主要孔隙类型		晶间（溶）孔、粒间溶孔、粒内溶孔、铸模孔	晶间（溶）孔、粒间溶孔、粒内溶孔、铸模孔	粒间溶孔、粒内溶孔、铸模孔	粒间溶孔、粒内溶孔
主要孔喉类型		片状喉道、孔隙缩小型喉道	片状喉道、孔隙缩小型喉道	片状喉道、孔隙缩小型喉道	片状喉道
孔隙度（%）	一般	≥ 12.0000	6.000 ～ 12.0000	2.0000 ～ 6.0000	＜ 2.0000
	平均	14.2639	8.03	3.37	1.39
渗透率（mD）	一般	＞ 20	0.2 ～ 20	0.01 ～ 0.2	＜ 0.01
	平均	385268	18.1265	0.08717	0.00819
排驱压力（MPa）	一般	0.0073 ～ 0.0291	0.0073 ～ 0.4582	0.0183 ～ 4.5021	0.4582 ～ 4.5021
	平均	0.0154	0.0885	1.4473	2.2017
中值压力（MPa）	一般	0.0571 ～ 0.4358	0.2271 ～ 23.1027	0.4358 ～ 28.804	0.4358 ～ 74.078
	平均	0.1754	3.3726	12.4669	29.3818

续表

储层物性		Ⅰ类储层	Ⅱ类储层	Ⅲ类储层	Ⅳ类储层
最大孔喉半径（μm）	一般	15.799 ~ 100.76	1.6040 ~ 100.7229	0.1633 ~ 40.197	0.1633 ~ 1.6040
	平均	67.3967	46.7609	5.6784	0.5287
中值半径（μm）	一般	1.6865 ~ 12.866	0.0318 ~ 3.2362	0.0255 ~ 1.6865	0.0099 ~ 1.6865
	平均	5.6888	1.2046	0.3146	0.2118
束缚水饱和度（%）	一般	8.75 ~ 41.97	4.11 ~ 25.79	7.69 ~ 63.20	15.48 ~ 58.32
	平均	18.33	12.82	39.74	42.21

（五）储层测井响应特征

晶粒白云岩及残余鲕粒白云岩等优质储层表现为：低伽马、低阻、低密度和高声波、高中子特点，非储层的泥晶灰岩表现为相对高伽马、高阻、高密度和低声波、低中子特点，而过渡性岩类储层介于上述两者之间（图 3–40）。

（六）储层地球物理响应特征

飞仙关组鲕滩白云岩优质储层具有强—中强振幅的“亮点”地震响应特征，外形呈扁平的长条状（图 3–41A）；差储层则表现为中强—中振幅中—弱反射特征（图 3–41B）。

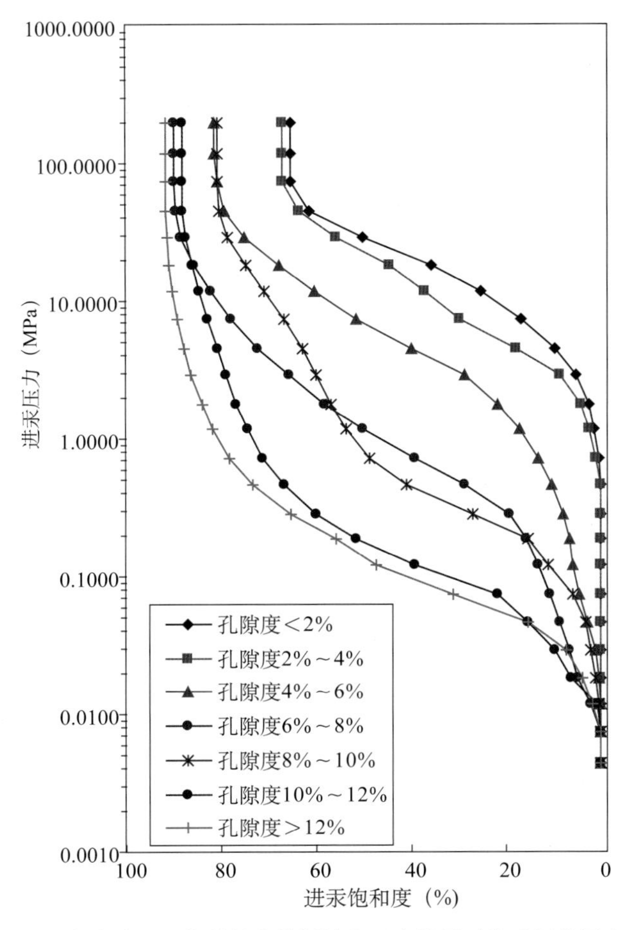

图 3–39　龙岗地区飞仙关组台缘鲕滩白云岩储层平均毛细管压力曲线

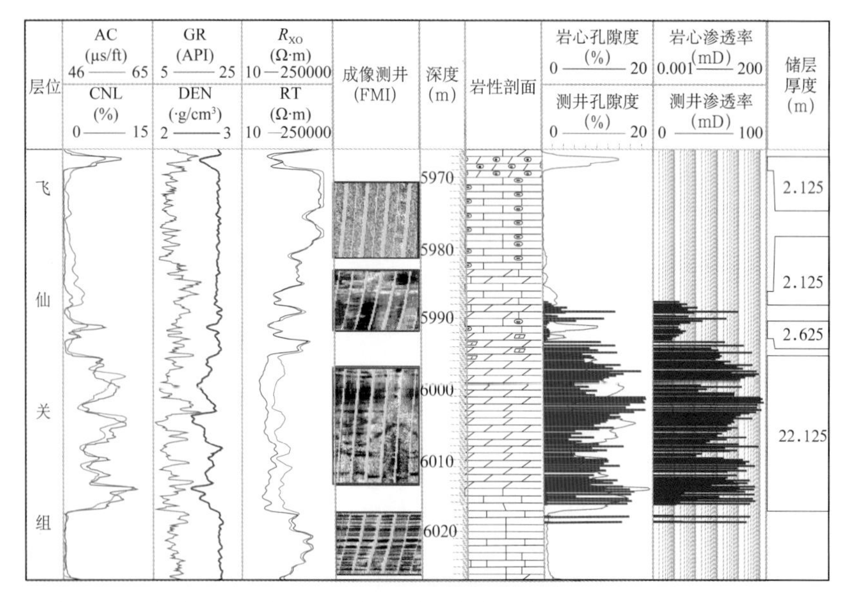

图 3-40　龙岗地区龙岗 001-1 井飞仙关组鲕滩白云岩储层测井响应特征

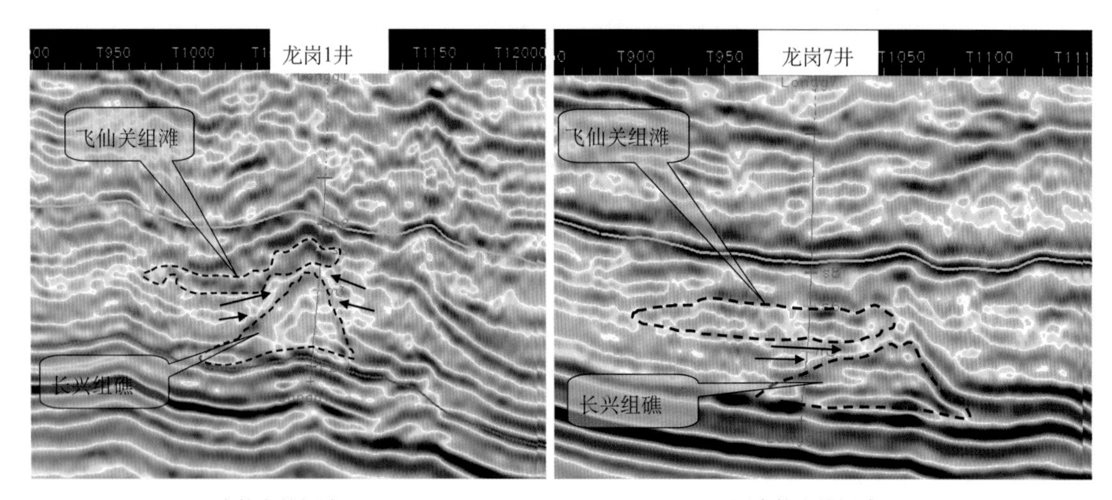

A.厚度较大的鲕滩　　B.厚度较小的鲕滩

图 3-41　龙岗地区下三叠统飞仙关组台缘鲕滩地震响应特征

（七）储层成因

与长兴组礁滩白云岩储层一样，飞仙关组台缘鲕滩白云岩储层的形成也受沉积和成岩作用双重控制。其成因可总结为以下 4 个方面：(1) 台缘带鲕粒滩相沉积为储层发育奠定了物质基础；(2) 受海平面下降控制的鲕滩暴露和大气淡水淋溶导致早期孔隙的发育，以形成鲕粒铸模孔及粒间溶孔为主；(3) 白云石化作用是储层物性得到进一步改善和保存，共发育两期白云石化，准同生期与蒸发环境相关的渗透回流白云石化形成铸模孔发育的鲕粒白云岩，埋藏白云石化作用的叠加改造使鲕粒白云岩发生重结晶，残留部分鲕粒结构；(4) 埋藏溶蚀作用导致白云石晶间溶孔和溶蚀孔洞的发育。

1. 同生期大气淡水溶蚀作用是储层发育的关键因素

露头和钻井揭示，飞仙关组鲕滩白云岩储层主要发育在台地边缘，对于单个鲕滩来说，则发育于滩体的中上部，属潮间—潮上带沉积，原岩为中—细粒鲕粒灰岩和泥晶灰岩。由于海平面下降，滩体上部易受大气淡水溶蚀，大量文石鲕被溶解形成鲕模孔及粒间溶孔，该类孔隙部分能够保存下来，成为飞仙关组储层的主要储集空间之一，例如普光 2 井（图 3–42）。

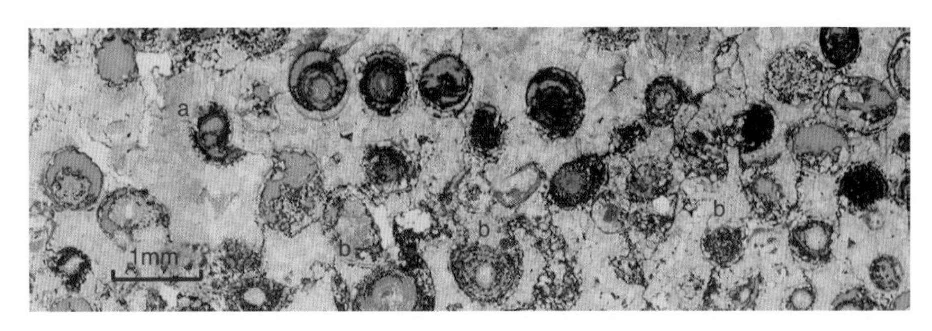

图 3–42　普光 2 井飞仙关组同生期大气淡水溶蚀产生的鲕模孔及粒内、粒间溶孔

大气淡水溶蚀作用在露头和钻井中均有良好显示。江油鱼洞梁剖面观察表明，在鲕滩向上变浅的旋回中，旋回的顶部为泥晶白云岩和 / 或泥晶灰岩，岩石致密，常见石膏结核或假晶；其下为鲕模孔型（或粒间溶孔型）鲕粒白云岩，孔隙类型以鲕模孔或粒内孔等组构选择性溶孔为主；然后为粒间溶孔型鲕粒白云岩，孔隙类型以（鲕）粒间溶孔为主；最后为晶粒白云岩，孔隙类型以晶间孔和晶间溶孔为主。这种现象反映了大气淡水垂直淋溶的特点。在川东北露头和钻井具有同样的特点（图 3–43）。

图 3–43　川东北罗家寨地区下三叠统飞仙关组向上变浅旋回中白云岩的孔隙发育类型

下部以结晶白云岩晶间孔和晶间溶孔为主，上部以鲕模孔为主

本期溶蚀作用形成的溶孔有 5% ~ 15%，部分已被胶结物充填，压实作用也造成该类孔隙部分损失，但仍有相当部分孔隙被保存下来，为稍晚的白云石化作用奠定了渗流基础。

2. 白云石化作用改善储集性能

由于开江—梁平海槽东、西两侧沉积背景的不同，白云石化机理存在差异。东侧鲕滩白云岩的形成与渗透回流白云石化作用有关。从沉积背景看，海槽东侧台缘带鲕滩邻近膏盐湖，从蒸发潟湖中心的坡 3 井往台地边缘的罗家 6 井，鲕粒白云岩含量逐渐变少，而鲕粒灰岩含量增高（图 3–44）；鲕粒白云岩 $\delta^{18}O$ 值呈逐渐降低的趋势（图 3–45），显示渗透回流白云石化作用的特点。由于有充足的富镁离子流体，白云石化作用相对彻底，白云岩储层厚度较大，一般 50 ~ 60m，普光地区最大厚度近 200m。

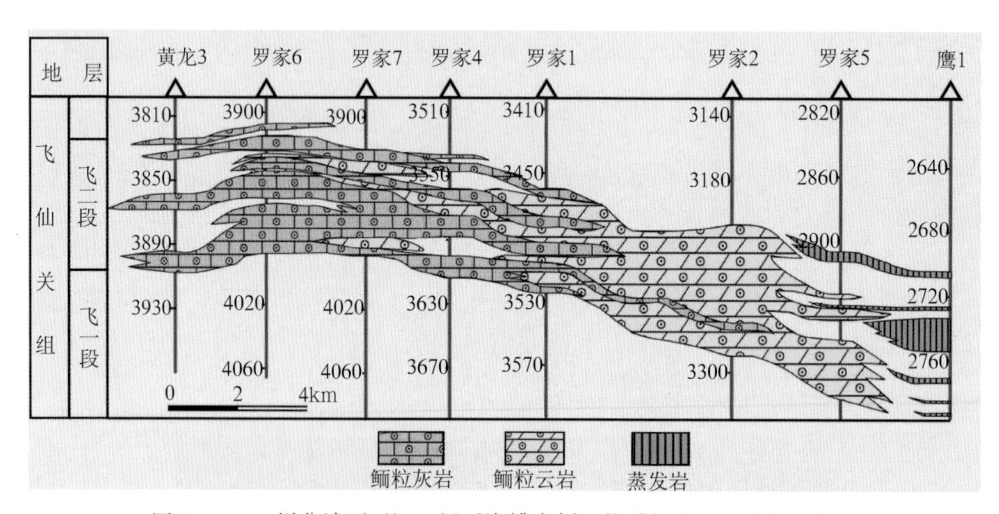

图 3–44　四川盆地环开江—梁平海槽东侧飞仙关组取心段岩性分布图

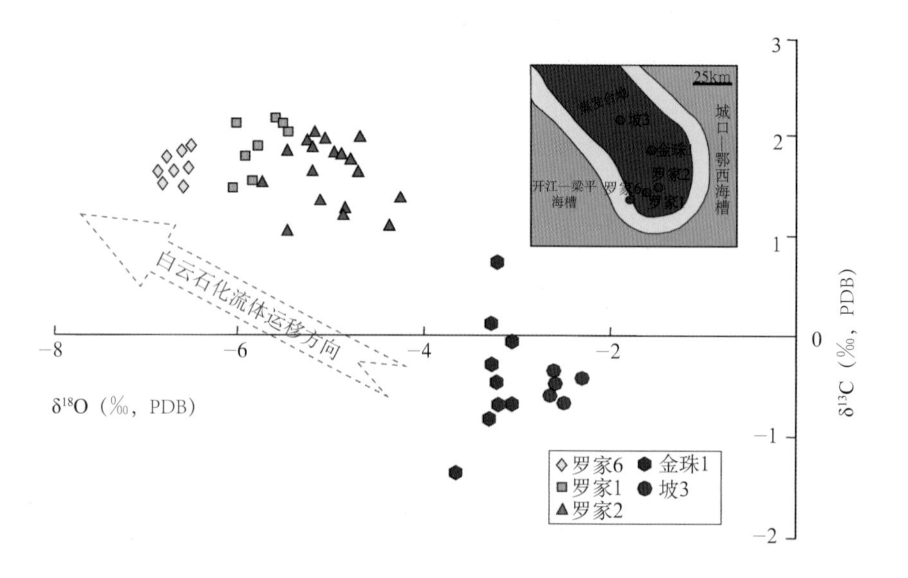

图 3–45　四川盆地环开江—梁平海槽东侧飞仙关组白云岩碳氧稳定同位素平面分带特征

海槽西侧飞仙关组鲕滩比邻泥晶灰岩，缺乏富镁离子卤水渗透回流地质背景，鲕滩只有在海平面下降或沉积自旋回暴露于海平面之上时才具备白云石化条件。从白云岩具有相当低的 Mg/Ca 比值（图 3–46）、极弱的阴极发光以及具有与同期海水相似的 Sr 同位素值（图 3–47）等地球化学资料分析，白云石化可能以毛细管浓缩的方式进行，镁离子主要由潮汐带来的海水提供，由于滩体暴露时间短、程度弱，白云岩呈透镜状分布，厚度也较小。鱼洞梁地区厚 6 ～ 8m，龙岗 001–1 井揭示累计厚度 23m。

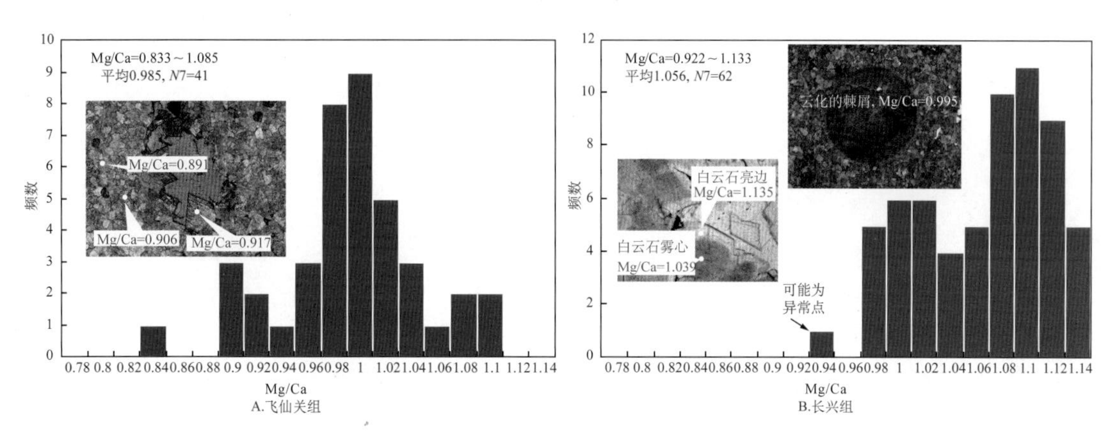

图 3–46　四川盆地龙岗地区长兴组—飞仙关组白云岩 Mg/Ca 比直方图

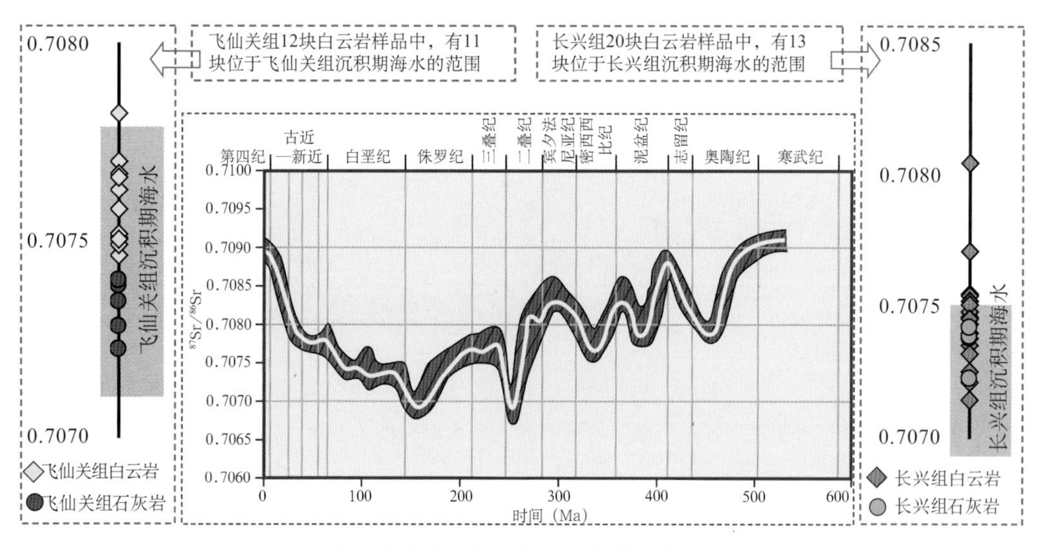

图 3–47　四川盆地龙岗地区长兴组—飞仙关组白云岩 $^{87}Sr/^{86}Sr$ 分布图

3. 埋藏溶蚀作用是增孔的重要补充

埋藏溶蚀至少有两期：I 期埋藏溶蚀作用发生于中成岩早期埋藏阶段——构造挤压之后、大量石油充注之前。由于构造挤压作用形成裂隙，富含有机酸的流体沿裂隙进入，使岩石发生非选择性溶蚀作用，形成了丰富的溶孔、溶洞及溶缝。随后由于石油充注及后期的石油热演化，现今这些溶孔、溶洞、裂缝（溶缝）中普遍赋存沥青；II 期溶孔主要为晶间溶孔，有时发育成超大溶孔、溶洞或溶缝，溶孔、裂隙异常干净，一般无沥青充填，或者在 I 期埋藏溶孔、溶洞的基础上继续发生溶蚀而残留沥青环。该期溶蚀发生在原油裂解成气阶段与 TSR 反应产生的酸性流体有关，特别是海槽东侧，由于膏岩的发育，TSR 反应强烈，形成规模较大的溶蚀作用（图 3–48）。

海槽东西两侧鲕滩白云石化模式可概括为如图 3–49 和图 3–50 所示。

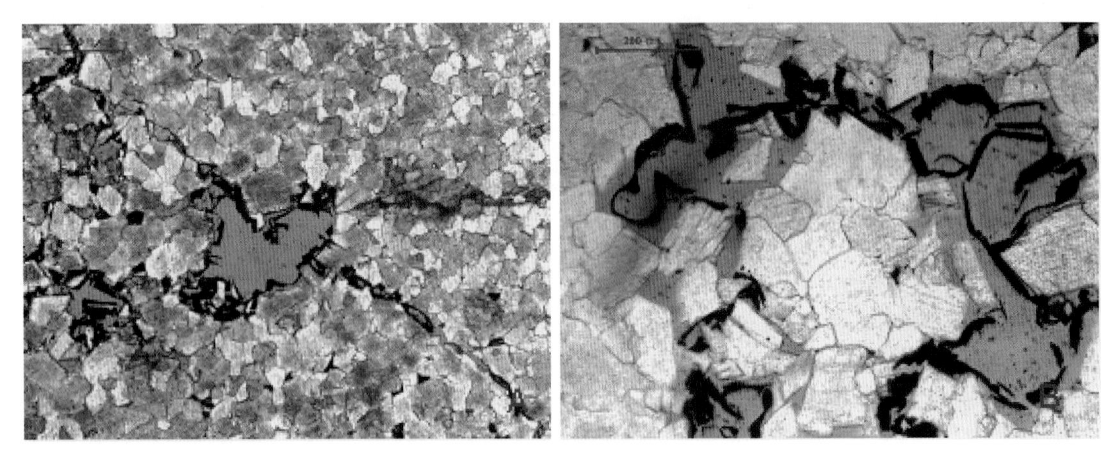

图 3–48　四川盆地环开江—梁平海槽下三叠统飞仙关组白云岩中两期埋藏溶蚀作用的微观照片

（A）细晶白云岩，I 期埋藏溶蚀沿裂缝发生，形成溶洞，缝、洞壁上分布沥青，下三叠统飞仙关组，罗家 2 井，7–702 块，×10，铸体片，单偏光；（B）残余鲕粒粉—细晶白云岩，II 期埋藏溶蚀后残留的沥青环，下三叠统飞仙关组，罗家 2 井，6–656 块，×10，铸体片，单偏光

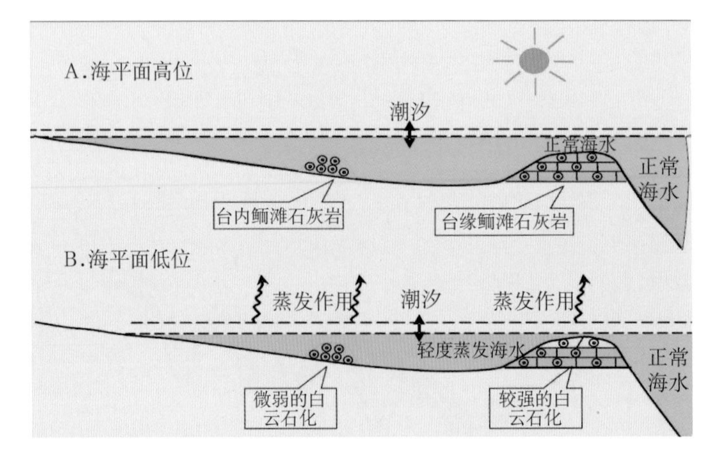

图 3–49　四川盆地环开江—梁平海槽西侧飞仙关组轻度蒸发海水白云石化模式图

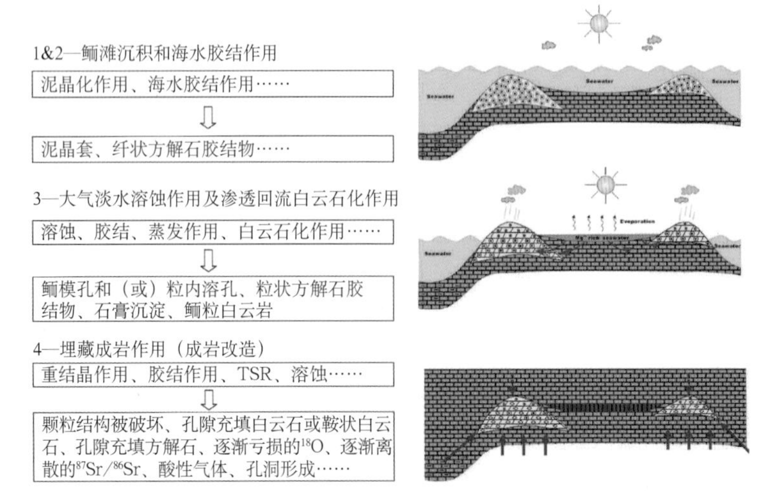

图 3–50　四川盆地环开江—梁平海槽东侧飞仙关组渗透回流白云石化模式图

第三节　台内缓坡型礁滩储层

缓坡背景台内礁滩储层可分为两种类型：一是台内生屑、砂屑礁滩，四川盆地茅口组、栖霞组及飞仙关组，塔里木盆地一间房组及鹰山组广泛发育台内生屑滩，层状分布，几乎不发育礁核相的格架岩，长兴组发育礁核相的格架岩，规模较小；二是台洼周缘颗粒灰岩滩，可发育少量礁核相的格架岩，四川盆地茅口组、栖霞组、长兴组和飞仙关组广泛发育台洼周缘颗粒灰岩滩。

一、台洼周缘颗粒灰岩滩

四川盆地长兴组—飞仙关组台洼周缘颗粒灰岩滩主要分布于长兴组及飞仙关组一—二段盐亭—潼南台洼的周缘，东北缘以礁滩为主，西南缘以生屑滩为主。飞仙关组三段环开江—梁平海槽被填平补齐，台洼也不发育，以发育台内生屑、砂屑滩为主。

（一）长兴组台内滩相石灰岩储层

四川盆地长兴组沉积期宽缓的洼隆相间的开阔碳酸盐岩台地上发育了系列生屑滩，沿盐亭—潼南台洼的南部边缘生屑滩尤为发育，构成良好的储集体。以磨溪地区为代表，该类储层发育在长兴组上部（图 3–51），为高位体系域产物。主要岩性有亮晶生屑灰岩、粉晶含云灰岩、泥晶生屑灰岩等，孔隙类型主要为生物体腔溶孔、晶间微孔、粒间微孔以及裂缝（图 3–52）。该类储层孔隙度很低（图 3–53），大多分布在 1% ～ 2%，少量 6% ～ 8%，从孔隙度与渗透率关系图看，孔隙度小于 2% 的样品有 50% 以上，对应的渗透率却大于 0.1mD，显示裂缝对渗透率有较大的贡献。磨溪 1 井在这类储层中获气 $53.7 \times 10^4 m^3/d$ 的

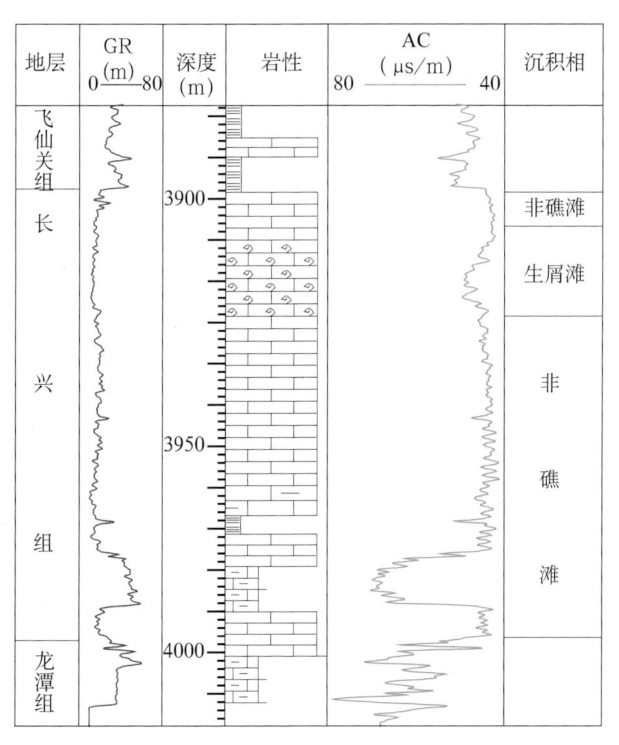

图 3–51　四川盆地磨溪 1 井上二叠统长兴组地层综合柱状图

产量也证实台内滩相储层的勘探前景，为勘探由台缘向台内拓展奠定了基础。

长兴组生屑灰岩储层的形成受早期大气淡水溶蚀和晚期构造作用共同控制。准同生期生屑滩的间歇性暴露为早期大气淡水溶蚀和孔隙的形成创造了条件，发育少量溶孔或铸模孔。印支—喜马拉雅期构造作用尤其是断裂作用产生的裂隙是关键，它沟通了早期孔隙，形成有效储层。

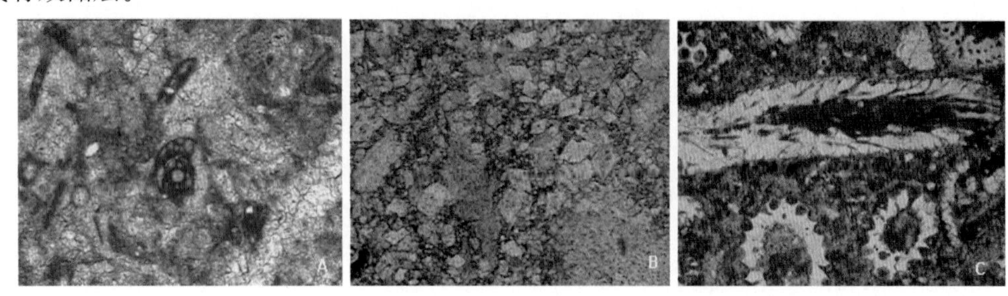

图 3–52　四川盆地上二叠统长兴组台洼边缘生屑滩岩性及孔隙特征

（A）生屑灰岩，具粒间及晶间微孔，上二叠统长兴组，磨溪 1 井，3902m，×10，染色，单偏光；（B）灰质云岩，具晶间微孔，上二叠统长兴组，磨溪 1 井，3904m，×10，染色，单偏光；（C）藻屑灰岩，上二叠统长兴组，磨溪 7 井，3652.84m，×10，染色，单偏光

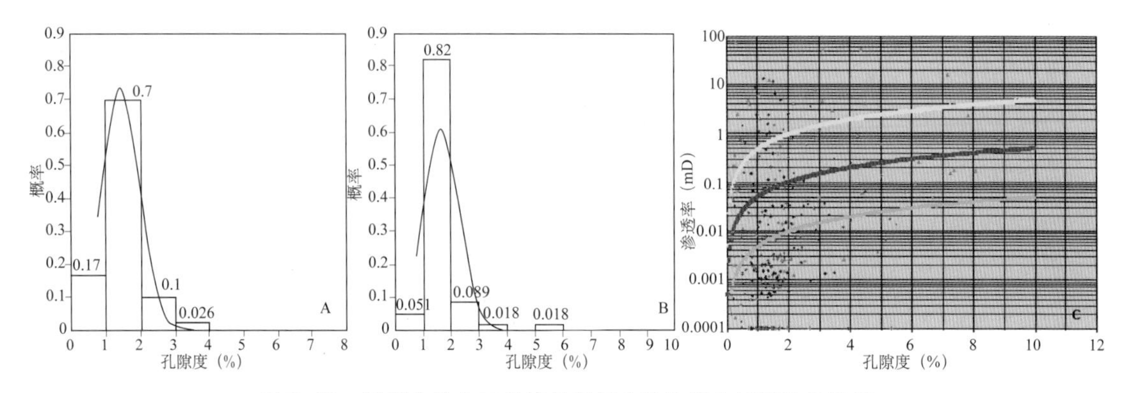

图 3–53　四川盆地上二叠统长兴组台洼边缘生屑滩物性特征

（A）磨溪 3 井长兴组孔隙度直方图；（B）磨溪 7 井长兴组孔隙度直方图；（C）台洼边缘生屑滩孔隙度与渗透率关系图

（二）飞仙关组台内鲕滩灰岩储层

飞仙关组台内鲕滩比较发育，飞一、飞二段鲕滩主要发育在川中盐亭—潼南地区，飞三段是台内鲕滩沉积的鼎盛期，川东和川北地区大范围分布。从磨溪、九龙山和草滩等地的钻探看，鲕滩是在整体海侵背景下的宽缓斜坡上发育起来的，主要岩性为鲕粒灰岩，孔隙类型主要有粒内溶孔、铸模孔及粒间孔（图 3–54）。磨溪地区飞一—飞二段鲕粒灰岩储层具有中等的孔隙度，但渗透率极低（图 3–55 A—C），说明该地区鲕滩储层孔隙连通性较差；而川西北地区飞一—飞二段鲕粒灰岩储层孔隙度与渗透率关系投点图显示两个区域，一是孔隙度与渗透率具有较好正相关性区域，代表孔隙型储层，二是较低的孔隙度和较高的渗透率区域，代表孔隙—裂缝性储层（图 3–55D）。

飞仙关组鲕滩灰岩储层的发育与早期大气淡水溶蚀密切相关，后期裂缝改善了其储集性能。由于鲕滩发育在缓坡的相对高隆部位，在同生期常常暴露于大气淡水环境，鲕滩上部遭受淡水溶蚀，形成大量鲕模孔、鲕内溶孔及粒间溶孔，部分在淡水潜流带被粒状方解石充填。因处于海侵背景，鲕滩经短暂暴露后迅速被淹没并进入埋藏环境，因滩体周围泥晶灰岩的快速压实作用，鲕滩很快被封闭，致使滩内孔隙得以保存。由于孔隙相对独立，

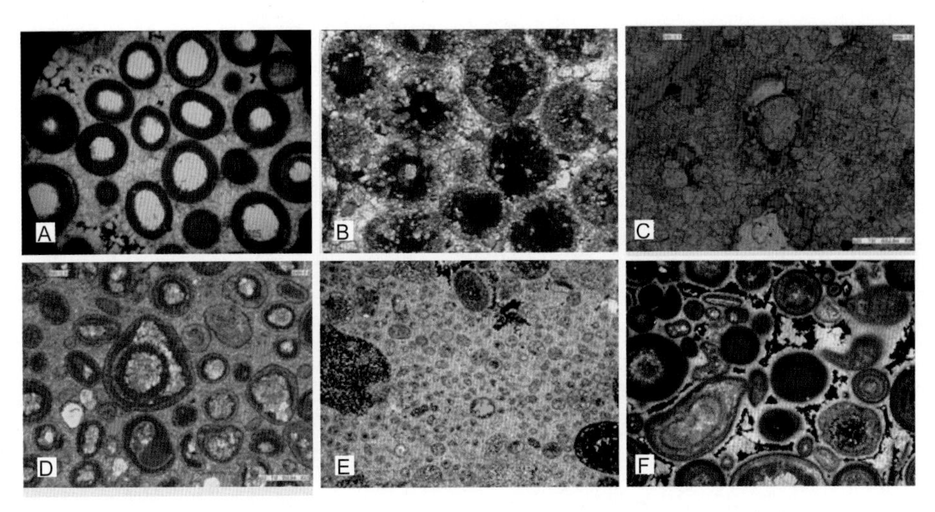

图 3–54　四川盆地下三叠统飞仙关组台洼边缘鲕滩岩性及孔隙特征

（A）鲕粒灰岩，粒内溶孔、粒间溶孔发育，飞一段，草 10 井，1780m，×10，单偏光；（B）鲕粒灰岩，粒内溶孔及鲕模孔发育，飞一段，磨溪 1 井，3812.00m，×10，正交光；（C）鲕粒灰岩，粒内溶孔发育，飞二段，龙岗 20 井，6052.8m，×10，铸体片，单偏光；（D）鲕粒灰岩，粒内溶孔、粒间溶孔发育，飞二段，龙岗 22 井，5513m，×10，铸体片，单偏光；（E）鲕粒灰岩，粒内溶孔、鲕模孔发育，飞三段，龙 16 井，5201.8m，×10，铸体片，单偏光；（F）鲕粒灰岩，粒间溶孔发育，飞三段，龙 16 井，5207.68m，×10，正交光

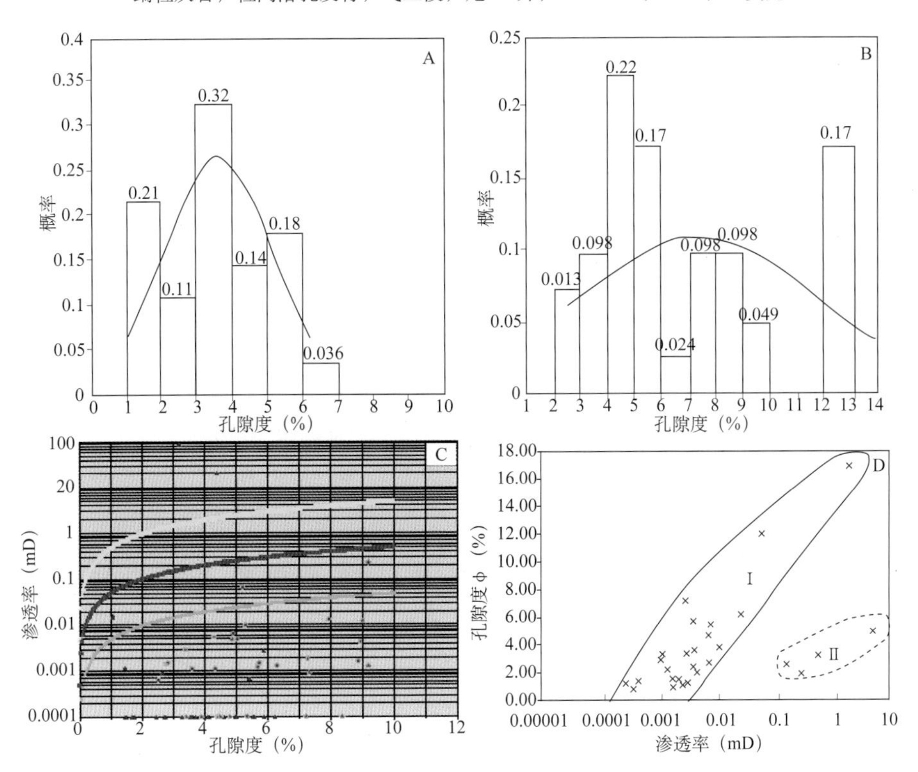

图 3–55　四川盆地下三叠统飞仙关组台洼边缘鲕滩储层物性特征

（A）磨溪 3 井飞仙关组孔隙度直方图；（B）磨溪 7 井飞仙关组孔隙度直方图；（C）磨溪地区飞仙关组鲕粒滩储层孔隙度与渗透率的关系；（D）九龙山地区飞仙关组鲕粒滩储层孔隙度与渗透率的关系

连通性差，该类储集体总体储集性不佳，但若有裂缝匹配可形成良好的孔隙—裂缝型储层，储渗条件大幅提高，九龙山龙16井在飞三段鲕粒灰岩段获气 $47\times10^4m^3/d$ 的高产，证实了台内鲕滩储层的勘探前景，为勘探由台缘向台内拓展奠定了基础。

与台缘礁滩相比，台内礁滩的白云石化程度要弱得多。礁滩储层是四川盆地非常重要的储层类型，礁滩沉积和白云石化作用是储层发育的关键。

二、台内生屑、砂屑滩

塔里木盆地一间房组—鹰山组广泛发育台内生屑砂屑滩，但由于台洼不发育，礁核相的格架岩少见，以斑块状及准层状分布为特征；四川盆地茅口组、栖霞组及飞仙关组广泛发育台内生屑、砂屑滩，长兴组发育礁核相的格架岩，但规模较小。以四川盆地茅口组—栖霞组台内生屑、砂屑滩阐述这类储层的特征和成因。

（一）地质背景

早二叠世，在海西期夷平风化面上沉积了梁山组，为一套以填平补齐为特征的残积铝土质页岩和含煤组合，厚度0～10m。早二叠世后期，海侵从黔北、鄂西、蜀北以及龙门山方向侵入，除周边的康滇古陆、龙门山古岛链及大巴山古陆外（图3–56A），四川盆地演化为开阔碳酸盐岩台地，沉积了栖霞组和茅口组，总厚300～500m。

栖霞组表现为浅水缓坡沉积，栖一段为海侵期产物，水体相对较深，生屑滩不发育；栖二段则主要为高位体系域的产物，大范围发育生屑滩、颗粒滩等台内浅滩沉积。如川西—川南台内浅滩从广元、宝兴至川南泸州呈弧形分布，长度约750km，最宽处达100km，面积约 $6.75\times10^4km^2$，且白云石化作用普遍，广元河湾场河6井钻遇白云岩厚27.5m，大兴西构造大深1井白云岩厚20m，周公山构造周公1井白云岩厚度为50.5m（图3–56B）。茅口组沉积期继承了缓坡背景，茅一段主要为深水缓坡相；茅二段、茅三段以浅水缓坡为主，在乐山—泸州以及重庆—涪陵一带发育浅滩，滩体厚度25～44m，岩性主要为浅灰色块状、亮晶胶结的红藻、绿藻灰岩（图3–56C）。

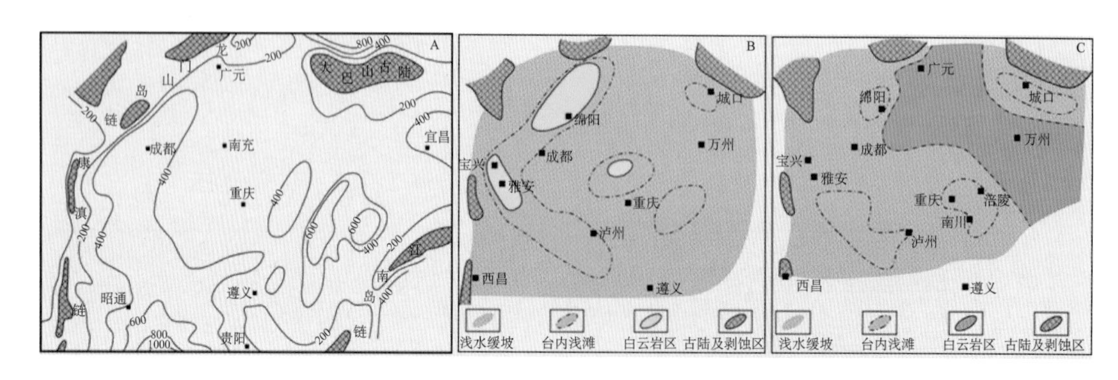

图3–56　四川盆地下二叠统茅口组和栖霞组沉积特征

（A）四川盆地下二叠统茅口组及栖霞组地层厚度及古陆分布图；（B）四川盆地下二叠统栖霞组二段沉积相分布图；（C）四川盆地下二叠统茅口组二段沉积相分布图（据黄先平等，2004）

（二）滩相储层特征及成因

下二叠统滩相储层岩性主要为亮晶生屑灰岩、泥晶生屑灰岩，局部发育白云岩，生物碎屑含量高（图3–57A—C），可见有孔虫、䗴类、棘皮类及腕足类等。总体上泥质含量较低、质地较纯、岩性脆且致密，储集物性较差。

四川盆地下二叠统滩相储层的储集空间类型多样，主要有生物骨架孔、遮蔽孔、格架孔、粒内孔、粒间孔、晶间孔、晶间溶孔、溶洞、构造裂缝等（图 3–57D—F，表 3–7）。相对而言，白云石晶间孔、晶间溶孔，较大的溶蚀孔洞以及构造裂缝对储层储集空间作出的贡献最大。

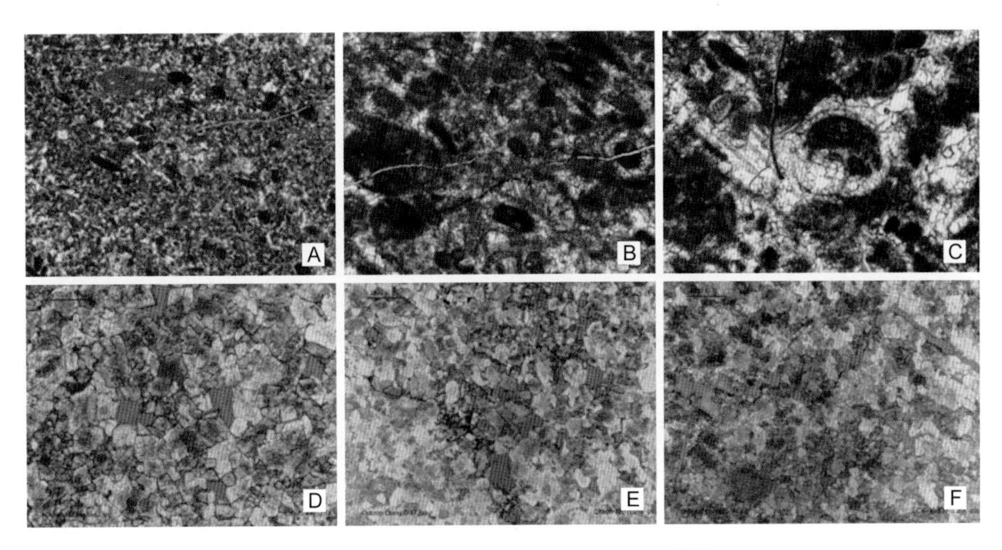

图 3–57　四川盆地下二叠统滩相储层特征

（A—C）亮晶生屑灰岩，生物碎屑含量高，有孔虫、䗴类、棘皮类及腕足类等，栖霞组，龙 17 井，5856 ~ 5868m，×10，单偏光；（D—F）细晶白云岩，储集空间类型有晶间孔、晶间溶孔和裂缝，栖霞组，四川盆地长江沟剖面，铸体片，×10，单偏光

从四川盆地各油气田的实验数据统计，茅口组样品孔隙度最高为 21.59%，最低为 0.06%，平均仅为 0.84%，而渗透率平均为 0.08mD；栖霞组平均孔隙度为 1.09%，渗透率为 0.1mD。栖霞组储层好于茅口组，主要是由于栖霞组上部白云岩储层段的物性较好的缘故，下二叠统滩相沉积为储层发育提供了物质基础，但总体为低孔低渗储层的特点（图 3–58），柱塞样品得到的物性普遍较差，储层的发育主要与裂缝—岩溶的分布范围以及白云岩发育程度有关。

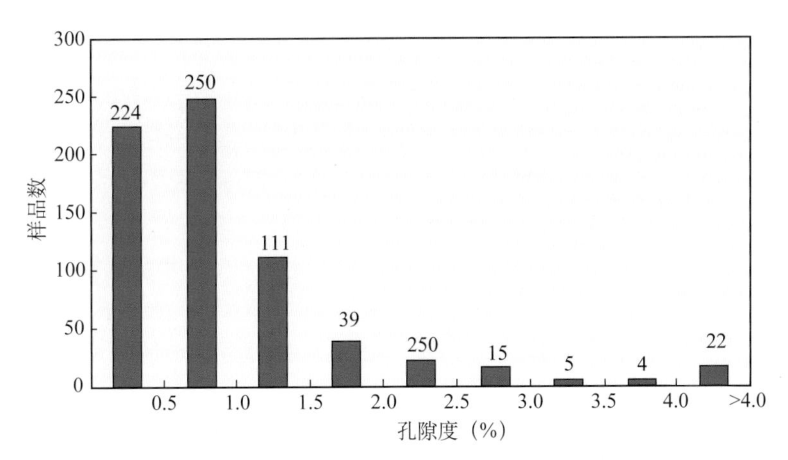

图 3–58　四川盆地川西北地区下二叠统栖霞组孔隙度直方图

表 3–7 下二叠统栖霞组储集空间类型

储集空间类型	主要形成作用	主要形成时期	对储层贡献
白云石晶间孔	白云石化	埋藏期	Ⅰ
晶间溶孔	溶解	埋藏后期	
较大的溶孔溶洞	溶解	表生期，构造抬升	
构造裂缝	构造应力	褶皱期	
骨架孔	生物	准同生期	Ⅱ
遮蔽孔	生物	准同生期	
格架孔	生物	准同生期	
生物铸模孔	溶解	准同生期—埋藏期	
粒内溶孔	溶解	准同生期—埋藏期	
蜂窝状溶孔	溶解	埋藏后期	
生物钻孔	生物	准同生期	Ⅲ
缝合线与压溶缝	压溶	埋藏早期	

较大的溶孔—溶洞是下二叠统储层发育的特征，由于一般此类孔洞较大，无法在薄片中观察，柱塞样品也无法取得，因此一般没有统计到物性数据中。早二叠世末期东吴运动将盆地整体抬升为陆地，在大气淡水的淋滤溶蚀下，岩溶作用普遍发育，此时中国西南广大地区正酝酿着峨眉地裂运动，张性裂缝普遍发育，为岩溶作用向深部进行提供了通道，可能使岩溶作用横向扩大以及纵向加深，形成大型的古岩溶洞穴。据统计，全盆地钻入茅口组石灰岩的 1556 口井中即有 123 口井发现有钻具放空（陈宗清，2007），均与断裂及受断裂控制的岩溶洞穴有关。特别是在泸州古隆起地区，在其已钻入茅口组的 996 口井中有 105 口井即钻遇放空（未计算单井重复放空数），其中 90% 以上为断裂及相关的岩溶洞穴所致。栖霞组同样如此，由于距离岩溶顶面距离较大，溶洞减少，但钻遇（未穿）栖霞组的钻井放空率也达到了 3% 以上。

晶间孔及晶间溶孔也是下二叠统白云岩储层中的一种重要的储集空间（图 3–57D、E）。在勘探实例中也可以看到，这类白云岩储层的发育与否是产能好坏的关键因素。以龙女寺油气田为例，钻穿栖霞组的钻井共三口，都分别分布在背斜构造顶部，但气井产能相差悬殊，主要受到岩性控制。由图 3–59 可见，女基井钻至下段白云岩时发生井喷，测试气产量 $4.68\times10^4m^3/d$，女深 1 井栖二段下部的白云岩中获得天然气 $4.63\times10^4m^3/d$。产气井均分布在白云岩中，而石灰岩中却未见气显示。

构造裂缝也是重要的储集空间（图 3–57F）。下二叠统的裂缝系统复杂、多样、非均质性强，除了本身是一种储集空间外，更重要的作用是联通已存在的溶孔—溶洞等储集空间，从而最大化的发挥孔—洞的储集作用。同时，裂缝控制岩溶作用的强度和不同规模岩溶孔洞的发育。

综上所述，四川盆地下二叠统台内滩相储层主要受到表生岩溶作用、白云石化作用、溶蚀作用以及构造作用等因素的控制。

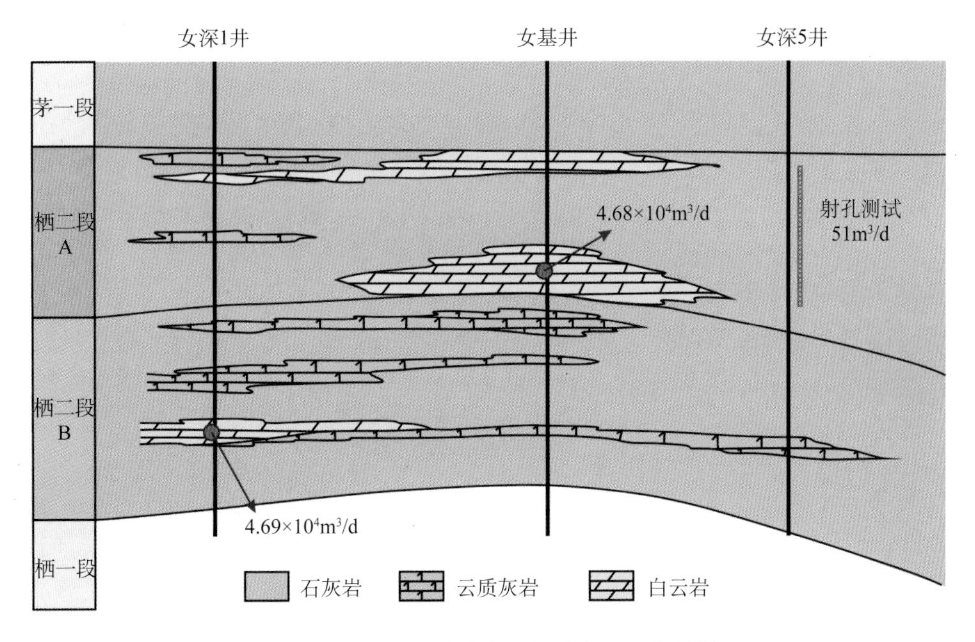

图 3−59　四川盆地龙女寺气田栖霞组二段岩性剖面图

第四节　有效储层分布和建模

一、有效储层分布

综上所述，礁滩储层可分为两种类型，一是台缘带呈条带状断续分布的礁滩，二是台内礁滩。由于碳酸盐岩储层强烈的非均质性，并不是所有的礁滩相沉积都是有效储层，礁滩体为有效储层发育提供了重要的物质基础。

由于礁滩储层储集空间主要形成于同生期大气淡水成岩环境不稳定碳酸盐矿物相的溶解，有效储层主要分布于三级及四级层序界面之下向上变浅序列的台缘或台内礁滩体中。以塔中良里塔格组台缘礁滩体为代表，沿台地边缘窄条状分布，台缘礁滩体长 220km，宽 2 ～ 8km，厚 100m，有利勘探面积 827km^2，厚度大，有效储层垂向上多套叠置的特点。塔中良里塔格组礁滩储层孔隙发育有三期：第 1 期为同生期大气淡水溶解作用形成的基质孔；第 2 期为表生期岩溶作用的叠加改造形成规模不等的溶孔、溶洞和溶缝；第 3 期为埋藏溶解作用形成的溶孔，同生期溶解作用形成的溶孔为表生期和埋藏期成岩介质提供了通道，成岩流体主要沿同生期溶蚀作用形成的孔隙发育带活动。礁滩体为储层发育提供了物质基础，同生期大气淡水溶蚀作用形成孔隙，两者一起构成储层主控因素，有效储层主要分布于三级及四级层序界面之下向上变浅序列的台缘或台内礁滩体中。

塔北南缘一间房组—鹰山组 I 段礁滩储层孔隙的发育主要有两期：第 1 期为同生期大气淡水溶蚀作用形成的基质孔，总体欠发育；第 2 期为表生期层间岩溶作用和顺层岩溶作用形成的孔洞及洞穴。礁滩体为储层发育提供了物质基础，顺层岩溶作用形成储集空间，两者一起构成储层主控因素，有效储层分布于潜山周缘围斜带颗粒灰岩中。

四川盆地环开江—梁平海槽长兴组—飞仙关组礁滩体呈规模发育，台缘礁滩体长

850km，宽 2 ~ 4km，有利勘探面积 1700 ~ 3400km^2，厚度大（300 ~ 500m），有效储层垂向上多套叠置（3 期礁和 3 期滩，累计厚 30 ~ 50m）。台缘礁滩体普遍发生白云石化，储层孔隙的发育主要有两期：第 1 期为同生期大气淡水溶蚀作用形成铸模孔及粒间孔、粒间溶孔等；第 2 期为埋藏白云石化及埋藏溶解作用形成的孔隙。但从残留的颗粒结构及孔隙类型分析，绝大部分孔隙形成于第 1 期，埋藏白云石化及埋藏溶解作用对孔隙的改善有一定的贡献，但大量的晶间孔是对先期孔隙的继承和调整。长兴组生物礁还可能受到表生期岩溶作用的改造。礁滩体为储层发育提供了物质基础，同生期大气淡水溶蚀作用形成孔隙，两者一起构成储层主控因素。台内礁滩体虽未发生白云石化或弱白云石化，但主控因素与台缘礁滩体相似，有效储层分布于高位体系域台缘或台内礁滩体中，受不同级别的层序界面控制。

鄂尔多斯盆地南缘中—上奥陶统礁滩体发育，有效储层为礁顶或礁盖的生屑砂屑灰岩，普遍白云石化，可与四川盆地环开江—梁平海槽长兴组生物礁储层相类比，发育规模有待进一步的研究。

二、礁滩储层建模

为了精细表征礁滩储层的非均质性，揭示有效储层的分布规律，开展了礁滩储层的露头地质建模工作。分台缘礁滩及礁间、台内礁滩及礁间两种地质背景，建立了塔里木盆地巴楚地区一间房组露头礁滩储层地质模型。

（一）礁滩储层的非均质性及评价

台缘及台内礁滩体可识别出不同的微相，包括礁基、礁内滩、礁坪、礁翼、台缘滩、台内滩、礁核和礁盖微相，不同微相的岩性及物性特征各有差异。

（1）礁基：根据 70 个物性样品的分析，综合评价为 I 类储层，平均孔隙度 5.58%，虽然在不同的礁滩复合体中有的为 I 类储层，有的为 II 类储层，有一定的非均质性，但均为有效储层。

（2）礁内滩：根据 25 个物性样品的分析，综合评价为 I 类储层，平均孔隙度 5.03%，储层相对较均质，在不同的礁滩复合体中均为 I 类有效储层。

（3）礁坪：根据 20 个物性样品的分析，综合评价为 II 类储层，平均孔隙度 4.01%，但储层非均质性极大，不同礁滩复合体中 I 、II 、III、IV类储层均有。

（4）礁翼：根据 32 个物性样品的分析，综合评价为 II 类储层，平均孔隙度 2.85%，储层相对较均质，不同礁滩复合体中均为 II 类有效储层。

（5）台缘滩：根据 5 个物性样品的分析，综合评价为 II 类储层，平均孔隙度 2.79%，储层相对较均质，不同礁滩复合体中均为 II 类有效储层。

（6）台内滩：根据 6 个物性样品的分析，综合评价为 II 类储层，平均孔隙度 2.92%，储层相对较均质，不同礁滩复合体中均为 II 类有效储层。

（7）礁核：根据 113 个物性样品的分析，综合评价为IV类储层，平均孔隙度 1.53%，储层相对非均质，不同礁滩复合体中有III、IV类两种类型，均为无效储层。

（8）礁盖：根据 49 个物性样品的分析，综合评价为IV类储层，平均孔隙度 1.61%，储层相对较均质，不同礁滩复合体中均为IV类储层，为无效储层。

总之，礁基、礁翼、礁内滩、台缘（内）滩及礁坪微相以滩相颗粒灰岩为特征，均可发育成有效储层（Ⅰ、Ⅱ类储层），但对储层最大的贡献者是台缘（内）滩和礁基，因它们构成了有效储层的主体，礁核和礁盖不是有效储层。

（二）礁滩储层特征及成因

通过大量铸体薄片的统计，礁滩体的显孔主要见于台缘（内）滩、礁基、礁内滩、礁坪和礁翼微相中，礁核和礁盖几乎见不到显孔，储集空间为沿棘屑周缘发育的网状缝及渗流缝，沿缝发育扩大的次生溶孔，这些孔隙具有很强的组构选择性和微相选择性。

原岩成分是影响棘屑灰岩能否发育成有效储层的重要控制因素，体现在两个方面，一是颗粒能构成格架，二是粒间含有可溶物质。礁基、礁坪、礁内滩、礁翼和台缘（内）滩等微相的棘屑灰岩，棘屑间充填的藻屑、藻泥屑、藻泥晶套、灰泥等可溶物质为大气淡水淋溶和次生溶孔的形成提供了很大的潜力，而棘屑和砂屑等颗粒含量达到 70% ～ 80%，刚性的棘屑颗粒能构成坚固的格架，使孔隙得以保存。礁核、礁盖微相的棘屑灰岩则恰好相反，棘屑含量一般为 50%，刚性的棘屑颗粒构成不了坚固的颗粒格架，粒间可溶物质溶解形成的溶孔因颗粒格架的垮塌难以得到保存。

礁基、礁坪、礁内滩、礁翼和台缘（内）滩等微相的棘屑灰岩，其形成时的地貌比礁盖、礁核微相的障积岩、棘屑灰岩高，更容易因相对海平面下降接受大气淡水的淋溶作用，使粒间的可溶物质被溶解。棘屑周缘藻泥晶套的溶蚀、灰泥的溶蚀、渗流粉砂沉积均为准同生期大气淡水淋溶作用的标志。进入埋藏成岩环境后，准同生期形成的溶孔为成岩介质有机酸进入储集体提供了通道，并进一步改善储层物性。

由此可见，影响有效储层形成的关键性成岩作用为大气淡水淋溶作用，其次为埋藏溶蚀作用。

（三）礁滩体礁间储层特征

分台缘礁礁间和台内礁礁间两种背景，并分别测制了两条礁间剖面。前者位于台缘礁滩复合体密集发育区，礁体规模大，礁间相距 300 ～ 500m；后者位于台内差礁滩复合体发育区，以零星发育的小规模点礁为特征，点礁间相距 2 ～ 3km。

台内零星发育规模较小的障积礁背景（小礁小滩），其礁间由滩间海、中高能滩、中低能滩微相构成。滩间海由棘屑泥晶灰岩构成，棘屑含量 30%，粒径 0.2 ～ 0.5mm，含少量的藻屑、介壳等；中高能滩由亮晶砂屑—棘屑灰岩构成，棘屑含量 50%，粒径 1.0 ～ 2.0mm，砂屑含量 25%，粒径 0.2 ～ 0.5mm；中低能滩由泥晶砂屑—棘屑灰岩构成，棘屑含量 35%，粒径 2 ～ 2.5mm，砂屑含量 45%，粒径 0.2 ～ 0.3mm。无论是滩间海还是台内中高能滩、中低能滩，均为Ⅳ类储层，这与礁间沉积位于台内差礁滩复合体发育区的背景有关：(1) 礁滩复合体规模小（零星的点礁），台内滩及礁基不发育或向礁间的延伸不远；(2) 点礁间的距离大（2 ～ 3km）。

台缘数量较多、规模较大的障积礁背景（小礁大滩），其礁间由滩间海、中高能滩、中低能滩微相构成。下部台缘滩和礁基向礁间延伸的沉积，中高能滩为Ⅰ类储层，中低能滩为Ⅱ类储层，滩间海为Ⅳ类储层；中上部无论是滩间海还是中高能滩、中低能滩，均为Ⅳ类储层。这说明下部台缘滩及礁基微相向礁间延伸的沉积可以发育成有效储层。

（四）礁滩储层地质建模

据此，建立了巴楚地区一间房组礁滩储层地质模型（图 3-60）。

台缘数量较多、规模较大的礁滩体背景（小礁大滩），礁体间的间距 300 ~ 500m，但滩相沉积是彼此相连的，礁基向礁间延伸的滩相沉积。中高能滩为Ⅰ类储层，中低能滩为Ⅱ类储层，其余均为Ⅳ类储层，这导致台缘有效储层（主要为台内滩、礁基及礁间滩相沉积）分布范围广、厚度大、连续性好。

台内零星发育规模较小的礁滩体背景（小礁小滩），礁体间的间距为 2 ~ 3km，滩相沉积彼此不相连，礁基向礁间延伸的滩相沉积。无论是中高能滩、中低能滩，还是滩间海，均为Ⅳ类储层，这导致台内有效储层（主要为台内滩及礁基）分布局限、厚度小、连续性差。

这一模型揭示了台缘礁滩体的勘探潜力要比台内礁滩体大得多，但这显然是把复杂问题简单化了。不同地质背景下发育的台内及台缘礁滩体差别可以很大，台内礁的规模局限，但滩的分布范围可以很广，如四川盆地飞仙关组台内的鲕粒灰岩滩可以大面积分布形成规模储层。

总之，礁滩储层可分为台缘礁滩及台内礁滩，有时甚至只发育滩而不发育礁。所以，滩又可分为两种类型：一是礁滩复合体中的滩相沉积，与礁的发育有密切的联系；二是滩相沉积，如鲕粒滩及生屑滩，即使偶尔夹有规模很小的礁相沉积，那也只是生物建造的局部富集，滩的发育与礁没有成因联系。塔里木盆地和四川盆地的勘探实践已经证实，不管是哪种类型的滩，均可以发育成有效储层，而生物结构的礁核相建造往往很致密。

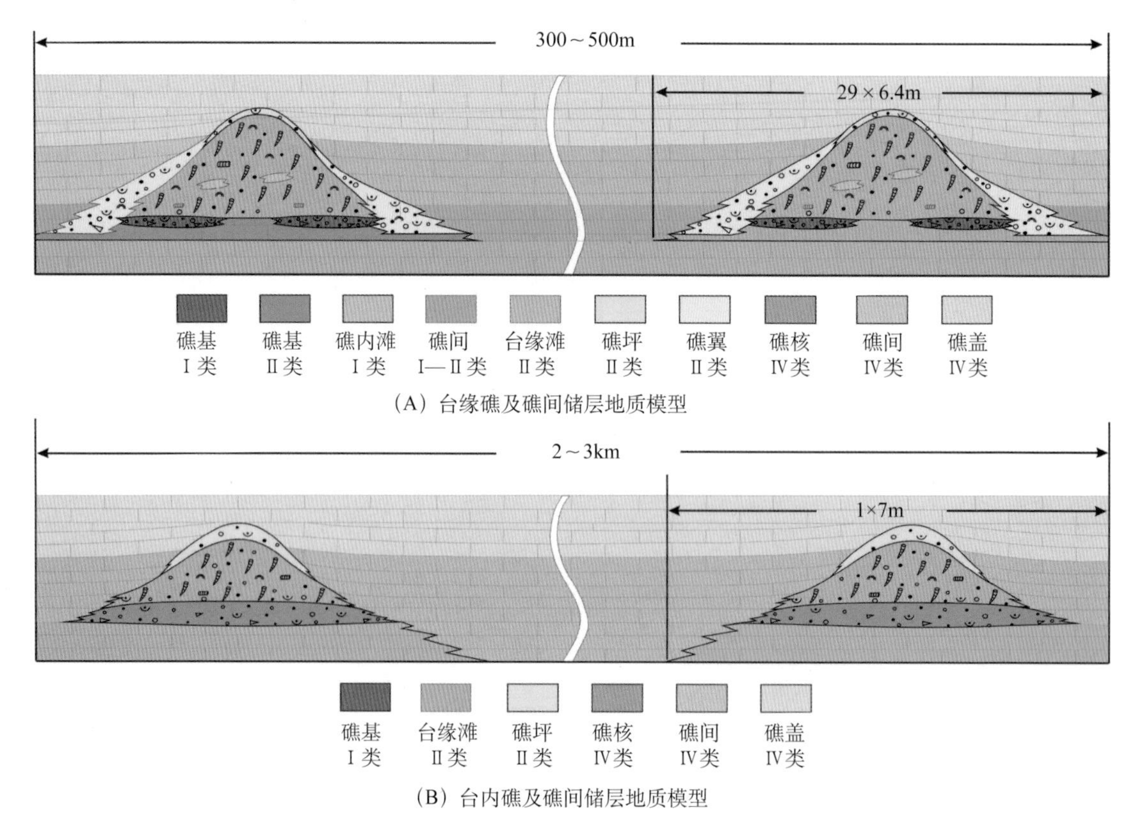

图 3-60　巴楚地区一间房组露头礁滩储层地质模型

虽然塔里木、四川及鄂尔多斯盆地不同层位均发育有礁滩储层，但类型和特征都有一定的差异（表 3-8）。

表 3–8 塔里木、四川和鄂尔多斯盆地礁滩储层类型和特征比较表

储层亚类	共性特征	个性特征		
		塔里木盆地	四川盆地	鄂尔多斯盆地
进积—加积型镶边台缘礁滩储层	(1) 沿台缘带呈条带状断续分布，生物礁及滩并存；(2) 厚度大，有效储层垂向上多套叠置；(3) 礁滩体规模大，礁间相距近，邻近烃源	(1) 格架岩不发育，以滩相生屑灰岩为主，尤为棘屑灰岩为优质储层；(2) 陡的台地边缘，3～4期生屑滩呈加积式叠置；(3) 未发生白云石化或弱白云石化	(1) 长兴组格架岩发育，伴生的滩相沉积有生屑灰岩，飞仙关组以鲕粒灰岩为主；(2) 陡的台地边缘，3期生物礁和3期鲕滩呈进积型叠置；(3) 受断层控制的埋藏白云石化	(1) 格架岩不发育，以滩相生屑灰岩为主；(2) 陡的台地边缘，多期断阶带控制多排礁滩的发育；(3) 受断层控制的埋藏白云石化
台内缓坡型礁滩储层	(1) 沿台洼周缘及台内呈点 / 面状分布，以滩为主；(2) 厚度小，分布面积广，垂向上有效储层单套为主；(3) 滩体规模可大可小，相距可近可远，距烃源远	(1) 台地分异不强烈，不见格架岩；(2) 上寒武统—奥陶系各层位广泛发育滩相沉积，呈点状 \ 斑状分布；(3) 生屑灰岩为主，未见白云石化	(1) 台地分异强烈，北西向台洼；(2) 二叠系和三叠系各层位广泛发育，层状大面积分布；(3) 生屑灰岩及鲕粒灰岩，弱白云石化	未发现或不落实

小　结

(1) 礁滩储层可分为两种类型：一是台缘带呈条带状断续分布的礁滩；二是台内礁滩。礁滩体为储层发育提供了重要的物质基础，大气淡水成岩环境的溶解作用和多期次的白云石化作用是礁滩储层重要的孔隙建造作用，有效储层主要分布于三级及四级层序界面之下向上变浅序列上部的台缘或台内礁滩体中。

(2) 以塔中地区良里塔格组礁滩为例，系统阐述了台缘礁滩灰岩储层的特征和成因。礁滩体沿台缘带呈条带状断续分布，具小礁大滩的特点，孔隙的载体以颗粒灰岩滩为主。同生期和表生期大气淡水成岩环境的溶解作用对孔隙建造具重要的意义，埋藏溶蚀作用是孔隙建造作用的重要补充，导致有效储层垂向上多套叠置，受不同级别的层序界面控制。

(3) 以环开江—梁平海槽长兴组礁滩为例，系统阐述了台缘礁滩白云岩储层的特征和成因。礁滩体沿台缘带呈条带状断续分布，具小礁大滩的特点。选择性白云石化作用是非常重要的孔隙建造作用，并导致礁滩储层强烈的非均质性，有效储层主要分布在礁顶白云石化的生物碎屑灰岩中，垂向上多套叠置。

(4) 以环开江—梁平海槽飞仙关组鲕滩为例，系统阐述了台缘鲕滩白云岩储层的特征和成因。台缘带鲕滩呈条带状大面积分布，厚度大，鲕模孔、晶间孔和晶间溶孔为主。同生期大气淡水成岩环境的溶解作用及多期次的白云石化作用对孔隙建造具重要的意义，埋藏溶蚀作用是孔隙建造作用的重要补充，导致有效储层垂向上多套叠置，受不同级别的层序界面控制。

(5) 塔里木盆地和四川盆地台内礁滩储层可分为台洼周缘颗粒灰岩滩和台内生屑—砂屑鲕粒滩两种类型，呈斑块状及准层状分布，厚度小，分布面积广，同生期大气淡水成岩环境的溶解作用对孔隙建造具重要的意义，导致有效储层垂向上多套叠置，受不同级别的层序界面控制。

(6) 台缘及台内两个礁滩储层地质模型的建立对揭示礁滩储层的分布规律，表征礁滩储层的非均质性具重要的意义。台缘以小礁大滩为特征，有效储层主要发育于滩相沉积中，这导致台缘有效礁滩储层分布范围广、厚度大、连续性好。台内以小礁小滩为特征，有效储层也发育于滩相沉积中，这导致台内有效礁滩储层分布局限、厚度小、连续性差。

第四章 岩溶储层特征及成因

第一节 概 述

岩溶储层储集空间一般为超出岩心和薄片大小的孔洞缝体系，与礁滩储层及白云岩储层相比，具有更强烈的非均质性。岩溶储层的储集空间主要由岩溶缝洞构成，岩溶缝洞可以是彼此连通的，也可以是相互孤立的。洞缝的围岩可以是石灰岩，也可以是白云岩，可以是致密的，也可以是多孔的。当围岩是石灰岩时，可以形成层间岩溶储层、顺层岩溶储层和潜山岩溶储层；当围岩是白云岩时，可以形成白云岩风化壳储层。四类储层的发育受断裂及不整合面共同控制，缝洞主要发育在距不整合面0～50m的深度范围，而且由上向下具缝洞发育程度逐渐减弱的趋势。但在连续沉积的碳酸盐岩地层序列中，也有大量缝洞的发育，它们主要受断裂控制，称为受断裂控制的岩溶储层。潮湿气候为岩溶作用提供了必要条件（Palmer，1995；Loucks，1999），古隆起及宽缓的斜坡部位为岩溶储层规模化发育提供地质背景，受多旋回构造运动控制的多期次岩溶作用控制了深层规模岩溶储层大面积多层系分布和保存。岩溶储层是塔里木盆地非常重要的储层类型，晚期岩溶作用改造是储层发育的关键。

岩溶储层的发育可分为三个阶段：构造抬升阶段、表生期岩溶作用阶段和缝洞埋藏演化阶段。构造抬升阶段以形成不同规模的张性裂缝、断裂及相应的充填物为特征，喀斯特面表层（0～50m深度）的裂缝容易受到大气淡水溶蚀形成溶洞和溶缝，如果是规模更大的断裂，则大气淡水的影响深度可以更大些。裂缝及断裂系统为表生期大气淡水活动提供了通道。表生期岩溶作用阶段以受各种岩溶作用影响形成不同规模的溶缝、溶洞及相应的充填物为特征，如果是未被充填的孔洞，则以岩心收获率低、钻井放空和钻井液漏失为特征。缝洞埋藏演化阶段以表生期形成的岩溶洞穴垮塌和受埋藏—热液溶蚀作用改造形成新的孔洞缝为特征。不整合面、断裂系统及岩溶作用共同控制了岩溶储层缝洞的发育和分布。

塔里木盆地下古生界区域性不整合可区分为两种类型：一是潜山区有明显地形起伏的角度不整合，与潜山岩溶储层对应，如轮南低凸起奥陶系石灰岩潜山储层；二是碳酸盐岩地层内幕没有明显地形起伏的平行不整合，与层间岩溶储层对应，如塔中—巴楚隆起鹰山组顶部的层间岩溶储层。在古隆起的斜坡区受顺层岩溶的改造还可形成顺层岩溶储层，如塔北南缘奥陶系一间房组和鹰山组顺层岩溶储层；在张性构造环境还可形成受裂缝控制岩溶储层，沿裂缝发育规模不等的溶蚀孔洞，如塔北英买1–2井区一间房组—鹰山组受裂缝控制岩溶储层。塔里木盆地寒武系、四川盆地雷口坡组及鄂尔多斯盆地马家沟组还发育白云岩风化壳储层。以上五类岩溶储层在成因上均属后生溶蚀—溶滤型岩溶储层。

塔里木盆地勘探实践已经证实，五种岩溶储层的储集空间均由不同规模的溶孔、溶洞和溶缝构成，包括与表生期岩溶作用相关的缝洞，与热液溶蚀作用相关的缝洞。缝洞充填物含有多种储集空间（基质孔、砾间孔及溶孔等），洞穴埋藏垮塌导致围岩角砾岩化也可形成各种裂缝和孔洞。洞穴可以是孤立的，也可以是相互连通的缝洞体系。与表生期岩溶作用相关的缝洞沿不整合面呈准层状分布，距不整合面深度一般在 0 ～ 50m 之间；受断裂控制的岩溶洞穴及热液溶蚀洞穴沿断裂分布，分布深度可以很大，与不整合面没有直接关系。

不整合面之下的岩性对岩溶储层的发育有着重要的影响。岩性为石灰岩时，以形成地貌起伏很大的潜山为特征，岩溶缝洞发育，并构成相互连通的缝洞体系，但围岩比较致密，称为石灰岩潜山岩溶储层。岩性为白云岩时，以形成地貌起伏不大的风化壳为特征，岩溶缝洞不发育，并以孤立洞穴为主，但围岩往往为各种多孔白云岩储层，称为白云岩风化壳储层。

由于岩溶储层的储集空间一般为超出岩心和薄片大小的缝洞体系，除基于岩心和薄片的缝洞充填物观察外，岩心收获率低、钻速加快、钻井液漏失、钻具在洞穴处放空、钻遇洞穴充填物等录井资料及测井资料、测试资料、地震资料是判断岩溶缝洞发育的重要依据。

第二节　层间岩溶储层

以塔里木盆地鹰山组及蓬莱坝组为例阐述层间岩溶储层的特征和成因，塔中北斜坡鹰山组直接为良里塔格组覆盖，中间缺失一间房组及吐木休克组，代表 10Ma 的地层缺失，是典型的层间岩溶储层。塔中—巴楚地区蓬莱坝组顶部也发育有层间岩溶储层，上覆鹰山组缺 1 ～ 2 个化石带，代表较为短暂的地层缺失。

一、塔中北斜坡鹰山组

（一）地质背景

早奥陶世，塔中—巴楚地区接受了大套半局限—开阔台地沉积相碳酸盐沉积，上部为开阔台地粒屑滩与滩间洼地沉积，下部为半局限—局限台地沉积，岩性为灰色灰质白云岩和褐灰色—灰白色粒屑灰岩、泥晶灰岩等，甚至为层状白云岩。

加里东中期构造运动第 I 幕发生于中、晚奥陶世之间，与 $T_{g5'}$ 不整合面相当。受控于昆仑岛弧与塔里木板块的弧—陆碰撞作用，区域构造应力场开始由张扭转变为压扭，塔中乃至巴楚台地整体强烈隆升，缺失了中奥陶统一间房组和上奥陶统底部的吐木休克组，至晚奥陶世早期才又开始接受沉积。中—下奥陶统鹰山组裸露为灰云岩山地，其接触关系为上奥陶统良里塔格组与鹰山组主体呈平行不整合接触，鹰山组遭受强烈的岩溶作用，形成了塔中北斜坡鹰山组上部的层间岩溶储层。

在地震、地质剖面以及古生物资料上具有鲜明的响应特征。地震剖面上，中加里东期不整合对应于 T_{O_3l} 反射界面具有鲜明的削截反射终止关系，不整合面上覆上奥陶统良里塔格组石灰岩可见上超充填特征（图 4–1）。

古生物研究表明，塔中地区缺失上奥陶统下部吐木休克组及中奥陶统一间房组，其间缺失化石带的间断达到 10 ～ 16Ma。

不整合面上、下岩性发生显著变化。不整合面之下为鹰山组较纯净的石灰岩或者石灰岩与白云岩互层，之上为良里塔格组含泥灰岩段泥质灰岩，测井响应特征截然不同。古风化壳在部分井段上也有明显的测井响应特征，如塔中 162 井鹰山组风化壳 4900m 以深具 GR 增大、声波时差增大、深浅侧向电阻率差增大、Th/K 比值向上增大的测井响应特征。

取心见厚约 20m 的洞穴充填泥砂、方解石胶结物及石灰岩角砾。塔中 83 井下奥陶统取心段岩心观察能见到垂直发育的扩溶缝和溶沟，缝中充填有灰绿色泥岩和角砾。

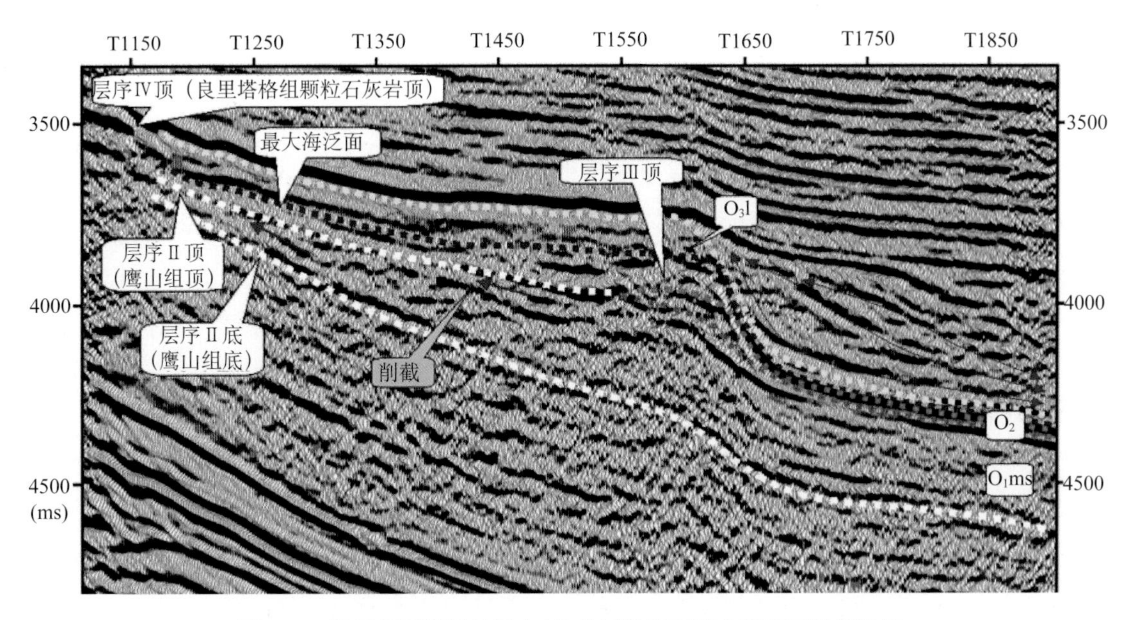

图 4–1　地震剖面揭示的塔中 54 井区奥陶系鹰山组顶面削截特征

塔中鹰山组上部地层被剥蚀，剥蚀程度由北东 1 号构造带向南西中央高垒带方向加大，因此残存厚度 200 ～ 700m 不等。这种抬升剥蚀在内侧的塔中 10 号构造带最强烈，风化壳下地层为鹰山组下段，向台地外侧的北东方向，剥蚀减弱，地层层位为鹰山组上段的下部。鹰山组遭受强烈剥蚀和风化、淋滤，从而形成中加里东期不整合岩溶风化壳，控制了层间岩溶储层的发育（图 4–2）。

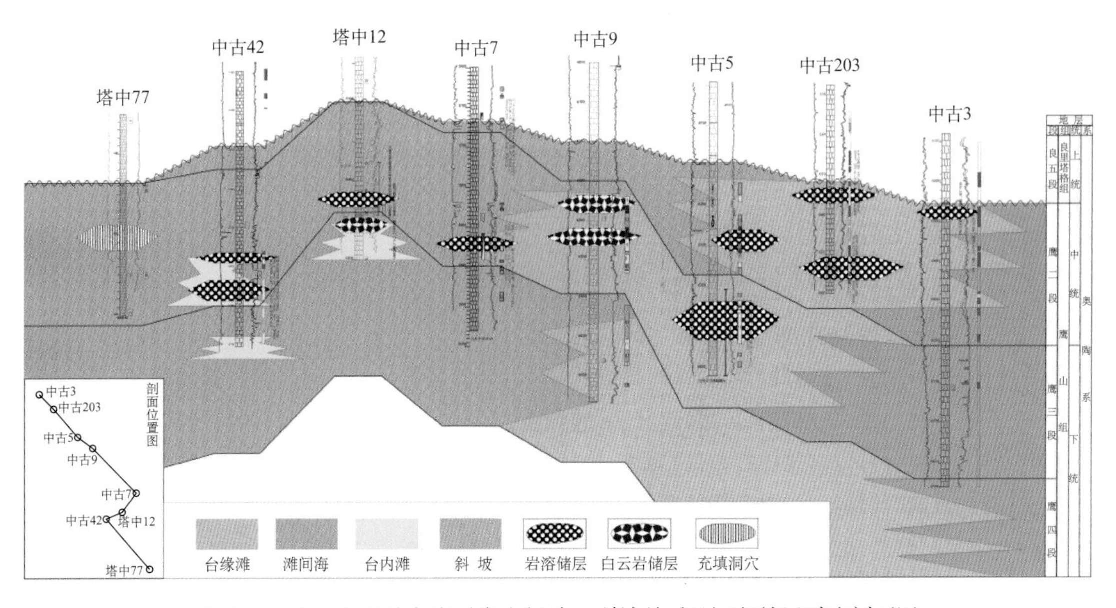

图 4–2　塔中北斜坡奥陶系鹰山组地层剥蚀关系及沉积储层对比剖面图

鹰山组在巴楚地区保存较为完整，顶面剥蚀有限，厚度分布也相对较为稳定，一般为300 ~ 600m。

（二）储层岩性

塔中北斜坡鹰山组为局限—开阔台地相亮晶鲕粒—砂屑灰岩，其次为亮晶生屑—砂屑灰岩、泥晶颗粒灰岩、礁丘灰岩，夹白云岩（成层性差），局部富含硅质团块或条带，白云岩所占比例及其单层厚度自下而上有逐渐减小的趋势，局部见萤石等热液矿物。储层主要岩石类型为亮晶砂砾屑灰岩、白云质砂屑灰岩，局部发育优质白云岩储层。

（三）储集空间

储集空间主要为基质孔、孔洞、洞穴和裂缝（图 4–3）。显微镜下观察孔隙不发育，但个别井却异常发育，如中古 203 井颗粒灰岩粒间孔、中古 9 井白云岩晶间孔，前者面孔率平均 1.98%，后者面孔率平均 2.43%。

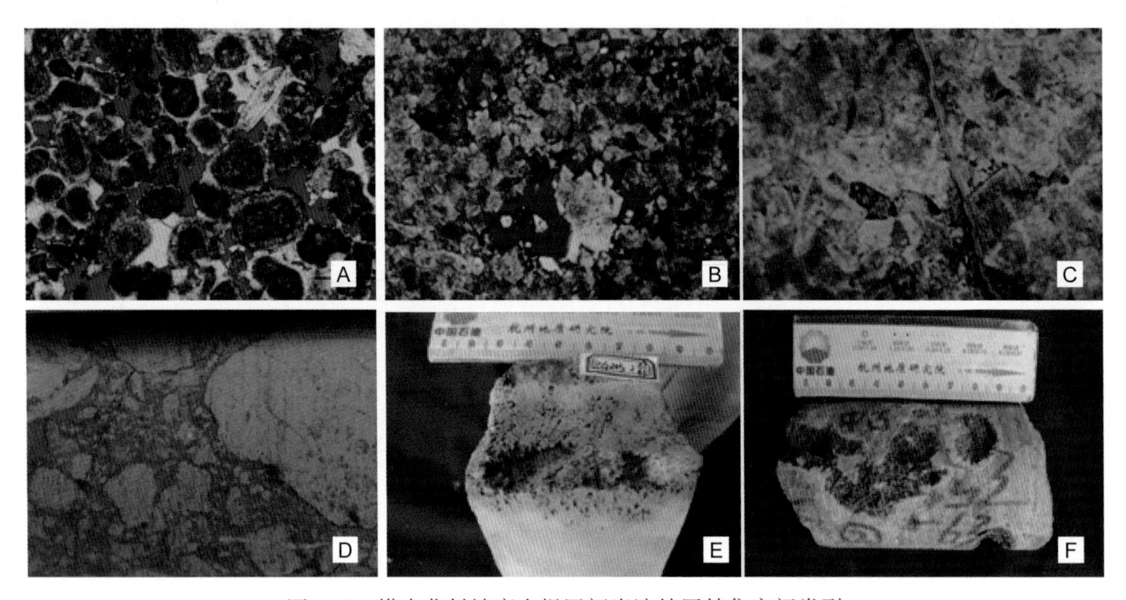

图 4–3　塔中北斜坡鹰山组层间岩溶储层储集空间类型

（A）亮晶含鲕粒砂屑灰岩，发育粒间溶孔，中古 203 井，6571.81m，×10，铸体片，单偏光；（B）细晶白云岩，晶间溶孔发育，塔中 12 井，5032.40m，×10，铸体片，单偏光；（C）粉细晶灰质白云岩，裂缝及晶间孔发育，塔中 162 井，5032.40m，×10，铸体片，单偏光；（D）岩溶垮塌角砾，混杂堆积，角砾间为泥质充填，中古 171 井，第 3 筒心第 21 块次；（E）亮晶颗粒灰岩，局部蜂窝状溶孔沿锯齿缝合线集中发育，中古 203 井，岩心；（F）灰褐色白云岩，溶蚀孔洞发育，溶洞洞径 10 ~ 20mm，针眼孔密集如蜂窝状，中古 9 井，岩心

（1）基质孔：包括非组构选择性粒间（溶）孔、晶间（溶）孔，平均孔径 0.18mm，最大孔径 1.25mm，发育于颗粒灰岩和白云岩中，成层性差，分布受断裂和裂缝控制；孔洞和洞穴的发育既与不整合相关，呈准层状分布，又与断裂及裂缝相关，呈栅状分布，并大多为碳酸盐岩角砾及砂泥质充填，甚至被热液矿物充填。

（2）大型洞穴：这类储集空间较多见，主要表现为钻井过程中钻井液漏失、放空、岩心收获率低、岩心破碎、岩心中可见洞穴充填物等。塔中 169 井钻时由井深 4449m 的 13min/m 降至 4450m 的 4min/m，岩心观察发现溶洞。塔中北斜坡鹰山组钻录井和测井资料表明，超过三分之一的井中大型缝洞系统发育，大洞、大缝等宏观储集空间对储集空间有重要贡献。钻井放空尺度从0.33m至4.3m，平均2.31m（图4−4）。塔中77井鹰山组最大洞穴高度33m，被灰质角砾和泥砂充填。中古5井鹰山组1.4m高洞穴被石灰岩角砾和泥质半充填，溢流1.0m^3。中古103井在鹰山组6233.00～6233.46m井段漏失钻井液1621.10m^3。岩溶作用影响深度可以达到不整合面以下180m，但缝洞发育的主体深度为0～50m，准层状分布。

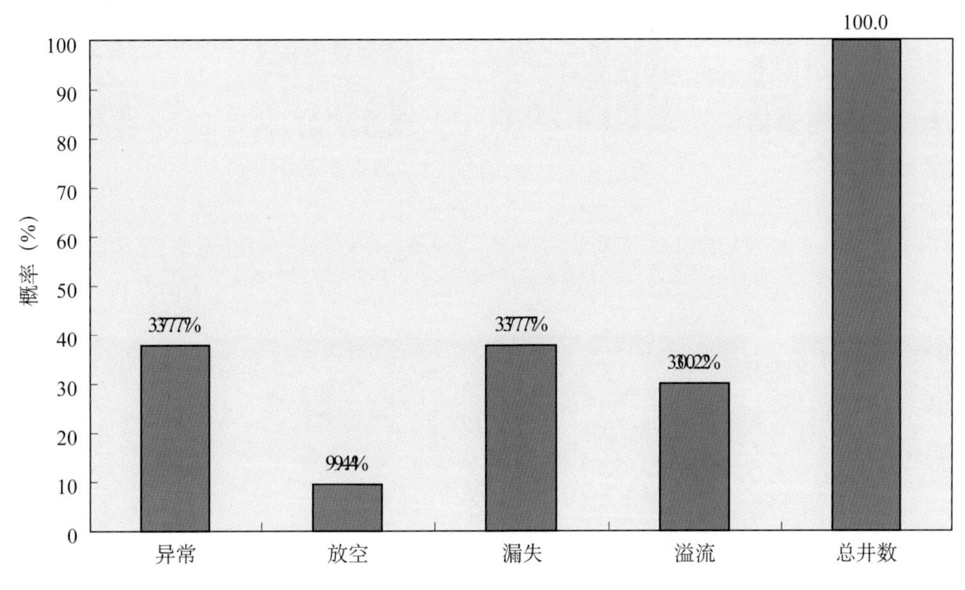

图4−4　塔中北斜坡鹰山组钻录井异常统计直方图（53口井）

（3）孔洞：塔中16、塔中12井区发现的岩溶作用形成的孔洞，部分被灰绿色泥质充填，孔洞呈圆形、椭圆形及不规则状，孔洞发育段岩石呈蜂窝状，面孔率一般为1%～32%，最高可达10%。孔洞发育段与不发育段呈层状间互分布。

（4）裂缝：塔中鹰山组裂缝主要有构造缝、溶蚀缝和成岩缝三种类型，分别与断裂活动、古岩溶作用和压溶作用等因素有关。从产状来看大多为垂直缝、网状缝和斜交缝，少量水平缝，并出现大量的扩溶缝，缝率1.5%，缝宽0.2～20mm，大部分为半充填—全充填。

（四）储层类型

根据孔、洞、缝的组合特征，塔中隆起中—下奥陶统鹰山组层间岩溶储层可划分为孔洞型、裂缝型、裂缝—孔洞型和洞穴型，以洞穴型为主，次为裂缝—孔洞型和孔洞型。

洞穴型储层的储集空间为大型缝洞。钻录井和测井资料表明，塔中北斜坡鹰山组超过三分之一的井大型缝洞发育，并与裂缝共存，储集性能好。钻井过程中往往出现钻井液漏失、溢流、放空、钻时加快、岩心收获率低、岩心破碎、岩心中可见洞穴充填物等现象。受层间岩溶作用形成的溶蚀洞穴呈准层状分布，深度距不整合面0～50m之间，受断裂控制的扩溶缝及溶蚀孔洞距不整合面深度可以达到180m。由于洞穴、溶蚀孔洞及充填物电阻率低，在成像测井上一般表现为黑色—棕色高导斑块、斑点特征，而围岩因电阻率高，电成像测井图像颜色较浅，多呈浅棕色—亮黄色（图4−5）。地震剖面上具有明显的串珠状反射（图4−6），或表现为片状强反射以及杂乱状反射。

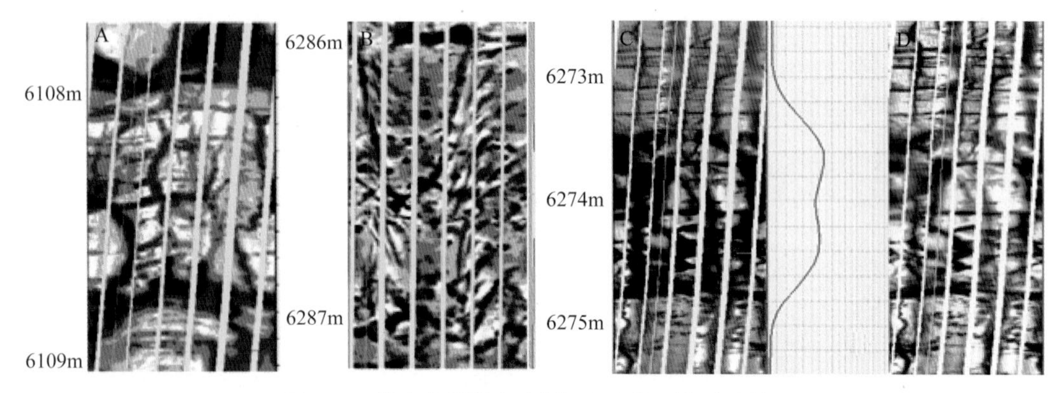

图 4–5　塔中北斜坡鹰山组洞穴成像测井响应特征

（A）暗色高导斑块，洞穴被角砾半充填，洞穴型储层，中古 111 井，$O_{1-2}y$；（B）暗色不规则正弦曲线 + 暗色高导斑点，裂缝—孔洞型储层，中古 15 井，$O_{1-2}y$；（C）暗色高导斑块，洞穴被角砾半充填，洞穴型储层，中古 5 井，$O_{1-2}y$；（D）暗色不规则正弦曲线 + 暗色高导斑点，裂缝—孔洞型储层，中古 5 井，$O_{1-2}y$

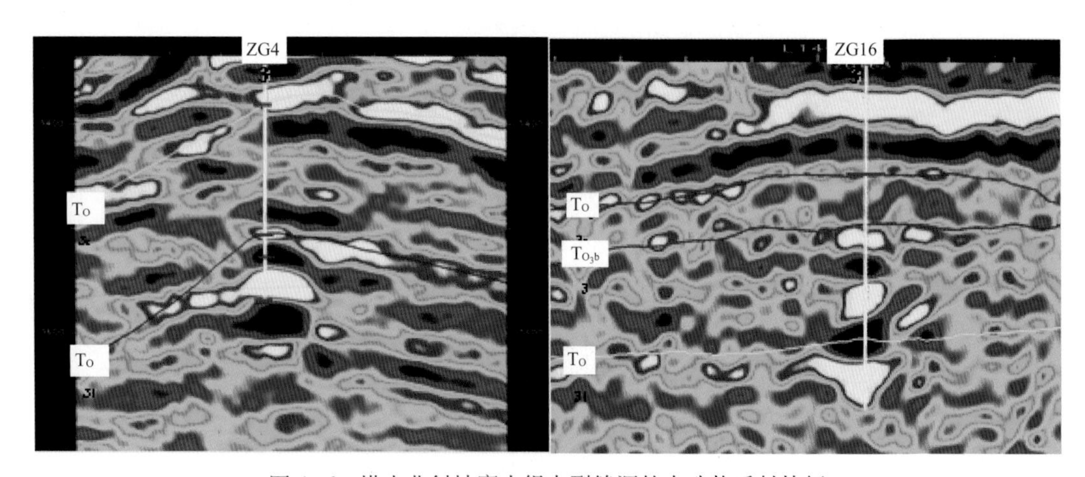

图 4–6　塔中北斜坡鹰山组大型缝洞的串珠状反射特征

裂缝—孔洞型储层的储集空间以颗粒灰岩非组构选择性粒间溶孔、粒内溶孔，白云岩晶间溶孔、晶间孔和裂缝为主，少量与裂缝相关的小型的孔洞、扩溶缝，在鹰山组一、二段较为发育，如中古 15 井 6286 ～ 6487m。

孔洞型储层在鹰山组主要分布在中古 8—中古 43 井区，溶蚀孔洞是其主要的储集空间。中古 9 井第 2 筒心 6260.66 ～ 6268.21m 井段见大量不规则溶蚀孔洞，洞径 2 ～ 45mm，少数溶洞洞径达 75mm，半充填—未充填或被方解石半充填，顺层状发育，鹰山组中下部白云岩晶间孔、晶间溶孔及溶蚀孔洞也较发育，断裂和渗透性岩层控制孔洞的发育。

单一的裂缝型储层在鹰山组发育较少，主要为一些表层风化裂缝，被泥质或方解石充填、半充填，见少量细小溶蚀孔隙，如中古 7 井 5840.73m，局部发育少量微裂缝及缝合线。

（五）储层物性

根据塔中北斜坡鹰山组 18 口井 558 个岩样常规物性实测数据统计（图 4–7A），孔隙度小于 2% 的样品数占总样品数的 84.5%，而部分井（如中古 203 井颗粒灰岩、中古 9 井白云岩）孔隙度、渗透率异常偏高，孔隙度在 4% ～ 8% 之间的样品数占总样品数的 6.3%，孔隙度大于 8% 的样品占总样品数的 4.3%。渗透率在 1 ～ 10mD 之间的样品数占总样品数的

18.3%，渗透率在 10 ～ 100mD 之间的样品数占总样品数的 2.9%（图 4–7B）。岩心基质孔隙度和渗透率很低，孔渗关系在低孔部分相关性较差，孔隙度大于 3% 的部分样品孔渗关系具有一定的正相关性（图 4–8）。由于岩溶储层强烈的非均质性，直径 2cm 的岩塞样并不能真正代表岩溶储层的物性，塔中中—下奥陶统鹰山组与层间岩溶作用相关的岩溶洞穴及裂缝是主要的储集空间，目前钻遇的高产工业油气流井多是地震剖面上有串珠响应的大型缝洞发育带。

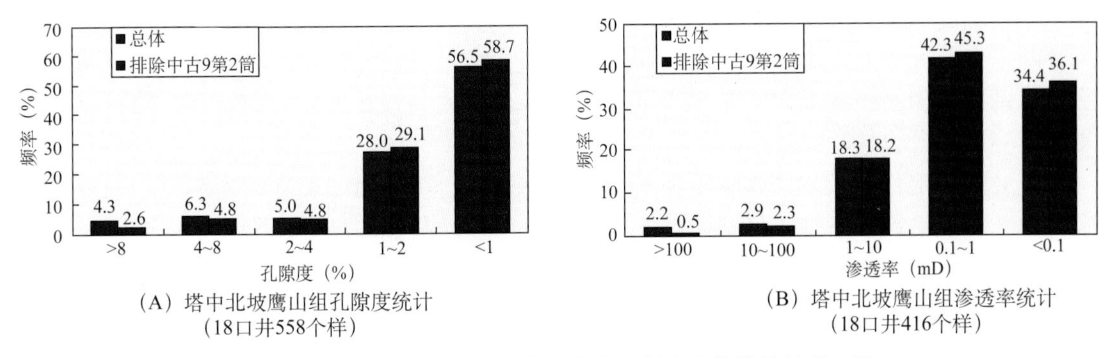

图 4–7　塔中北斜坡中—下奥陶统鹰山组岩心物性统计直方图

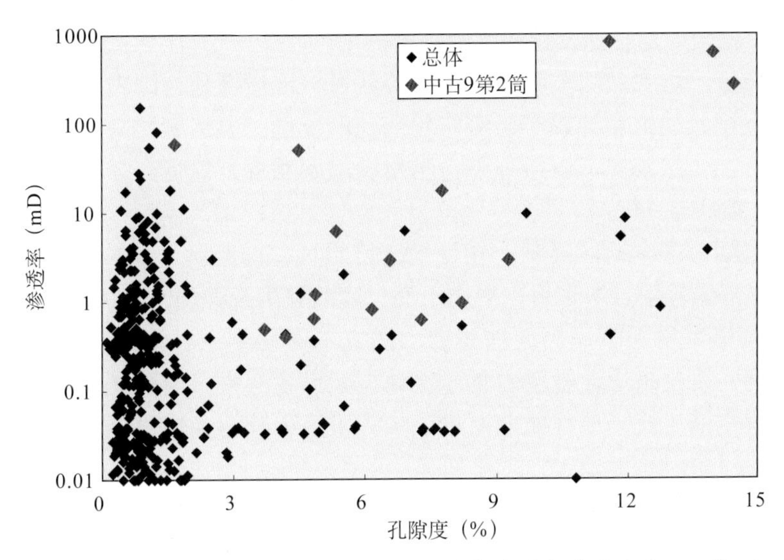

图 4–8　塔中北斜坡中—下奥陶统鹰山组岩心孔隙度与渗透率关系图（18 口井 558 个样品）

（六）储层成因

塔中北斜坡中—下奥陶统鹰山组层间岩溶储层主要发育在岩溶斜坡区的塔中 45 井区、中古 8 井区、中古 5—中古 7 井区、中古 43 井区鹰山组上部。其成因可总结为以下四个方面。

(1) 鹰山组与良里塔格组之间长达 12Ma 的地层剥蚀为表生期层间岩溶储层的发育提供了地质背景，形成的储集空间有非组构选择性孔洞、洞穴及裂缝，准层状分布，距不整合面深度一般小于 50m，非均质性强，缝洞充填程度不一。

(2) 埋藏溶蚀作用形成的非组构选择性基质溶孔（图 4–3A，B）是对岩溶缝洞的重要补充，大大增加了围岩的基质孔隙度，但分布局限，发育于邻近断裂及裂缝的颗粒灰岩中，成层性差，与有机酸、盆地热卤水及 TSR 有关。中古 203 井鹰山组颗粒灰岩中发育的非组构选择性粒间溶孔是最为典型的实例。

(3) 热液作用导致的白云石化可形成很好的晶间孔及晶间溶孔，是对岩溶缝洞的重要补充，大大增加了围岩的基质孔隙度，但分布局限，也发育于邻近断裂及裂缝的颗粒灰岩中，成层性差。中古 1、中古 9、中古 432、中古 461、中古 451 和塔中 201C 井鹰山组沿断层分布的斑块状或花朵状中粗晶白云岩是最为典型的实例，晶间孔及晶间溶孔发育。

(4) 热液作用导致热液溶蚀洞穴的形成，与表生期形成的岩溶缝洞一起构成重要的储集空间，受断裂控制，呈栅状分布，距不整合面深度可以达到数百米。西克尔、一间房及硫磺沟剖面鹰山组顶部发育大量顺层或沿断层分布的大洞穴并大多为闪锌矿、萤石充填就是热液溶蚀洞穴的典型实例。

断裂是岩溶作用及热液作用重要的成岩流体通道。塔中地区发育两期断裂：一期为塔中 1 号断裂及平行于塔中 1 号断裂的北西—南东向逆冲断裂，另一期为北东—南西向展布的一系列走滑断裂。主断裂奠定了塔中地区的整体构造格局，走滑断裂及与之斜交的伴生的羽状排列的次级走滑断裂组成网状断裂系统，构成成岩流体的运移通道。

（七）孔隙演化史

塔中北斜坡鹰山组储层孔隙演化贯穿了从加里东期到喜马拉雅期的漫长成岩过程，其中晚加里东期和海西期是孔隙发育的两个关键时期。

早—中奥陶世，塔中北斜坡鹰山组为碳酸盐岩台地边缘和台地内部高能滩相与滩间海泥晶灰岩间互沉积，地貌差异较小，滩体建造高度较低。虽然频繁短暂暴露于水面，但同生期大气淡水溶蚀作用较弱，胶结强烈，基质孔隙不发育，仅见到少量的粒内溶孔、粒间溶孔，孔隙度一般小于 1%。

中奥陶世末期，塔中地区隆升，在良里塔格组沉积前经历了 5 ~ 15Ma 的中长期暴露剥蚀，发生较强烈的表生岩溶作用，形成不同尺度的孔洞及缝洞。

晚奥陶世良里塔格组沉积后的埋藏期，洞穴不同程度充填泥砂和钙屑而损失部分储集空间，部分洞穴发生垮塌而被围岩角砾充填。大尺度洞穴可遭受充填、垮塌作用损失部分或者全部储集空间。浅—中埋藏期通过压实、压溶和胶结等作用不同程度地破坏早期孔洞缝。

志留—奥陶纪烃源岩开始成熟，排出有机酸。鹰山组台地边缘亮晶颗粒灰岩在同生期大气淡水溶蚀形成的少量粒间孔基础上，遭受埋藏期有机酸、盆地热卤水、TSR 及热液作用的影响，形成的溶蚀孔洞大大改善了储层物性，形成一套相对优质的基质孔型储层，孔隙度可达 3% ~ 10%。

泥盆纪塔中隆起再次抬升，鹰山组在埋藏状态下发育一期构造裂缝，对储层性能有所贡献。鹰山组在志留—石炭纪埋藏期发生白云石化作用，斑块状白云岩中发育白云石晶间孔。

二叠纪走滑断裂和富镁流体活动在其附近的鹰山组滩相颗粒灰岩中发生强烈的白云石化作用，白云石化和埋藏溶蚀双重作用造就了鹰山组基质孔的发育。其后伴随走滑断裂沟通深部带来的硅质热液，在孔隙、孔洞中沉淀了硅质和高温方解石，对储层有一定的破坏作用。

三叠纪以后鹰山组整体处于持续埋深过程，中—深埋藏期储层经历压实、压溶和埋藏胶结，孔隙度有所降低。晚侏罗世—早白垩世塔中隆起经历一次构造抬升，鹰山组在埋藏状态下发育一期构造裂缝，对储层性能有所贡献。

二、塔中—巴楚地区蓬莱坝组

（一）地质背景

塔中—巴楚地区蓬莱坝组岩性为灰白色、浅灰色、灰色的中—厚层状细—粗晶白云岩夹粉晶砂屑、砾屑灰岩、藻纹层灰岩，含硅质条带和团块。其底以一套灰白色块状灰岩为界，与下伏丘里塔格群下亚群的灰色白云岩相区别。沉积相以局限台地潮坪、潟湖、障壁滩坝为主，厚度 250 ～ 400m。

露头区蓬莱坝组与鹰山组之间存在沉积间断。在柯坪县北水泥厂蓬莱坝组露头剖面顶部发现古风化面和风化残积物（图 4–9），在乌什县鹰山北坡蓬莱坝组剖面顶部厚约 3m 的地层中发现多层红色石灰岩及侵蚀现象，鹰山组底部不平，具有填平补齐的特点（图 4–9）。古生物研究发现蓬莱坝组与鹰山组之间缺失 1 ～ 2 个化石带或 2 个准层序组，代表 1.5 ～ 3Ma 的沉积间断。这个中短期不整合面从西部露头区可一直延伸到巴楚隆起—塔中隆起蓬莱坝组覆盖区。

图 4–9　蓬莱坝组顶面不整合野外照片

（A）柯坪县北水泥厂剖面（赵宗举摄）；（B）乌什县鹰山北坡剖面（张兴阳摄）

塔中地区奥陶系蓬莱坝组顶面主要发育两组断裂：一组为北西—南东向加里东期形成的挤压逆断裂，主要有塔中 1 号断裂、主垒带断裂，这些断裂控制了塔中地区蓬莱坝组顶面的构造形态；另一组则是近北东—南西向的走滑断裂，海西期自南而北的挤压应力形成了左旋扭动和右旋扭动相互交替的走滑断裂体系，主要由 7 条大的走滑断裂及其伴生的小断裂组成，剖面上表现为花朵状特征，向下聚拢插入基底，断面上缓下陡。

（二）储层特征及成因

塔中—巴楚地区蓬莱坝组岩性主要为石灰岩、白云岩及过渡岩性的互层。其中石灰岩夹层的基质孔不发育，而颗粒白云岩及细、中晶白云岩具有较好的物性。如塔中 162 井第 17 筒心的白云岩，岩心观察针眼孔局部密集，还有少量米粒状孔洞，薄片观察藻砂屑白云岩晶间溶孔、超大溶孔发育，塔中 243 井第 10 筒心白云岩小孔洞发育，薄片观察晶间溶孔局部密布（图 4–10）。

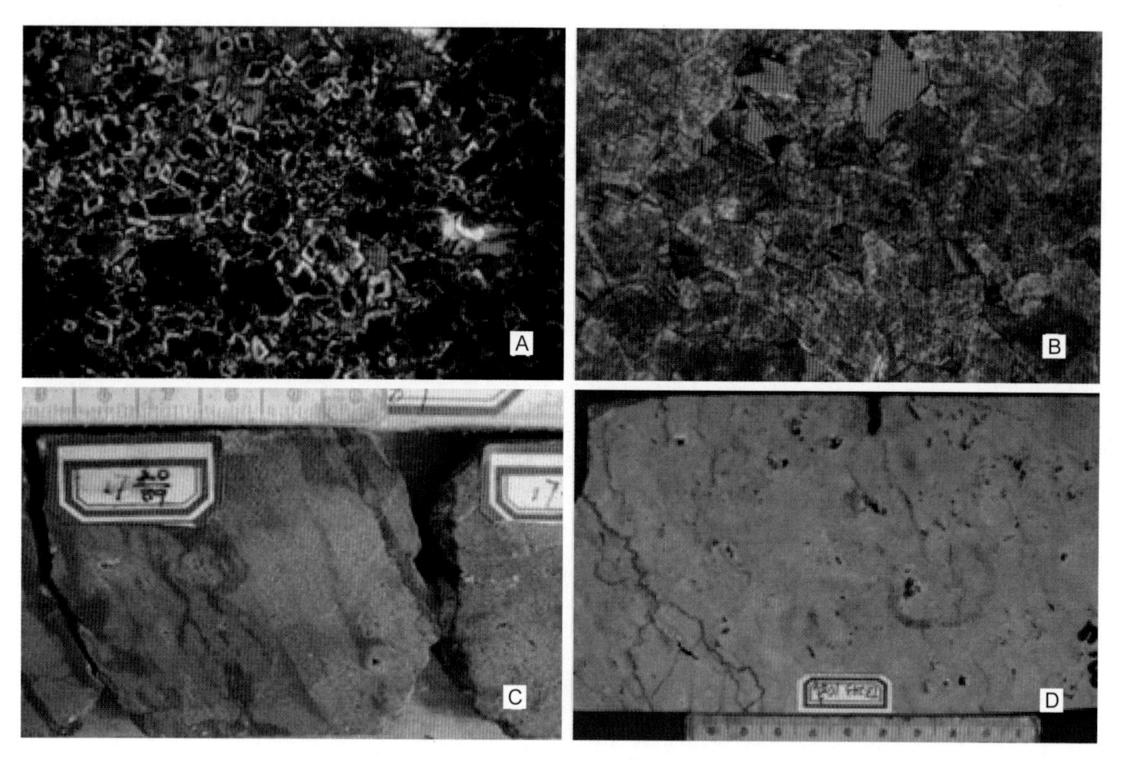

图 4–10 塔中隆起蓬莱坝组白云岩储层薄片及岩心照片

(A) 细晶白云岩，晶间孔和晶间溶孔，塔中 162 井，5978.2m，×10，铸体片，单偏光；(B) 中晶白云岩，晶间孔和晶间溶孔，塔中 243 井，5718.83m，×10，铸体片，单偏光；(C) 针孔状白云岩，塔中 162 井，岩心；(D) 针孔状白云岩，塔中 243 井，岩心

据岩心物性、测井解释、钻录井异常的统计，塔中—巴楚地区奥陶系蓬莱坝组可以发育规模有效储层，但各井储层分布不均，尺度差异也较大（表 4–1）。

表 4–1 塔中—巴楚地区奥陶系蓬莱坝组储层物性统计表

地区	井号	岩样孔隙度（%）			测井解释储层（m）			钻录井异常
		平均	最小	最大	Ⅰ	Ⅱ	Ⅲ	
塔中	塔中 243	1.12	0.31	2.3	0	0	117	5995m 漏失钻井液 157m^3
	塔中 43	0.695	0.42	1.04	0	4.5	173.5	5239.52m 放空 0.53m
	塔中 162	1.73	0.8	3.29	22	98.5	134.5	
	塔参 1	0.58	0.31	0.97	0	10	11.5	
	塔中 75	0.89	0.46	3.04	0	0	0	
	塔中 166	0.41	0.2	1.23	—	—	—	
巴楚	和 4	1.52	0.39	5.4	0	15	57	
	和 6	1.84	1.13	5.11	3.5	71.5	383	
	方 1	0.87	0.2	1.55	0	0	0	
	康 2	3.07	0.48	4.33	0	10	91	

部分井（如塔中16–2井、和6井）可以发育优质基质孔型储层，塔中43井则发育洞穴储层并发生放空，溶洞边缘被粗晶鞍状白云石充填，中心残留有效孔洞，岩心见高度超过2m的大洞穴被巨晶方解石、灰质角砾、云质角砾充填，其中发育有效孔洞被油浸染，特别是洞穴顶部5239.52m放空0.53m。塔中243井发生钻井液漏失。塔参1井测井显示，蓬莱坝组白云岩中有四段大的垮塌层段，取心显示为构造破碎段，实际上是断层破碎带，断层角砾岩裂缝发育，且充填干沥青。

塔中243井蓬莱坝组白云岩储层孔隙度5.30%、渗透率75.10mD，排驱压力0.01MPa，中值压力0.093MPa，平均孔喉半径9.516μm，中值孔喉半径8.048μm，进汞饱和度最大90%，退汞效率约33%。因此，蓬莱坝组白云岩可以发育中高孔、中高渗、中粗喉道的优良储层（图4–11）。

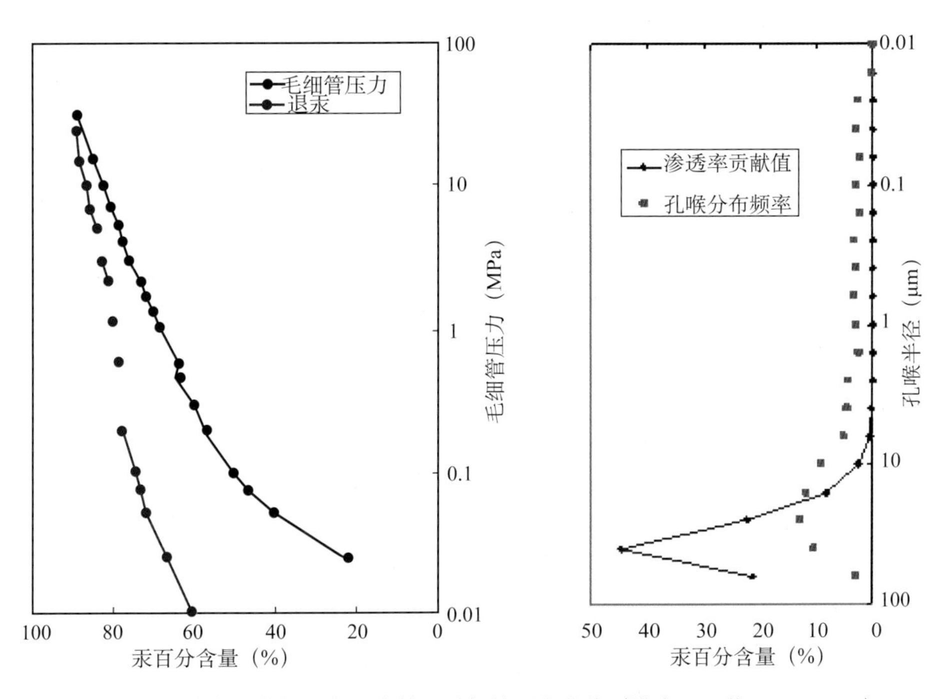

图4–11　塔中隆起蓬莱坝组白云岩储层毛细管压力曲线（塔中243井，5722.90m）

洞穴是塔中—巴楚地区蓬莱坝组储层重要的储集空间，主要发育于石灰岩地层中。蓬莱坝组沉积末期的抬升暴露和1～3Ma的地层剥蚀所导致的表生岩溶作用是缝洞发育的重要原因。地震剖面显示塔中蓬莱坝组具串珠状强反射，可能是岩溶缝洞储层的反映，平面上呈带状、片状分布，规模较大。基质孔型储层主要发育于互层的白云岩中，主要分布于局限台地边缘、障壁滩坝等部位，以晶间孔、晶间溶孔、小尺度溶蚀孔洞为主要储集空间，均质性较好，而层间岩溶储层主要位于不整合面之下0～50m的深度范围，发育非均质分布的缝洞。

总之，塔中—巴楚地区蓬莱坝组发育层间岩溶储层和白云岩储层，两者垂向上相互叠置，侧向上相互交替。石灰岩和白云岩地层的互层是导致储层相互叠置的重要原因，而层间岩溶作用是蓬莱坝组石灰岩缝洞发育的重要原因，埋藏白云石化作用是白云岩储层发育的重要原因。

第三节　顺层岩溶储层

塔北南缘内幕区位于塔北隆起轮南低凸起围斜部位，受中加里东—早海西期潜山区潜山岩溶作用的影响，内幕区中—下奥陶统一间房组—鹰山组一段虽上覆吐木休克组区域性泥岩盖层，但大气淡水从潜山顶部的补给区由北至南向泄水区流动的过程中，在围斜部位发生大面积的顺层岩溶作用，形成岩溶缝洞型储层，称顺层岩溶储层。塔北南缘中—下奥陶统一间房组及鹰山组一段大面积展布的高能滩沉积为顺层岩溶储层的发育奠定了物质基础。以资料较多的哈拉哈塘地区为例阐述塔北南缘奥陶系顺层岩溶储层的特征和成因。

一、地质背景

以桑塔木组剥蚀线为界，塔北隆起被划分为潜山区和内幕区（图 4–12）。塔北南缘奥陶系内幕区（以哈拉哈塘地区、哈得地区及轮古东地区为主）为塔北隆起轮南低凸起的延伸，向东进入草湖凹陷，向南进入满加尔凹陷，向西南进入哈拉哈塘凹陷，处于大型的构造斜坡背景。

塔北南缘奥陶系加里东期及海西期发育多期规模不等的断裂，以北北东、北北西和南北向走滑断裂为主，平面呈“X”形组合（图 4–12），具多期活动的特征。

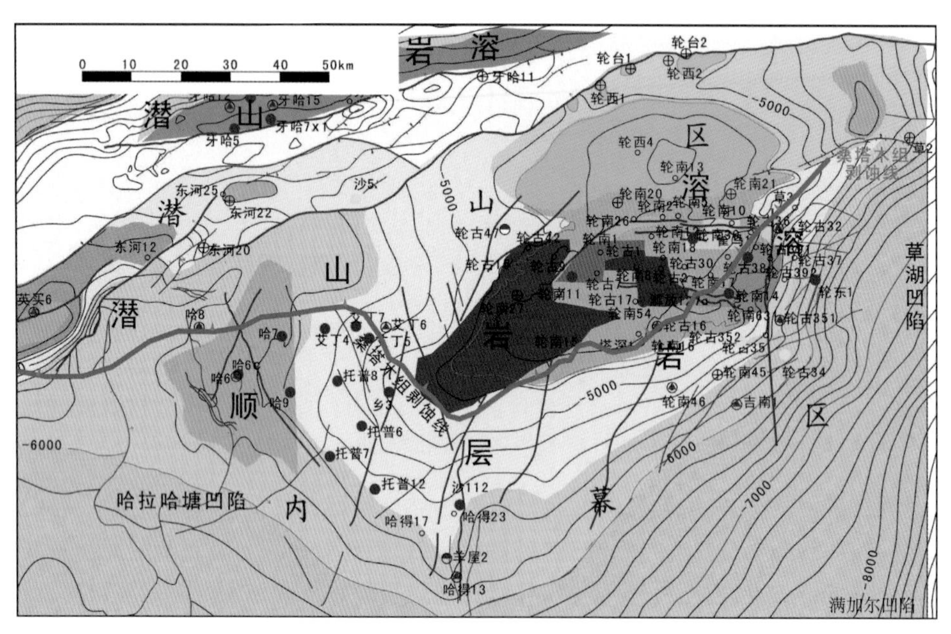

图 4–12　塔北南缘奥陶系潜山区与内幕区分布图（底图为奥陶系碳酸盐岩顶面构造图）

塔北南缘奥陶系中—下奥陶统一间房组—鹰山组一段发育完整，上覆地层依次为上奥陶统吐木休克组、良里塔格组、桑塔木组、志留系和泥盆系（图 4–13）。其间发育多期规模不等的不整合，其中一间房组顶面发育平行不整合，良里塔格组、桑塔木组、志留系和泥盆系顶均发育角度不整合，对应中加里东晚期到早海西期多幕构造运动。各期不整合伴随轮南低凸起的隆起而发育，一间房组上覆地层具靠近潜山区剥蚀程度强烈，厚度向潜山区减薄并最终尖灭的趋势。

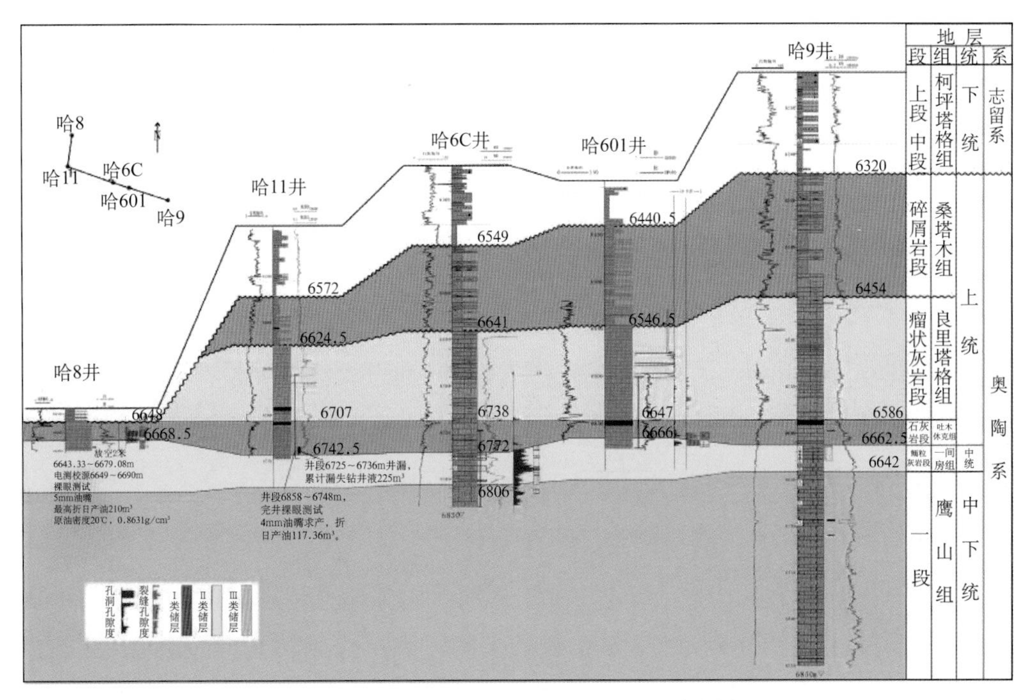

图 4–13　塔北南缘斜坡区近南北向地层对比剖面图

二、储层岩性

塔北南缘奥陶系以亮晶颗粒灰岩、泥晶颗粒灰岩、颗粒泥晶灰岩、泥晶灰岩为主，含少量的灰泥丘（藻粘结灰岩）、生物礁（托盘礁、绿藻礁）、重结晶灰岩、含云（质）灰岩（图 4–14）。其中一间房组以开阔台地滩相亮晶颗粒灰岩、泥晶颗粒灰岩为主，局部夹托盘礁，鹰山组为开阔台地滩相颗粒灰岩、滩间泥晶灰岩及其过渡岩性的互层，石灰岩厚度大且纯，滩相亮晶颗粒灰岩、泥晶颗粒灰岩占 80% 以上，颗粒成分主要有砂屑、鲕粒、生屑及砾屑等。上奥陶统吐木休克组和良里塔格组则以斜坡—盆地相富泥岩石类型为主。

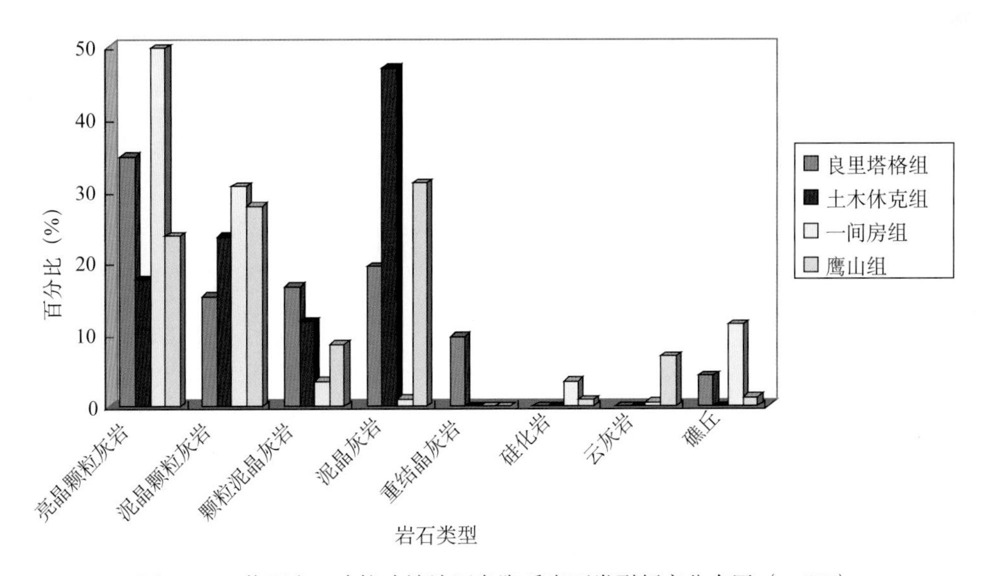

图 4–14　英买力—哈拉哈塘地区奥陶系岩石类型频率分布图（n=537）

三、储集空间

岩心、薄片和钻录井资料揭示，顺层岩溶储层储集空间类型多样，大小差异明显，包括基质孔隙、溶蚀孔洞、大型溶洞及裂缝等。具体特征如下。

（1）基质孔隙：包括粒间溶孔、粒内溶孔、铸模孔及其他溶孔，粒内溶孔和铸模孔相对较常见，岩心多油浸（图 4–15A，B），既有组构选择性的也有非组构选择性的，反映形成时间既有同生期的淡水溶蚀作用，也有埋藏期的埋藏溶蚀作用。基质孔隙总体不发育，主要分布在一间房组和鹰山组颗粒灰岩与藻屑灰岩中。

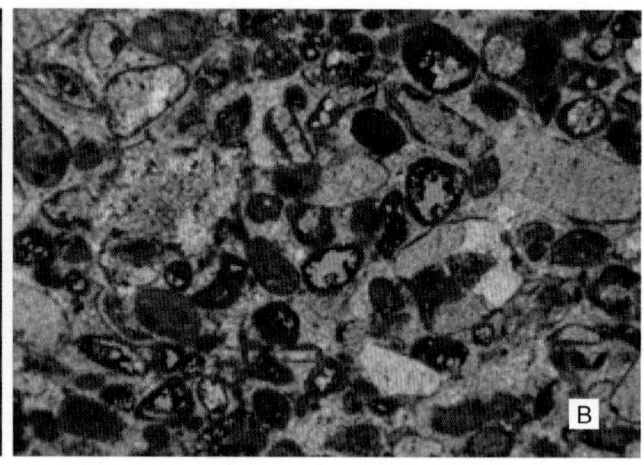

图 4–15　基质孔隙类型

（A）亮晶生屑、砂屑灰岩，肉眼可见微孔隙发育，岩心含油，中奥陶统一间房组，哈 601–4 井，1–40/69，岩心；（B）亮晶砂屑、棘屑灰岩，粒内溶孔、铸模孔发育，中奥陶统一间房组，哈得 13 井，6649.28，×20，铸体片，单偏光

（2）裂缝：碳酸盐岩重要储集空间，也是主要的渗流通道之一。成因上主要有三种类型，即构造缝、溶蚀缝和成岩缝。其中以高角度构造缝为主（图 4–16A，B），约占 60% 以上，层间缝次之，不同时期构造缝相互交叉重叠，局部网状微裂缝发育。溶蚀缝也较为常见，一般沿早期裂缝或重新开启的缝合线溶蚀扩大形成孔洞（图 4–16C）。成岩缝多被方解石完全充填。

（3）溶蚀孔洞：孔径大于 2mm，为塔北南缘中—下奥陶统一间房组—鹰山组一段重要的储集空间类型，大多顺层状发育或沿裂缝发育（图 4–16D，E），常见方解石充填或半充填，偶见泥质充填，部分未充填。成像测井反映清楚，以哈 6C、哈 9 井和轮古 391 井等为典型。

（4）大型溶洞：因取心困难，只能通过常规测井和成像测井、洞穴角砾岩、地下暗河沉积物、巨晶方解石充填、钻井放空、钻井液漏失、钻时明显降低等标志识别（表 4–2）。如哈 9 井在 6693 ~ 6701m 井段顶部 1m 发生放空，成像测井表现为大段暗色低阻层（图 4–16F），显示为大型洞穴。

四、储层类型

综合岩心、薄片、成像测井、地震资料及生产测试资料，塔北南缘中—下奥陶统一间房组—鹰山组一段顺层岩溶储层储集空间组合类型有：孔隙 + 孔洞型、裂缝 + 孔隙 + 孔洞型、裂缝型、裂缝 + 孔洞型、裂缝 + 孔洞 + 洞穴型、洞穴型 6 种类型（图 4–17），对应孔洞型、裂缝型、裂缝—孔洞型和（裂缝—）洞穴型 4 种储层类型。

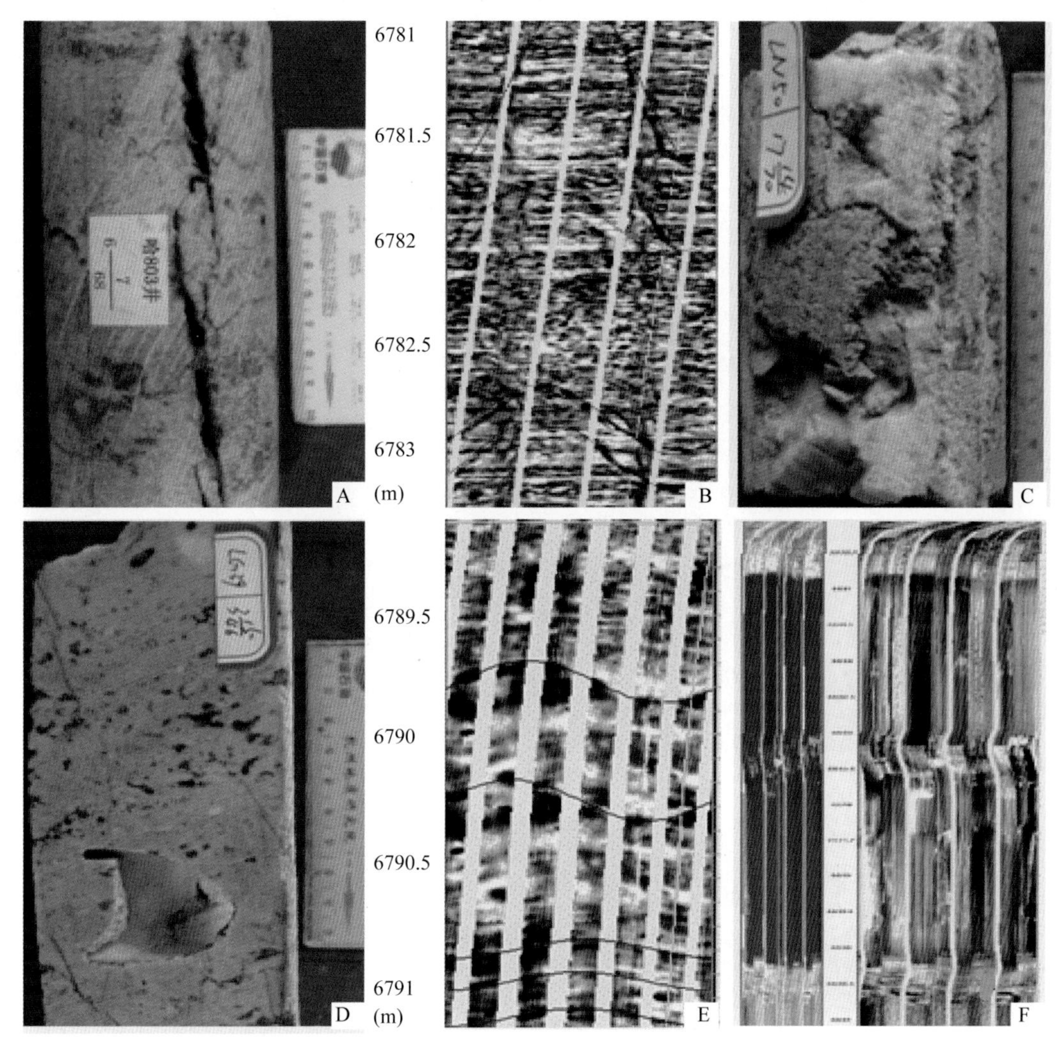

图 4–16　裂缝的岩性和测井响应特征

（A）砂屑灰岩，上奥陶统吐木休克组，哈 803 井，6–7/68 块；（B）裂缝成像测井响应，表现为正弦曲线型暗色线条，局部发育溶蚀扩大，中奥陶统一间房组，哈 13 井，6781 ~ 6783.5m；（C）灰色泥晶灰岩，高角度缝合线开启后充填亮晶方解石和蓝灰色泥质，中奥陶统一间房组，轮南 50 井，17–14/70；（D）颗粒灰岩，溶蚀孔洞发育，似顺层状分布，中奥陶统一间房组，轮古 39 井，3–15/46 块；（E）顺层发育孔洞的成像测井响应，表现为暗色斑点顺层分布，中奥陶统一间房组，哈 6C 井，6789 ~ 6791.2m；（F）洞穴成像测井响应，表现为大段暗色低阻特征，中—下奥陶统鹰山组，哈 9 井，6691 ~ 6696m

表 4–2　塔北南缘中—下奥陶统一间房组—鹰山组一段钻录井显示统计表

井号	钻、录井显示			距吐木休克组顶（m）	距一间房组顶（m）
	井段（m）	层位	显示		
哈 7	6626.40 ~ 6645.24	O_2y	漏失 1223.72m^3	43.40	21.40
哈 8	6652.50 ~ 6657.38	O_3t	漏失钻井液 56.3m^3	4.50	−15.50
	6675.00 ~ 6677.00	O_2y	放空 2m	27.00	6.50
哈 9	6693.00 ~ 6701.00	$O_{1-2}y$	顶部放空 1m，溢流 0.7m^3	99.50	71.00

续表

井号	钻、录井显示			距吐木休克组顶（m）	距一间房组顶（m）
	井段（m）	层位	显示		
哈 11	6725.00 ~ 6736.00	O_3t	漏失 225m^3	18.00	−16.50
哈 601	6598.23 ~ 6677.00	O_2y	试油期间漏失 823.45m^3	86.77	67.77
哈 701	6617.68 ~ 6618.00	O_2y	漏失 98.2m^3	27.68	3.68
哈 803	6654.66 ~ 6666.00	O_2y	放空 11.34m，漏失 1129.5m^3	71.66	44.50
轮古 34	6698.00 ~ 6707.00	$O_{1-2}y$	漏失 1475.5m^3，岩屑未返出	63.00	44.00
轮古 35	6149.00 ~ 6212.59	O_3t—$O_{1-2}y$	累计漏失 2809.5m^3	3.00	−7.00
轮南 633	5845.50 ~ 5846.50	O_2y	漏失 714.9m^3	48.00	15.00

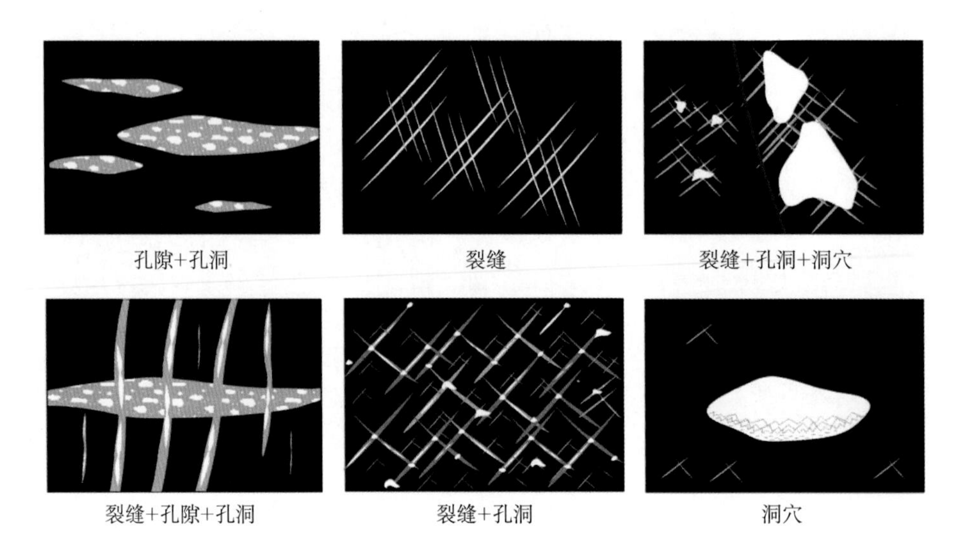

图 4−17　塔北南缘中—下奥陶统一间房组—鹰山组一段顺层岩溶储层储集空间组合类型模式图

储层类型在平面上有一定的变化规律。桑塔木组剥蚀线以北的哈 8 井区，以（裂缝—）洞穴型、孔洞型储层为主，桑塔木组剥蚀线以南的哈 6C 井区以裂缝—孔洞型储层为主，再往南以裂缝型储层为主。

五、储层物性

塔北南缘奥陶系一间房组—鹰山组一段具有低孔低渗的特征（图 4−18），孔隙度小于 2% 的样品占 80%，渗透率小于 0.1mD 的样品占 51.38%，且孔渗相关性较差，微裂缝对于渗透性的改善起到了决定性作用。但是岩溶型储层的储集特点决定了常规岩心孔渗分析只反映围岩或基岩的特征。

塔北南缘英买力、哈拉哈塘、哈得、轮古东四个区块储层物性有差异。基质孔以哈拉哈塘相对较好，部分具高渗中低孔和中低渗—中高孔储层的特征。哈得地区次之，部分发育中孔—低中渗储层。轮古东基质孔隙度总体偏低，但渗透率高低均有。英买力地区基质孔最差，总体为低孔中低渗储层（图 4−18）。

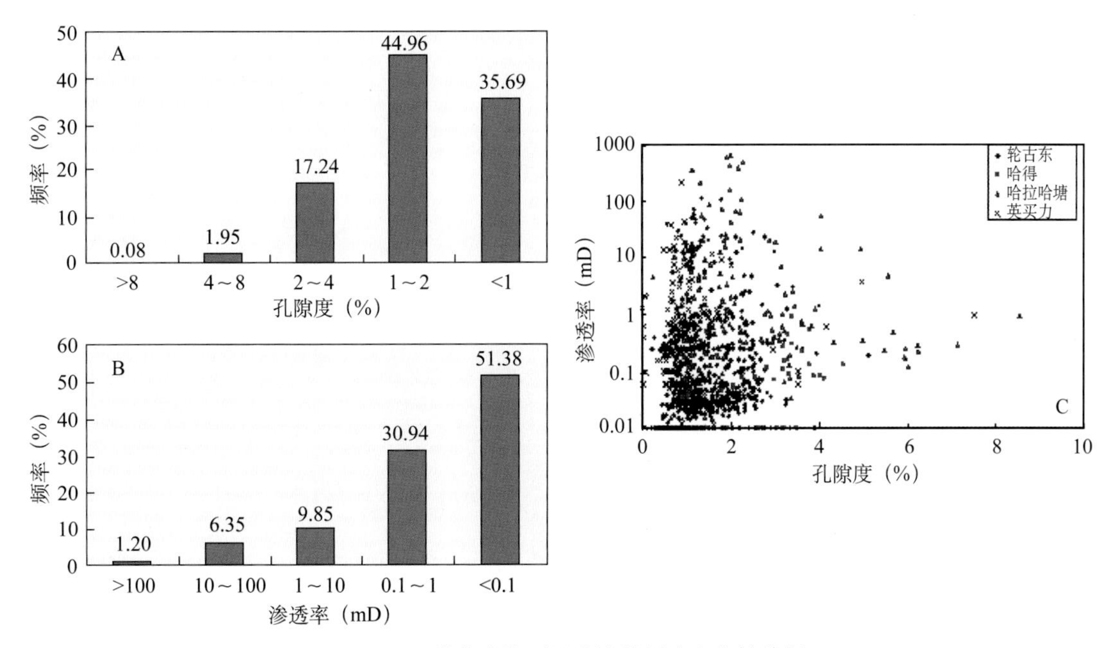

图 4-18　塔北南缘顺层岩溶储层岩心物性特征

(A) 塔北南缘奥陶系一间房组—鹰山组孔隙度分布频率图（20 口井 1230 个样品）；(B) 塔北南缘奥陶系一间房组—鹰山组渗透率分布频率图（20 口井 1230 个样品）；(C) 塔北南缘不同区块奥陶系一间房组—鹰山组孔渗关系图（20 口井 1230 个样品）

由于碳酸盐岩储层的非均质性与取心层位的局限性，测井解释储层物性对于未取心段储层物性的认识与整体储层评价将起到至关重要的作用。测井解释储层物性揭示，塔北南缘奥陶系虽然总体基质孔渗条件较差，但是高孔高渗的优质储层也较为发育，非均质性非常强。以哈拉哈塘地区为例（图 4-19），测井解释孔渗揭示各井储层物性差异较大，哈 6、哈 6C、哈 9、哈 10、哈 13 井孔隙度集中区均小于 1.8%，哈 7、哈 11、哈 12 和哈 601 井孔隙度较高，集中区为 1.8% ～ 4.5%，孔隙度大于 4.5% 的优质储层也占有较大比例，渗透率差异不明显，除哈 6 井外，其余各井渗透率在 0.01 ～ 3mD 之间。

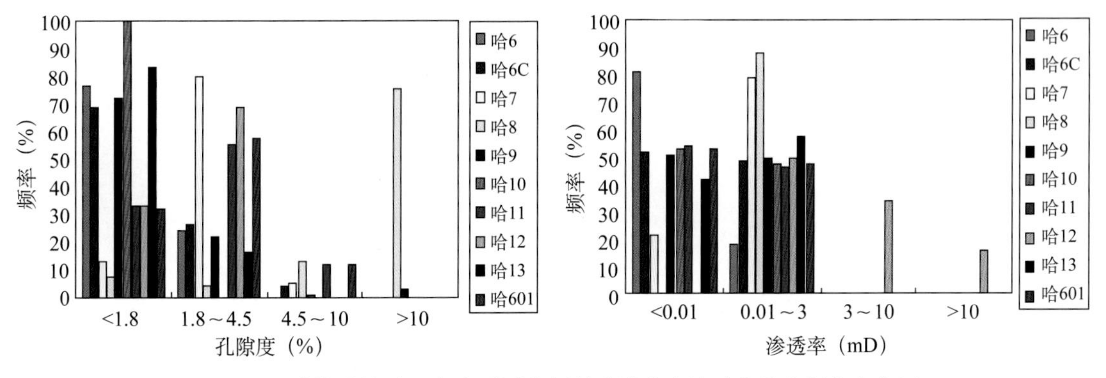

图 4-19　哈拉哈塘地区奥陶系测井解释孔隙度和渗透率分布频率直方图

储层的孔隙结构是指岩石中所具有的孔隙和喉道的几何形状、大小、分布及其相互连通关系，与岩石的储集性能密切相关。哈 9 井一间房组 3 个样品的毛细管压力曲线显示歪度粗—中、分选较好—中等，汞毛细管压力曲线参数具排驱压力、饱和度中值压力低，非饱和孔隙体积百分数小的特征（图 4–20）。孔隙度在 1.1% ~ 2.4% 之间，平均孔喉分布区间为 0.20 ~ 0.23 μm，最大孔喉半径达 0.68 μm。反映岩石基质孔隙度和渗透率相对较差。

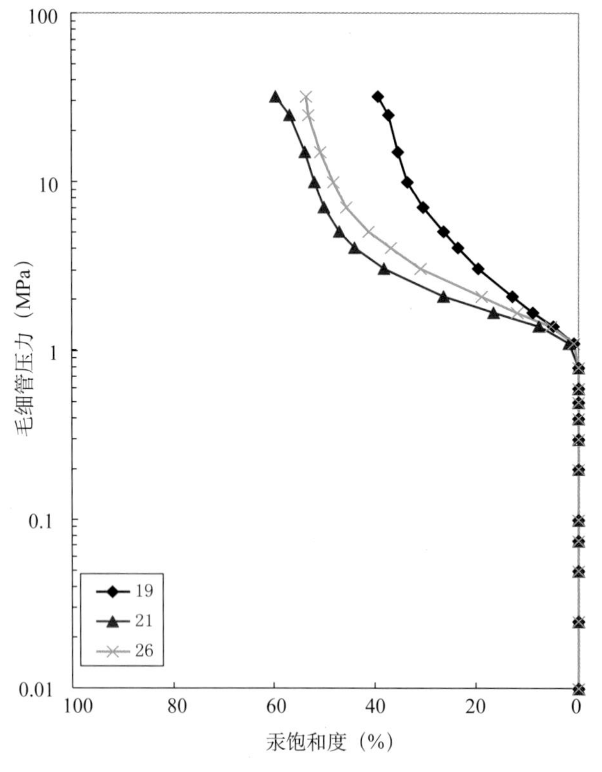

指标	最大	最小	平均
孔隙度（%）	2.4	1.1	1.5
渗透率（mD）	1.94	0.121	0.81
排驱压力 p_d（MPa）	1.187	0.2779	0.71
中值压力 p_{50}（MPa）	13.3903	7.2358	10.3
最大孔喉半径 R_{max}（μm）	0.6829	0.6257	0.65
中值半径 R_{50}（μm）	0.1037	0.056	0.0799

图 4–20　哈 9 井一间房组压汞曲线图及特征参数

由以上分析可知，塔北南缘奥陶系一间房组—鹰山组一段基质孔隙度较低，可构成低孔低渗储层，但对油气产能贡献有限，后期的裂缝及岩溶改造对储集性能起到了决定性的作用，岩溶缝洞是最主要的储集空间。

六、储层测井响应特征

哈拉哈塘地区中—下奥陶统一间房组—鹰山组一段不同类型的储层具不同的测井响应特征（表 4–3）。

表 4–3　哈拉哈塘地区一间房组顺层岩溶储层测井响应特征统计表

测井项目	洞穴型	孔洞型	裂缝—孔洞型	裂缝型	基质	泥岩及泥质充填的洞
深浅侧向电阻率	明显低值	40 ~ 4500Ω · m	10 ~ 1000Ω · m	20 ~ 1000Ω · m	大于 1000Ω · m	小于 1000Ω · m
声波时差	明显增大	有小幅度增大，48 ~ 72 μs/ft 之间	有小幅度增大，50 ~ 56 μs/ft 之间	曲线平直，49 ~ 53μs/ft 之间	曲线平直、接近骨架值	曲线有起伏 60 ~ 80μs/ft
中子孔隙度	明显增大	曲线平直，接近零	曲线平直，接近零	曲线平直，接近零	曲线平直，接近零	曲线有起伏 0 ~ 6%
地层密度	明显低值，小于 2.35g/cm³	曲线有较小幅度起伏，小于石灰岩骨架值 2.71g/cm³	曲线有较小幅度起伏，小于石灰岩骨架值 2.71g/m³	曲线有较小幅度起伏，接近石灰岩骨架值，约为 2.70g/cm³	接近骨架值，约为 2.71g/cm³	2.65g/cm³ 左右，曲线有起伏

续表

测井项目	洞穴型	孔洞型	裂缝—孔洞型	裂缝型	基质	泥岩及泥质充填的洞
自然伽马	一般小于15API	一般小于 15API	一般小于 15API	一般小于 15API	一般小于 15API	大于 30API
井径	严重扩径	部分有扩径现象	部分有扩径现象	部分有扩径现象	井径接近钻头直径	一般都有扩径
成像测井	整段明显深色图像	暗色斑点、斑块图像	暗色正弦曲线和暗色斑点、斑块图像	暗色正弦曲线图像	根据岩性不同明暗不一	整段明显深色图像

大型溶洞在 EMI 或 FMI 图像上为暗色；随泥质充填程度增大，伽马值由低到高；深浅双侧向、微侧向数值低，且有差异；井径扩径严重；中子、密度、声波曲线变化极大。

孔洞型储层在 EMI 或 FMI 图像上表现为不规则暗色斑点或斑块状分布，自然伽马值低—中等；深浅双侧向差异不明显，深浅电阻率数值相对致密层为低值；井径在孔洞较为发育段扩径明显；三孔隙度曲线表现为声波时差值较低、密度值较高、中子孔隙度值较高。

裂缝—孔洞型储层在成像测井上表现为近似拟合的正弦曲线伴生暗色斑点或斑块，电性特征上表现为低阻、低伽马，声波、中子、密度具跳变特征。

裂缝型储层测井响应特征表现为：EMI 或 FMI 图像上为黑色正弦曲线；自然伽马值一般较低；深浅双侧向具有明显差异；井径微扩，中子、密度、声波曲线变化不大，接近骨架测井值（图 4–21）。正幅度差（深电阻率大于浅电阻率）反映了储层高角度（或垂直）裂缝，这种裂缝使浅电阻率降低大；负幅度差（深电阻率小于浅电阻率）反映了储层低角度（或水平）裂缝，这种裂缝使深电阻率降低大。当裂缝（洞）被围岩角砾等充填时，在成像测井上表现为明暗混杂的角砾化，双侧向值减小，密度值在角砾岩充填段降低很多，声波时差和中子孔隙度增大，并且中子孔隙度在缝洞充填底部增大较多。

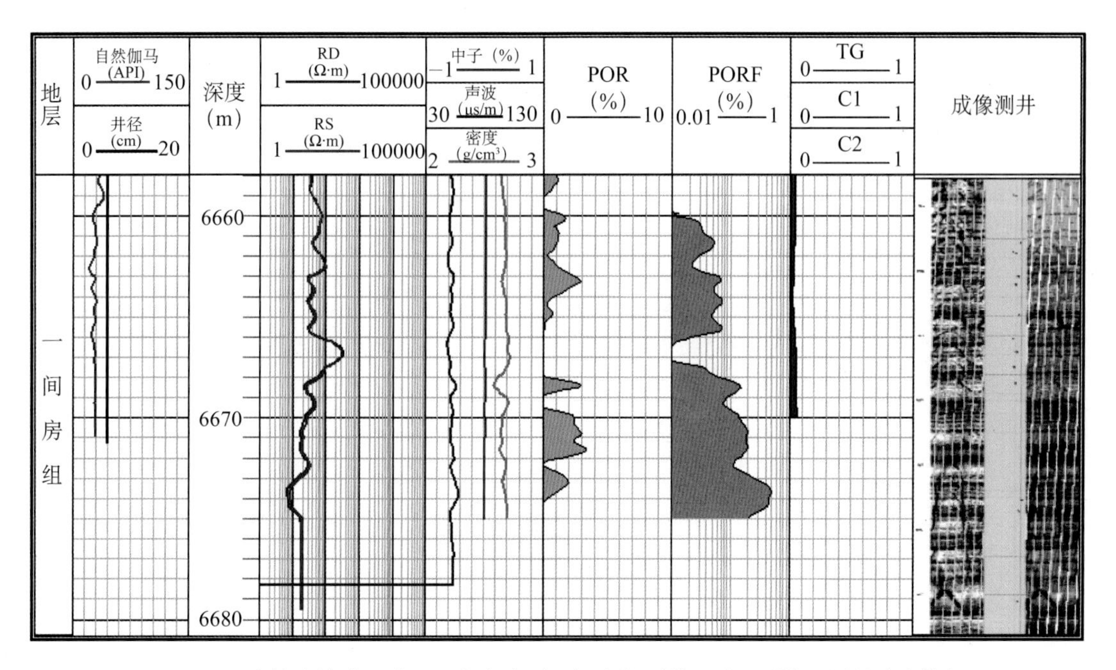

图 4–21　哈拉哈塘地区哈 601 井奥陶系一间房组裂缝—孔洞型储层测井响应特征

七、储层地震响应特征

通过对井点处的地震响应特征分析，哈拉哈塘地区奥陶系碳酸盐岩储层的地震响应特征有下面三种类型。

（1）串珠状反射特征：地震剖面上表现为 T_{O_3t} 反射界面下纵向上呈串珠状强反射，与周围反射特征有明显界限，往往发育在断裂带附近，具有穿层发育特点，为大型缝洞体储层。该反射特征在古岩溶残丘斜坡、缓坡或溶蚀沟谷部位最常出现，在钻井中有漏失放空或溢流现象。该类反射特征储层一般建产率较高，即使测井解释储层较差也可通过酸压等措施获得高产工业油气流。以哈拉哈塘地区哈 6C、哈 7、哈 9、哈 10、哈 11、哈 12、哈 13、哈 15、哈 601 等井为代表（图 4–22）。强“串珠”地震反射特征井往往具有较高的产液能力，一般在 40 ~ 200m^3/d 之间，表明其为良好的储层。

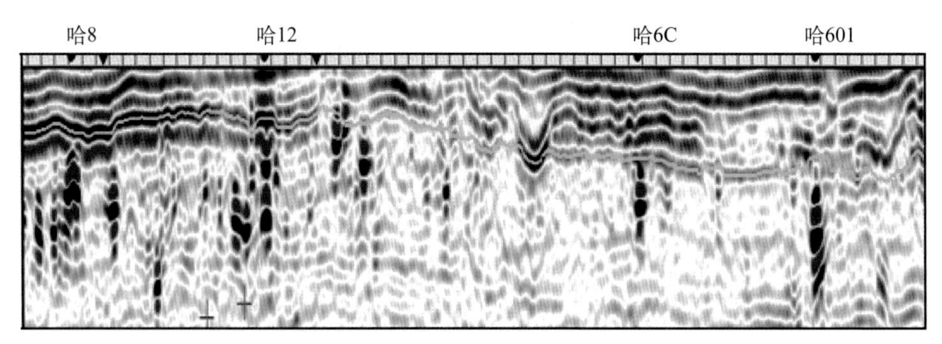

图 4–22　哈拉哈塘地区哈 6 井一间房组储层表现为强“串珠”地震反射特征

（2）杂乱反射强振幅特征：地震剖面上表现为杂乱反射，相位不连续、很难追踪，主要发育在岩溶次高地。中—强振幅，以裂缝型为主，伴生少量孔洞形成裂缝—孔洞型储层，该类储层钻井揭示以低产井和干井为主。

（3）弱反射振幅特征：剖面上具体表现为弱反射地震响应；平面上为弱振幅，调谐频率杂乱，缝洞不发育，仅发育孤立孔洞，该类储层为低产井或无效井，产液量在 20t/d 以下，并且快速衰减直至关井。

八、储层成因

塔北南缘奥陶系顺层岩溶储层主要分布在轮南潜山以南的围斜区，面积近万平方千米，层位主要分布在一间房组及鹰山组一段，深度由北向南逐级加深，其成因可总结为以下四个方面。

（一）古隆起及斜坡背景为顺层岩溶储层的发育提供了地质背景

中加里东晚期—早海西期，随着轮南古潜山大幅度抬升，长时间暴露于大气淡水中，潜山区遭受了强烈的潜山岩溶作用改造，发育大型的缝洞系统。同时，围斜区中—下奥陶统一间房组及鹰山组一段上覆吐木休克组泥岩，隔挡了潜山区潜流带地下水的流动方向，地表泄水点的位置远高于正常裸露碳酸盐岩潜山的水压平衡点，导致潜水面并非处于完全稳定状态。其下“缓流带”仍具一定水势，具有向内幕围斜区运移的动力，为顺层岩溶作用的发育提供了很好的地质背景（图 4–23）。在平面上分为两个带：（1）潜山高部位的潜山岩溶储层发育区；（2）围斜部位的顺层岩溶储层发育区。与早期潜山油气勘探理念相比，顺层岩溶储层的提出大大拓展了岩溶储层的勘探范围。

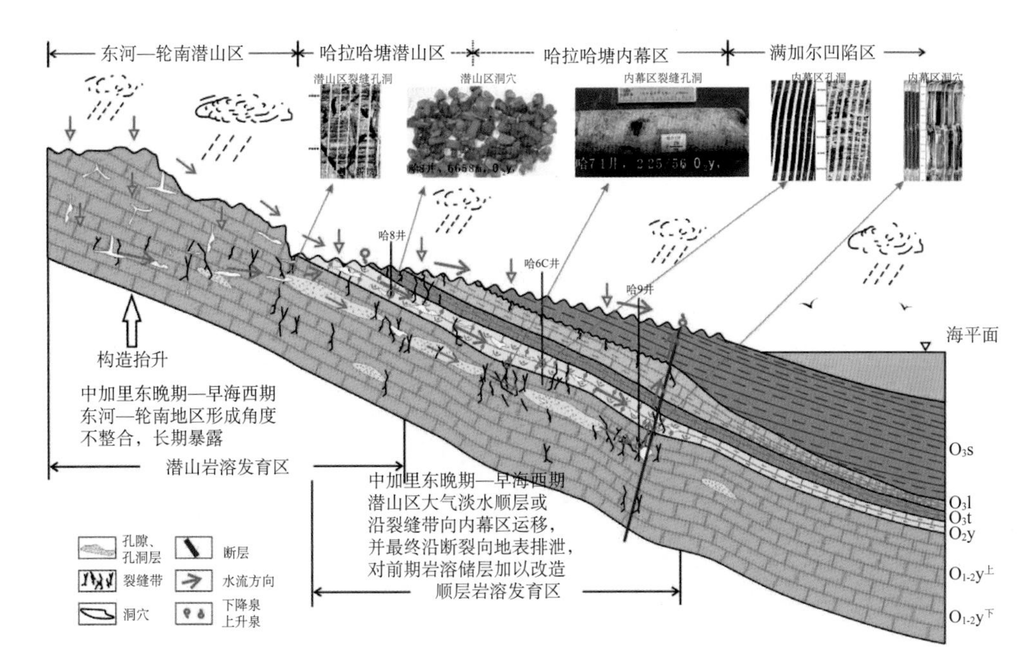

图 4–23　塔北南缘奥陶系顺层岩溶作用模式及储层形成机理示意图

（二）渗透性好的颗粒灰岩为顺层岩溶作用提供了成岩介质通道

沉积相研究揭示，塔北南缘各井奥陶系一间房组及鹰山组上段高能滩相发育，层状大面积分布（图 4–24），属三级层序高位体系域。高位体系域晚期发育的高能滩相在地貌上相对隆起，水体浅，相对海平面的微弱下降即可导致其暴露于大气淡水中，文石及高镁方解石矿物相的不稳定导致粒内溶孔、粒间溶孔等组构选择性溶孔发育，虽然数量有限（1% ~ 2%），但却构成了后期流体重要的初始渗滤通道。

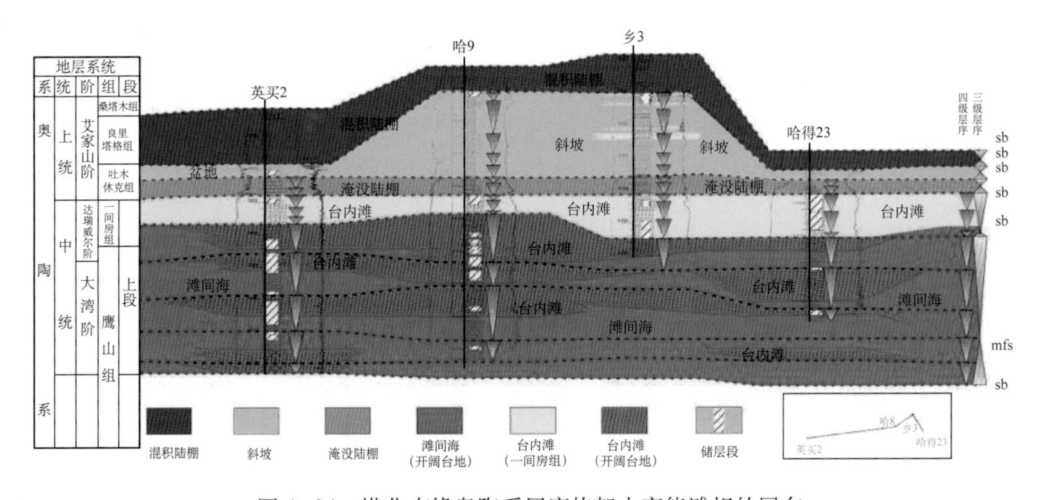

图 4–24　塔北南缘奥陶系层序格架内高能滩相的展布

岩心及成像测井资料揭示，溶蚀孔隙段主要发育于三级层序高位体系域中上部和四级准层序组的上部，以哈 601–4 井为例，岩心段可识别出三个向上变浅的旋回，基质孔隙主要发育在旋回上部的颗粒灰岩中。

（三）发育的裂缝系统为顺层岩溶作用提供了成岩介质通道

断裂及其伴生裂缝的发育，将改善碳酸盐岩地层的渗流条件，增加流体与母岩的接触面积和溶蚀范围，为塔北南缘围斜区中—下奥陶统岩溶作用大面积发育提供了必要的条件。地震储层预测成果显示，90% 以上的溶蚀孔洞及洞穴均与断裂及裂缝有关（图 4–25），并通过断裂及裂缝相连通。另外，勘探实践证实，地震剖面上的“串珠”为岩溶缝洞储层的响应，其平面分布具有明显的规律性。以哈拉哈塘地区为例，“串珠”集中发育于断裂附近，且多以线状排列，将相邻的“串珠”用短线相连，短线走向与断裂走向非常吻合（图 4–25），这更验证了断裂和裂缝对顺层岩溶作用和岩溶缝洞发育的控制作用。

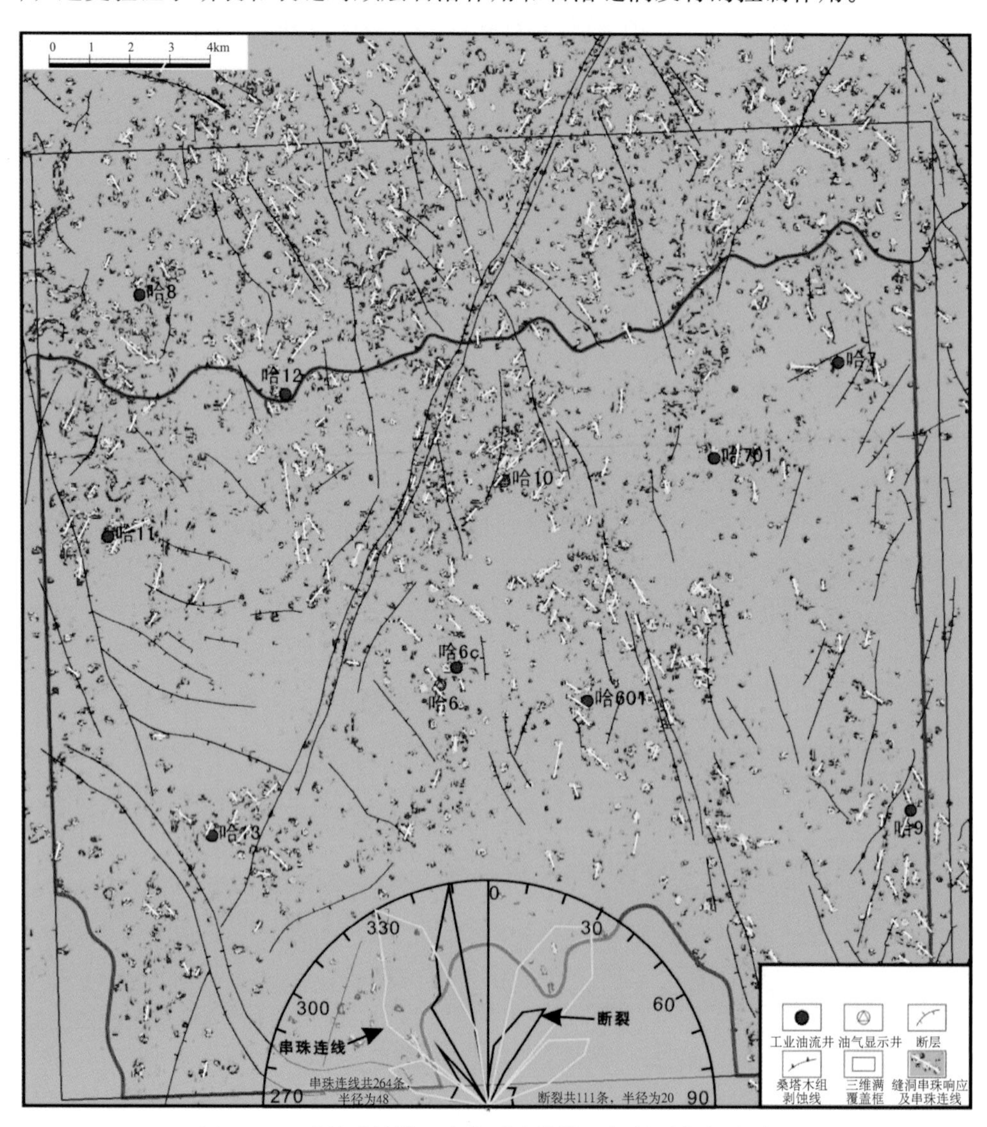

图 4–25 哈拉哈塘地区奥陶系岩溶缝洞与断裂发育关系图

（四）顺层岩溶作用是各类储集空间形成的关键

顺层岩溶作用沿孔隙、断裂及裂缝发育的渗透性层进行（图 4–25），形成孔洞、溶缝及大洞穴，构成顺层岩溶储层的主要储集空间。前已述及，围岩基质孔并不发育，热液作用也不明显，岩溶缝洞主要是由顺层岩溶作用形成的，受断裂控制，顺层分布。顺层岩溶作用发生的时间应该为中加里东晚期—早海西期，与轮南古潜山大幅度抬升同步，是潜山岩溶作用向斜坡区的延伸。顺层岩溶作用的强度由北向南逐级减弱，并为勘探实践所证实。

综上所述，中加里东晚期—早海西期，随着轮南古潜山大幅度抬升，长时间暴露于表生环境，潜山区遭受了强烈的喀斯特岩溶作用改造，发育大型的缝洞系统。同时，由于围斜部位处于大型构造斜坡背景中，中奥陶统碳酸盐岩地层被上奥陶统等富泥地层覆盖，泥岩地层的隔挡作用影响了潜山区潜流带地下水的流线方向，地表泄水点的位置远高于正常裸露碳酸盐岩潜山的水压平衡点位置，这种情况下潜水面并非处于完全稳定状态，其下“缓流带”仍具一定的水力梯度，具有向内幕区运移的趋势，为内幕区地下流体的流动提供了动力。一间房组和鹰山组经历同生溶蚀作用、层间岩溶作用和构造作用的改造后，形成了由“孔隙层—裂缝体—断裂带”构成的“潜山—内幕—地表（上升泉）”的水循环通道，使得潜山区仍具水力梯度的深部缓流带流体，经过孔隙层、裂缝带顺层向盆地区运移，最后经过断裂沟通向地表泄水，导致顺层岩溶作用持续发生，形成顺层岩溶储层。由于孔隙、裂缝及断裂的组合方式多样，导致溶蚀扩大的结果也比较复杂，形成了上述六种储集空间组合方式及四种储层类型。

顺层岩溶作用的发育模式及地质背景条件，决定了顺层岩溶作用具有以下几方面的特点：(1) 顺层岩溶作用改造强度具平面上的分带性，向斜坡倾角方向逐渐减弱；(2) 顺层岩溶作用改造强度受断裂控制，在断裂延伸方向，顺层岩溶作用集中发育，延伸更远；(3) 顺层岩溶作用改造强度垂向上受孔隙层和裂缝带发育特征控制，自一间房组顶面不整合面向下减弱，主要集中于不整合面以下 0 ～ 100m 范围内，断裂带附近相对更深。

第四节　潜山岩溶储层

石灰岩潜山岩溶储层以轮南低凸起为代表，形成于中加里东晚期—早海西期，碳酸盐岩地层主体被剥至下奥陶统鹰山组，地形起伏大，与上覆石炭系呈角度不整合接触，代表 120Ma 的地层缺失。

一、地质背景

轮南潜山位于塔里木盆地塔北隆起轮南低凸起中部的古生界残余隆起，整体表现为一大型背斜，面积 2450km^2。背斜上发育有两排断垒带，即轮南断垒带和桑塔木断垒带。轮南奥陶系潜山顶面为一被轮南和桑塔木断垒所分割的北东向巨型背斜，可分为西部斜坡带、北部斜坡带、中部斜坡带、南部斜坡带、东部斜坡带、轮南断垒带和桑塔木断垒带 7 个地貌构造单元。

轮南潜山经历早海西期、中晚海西期—印支期、燕山—喜马拉雅早期三期构造运动的改造，其中早海西期构造运动是轮南潜山重要的形成期。轮南潜山在经历了中奥陶世至早石炭世地层剥蚀后，于中石炭世又再度接受沉积。这一时期，由于区域上北西—南东方向的挤压运动，在晚加里东期大斜坡的背景上形成了一个北东—南西走向的大型背斜，石炭系在大型背斜的背景上逐层超覆，并逐渐将潜山埋藏，形成盖层厚度超过 500m 的大型披覆背斜（图 4–26）。

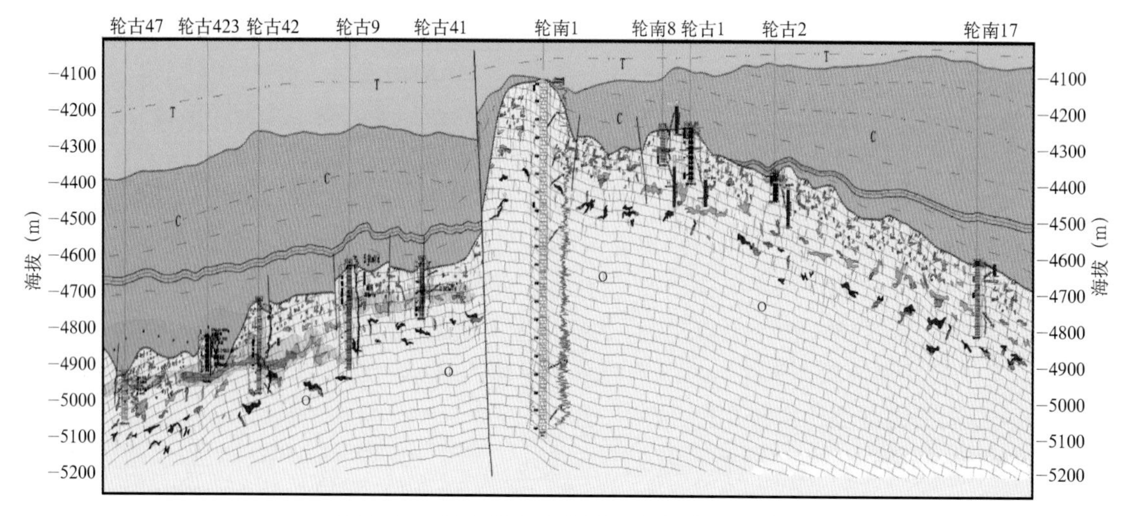

图 4–26　轮南潜山地质剖面及缝洞分布特征

二、储层岩性

由于潜山岩溶作用的对象是埋藏成岩后又被抬升到地表的碳酸盐岩，大气淡水的溶蚀作用往往是非组构选择性的，可以作用于不整合面之下各种石灰岩及白云岩地层，岩溶洞穴的发育主要受岩溶地貌和断层控制，岩性控制因素大为减弱。

轮南低凸起奥陶系石灰岩潜山主要的岩石类型为各种类型的石灰岩，以亮晶砂砾屑灰岩、白云质砂屑灰岩为主；蓬莱坝组下段发育少量灰质白云岩、白云质灰岩及白云岩，溶洞中充填有碎屑岩及岩溶角砾岩。

三、储集空间及储层类型

三类储集空间构成石灰岩潜山岩溶储层的缝洞体系（图 4–27）：(1) 表生期和埋藏期形成的溶缝及洞穴是主要的储集空间，而且以表生期的溶缝及溶洞为主；(2) 以缝洞充填物为载体的储集空间，以基质孔为主，如砂泥质充填物的粒间孔、粒间溶孔、垮塌角砾间的砾间孔等；(3) 洞穴垮塌使围岩角砾岩化，形成裂缝和沿裂缝发育的溶孔，这些溶孔大多是埋藏溶蚀作用或热液成因的。

根据孔、洞、缝的组合特征，轮南低凸起奥陶系潜山岩溶储层可划分为孔洞型、裂缝型、裂缝—孔洞型和洞穴型四类，以洞穴型为主，其次为裂缝—孔洞型。除大型的缝、洞及孔洞外，围岩基质孔并不发育或发育少量的粒间溶孔、粒内溶孔、晶间溶孔等基质孔隙。

洞穴型储层的储集空间主要为未充填的大型溶洞、地下暗河，并通过断裂相沟通。这类储层规模大，并具有很好的储渗性。大洞大缝是塔北轮南奥陶系潜山岩溶储层最主要的储集空间，超过一半的探井钻遇了不同尺度的洞穴（图 4–28 A，表 4–4）。洞穴大小不等，从不到 1m 至数十米，轮南 12 井洞穴合计高度约 71m，其中约 1/3 的洞穴未被充填而发生放空，放空尺度达 0.4 ～ 15.4m，平均 5.65m（图 4–28B）。另外在钻井过程中，常伴有井漏现象，如轮古 15 井在 5736.1 ～ 5740.0m 井段累计放空 2.09m，5735 ～ 5743m 井段漏失 43.3m^3 钻井液；轮古 15–1 井在 5919.00 ～ 5953.4m 井段漏失钻井液 1375.0m^3。部分洞穴被泥质或角砾岩等充填或半充填，如轮古 42 井 5810 ～ 5830m 处为一大型暗河，洞内已被灰绿色泥质粉砂岩、灰质粉砂岩充填。

图 4–27　轮南低凸起石灰岩潜山储层洞穴充填物及孔隙类型

(A)洞穴充填物，灰绿色粉砂质角砾 3 ~ 10mm，角砾间充填褐灰色粉砂质，少量基质孔，中—下奥陶统鹰山组，轮古 42 井，10–33/51，岩心；(B) 洞穴充填物，岩溶洞穴为钙泥质砂砾岩充填，充填物中发育大小不等的孔洞，中—下奥陶统鹰山组，轮古 42 井，5829.00m，岩心；(C) 洞穴充填物，围岩为灰褐色泥晶灰岩，岩溶角砾与围岩成分一致，砾间充填灰绿色泥质、粉砂质陆源物质，中—下奥陶统鹰山组，轮南 18 井，9–4/8，岩心；(D) 洞穴充填物，第一期为地下暗河搬运的陆源碎屑沉积，残余孔洞为放射簇状亮晶方解石充填，中—下奥陶统鹰山组，轮南 12 井，5203.30m，×10，正交光；(E) 原地垮塌石灰岩角砾及亮晶方解石岩屑，砾间孔及溶孔发育，中—下奥陶统鹰山组，轮南 12 井，5312.48m，×10，单偏光；(F) 洞穴垮塌导致围岩角砾岩化形成的裂缝、砾间孔及溶孔，中—下奥陶统鹰山组，轮古 17 井，5463.61m，×10，铸体片，单偏光

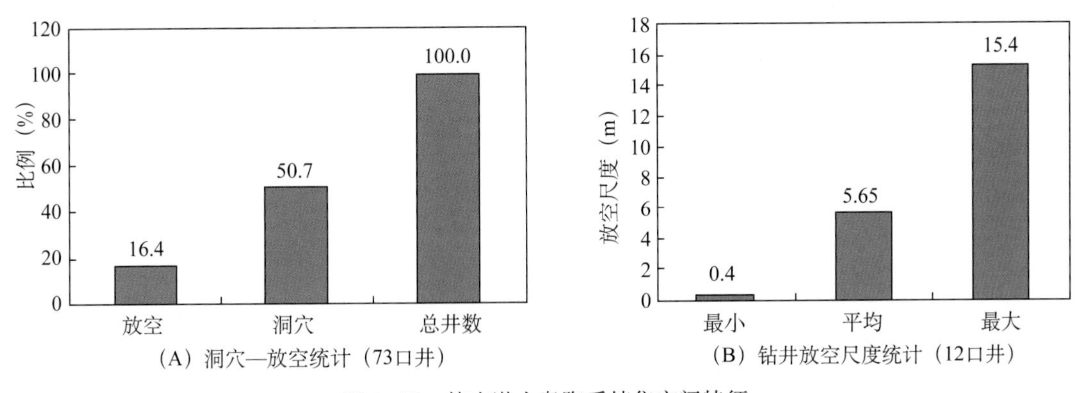

图 4–28　轮南潜山奥陶系储集空间特征

裂缝—孔洞型储层的储集空间主要是溶蚀孔洞，渗滤通道为裂缝和岩溶管道。这类缝洞系统及由它连通的先成孔隙具有储渗空间数量多、匹配好、储产油气能力较强的特点。如轮古 903 井、轮古 15–2 井、轮古 47 井等，产量较稳定。

孔洞型储层以基质孔及溶蚀孔洞为主，在成像测井上面主要表现为暗色斑点及斑块。这类储层一般是原生孔隙发育的层段经过溶蚀改造而成。如轮古 43 井鹰山组 5676 ~ 5686m 井段孔洞型储层较发育，孔洞孔隙度可达 2.4%，无裂缝孔隙度。经过酸压措施后，12mm 油嘴日产油 11.84m^3，日产水 62.16m^3。

裂缝型储层储集空间主要是裂缝和少量沿裂缝分布的溶孔或孔隙薄层。裂缝发育可使无储渗能力的致密石灰岩形成裂缝型储层，裂缝既是储集空间更是渗滤通道。多组系构造缝相互交叉，构成网络状裂缝系统。当裂缝系统范围大、厚度大时，可形成工业性油气藏。在钻井过程中常伴有井漏现象，如轮古 15–2 井鹰山组 5796.3 ~ 5809.5m，5844.4 ~ 5850.6m 等 9 个层段约 38m 均发育裂缝型储层。

表 4–4　轮南低凸起石灰岩潜山部分钻井钻遇岩溶洞穴统计表

井号	钻遇层位	不整合面深度(m)	洞穴显示特征	试油情况	距不整合面深度(m)
轮古 100	O_1	5436.50	5506.5 ~ 5524.5m 泥岩、角砾岩等洞穴沉积物，半充填洞穴，半径 17m	5431.17 ~ 5525m 日产油 293m³、气 66777m³	70.00
轮古 102	O_1	5499.00	5613.80 ~ 5836.00m 井段放空 5 次，累计 15.24m	5509 ~ 5552m 日产水 177.9m³、气 4564m³	114.80
轮古 15	O_1	5729.50	5729.50 ~ 5750.00m 放空两段（分别为 0.27m 和 0.89m），岩心收获率仅为 12.6%	5726.73 ~ 5750.00m 日产油 443.33m³	20.00
轮古 17	O_1	5440.50	5465 ~ 5593m 溶洞中的充填物为泥岩，洞穴最大直径 31m，一般为 1 ~ 2m	5459.42 ~ 5480m 日产油 412m³、气 94000m³	25.00
轮古 1	O_1	5165.95	5175.75 ~ 5317.59m 夹两层 5m 泥质粉砂岩（洞穴沉积）及井漏	5520 ~ 5555m（斜深）日产油 211m³、气 319409m³	9.80
轮古 201	O_1	5351.00	5350 ~ 5358m 缝洞发育，角砾岩充填物	5350 ~ 5358m 日产油 128.4m³、气 11323m³	7.00
轮古 2	O_1	5294.13	5395.41 ~ 5500.00m（斜深）井段钻井液漏失量达 1920.20m³，夹两层泥岩（洞穴沉积）	5345.35 ~ 5430.84m（斜深）日产油 493m³、气 65243m³	101.28（斜深）
轮古 42	O_1	5661.50	5668.43 ~ 5907.00m 见粉砂岩、泥岩、角砾灰岩等洞穴沉积物，两次放空，两个大溶洞达 20m	5668.43 ~ 5877.52m 日产油 97.50m³	7.43
轮南 8	O_1	5179.00	放空两段（5239.40 ~ 5240m，5256.20 ~ 5258.70m），漏失钻井液 247.5m³	5179 ~ 5266m 日产油 258.06m³、气 29203m³	60.40

四、储层物性

轮南低凸起奥陶系鹰山组储集空间以缝洞为主，围岩基质孔隙度总体偏低，属特低孔、特低渗储层，平均面孔率小于 1.48%，裂缝率小于 0.12%。据轮古 1 等 9 口井 548 个围岩样品常规物性统计：孔隙度范围值 0.19% ~ 24.37%，平均 1.25%；渗透率范围值 0.000013 ~ 20.4mD，平均 0.326mD。孔隙度频率呈双峰分布，57% 的岩样孔隙度 0.5% ~ 1.0%，31.6% 的岩样孔隙度 1.0% ~ 1.5%，渗透率分布则呈单峰分布。图 4–29 为轮南低凸起奥陶系基于缝洞围岩样品测得的孔隙度和渗透率，由于岩溶缝洞型储层强烈的非均质性，直径 2cm 的岩塞样不能真正代表物性特征。

据渗透率分析数据绘制的孔、渗关系表明鹰山组碳酸盐岩储层孔渗相关性很差（图 4–29）。压汞曲线可分成 3 段，每段都有不同的斜率和拐点，分别代表不同的孔喉类型（图 4–30），第 1，2 段代表裂缝—孔洞型储层的孔喉结构，第 3 段代表微裂缝—孔隙型储层的孔喉结构。轮南地区奥陶系储层的孔隙结构不均一，特别是连通喉道大小和形态具有多样性，基质孔隙结构差，不同尺度的缝洞是主要的储集空间。

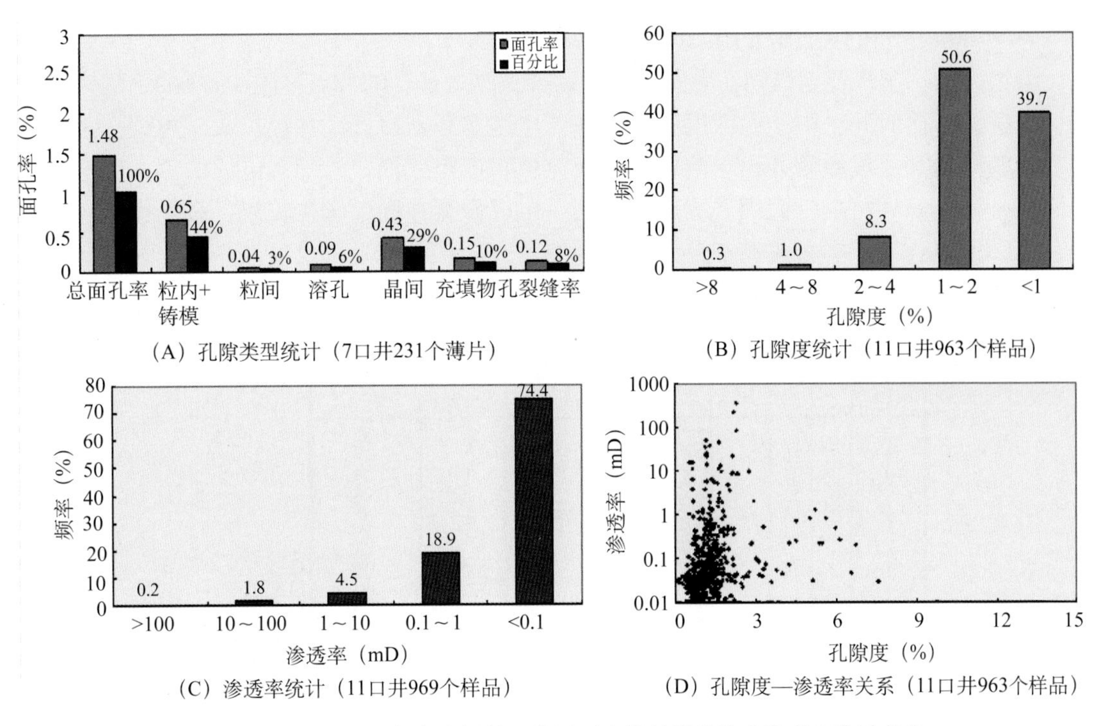

（A）孔隙类型统计（7口井231个薄片）　（B）孔隙度统计（11口井963个样品）

（C）渗透率统计（11口井969个样品）　（D）孔隙度—渗透率关系（11口井963个样品）

图 4–29　轮南低凸起鹰山组基于缝洞围岩样品测得的孔隙度和渗透率值

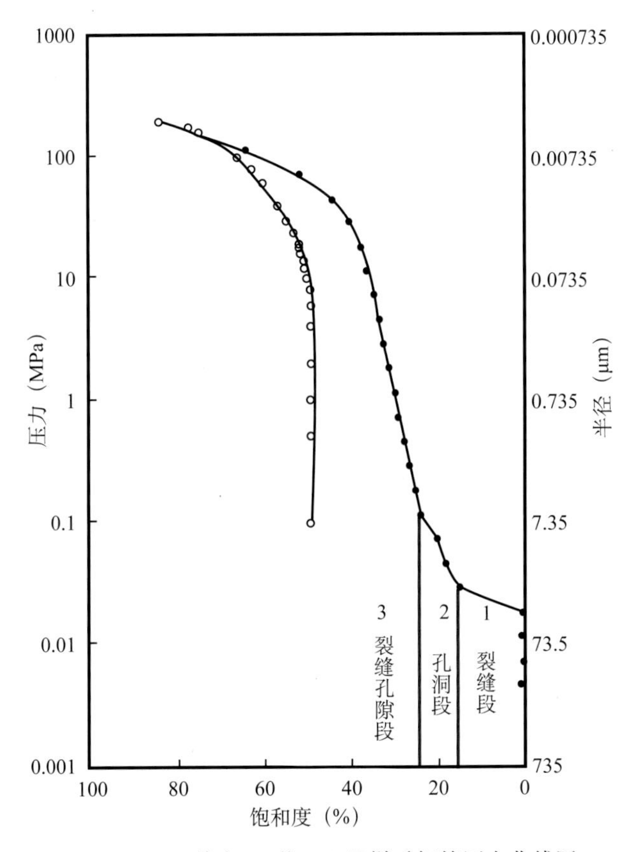

图 4–30　轮古 41 井 103 号样毛细管压力曲线图

五、储层测井和地震响应特征

溶蚀孔洞、洞穴及充填物在测井上表现为“三高两低”的特点（图 4–31A），即声波时差、电磁波传播时间、中子孔隙度高，双侧向电阻率和密度低，井径扩大，中型、大型溶洞自然伽马增高。成像测井由于溶蚀孔洞及充填物电阻率低，故静态电成像测井图像表现为黑色—棕色高导特征，而围岩因电阻率高，电成像测井图像颜色较浅，多呈浅棕色—亮黄色。小型溶孔或孔洞在成像测井上表现为“豹斑”状不规则黑色星点分布，大型溶洞在成像测井图像上表现为所有极板全是黑色（图 4–31B）。

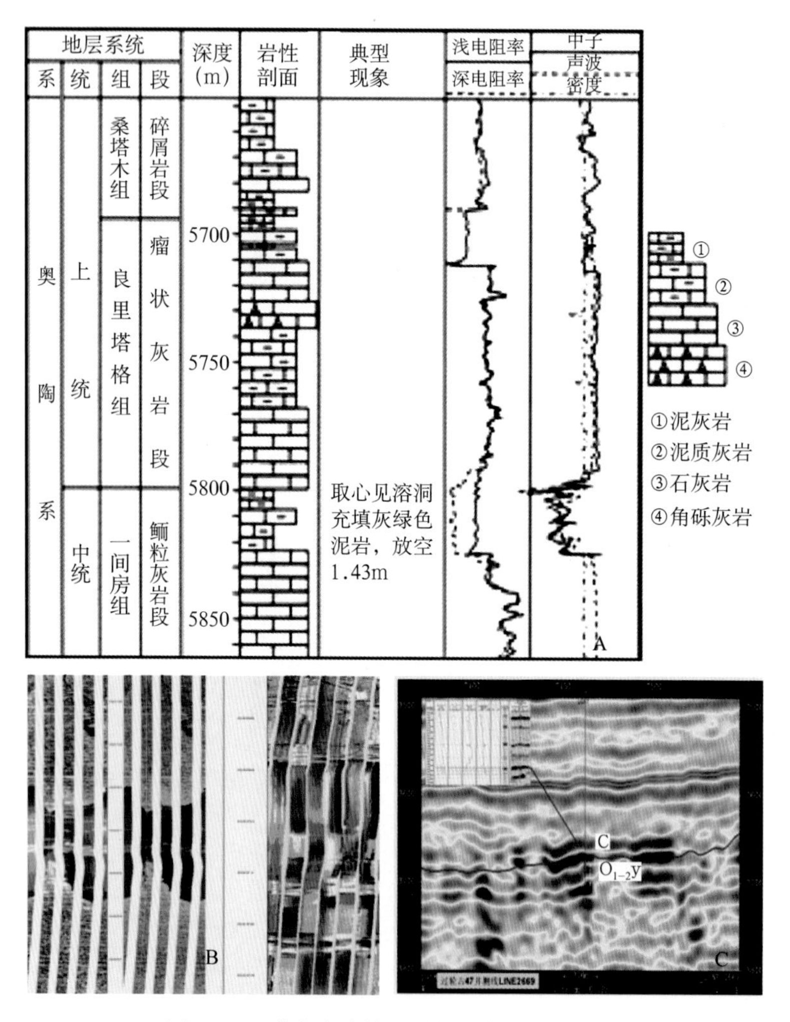

图 4–31　潜山岩溶储层测井、地震响应特征

（A）轮东 1 井奥陶系潜山岩溶储层测井响应特征；（B）左为泥质充填洞穴，洞高 2.5m，中—下奥陶统鹰山组，轮古 7 井，5218 ~ 5224m；右为泥质及方解石充填洞穴，中奥陶统一间房组，轮古 17 井，5468 ~ 5473m；（C）过轮古 47 井鹰山组缝洞发育层段“强串珠”地震反射特征及合成记录。

大型缝洞在地震剖面上可以出现明显频率降低、振幅减弱、杂乱反射、弱反射、串珠状反射、低速度（降速达 20% 左右）等地震波谱特征，均为奥陶系顶部碳酸盐岩经过潜山岩溶作用改造所形成的孔洞层的地震响应特征（图 4–31C）。

综合均方根振幅、相干属性、波阻抗等方法进行缝洞体雕刻（图 4–32），可以发现轮南低凸起不整合面之下奥陶系鹰山组岩溶缝洞体发育，横向变化大。纵向上岩溶缝洞体主要发育在距不整合面 200m 深度范围内，上部的表层岩溶带岩溶缝洞体充填较严重，下部的水平潜流带岩溶缝洞体发育，充填较少。

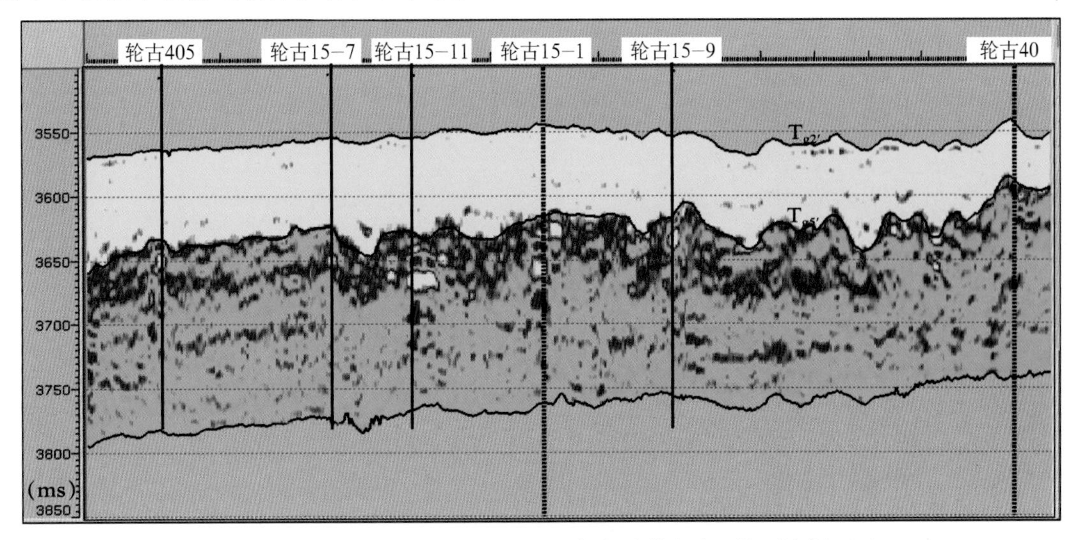

图 4-32　轮南岩溶斜坡轮古 15 井区奥陶系潜山波阻抗反演剖面图

其中石灰岩顶面以下红色代表储层发育段

六、储层成因

轮南低凸起石灰岩潜山岩溶储层成因可总结为以下四个方面：(1) 古隆起背景为石灰岩潜山岩溶储层的发育提供了地质背景；(2) 潮湿气候条件下碳酸盐岩地层的抬升和长期风化剥蚀是岩溶缝洞发育的关键；(3) 发育的断裂和裂缝系统为潜山岩溶作用提供了成岩介质通道；(4) 洞穴埋藏后的垮塌作用及热液作用可以形成新的溶蚀孔洞及洞穴等，是对潜山岩溶储层储集空间的重要补充。

由于不同岩溶区带的储层发育特征有差异，根据古地貌特征可将轮南低凸起划分为岩溶高地、岩溶斜坡和岩溶洼地。岩溶斜坡的溶孔、溶洞和溶缝最发育，其次是岩溶高地，岩溶盆地几乎不发育溶孔、溶洞和溶缝。垂向上，岩溶作用可划分为四个带：(1) 表层岩溶带薄而保存不均；(2) 垂直渗流带位于大气淡水补给区，与岩溶高地相对应，以发育垂向的溶蚀缝洞为特征；(3) 水平潜流带位于大气淡水径流区，与岩溶斜坡相对应，以发育水平方向的溶蚀缝洞为特征，溶孔、溶洞和溶缝最发育，而且保存得也好；(4) 深部缓流带位于大气淡水排泄区，与岩溶盆地相对应，岩溶缝洞不发育（图 4-33）。

（一）岩溶高地

岩溶高地基质孔隙不发育，以大型缝洞为主。中—下奥陶统鹰山组以砂屑灰岩、泥晶灰岩为主，原生基质孔隙很不发育，对储渗贡献不大，长期受风化淋滤作用，发育大面积的岩溶缝洞系统，以大型洞穴为主，取心可见溶洞充填物。裂缝沟通岩溶缝洞形成非均质性很强的缝洞系统。有效储集空间展布复杂，缝洞之间分割性较强，不同缝洞系统具有不同的含油气性和产能。岩溶高地以发育垂直渗流带为主，厚数十米至近百米，表层岩溶带一般不发育。大型溶洞主要为落水洞或直立的洞，溶洞规模较小，且延伸距离不远，并大多被充填，充填物一般为淡水方解石以及后期沉积物，如渗流粉砂、黏土等。

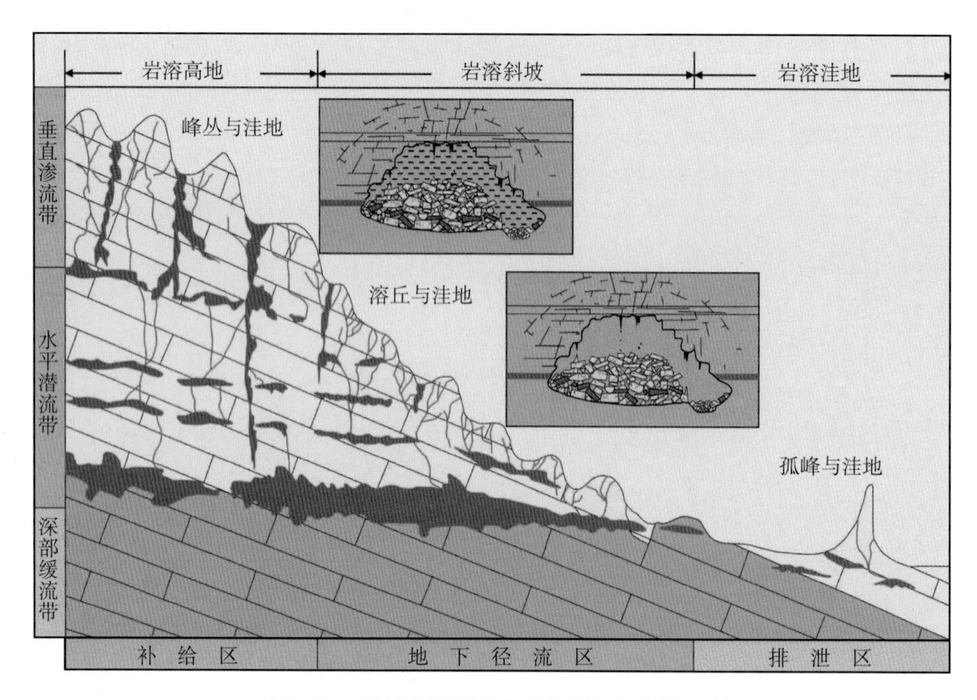

图 4–33　轮南石灰岩潜山岩溶储层发育模式图

垂向上分垂直渗流带、水平潜流带和深部缓流带，分别与平面上的岩溶高地、岩溶斜坡和岩溶洼地相对应

（二）岩溶斜坡

轮南低凸起奥陶系石灰岩潜山岩溶斜坡成环带状分布于岩溶高地与桑塔木组尖灭线之间，轮古 2 井区位于岩溶斜坡上。

虽然岩溶斜坡区岩石基质孔渗极低，但溶洞发育，洞穴可以被充填、半充填或未充填，洞穴充填物可以是异源的砂泥岩，也可以是原地的垮塌角砾和方解石胶结物。钻具放空、钻速加快及钻井液漏失、岩心收获率低等是判断岩溶洞穴存在的重要依据。钻井岩溶洞穴统计揭示，80% 的油气流井在潜山面之下 100m 深度范围内的岩溶洞穴发育段（表 4–4）。轮南 8 和轮古 201 井累计取心 137.55m，发现溶洞 18 个，洞高一般为 0.6 ~ 2.5m，部分溶洞被大量次生矿物（石英、方解石）、泥、渗流粉砂、溶积岩、溶塌角砾岩等充填。

轮南潜山断裂非常发育，并具有明显的方向性和多期性，北东—南西走向的逆冲断裂断距大，对潜山地貌的形成有很大的作用。断裂和裂缝是地下水运动的重要通道，地表淡水主要沿着早海西期形成的断裂和伴生的裂缝向下运动，发生喀斯特岩溶作用。勘探实践证明，断裂系统对岩溶缝洞的发育起着重要的控制作用，以轮古西地区为例，岩溶缝洞主要发育于多组断裂的交会区，而与断裂伴生的裂缝起着沟通洞穴的作用。

第五节　白云岩风化壳储层

以塔里木盆地牙哈—英买力地区寒武系、四川盆地龙岗地区雷口坡组四段、鄂尔多斯盆地靖边地区马家沟组五段为例，阐述白云岩风化壳储层的特征。与潜山岩溶储层的区别表现在以下三个方面：(1) 地貌上，石灰岩潜山的地貌起伏大，而白云岩风化壳的地貌起伏小；(2) 洞穴发育程度上，由于石灰岩在表生环境比白云岩更容易溶解，石灰岩潜山岩溶储层比白云岩风化壳储层的缝洞体系要发育得多；(3) 围岩特征上，潜山岩溶储层的围岩往往是致密的石灰岩，而白云岩风化壳储层的围岩往往为多孔白云岩。

一、牙哈—英买力地区寒武系

（一）地质背景

塔里木盆地白云岩风化壳储层主要发育在塔北的牙哈—英买力地区寒武系—下奥陶统蓬莱坝组白云岩地层中，以英买32井区和牙哈10井区最为典型，是塔北隆起上的主要油气富集区，也是黑油增储上产的现实地区。牙哈—英买力地区中晚寒武世—早奥陶世主要为一套局限—半局限海台地沉积，在漫长的地质历史中，其主要经历了晚加里东—早海西期、晚海西期和印支期三期剧烈的区域构造运动，形成了现今的构造格局。总体表现为中—上寒武统至下奥陶统的白云岩潜山被侏罗系或白垩系陆相碎屑岩直接覆盖，两者间呈角度不整合接触，代表300Ma的地层缺失。在这种地质背景下，牙哈—英买力地区断裂构造极为发育，走向各异，主要走向为北东向和北西、北西西向等。从断层样式看，包括正断层、逆断层、走滑断层以及反转断层等，断层组合样式丰富多彩。以构造断裂为主的裂缝系统既为表生期大气淡水的淋溶提供了通道，也为埋藏流体提供了通道，同时，潜山面也是热液流体的汇集区，最容易受到热液作用的改造。

（二）储层岩性

不整合面之下的岩性为白云岩时，白云岩储层类型十分复杂，除以缝洞为主的白云岩风化壳储层外，围岩往往是各种成因的白云岩储层，甚至构成有效储层的主要载体。塔里木盆地牙哈潜山构造带寒武系白云岩风化壳储层缝洞的围岩为埋藏白云岩及颗粒白云岩（图4–34A—C），英买32井区潜山构造带寒武系白云岩风化壳储层缝洞的围岩为埋藏白云岩（图4–34F），残留部分颗粒结构，上覆地层为侏罗—白垩系陆相碎屑岩，洞穴充填物成分复杂，有陆源碎屑、碳酸盐岩垮塌角砾及亮晶方解石岩屑（图4–34D，E），反映漫长的风化剥蚀作用。

（三）储集空间及储层类型

四类储集空间构成白云岩风化壳储层的孔洞缝体系（图4–34）：(1) 表生期和埋藏期形成的溶缝及洞穴，以表生期的溶缝及溶洞为主，而且数量远不如石灰岩潜山岩溶储层多；(2) 以缝洞充填物为载体的储集空间，以基质孔为主，如砂泥质充填物的粒间孔、粒间溶孔，垮塌角砾间的砾间孔等；(3) 洞穴垮塌使围岩角砾岩化，形成砾间孔、裂缝和沿裂缝发育的溶孔，这些孔缝大多受埋藏溶蚀作用或热液作用的叠加改造；(4) 多孔的白云岩围岩，以基质孔为主，孔隙类型有铸模孔、粒间（溶）孔及晶间（溶）孔。

晶间孔和晶间溶孔孔径为0.01～2mm，在中—细晶白云岩和泥粉晶白云岩中皆有不同程度的发育，晶体越粗大，晶间溶孔和晶间孔的孔径也越大，它们是组成牙哈—英买力地区白云岩风化壳储层的主要基质孔隙类型。溶洞洞径2～30mm，一般为2～5mm。大多数的孔洞呈蜂窝状，分布较均匀，部分孔洞的长轴呈水平状延伸。溶缝在构造缝、层间缝或缝合线基础上经后期溶蚀扩大形成，也见于早期构造缝内充填物后期溶蚀形成的断续、弯曲、枝状溶缝，宽度一般0.02～0.5mm，有时成组系出现。

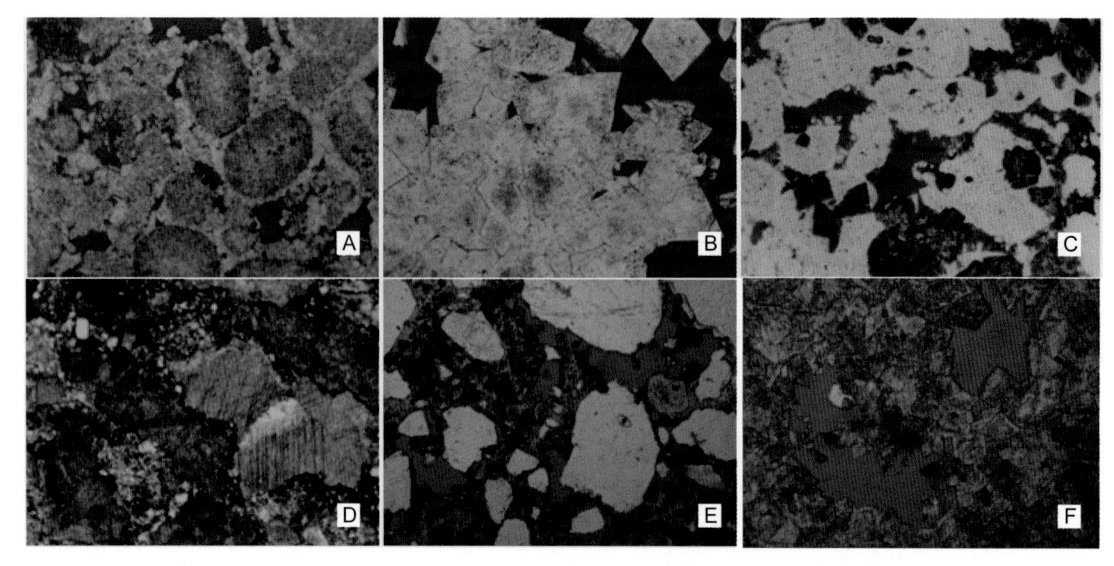

图 4–34　牙哈—英买力寒武系白云岩风化壳储层岩石类型及孔隙类型

（A）鲕粒白云岩，铸模孔及粒间（溶）孔，牙哈 7X–1 井，5833m，×10，铸体片，单偏光；（B）埋藏白云岩，晶间孔及晶间溶孔，英买 4 井，5129.20m，×10，铸体片，单偏光；（C）鲕粒白云岩，铸模孔及粒间（溶）孔，强烈硅化，白云石呈褐色，热液作用，牙哈 3 井，5924.96m，×10，铸体片，单偏光；（D）洞穴充填物为亮晶方解石岩屑及渗流沉积，英买 11 井，5727.00m，×10，染色，单偏光；（E）洞穴充填物为陆源碎屑，粒间（溶）孔，上寒武统，英买 321 井，5337.55m，×10，铸体片，单偏光；（F）埋藏白云岩，晶间孔和晶间溶孔，上寒武统，英买 32 井，5409.10m，×10，铸体片，单偏光

洞穴体系是潜山岩溶储层最主要的储集空间，但由于白云岩与石灰岩岩性上的差异，不可能像石灰岩潜山那样发育大规模的洞穴系统，所以，牙哈—英买力地区白云岩中的洞穴体系比轮南奥陶系石灰岩潜山的规模要小得多，洞穴高度为 1 ~ 2m（牙哈 7X–1 井最高 8m），多数位于潜山面之下 0 ~ 100m 范围内（英买 35 井最深达 180m），并且多被碎屑、泥质充填—半充填。

根据孔、洞、缝的组合特征，牙哈—英买力地区白云岩风化壳储层可划分为孔洞型、裂缝型、裂缝—孔洞型和洞穴型四类，洞穴发育区以裂缝—洞穴型为主，围岩发育区以裂缝—孔洞型为主。

（1）裂缝—洞穴型储层：洞穴主要发育在英买力潜山构造区及牙哈潜山构造区，展布面积分别为 1093km^2 和 980km^2。如英买 4 井 5088.0 ~ 5102.0m，5123.0 ~ 5126.0m，5127.8 ~ 5133.3m，5215.9 ~ 5233.9m 放空分别为 14m，3m，3.5m，18m，距不整合面深度 50 ~ 180m，英买 321 井 5337.00 ~ 5384.00m 发育多层大型洞穴，英买 35 井及牙哈 7X–1 井发育高达 8m 的洞穴。另红旗 2 井 5505.0 ~ 5510.28m 放空 5.28m，玉东 2 井 4949.0 ~ 4956.9m 和 5025.9 ~ 5042.0m 放空分别为 7.9m 和 16.15m。洞穴充填物有陆源碎屑、碳酸盐岩垮塌角砾及亮晶方解石岩屑，充填或半充填，受热液改造强烈。

（2）裂缝—孔洞型储层：主要发育在围岩区，在英买力潜山构造区以埋藏成因的中—粗晶白云岩为主，残留部分颗粒结构，在牙哈潜山构造区既有埋藏成因的中粗晶白云岩，又有鲕粒白云岩。孔隙类型有铸模孔、粒间（溶）孔、晶间（溶）孔。

（四）储层物性

前已述及，由于强烈的非均质性，直径 2cm 的岩心塞不能代表缝洞型储层的物性特征，但能代表围岩多孔白云岩储层的物性特征。

岩心观察揭示孔洞发育段的面洞率一般在 3% ～ 12% 之间，并与储层的测井解释成果相吻合。据英买力地区寒武系 50 个样品的物性统计：基质孔隙度 0.29% ～ 11.36%，平均 2.51%，其中，有 50% 样品的孔隙度大于 1.5%；实测渗透率 0.009 ～ 57.6mD，平均 4.04mD（图 4–35A，B）。据牙哈地区中寒武统 251 个样品的物性统计：有 37.85% 样品的孔隙度分布在 0 ～ 1.5% 之间，有 43.03% 样品的孔隙度分布在 1.5% ～ 4.5% 之间，孔隙度大于 4.5% 的样品占 19.12%；实测渗透率分布范围在 0.00098 ～ 300.2mD 之间，变化范围较大，平均渗透率为 3.037mD，在 251 个样品中，渗透率小于 0.01mD 的样品占样品总数的 12.62%，渗透率在 0.01 ～ 0.1mD 的样品占样品总数 27.57%，渗透率大于 0.1mD 的样品占总样品数的 59.81%（图 4–35C，D）。物性分析结果揭示白云岩风化壳储层围岩基质孔的物性总体较好。

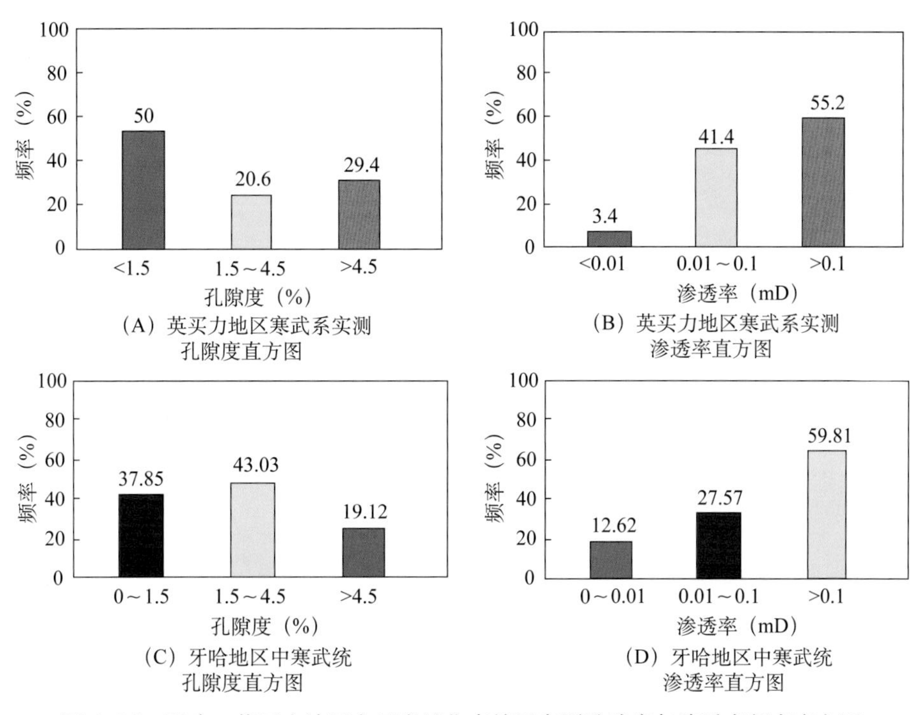

图 4–35　牙哈—英买力地区白云岩风化壳储层实测孔隙度与渗透率频率直方图

据牙哈—英买力地区 6 个样品的压汞分析，平均孔隙度为 6.92%，渗透率为 0.15mD，中值半径平均只有 0.036 μm，结构系数平均为 8.83，歪度系数为 3.18，属细歪度。从这 6 个样品的毛细管压力曲线形态特征分析，白云岩风化壳储层的毛细管压力曲线形态可分为大孔中喉型（图 4–36A）、中细孔细喉型（图 4–36B）、细孔细喉型（图 4–36C）三种类型，所反映的总体孔隙结构特征是：(1) 储集空间以中小型溶洞和溶缝为主；(2) 孔隙结构特征表现为中小型溶洞和细小的晶间孔、晶间溶孔并存，孔隙分选性差；(3) 大孔和溶洞之间主要靠裂缝沟通；(4) 基质小孔、微孔之间的喉道细小，主要靠微缝沟通；(5) 储集岩的裂缝发育。

这给我们一个启示：白云岩风化壳储层不但有缝洞系统，而且缝洞系统之间的围岩为多孔的白云岩储层；而石灰岩潜山岩溶储层的围岩往往为致密石灰岩，故白云岩风化壳储层的物性整体上要比石灰岩潜山岩溶储层好，虽然缝洞不如石灰岩潜山岩溶储层发育，但围岩基质孔发育，相对均质，是更为优质的储层。

（五）储层地震响应特征

由于白云岩与石灰岩岩性上的差异，白云岩风化壳储层的洞穴虽然没有石灰岩潜山岩溶储层发育，但也具有石灰岩潜山洞穴的特征。

根据英买 32 井区连井波阻抗剖面可以看出白云岩风化壳储层具强反射和层状分布的特征（图 4–37），垂直渗流带和水平潜流带孔洞发育，以水平潜流带为主，岩溶带的分布与不整合面的形态没有明显的相关性。

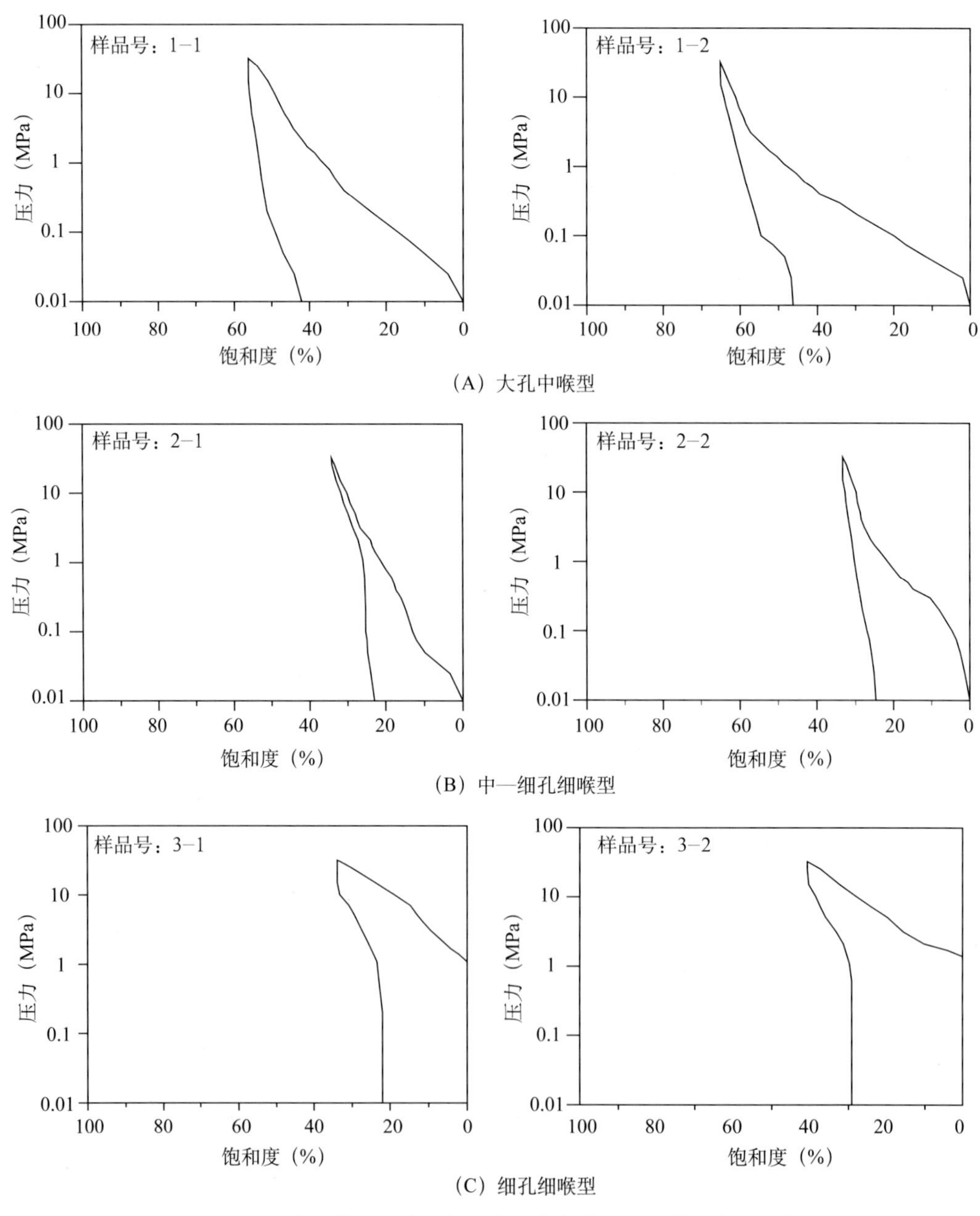

图 4–36　牙哈—英买力地区白云岩风化壳储层压汞曲线类型及特征

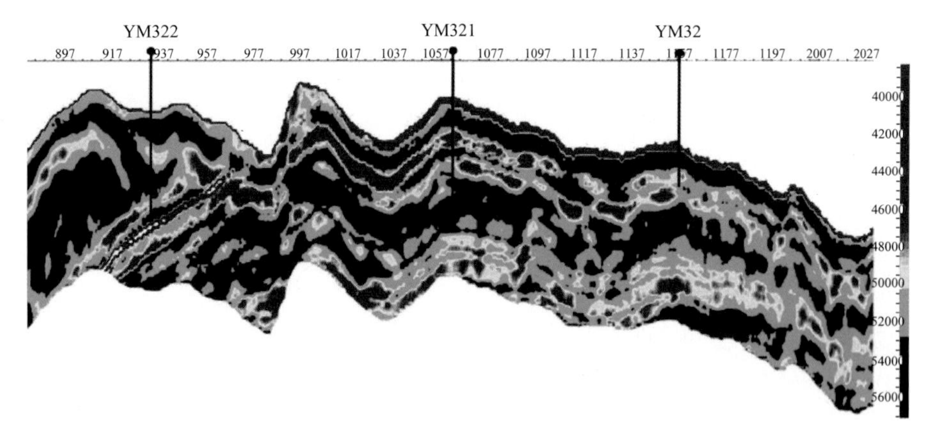

图 4–37　英买 32 井区波阻抗剖面图（据潘文庆）

（六）储层成因

牙哈—英买力潜山构造带白云岩风化壳储层成因可总结为以下五个方面（图 4–38）：(1) 古隆起背景为白云岩风化壳储层的发育提供了地质背景；(2) 潮湿气候条件下白云岩地层的抬升和长期风化剥蚀是缝洞发育的关键，牙哈—英买力潜山构造带寒武系潜山直接被侏罗—白垩系陆相碎屑岩覆盖，代表了长期的抬升和风化剥蚀史；(3) 构成缝洞围岩的先期发育的多孔白云岩是白云岩风化壳储层的重要组成部分，如前所述，英买力潜山构造区以埋藏成因的中粗晶白云岩为主，牙哈潜山构造区既有埋藏成因的中粗晶白云岩，又有鲕粒白云岩，铸模孔、粒间（溶）孔、晶间（溶）孔发育，这给我们一个启示，白云岩内幕区同样发育多孔白云岩储层，勘探领域可以由潜山构造向内幕区拓展；(4) 发育的断裂和裂缝系统为潜山岩溶作用提供了成岩介质通道，白云岩虽然不可能像石灰岩那样易于受表生岩溶作用的影响而发育大规模的缝洞系统，但缝洞的发育更离不开发育的断裂和裂缝系统；(5) 洞穴埋藏后的垮塌作用及热液作用可以形成新的溶蚀孔洞及洞穴等，是对白云岩风化壳储层储集空间的重要补充，岩心和薄片观察揭示，牙哈—英买力潜山构造带热液活动强烈。

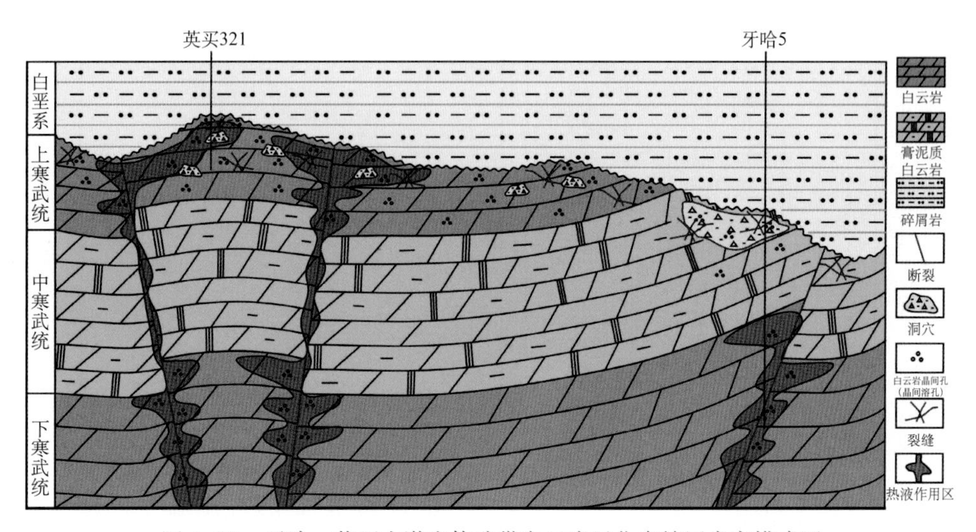

图 4–38　牙哈—英买力潜山构造带白云岩风化壳储层发育模式图

综上所述，表生期大气淡水溶蚀作用形成洞穴系统及埋藏期埋藏溶蚀作用和热液溶蚀作用对洞穴充填物及早期形成的孔洞进行改造是塔里木盆地牙哈—英买力地区白云岩风化壳储层发育的主控因素。在表生成岩环境，大气淡水溶蚀形成洞穴和陆源碎屑充填洞穴作用（为埋藏溶蚀作用奠定物质基础）是主要的建设性成岩作用；在埋藏成岩环境，由于断层和裂缝为流体的运移提供通道，故埋藏溶蚀和热液溶蚀作用是主要的建设性成岩作用。缝洞体系与多孔的围岩白云岩共同构成白云岩风化壳储层，印支—燕山期是白云岩风化壳储层发育的关键时期。

二、龙岗地区雷口坡组四段

四川盆地川中龙岗地区雷口坡组自2008年龙岗22井获工业气流至今累计获气井10口，产气层主要为雷口坡组四段（以下简称雷四段）三亚段（图4–39）。近两年的储层研究表明，雷四段三亚段储层类型主要为白云岩风化壳储层，其缝洞系统虽然不如石灰岩潜山岩溶储层发育，但围岩是多孔的白云岩，同样可以形成似层状规模分布的储层，储层区域分布稳定，展布面积大，分布可预测，是非常重要的勘探领域。

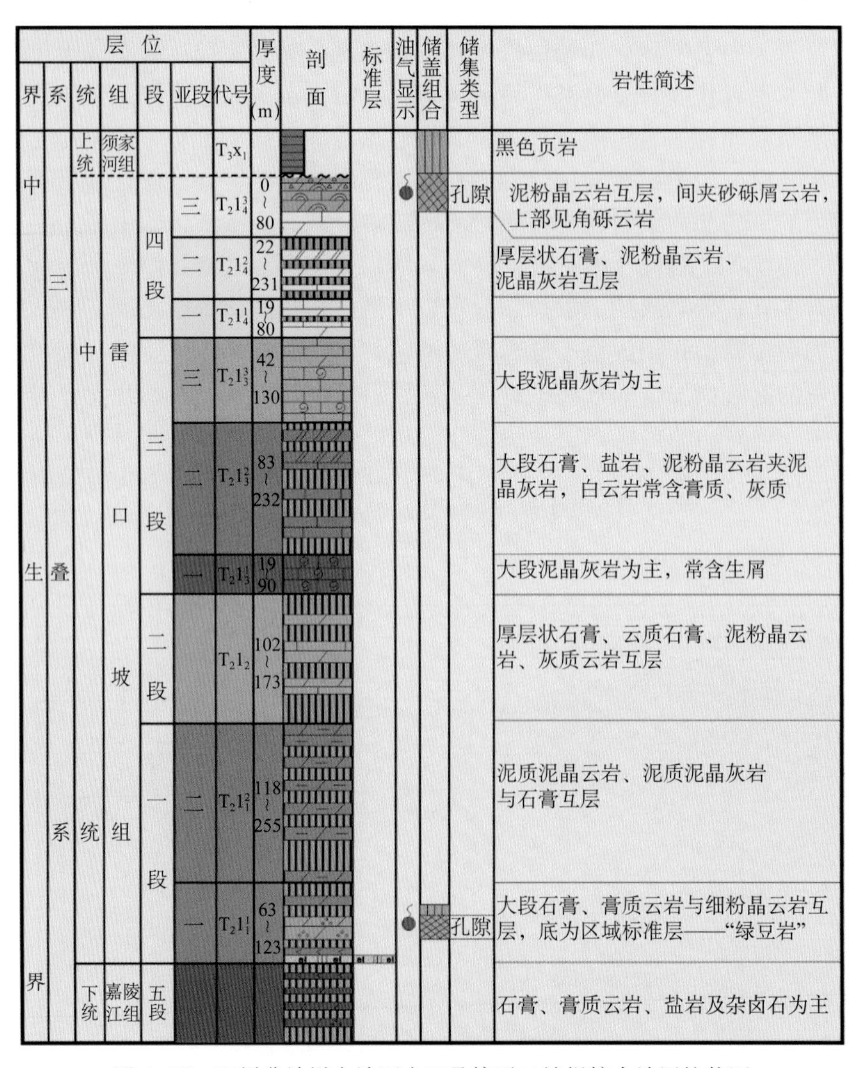

图4–39　四川盆地川中地区中三叠统雷口坡组综合地层柱状图

（一）地质背景

1. 古构造背景

受印支运动早幕影响，位于上扬子克拉通地块的四川盆地上三叠统沉积前表现为由东南向西北呈低缓坡度倾斜的古地貌格局，川中龙岗地区位于岩溶斜坡带。盆地内部雷口坡组普遍遭受剥蚀，古地貌高处剥蚀较强烈，龙岗地区雷四段三亚段保存较好（图4–40）。盆地内部雷口坡组与上覆须家河组陆相碎屑岩地层之间呈微角度—平行不整合接触，代表3～5Ma中短期的地层剥蚀和夷平，雷口坡组垂直抬升和剥蚀过程中产生的裂缝系统为大气淡水提供了淋滤通道。

2. 沉积背景

四川盆地中三叠世雷四段三亚段沉积时期由于周边古隆起以及盆地内部泸州、开江水下古隆起障壁作用导致盆地内部海水与外海交流不顺畅，盆地主体表现为干旱气候条件下古盐度较高的蒸发台地沉积，广泛发育白云岩、膏盐层（图4–39），萨布哈及渗透回流白云岩又为雷四段顶部三亚段白云岩风化壳储层的发育提供了物质基础。

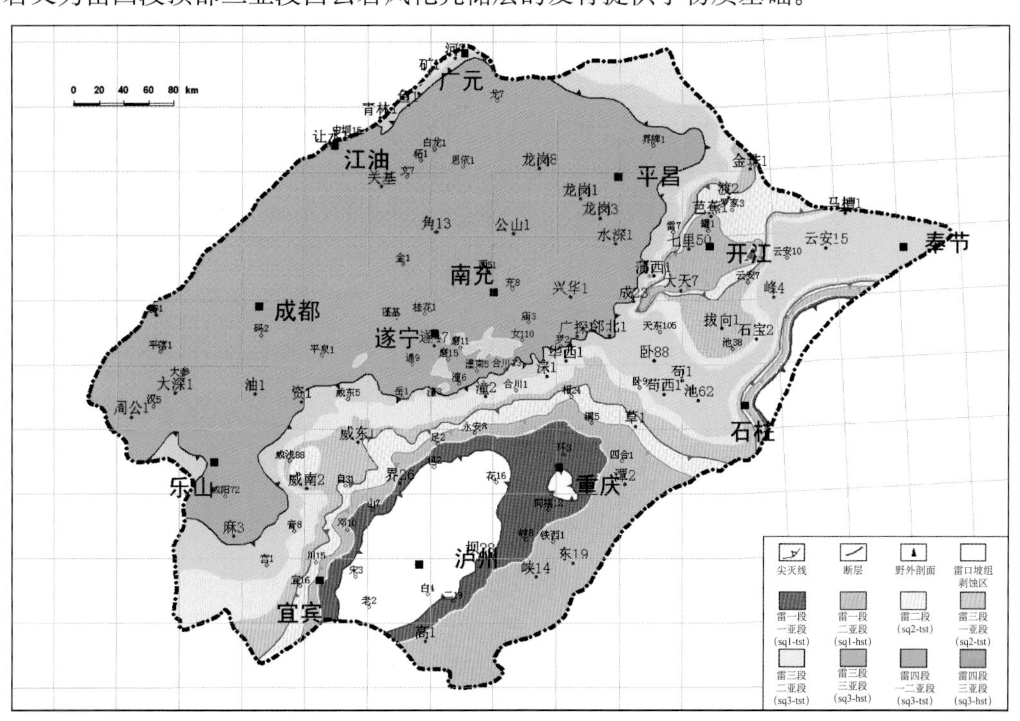

图4–40　四川盆地晚三叠世沉积前古地质图

（二）储层岩性

露头、岩心及薄片观察等研究表明，龙岗地区雷四段三亚段岩性可分为两段，下段为角砾状碳酸盐岩，上段为一套靠近雷四段顶部风化壳的多孔的颗粒云岩、细粉晶云岩，颗粒成分有各种生屑、砂屑、鲕粒，尤以砂屑最富集（图4–41）。

（三）储集空间

宏观储集空间以岩心级别的针状溶孔、裂缝为主（图4–42A），溶沟、溶洞、溶缝基本被充填。微观储集空间类型以粒间、粒内溶孔（图4–42B，C）、晶间孔、晶间溶孔（图4–42D）为主，少量膏溶孔（图4–43）。

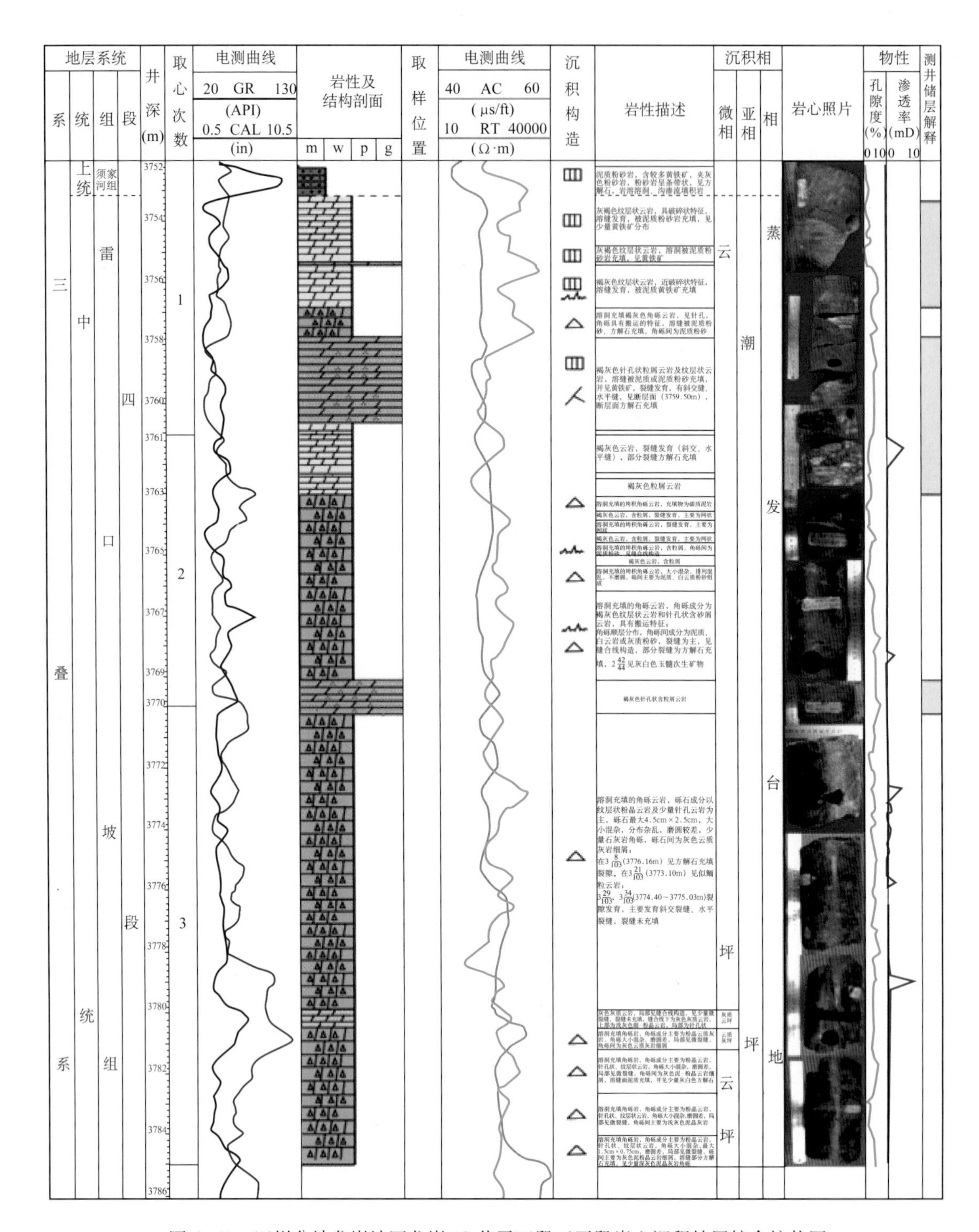

图 4–41　四川盆地龙岗地区龙岗 19 井雷四段三亚段岩心沉积储层综合柱状图

裂缝的发育对改善储层性能有重要影响。本区主要存在非构造裂缝和构造裂缝两大类型。非构造裂缝主要指溶蚀缝和成岩缝两种类型，溶蚀缝较弯曲，缝较窄，大多被强烈充填；成岩缝主要为锯齿状缝合线，大多被充填。构造裂缝主要包括与岩石破裂相关的破裂缝（随着下伏石膏岩层的溶解，对其上覆岩层而言，起了卸荷失托作用，因而沿层面或平行层面破裂，发育了一系列卸荷裂隙）和与断层相关的裂缝，破裂缝通常表现为低角度裂缝或网状缝，缝较直，宽度较小（1 ~ 3mm），大部分未充填（图 4–42E）；与断层相关的裂缝常表现为高角度裂缝，缝直，宽度较大（2 ~ 30mm），被方解石充填或半充填（图 4–42F）。这些未充填或半充填的裂缝，大大改善了储层的储渗能力。

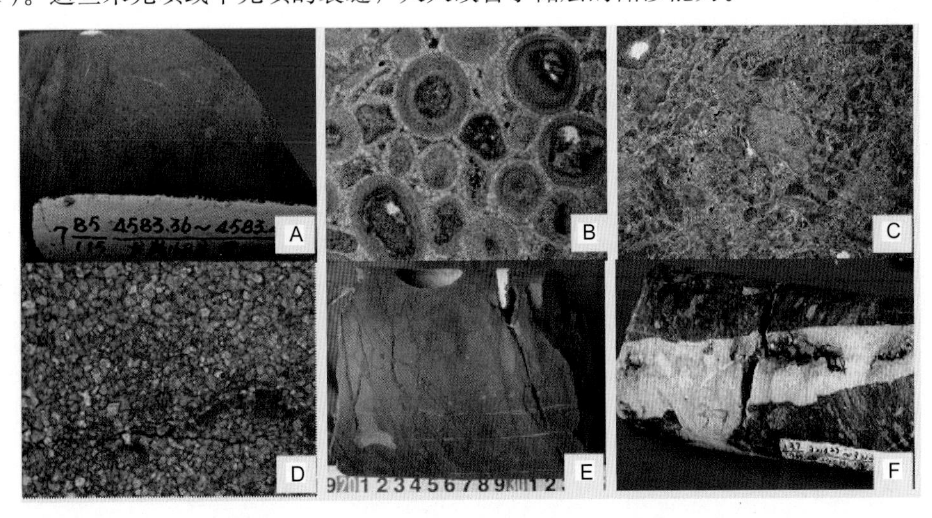

图 4–42 龙岗地区雷四段三亚段岩心储层特征

（A）浅灰色鲕粒云岩，针状溶孔发育，龙岗 168 井，4583.36 ~ 4583.43m，岩心；（B）鲕粒云岩，粒间、粒内溶孔，龙岗 168 井，4583.22m，×10，铸体片，单偏光；（C）藻粘结砂屑云岩，龙岗 19 井，3760.03m，×10，铸体片，单偏光；（D）粉晶云岩，晶间溶孔，裂缝，营山 107 井，3064.93m，×10，铸体片，单偏光；（E）浅灰黄色破裂状云岩，低角度、网状裂缝发育，龙岗 160 井，3710.08 ~ 3710.25m，岩心；（F）与构造和断层有关的高角度裂缝，方解石半充填，营 24–S 井，3214.23 ~ 3214.42m，岩心

（四）储层物性

储层物性表现为低孔中渗特征，基质孔隙度较低，孔隙度主要分布在 1% ~ 5% 之间，最大孔隙度 9.9%，平均孔隙度 3.22%，孔隙度大于 3% 的占 50.2%，渗透率较高（大于 0.1mD 的样品占 41%），总体属低孔中渗的裂缝—孔隙型储层（图 4–44A，B）。颗粒云岩储层以管状喉道和缩颈喉道为主，粉晶云岩及泥粉晶云岩储层以片状喉道为主，属于小孔细喉孔喉组合类型（图 4–45A，B）；毛细管压力曲线表明：不含角砾的储层孔喉组合连通性明显好于含角砾的储层，不含角砾的储层排驱压力较小，孔喉半径较大（图 4–46）。

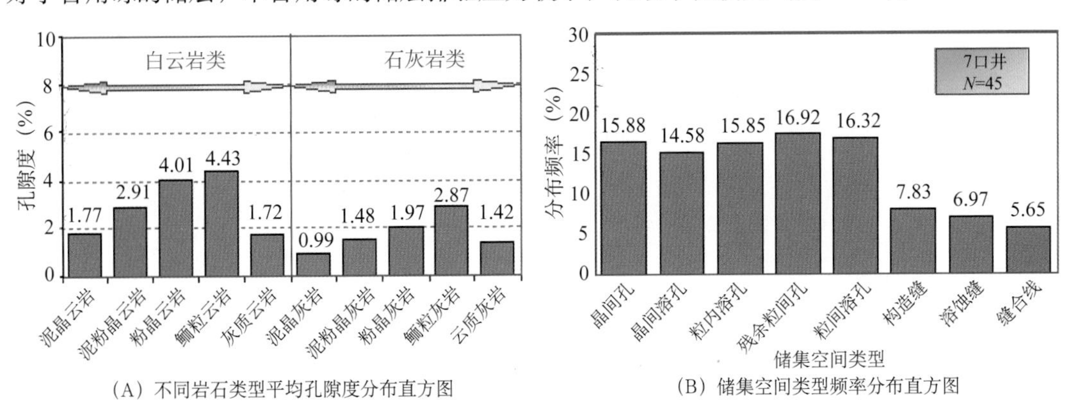

（A）不同岩石类型平均孔隙度分布直方图　（B）储集空间类型频率分布直方图

图 4–43 龙岗地区雷四段三亚段储集空间特征

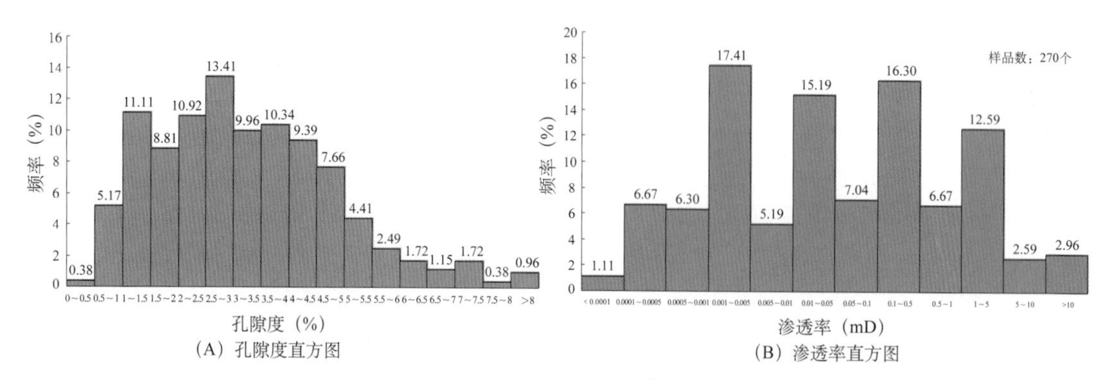

（A）孔隙度直方图　　（B）渗透率直方图

图 4–44　四川盆地龙岗地区雷四段三亚段储层段岩心物性特征

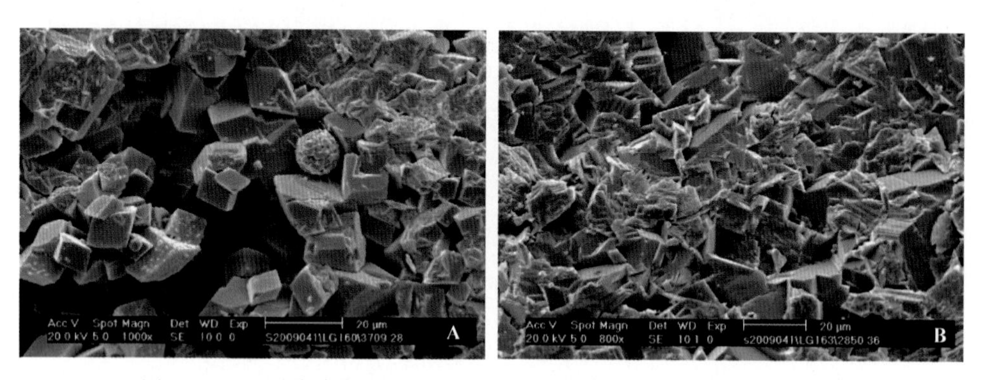

图 4–45　四川盆地龙岗地区雷四段三亚段储层取心样品孔喉结构特征

（A）粉晶云岩，片状喉道连通孔隙，龙岗 160 井，3709.28m，扫描电镜；（B）泥晶云岩，微孔微喉型，龙岗 163 井，2850.36m，扫描电镜

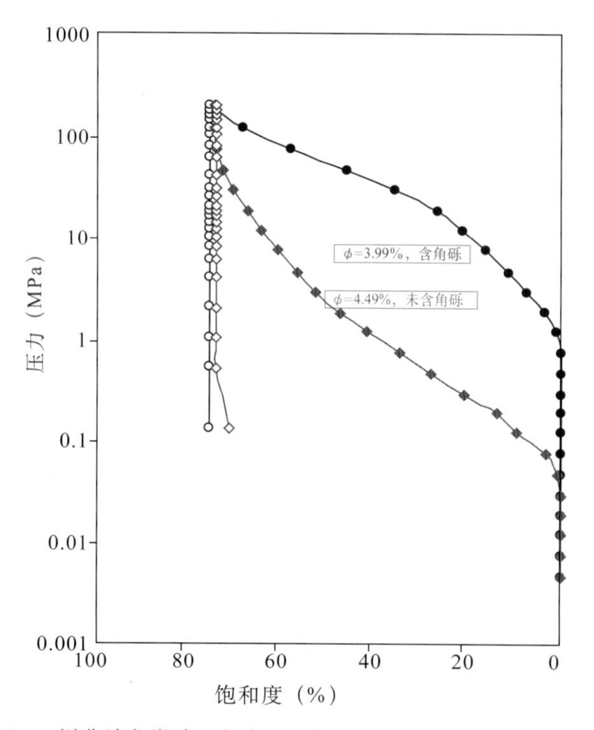

图 4–46　四川盆地龙岗地区龙岗 19 井雷四段三亚段岩心毛细管压力曲线图

（五）储层测井和地震响应特征

储层在电测曲线上表现为高中子、相对低伽马、低声速的特点（图 4–47A），成像测井图像上低角度裂缝发育（图 4–47B）。储层在地震上的反射特征为中—低连续、相对弱振幅，为本区较高阻抗的白云岩（或石灰岩）与上覆低阻抗的碎屑岩界面产生的反射特征。同时，如果白云岩含气会使地层阻抗降低，与上覆地层的阻抗差异变小，相对弱振幅的反射特征更加突出（图 4–47C）。

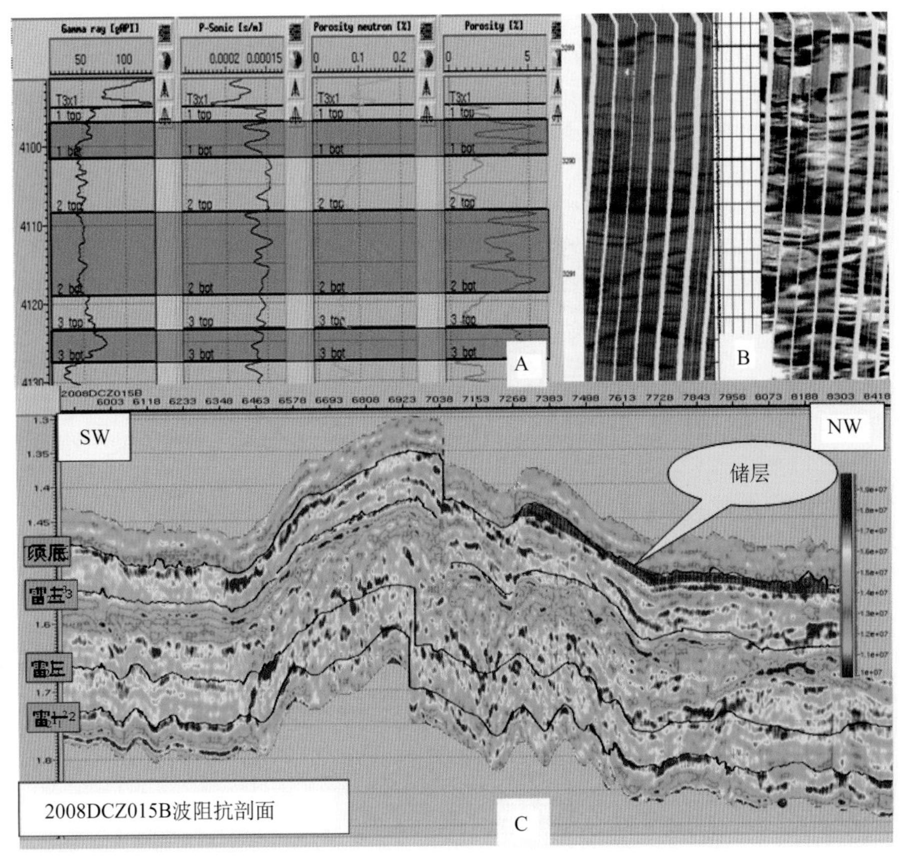

图 4–47　四川盆地龙岗地区雷四段三亚段储层测井和地震响应特征

（A）龙岗 001–3 井储层电测曲线特征；（B）龙岗 173 井储层段成像特征；（C）储层地震响应特征

（六）储层成因

四川盆地龙岗地区雷四段三亚段白云岩风化壳储层成因可总结为以下三个方面。

（1）雷口坡组沉积末期的构造抬升和地层剥蚀为中短期的喀斯特岩溶作用和白云岩风化壳储层的发育提供了地质背景。

（2）干旱气候条件下白云石化形成的蒸发台地浅滩相颗粒云岩及云坪相膏云岩为白云岩风化壳储层的发育提供了物质基础，对储层的建设性作用包括：①白云石化产生大量晶间孔并为可溶流体进入提供通道，从而增强其可溶性；②白云岩岩溶形态以蜂窝状溶孔、小溶洞为主，较容易保存；③颗粒、细粉晶碳酸盐岩由于经常暴露和接受大气淡水溶蚀改造，粒间、粒内溶孔相对发育。

（3）岩溶作用是储层发育的关键因素，对储层既有建设性又有破坏性作用：①溶蚀作用对先期孔隙层的优化，由于雷口坡组顶部风化剥蚀时间较短导致该套储层溶蚀时间短、溶蚀作用弱、溶蚀范围小；②风化剥蚀作用导致地层厚度减薄，其上部储层段相应变薄；③石膏夹层的存在及其膏溶作用对区内储层发育有很大影响，膏溶特征表现为边溶蚀边垮塌，横向上延伸范围较广，垂向上可形成较深的垮塌。膏溶作用一般形成三个带：下部角砾岩带、中部破碎岩带及上部裂缝密集带。角砾岩带主要发育棱角状和较磨圆状两种类型角砾，由于中三叠世末期—晚三叠世早期潮湿古气候以及自东南向西北的古水流方向为川中龙岗地区提供了丰富的机械岩溶充填物，岩溶充填作用较强，导致溶沟、溶洞、溶缝、砾间孔多被上覆须家河组底部细粒充填物（黏土矿物、泥质粉砂等）及本身碳酸盐岩岩屑等机械充填物及少量黄铁矿等化学沉淀物充填，角砾间孔隙不连通，致使角砾岩带储层非均质性增强；破碎岩带及裂缝密集带白云岩则呈破裂状，低角度或网状裂缝发育，其储层储集性能得到改善（图4—48）。

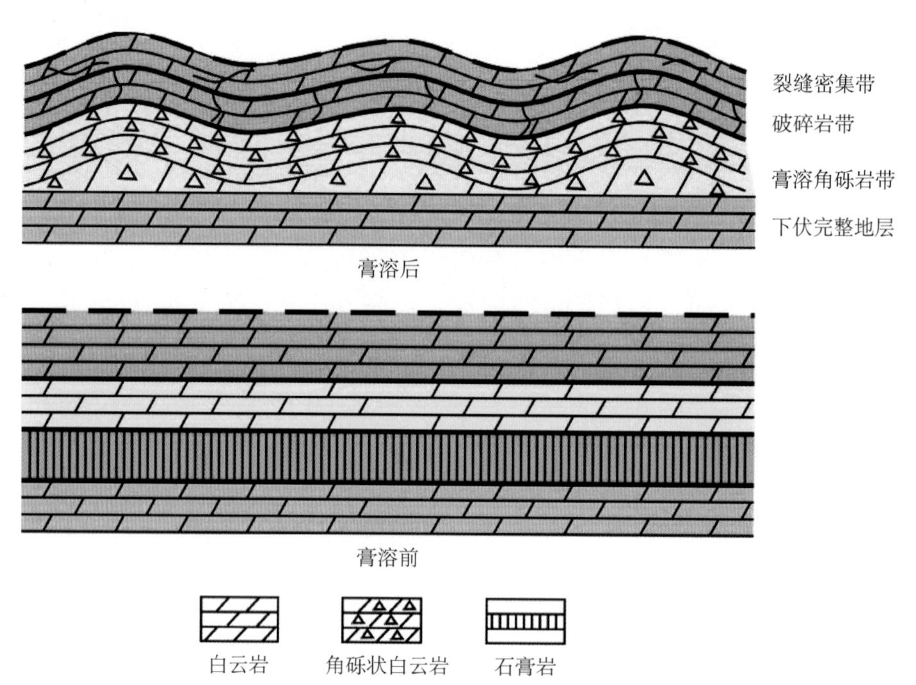

图4—48　四川盆地龙岗地区雷四段三亚段膏溶作用及膏溶角砾岩发育模式图

该套储层区域上具有以下三个方面特征：

（1）较大面积准层状稳定分布，储层层数多，单层厚度薄（一般1～8m）；

（2）除充填—半充填的岩溶缝洞外，缝洞的围岩为沉积型白云岩储层，前者非均质性强，后者相对均质；

（3）具有一定的相控性，受风化壳残余储层厚度、沉积相以及岩溶古地貌共同控制。

三、靖边地区马家沟组五段

鄂尔多斯盆地中东部，即中央古隆起以东的广阔地区，包括靖边气田和东部盐洼的盐上等，在峰峰组和马家沟组顶部（马六段和马五段第1—3层）广泛发育白云岩风化壳储层。其西起中央古隆起东缘、东达黄河以东的山西境内，北自伊盟隆起、南至渭北隆起，为鄂尔多斯盆地主体之所在，面积近$8\times10^4km^2$，约占盆地总面积的1/3。

（一）储层岩性与岩溶分布

不同于古隆起西缘，广阔中东部地区马家沟组碳酸盐岩中夹有蒸发盐（硬石膏和岩盐）层或含有蒸发盐矿物（硬石膏和石膏结核、石膏和石盐晶体）（图 4–49）。

北庵庄组、马家沟组和峰峰组自下而上划分为马一至马六段共 6 个岩性段，但顶部马六段基本被剥缺，马五段顶部亦残缺不全。马五段自上而下又细分为马五$_1$至马五$_{10}$共 10 个小层，马五$_1$—马五$_4$的膏云坪含石膏结核、斑点的孔洞型粉晶白云岩构成了主要勘探目的层和靖边气田的储产层。其中以马五$_1$最为重要，白云岩单层厚 3 ~ 5m，储层连片稳定分布，气层平均有效厚度 2.40m，面积达 $4\times10^4km^2$。

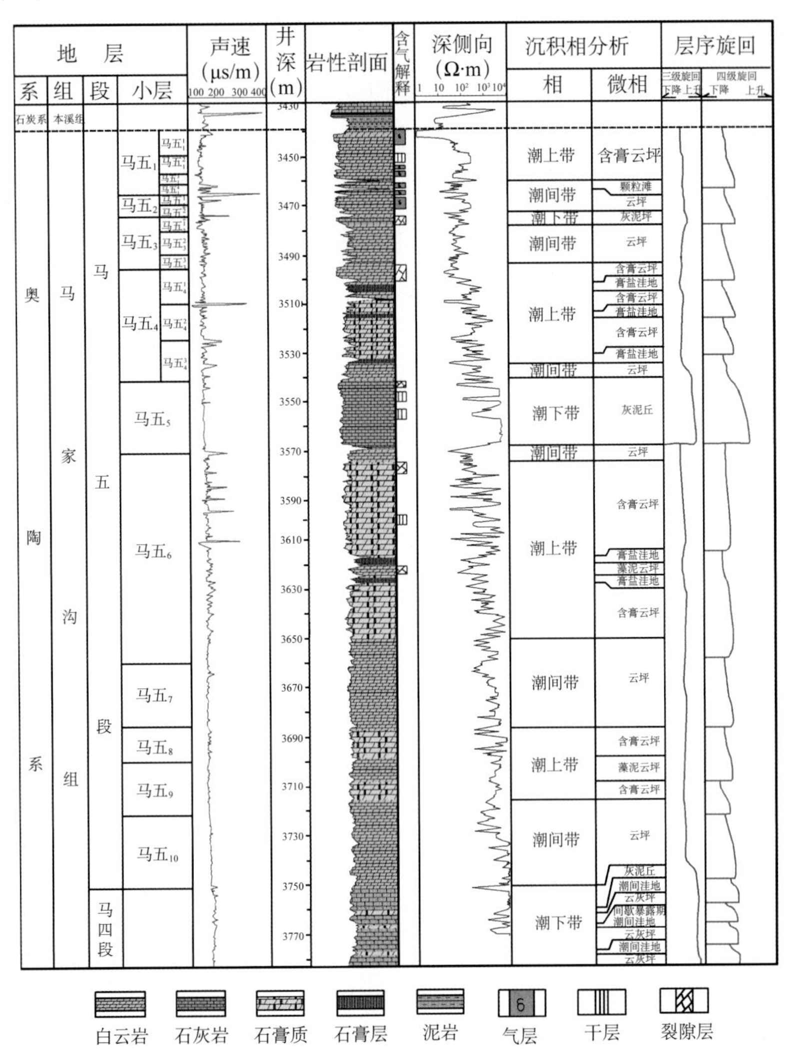

图 4–49　盆地中东部陕参 1 井马五段沉积相序演化柱状图

马五段岩性以云质灰岩、灰质微粉晶白云岩、砂（砾）屑白云岩、泥质膏质白云岩与硬石膏岩、盐岩互层为特征，水平纹理极为发育，属于典型的碳酸盐岩—蒸发岩沉积序列，主体为一套蒸发潮坪环境的含膏云坪与藻灰泥云坪微相。而且白云岩中普遍含有硬石膏、石膏结核和石盐晶体。由于这一特殊的岩石类型组合和特殊的沉积微相，其岩溶储层发育特征不同于中央古隆起西缘天环坳陷北段及塔里木盆地。

白云岩风化壳储层主要分布在马五$_5$石灰岩以上白云岩地层中，马五$_5$以上（马五$_1$—马五$_4$）各小层的岩性与沉积相特征如表 4–5 所列。

表 4–5　盆地中东部马五段岩性与沉积相特征

段	层	岩性与沉积相特征
马家沟组五段	马五$_1$	主要形成于潮间—潮上带的颗粒滩、含膏云坪、泥云坪环境，纵向上自身构成一个高频层序旋回。其中，自上而下，马五$_1^1$、马五$_1^2$、马五$_1^3$的含膏白云岩（形成于含膏云坪微相）遭受膏（硬石膏、石膏）溶作用，形成有效的膏溶孔型白云岩储层；在局部地区，马五$_1^4$的滩相颗粒灰岩发生白云石化，形成细晶结构的晶间孔型白云岩储层
	马五$_2$	主要形成于潮间带的云坪、泥云坪等环境，局部也发育含膏云坪。在纵向上，下与马五$_3$上部一起构成一个高频层序旋回。该地层以富含均匀散布的膏盐（硬石膏、石膏）矿物为特征，但膏、云质缺乏层状分异。由于表生溶蚀—充填作用常形成方解石质的膏盐矿物假晶，也可在局部发育为有效的膏模孔型白云岩储层
	马五$_3$	形成于潮下—潮间带的灰泥坪、云坪等环境，古地貌低部位也发育膏盐洼地。在纵向上，下与马五$_4$上部、上与马五$_2$一起构成两个主要的高频层序旋回。该地层由于膏盐矿物含量较少或由于膏质集中成层分布（膏岩、云岩分异良好），在风化壳期淋溶塌陷后多呈角砾状构造，岩性较为致密，较少发育为有效储层
	马五$_4$	主要形成于潮间—潮上带的含膏云坪、云坪、膏盐洼地等环境。在纵向上，下与马五$_5$、上与马五$_3$的下部一起构成四个主要的高频层序旋回。其中，最上部层序恰好位于晚加里东—早海西期岩溶风化壳的风化淋滤深度带的下限附近，在马五$_4^1$含膏白云岩中发生膏溶作用，形成有效的硬石膏结核铸模孔（核模孔）型白云岩储层

（二）储集空间与储层发育特征

在马五段，硬石膏铸模孔构成了孔洞层，其成因主要为同生期大气淡水溶蚀作用，并被晚加里东—早海西期岩溶作用所叠加改造。孔洞层以硬石膏结核铸模孔、斑点溶蚀孔洞为主，形态呈圆形、椭圆形、半圆形、新月形及哑铃状、不规则状；孔洞半径为 0.5 ~ 2mm，大的可达 3 ~ 4mm，最大的达 30 ~ 40mm；除部分未充填外，大部分被渗流粉砂（白云石及方解石、次生硬石膏和自生石英等）半充填，故示底构造明显。此外，还见白云石晶间孔、晶间溶孔、膏（盐）模孔、膏（盐）模溶扩孔、粒内溶孔、溶洞崩塌角砾间溶蚀孔洞和裂缝溶扩孔洞等（图 4–50）。

奥陶纪末至中石炭世本溪组沉积之前的晚加里东—早海西运动，使鄂尔多斯盆地整体抬升，遭受了长达 150Ma 的风化剥蚀，从而使鄂尔多斯盆地形成广泛分布的岩溶储层。在中东部地区，岩溶带总体上厚约 30 ~ 80m，可划分出地表岩溶残积带、垂直渗流岩溶带和水平潜流岩溶带等。其中，地表岩溶残积带厚 0.5 ~ 5m，以铁铝质泥岩为主，上部为灰绿色、棕红色、灰黄色泥质岩及黏土，下部为黑褐色角砾状铁铝质泥岩、岩溶角砾岩、褐铁矿和黄铁矿，底部侵蚀面凹凸不平；垂直渗流岩溶带厚 10 ~ 25m，分布于马五$_1^1$—马五$_2^1$顶部，大气淡水径流沿裂缝垂直高速向下渗流溶蚀，形成以垂向形态为特征的溶蚀孔洞，并多被泥质、粉砂质、淡水方解石及黄铁矿等充填—半充填，储集物性相对较低，孔隙度通常为 1.67% ~ 3.28%，渗透率为 1 ~ 2.42mD，最高达 3mD，形成以裂缝型和孔洞—裂缝型为主的储层段；水平潜流岩溶带分布于马五$_2^1$中部—马五$_3^1$，因岩溶水受压力梯度控制并沿水平方向流动而形成层流，在潜水面附近，不饱和的地下岩溶水流动交替活跃，水平状岩溶发育。同时，还由于硬石膏（结核）、斑点及盐类等易溶矿物的强烈溶蚀而形成富含 SO_4^{2-} 的地下水，更加强了对碳酸盐岩的岩溶作用。由此，导致含硬石膏结核的粉晶白云岩被选择性和非选择性地强烈溶蚀，形成三套水平状、蜂窝状溶蚀孔洞层，其间为致密泥质微晶白云岩所分隔。这些孔洞层，被垂直及高角度裂缝、网纹状碎裂缝、角砾缝、微裂缝、压溶缝、层间缝所叠加改造，形成以裂缝—溶蚀孔洞为主的储集体及洞缝相连的储渗体系，其面孔率达 15% ～ 25%。其中，马五$_1^3$孔隙度为 3.2% ～ 9.2%，渗透率为 0.01 ～ 82.2mD，以 4.21 ～ 40.6mD 为主，厚 5 ～ 13m，构成马五$_1$最重要的天然气储层段。

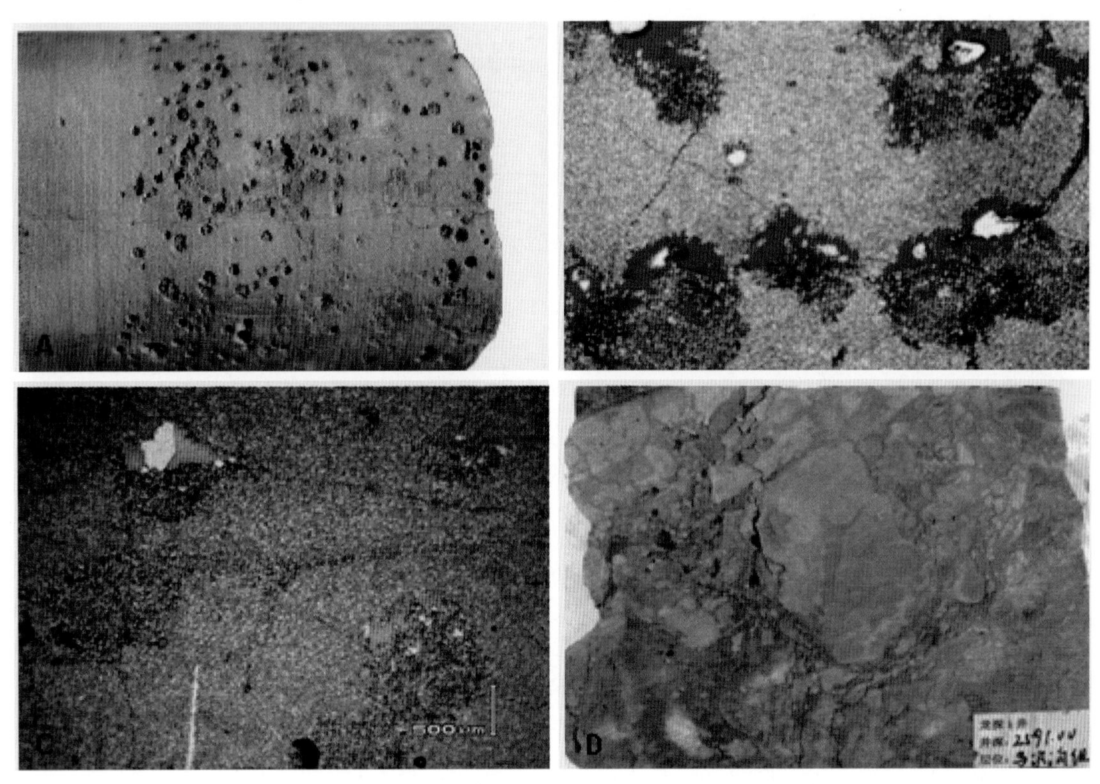

图 4—50　鄂尔多斯盆地中东部马家沟组白云岩风化壳储层储集空间类型

（A）同生期大气淡水溶蚀作用形成的硬石膏铸模孔，陕 163 井，马五$_{1+2}$，7—56 / 76，岩心；（B）泥粉晶白云岩，后期发育的微裂隙沟通了早期的硬石膏铸模孔，陕 12 井，马五$_1^3$，×10，铸体片，单偏光；（C）泥粉晶白云岩，后期发育的微裂隙沟通了早期的硬石膏铸模孔，榆 32 井，马五$_1^3$，3125.82m，×10，铸体片，单偏光；（D）马五$_2$溶积角砾灰岩及其中的残余砾（粒）间孔、砾间缝，以及同生期形成的硬石膏铸模孔（左上角砾屑中），龙探 1 井，第 6 筒心

总之，盆地中东部马五段碳酸盐岩—蒸发岩遭受了同生期大气淡水溶蚀作用、晚加里东—早海西期岩溶作用以及构造断裂作用和溶洞塌陷所导致的重力裂缝作用，从而构成硬石膏铸模孔与溶蚀孔洞和裂缝“三位一体”的储集体。与塔里木盆地经典岩溶储层相比较，储层均质性要好得多。这种孔洞缝“三位一体”的储集体，以马五$_4^1$硬石膏作为底界（区域性隔水层），在靖边地区多发育在不整合面以下 60 ～ 80m 范围内，在盆地东部地区则多在 30 ～ 50m 之间；在平面上，以岩溶斜坡的峰林区最发育，其次是岩溶盆地的残丘区。之所以如此，原因是岩溶斜坡的谷地、洼地区，特别是岩溶盆地的低洼地区，因方解石等的强烈充填而破坏了这类储集体的储集物性。该类储层的成岩—孔隙演化史如图 4—51 所示。

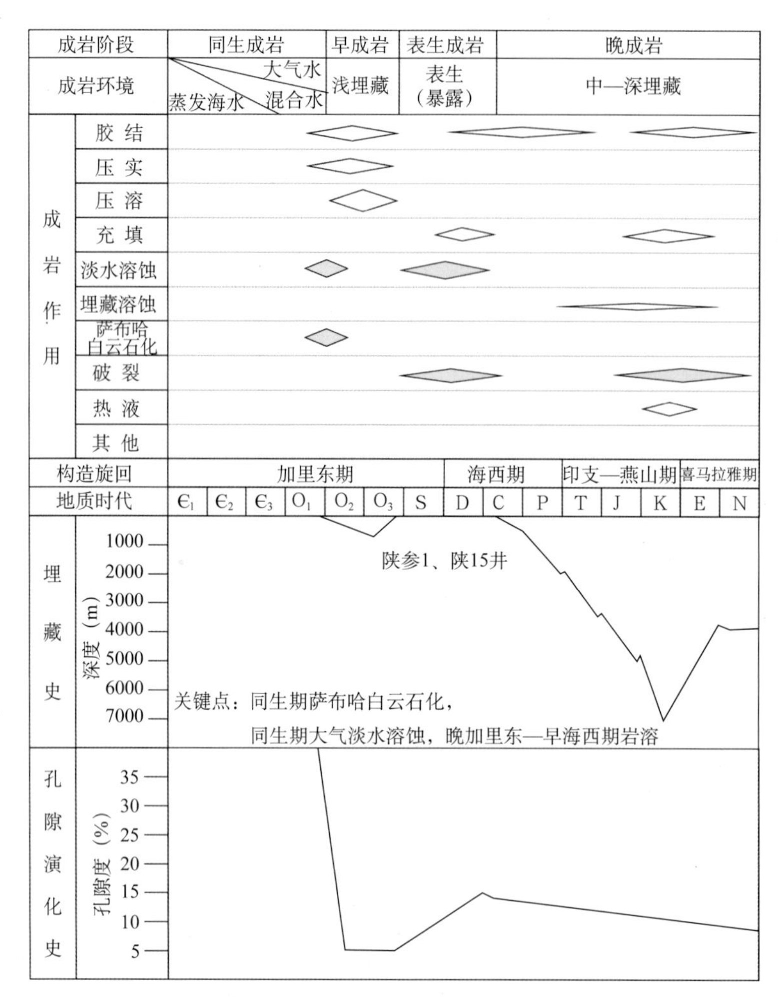

图 4–51 鄂尔多斯盆地靖边气田马家沟组五段白云岩风化壳储层成岩—孔隙演化史图

（三）储层发育主控因素与模式

盆地中东部马五段白云岩风化壳储层发育主控因素集中体现在受沉积相控制的岩石类型和同生期、表生期大气淡水的溶蚀改造上，岩溶地貌控制了孔隙层段溶孔发育的程度，海西期埋藏充填作用对储层的发育有一定的影响。

（1）受沉积相带控制的含膏沉积为储层发育奠定了物质基础，同生期及表生期大气淡水溶蚀是储层发育的关键。

盆地中东部马五段发育含膏云坪有利相带，为白云岩风化壳储层的形成奠定了物质基础。在马五段沉积时期，由于中央古隆起的阻隔，加之沉积期气候干热，盆地东部凹陷区为蒸发盐盆地，围绕盐盆发育含膏云坪相的含硬石膏（结核）的白云岩坪，从而为同生期大气淡水溶蚀作用和晚加里东—早海西期喀斯特岩溶作用奠定了物质基础。

靖边气田马五段沉积微相研究表明，发育有效储集空间的马五$_1^3$、马五$_4^1$等储层段主要形成于富含膏、盐等易溶矿物的（潮上）含膏云坪相带，而形成于潮间—潮下环境的泥粉晶白云岩，由于原始沉积物缺乏膏、盐等易溶矿物组分，故通常不发育孔隙。

纵向上，受控于相对海平面的周期性变化，沉积相在纵向上也表现出明显的韵律性，而易于成为有效储层的储集岩段，多位于短周期海平面波动旋回的顶部（即高频层序高位体系域，潮坪向上变浅序列的顶部）。此时，由于沉积作用的持续进行，水体渐趋变浅，局限程度增强，使海水浓缩而沉淀形成硬石膏、石膏和石盐晶体或结核，并较均匀地分布于泥粉晶结构的准同生白云岩基质中，从而为后期溶孔层段形成奠定了物质基础。

在横向上，即使是同期形成的蒸发岩层，由于沉积时所处古地理位置的差异，其沉积物特征也存在一定的变化。例如，在马五$_1^3$沉积时期，由盐洼向外依次发育了灰质云岩洼地、白云岩坪、含膏云坪、环陆泥云坪等相带。其中，含膏云坪相带又可根据膏、盐质矿物或结核的发育程度而进一步细分为内带、中带和外带三个亚带，其中以中带的膏质矿物、结核最发育，分布也最均匀稳定，成为有利于膏溶孔隙型储层形成的最有利相带，靖边气田的主体即位于此带上。而远离含膏云坪这一有利沉积相带，如自靖边潜台向盆地东部，沉积环境逐渐变得相对开阔，含盐度变低，硬石膏结核含量减少，储层物性也相应变差，尽管它们经历的建设性成岩作用完全相同（图 4–52）。

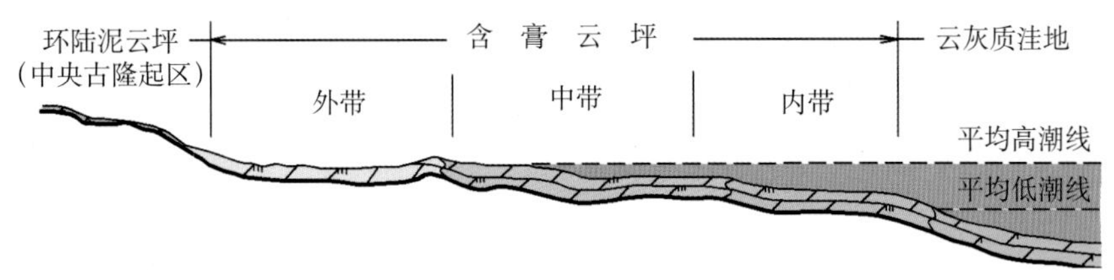

图 4–52　鄂尔多斯盆地中东部奥陶系马家沟组五段沉积模式图

此外，含膏云坪硬石膏、石膏、盐岩（夹层或蒸发盐矿物）的存在以及后期被溶蚀，深刻地影响了区内喀斯特岩溶作用。因为，蒸发盐（岩）的溶解突出表现为边溶蚀边垮塌，而垮塌（碎裂）作用因大幅度地增加了表面积，又反过来进一步加剧了溶蚀作用，加快了岩溶进程，产生了形态丰富的岩溶现象，形成了独具特色的白云岩风化壳储层，区内的靖边大气田便是很好的实例。

（2）晚加里东—早海西期岩溶地貌控制了孔隙层段溶孔发育的程度。

加里东运动末期，鄂尔多斯盆地整体抬升，遭受了长达 150Ma 的风化剥蚀，在奥陶系碳酸盐岩顶面形成沟壑纵横、槽台相间的古地貌格局。受当时西（中央隆起）高东低古构造格局控制，自西向东依次发育岩溶高地、岩溶斜坡、岩溶盆地等地貌单元，奥陶系顶面岩溶作用强度也具有自西向东依次减弱的特征。靖边气田、高桥—宜 6 井区以西地区由于区域抬升、剥蚀强烈，马五$_1$—马五$_2$大都剥蚀殆尽而缺失马五$_1^3$主力储层段。靖边—横山之间和高桥—宜 6 井区的南北向弧形带状区域则因主体处于岩溶斜坡区，马五$_1$—马五$_2$大部分保存较齐全，岩溶作用强度也较大，在马五$_1^3$、马五$_2^1$等有利于孔隙发育的含膏云坪相带形成较好的有效孔隙层段，且在较大的范围内连续稳定分布，构成形成靖边气田的主力储集层段。横山—安塞以东的盆地东部则主体处于岩溶盆地区，马五$_1$等主力储层段的岩溶作用强度则明显减弱，大部分地区处于中—弱溶蚀区（图 4–53）。

与中央古隆起西缘天环坳陷北段相比，盆地中东部广大地区的隆升暴露期古地貌极为平缓，且断裂发育程度低。而且，马五段碳酸盐岩储集岩又以渗透性很差的泥质泥晶云岩为特征。所有这些，均不利于地表水向下渗流和岩溶作用由地表向深部不断推进。笔者研究认为，正是该盆地极为发育的层间岩溶作用和顺层岩溶作用，以及两者的联合作用弥补了这一不足，使岩溶作用得以进行并保存为现今的白云岩风化壳储层。

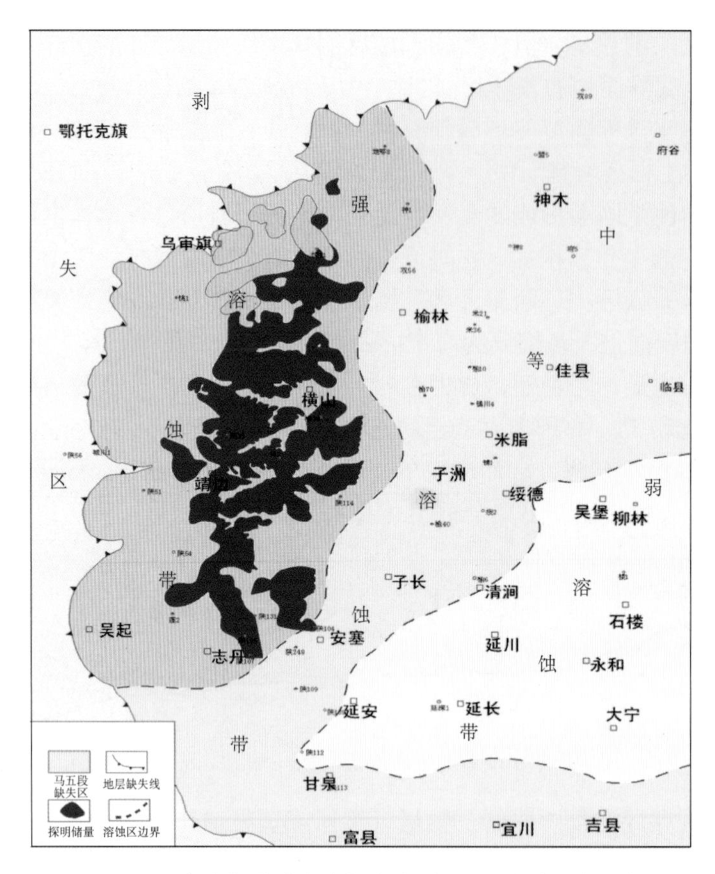

图 4–53　鄂尔多斯盆地中东部奥陶系马五 $_1$ 溶蚀强度分布图

层间岩溶作用通常发育在沉积旋回层的顶部，旋回层的周期性暴露淋溶，便可形成韵律性层间岩溶层，也即一个旋回层相当于一个层间岩溶带，溶蚀突变面就是碳酸盐岩暴露于大气淡水环境的溶蚀面。该界面由于遭受了大气淡水淋滤作用，故岩石色调比围岩相应变浅，并有微裂缝和微侵蚀、溶蚀痕迹。“八五”期间，前人已在盆地中部马五段发现 7 层层间岩溶层，如山西柳林露头剖面马五 $_1$ 白云岩中发育多层针孔、孔洞层，并均顺层分布(图 4–54)。近年来，在马三段也发现了层间岩溶层，但埋藏较深，孔隙发育较差。

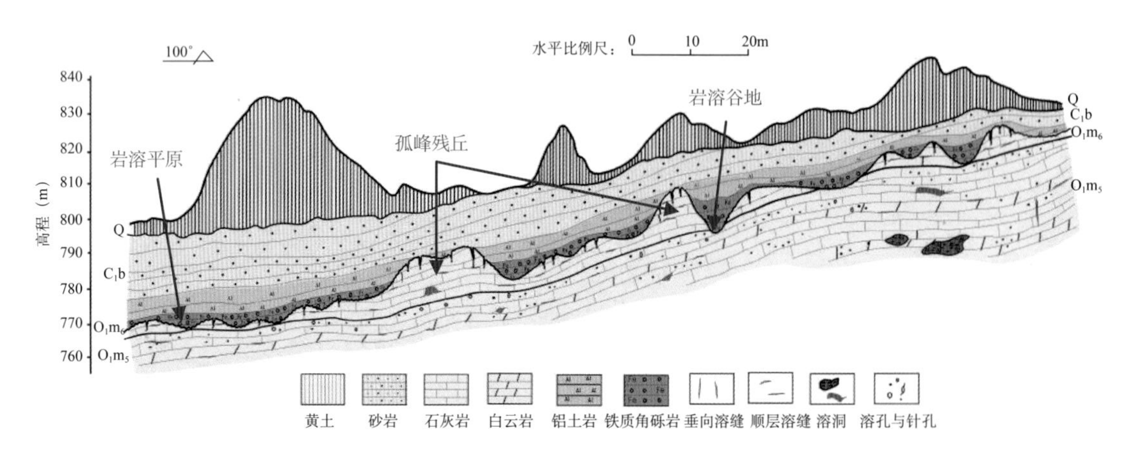

图 4–54　鄂尔多斯盆地东部山西柳林成家庄奥陶系顶部岩溶露头剖面特征

在晚加里东—早海西期，鄂尔多斯盆地以苏里格与定探1井所在中央古隆起这一岩溶高地为地表、地下岩溶水的供给、径流区，因古地势降低而分别向东、向西汇流，在毗邻高地的岩溶上斜坡“近水楼台”、汇聚并潜入地下，沿着马五段层间岩溶面顺层深潜流而侵蚀、溶蚀，从而导致上覆地层的垮塌而沟通地表岩溶水，并进一步侵蚀、溶蚀而使岩溶发育深度不断扩大、范围不断扩展。由此，造就了盆地中东部地区广泛发育的岩溶及其相关储层。

关于顺层深潜流岩溶的发育，可以从岩溶台地区莲6井马五、马四段白云岩中岩溶极为发育，特别是洞穴堆积物中发育白浆土来获得证明。

（3）中海西—印支期埋藏充填影响后期孔隙保存。

鄂尔多斯盆地经历晚加里东—早海西期构造抬升后，到中海西期（中石炭世）又开始整体沉降，接受石炭—二叠纪沉积并一直延续至印支期（三叠纪末期）。

由于受海西期及其后印支期埋藏成岩作用的影响，部分表生期形成的储集空间又被后期成岩矿物所充填，从而降低了孔隙层段的储渗能力，甚至部分地区的主力孔隙层段因成岩矿物充填而丧失储渗性能。综合分析表明，埋藏期孔隙充填的矿物主要为方解石（部分为含铁方解石）、淡水白云石，次为自生石英，另外还可见少量萤石、黄铁矿、硬石膏及地开石等。平面上，靖边气田及其东侧邻区以白云石充填为主，充填程度相对较低；而盆地东部以方解石充填为主，充填程度相对较高，局部可使先成孔隙全充填而丧失储集性能（图4–55）。

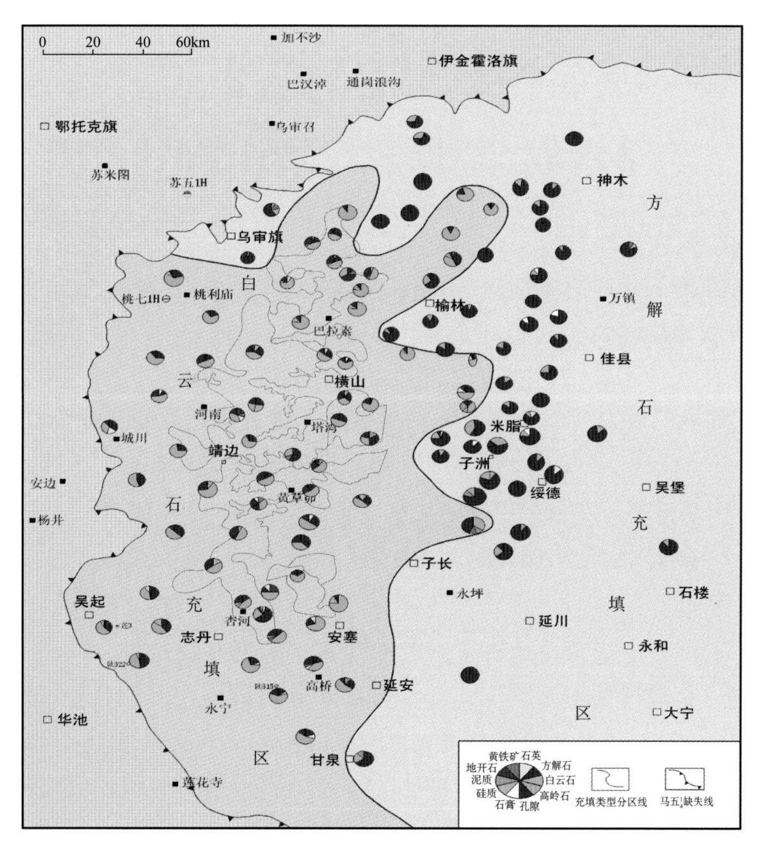

图4–55　盆地中东部奥陶系顶部白云岩风化壳储层充填物类型分布图

研究认为，盆地中东部白云岩风化壳储层在埋藏期的孔隙充填作用主要受石炭—二叠纪沉积期的古地形控制，而该期古地形又受表生期岩溶古地貌的继承性影响，也主要呈西高东低的分布格局，致使埋藏期上覆地层成岩压释水更有利于向盆地东部的奥陶系风化壳孔隙层段中汇聚，并大量沉淀方解石而降低了先期孔隙层段的储渗性能。

岩溶储层是塔里木盆地非常重要的储层类型，前述的层间岩溶储层、顺层岩溶储层及石灰岩潜山岩溶储层主要发育于塔里木盆地，但白云岩风化壳储层在四川盆地雷口坡组及鄂尔多斯盆地马家沟组五段均有发育，而且三者之间还是有一定区别的（表4–6）。

表4–6　塔里木、四川、鄂尔多斯盆地白云岩风化壳储层特征比较

序号	特征	盆地		
		塔里木	四川	鄂尔多斯
1	分布层位	主要见于牙哈—英买力地区寒武系潜山构造区	主要见于雷口坡组，全盆地大面积分布	主要见于马家沟组五段盐上层系
2	不整合面	侏罗系／寒武系，视剥蚀程度的不同可以出露中、上寒武统，潜山，地貌起伏大，剥蚀时间长	须家河组／雷口坡组，视剥蚀程度的不同可以出露雷一、二、三、四段，风化壳，大面积分布，地貌有一定的起伏	石炭系本溪组／奥陶系马家沟组五段，风化壳，大面积分布，地貌较平缓
3	洞穴充填物	洞穴相对不发育，陆源充填物为主，半充填为主，热液改造强烈	洞穴发育，碳酸盐岩角砾和陆源物共同充填洞穴，强烈充填，未见热液作用	洞穴发育，碳酸盐岩角砾和陆源物共同充填洞穴，半充填—强烈充填，未见热液作用
4	围岩类型	围岩为埋藏成因的中粗晶白云岩储层及颗粒白云岩储层，孔隙发育	围岩为萨布哈和渗透回流白云岩储层，孔隙发育	围岩为萨布哈白云岩储层，孔隙中等发育

第六节　受断裂控制岩溶储层

上述的层间岩溶储层、顺层岩溶储层、石灰岩潜山岩溶储层、白云岩风化壳储层均与隆起及斜坡地质背景下的地层剥蚀缺失有关，断裂、不整合面、表生期淡水溶蚀作用共同控制上述四类岩溶储层的发育。但在连续沉积的碳酸盐岩地层中同样发育有大量的缝洞，如塔里木盆地英买1–2区块的一间房组和鹰山组、四川盆地的茅口组及鄂尔多斯盆地西缘上奥陶统。这类缝洞的发育与断裂相关，可以远离不整合面，缝洞形成的机理也更为复杂，可以是大气淡水沿断裂下渗和溶蚀作用的产物，也可以是热液沿断裂上涌和溶蚀作用的产物，溶蚀孔洞沿断层或裂缝呈栅状分布。

一、英买1–2井区一间房组—鹰山组

（一）地质背景

英买2号构造位于塔里木盆地塔北隆起西段英买力低凸起南端，西为阿瓦提凹陷，东临哈拉哈塘凹陷，南接满加尔凹陷，北部与英买4号构造相连。具穹隆状构造的特征（图4–56），构造面积不大，但幅度较高，7km范围圈闭幅度达560m。

英买2号构造主要发育三组断裂（图4–56），一组为北北东向大型走滑断裂，延伸较远，切割中—上寒武统至志留系（图4–57）；另外两组为北北西向和北西西向小型断裂，主要切割奥陶系，集中发育于构造高部位。

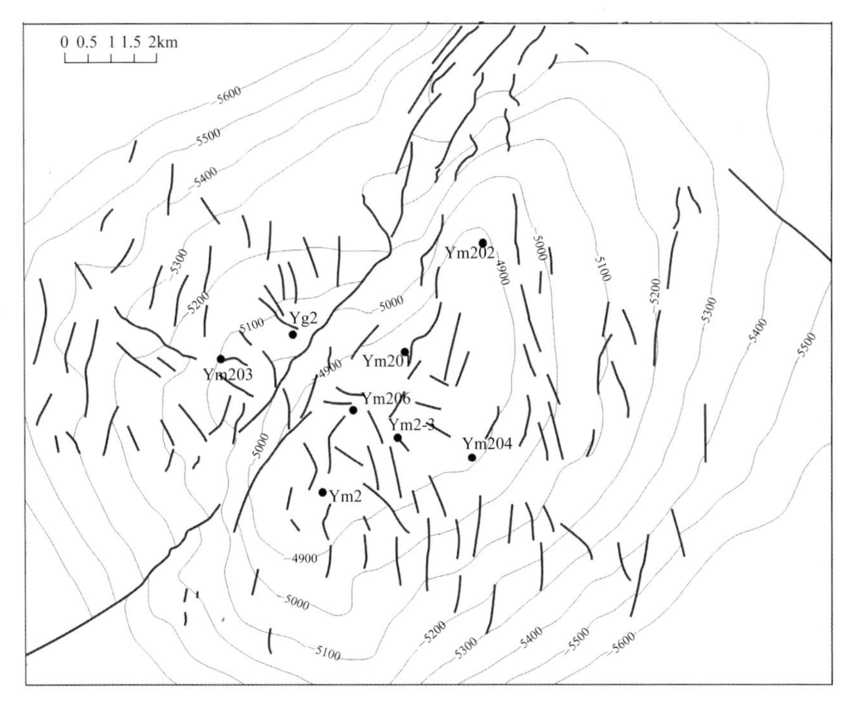

图 4–56　英买 2 号构造位置及中奥陶统碳酸盐岩地层顶面构造（m）图

英买 2 号构造奥陶系沉积序列完整，中奥陶统鹰山组和一间房组被上奥陶统吐木休克组、良里塔格组和桑塔木组覆盖，其上覆志留系为砂泥岩地层，缺失泥盆系、石炭系和二叠系，直接被三叠系碎屑岩所覆盖。中奥陶统之上地层发育多套不整合面：一间房组顶为平行不整合面，暴露时间较短，对应中加里东 I 幕构造运动；桑塔木组顶为一较大型不整合面，对应中加里东Ⅲ幕构造运动；志留系顶为一大型不整合面，为晚加里东—晚海西期多期长时间风化作用的结果。

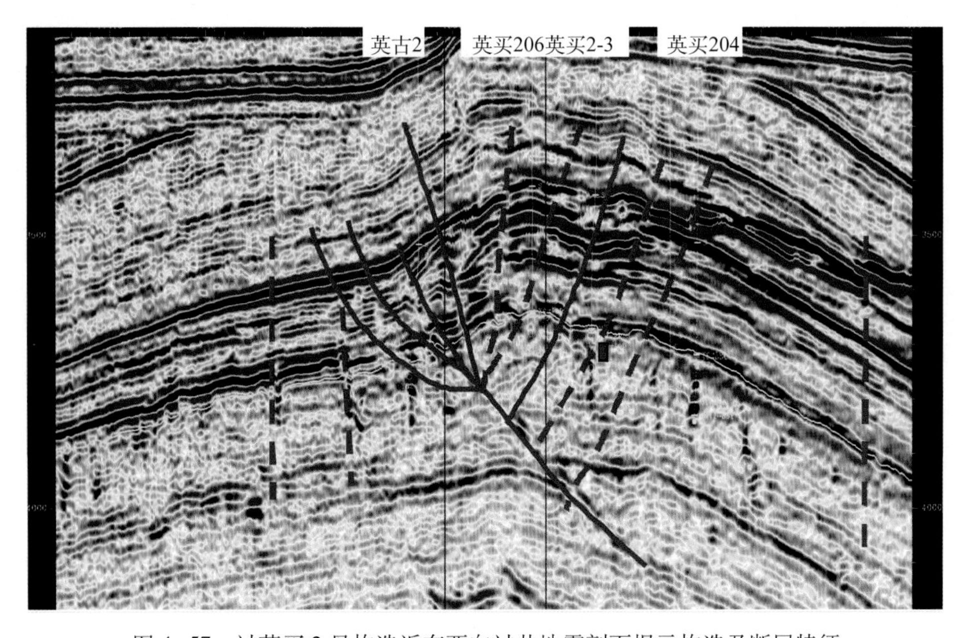

图 4–57　过英买 2 号构造近东西向过井地震剖面揭示构造及断层特征

（二）储层岩性

断裂和裂缝可以发育于碳酸盐岩的各种岩性中。沿断裂发育的岩溶作用虽然没有明显的岩性选择性，可以是滩相的颗粒灰岩，也可以是泥粒灰岩、粒泥灰岩及泥晶灰岩，但颗粒灰岩具有更好的渗透性，易于发生岩溶作用形成溶蚀孔洞。

英买 1–2 井区的鹰山组由砂屑灰岩和泥晶灰岩组成，一间房组则以棘屑灰岩为主，可含少量托盘类造礁生物。

由于溶蚀孔洞形成于深部，不容易发生垮塌，洞穴充填物也以亮晶方解石胶结物、热液矿物为特征，陆源碎屑充填物少见，如英买 1、英买 10、英买 11、英买 201、英买 3 井（图 4–58），溶蚀缝洞中几乎见不到陆源碎屑充填物，英买 101 井的陆源碎屑是断层岩，这与前述四类岩溶储层洞穴及其充填物构成明显的区别。

（三）储集空间

可以是不同级别的断裂和裂缝构成的裂缝体系，如英买 1 井区的一间房组和鹰山组，溶蚀孔洞不发育；也可以是不同级别的断裂和裂缝、沿裂缝发育的溶蚀孔洞、洞穴共同构成复杂的缝洞体系，如英买 2 井区的一间房组和鹰山组。

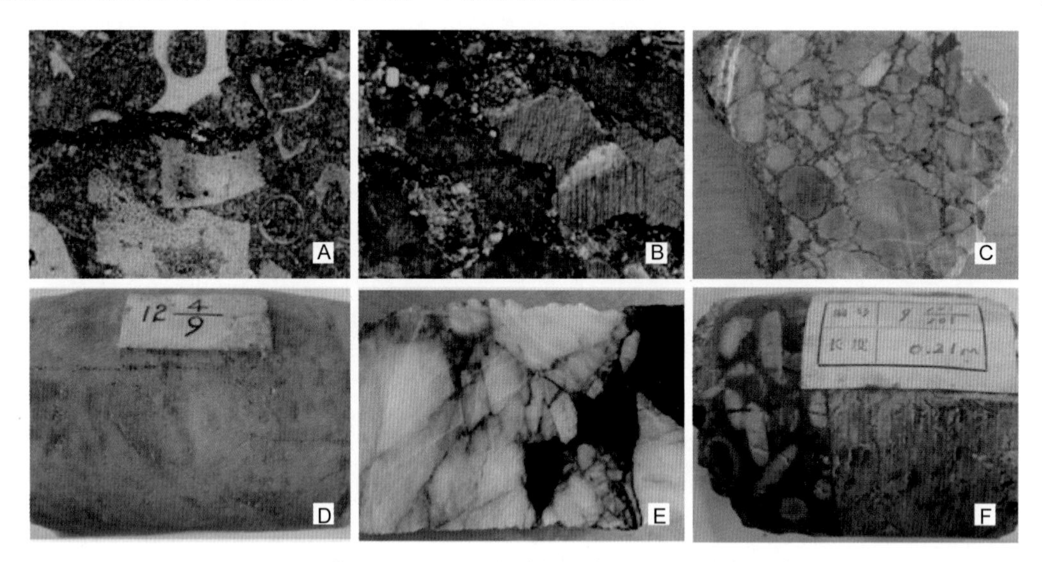

图 4–58　英买 1–2 井区一间房组和鹰山组洞穴充填物特征

（A）洞穴充填物，泥质泥晶生屑灰岩，生屑呈定向排列，为溶孔、溶洞和溶缝中的渗流粉砂沉积，英买 1 井，5370.32m，×10，单偏光；（B）洞穴充填物为亮晶方解石岩屑及渗流沉积，英买 11 井，5727.00m，×10，单偏光；（C）洞穴充填物以碳酸盐岩角砾为主，砾间充填灰泥质渗流沉积，英买 11 井，5733.00m，岩心；（D）洞穴为巨亮晶方解石充填，包裹体温度达 148℃，热液成因，英买 11 井，岩心；（E）洞穴为巨亮晶方解石及辉绿岩充填，英买 201 井，5320.50m，岩心；（F）充填的陆源碎屑岩为断层岩，而非洞穴充填物，与母岩呈平直接触，英买 101 井，岩心

（1）裂缝和溶缝：英买 1–2 井区裂缝从成因上可分为构造缝、溶蚀缝和成岩缝，以高角度构造缝为主，占 60% 以上。英买 2 号构造经历了多期构造运动，发育大量构造缝，产状上有水平缝和高角度缝。水平缝为构造抬升泄压的产物，多被亮晶方解石部分充填，偶见白云石胶结物充填；高角度裂缝为构造应力作用下的产物，集中发育于构造顶部和断裂带附近，后期可被溶蚀扩大成溶缝，多为亮晶方解石部分充填（图 4–59A，B，C 和 E）。大的洞穴往往与断裂有关，而溶蚀孔洞往往与次级的裂缝有关，断裂和裂缝的发育为溶蚀

孔洞及洞穴的发育提供了成岩介质通道。

（2）溶蚀孔洞：溶蚀孔洞多与裂缝相伴生，沿裂缝网发育，为区内重要的储集空间类型之一，可以是裂缝被亮晶方解石充填后再溶蚀形成（图 4–59B，C 和 E），也可以是裂缝溶蚀扩大后被亮晶方解石部分充填的残留孔。

（3）洞穴：英买 1–2 号构造带洞穴远不如轮南低凸起石灰岩潜山的洞穴发育，而且主要沿大的断裂分布，大多被半充填—充填。英买 203 井 6131.50 ~ 6139.10m 钻遇一间房组和鹰山组的洞穴，放空 7.6m，漏失钻井液 222.64m³，只收获 0.57m 的亮晶方解石，6084.81m 漏失钻井液 25.78m³，为两个大型溶洞（图 4–59D）；英买 11 井钻至 5733.00m，5798.00m，5800.00m 分别漏失钻井液 30m³，35m³ 及 5.70m³，反映三层缝洞的存在；英买 1 井 5368.00 ~ 5371.00m、英买 10 井钻至 5274.00m、英买 101 井 5452.00 ~ 5466.00m 见大量的渗流粉砂沉积。

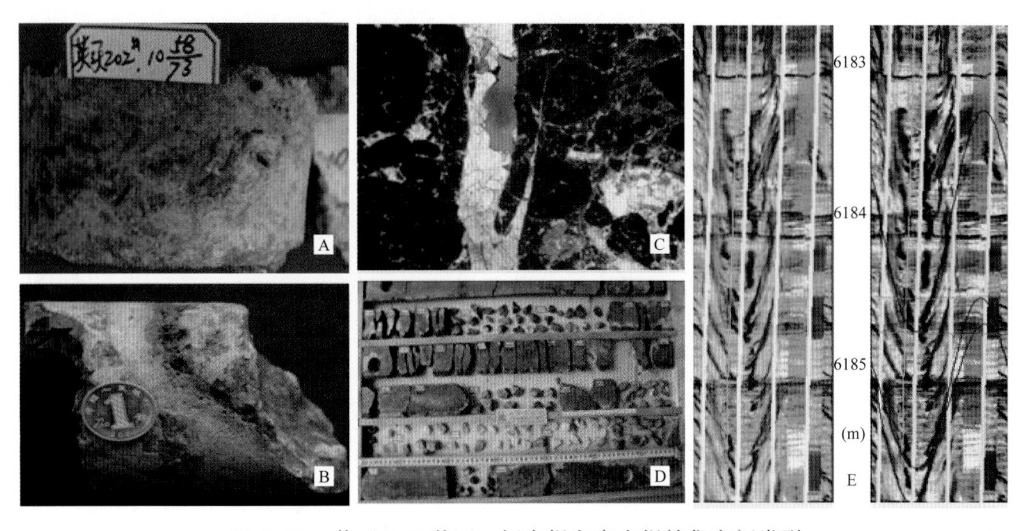

图 4–59　英买 1–2 井区一间房组和鹰山组储集空间类型

（A）砂屑灰岩，沿裂缝发育的溶蚀孔洞，中—下奥陶统鹰山组，英买 202 井，10–58/73，岩心；（B）砂屑灰岩，沿裂缝发育的溶蚀孔洞，中奥陶统一间房组，英买 206 井，5910.50m，岩心；（C）亮晶含生屑砂砾屑灰岩，亮晶方解石充填裂缝，溶蚀孔洞和残留晶间孔，中—下奥陶统鹰山组，英买 2 井，6051.50m，×10，单偏光；（D）洞穴充填物，钻井放空 7.6m，收获 0.57m 亮晶方解石，中—下奥陶统鹰山组，英买 203 井，3–7/16，岩心；（E）溶缝和溶蚀孔洞成像测井响应特征，中奥陶统一间房组，英买 204 井，6183 ~ 6186m

（四）储层类型

根据孔、洞、缝的组合特征，英买力地区奥陶系一间房组和鹰山组受裂缝控制岩溶储层可划分为裂缝型及裂缝—孔洞型两种类型，英买 1 井区以裂缝型为主，英买 2 井区以裂缝—孔洞型为主。

（1）裂缝—孔洞型储层：以次生溶蚀孔洞为主要储集空间，裂缝兼具渗滤性和储集性，主要起沟通孔洞的作用，少量半充填—充填的洞穴。成像测井上可明显看出裂缝沟通孔洞，或孔洞沿裂缝发育的特征。钻井过程常伴有井漏显示，在电性特征上表现为齿状低阻、低自然伽马，声波、中子、密度等无显著变化。裂缝—孔洞型储层主要发育在英买 2 号构造带上，如英买 204 井、英买 206 井，在成像测井及岩心、薄片上均有表现。单井产量高，稳产。

（2）裂缝型储层：其储集空间主要是裂缝和少量溶孔、溶洞，裂缝的发育可使无储渗能力的致密石灰岩形成裂缝型储层，裂缝既是储集空间更是渗滤通道。多组系构造缝相互交叉，构成网络状裂缝系统。当裂缝系统范围大、厚度大时，可形成工业性油气藏。裂缝型储层主要发育在英买 1 号构造带上，如英买 1 井、英买 101 井、英买 102 井，单井产量高，但难以稳产。

（五）储层物性

英买力地区奥陶系 507 个常规物性分析资料统计，孔隙度范围值 0.02% ～ 10.27%，平均孔隙度 1.08%，渗透率范围值 0.001 ～ 21.56mD，平均渗透率 1.19mD。另外，从储层实测物性数据的分布区间分析（图 4–60），孔隙度主要分布在 0.5% ～ 1.5% 之间，占样品总数的 68.9%。渗透率分布区间相对较为分散。这些统计数据基本反映了英买力地区奥陶系一间房组和鹰山组碳酸盐岩为基质孔隙度和渗透率极低的特低孔特低渗储层，裂缝及相关的溶蚀孔洞、洞穴是主要的储集空间。

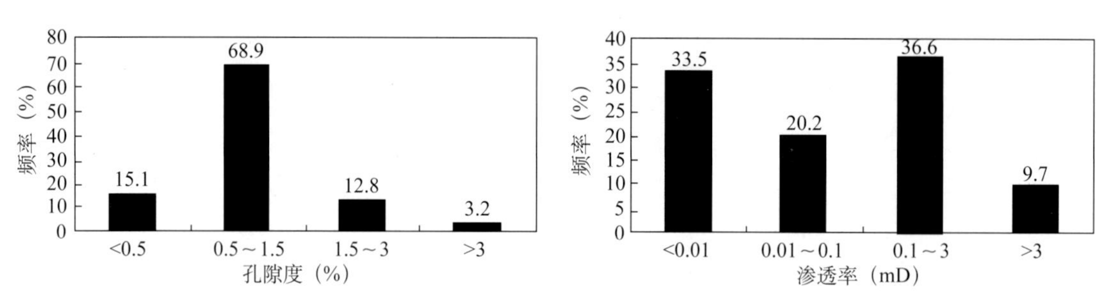

图 4–60　英买力地区奥陶系孔隙度及渗透率分布频率直方图

（六）储层成因

英买 1–2 井区一间房组和鹰山组受断裂控制岩溶储层成因可总结为以下三个方面：(1) 张性构造环境所形成的发育的断裂和裂缝系统为储层的发育提供了地质背景，如英买 2 背斜构造及伴生的一系列断层；(2) 沿断裂及裂缝的大气淡水溶蚀作用导致溶蚀孔洞和洞穴的发育，也是英买 1–2 井区非常重要的储集空间；(3) 热液作用可以形成新的溶蚀孔洞及洞穴，是对这类储层储集空间的重要补充。

英买 2 背斜构造顶部断层发育（图 4–56），而且主要形成于两个阶段：(1) 中加里东至晚海西期多期次的构造运动，导致该区断裂活动强烈，形成了多组断裂，其中北北东向走滑断裂长期活动，下通寒武系，上断志留系，构成了良好的流体渗滤通道；(2) 背斜构造顶部受张性构造应力的控制形成与主断裂伴生的次级断裂网，大大提高了大气淡水的渗流能力和作用表面积。钻井、录井及成像测井资料揭示溶蚀孔洞和洞穴的发育主要受断裂控制，英买 2 号构造比英买 1 号构造断裂发育，导致英买 2 井区储层也更发育，试油产能高，而且比英买 1 井区稳产。

英买 1–2 井区一间房组和鹰山组溶蚀孔洞及洞穴发育的深度跨度很大，最大可以达到 250m（图 4–61），沿断裂呈栅状分布，这是与潜山岩溶储层受不整合面控制形成的溶蚀孔洞及洞穴分布特征的最大区别，后者形成的洞穴呈准层状分布，而且主要富集在距不整合面 0 ～ 100m 的范围内，这也正好说明了英买 1–2 井区一间房组和鹰山组溶蚀孔洞及洞穴的发育是受断层控制的。从地层发育序列分析，英买 1–2 井区一间房组和鹰山组顶部不存在大型的不整合面，与上奥陶统及志留—泥盆系为连续沉积。

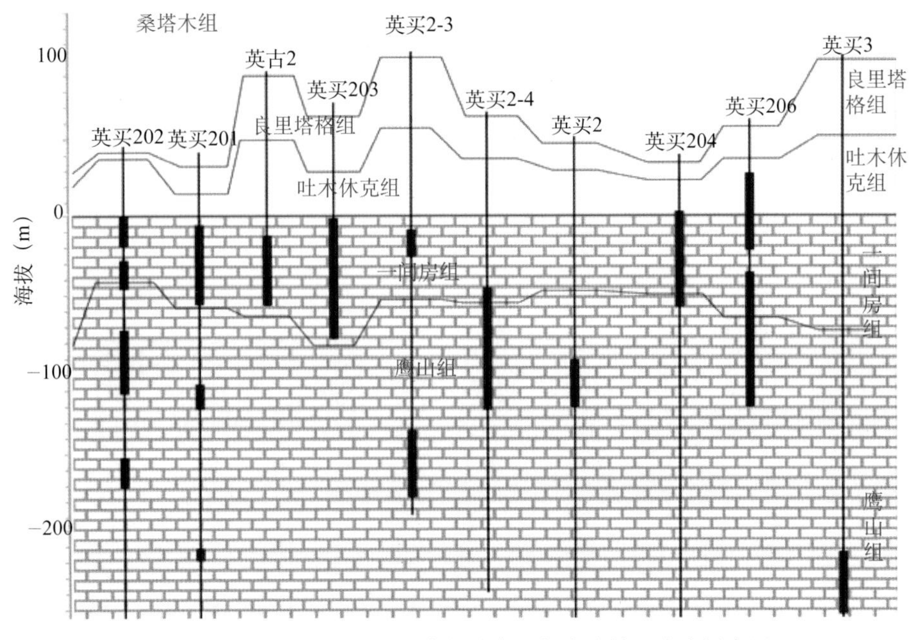

图 4–61　英买 2 井区一间房组和鹰山组岩溶缝洞分布深度图

大气淡水溶蚀是英买 1–2 井区缝洞形成的主要建设性成岩作用，绝大多数的溶蚀孔洞及洞穴是大气淡水溶蚀形成的，但热液作用的叠加改造也起到一定的补充作用。英买 2 井区构造演化有两个关键事件：一是早海西期构造抬升和伴生断裂的强烈活动以及长期的剥蚀作用；二是晚海西期大规模火山喷发而导致的热液活动。钻井过程中发现辉绿岩较为发育，岩心薄片中也多见鞍状白云石、天青石、重晶石等热液伴生矿物。

不同产状方解石碳氧稳定同位素分布具有明显差异（图 4–62），胶结物方解石 $\delta^{13}C$ 值略显偏重，$\delta^{18}O$ 值为 −3‰～−10‰（PDB），略显偏负；溶蚀孔洞方解石样品靠近一间房组顶面，表现出 $\delta^{13}C$ 值偏负，$\delta^{18}O$ 值明显偏负，小于 −10‰；热液产物 $\delta^{13}C$ 值较偏正，$\delta^{18}O$ 值明显偏负，为 −12‰～−15‰（PDB）；水平缝与高角度缝方解石的 $\delta^{13}C$ 值相对较稳定，为 −3‰～2‰（PDB），但 $\delta^{18}O$ 值差别明显，水平缝 $\delta^{18}O$ 值相对更偏负，为 −13‰～−20‰（PDB），部分样品达 −20‰（PDB），而高角度裂缝的 $\delta^{18}O$ 值为 −6‰～−15‰（PDB）。从 Z 值计算结果来看，大多数高角度裂缝方解石的 Z 值小于 120（图 4–62），反映成岩流体为大气水可能性较大。

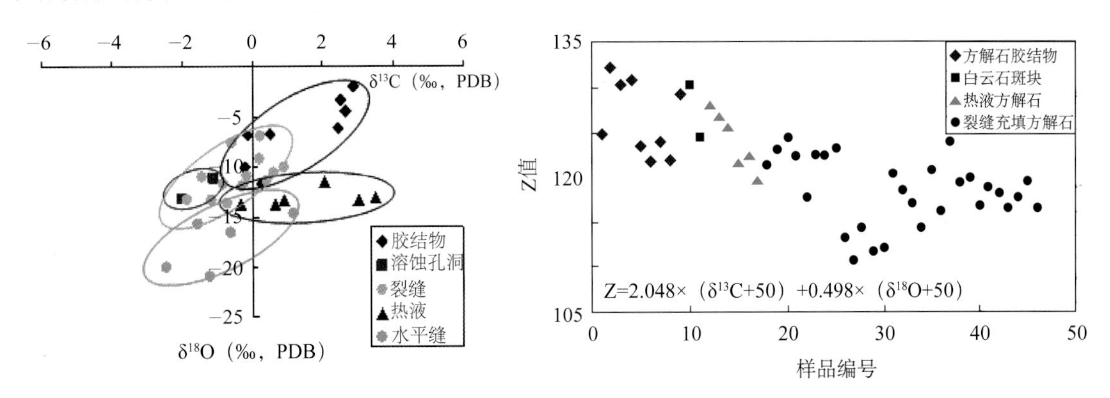

图 4–62　英买 1–2 井区奥陶系不同产状方解石激光碳氧稳定同位素与 Z 值公布（公式据基恩和韦伯，1964）

研究区不同产状方解石的锶同位素分布具有明显差异（图 4–63）。裂缝充填方解石和洞穴充填方解石锶同位素比值总体较高，分布峰值为 0.709 ~ 0.7095，明显高于当时海水锶同位素比值范围，而岩心及薄片鉴定为热液产物的样品具有相对偏低的锶同位素比值，分布峰值为 0.7085 ~ 0.709。

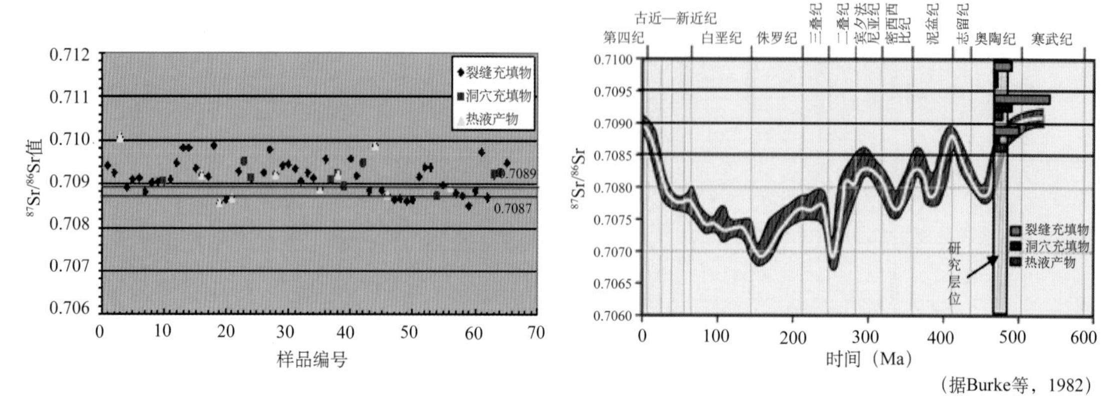

图 4–63　英买 1–2 井区奥陶系不同产状方解石锶同位素分布图

氧同位素和锶同位素的组合分析，可以更好地反映成岩流体的来源和环境差异。图 4–64A 为研究区不同产状方解石氧同位素和锶同位素交会图，可见不同产状方解石的分布具有明显差异。缝洞充填方解石具有稍偏负的 $\delta^{18}O$ 值和与当时海水值一致的 $^{87}Sr/^{86}Sr$ 比值，明显反映是一间房组沉积末期与不整合面相关的暴露及大气淡水溶蚀的结果，由于暴露时间有限，并无大量陆源锶混入；水平缝 $\delta^{18}O$ 值相当偏负，且 $^{87}Sr/^{86}Sr$ 比值稍高于当时海水值，反映了深埋高温条件下地层流体的特征；而高角度裂缝具有 $\delta^{18}O$ 值中等偏负，且 $^{87}Sr/^{86}Sr$ 比值明显高于当时海水值，则反映了具有一定高温条件，但水平缝发生时期温度更低，并结合之前对锶同位素的分析，经受了外来大气淡水流体的改造，导致 $^{87}Sr/^{86}Sr$ 比值异常。

从研究区不同产状方解石的稀土元素组成分析可知，洞穴充填物、裂缝充填物、溶缝充填物和热液产物的 REE 配分模式总体表现出相似的特征（图 4–64B），均为略右倾型，轻稀土元素略富集；其中，裂缝、溶缝和洞穴充填物 Ce 异常不明显，Eu 则为明显负异常，反映为低温弱氧化—还原性大气淡水流体的产物；而热液产物具明显的差异性，Ce 和 Eu 均表现为正异常，且重稀土元素较为富集，反映了热液的特征。

综合构造演化史，建立了断裂诱导岩溶叠加热液改造模式（图 4–65）。

早海西期塔北地区受构造挤压大幅隆起，英买 2 号构造在压扭性构造应力下隆起，形成高陡构造，同时形成一组较大的北北东向走滑断裂和一组北西向小型断裂，裂缝系统发育。在此期间，较大型的北东向走滑断裂直接沟通地表，大气淡水有足够的势能沿断裂下渗进入中奥陶统石灰岩地层的裂缝网络中，导致岩溶作用的发生，直至被三叠系碎屑岩覆盖。

二叠纪火山活动强烈，大量辉绿岩侵入到英买力地区，热液活动也随之活跃，沿主断裂顺流而上，进入奥陶系，岩心中可见角砾岩砾间充填鞍状白云石和天青石是热液活动的重要证据。由于上覆桑塔木组泥岩地层的覆盖，热液主要聚集于良里塔格组，所以，一间房组及鹰山组的热液改造并不强烈。

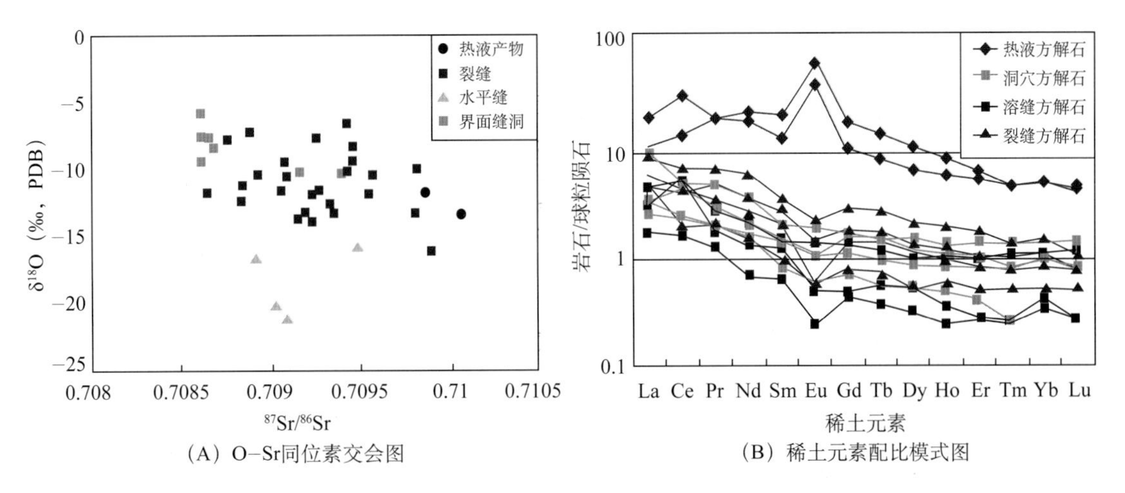

（A）O−Sr同位素交会图　　（B）稀土元素配比模式图

图 4−64　英买 1−2 井区奥陶系不同产状方解石的地球化学特征

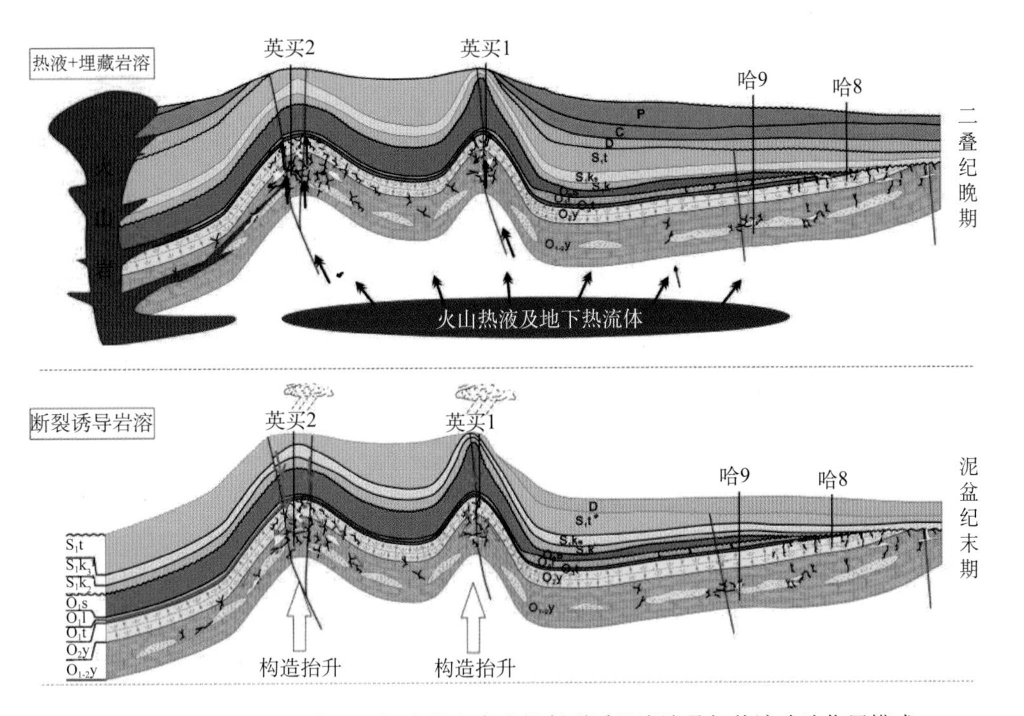

图 4−65　英买 1−2 井区一间房组和鹰山组断裂诱导岩溶叠加热液改造作用模式

二、川西北地区茅口组

（一）地质背景及储层岩性

四川盆地茅口组是在温暖潮湿的气候条件和海侵背景下发育的开阔台地相碳酸盐岩，地层厚度一般为 200 ～ 300m。构成茅口组岩溶储层的主要岩性是亮晶生屑灰岩、泥晶生屑灰岩，主要生屑有䗴类、有孔虫、腕足类及棘皮类（图 4−66A），生屑含量可达 30% ～ 70%，其分选性较差，粒径 0.01 ～ 2mm 不等，局部生屑具有明显的定向排列特征（图 4−66B）。茅口组总体较致密、性脆、基质孔隙低，孔隙度一般在 2% 以下，平均孔隙度只有 1% 左右，渗透率一般小于 0.08mD。

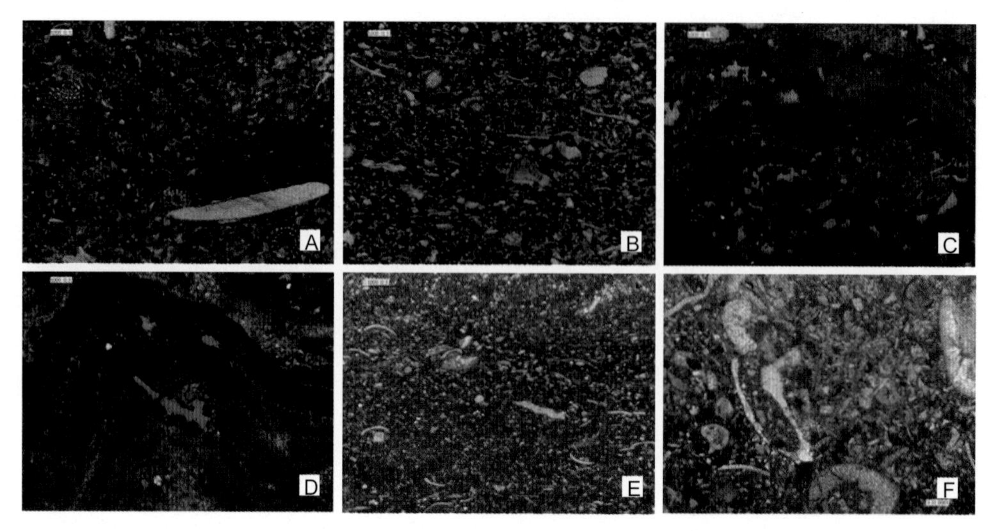

图 4–66　四川盆地下二叠统茅口组储层岩性及主要储集空间类型

(A) 泥晶生屑灰岩，见棘皮类等生物碎屑，长江沟剖面，×10，单偏光；(B) 泥晶生屑灰岩，生物碎屑呈明显的定向排列，长江沟剖面，×10，单偏光；(C 和 D) 藻格架孔，长江沟剖面，×10，铸体片，单偏光；(E) 粒间溶孔，长江沟剖面，×10，铸体片，单偏光；(F) 粒内溶孔，长江沟剖面，×10，铸体片，单偏光

（二）储集空间

茅口组储层的储集空间主要包括：(1) 藻格架孔，主要发育在藻灰岩中（图 4–66C，D），孔隙直径在 0.01 ~ 1mm 之间，面孔率可达 8% ~ 10%；(2) 粒间溶孔，主要是生物碎屑之间的孔隙（图 4–66E），有些粒间孔被继续溶蚀扩大，直径一般为 0.03 ~ 0.1mm，面孔率为 1% ~ 2%，是茅口组储层中较为常见的孔隙类型；(3) 粒内溶孔，主要指生物碎屑本身被溶解而形成的孔隙（图 4–66F），孔隙直径一半在 0.1mm 左右，面孔率约 1%，也是茅口组储层中较为常见的孔隙类型，但对储层的贡献较小；(4) 裂缝，茅口组最为常见的储集空间之一，其中以构造缝为主，钻井岩心中常见裂缝发育（图 4–67A，B），由于裂

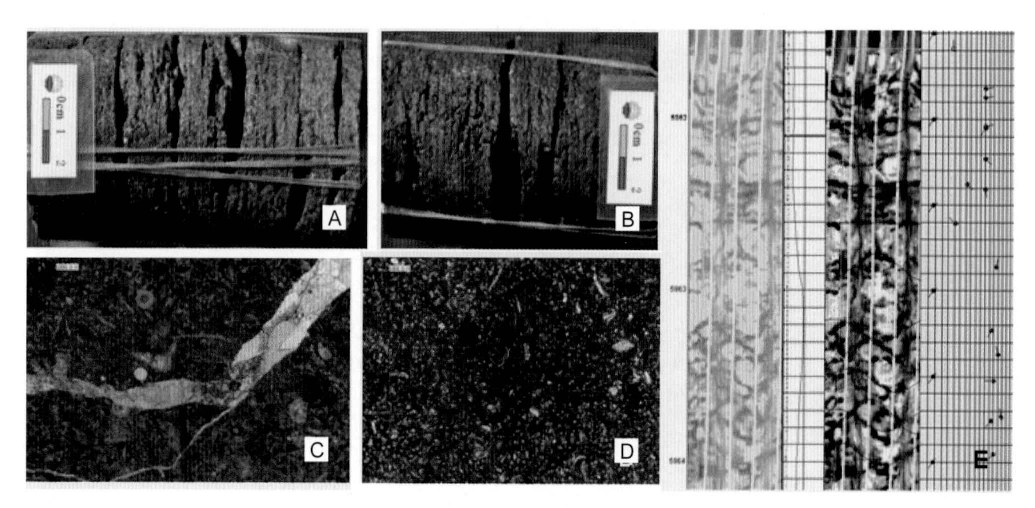

图 4–67　四川盆地茅口组裂缝发育微观特征及成像测井特征

(A) 裂缝，茅三段，大深 1 井，5396.00 ~ 5396.48m，岩心；(B) 裂缝，茅二段，大深 1 井，5416.35 ~ 5424.63m，岩心；(C) 生屑灰岩，被方解石充填的裂缝，长江沟剖面，×10，单偏光；(D) 生屑泥晶灰岩，微裂缝，长江沟剖面，×10，单偏光；(E) 龙 16 井成像测井，网状裂缝发育

缝存在，岩性易碎，不宜取样，因此薄片中裂缝相对较少，主要为早期已被充填的无效裂缝（图 4–67C），或微裂缝（图 4–67D），现今看到未被充填或半充填的有效裂缝主要是喜马拉雅期的产物，除本身是有效的储集空间外，还可以对储层起到连通输导的作用，龙 16 井茅口组测试，日产气 $241.64 \times 10^4 m^3$，成像测井可见网状裂缝相当发育（图 4–67E）；(5) 溶蚀孔洞，茅口组最重要的储集空间，茅口组基质孔隙差，但岩溶孔洞或大型溶洞发育，钻探经常在茅口组遇到放空、井漏等现象，仅在泸州—开江古隆起区放空井就达 100 口以上（图 4–68），可见区域古岩溶作用强，自流井气田的自 2 井，在钻进时放空 4.45m，遇到特大古溶洞，该井累计采天然气 $46.6 \times 10^8 m^3$，显示岩溶储层的巨大勘探潜力。

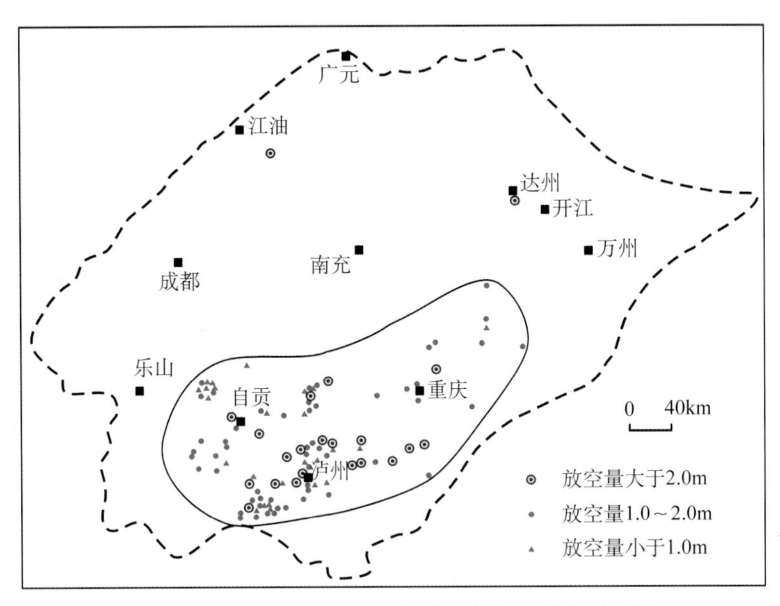

图 4–68 四川盆地下二叠统茅口组放空井位示意图

（三）典型实例剖析

(1) 川东相国寺气田茅口组储层是一套厚层—块状生屑灰岩，厚度为 200m 左右。前人对近 400 个岩心样品进行了分析，孔隙度小于 2% 的样品有 320 个，占样品总数的 83.6%，渗透率小于 0.1mD 的样品占样品总数的 87%，很多样品都是由于有裂缝才使其渗透率增加。储层类型为裂缝—洞穴型储层，裂缝发育受构造控制，平面上的缝洞发育带集中在构造高点处，在钻井过程中遇到过钻井液漏失及井喷现象。相 15 井位于构造长轴上，日产气 $112 \times 10^4 m^3$，而相邻的相 6 井处于构造翼部，日产气只有 $(0.5 \sim 2) \times 10^4 m^3$。有些钻井在不同高度钻遇储层后，根据套管压力、断层及岩屑分析，认为这些储层是相互通过纵向张性缝连通的，而有些储层尽管同在构造高点，但在开采中互不连通，形成相对独立的小系统，如果有断层存在，这种情况就会变得更为复杂。

(2) 蜀南纳溪气田茅口组的储层岩性为生物灰岩，厚度 140 ～ 180m，产层段生物含量很高（60% ～ 80%），泥质含量低（方解石含量大于 95%，泥质含量小于 2%），质地较脆，岩心样品的平均孔隙度仅为 0.8%，渗透率则小于 0.01mD，喉道宽度小于 0.04 μm，排驱压力大于 100bar，属于非孔隙型储集岩类。但局部地区次生溶蚀孔洞和构造裂缝发育，该储层段属于裂缝—孔洞型储层，钻进过程常遇到放空、井漏及井喷现象。次生溶孔发育的层段，孔隙度可达到 2% ～ 3%，最高的可达 21.18%，渗透率也有所上升，但仍小于 0.1mD。这些孔洞层段在纵向上没有固定的层位，横向上连续性也很差。有的高产井日产气量可达 $800\times10^4m^3$，而其旁边的井就可能是无任何显示的干井，这些都说明了缝洞的规模是相当大的，但是分布很不均匀，呈不规则团块状分布（图 4–69）。至 1984 年底，在背斜构造钻穿或钻达茅口组的井共计 39 口，获气井 18 口，分属于 15 个裂缝系统，背斜构造内没有统一的气水界面，但各系统的流体性质以及天然气组成成分是基本一致的。

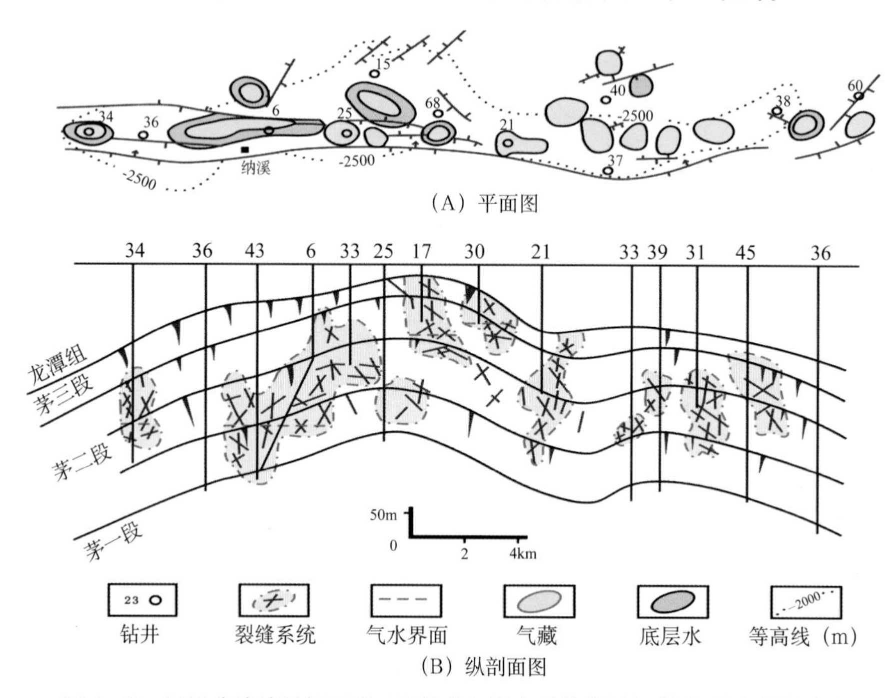

图 4–69　四川盆地纳溪气田下二叠统茅口组多系统背斜气藏平面图及纵剖面图

从上述两个茅口组气藏的分析中，可以看到几个共同的特点，储层段物性差，泥质含量低，质地较脆，但是次生的孔洞及裂缝系统发育，是茅口组储层的重要储集空间，孔—洞—缝组合之间的分布规律对储层也有影响。以纳溪气田为例，有些层段孔隙层存在，但裂缝不发育，导致储层渗透性差，有气产不出。如纳 27 井，解释含气层厚度 3 ～ 4m，平均孔隙度 3.3%，渗透率低，岩性致密，未见张开裂缝，经数次压裂酸化后，仅日产天然气 $0.76\times10^4m^3$。有些层段则裂缝发育，但是孔—洞较差，在生产中常常属于“一喷而尽”。如纳 21 井，钻至茅口组中部强烈井喷，测试日产天然气 $135.53\times10^4m^3$，但投产后产量大幅下降，累计产气 $0.62\times10^8m^3$，产水 $1211m^3$ 便已枯竭。最优质的储层段则是孔—洞—缝都发育，其中孔洞提供主要储集空间，裂缝系统则主要起沟通输导作用，如纳 43–33 井区，裂缝连通孔洞，已经累计产气 $4.7\times10^8m^3$，且仍在生产。

（四）储层成因

四川盆地下二叠统茅口组储层主要受沉积微相、岩溶作用及断裂共同控制。

(1) 沉积微相：茅口组广泛发育的生屑滩是储层发育的物质基础。由于生屑滩沉积于相对高部位，水动力条件较强，泥质等杂质含量较少，岩性质地较脆，为后期的构造作用及岩溶作用打下良好的基础。

（2）岩溶作用：岩溶作用是储层发育的关键因素。早二叠世末期东吴运动导致下二叠统抬升，较长时间暴露于大气淡水环境中，给岩溶作用提供了地质背景。早二叠世末期也正值峨眉地裂运动的剧烈活动期，除部分地区喷发玄武岩外，地面可能局部发育了规模不一的张性裂缝，为流体提供了下渗通道和岩溶作用的发生，这些可能就是导致茅口组及栖霞组大规模发育溶洞的主要原因。一般高孔渗的岩层，大气淡水或流体扩散速度快，往往沿渗透性较好岩层横向渗透，因此，岩溶作用的结果往往是范围广，但影响深度小（图4–70），一般10m左右，不易形成较大的洞穴。而前面已经多次提到，茅口组储层岩石质地较脆，孔隙度及渗透率低，大气淡水或地下水主要沿着节理、裂缝或部分层面渗透，更容易向深部渗透，形成大型溶洞和通道，规模可达几十至几百米（图4–70）。

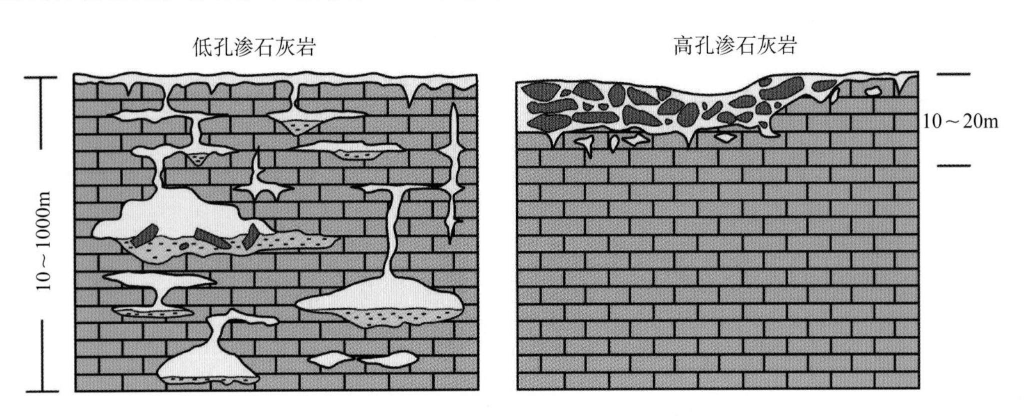

图4–70　不同孔渗性能的石灰岩岩溶作用影响深度和范围比较

（3）断裂—裂缝系统改善储渗性能。

断裂—裂缝系统的叠加改造是改善储层性能的重要因素。随着后期地层的继续沉积，中三叠世末期开始的印支运动对下伏下二叠统已经形成的岩溶储层产生影响，尤其是印支期泸州—开江古隆起的形成，造成了地下裂缝系统的再次发育，部分潜伏构造开始出现，为后来的油气运移打下基础。强烈的喜马拉雅运动是四川盆地构造的最后定型期，不仅形成了众多不同类型的构造带和局部构造，而且伴生了更多大小不等、方向不一的断裂。这些断裂—裂缝系统可能对储层起到沟通输导作用，沿断裂形成不同规模的溶蚀孔洞。

三、天环北段上奥陶统

（一）储层岩性与岩溶分布

在鄂尔多斯盆地中央古隆起西缘，由于其沉积古地理位置毗邻秦岭—祁连大洋，且又无障壁相隔，因而奥陶系主要是各类石灰岩夹黑灰色泥页岩，不含蒸发盐矿物，无蒸发盐，从而迥异于古隆起东部含蒸发盐矿物、结核的石灰岩、白云岩（表4–7）。

该套岩溶储层北起乌海桌子山露头剖面，南达定边西侧，大致沿乌拉力克组或拉什仲组剥蚀线呈近南北向带状展布，延伸长度达150km，宽约30km。在覆盖区，中央古隆起西缘天环坳陷北段的实钻结果表明，在奥陶系乌拉力克组石灰岩和拉什仲组砂泥岩覆盖层之下，克里摩里组、桌子山组石灰岩层系广泛发育岩溶孔洞缝和大型溶洞型储层。目前已有棋探1、鄂12、伊25、苏39、鄂19井、鄂7、鄂8、鄂9、那1、天1、天深1、李1、李华1等井钻遇岩溶缝洞（图4–71），发生不同程度的放空和井漏现象。

表 4–7　鄂尔多斯盆地古隆起西部与东部奥陶系组段岩性对比

<table>
<tr><th colspan="4">西　部</th><th colspan="5">中　东　部</th></tr>
<tr><th colspan="3">地　层</th><th rowspan="2">岩性</th><th rowspan="2">岩性</th><th colspan="4">地　层</th></tr>
<tr><th>系</th><th>统</th><th>组</th><th>段</th><th>组</th><th>统</th><th>系</th></tr>
<tr><td rowspan="12">奥陶系</td><td rowspan="3">上统</td><td>蛇山组</td><td>灰绿色砂页岩夹互层夹灰色生屑灰岩，顶部为厚层块状砾屑灰岩</td><td rowspan="4">地层缺失</td><td colspan="2" rowspan="4"></td><td rowspan="3">上统</td><td rowspan="12">奥陶系</td></tr>
<tr><td>公乌素组</td><td>以黄绿色粉砂岩、细砂岩、泥页岩夹薄层泥灰岩为主，底部为砂屑灰岩</td></tr>
<tr><td>拉什仲组</td><td>黄绿色、灰绿色薄层粉砂岩、页岩、细砂岩夹少量石灰岩及含砾中砂岩</td></tr>
<tr><td rowspan="5">中统</td><td>乌拉力克组</td><td>上部为浅灰色巨厚层砂屑灰岩，底部含砾石、中部为灰色粉屑砂屑灰岩与黑色页岩互层，夹砾屑灰岩</td><td rowspan="5">中统</td></tr>
<tr><td>克里摩里组</td><td>下部以深灰色薄层石灰岩、瘤状灰岩为主，中部为深灰色薄层泥质灰岩、微晶灰岩与黑色页岩互层，上部为深灰色薄层微晶灰岩夹极薄层钙质泥岩</td><td>灰色含泥质细粉晶灰岩、微—粉晶白云岩</td><td>马六</td><td>峰峰组</td></tr>
<tr><td rowspan="2">桌子山组</td><td rowspan="2">以中厚石层灰岩为主，中部为灰色、灰褐色薄层微晶灰岩、泥质条带灰岩，上部以灰色中厚层颗粒灰岩为主夹巨厚层石灰岩</td><td>浅灰色、黄灰色、灰白色、黄绿色薄层泥质白云岩、溶塌角砾白云岩、石膏岩、盐岩</td><td>马五</td><td rowspan="3">马家沟组</td></tr>
<tr><td>深灰色薄—中厚层粉晶灰岩、泥晶灰岩、生屑灰岩</td><td>马四</td></tr>
<tr><td rowspan="2">三道坎组</td><td rowspan="2">石英砂岩、砂质白云岩夹微晶灰岩</td><td>灰色、浅灰色泥晶白云岩、石膏质白云岩、含泥白云岩、含石膏泥岩</td><td>马三</td></tr>
<tr><td rowspan="4">下统</td><td>岩性以微—粉晶白云岩为主，见有含泥质、膏质、夹硬石膏岩、石盐岩</td><td>马二</td><td rowspan="2">北庵庄组</td><td rowspan="4">下统</td></tr>
<tr><td colspan="2" rowspan="3">地层缺失</td><td>深灰色含泥白云岩、泥质白云岩夹石膏岩</td><td>马一</td></tr>
<tr><td>浅灰色—深灰色中—厚层白云岩含燧石结核或条带，夹薄层泥质白云岩</td><td colspan="2">亮甲山组</td></tr>
<tr><td>深灰色、灰黄色白云岩夹多层薄层竹叶状白云岩</td><td colspan="2">冶里组</td></tr>
</table>

（二）储集空间与储层发育特征

在古隆起西缘的天环坳陷北段，岩溶储层属典型的孔洞缝型，特别是大型溶洞，因而其储集空间类型主要为受断裂控制的未充填—半充填大型溶洞和裂缝、溶缝，沿断裂呈栅状分布，没有明显的不整合面和准层状分布特征，但受斜坡地质背景的影响，同时发育顺层岩溶作用。可以从乌海苏白沟桌子山组露头剖面的溶洞发育特征（图 4–72），特别是棋探 1 等 8 口井、十余个层系在钻井过程中的钻时加快、扩径、放空、漏失（表 4–8、表 4–9），以及测井上的高伽马—低电阻、高声波时差（低速）、低密度来获得证明。

综合上述各井溶洞发育段的连井对比表明，天环坳陷北段奥陶系石灰岩中的溶洞具有垂直渗流带与水平潜流带两带结构，总体上充填程度较低、残余有效储集空间规模大，特别是垂向上多层溶洞叠置、平面上连片和纵横向贯通、连通性好的特点（图 4–73）。依据溶洞形成过程与埋藏过程中垮塌充填程度，可将天环坳陷北段岩溶洞穴划分为垮塌半充填型与垮塌充填型两类。对于岩溶洞穴而言，这两类是最常见的，未充填者很罕见（图 4–74）。即使是全充填溶洞，由于洞穴角砾岩和溶积砂泥岩的压实成岩程度低，所以也发育足以供天然气储集、聚集成藏的砾（粒）间孔和微孔，以及各种成因、产状的裂缝。

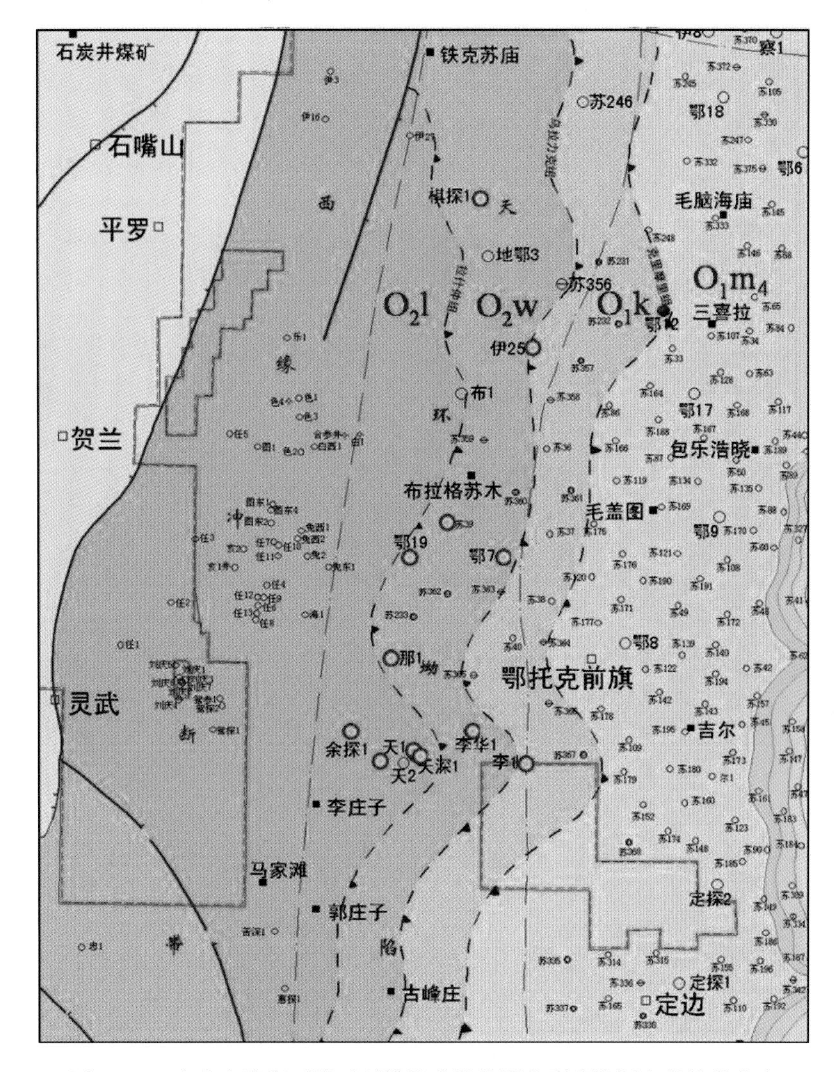

图 4–71　中央古隆起西缘天环坳陷北段钻遇大型岩溶洞穴的钻井分布

图 4–72　乌海苏白沟剖面桌子山组石灰岩中发育的顺层展布的未充填大型溶洞

表 4-8　天环坳陷北段奥陶系钻具放空和钻井液漏失量统计表

序号	井号	井深（m）	层位	放空（m）	漏失量（m^3）	储集空间	其他
1	棋探 1	4444.0		0.2	1014		
2	天 1	3934.7 ～ 3935.8		1.1	15.37（4 分钟）		井喷
3		4069.0 ～ 4070.0	克里摩里组	1.0	63	溶洞、孔洞	
4		4071.0 ～ 4071.3		0.25			
5	天深 1	4077.9 ～ 4080.0		2.1	21		
6		4198.0 ～ 4253.8	桌子山组		270		
7		4342.2 ～ 4348.1			145		
8		3906.4 ～ 3911.6			5	溶洞、裂缝	
9	李 1	3908.0 ～ 3970.0	克里摩里组	0.8	198		
10		3934.0 ～ 3940.0			253		
11	鄂 6	3848.0 ～ 3851.5	桌子山组		290		
12	伊 8	3868.2 ～ 3868.8	桌子山组	0.6		溶洞、孔洞	
13	鄂 8	3921.1 ～ 3922.0	桌子山组		1700	溶洞、裂缝	
14	鄂 9	3865.0 ～ 3990.0	桌子山组		200		

表 4-9　天环坳陷北段探井奥陶系孔洞发育段深度统计表

井号	奥陶系顶部层位	奥陶系顶部深度（m）	孔洞赋存层位	孔洞井段（m）	孔洞厚度（m）	孔洞距奥陶系顶距离（m）
李华 1	乌拉力克组	4052.60	克里摩里组	4059.00 ～ 4062.50	3.50	6.40
鄂 19	乌拉力克组	3901.40	克里摩里组	3937.00 ～ 3946.00	9.00	35.60
李 1	克里摩里组	3866.80	克里摩里组	3906.40 ～ 3911.60	5.20	39.60
天 1	拉什仲组	3867.00	克里摩里组	3934.00 ～ 3940.00	6.00	67.00
苏 39	乌拉力克组	3967.00	克里摩里组	4039.50 ～ 4044.00	4.50	72.50
鄂 12	克里摩里组	3775.00	克里摩里组	3856.00 ～ 3867.70	11.70	81.00
鄂 7	乌拉力克组	4018.00	克里摩里组	4117.00 ～ 4124.00	7.00	99.00
天深 1	拉什仲组	3911.50	克里摩里组	4070.00 ～ 4072.00	2.00	158.50

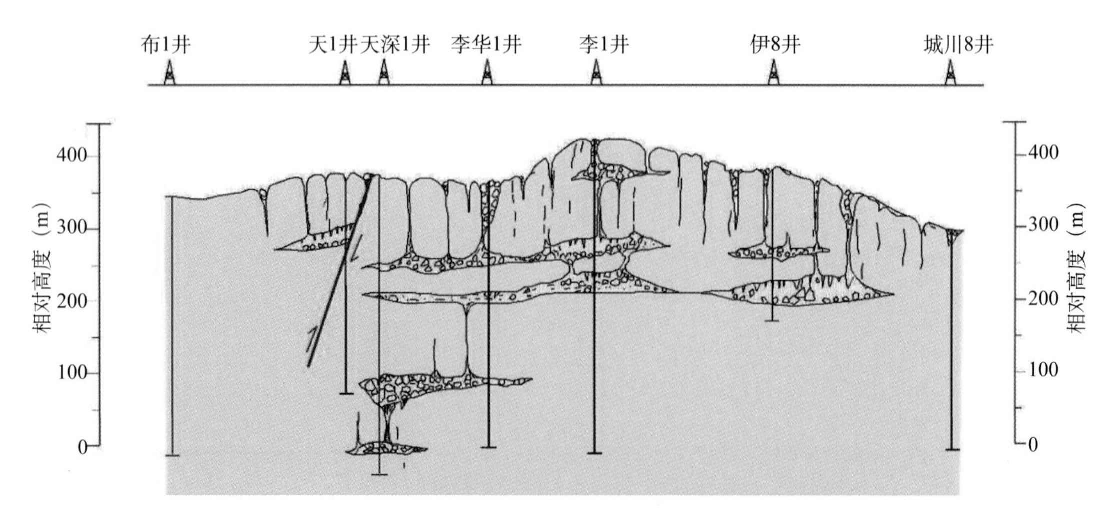

图 4-73　中央古隆起西缘奥陶系岩溶洞穴发育剖面示意图

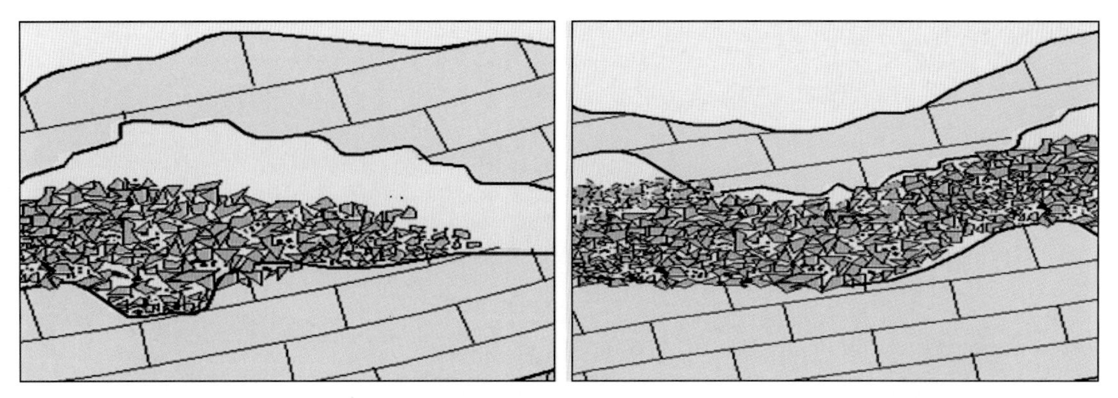

图 4–74　石灰岩缝洞、大型溶洞型储层发育模式（左：垮塌半充填；右：垮塌充填）

天 1 井 3934.00 ~ 3940.00m 井段发育高约 6m 的大型溶洞，其洞顶 3934.70 ~ 3935.80m 井段放空 1.10m，为未充填的空洞，其下被洞穴角砾岩所充填。但测井响应却表现为扩径、高声波时差（低速）和低密度，表明这些洞穴角砾岩中存在有效储集空间（图 4–75）。

鄂 19 井第 13 筒心 3942.50 ~ 3950.50m，岩心收获率 100%，为洞穴堆积物。该筒心第 1–31/43 块（厚约 5.5m）为洞穴角砾岩夹溶积泥岩；第 32–43/43 块为洞底基岩（厚约 2.5m），为克里摩里组黑灰色泥质条带、泥质纹层泥晶灰岩。在该筒心中上部溶洞中，第 1–13/43 块（厚约 2.3m）为洞穴角砾岩，角砾成分主要为棕灰色泥岩；第 14–24/43 块（厚约 2.2m）为棕灰色质轻性软溶积泥；第 25–31/43 块（厚约 1.0m）为典型洞穴角砾岩。其中，泥质角砾岩成岩程度低，较为疏松，敲之易破裂，角砾中的泥质和溶积泥，压实程度低，发育微孔隙（图 4–76）。

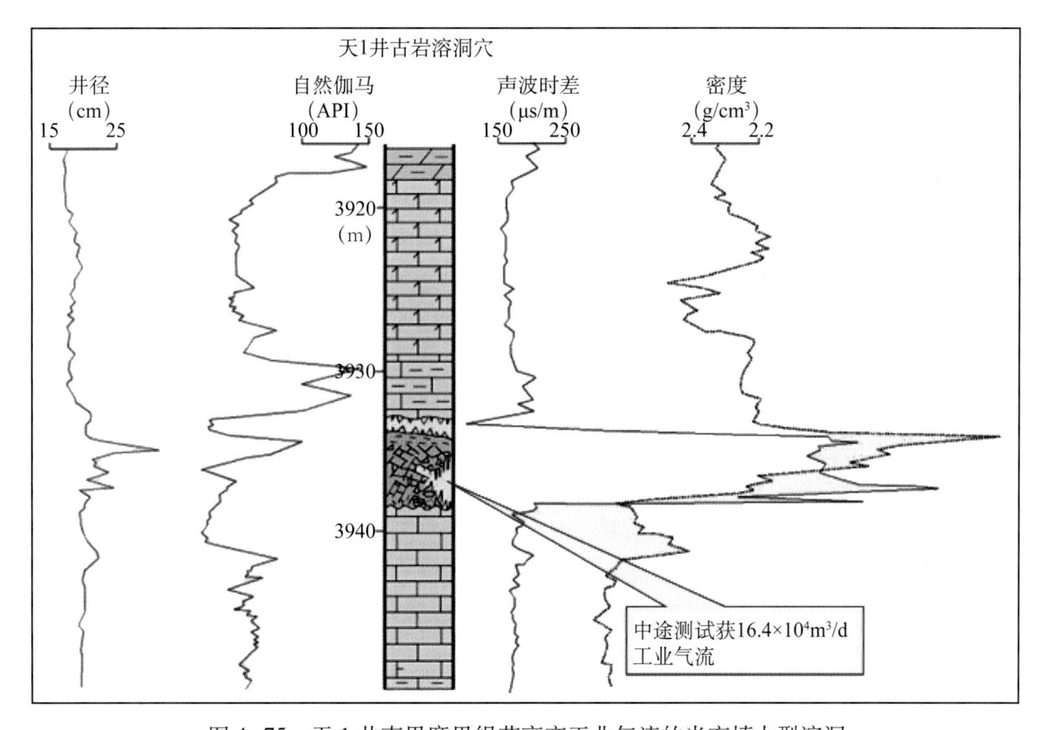

图 4–75　天 1 井克里摩里组获高产工业气流的半充填大型溶洞

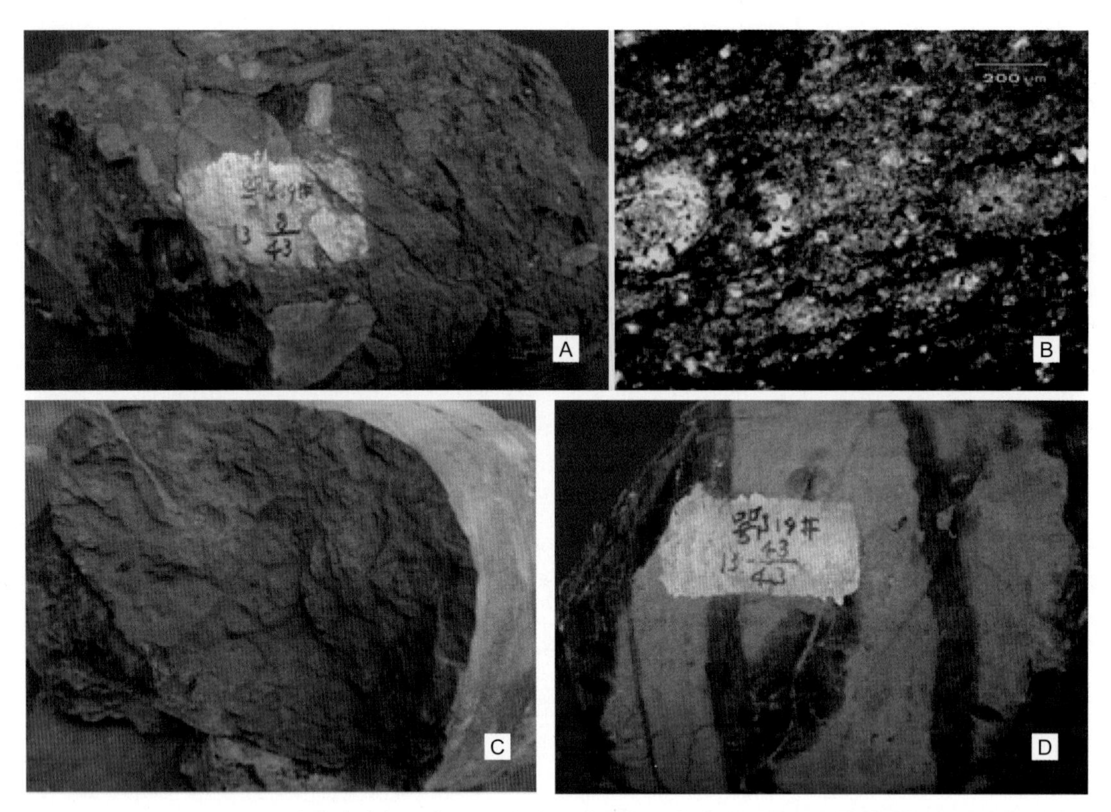

图 4–76　中央古隆起西缘鄂 19 井克里摩里组石灰岩中的溶洞充填物特征

（A）洞穴充填泥质角砾岩，成岩程度低（较为疏松，敲之易破裂），第 13 筒心第 8 块；（B）洞穴充填泥质角砾岩，砾间充填物成岩程度低，发育微孔隙，第 13 筒心，3948.74m，（红色）铸体，单偏光；（C）棕灰色质轻性软溶积泥中含有石炭纪植物叶片化石，表明晚加里东—早海西期发育的溶洞，在中海西期地壳再次沉降时被中石炭统海陆交互沉积所充填，14–24/43 块（厚约 2.2m）；（D）洞底泥质条带、纹层的泥质泥晶灰岩，14–43/43 块

（三）储层发育主控因素与模式

岩石类型是岩溶储层发育的物质基础，断裂和裂缝是岩溶储层发育的关键，所处古地貌部位决定岩溶储层的发育程度。

由于石灰岩的可溶性较白云岩大，而且其抗张、抗压、抗剪的力学强度较白云岩低，因而在隆升剥蚀期，最易在大气淡水作用下发生强烈溶蚀而形成溶蚀孔洞和大型缝洞。晚加里东—早海西期，整个鄂尔多斯盆地隆升暴露长达 1.4×10^8a，从而为岩溶储层的发育提供了地质背景。

特别是在隆升暴露晚期（即早—中海西期），由于盆地西侧贺兰山裂谷在古特提斯板块向北的推挤作用下，导致沿早期形成的断裂重新拉开形成碰撞谷，并使东侧裂谷肩又有翘升，从而在晚泥盆—早石炭世发生强烈岩浆喷发而形成大量凝灰岩，同时伴生大量的断裂和裂缝，加之早石炭世转变为湿热气候，从而使鄂尔多斯盆地西缘石灰岩进入最强烈溶蚀阶段。研究表明，与盆地中东部相比，西缘的断裂更发育，而且张性断裂及压性断裂的下盘岩溶更，所形成的岩溶洞穴在平面分布上具有一定的方向性，剖面上具有穿层性，非均质性强。

天 1、天 2 和天深 1 井处于断裂发育的穹隆构造上，这些断裂完全切穿奥陶系，但未切穿上覆上古生界，表明其形成于奥陶系沉积后、上古生界沉积前，属典型的控洞断裂。

其中，天 1 井位于穹隆的最高点，中途测试获 $16.4\times10^4m^3/d$ 的高产工业气流，但天深 1 井位于两条逆冲断裂的公共下降盘，构造位置低，故测试产水不产气。由此表明，两井之间存在明显的断层分隔，高部位聚气而成藏，但低部位仍然保存了沉积期和隆升暴露期的地层水，这也进一步说明岩溶洞穴型储层在该穹隆构造广泛分布，而且其形成与断裂的存在密不可分（图 4–77）。

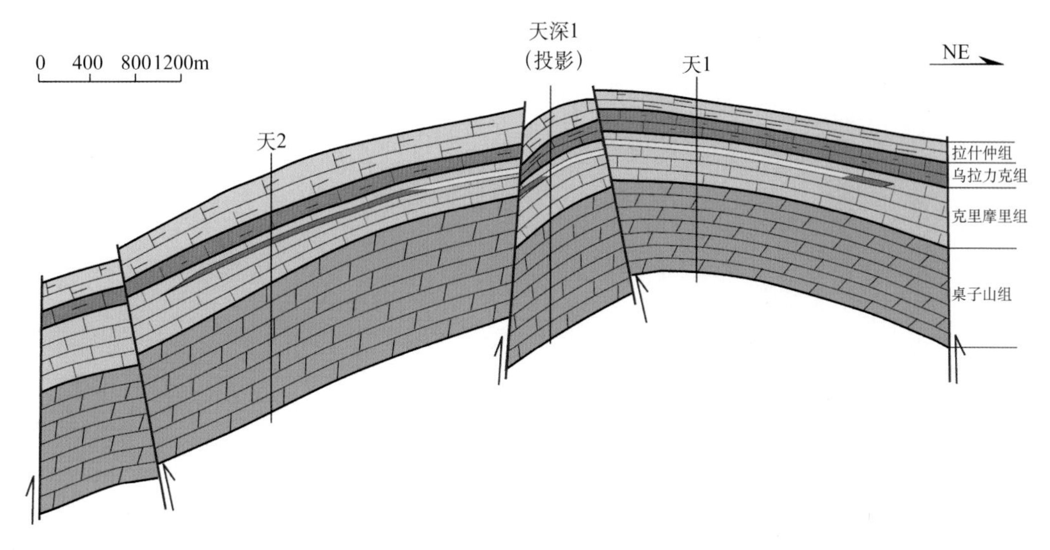

图 4–77 盆地西缘天池构造奥陶系气藏剖面图

前石炭纪岩溶上斜坡这一古地貌有利于岩溶作用进行。在晚加里东—早海西期长达 1.4×10^8a 的风化淋溶过程中，鄂尔多斯盆地古地貌基本上是以中西部苏里格为中心，向东、西两侧逐渐降低。当时的天环坳陷北段恰处于中央古隆起西缘的上斜坡部位，因而地表、地下岩溶水径流强度高、循环条件好，从而非常有利于侵蚀、溶蚀作用的进行和岩溶储层的发育。这一地质认识，也已在盆地中部靖边大气田和盆地东部风化壳气藏的勘探中得到了充分验证。

对天环北段岩溶洞穴发育井上覆本溪组及前石炭系古地貌分析表明，以天 1、鄂 19 等井为代表的岩溶洞穴发育井，其本溪组地层厚度均较薄（10m 左右），而且大都处于前石炭系古地貌高部位，从而有利于石灰岩段岩溶洞穴的发育。在盆地西部天环地区，奥陶系顶部出露层位自上而下依次是拉什仲组、乌拉力克和克里摩里组。其中，拉什仲组沉积时水体较深，以砂泥岩为主，从而阻止淋滤作用向下进行而为隔水层。而其下乌拉力克组和克里摩里组以各类石灰岩为主，易于遭受溶蚀而形成岩溶储层。

然而，令人不解的是，克里摩里组与上覆乌拉力克组同为石灰岩，前者中溶蚀孔洞缝和大型溶洞极为发育且顺层分布，后者却基本上不发育。而且，根据岩溶发育的一般规律，乌拉力克组的层位高、距当时古地面的距离近，理应溶洞更发育。

综合考虑鄂尔多斯盆地古构造—地貌和顺层岩溶作用不难看出，现今盆地下古生界的埋藏地貌总体上表现为西低东高、向天环坳陷倾斜的西倾大斜坡，苏里格与定探 1 井所在的中央古隆起恰处于东部缓缓西倾斜坡与天环深坳陷的转折段，即枢纽段；而在奥陶系沉积期末，即中加里东末期，也基本如此（图 4–78）。

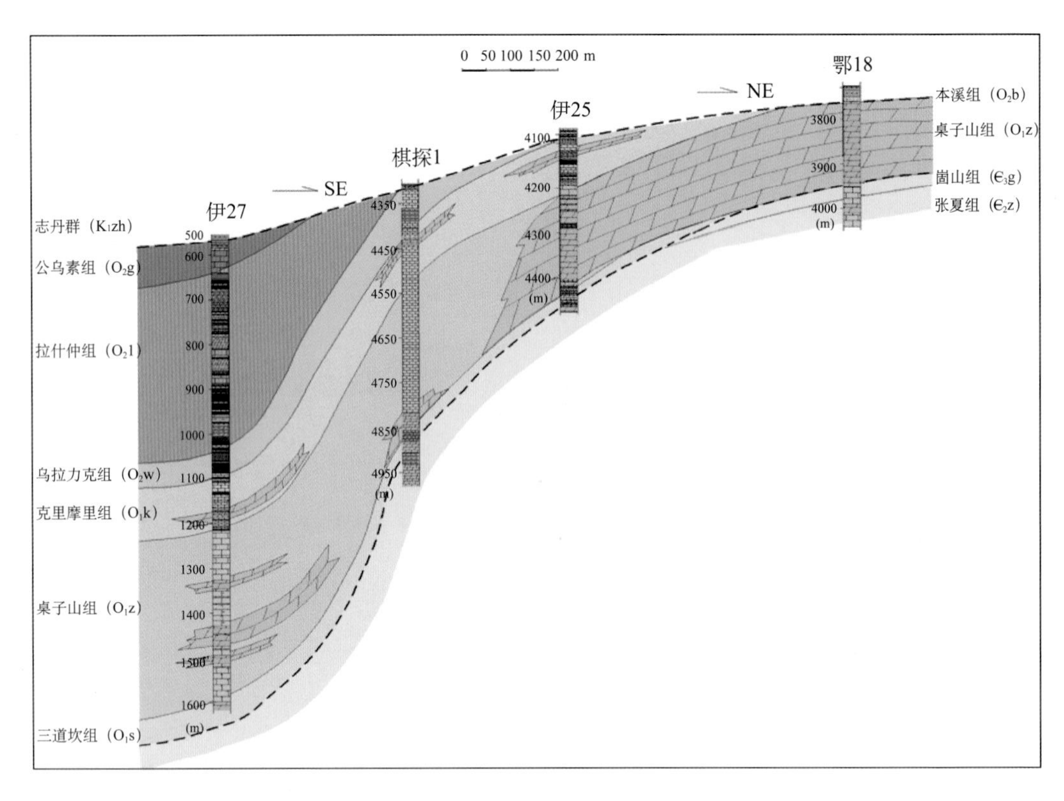

图 4–78　天环坳陷北段奥陶系连井沉积模式揭示中加里东末期古构造—地貌

然而，在晚加里东—早海西隆升暴露期，盆地总体的古构造—地貌格局演变为以中央古隆起为轴部、西陡东缓的不对称背斜。其中，苏里格与定探 1 井所在的中央古隆起古地貌位置最高、剥缺的地层最多（整个马五段被剥缺，出露马四段白云岩），而为当时的岩溶台地；古隆起以西向天环坳陷倾斜且坡度较大，古隆起东部的盆地中东部向东缓缓倾斜且坡度很小；天环坳陷北段和靖边气田分别位于当时的岩溶上斜坡上。以苏里格与定探 1 井所在中央古隆起这一岩溶高地为地表、地下岩溶水的供给、径流区，则在毗邻高地的岩溶上斜坡“近水楼台”、汇聚并潜入地下，沿着克里摩里组顶部与三级层序界面有关的层间岩溶面，以及克里摩里组层内高频同生期岩溶面顺层潜流，侵蚀、溶蚀而形成垂向叠合、顺层分布的顺层深潜流岩溶储层。而其上乌拉力克组石灰岩，由于其剥蚀线更靠近岩溶盆地而距岩溶高地较远，因而来源于岩溶高地的地表、地下径流因克里摩里组“截流”而少有岩溶水流入，故岩溶储层不发育。

上述风化壳岩溶在中石炭世被埋藏以来，又经历了长达 300Ma 的埋藏溶蚀历史。即上覆石炭系本溪组、太原组和下二叠统山西组煤系地层被上覆地层压实而不断挤压出含有机酸的压释水，并进入先期形成的风化壳岩溶储层进行埋藏溶蚀，从而有利于新的储集空间形成和先期各类储集空间的保持。

综上所述，岩溶储层是塔里木盆地非常重要的储层类型，其中，层间岩溶储层、顺层岩溶储层及潜山岩溶储层是塔里木盆地特有的岩溶储层类型，也是塔里木盆地非常重要的勘探领域，白云岩风化壳储层虽然在塔里木盆地、四川盆地和鄂尔多斯盆地均有发育，但特征也各有区别（表 4–10）。

表 4-10　塔里木、四川、鄂尔多斯盆地岩溶储层特征比较

序号	储层亚类		储层特征		
			塔里木盆地	四川盆地	鄂尔多斯盆地
1	层间岩溶储层		见于塔中北斜坡鹰山组	未发现或不落实	未发现或不落实
2	顺层岩溶储层		见于塔北南缘围斜区一间房组及鹰山组	未发现或不落实	未发现或不落实
3	受裂缝控制岩溶储层		见于英买 1–2 井区一间房组及鹰山组	川西北茅口组可能发育，不落实	盆地西缘上奥陶统可能发育，不落实
4	石灰岩潜山岩溶储层		见于塔北轮南低凸起	未发现或不落实	未发现或不落实
5	白云岩风化壳储层	分布层位	主要见于牙哈—英买力地区寒武系潜山构造区	主要见于雷口坡组，全盆地大面积分布	主要见于马家沟组五段盐上层系
		不整合面	侏罗系／寒武系，视剥蚀程度的不同可以出露中—上寒武统，潜山，地貌起伏大，剥蚀时间长	须家河组／雷口坡组，视剥蚀程度的不同可以出露雷一、二、三、四段，风化壳，大面积分布，地貌有一定的起伏	石炭系本溪组／奥陶系马家沟组五段，风化壳，大面积分布，地貌较平缓
		洞穴充填物	洞穴相对不发育，陆源充填物为主，半充填为主，热液改造强烈	洞穴发育，碳酸盐岩角砾和陆源物共同充填洞穴，强烈充填，未见热液作用	洞穴发育，碳酸盐岩角砾和陆源物共同充填洞穴，半充填—强烈充填，未见热液作用
		围岩类型	围岩为埋藏成因的中粗晶白云岩储层及颗粒白云岩储层，孔隙发育	围岩为萨布哈和渗透回流白云岩储层，孔隙发育	围岩为萨布哈白云岩储层，孔隙中等发育

第七节　岩溶储层分布规律

岩溶储层规模发育的条件有二：(1) 受多旋回构造运动控制的表生期岩溶作用，包括与平行不整合面相关的层间岩溶作用，与角度不整合面相关的顺层岩溶作用和喀斯特岩溶作用，与断裂相关的垂向岩溶作用和热液岩溶作用，不同规模的断裂和不整合是形成不同规模岩溶缝洞的必要条件，垂向上相互叠置；(2) 古地貌条件，主要分布于古隆起高部位及宽缓的斜坡区。

不管是哪种类型的岩溶储层，其缝洞体系的发育不外乎与以下 6 种建设性成岩作用（表 4–11）中的一种或几种的相互叠合有关。

表 4–11　岩溶储层 6 种孔隙建造机理

期次	孔洞建造作用	成岩环境	储层类型	识别标志
1	层间岩溶作用	表生大气淡水成岩环境	层间岩溶储层	洞穴充填物往往为同期的碳酸盐岩角砾或围岩垮塌角砾，顺层分布（距层面 0 ~ 50m 深度），与断层相关的洞穴可以更深
2	顺层岩溶作用	表生大气淡水成岩环境	顺层岩溶储层	洞穴充填物为异源的碎屑岩，或围岩垮塌的产物，由潜山浅部位向斜坡深部位，岩溶作用强度逐渐减弱，呈平面分带，与断层相关的洞穴可以更深

续表

期次	孔洞建造作用	成岩环境	储层类型	识别标志
3	喀斯特岩溶作用	表生大气淡水成岩环境	潜山岩溶储层（白云岩风化壳储层）	洞穴充填物为异源的碎屑岩或围岩垮塌的产物，主要位于不整合面之下 0 ~ 50m 的深度范围准层状分布，与断层相关的垂向岩溶形成的洞穴可以更深
4	垂向岩溶作用	表生—埋藏成岩环境	受断裂控制的岩溶储层	受断层控制的洞穴，串珠状或栅状分布，不受深度控制，亮晶方解石或热液矿物充填
5	埋藏岩溶作用	埋藏成岩环境	叠加改造先期发育的各类储层为主	往往见于颗粒灰岩中，结构选择性溶解，充填溶孔的亮晶方解石洁净明亮
6	热液岩溶作用	埋藏成岩环境		主要受断层控制，洞穴往往为热液矿物或巨晶方解石充填，无垮塌堆积物及异源沉积物

不同的岩溶作用可以形成不同类型的岩溶储层，并具不同的分布规律，以塔里木盆地为例加以阐述（图 4–79），但在其他盆地和地区，只要具有相似的地质背景，同样可以发育上述岩溶作用和岩溶储层类型。岩溶储层沿不整合面分布（距不整合面深度一般为 0 ~ 50m），从古隆起高部位经斜坡区一直延伸到向斜区低部位，平面上似层状大面积分布，垂向上受多期岩溶作用的控制呈楼房式多套叠置，非均质性明显。与断层或裂缝相关的垂向岩溶作用形成的缝洞是对这类储层储集空间的重要补充，垂向上呈串珠状、平面上呈带状—栅状分布，距不整合面的深度可以更大。塔里木盆地塔北地区从轮南潜山高部位到南部的斜坡区，为这类储层的发育提供了地质背景。

受断层控制的垂向岩溶及热液溶解作用也可形成规模较大的缝洞，前者是大气淡水沿断层下渗溶蚀形成沿断层分布的溶洞，后者是热液沿断层上涌形成沿断层分布的溶洞。

潜山岩溶储层是最传统意义上的喀斯特储层，需要有隆起的潜山背景，其分布范围远不如层间及顺层岩溶储层广，而且垂向上往往是单层系的。但对顺层岩溶作用的新认识使勘探领域由潜山隆起区向围斜区拓展，并为塔北南缘奥陶系一间房组—鹰山组一段的勘探所证实（图 4–80），新增勘探面积 $1 \times 10^4 km^2$ 以上。

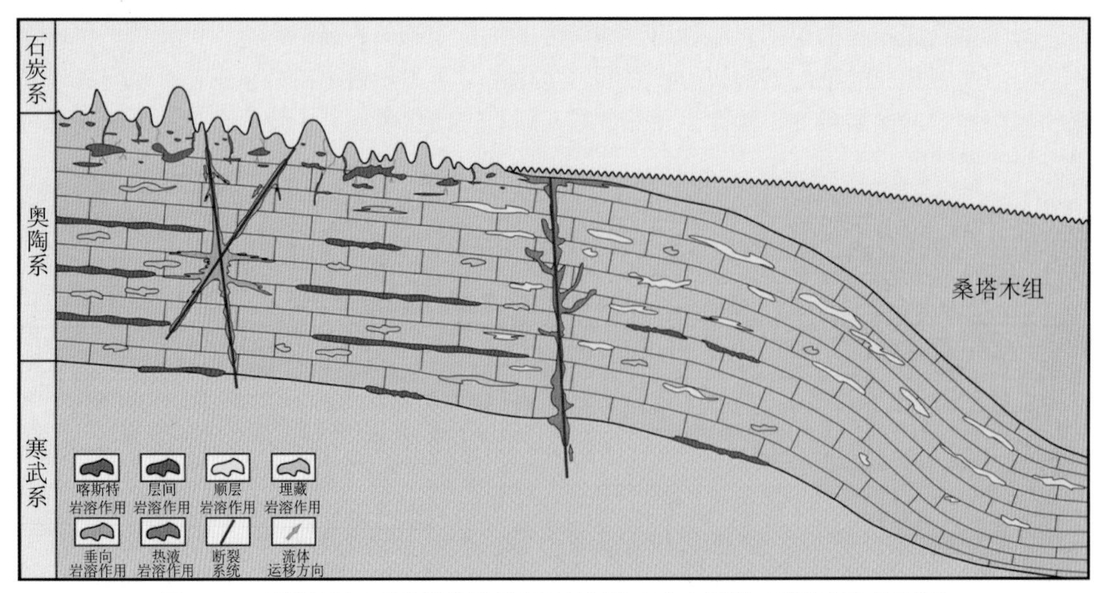

图 4–79　岩溶储层 6 种孔隙建造机理及储层发育分布模型（以塔北隆起为例）

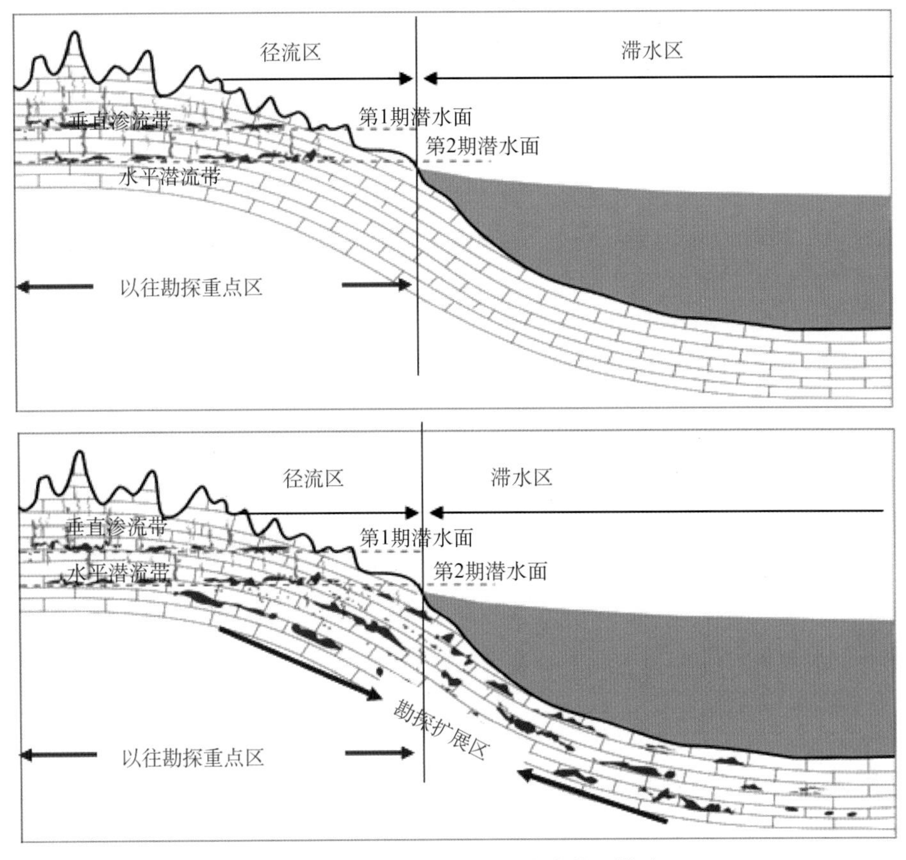

图 4-80　塔北南缘奥陶系岩溶储层模式

上图为潜山岩溶储层模式指导下的油气勘探，下图为层间和顺层岩溶储层模式指导下的油气勘探，大大拓展了勘探范围，有效指导了塔北南缘奥陶系的油气勘探

小　结

(1) 塔里木盆地岩溶储层可以进一步细分为层间岩溶储层、顺层岩溶储层、石灰岩潜山岩溶储层、白云岩风化壳储层和受断裂控制岩溶储层五种类型，四川盆地和鄂尔多斯盆地以发育白云岩风化壳储层为主，其他类型的岩溶储层还有待进一步的研究和证实。

(2) 6 种岩溶作用（层间岩溶作用、顺层岩溶作用、喀斯特岩溶作用、垂向岩溶作用、埋藏岩溶作用和热液岩溶作用）导致不同类型岩溶储层孔洞缝的发育。受不整合面控制的岩溶作用，形成的缝洞沿不整合面呈准层状分布；受断裂控制的岩溶作用，形成的缝洞沿断裂呈栅状分布。不同成因缝洞有其特有的缝洞发育地质背景、充填物特征和分布特征。

(3) 以塔中北斜坡鹰山组为例，系统阐述了层间岩溶储层的特征和成因。鹰山组与良里塔格组之间长达 12Ma 的地层剥蚀为表生期层间岩溶储层的发育提供了地质背景，层间岩溶作用及热液作用的叠加改造是储层发育的关键。

(4) 以塔北南缘奥陶系一间房组及鹰山组为例，系统阐述了顺层岩溶储层的特征和成因。古隆起及斜坡背景为顺层岩溶储层的发育提供了地质背景，渗透性好的颗粒灰岩和发育的裂缝系统为顺层岩溶作用提供了成岩介质通道。

（5）以轮南低凸起鹰山组为例，系统阐述了石灰岩潜山岩溶储层的特征和成因。古隆起为石灰岩潜山岩溶储层的发育提供了地质背景，潮湿气候条件下碳酸盐岩地层的抬升和长期风化剥蚀是岩溶缝洞发育的关键，发育的断裂和裂缝系统为潜山岩溶作用提供了成岩介质通道。

（6）以牙哈—英买力地区寒武系、龙岗地区雷口坡组顶、鄂尔多斯盆地靖边地区马家沟组五段为例，系统阐述了白云岩风化壳储层的特征和成因。隆起的古地貌为白云岩风化壳储层的发育提供了地质背景，白云岩地层的抬升和长期风化剥蚀是缝洞发育的关键，构成缝洞围岩的先期发育的多孔白云岩是白云岩风化壳储层的重要组成部分，发育的断裂和裂缝系统为岩溶作用提供了成岩介质通道。

（7）以英买 1–2 井区一间房组和鹰山组为例，系统阐述了受断裂控制岩溶储层的特征和成因。发育的断裂和裂缝系统为储层的发育提供了地质背景，受断裂及裂缝控制的垂向岩溶作用和热液岩溶作用导致溶蚀孔洞和洞穴的发育。

第五章　白云岩储层特征及成因

虽然白云石化机理和模式不少于 10 种（Mckenzie 等，1980；Adams 和 Rhldes，1961；Hardie，1987；Graham R. Davis 等，2006），但规模白云岩储层不外乎形成于两个阶段。一是同生期形成的沉积型白云岩储层，如萨布哈白云岩储层、渗透回流白云岩储层，储层的发育受沉积相带和古气候共同控制；二是埋藏期形成的埋藏—热液改造型白云岩储层，如埋藏白云岩储层和热液白云岩储层，储层的发育受埋藏史和热史的控制。

第一节　概　述

中国海相含油气盆地碳酸盐岩主要发育 5 类白云岩储层。四川盆地震旦系灯影组藻泥粉晶白云岩储层有可能是微生物成因的，但认识程度较低，故本章重点论述萨布哈白云岩储层、渗透回流白云岩储层、埋藏白云岩储层和热液白云岩储层。

一、萨布哈白云岩储层

现代萨布哈环境的典型实例，见于阿拉伯海湾沿岸的阿布扎比（Abu Dhabi）地区，萨布哈地层厚度 3m，横向延伸约 12km，泥粉晶白云石含量高达 60%，伴生大量硬石膏沉淀。古代萨布哈地层是白云岩储层发育的重要层位，主要见于潮间—潮上坪环境，是比较理想的萨布哈白云岩储层发育区。与之共生的蒸发岩是封闭性良好的盖层。如果存在油气输入条件，极易形成油气藏。如美国威利斯顿（Williston）盆地奥陶系红河（Red River）组油气层，以及密西西比系密新坎因（Mission Canyon）组油气层。此外，在萨布哈环境向陆地一侧，往往形成相对高的萨布哈边缘，极易暴露于大气淡水环境中，受到淡水的淋滤，形成较好的储层。

该类储层在塔里木盆地中—下寒武统、四川盆地下三叠统嘉陵江组和中三叠统雷口坡组、鄂尔多斯盆地奥陶系马家沟组均有发育。塔里木盆地牙哈 10 井 6210.10 ~ 6213.20m 井段发育典型的萨布哈白云岩储层，位于萨布哈向上变浅序列的上部，为一套含石膏的潮间—潮上坪泥粉晶白云岩，下部以致密泥晶白云岩为特征。孔隙类型主要有溶孔和砾间孔，溶孔形成于石膏、未白云石化灰泥或文石的溶解，砾间孔形成于石膏层溶解导致的白云岩层的垮塌。

储层形成于干旱气候条件下的潮间—潮上坪蒸发成岩环境（图 5–1），萨布哈白云石化作用、大气淡水淋溶导致的石膏溶解作用、石膏层溶解导致的白云岩层的垮塌对储层发育起重要的控制作用。在萨布哈向上变浅的地层序列中，石膏主要分布在中上部，并有两种产状。中部石膏以斑块状散布于泥晶白云岩中为特征，形成膏云岩，上部以膏岩层和膏云岩或泥晶白云岩互层为特征，由下至上构成气候逐渐干旱和石膏含量逐渐增多的序列。

石膏的存在非常重要，它为石膏的溶解和膏溶孔的形成、白云岩地层的垮塌和砾间孔的形成奠定了物质基础。这也很好地解释了萨布哈白云岩储层为什么主要发育于萨布哈地

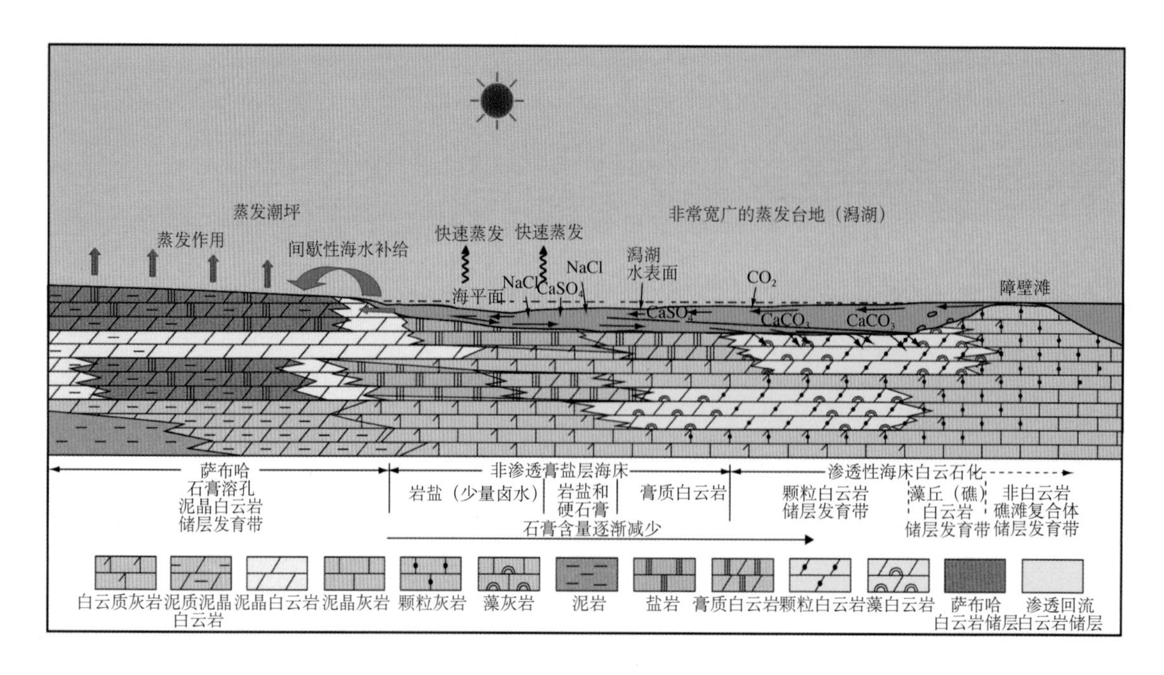

图 5–1　萨布哈及渗透回流白云岩储层发育模式图（据 Adams 和 Rhodes，1961，修改）

展示了不同岩性单元的侧向和垂向上的变化关系，潮间—潮上坪沉积，

台内含膏泥晶白云岩、颗粒白云岩及礁（丘）白云岩均可发育成有效储层

层序列的中上部，而下部的纯泥晶白云岩反而不能发育成储层的原因（图 5–2）。事实上，塔里木盆地寒武—奥陶系泥晶白云岩是非常发育的，但不含石膏的泥晶白云岩难以发育成有效储层。

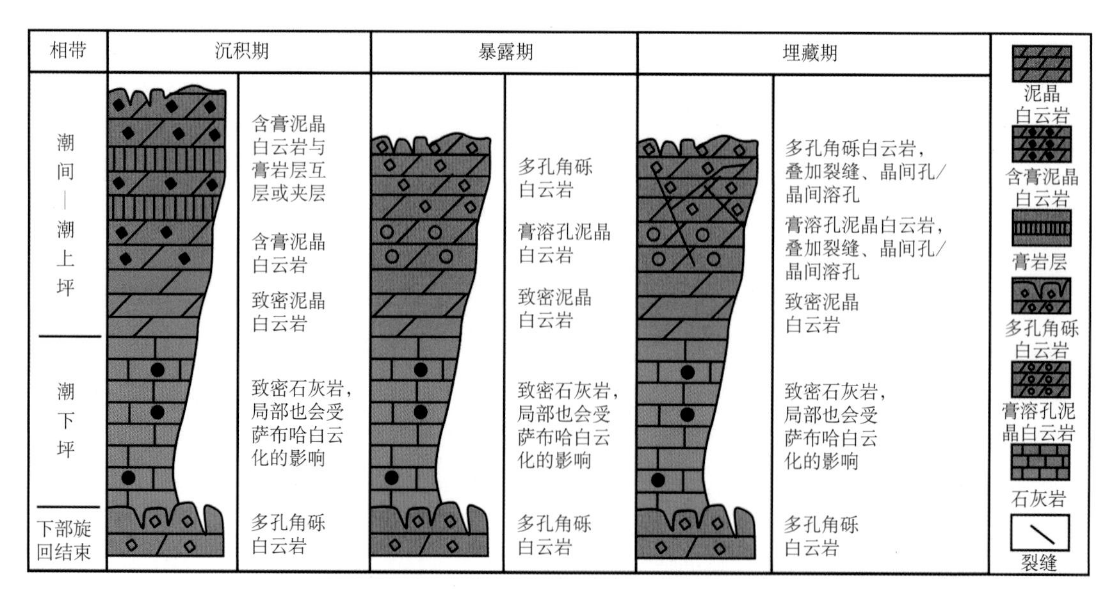

图 5–2　塔里木盆地中—下寒武统萨布哈白云岩储层发育模式图

有效储层发育于萨布哈向上变浅旋回的上部，受层序界面、干旱气候及沉积相带共同控制，

孔隙形成于石膏的溶解

二、渗透回流白云岩储层

在由障壁岛围成的半封闭海相台地（或潟湖）环境中发育的白云岩储层（图 5–1）。渗透回流白云岩储层主要发育于塔里木盆地巴楚—塔中隆起和塔北隆起中—下寒武统，四川盆地石炭系黄龙组、下三叠统嘉陵江组和中三叠统雷口坡组，鄂尔多斯盆地东部盐下和盐间马家沟组。白云石化作用常具有组构选择性，保留原岩结构。类型包括台地相藻泥晶白云岩、（残余）颗粒白云岩及礁（丘）白云岩等。孔隙类型主要发育鲕粒铸模孔、残留粒间孔、粒间溶孔、石膏溶孔和生物格架孔等。

渗透回流白云岩储层的发育分布受沉积环境特征和气候演化所控制。侧向上，蒸发台地（或潟湖）由陆向障壁方向，蒸发盐沉积逐渐减少，向陆的一侧可以是成层的膏岩沉积，向海方向形成的储层序列依次为石膏溶孔型泥晶白云岩储层、颗粒白云岩储层、礁丘白云岩储层、台缘带礁滩体储层。垂向上，随着气候的进一步干旱，膏岩层将向海一侧迁移，逐渐覆盖于下伏白云岩储层之上，形成白云岩层和膏岩层的互层（图 5–1）。由于渗透回流白云石化作用主要发生于水下，大规模石膏层的溶解和上覆白云岩层的垮塌现象并不多见，这也是与蒸发潮坪环境的最大区别。因此，渗透回流白云岩储层的发育规律为：纵向上往往位于高频旋回或三级旋回向上变浅序列的上部；侧向上与膏岩层相变，垂向上为膏岩层覆盖。上覆蒸发岩常构成盖层，通常所说的盐下白云岩储层就赋存于这类储盖组合中（Adams 和 Rhodes，1961）。

渗透回流白云岩储层形成于陆棚潟湖蒸发环境，这是与萨布哈白云岩储层的最大区别，前者形成于水下，后者形成于水上。对储层发育起控制作用的有渗透回流白云石化作用、石膏的沉淀作用，以及大气淡水淋溶导致石膏—文石颗粒—未白云石化灰泥的溶解作用。

三、埋藏白云岩储层

埋藏白云石化作用可以发生于埋藏成岩环境的各个阶段，总体上具非组构选择性白云石化和晶粒较粗大的特点，而且随埋藏深度的加大、作用时间的加长，晶粒有变粗的趋势。埋藏白云岩储层的储集岩类型以各种晶粒大小的细、中、粗晶白云岩为特征，储集空间类型主要有晶间孔、晶间溶孔，少量溶蚀孔洞。原岩可以是各种石灰岩被白云石化成岩介质交代的产物，并进一步重结晶，使晶粒变粗变大，也可以是同生期形成的白云岩经过重结晶作用改造的产物。虽然理论上说该类储层的发育和分布是受埋藏成岩相控制，但从残留结构分析，原岩多为颗粒灰岩，或者说以原岩为颗粒灰岩的埋藏白云岩储层为最好。大量案例也揭示埋藏白云岩主要沿陆棚边缘分布，如西加拿大沉积盆地泥盆系 Nisku 陆棚、Cooking Lake 台地、Swan Hills 台地和 Presquile 障壁等（Amthor 等，1993）。

埋藏白云岩储层于塔里木盆地上寒武统及下奥陶统蓬莱坝组，四川盆地下寒武统龙王庙组、上寒武统洗象池组，川东石炭系黄龙组、下二叠统栖霞组，鄂尔多斯盆地中部马四段及盆地南缘马家沟组均有发育。对埋藏白云岩储层发育有控制作用的是埋藏过程中的白云石化和岩溶作用。其中，晶间孔显然是白云石化作用的产物，而晶间溶孔则是埋藏阶段发生岩溶作用的结果，包括有机酸、TSR 及盆地深部热卤水对白云石晶体的非组构选择性溶蚀，使晶间孔溶蚀扩大。

埋藏白云岩发育与分布的基本特点是：(1) 埋藏早期交代白云石呈零星状散布于石灰岩中，白云石化程度不高，具泥晶结构的石灰岩比颗粒结构的石灰岩更易发生白云石化，随着埋藏深度和持续时间的加大，白云石逐渐富集，由沿着缝合线呈斑块状分布至连续层状分布；(2）埋藏白云石化进程无疑控制了白云石结晶程度与连续分布的规模，埋藏白云石化作用的发生同样具有组构选择性，即在台缘和台内的高能沉积相带，埋藏白云石化作用既容易发生又比较充分，这可能与埋藏流体的运动主要集中在沉积期或沉积期后不久建立起来的高孔隙度—渗透率带有关（Clyde H. Moore，2001)。

四、热液白云岩储层

热液白云岩储层是埋藏成岩环境热液作用的产物，塔里木盆地热液活动现象十分丰富，并具有多期活动的特点，主要活动期与二叠纪全盆地广泛发育的岩浆活动有关，并叠加改造下古生界多套碳酸盐岩储层。热液受断层、深部热源等控制，温度高于埋藏成岩环境成岩介质的背景值，可通过断层运移到地表。热液作用表现在两个方面：一是热液作用形成热液溶蚀洞穴，并往往为热液矿物半充填；二是热液作用引起斑块状或准层状白云石化，导致晶间孔和晶间溶孔的发育。因热液需要不整合面、断裂和渗透性好的岩石作通道，导致热液白云岩储层的分布主要局限于断裂带或不整合面附近（图 5–3)。

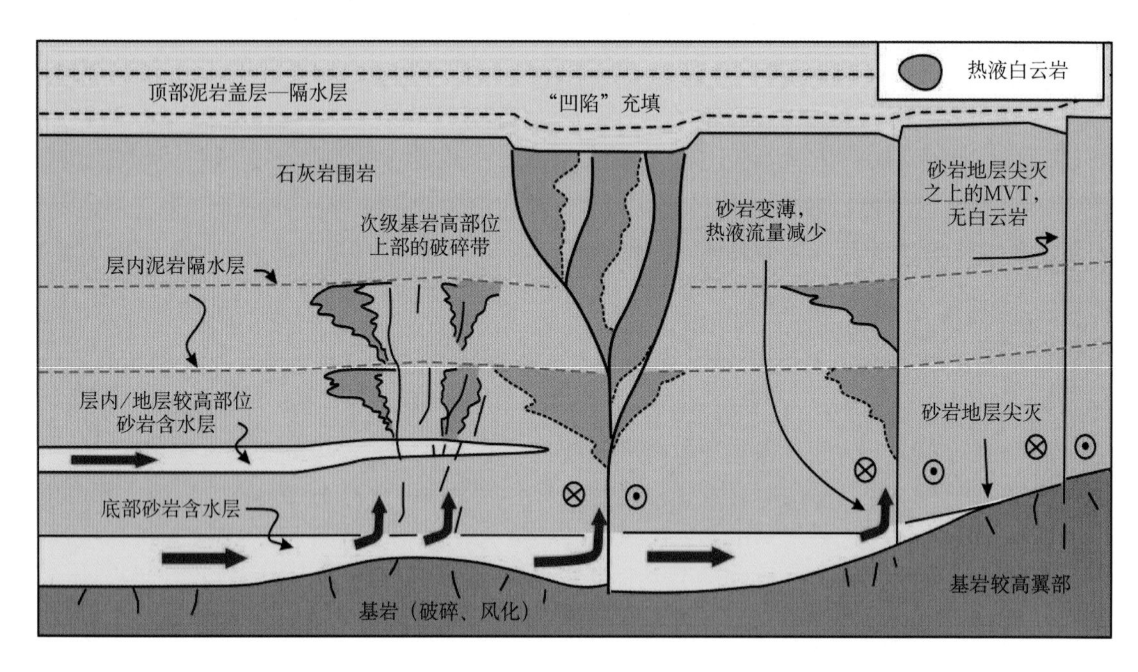

图 5–3　热液白云岩储层成因模式图，断裂和孔隙型地层是热液的重要通道

（据 Graham R.Davis 等，2006)

热液白云岩储层呈斑块状或准层状断续分布，前者往往与断层有关，后者往往与不整合面有关，岩性有粗晶、中晶、细晶或不等晶白云岩，岩石组合为云灰岩、灰云岩或石灰岩和白云岩的互层，原岩以颗粒灰岩为主。孔隙类型主要为：(1）白云石晶间孔和晶间溶孔；(2）热液溶蚀洞穴；(3）裂缝。孔隙大小特征为：(1）晶间孔及晶间溶孔的孔径一般为 0.1 ~ 0.5mm，平均 0.3mm；(2）洞穴的孔径一般为 1cm 至数米；(3）缝的直径一般为毫米级。

第二节 萨布哈白云岩储层

本节以塔里木盆地中—下寒武统、四川盆地雷口坡组（磨溪气田雷一段）、鄂尔多斯盆地马家沟组为例阐述萨布哈白云岩储层的特征及成因。

一、四川盆地雷口坡组一段

四川盆地雷口坡组一段（以下简称雷一段）主要为一套膏云岩沉积，纵向上可分为两个亚段：雷一段一亚段、雷一段二亚段。目前已在川中雷口坡组一段探明了磨溪和卧龙河气田，磨溪气田储量为 $253.87 \times 10^8 m^3$，卧龙河气田储量为 $145.92 \times 10^8 m^3$，产气层主要为雷一段一亚段中部。四川盆地雷一段一亚段沉积中期在干旱气候背景下的蒸发潮坪环境下发育了一套含膏（膏质）萨布哈白云岩储层，石膏的溶解是非常重要的建设性成岩作用，储层可以大面积规模展布，是非常重要的勘探领域。

（一）地质背景

受印支运动早幕影响，四川盆地泸州—开江古隆起核部缺失雷一段，其他地区广泛分布该套地层。中三叠世雷一段沉积时期为蒸发台地—潟湖环境，雷一段一亚段沉积中期海平面较低，川中泸州、开江古隆起已出露水面，泸州、开江古隆起及其周边主要为蒸发潮坪沉积环境（图 5–4），广泛发育潮上带萨布哈含膏泥晶白云岩，潮间及潮下的台内浅滩由于海平面升降旋回时常出露水面并接受萨布哈白云石化作用，沉淀石膏，形成含膏颗粒白云岩；纵向上表现为含膏（膏质）颗粒白云岩、含膏（膏质）泥晶白云岩与膏盐不等厚互层；含膏（膏质）颗粒白云岩、泥—粉晶白云岩是雷一段萨布哈白云岩储层的物质基础。

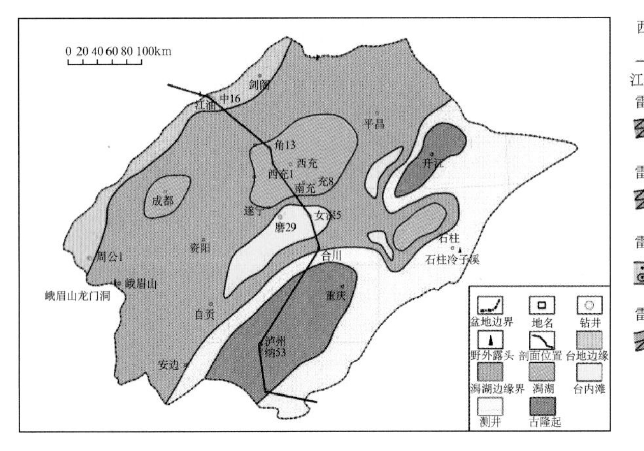

（A）沉积相简图

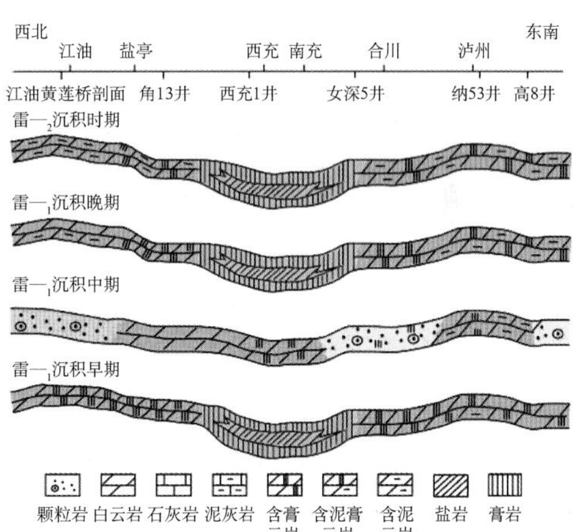

（B）沉积演化剖面图

图 5–4 四川盆地雷一段沉积时期沉积背景

（二）储层岩性

露头、井下岩心、薄片、测井等综合研究表明川中地区雷一段一亚段沉积时期大面积发育萨布哈白云岩储层。储层岩性主要为含膏（膏质）颗粒云岩、泥—粉晶云岩，颗粒成分有各种生屑、砂屑、鲕粒，砂屑最发育。石膏溶孔发育是其最主要特征，石膏主要有以下三种产状：(1) 膏岩层（层状、肠状产出）(图 5–5A、B)；(2) 膏质云岩中含的石膏（粒状、纤状、条状、斑块状充填于泥晶白云岩的窗格孔、遮蔽孔及颗粒白云岩的铸模孔、粒间孔等孔隙中）(图 5–5C、D)；(3) 埋藏期石膏（板状、条状晶形充填于后期构造运动形成的裂缝中)。前两种石膏是干旱气候下从超碱性海水或蒸发海水环境中直接沉淀的石膏，第二种石膏最为重要，它虽然充填了大量同生期的孔隙，使岩石孔隙度大为降低，但石膏同时也是一种易溶矿物，为其后的大气淡水溶蚀和膏溶孔的形成奠定了物质基础。

图 5–5　四川盆地雷一段岩心石膏特征

(A) 膏质云岩或云质膏岩，层状石膏，磨 29 井，5–5/8，岩心；(B) 膏质云岩或云质膏岩，肠状石膏，磨 29 井，4–56/106，岩心；(C) 膏质云岩或云质膏岩，纤状、针状及条状石膏，磨 29 井，2808.06m，×10，正交光；(D) 膏质云岩，斑块状石膏及石膏溶孔，磨 29 井，2783.88m，×10，正交光

（三）储集空间

磨溪气田萨布哈白云岩宏观储集空间以岩心级别的针状溶孔为主，微观储集空间类型有粒间（石膏）溶孔、粒内（石膏）溶孔、膏模孔、晶间孔、晶间溶孔和构造缝、缝合线等，以粒间（石膏）溶孔、粒内（石膏）溶孔、膏模孔和晶间溶孔为主（图 5–6)。石膏溶孔的孔径一般为 0.1 ～ 3.0mm，大而孤立。

（四）储层物性

物性特征主要表现为中孔中渗型储层（表 5–1)，孔隙度分布范围在 0.84% ～ 8.39% 之间，最高可达 22%，渗透率最高可达 90mD（图 5–7A、B)。基质孔隙发育，总体上随孔隙

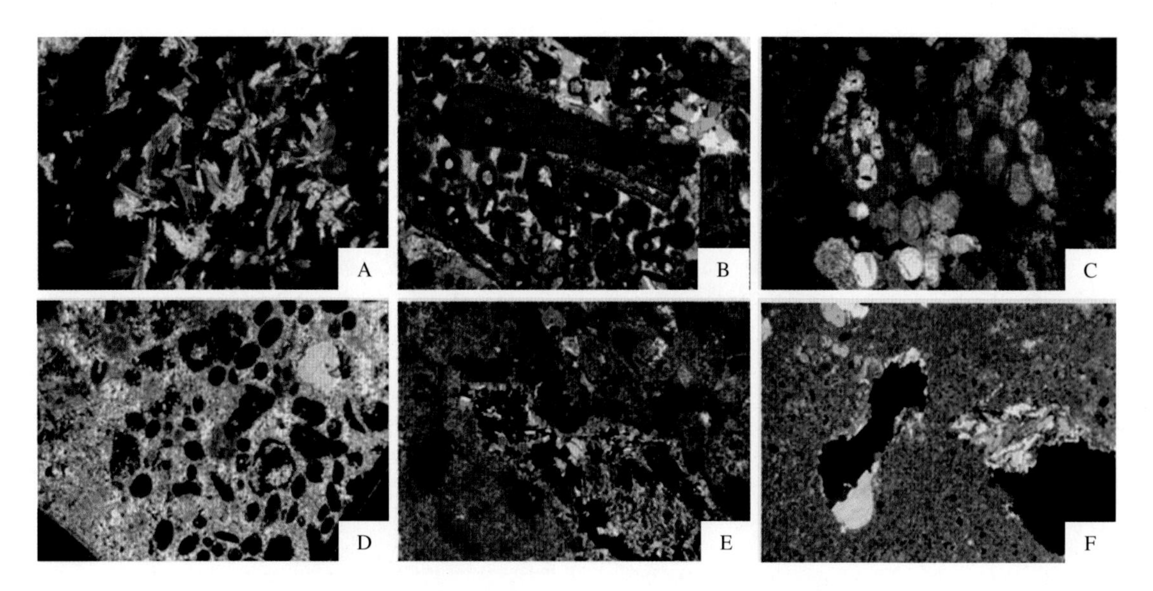

图 5–6 磨溪气田雷一段萨布哈白云岩储层岩性及储集空间类型

(A) 泥晶白云岩中的石膏充填物，雷一段一亚段，磨 34 井，2706.96m，×10，正交光；(B) 颗粒白云岩中的石膏充填物，雷一段一亚段[1]，兴华 1 井，3274.84m，×10，正交光；(C) 文石质颗粒被同生期大气淡水溶解形成铸模孔，铸模孔又被石膏充填，雷一段一亚段，磨 34 井，2750.00m，×10，正交光；(D) 文石质颗粒被同生期大气淡水溶解形成铸模孔，铸模孔又被石膏充填，石膏又被溶解，雷一段一亚段，兴华 1 井，3281.58m，×10，正交光；(E) 颗粒白云岩，同生期大气淡水淋溶形成粒间石膏溶孔，仍有未被溶解的石膏残留，雷一段一亚段，兴华 1 井，3295.88m，×10，正交光；(F) 泥晶白云岩，同生期大气淡水淋溶形成石膏溶孔，仍有未被溶解的石膏残留，雷一段一亚段，磨 28 井，2804.89m，×10，正交光

表 5–1 四川盆地雷一段一亚段储层物性（孔隙度、渗透率）数据表

储层	物性							
	孔隙度				渗透率			
	最大值(%)	最小值(%)	平均值(%)	样品数	最大值(mD)	最小值(mD)	平均值(mD)	样品数
含膏泥晶白云岩	18.56	0.06	2.66	301	19	0.001	1.06	89
含膏粉晶白云岩	16.08	0.09	3.4	399	42	0.001	1.35	166
含膏颗粒白云岩	22.14	2.58	8.01	144	90	0.002	5.06	117

度增大，渗透率缓慢增加，孔渗关系呈较好的指数关系（图 5–7C），相关系数 R=0.6219，总体为孔隙型储层。膏溶孔颗粒云岩储层以缩颈喉道和管状喉道为主，为中孔中喉型（图 5–8A）；膏溶孔泥粉晶云岩储层以片状喉道为主，为中孔细喉型（图 5–8B）；毛细管压力曲线特征参数呈现为三低特征，即排驱压力、饱和度中值压力、汞退出效率较低（图 5–9A），孔喉结构相关性较好（图 5–9B、C）。

（五）储层地震响应特征

该套储层在地震剖面上表现为低频、弱振幅、低连续反射特征（图 5–10）。

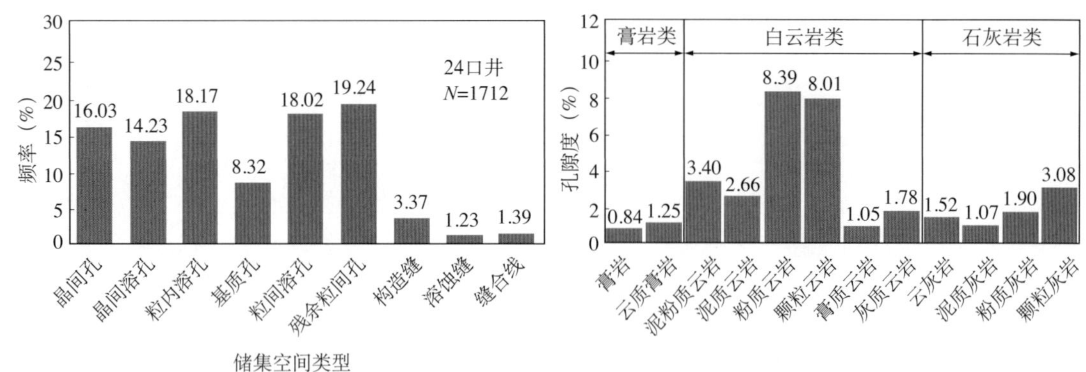

(A) 储集空间类型频率分布直方图　　(B) 不同岩类平均孔隙度分布直方图

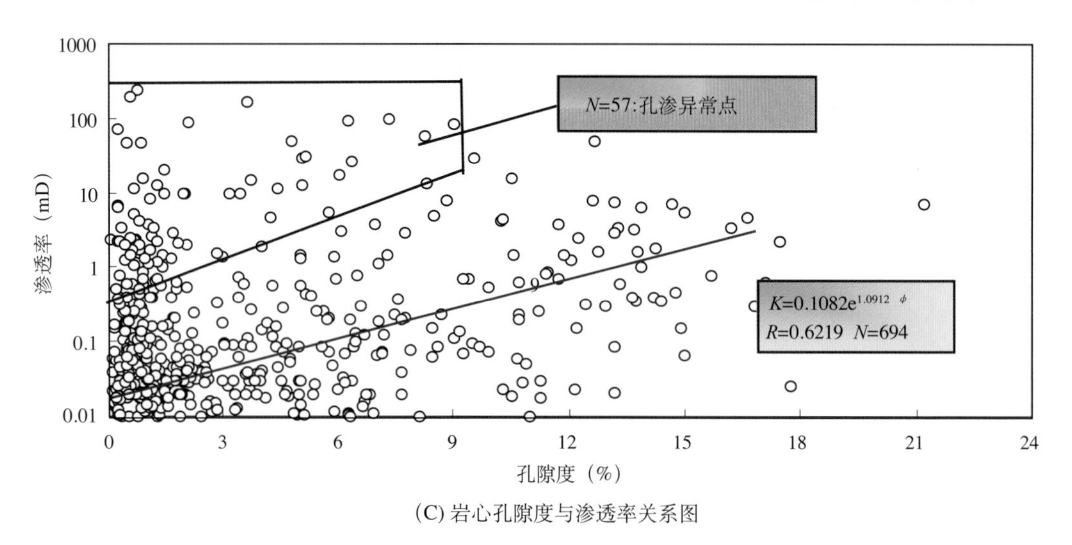

(C) 岩心孔隙度与渗透率关系图

图 5–7　四川盆地雷一段岩性特征

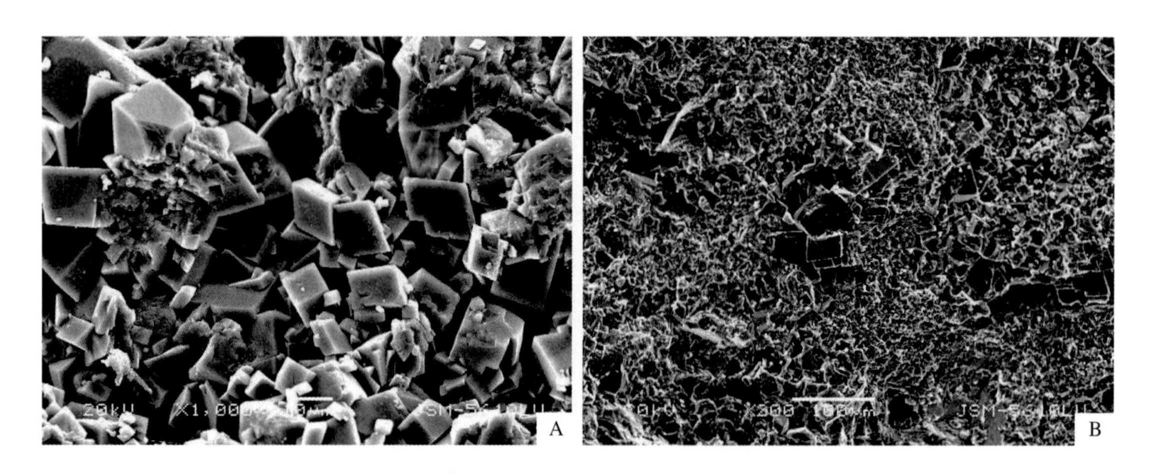

图 5–8　四川盆地雷一段储层取心样品孔喉结构特征

（A）砂屑云岩，中孔中喉型，安 9 井，2552.73m，扫描电镜照片；
（B）含砂屑泥粉晶云岩，中孔细喉型，安 9 井，2552.55m，扫描电镜照片

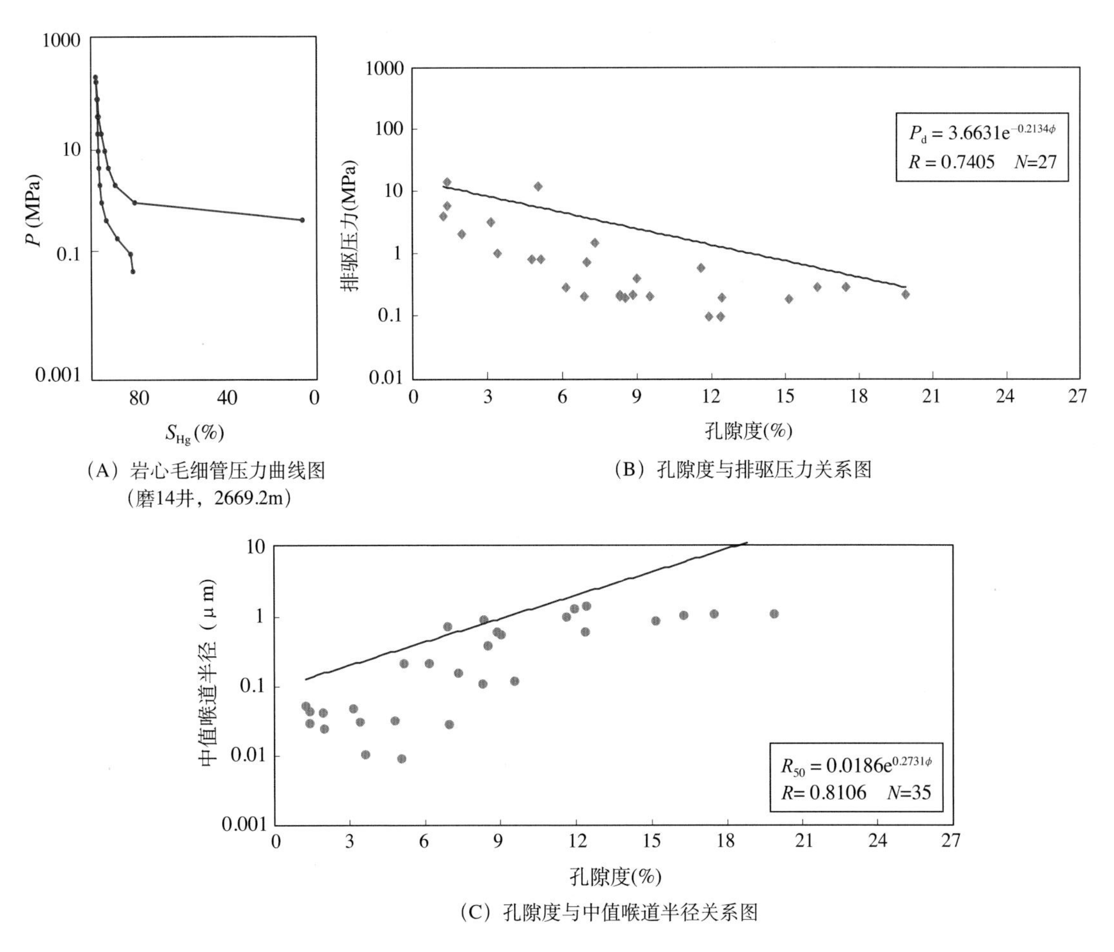

(A) 岩心毛细管压力曲线图
(磨14井，2669.2m)

(B) 孔隙度与排驱压力关系图

(C) 孔隙度与中值喉道半径关系图

图 5-9 四川盆地雷一段储层取心样品孔喉结构特征

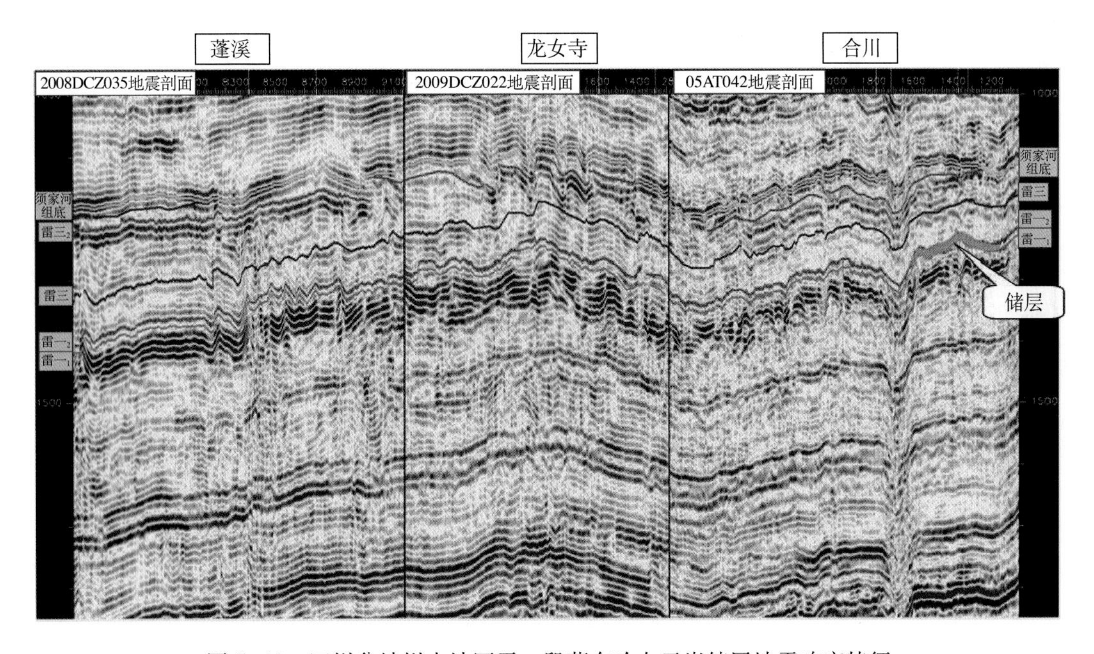

图 5-10 四川盆地川中地区雷一段萨布哈白云岩储层地震响应特征

（六）储层成因

四川盆地磨溪气田雷一段萨布哈白云岩储层的成因可总结为以下三个方面：(1) 干旱气候条件下的潮间—潮上坪沉积为萨布哈白云岩储层发育提供了物质基础；(2) 海平面下降导致的沉积物暴露和大气淡水溶蚀是孔隙形成的关键；(3) 埋藏白云石化叠加改造形成的晶间孔和晶间溶孔是对储集空间的重要补充。

在强烈蒸发作用下，潮坪泥晶灰岩转变为粉晶白云岩或含膏泥晶白云岩，颗粒灰岩也转变为颗粒白云岩，从泥晶白云岩和颗粒白云岩中尚残余石膏分析，引起白云石化的卤水浓度很高，白云石化速度很快。这与白云岩碳氧同位素偏重、有序度较低（平均值为0.61）、形成温度偏低以及盐度指数偏高是一致的（表 5–2 和图 5–11），沉积的白云岩中含有一定量的硬石膏，原岩结构得到较好的保存。蒸发成岩环境卤水选择性白云石化形成萨布哈白云岩的同时，也沉淀了大量的石膏，石膏呈斑块状散布于泥晶白云岩中，充填于颗粒白云岩的粒间或颗粒铸模孔中，或与泥晶白云岩 / 颗粒白云岩互层，石膏的存在为萨布哈白云岩储层的发育奠定了物质基础。蒸发潮坪环境下形成的石膏的溶解是雷一段储层发育最为重要的建设性成岩作用，大气淡水溶蚀作用，尤其是大气淡水成岩环境石膏的溶解，是非常重要的建设性成岩作用。石膏的溶解程度不一，可以完全被溶解、部分被溶解或完全未被溶解，这与沉积物接受大气淡水溶蚀作用的时间长短有关，萨布哈向上变浅的地层序列的中上部石膏沉淀作用和大气淡水溶蚀作用较强烈。

表 5–2　四川盆地雷一段白云岩碳氧同位素统计表

序号	井号	井深（m）	岩性	$\delta^{13}C$（‰，PDB）	$\delta^{18}O$（‰，PDB）	盐度指数
1	磨 29	2787.8	含膏颗粒云岩	5.1	−1.7	136.9
2	磨 29	2790.4	含膏针孔云岩	4.9	−1	136.8
3	兴华 1	3294.7	含膏颗粒云岩	4.4	−2.9	134.9
4	兴华 1	3295.2	含膏颗粒云岩	4.2	−2.5	134.7
5	罗 2	2683.5	含膏含砂屑针孔云岩	5.3	−2.5	136.9
6	华西 1	2686.2	含膏含生屑云岩	3.6	−0.5	134.4
7	华西 1	2692.5	含膏针孔云岩	5.8	−3	137.7
8	华西 1	2695	含膏针孔云岩	4.9	−4.6	135
9	华西 1	2709	含膏颗粒云岩	4.7	−2.2	135.8
10	女深 2	2756.8	含膏砂屑云岩	4.2	−3.4	134.2
11	女深 2	2765.5	含膏砂屑、生屑云岩	4.3	−3.2	134.5
12	女深 2	2772.4	含膏砂屑云岩	4.9	−1.1	136.8
13	女深 2	2774.8	含膏砂屑云岩	5.1	−1.6	136.9
14	女深 2	2793.6	含膏砂屑云岩	3.6	−2.7	133.3
15	女 110	2750.8	含膏生屑云岩	4.1	−3.6	133.9
16	女 110	2798.7	含膏砂屑云岩	3.6	−2.2	133.6
17	合 12	2411	含膏含颗粒生屑云岩	4.5	−2.5	135.3
18	合 12	2425	含膏针孔云岩	5.5	−2.4	137.4

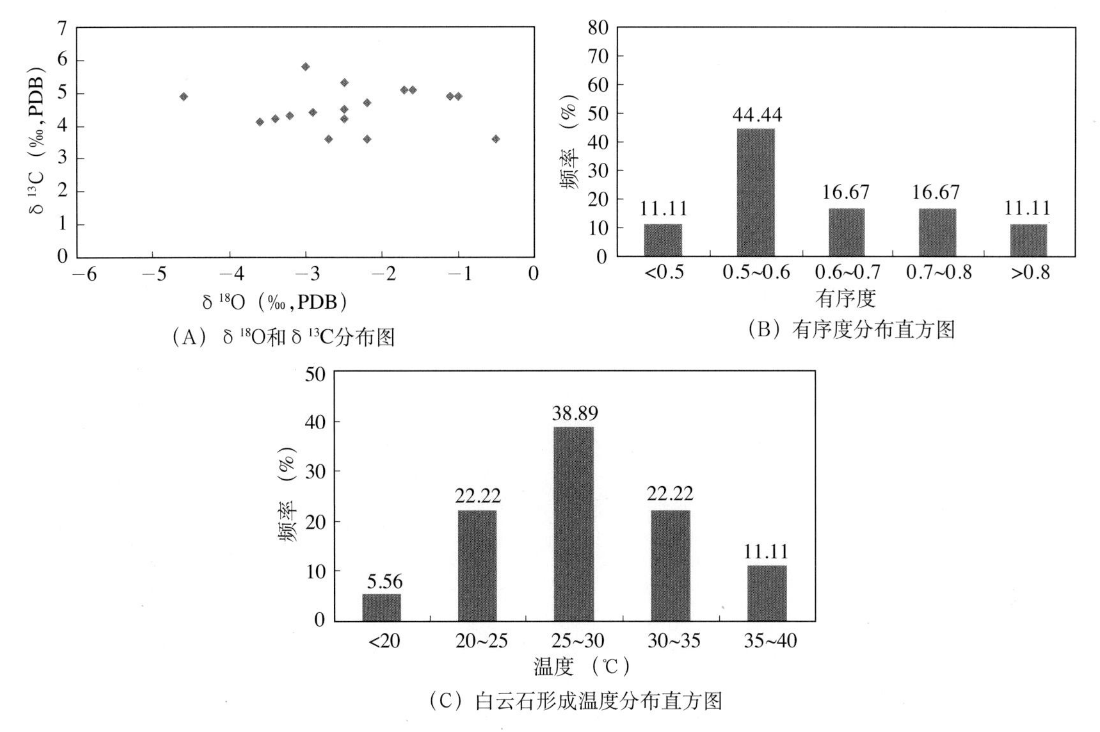

图 5-11　四川盆地雷一段白云岩地球化学特征

在萨布哈向上变浅的地层序列中，石膏主要分布在中上部，并有两种产状。中部以斑块状石膏散布于泥晶白云岩中为特征，形成含石膏白云岩，上部以膏岩层和含石膏白云岩或泥晶白云岩互层为特征。由下至上构成气候逐渐干旱和石膏含量逐渐增多的序列。石膏的沉淀非常重要，它为石膏的溶解和膏溶孔的形成、白云岩地层的垮塌和砾间孔的形成奠定了物质基础，而萨布哈环境的过渡属性又为频繁的大气淡水作用提供了保障。这也很好地解释了萨布哈白云岩储层为什么主要发育于萨布哈地层序列的中上部，而下部的纯泥晶白云岩反而不能发育成有效储层的原因。

同生期大气淡水对石膏的淋溶是非常重要的建设性成岩作用，石膏的溶解除形成膏溶孔、粒间（溶）孔、铸模孔外，膏岩层的溶解还可导致白云岩地层的垮塌，形成角砾状白云岩及砾间孔缝的发育。

该套石膏溶孔型储层纵向上与膏盐层互层，层位上与大气淡水淋溶面吻合（古隆起区靠海一侧），区域上相控性明显，有利储层发育在蒸发潮坪和台内浅滩相。储层主要分布在雷一段一亚段沉积中期四川盆地川中泸州—开江古隆起及其周边，区域连续分布，均质性好，主要受有利沉积相带、海平面升降旋回、泸州—开江古隆起控制。

二、鄂尔多斯盆地马家沟组

在鄂尔多斯盆地靖边白云岩风化壳气田及其以东地区，寒武—奥陶系储层层系多，成因类型丰富多彩。包括盐上的马五段上亚段和马六段（局部残存）白云岩风化壳储层，形成储层的建设性成岩作用包括同生期萨布哈白云石化及大气淡水溶蚀、表生期喀斯特岩溶作用等；盐间白云岩储层是指夹持于膏、盐岩蒸发盐系中的马家沟组白云岩储层（图5-12），形成储层的建设性成岩作用包括萨布哈白云石化及大气淡水溶蚀等；盐下白云岩储层是指位于马家沟组蒸发岩系之下的下奥陶统—寒武系白云岩储层，形成储层的建设性成岩作用主要包括埋藏白云石化和表生期喀斯特岩溶等。下文仅论述盐间白云岩储层。

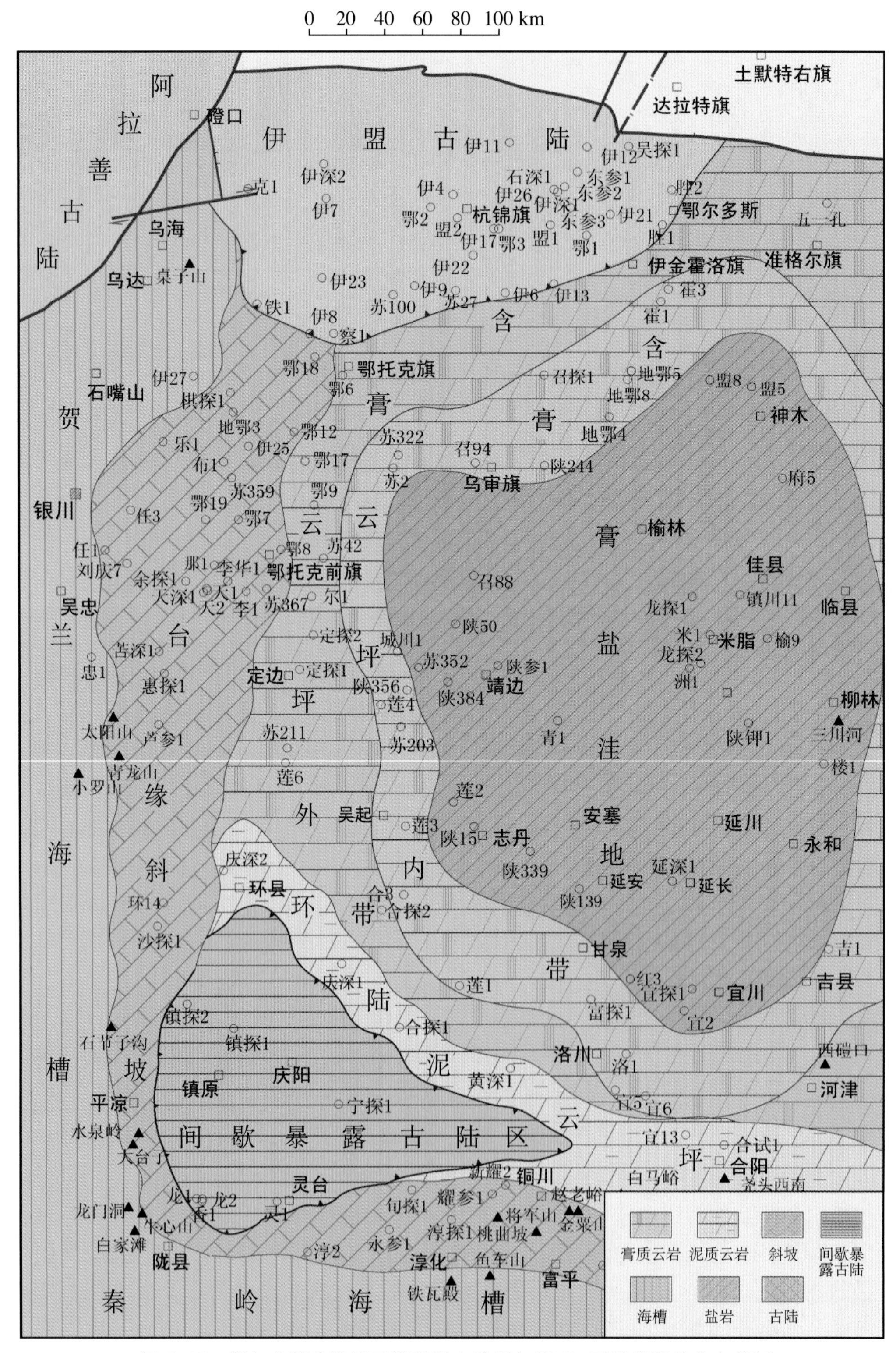

图 5-12　鄂尔多斯盆地马五段岩相古地理与马五$_6$亚段蒸发盐分布范围

（一）沉积特征与储层分布

受干热古气候与鄂尔多斯中央古隆起控制，盆地东部早奥陶世发育膏、盐岩蒸发潟湖沉积。其中，北庵庄—马家沟组沉积时期马一、马三、马五段是蒸发膏、盐岩潟湖沉积的鼎盛时期，蒸发岩分布面积达 $6\times10^4km^2$，与此毗邻的白云岩属典型的萨布哈成因；马二、马四、马六段以石灰岩为主，局部夹白云岩和少量硬石膏岩、盐岩，这三段中的白云岩成因，主要以埋藏白云石化作用为主，其次是萨布哈成因，如马二段。这种蒸发盐潟湖与潮坪相碳酸盐交替沉积的现象，显然是受到了干热 / 湿润古气候周期性波动与海平面升 / 降高频波动的影响。而且，受次一级干 / 湿古气候与海平面波动的控制，马五段的马五 $_4$、马五 $_6$、马五 $_8$、马五 $_{10}$ 亚段以发育膏、盐岩为特征；马五 $_7$、马五 $_9$ 亚段以石灰岩和白云岩及两者之间的过渡岩性为主。

需要指出，马五 $_6$ 亚段是鄂尔多斯盆地马家沟组上部膏、盐岩最为发育的层段，呈近同心圆状分布，面积约 $6\times10^4km^2$，膏、盐岩厚 20 ~ 160m，其中在榆林、佳县、米脂和横山所围限区域的厚度最大。盆地东部北庵庄—马家沟组盐间勘探领域的主要勘探目的层段是马五 $_6$ 亚段膏、盐岩之下的碳酸盐岩层段，即马五 $_7$、马五 $_9$ 亚段和马四段及马二段等白云岩（及石灰岩）发育段。这些白云岩段的白云岩、重结晶白云岩，以及生屑、鲕粒滩和风暴滩相的残余颗粒白云岩等构成有利的储集岩（图 5–12）。

（二）建设性成岩作用特征

东部盐间白云岩储层，最突出的白云石化模式是同生期萨布哈白云石化，并经历了同生期大气淡水溶蚀作用。但该区白云岩的白云石化机理及其与高频层序的关系，以及优质储层形成与层序界面和各类建设性成岩作用的关系等还需进一步深入研究。

从目前所获得的证据看，受干热 / 干燥—湿润古气候短周期波动控制，局限 / 蒸发台地向上变浅序列的上部，沉积富含蒸发盐矿物（如硬石膏结核）的泥粉晶白云岩，并遭受与高频层序界面有关的同生期大气淡水溶蚀，可形成垂向上多旋回、平面上准层状的孔隙型储层（图 5–13）。其储层成岩—孔隙演化史如图 5–14 所示；储层发育分布模式如图 5–15 所示。

（三）储集空间类型

依据岩石类型组合与薄片鉴定资料，奥陶系盐间储层主要分布在马五 $_7$、马五 $_9$ 亚段和马四、马二段，储集岩类型主要为泥—粗粉晶白云岩、含灰粉晶白云岩、含泥白云岩和粒屑白云岩。其储集空间类型以晶间孔、晶间溶孔、膏盐晶模孔、针状溶孔、斑状溶孔为主，并有成岩缝、构造缝、压溶缝相伴生。除斑状溶孔充填程度较高外，其他孔隙基本未充填或半充填，面孔率一般 1% ~ 6%，最高可达 8% ~ 10%。实测小岩塞孔隙度一般 1% ~ 8%，最高可达 12.8%。例如，镇川 1、龙探 1 和召探 1 等井在盐间马五 $_7$、马五 $_9$ 亚段和马四、马三、马二段等实钻的结果表明，盐间白云岩储层的储集空间类型以晶间孔、晶间溶孔为主，而较大的溶孔、溶蚀孔洞及原生孔隙一般较为少见。现以此为实例叙述如下：

（1）晶间孔，多见于细粉晶白云岩、粉晶白云岩及细晶白云岩，常呈多面体或四面体，孔径一般为 0.01 ~ 0.18mm，面孔率一般为 1% ~ 9%，镜下常见部分晶间孔被泥质及细粒碳酸盐岩充填，分布不均，局部呈层状富集并被致密泥晶纹层分隔。该类孔隙分布较普遍，是构成盐间储层储集空间的基本类型（图 5–16）。

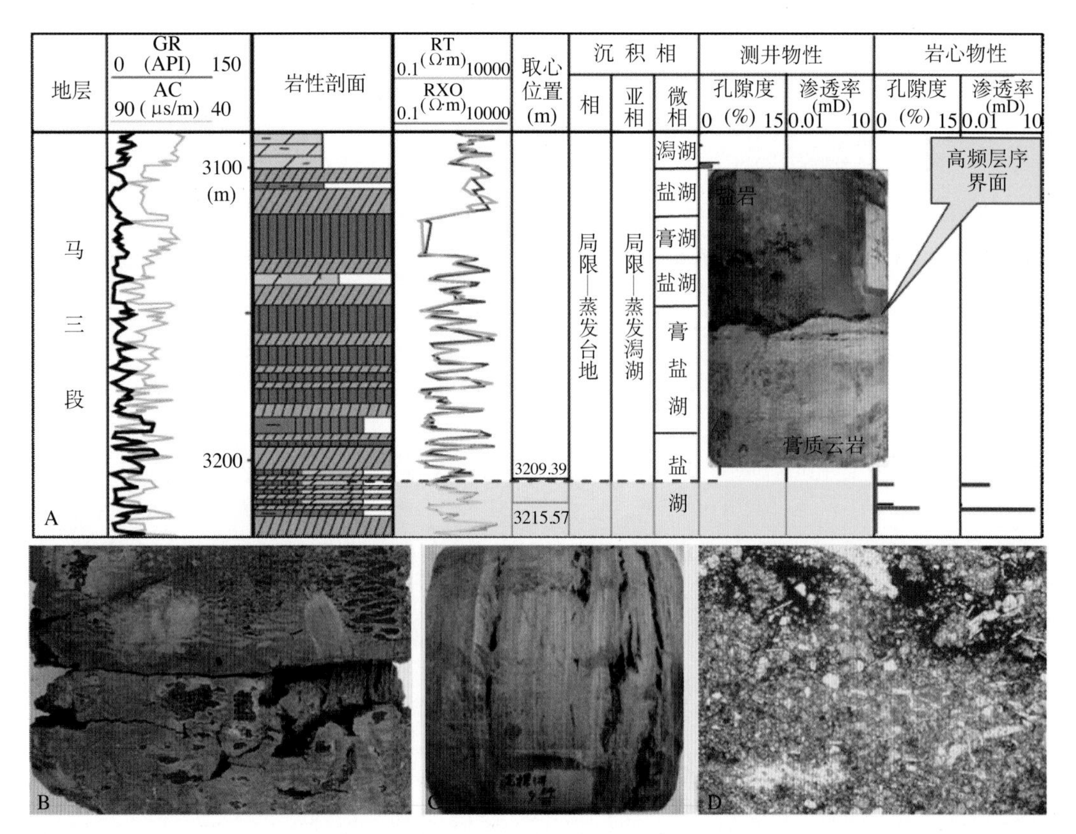

图 5–13　东部盐洼位置与盐间白云岩储层赋存层位（以龙探 1 井为例）

（A）马三段高频层序界面及其与白云岩储层发育的关系；（B 和 C）因准同生期大气淡水溶蚀作用，在盐膏质白云岩中发育准层状膏、盐铸模孔，龙探 1 井，第 9 筒心，井深分别为 3213.85m、3214.5m；（D）（残余）砂屑云岩，发育粒内溶孔，龙探 1 井，马三段底部，3215.2m，×25，铸体片，单偏光

（2）晶间微孔，主要由白云石化作用形成，孔径小于 0.01mm。一般在扫描电镜下可见，盐下不同晶粒白云岩中均有分布。

（3）晶间溶孔，由晶间孔、晶间微孔经溶蚀扩大而成。其形态不规则，孔隙边缘多呈溶蚀状、港湾状，孔径一般为 0.1 ~ 0.6mm，面孔率一般为 3% ~ 10%，多呈分散状或顺层密集状分布于粉晶白云岩、细粉晶白云岩与细晶白云岩中，构成了盐间储层的主要储集空间（图 5–16）。

（4）针状溶孔，主要由石膏晶体、颗粒、盐晶、砾屑、鲕粒等溶蚀后形成的孔隙。孔径 0.3 ~ 1mm，形态呈圆、椭圆及不规则状，多呈层状、串珠状、斑状或孤立状分布，面孔率一般为 3% ~ 7%，局部可达 11%，一般在膏质泥晶白云岩及细粉晶白云岩中常见。此类孔隙主要在马五 $_7$、马五 $_9$ 白云岩中较为发育。

（5）铸模孔，主要为石膏晶体、石盐晶体及藻屑选择性溶蚀后形成的孔隙，形态有长方形、近正方形或三角形和不规则形，孔径 0.15 ~ 0.3mm，宽 0.02 ~ 0.03mm，面孔率 2% 左右。盐间各层均可见及，但分布较分散。

（6）斑状溶孔，一般指石膏斑晶、盐岩结核溶蚀后形成的孔隙，孔径 1 ~ 1.5mm，面孔率 2% ~ 6%，多见于膏质泥晶白云岩与含盐泥—粉晶白云岩中。盐洼南部陕 15 井马五 $_7$ 和北部召探 1 井马五 $_9$ 储层中发育此类孔隙。

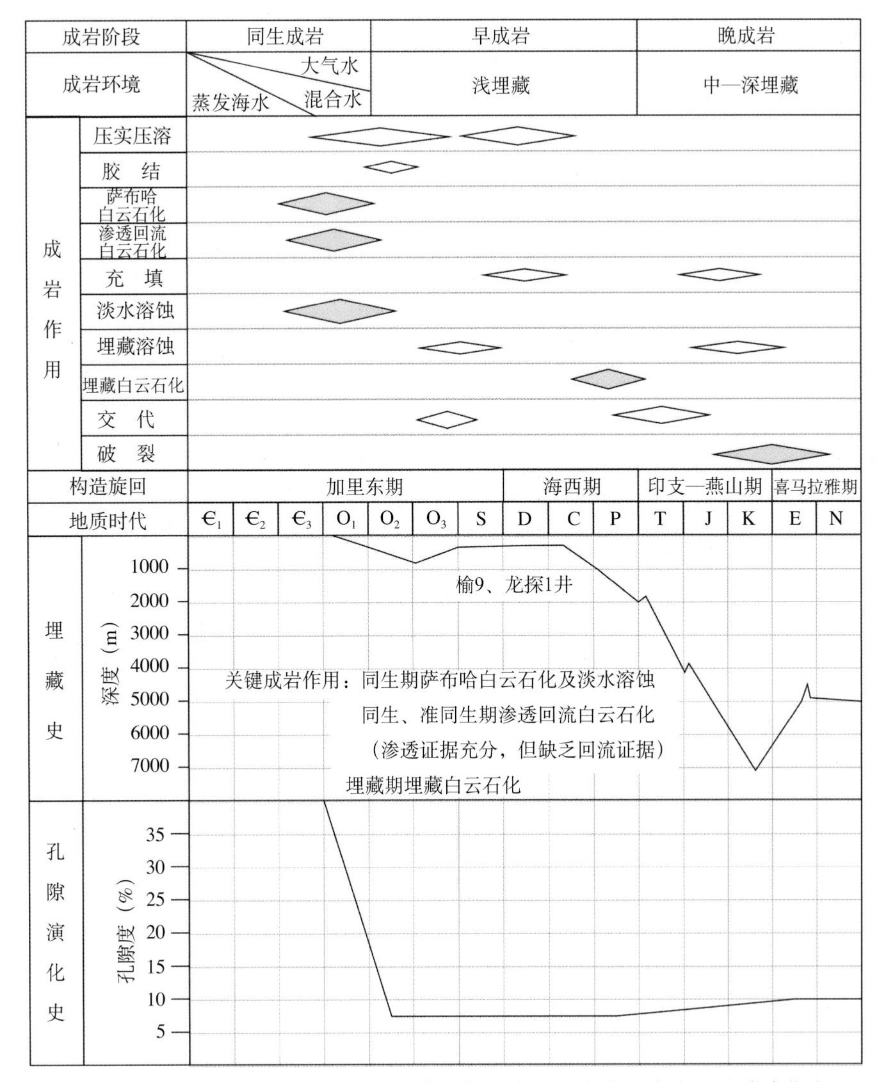

图 5–14 鄂尔多斯盆地东部盐间—盐下萨布哈白云岩储层成岩—孔隙演化史图

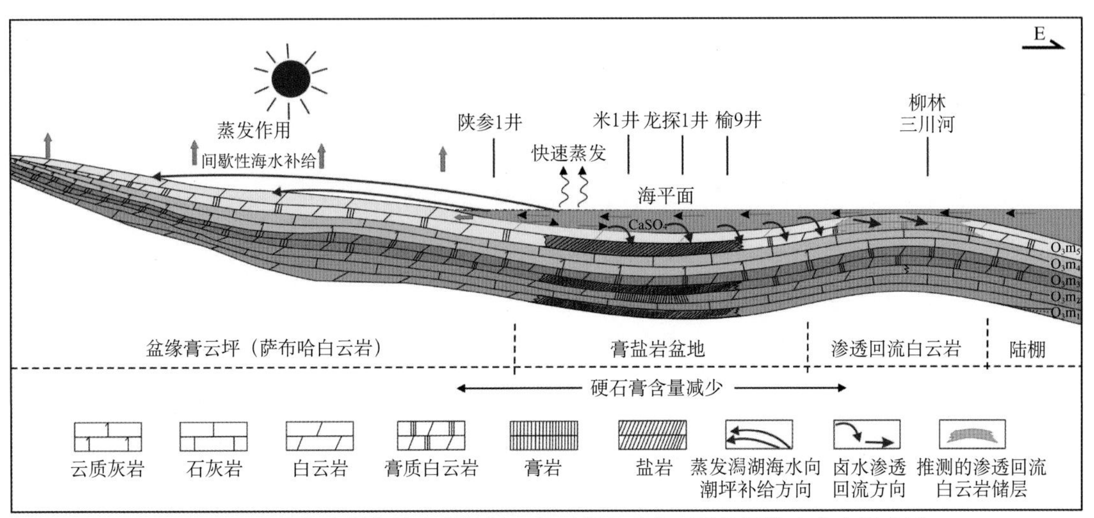

图 5–15 鄂尔多斯盆地东部盐间—盐下萨布哈白云岩储层发育分布模式图

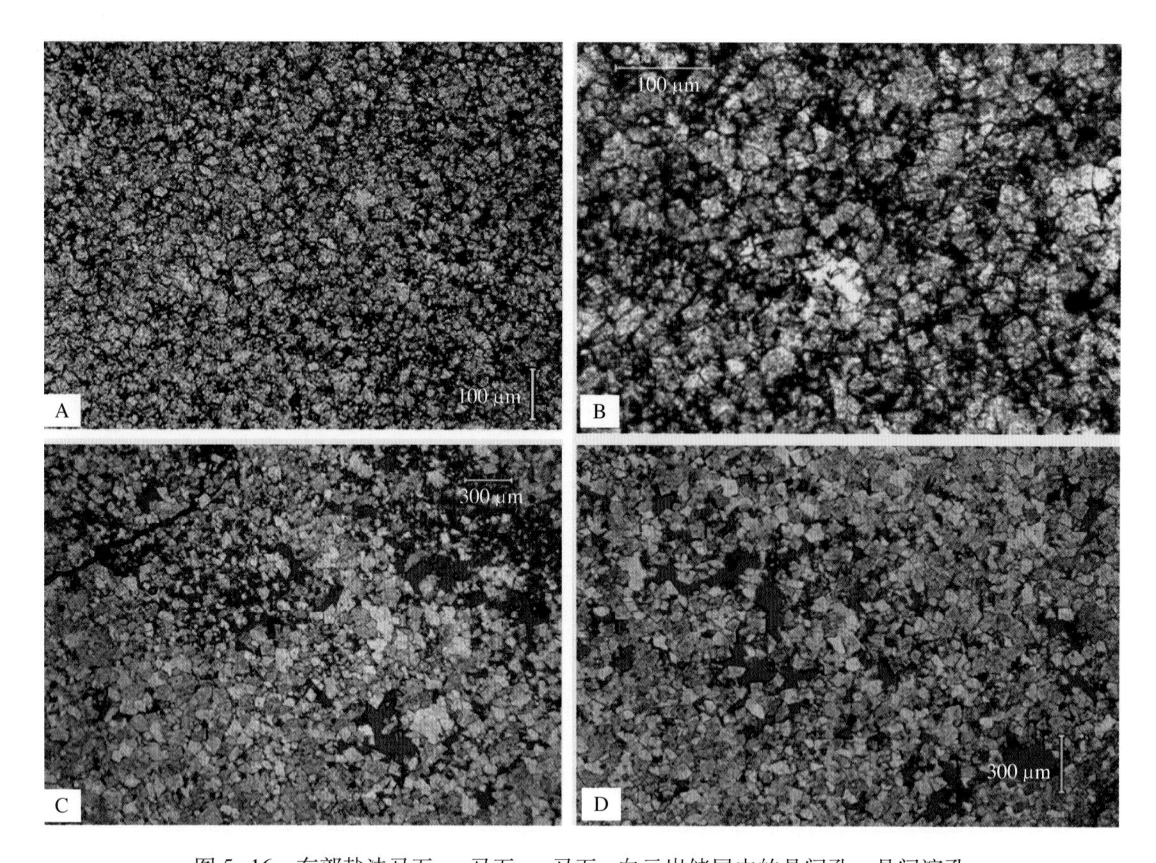

图 5–16　东部盐洼马五 5、马五 7、马五 9 白云岩储层中的晶间孔、晶间溶孔

（A）粉晶云岩，晶间孔，马五 5，陕 196 井，3039m（岩屑），×10，铸体片，单偏光；（B）粉晶白云岩，晶间孔及晶间溶孔，马五 7，龙探 1 井，2845.10m（岩屑），×25，铸体片，单偏光；（C）中—细晶白云岩，晶间溶孔（ϕ=8.1%），马五 7，统 21 井，×25，铸体片，单偏光；（D）细晶云岩，晶间溶孔（ϕ=5.59%），马五段，召探 1 井，×25，铸体片，单偏光

（7）构造缝，由构造应力产生的裂缝，常呈高角度分布，半充填或全充填，缝宽多为 0.03 ～ 0.1mm，大者可达 0.5 ～ 1mm，个别充填缝宽 10mm 以上。此类裂缝平面上发育程度和分布不均。宜 5 井盐下各层段碳酸盐岩中裂缝普遍发育。

（四）储层物性

为了准确描述奥陶系盐下碳酸盐岩储层的物性特征，收集龙探 1、府 5、榆 9、陕 15 等共 12 口探井、442 组物性数据进行相关分析。结果表明，盐间碳酸盐岩储层孔—渗正相关关系不明显，具有低孔高渗、高孔低渗、高孔高渗和低孔低渗四种类型（图 5–17）。

总体上看，盐间碳酸盐岩储层物性整体较差，具有特低孔、特低渗特征，但局部层段仍发育相对的高孔高渗储层。

统计结果表明，盐间 530 块岩心样品的孔隙度介于 0.11% ～ 13.52%，平均 1.94%。其中，$\phi < 1\%$ 的样品数为 263 块，占样品总数的 49.62%；$1\% \leqslant \phi < 2\%$ 的样品数为 111 块，占样品总数的 20.94%；$2\% \leqslant \phi < 3\%$ 的样品数为 37 块，占样品总数的 6.98%；$\phi \geqslant 3\%$ 的样品数为 119 块，占样品总数的 22.45%。而 $\phi < 3\%$ 低孔隙度样品数为 411 块，占样品总数的 77.55%（图 5–18A）。

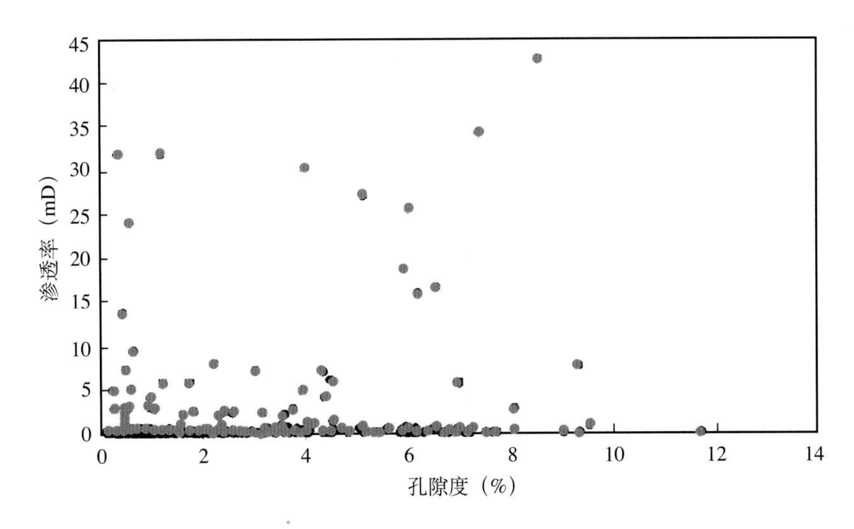

图 5–17　盐间碳酸盐岩储层孔隙度—渗透率相关关系图

其渗透率介于 0.008 ～ 42.61mD（溶蚀孔洞和裂缝）。458 块岩石样品中，$K < 0.01$mD 的样品数为 232 块，占样品总数的 50.66%；$0.01 \leqslant K < 0.1$mD 的样品数为 118 块，占样品总数的 25.76；$0.1 \leqslant K < 0.3$mD 的样品数为 29 块，仅占样品总数的 6.33%；$0.3\text{mD} \leqslant K$ 的样品数为 79 块，占样品总数的 17.25%。渗透率小于 0.1mD 的样品数为 350 块，占样品总数的 76.42%（图 5–18B）。

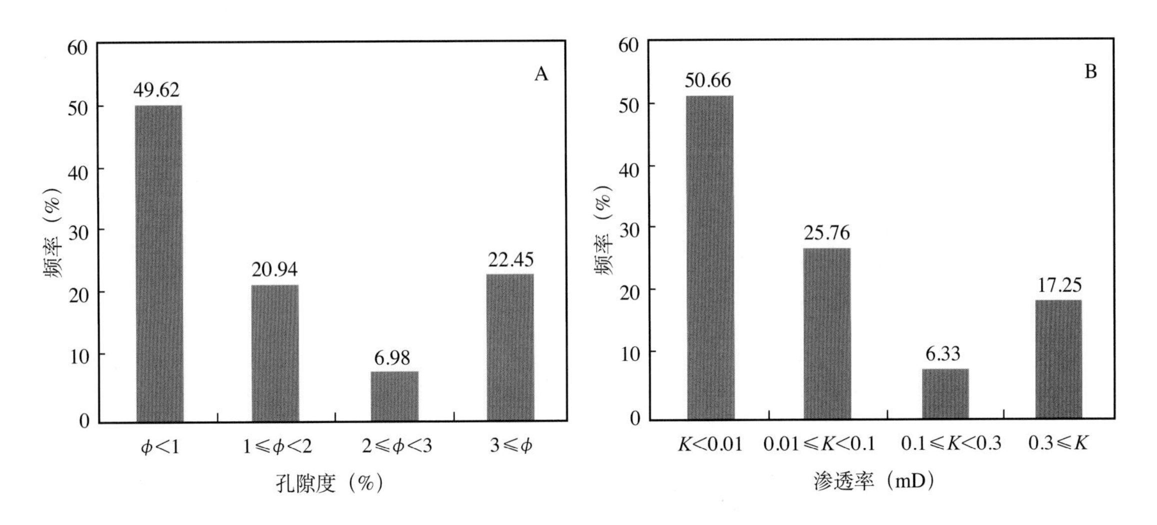

图 5–18　盐间碳酸盐岩储层孔隙度、渗透率分布直方图

三、塔里木盆地中—下寒武统

（一）地质背景

塔里木盆地在早—中寒武世时期为一大型的孤立陆表海台地，从中西台地区中—下寒武统大面积分布的厚层膏盐可以看出，中—下寒武世为干旱蒸发气候，在这种古地质、古气候背景下发育大规模层状萨布哈成因的白云岩。与此同时，受海平面升降影响，在高位

体系域的顶部经常暴露并接受大气淡水淋溶改造，所以萨布哈白云岩储层就位于潮间—潮上坪的萨布哈地层序列中。

塔里木盆地目前钻遇到中—下寒武统白云岩的探井不多，主要集中在塔北地区（如牙哈 5 井、牙哈 10 井、牙哈 7X–1 井等）和巴楚地区（和 4 井、和 6 井、康 2 井、方 1 井），塔中地区井较少（塔参 1 井）。从已有取心资料分析，萨布哈白云岩储层发育最为典型的井段是和 4 井第 33 筒心、牙哈 5 井第 19 ～ 21 筒心、牙哈 10 井第 4 筒心。

（二）储层岩性

萨布哈白云岩储层最主要的岩石特征为：(1) 岩性以含硬石膏的纹层状泥晶白云岩、粉晶白云岩和泥晶隐藻白云岩为主（图 5–19A 至 D），夹薄层瘤状硬石膏夹层及溶塌角砾岩（图 5–19C、E）；(2) 多见硬石膏被溶解形成的膏模孔（图 5–19B、D）；(3) 岩石颜色多为褐色、暗红色（图 5–19D、E）；(4) 具有鸟眼、泥裂—干裂等暴露构造；(5) 宏观上常呈薄层状，连续性和成层性较好，横向分布较稳定的特征。

（三）储集空间

岩心和薄片观察表明该类储层的储集空间主要为石膏或未被白云石化的文石质灰泥被溶解形成的组构选择性溶孔（如膏模孔）（图 5–19B、D）以及膏盐层溶解导致白云岩层垮塌和角砾岩化形成的砾间孔（图 5–19C、E）。铸模孔孔径一般在 0.1 ～ 3mm 之间，多为孤立状，连通性差，但当局部膏模孔呈蜂窝状富集时，铸模孔连通性会极大的提高。

（四）储层物性

对牙哈 10 等 5 口井近 40 个储层段岩心样品进行物性分析，孔隙度为 2.83% ～ 14.15%，平均 7.2%，渗透率为 0.01 ～ 0.8mD，溶塌角砾岩发育处渗透率为 2.16mD。其中 31 个样品的孔隙度大于 4.5%；19 个样品的孔隙度在 2.5% ～ 4.5% 之间；48 个样品的的孔隙度在 1.5% ～ 2.5% 之间；58 个样品的孔隙度小于 1.5%。孔隙度大于 2.5% 的样品约占总样品数的 32%（图 5–20）。总体表现为高孔低渗的特征，这与储层裂缝欠发育，大多数组构选择性溶孔（如膏模孔）彼此不相连通有关。测井解释总体为Ⅰ—Ⅱ类溶孔型储层，储层单层厚度 1 ～ 4m，平均孔隙度 5.1% ～ 8.5%。

（五）储层成因

塔里木盆地最典型的萨布哈白云岩储层见于牙哈 10 井中寒武统沙依里克组的第 4 筒心 6210.10 ～ 6213.20m 井段（图 5–21），根据岩心、薄片分析，该井段下部主要发育致密的泥晶白云岩，而储层位于中上部，储层的载体为一套含硬石膏的泥晶白云岩，孔隙类型主要有溶孔和砾间孔（图 5–19）。以该井段为例，通过分析储层发育的成岩环境、恢复成岩序列及孔隙演化史来分析储层的主控因素，从而解释萨布哈白云岩储层的成因。

萨布哈白云岩储层的发育经历了同生蒸发成岩阶段、早表生成岩阶段和中晚埋藏成岩阶段，主要历经的成岩作用类型和序列为：萨布哈白云石化作用—石膏沉淀作用—早表生大气淡水溶蚀作用—压实压溶作用—裂缝作用—晚表生大气淡水溶蚀作用—埋藏重结晶作用。其中建设性增孔成岩作用有萨布哈白云石化作用、早表生大气淡水溶蚀作用、裂缝作用、晚表生溶蚀作用，破坏性减孔成岩作用有石膏沉淀作用、压实作用、埋藏重结晶作用，

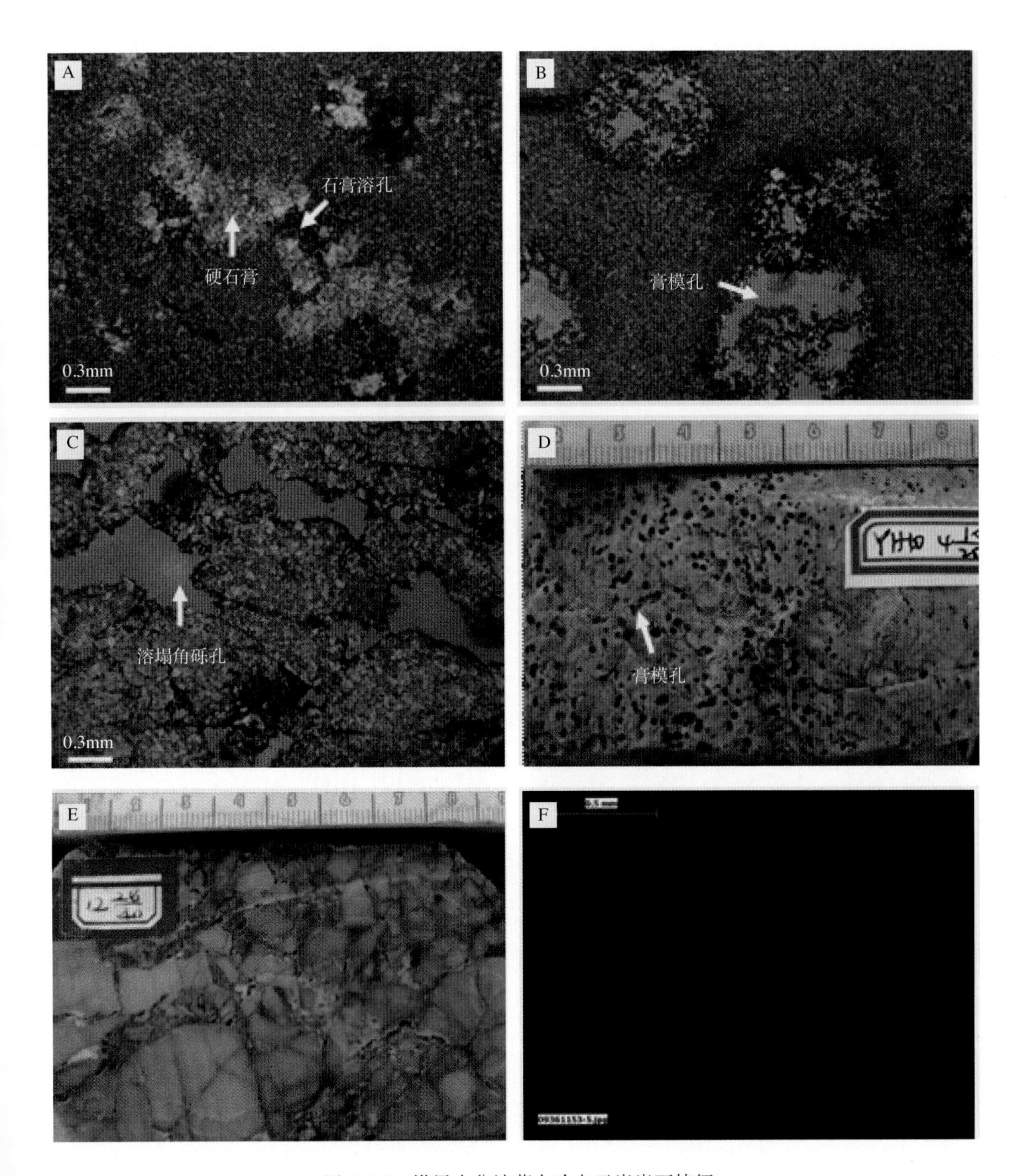

图 5–19　塔里木盆地萨布哈白云岩岩石特征

（A）含硬石膏泥晶白云岩，部分硬石膏被溶解，$€_2s$，牙哈 10 井，6172.85m，铸体片，单偏光；（B）泥晶白云岩，粒状硬石膏被溶解形成而形成铸模孔，$€_2s$，牙哈 10 井，6210.76m，铸体片，单偏光；（C）泥—粉晶白云岩，角砾状，砾间溶孔发育，$€_2s$，牙哈 10 井，6210.40m，铸体片，单偏光；（D）褐色泥—粉晶白云岩，1 ~ 2mm 的铸模孔（暗色）极为发育，$€_2s$，牙哈 10 井，6211.05m，岩心；（E）灰褐色含泥质泥晶白云岩，岩石呈角砾状，沿裂缝发育较多的溶孔，残留少量石膏，$€_2a$，牙哈 7x–1 井，5843.20m，岩心；（F）含硬石膏泥晶白云岩，白云石发暗棕色光，硬石膏和硅质均不发光，$€_2a$，和 4 井，5082.15m，阴极发光

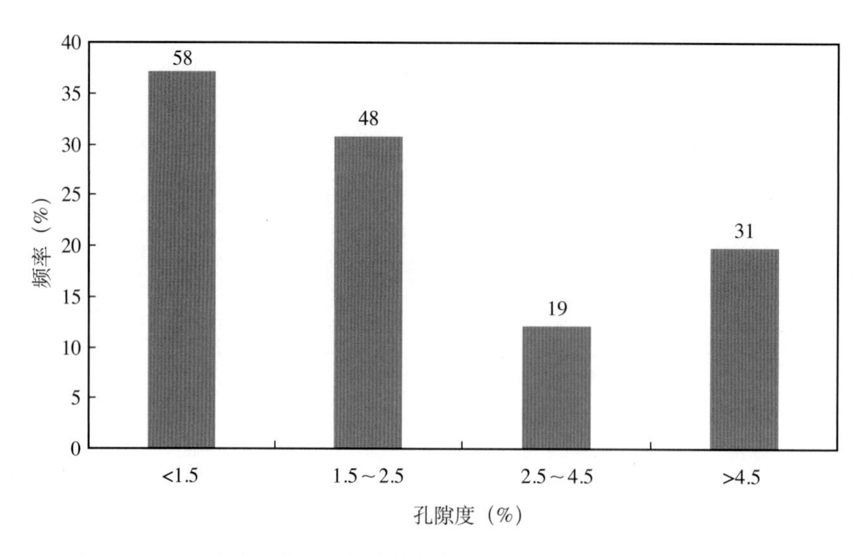

图 5–20　牙哈地区中—下寒武统萨布哈白云岩储层孔隙度分布频率图

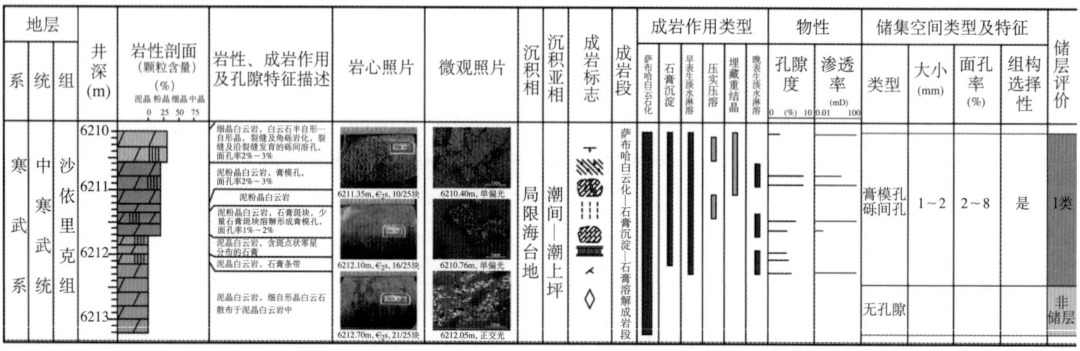

地层：系	统	组	井深(m)	岩性、成岩作用及孔隙特征描述	岩心照片	微观照片	沉积相	沉积亚相	成岩段	储集空间类型	大小(mm)	面孔率(%)	组构选择性	储层评价
寒武系	中寒武统	沙依里克组	6210 6211 6212 6213	细晶白云岩，白云石半自形—自形晶，裂缝及角砾岩化，裂缝及沿裂缝发育的砾间溶孔，面孔率2%～3% 泥粉晶白云岩，膏模孔，面孔率2%～3% 泥粉晶白云岩 泥粉晶白云岩，石膏斑块，少量石膏斑块溶解形成膏模孔，面孔率1%～2% 泥晶白云岩，含斑点状零星分布的石膏 泥晶白云岩，石膏条带 泥晶白云岩，细自形晶白云石散布于泥晶白云岩中	6211.35m，ϵ_2s，10/25块 6212.10m，ϵ_2s，16/25块 6212.70m，ϵ_2s，21/25块	6210.40m，单偏光 6210.76m，单偏光 6212.05m，正交光	局限海台地	潮间—潮上坪	萨布哈白云化—石膏沉淀—石膏溶解成岩段	膏模孔 砾间孔	1～2	2～8	是	Ⅰ类
										无孔隙				非储层

岩性剖面（颗粒含量）（%）：泥晶　粉晶　细晶　中晶；0　25　50　75

成岩作用类型：萨布哈白云石化、石膏沉淀、早表生淡水淋溶、压实压溶、埋藏重结晶、晚表生淡水淋溶

物性：孔隙度 0　(%)　10；渗透率 (mD) 0.01　100

图 5–21　牙哈 10 井第 4 筒心中寒武统萨布哈白云岩储层成岩作用及孔隙特征综合评价柱状图

取心井段：6210.1 ～ 6213.2m，进尺 3.1m，心长 2.35m，收获率 75.8%

这些成岩作用决定着孔隙空间的演化。但是深入研究发现，萨布哈白云岩储层孔隙形成的关键阶段是同生蒸发成岩阶段和早表生阶段。在同生蒸发成岩环境，卤水选择性白云石化形成萨布哈白云岩的同时，也沉淀了大量的石膏，石膏的存在为萨布哈白云岩储层的发育奠定了物质基础；在早表生成岩环境中，大气淡水对石膏及未完全白云石化的文石质灰泥的淋溶是非常重要的建设性成岩作用，石膏及文石质灰泥的溶解除形成溶孔外，膏岩层的溶解还可导致白云岩地层的垮塌，形成角砾状白云岩及发育砾间孔缝。而进入埋藏成岩环境，埋藏成岩介质对储层的叠加改造并不强烈，对孔隙度的贡献也不大。

镜下观察，白云石的结晶度较低和有序度较差，反映白云石是快速结晶的产物，应该是沉积成因而不是埋藏成因的。岩石地球化学分析表明，这套白云岩储层与低温、碱性和偏氧化的蒸发潮坪环境有关。在 MgO—CaO 关系图上，二者呈线性正相关，反映白云石是沉积成因而非交代成因的（图 5–22A）；具有高 Fe、Na、P、Sr 含量和低 Mn 含量的特点，阴极发光呈不发光或暗棕色发光；Ce 和 Eu 出现负异常，是 Ce^{3+} 被氧化成相对易溶的 Ce^{4+}

而被迁移贫化以及 Eu^{3+} 被还原为相对易溶的 Eu^{2+} 而被迁移贫化的结果（图 5–22B）；$\delta^{18}O$ 同位素值变化范围 −4‰ ~ −7‰（PDB），与海水相比明显偏负，$\delta^{13}C$ 同位素值变化范围 −2‰ ~ 2‰（PDB）（图 5–22C），均值接近于零，与海水相比明显偏负；锶同位素整体在 0.7085 ~ 0.7100 之间，略高于同期海水值（0.7090）（图 5–22D），与蒸发海水有关。这些都表明，中—下寒武统发育的萨布哈白云岩是沉积成因的，与蒸发的潮间—潮上坪环境有关，可以通过岩相古地理重建和精细的层序划分与沉积环境成图，结合井、震资料作综合预测评价。其中，与膏岩共生的白云岩和蒸发台地边缘受淡水淋溶以及淡、海水回流改造的白云岩，一般储集物性较好，这类白云岩的发育规模与古地理格局和环境持续时间密切相关。

根据牙哈 10 井第 4 筒岩心 6210.10 ~ 6213.20m 井段萨布哈白云岩储层的成因，建立了储层发育模式（图 5–2）。从萨布哈白云岩储层发育模式图中看出储层的发育受沉积相带

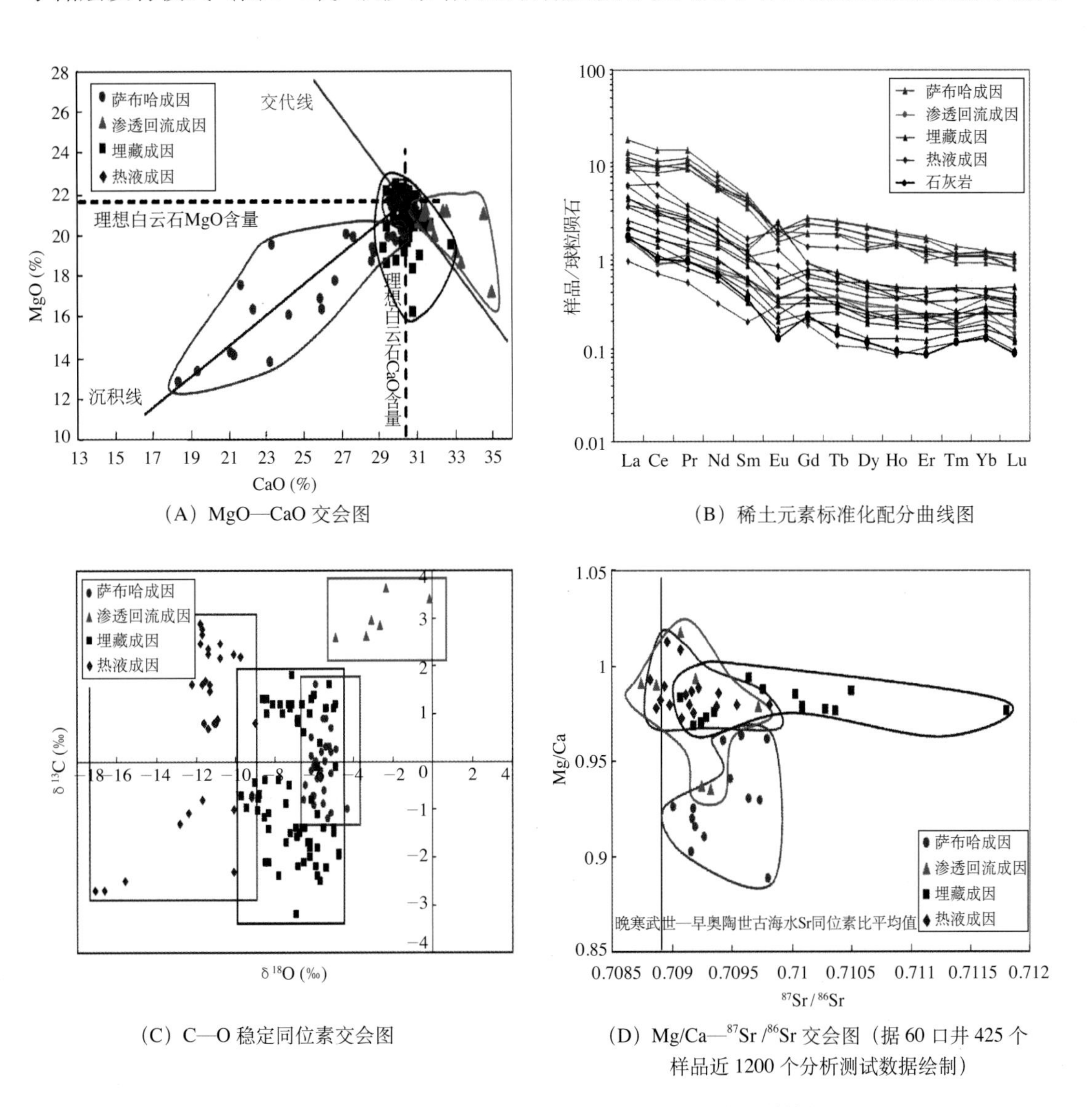

（A）MgO—CaO 交会图

（B）稀土元素标准化配分曲线图

（C）C—O 稳定同位素交会图

（D）Mg/Ca—$^{87}Sr/^{86}Sr$ 交会图（据 60 口井 425 个样品近 1200 个分析测试数据绘制）

图 5–22　塔里木盆地不同类型白云岩岩石地球化学特征

的控制，同生或准同生期的成岩作用是孔隙建造的关键，埋藏期的成岩叠加改造使孔隙发生了调整。在萨布哈向上变浅的地层序列中，石膏主要分布于潮间—潮上坪，下部以泥晶白云岩为主，中上部的石膏也有两种产状，中部以粒状石膏散布于泥晶白云岩中为特征，形成含膏白云岩，上部以膏岩层和含膏白云岩或泥晶白云岩互层为特征，由下至上构成气候逐渐干旱和石膏含量逐渐增多的序列。石膏的存在非常重要，它为石膏的溶解和石膏溶孔的形成、为白云岩地层的垮塌和砾间孔的形成奠定了物质基础，而萨布哈环境的过渡属性又为频繁的大气淡水淋溶作用提供了条件。这很好地解释了萨布哈白云岩储层为什么主要发育于萨布哈地层序列的中上部，而下部的纯泥晶白云岩反而不能发育成有效储层的原因。事实上，塔里木盆地寒武—奥陶系泥晶白云岩是非常发育的，但不含石膏的泥晶白云岩是不可能发育成储层的。

综上所述，塔里木盆地萨布哈白云岩储层主要发育于早—中寒武世干旱气候期，与石膏或膏岩层伴生，进入晚寒武世，气候逐渐变得潮湿，不利于萨布哈白云岩储层的发育。储层发育的主控因素为：(1) 萨布哈白云石化作用及伴生的石膏沉淀作用为储层的形成奠定物质基础；(2) 同生期大气淡水溶蚀作用使石膏溶解形成膏模孔及膏岩层溶解导致白云岩垮塌形成砾间孔缝。

第三节　渗透回流白云岩储层

以塔里木盆地中—下寒武统、四川盆地雷口坡组三段、四川盆地石炭系黄龙组为例阐述渗透回流白云岩储层特征及成因。

一、四川盆地雷口坡组三段

四川盆地雷口坡组三段（以下简称雷三段）主要为一套石灰岩夹膏云岩沉积，纵向上可分为三亚段：一亚段、二亚段、三亚段，二亚段是储层最发育的层段。目前已在川西雷三段探明了中坝气田，储量为 $86.3\times10^8m^3$。雷三段在干旱气候背景下的蒸发台地环境下发育了一套渗透回流白云岩储层，在川西台地边缘和川中台内颗粒浅滩带可以大面积规模展布，是非常重要的勘探领域。

（一）地质背景

四川盆地中三叠世雷口坡组沉积时期属于扬子克拉通盆地的一部分，其边缘古隆起发育；盆地内部凹隆相间（图 5-23A）。雷三段二亚段沉积时期属于一个受周边古陆和内部水下古隆起区限制的为干旱气候下、古盐度较高的蒸发台地—潟湖环境，水体浅、盐度大、范围广阔是其基本沉积特征。印支运动导致川东大部分地区雷三段被剥蚀，川中、川西地区保存较好；雷三段一亚段沉积时期和雷三段三亚段沉积时期为海侵体系域时期，盆地内部主要为灰质沉积；雷三段二亚段沉积时期为高位体系域时期，盆地内部主要为渗透回流白云岩沉积，坳陷处沉积厚层膏盐，有效储层主要发育在川西台地边缘（内侧）及川中台内高能滩坝颗粒白云岩沉积区，侧向上靠近膏盐潟湖（图 5-23B）。

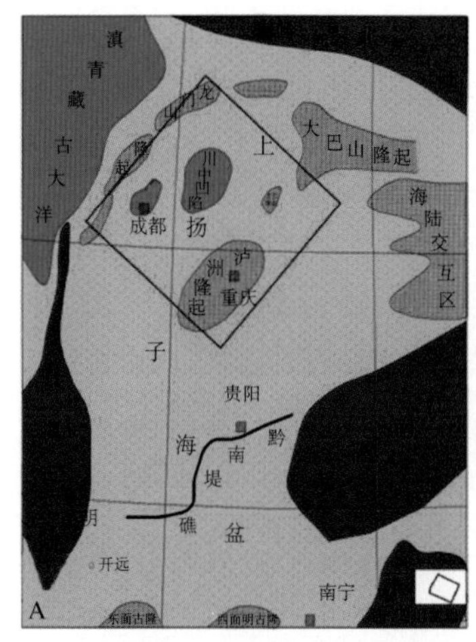

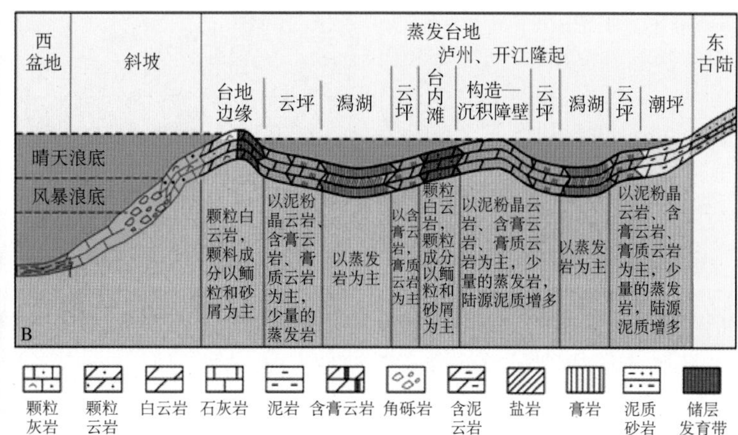

（A）中国南方中三叠世雷口坡组沉积时期古构造简图（据曾学思等，修改）

（B）四川盆地雷三段二亚段沉积时期沉积剖面图

图 5–23　四川盆地中三叠世雷三段沉积时期地质背景

（二）储层岩性

野外露头、钻井岩心、薄片观察等综合研究表明：雷三段沉积时期川西地区发育台缘滩，储层主要发育在颗粒浅滩有利相带中。储层岩石类型主要有颗粒云岩、细粉晶云岩、泥粉晶云岩及藻云岩，颗粒云岩种类包括砾屑白云岩、砂屑白云岩、粉屑白云岩和鲕粒白云岩等，其中又以砂屑白云岩最为发育，其次是砾屑白云岩和粉屑白云岩，鲕粒白云岩较少。颗粒云岩还含有大量特殊的蓝绿藻及相关组分，构成多种粘结和粘连结构，储层在雷三段一、二、三亚段沉积时期均有发育，雷三段二亚段沉积时期尤其发育。以中坝气田中46井为例，该井储层单层厚度1～3m，累计厚度超过100m，主要岩性是砾屑白云岩、砂屑白云岩、藻粘结格架白云岩和鲕粒白云岩。

（三）储集空间及储层物性

宏观储集空间以露头、岩心级别的针状溶孔为主，微观储集空间类型有残余粒间孔、粒间溶孔、粒内溶孔和铸模孔、颗粒粘结格架（溶）孔、晶间溶孔、生物体腔孔或遮蔽孔、膏模孔、构造缝、缝合线，以残余粒间孔、粒间溶孔、晶间溶孔、粒内溶孔为主。四川盆地中坝气田雷三段渗透回流白云岩储层的储集空间为残余粒间孔、粒间溶孔、粒内溶孔和铸模孔，少量粘结格架（溶）孔和生物遮蔽孔及裂缝（图5–24）。物性特征主要表现为中孔中渗、中孔高渗特点，孔隙度最高可达25%，渗透率达131mD（表5–3）。颗粒云岩储层以缩颈喉道和管状喉道为主，为粗孔大喉型；粉（细）晶白云岩储层为粗孔细喉型；泥粉晶白云岩储层为细孔细喉型；排驱压力小，孔喉半径大，孔喉组合好（表5–4）。以缩颈喉道和管状喉道为主，属中孔中渗型和中孔高渗孔隙型储层。

（四）储层测井响应特征

川中磨溪地区雷三段三亚段发育4套孔隙型白云岩储层，井间对比性强。单层厚度2～20m不等，累计厚度8～45m。测井曲线响应特征表现为低电阻、低自然伽马，相对高的声波时差（图5–25）。

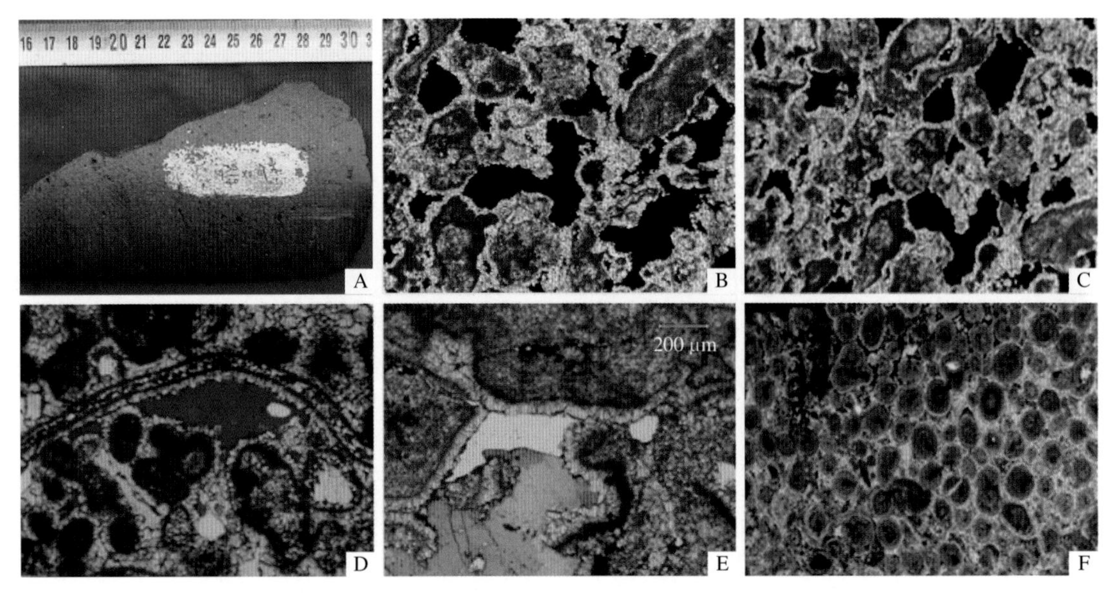

图 5–24　中坝气田雷三段渗透回流白云岩储层岩性及储集空间类型

(A) 灰色砂屑白云岩，针状溶孔，雷三段，青林 1 井，14–35/40，岩心；(B) 砂屑云岩，残余粒间孔，雷三段，中坝 80 井，3134.02m，×10，正交光；(C) 颗粒白云岩中的残留原生粒间孔，等厚环边白云石胶结物，形成于准同生期超碱性海水，雷三段，中坝 80 井，3134.02m，×10，正交光；(D) 含生屑砂屑白云岩，瓣鳃类壳体遮蔽孔和粒间溶孔，雷三段，彰明 1 井，5203.52m，×10，铸体片，单偏光；(E) 亮晶砂屑白云岩，砂屑具有暗色泥晶套，马牙状白云石和粗晶方解石充填，见粒间溶孔，雷三段，中 46 井，3135.72m，×10，单偏光；(F) 颗粒白云岩，充填于粒间的等轴粒状亮晶方解石胶结物，雷三段，青林 1 井，3709.45m，×10，染色，单偏光

表 5–3　四川盆地雷三段渗透—回流白云岩储层孔隙度、渗透率数据表

井号	孔隙度			渗透率		
	范围值（%）	平均（%）	样品数	范围值（mD）	平均（mD）	样品数
中 80	0.18 ~ 25.30	4.60	265	0.000103 ~ 131.00	2.35	183
青林 1	0.08 ~ 10.57	2.48	305	0.000001 ~ 28.20	1.06	165
重华 1	0.25 ~ 8.17	2.40	122	0.00183 ~ 28.10	0.86	99
彰明 1	0.13 ~ 11.27	2.42	141	0.00001 ~ 8.42	0.37	62
双河 1	0.12 ~ 6.51	1.56	134	0.00001 ~ 16.20	1.79	59
鱼 1	0.34 ~ 4.98	2.03	25	0.00987 ~ 32.90	1.95	18

表 5–4　四川盆地雷三段储集岩分类评价表

项目		储层类型	
		多孔颗粒白云岩	多孔细—粉晶白云岩
岩石学特征	岩性	颗粒白云岩	细粉晶白云岩
	孔隙类型	残余粒间孔、粒间溶孔、粒内溶孔	晶间（溶）孔

续表

项目		储层类型	
		多孔颗粒白云岩	多孔细—粉晶白云岩
物性	平均孔隙度（%）	5.25	4.53
	平均渗透率（mD）	4.94	1.05
孔喉结构	中值压力（MPa）	＜1	2.1 ~ 4
	中喉半径（μm）	＞2	0.5 ~ 2
	主孔分布（μm）	＞1	＞0.02
	孔喉结构类型	粗孔大喉型	粗孔细喉型
沉积环境		颗粒浅滩	云坪
综合评价		好	较好

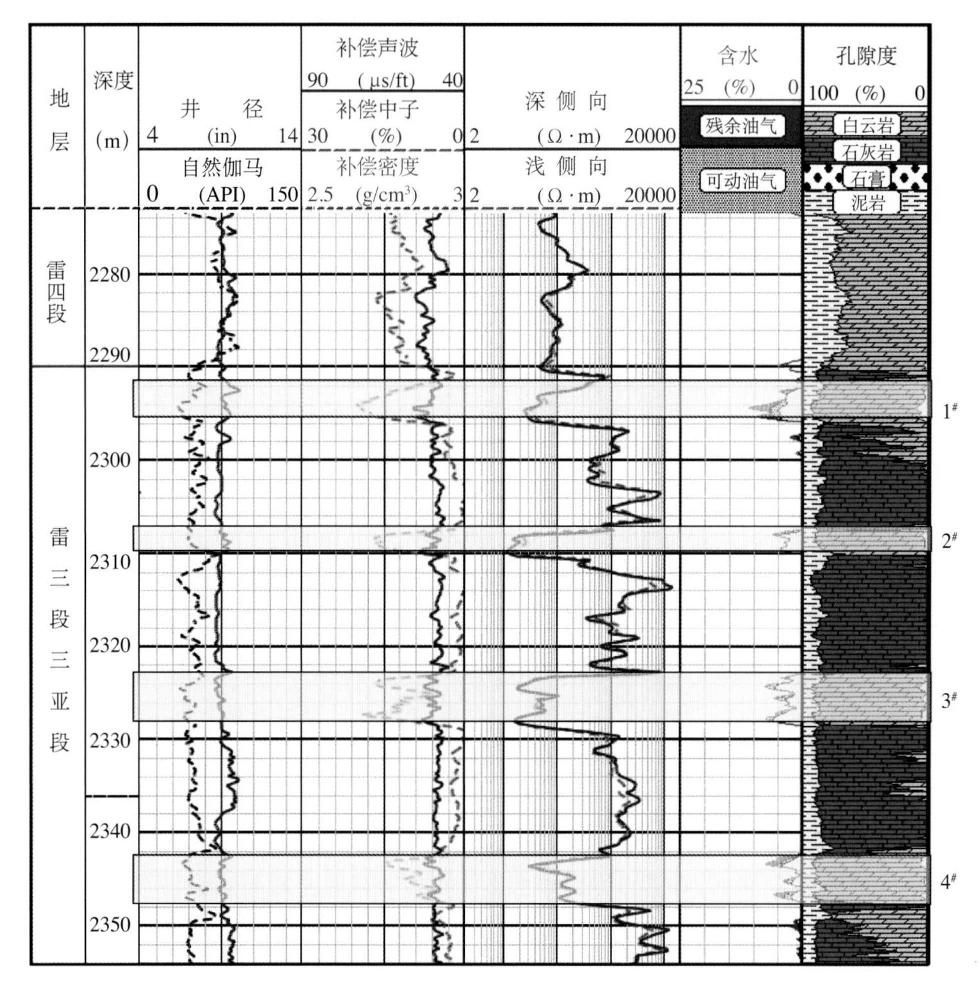

图 5-25　四川盆地磨 81 井雷三段储层测井响应特征

（五）储层成因

四川盆地雷三段渗透回流白云岩储层的成因可总结为以下四个方面：(1) 干旱气候条件下的高能礁滩相含膏（膏质）沉积为渗透回流白云岩储层的发育提供了物质基础；(2) 海平面下降导致的沉积物暴露和大气淡水溶蚀是孔隙形成的关键，尤其是文石质鲕粒和石膏的组构选择性溶解；(3) 蒸发成岩环境重卤水的回流渗透导致下伏地层的白云石化及亮晶方解石胶结物的缺乏使大量孔隙得以保留，白云石化作用往往具有组构选择性；(4) 埋藏白云石化叠加改造形成的晶间孔和晶间溶孔是对储集空间的重要补充。

渗透回流白云石化作用可以形成优质的白云岩储层，包括台内或台缘礁滩（丘），而上覆蒸发岩常常形成盖层，通常所说的盐下白云岩储层就赋存于这类储盖组合中；白云石化往往具有组构选择性，保留原岩结构；储层发育于干旱气候背景，海水盐度大（Na_2O、K_2O、SrO 含量较高的微量元素特征表明雷三段白云岩的形成与较大盐度的水溶液有关；表5–5）又经常受大气淡水淋溶作用的改造，往往位于高频旋回或三级旋回向上变浅序列的上部，侧向上与膏岩层相变，垂向上为膏岩层覆盖；靠近膏盐潟湖一侧的台缘、台内礁丘白云岩、礁滩白云岩，甚至是膏云岩均可发育成有效储层。区域上除川西地区雷三段沉积时期稳定发育台缘滩坝颗粒云岩储层，川中泸州—开江古隆起与川中凹陷之间的微高地貌带台内浅滩带也发育该储层，储层层状分布，连续性好，均质性好，为相控性储层，具受有利沉积相带（颗粒浅滩）、海平面升降旋回控制的特征。

表 5–5　四川盆地雷三段结构组分的微量元素特征简表

结构组分	微量元素（%）				
	Na_2O	K_2O	SrO	FeO	MnO
微晶基质	0.006～0.087/0.013	0.0047～0.07/0.0082	0.05 ～0.47/0.25	0.0065 ～0.0093/0.0075	0.0034～0.0059/0.0047
砂屑	0.004～0076/0.021	0.0076～0.16/0.0094	0.03～0.43/0.18	0.0013～0.0069/0.0064	0.0016～0.0042/0.0023
鲕粒	0.001～0.008/0.0042	0.0054～0.14/0.0087	0.01～0.78/0.32	0.0032～0.0078/0.0054	0.0012～0.0046/0.0027

侧向上，蒸发台地（或潟湖）由陆向障壁方向，蒸发盐沉积是逐渐减少的，向陆的一侧可以是成层的膏岩沉积，向海一侧则变为斑块状石膏散布于沉积物中。垂向上，随着气候的进一步干旱，膏岩层将向海一侧迁移，逐渐覆盖于下伏各类白云岩储层之上。这就导致了蒸发台地（或潟湖）靠陆一侧，膏岩层下伏的碳酸盐岩往往未发生白云石化或弱白云石化，而潟湖靠海一侧，膏岩层下伏的为礁（丘）白云岩储层，或没有膏岩层覆盖的颗粒白云岩储层（图 5–1）。储层类型有石膏溶孔型泥晶白云岩储层、颗粒白云岩储层、礁（丘）白云岩储层。

储层形成于干旱气候条件下的蒸发台地（或潟湖）环境，这是与萨布哈白云岩储层的最大区别，前者形成于水下，后者形成于水上。由于渗透回流白云石化作用主要发生在水下，淡水淋溶导致的大规模石膏层的溶解和上覆白云岩层的垮塌现象并不多见，这也是与萨布哈成岩环境的最大区别。前者往往仍保留大量的膏岩层，而后者石膏层大多被溶解而消失。

渗透回流白云岩储层与礁滩白云岩储层的原岩均为台缘或台内的礁滩灰岩，但储层属性归属依据成因特征。渗透回流白云岩储层的白云石化发生在准同生期，与蒸发气候背景有关，常与膏岩伴生。相反，礁滩储层的白云石化发生在埋藏期，不需要蒸发气候背景，也不见膏岩伴生。

二、四川盆地川东地区石炭系黄龙组

（一）地质背景

石炭系的储层主要发育在黄龙组二段，厚度多为 10 ~ 35m，是在干旱气候背景下的障壁潟湖—局限海湾环境沉积的一套碳酸盐岩夹膏盐，经渗透回流白云石化和岩溶作用改造形成的规模储层。

（二）储层岩性

主要岩性有粉—细晶白云岩、颗粒白云岩、角砾白云岩（图 5–26）。粉—细晶白云岩岩性致密，灰—浅灰色，粉—细晶结构，局部见异地搬运角砾。溶孔不发育，局部有网状裂缝发育，普遍含藻类。

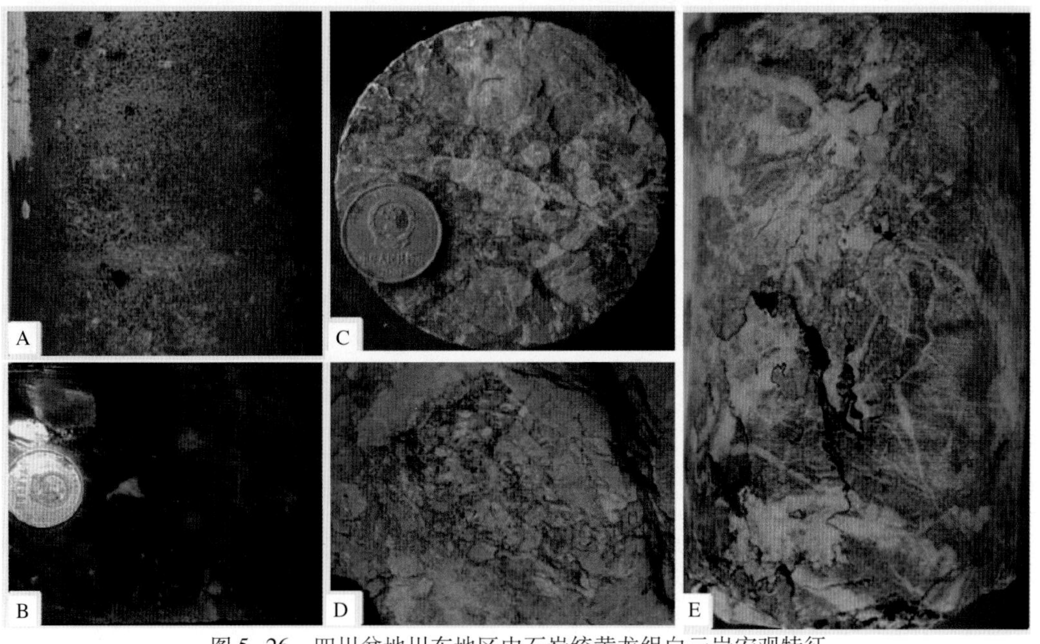

图 5–26　四川盆地川东地区中石炭统黄龙组白云岩宏观特征

（A）针孔状粉晶白云岩，薄片鉴定为虫屑白云岩，C_2h_2，板东 18 井，岩心；（B）颗粒微晶白云岩，含有孔虫、珊瑚等生物屑，C_2h_2，板东 12 井，岩心；（C）白云质岩溶角砾岩，角砾为粉晶结构，砾间为微晶白云岩，C_2h_2，板东 1 井，岩心；（D）溶洞中充填的亮晶胶结白云质岩溶角砾岩，溪口石炭系剖面，C_2h_2，岩心；（E）晚成岩期深埋藏热液白云岩（白色部分），多沿断裂带分布，暗色部分为微晶白云岩基质，C_2h_2，板东 1 井，岩心

颗粒白云岩：岩性较纯，浅灰—灰褐色，颗粒有砂屑（藻砂屑、虫砂屑、角砾砂屑）、藻团块、生屑等，颗粒含量一般为 50% ~ 90%，粒径大多为 0.5 ~ 1.5mm，分选较好，见少量异地搬运角砾，亮晶胶结。粒间孔和溶孔发育，偶见裂缝。

角砾白云岩灰—灰褐色，角砾以原地角砾为主，大小不一，半棱角—棱角状，分选差，砾间被粉晶白云石和泥质充填，溶孔发育极不均匀，局部形成溶洞，溶洞大小 2 ~ 10 mm。前人认为其形成与膏溶有关。

以川东华西 1 井为例，储层单层厚度 2 ~ 4m，累计厚度约 30m（图 5–27），主要岩性是灰褐夹深灰色粒屑白云岩、角砾白云岩及结晶白云岩，夹较多生屑角砾白云岩和（含）

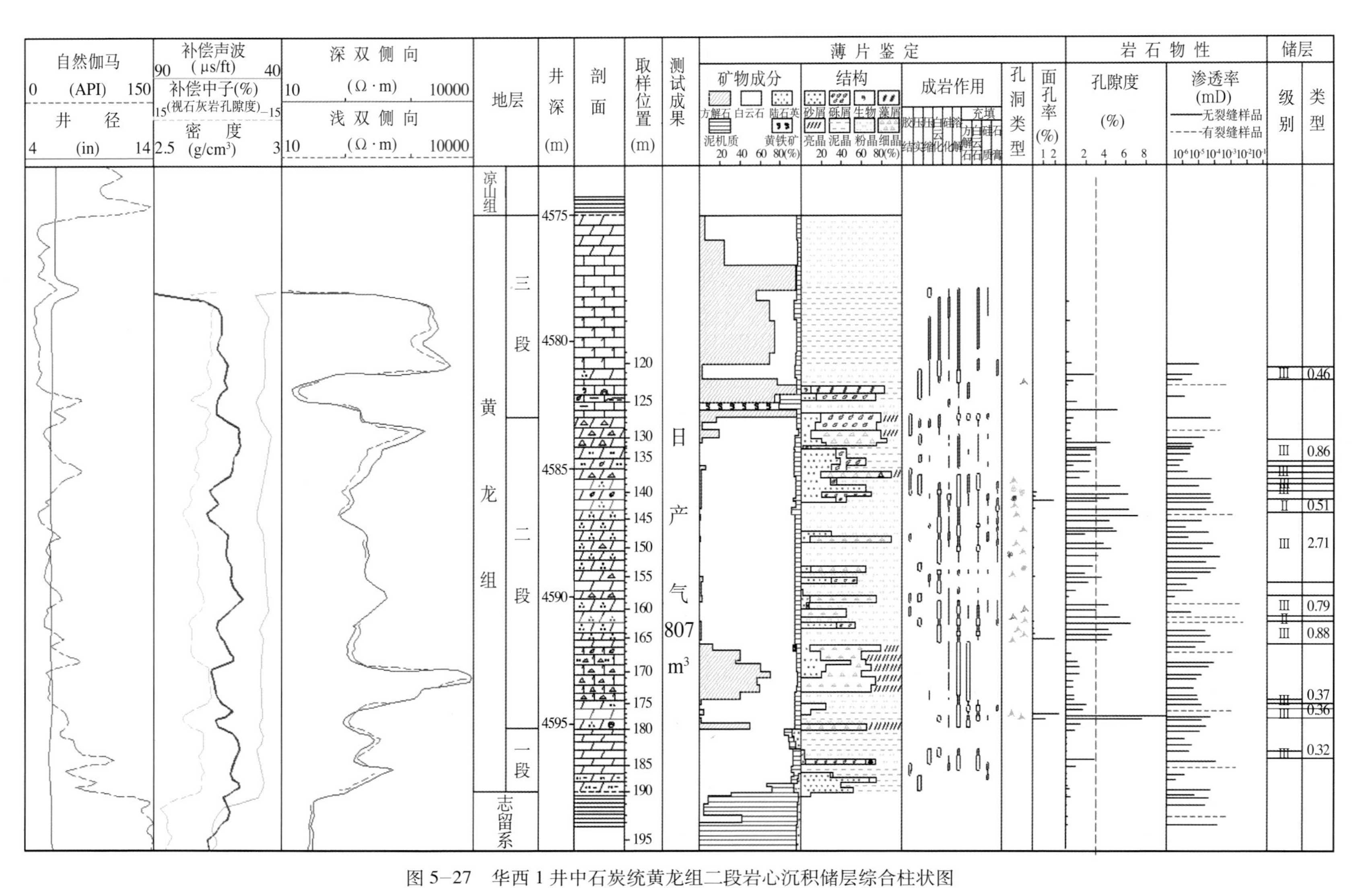

图 5–27 华西 1 井中石炭统黄龙组二段岩心沉积储层综合柱状图

生物屑白云岩、藻砂屑白云岩、虫屑白云岩等。

（三）储集空间和储层物性

储集空间见孔隙、洞穴、裂缝三大类。其中，孔隙主要包括粒（或砾）间溶孔、晶间溶孔，次为粒（或砾）内溶孔、晶间孔、晶内溶孔、生物骨架体腔孔等（图 5–28）。洞穴类包括由非选择性溶蚀扩大的孔隙或裂缝构成。裂缝类则是早期成岩作用、晚期构造活动及溶蚀作用形成的集总，可细分为早期成岩干缩缝、构造性裂缝、溶蚀缝三小类。物性特征总体表现为低—中孔隙度、低渗透率特征。孔隙度最高可达 26.39%，主体介于 1% ~ 8%（图 5–29）之间；渗透率最高达 100mD，主体介于 0.001 ~ 10mD 之间（图 5–30）；储层孔喉结构分布不均，以片状晶间隙至管状喉道为主，属中孔中喉中渗型和低—中孔小喉低渗孔隙型储层（表 5–6）。

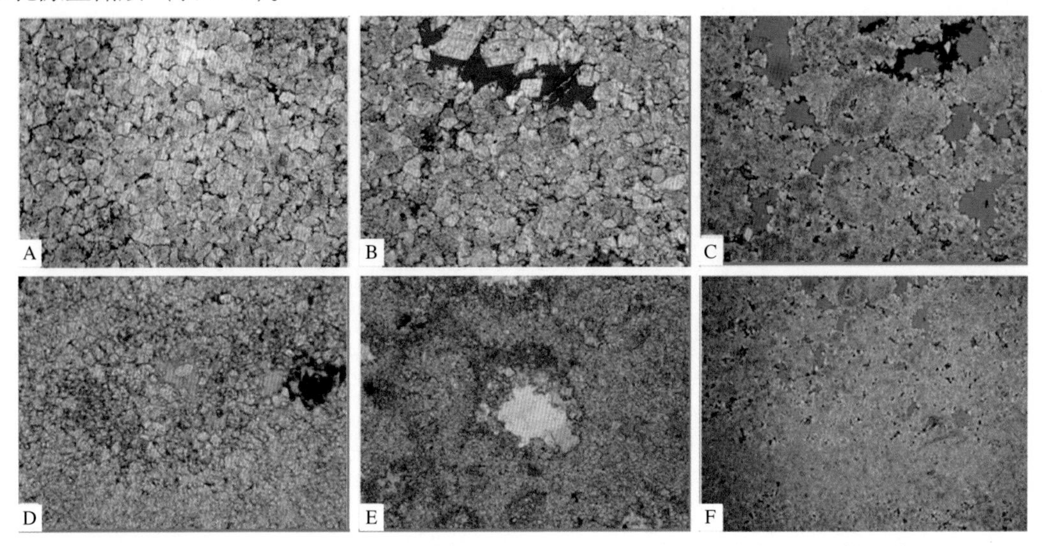

图 5–28 川东地区石炭系储集岩粒间孔、晶间孔、晶间溶孔和超大溶孔镜下特征

（A）晶间孔，粉—细晶白云岩，C_2h_2，板东 13 井，岩心编号 115，×10，铸体片，单偏光；（B）晶间溶孔，局部晶间溶孔被方解石充填，细晶白云岩，C_2h_2，板东 13 井，岩心编号 115，×10，铸体片，染色，单偏光；（C）超大粒间溶孔，残余颗粒粉晶白云岩，C_2h_2，相 19 井，岩心编号 2–62，井深 3833.4m，×25，铸体片，单偏光；（D）晶间孔，晶间溶孔和超大溶孔，粉—细晶白云岩，华蓥溪口剖面，C_2h_2，×15，铸体片，单偏光；（E）晶间溶孔，超大溶孔，充填粗—巨晶淡水白云石后再溶蚀，粉晶白云岩，华蓥溪口剖面，C_2h_2，×15，铸体片，单偏光；（F）粒间溶孔和粒间晶间孔，残余颗粒粉晶白云岩，C_2h_2，相 19 井，岩心编号 2–62，3833.4m，×25，铸体片，单偏光

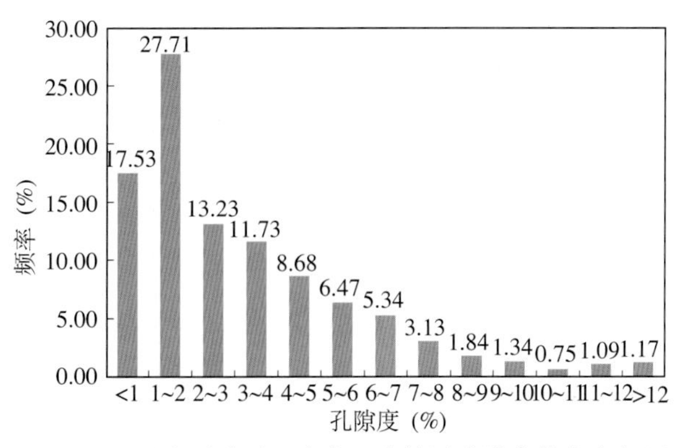

图 5–29 石炭系渗透回流白云岩储层孔隙度分布直方图

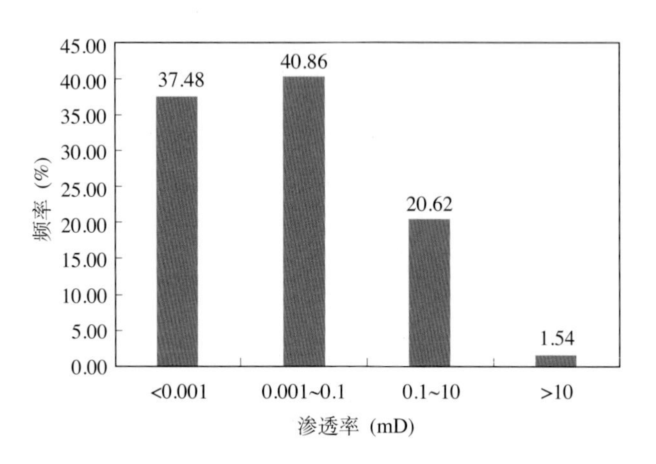

图 5–30　石炭系渗透回流白云岩储层渗透率分布直方图

表 5–6　川东典型气藏石炭系渗透回流白云岩储层孔隙结构对比表

构造	孔喉大小（μm）					孔喉分选			孔喉连通性（0.1MPa）		
	ϕ（%）	D_m	D_{50}	$R_{c_{10}}$	$R_{c_{50}}$	S_p	S_{kp}	K_p	P_d	$P_{c_{50}}$	S_{min}（%）
明月峡	4.44	1.269	0.201	1.242	0.191	2.778	0.283	0.775	18.070	113.401	20.219
南门场	9.75	3.92	0.745	5.726	0.710	3.448	0.330	0.844	1.310	10.569	4.298
温泉井	3.97	1.323	0.187	1.270	0.215	2.676	−0.14	0.766	51.913	333.946	25.638
五百梯龙门	7.83	1.621	0.259	14.130	0.930	3.368	0.286	1.137	8.221	37.827	10.313
云和寨	5.68	0.702	0.145	1.360	0.120	2.510	0.186	1.005	143.040	185.893	27.710
檀木场	5.93	1.02	0.48	2.22	0.39	2.92	2.51	0.780	15.02	83.93	16.19
荀家场	8.24	4.361	1.004	6.378	0.961	3.463	0.392	0.877	1.176	7.807	4.035

（四）储层成因

岩相古地理研究显示，沿开县—万县—忠县—板东和沿七里峡—铁山一带发育一系列串珠状分布的粒屑浅滩，具有良好障壁作用，在这些障壁粒屑滩与古陆之间形成受障壁保护的蒸发潟湖环境，而障壁粒屑滩以东则为相对开阔的潮下环境，这种古地理背景为黄龙组渗透回流白云岩储层的形成奠定了环境基础，而障壁粒屑滩和潟湖内浅滩成为重要物质基础。

总之，渗透回流白云岩储层的成因可归纳为以下五个方面（图 5–1）：(1) 障壁高能滩体的颗粒灰岩及潟湖内颗粒滩等高孔渗性石灰岩层，为渗透回流白云岩储层的发育提供了物质基础；(2) 经过早期胶结作用后，由于海平面的下降，高能滩体周期性暴露，遭受大气淡水的淋溶，发生同生期的溶解作用，形成具明显组构选择性的次生溶孔，导致孔隙度的增加，为回流渗透白云化提供了渗流通道；(3) 干旱气候条件和蒸发膏盐湖的存在为回流渗透白云化提供了充足的卤水和渗透回流的水文机制，导致孔隙性石灰岩层尤其是滩体颗粒灰岩层的白云石化作用；(4) 石炭纪晚期构造抬升致使暴露地表，表生岩溶作用的叠加改造，进一步优化了孔隙，同时也造成储层非均质性的增强；(5) 再埋藏后的埋藏白云石化、构造碎裂以及溶蚀作用形成的晶间孔和晶间溶孔是对储集空间的重要补充。

三、塔里木盆地中—下寒武统

（一）地质背景

前面提过塔里木盆地早—中寒武世干旱气候背景下陆表海大面积分布蒸发台地—潟湖环境，在这种环境下会沉积厚层状的蒸发岩并发生大规模的渗透回流白云石化作用。此外由于受海平面升降影响，在高位体系域的顶部渗透回流成因的白云岩会经常暴露并接受大气淡水淋溶改造。渗透回流白云石化作用可以形成优质的渗透回流白云岩储层，而上覆蒸发岩常常形成盖层，通常所说的盐下白云岩储层就赋存于这类储盖组合中。

渗透回流白云石化作用与萨布哈白云石化作用发生的地质背景是相似的，两者之间的最大区别在于前者发生在海平面之下，保留大规模的膏盐层，而后者发生在海平面之上，薄层状的石膏层很容易受到大规模的溶蚀而消失，但都受沉积相控制，两者交替出现。根据渗透回流白云岩储层主要发育在台缘（障壁）、台内的颗粒滩和藻丘中这一特征，故又可细分为颗粒型和藻丘型。

塔里木盆地钻遇渗透回流白云岩储层的井主要集中在塔北、巴楚和塔中地区的中—下寒武统（如英买 36 井、牙哈 7X–1 井、和 4 井、方 1 井、康 2 井等），少量发育在上寒武统（如塔中 1 井）。

（二）储层岩性

渗透回流白云岩储层最主要的岩石类型有：(1) 颗粒白云岩及藻白云岩，保留原岩的颗粒、藻（丘）格架等原始结构（图 5–31A 至 D、F、G）；(2) 白云石晶体细，以粉晶、细—粉晶为主（图 5–31A 至 D、F、G）；(3) 常伴生石膏、岩盐蒸发盐类矿物石膏充填原生孔（图 5–31C 至 F）；(4) 岩石颜色以灰色、深灰色为主（图 5–31F、G）；(5) 垂向上与膏岩层互层，侧向上与膏岩层相变。

（三）储集空间

岩心和薄片观察表明该类储层的储集空间主要有鲕粒铸模孔、粒间孔（溶孔）、石膏溶孔、残留粒间孔及格架孔（图 5–31）。各类孔隙的孔径大小与原岩颗粒、藻格架结构和藻体腔有关，但一般约 0.1 ～ 2mm。

（四）储层物性

对英买 36 井、和 4 井、方 1 井、康 2 井和温参 1 井岩性为颗粒白云岩或藻格架白云岩段储层物性进行统计。其中 10 个样品的孔隙度大于 4.5%；8 个样品的孔隙度在 2.5% ～ 4.5% 之间；12 个样品的的孔隙度在 1.5% ～ 2.5% 之间；46 个样品的孔隙度小于 1.5%。孔隙度大于 2.5% 的样品约占样品总数的 24%（图 5–32）。

对牙哈 7X–1、英买 36、和 4、方 1 等井的渗透回流白云岩储层的实测孔隙度与渗透率进行相关分析，可以看出孔隙度和渗透率有一定的相关性，即随着孔隙度的增加，渗透率也在增加，但相关性较差（图 5–33）。

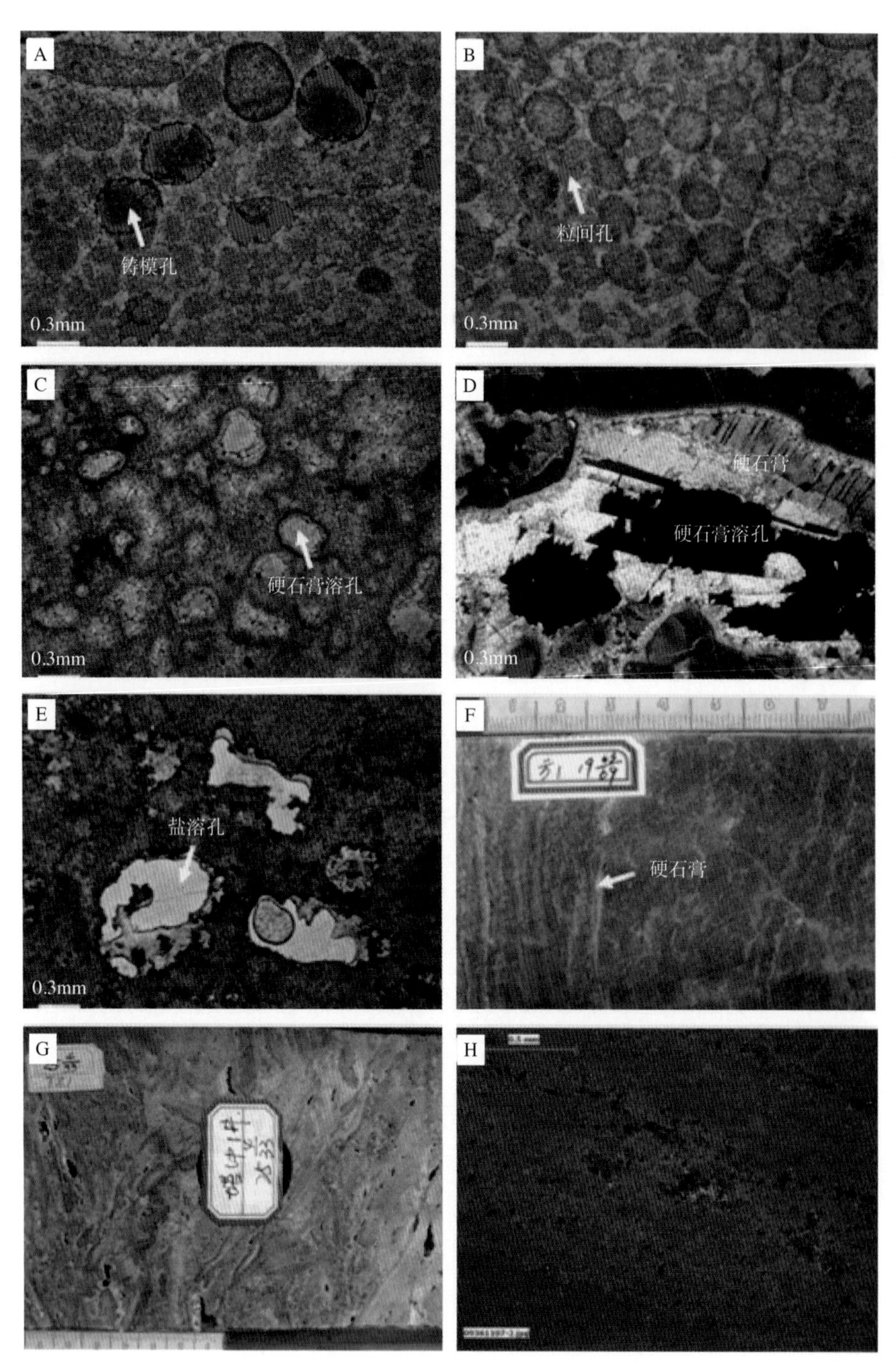

图 5–31　塔里木盆地渗透回流白云岩岩石特征

(A) 颗粒白云岩，发育粒内孔、铸模孔，ϵ_2a，牙哈 7X–1 井，5833.00m，×15，铸体片，单偏光；(B) 颗粒白云岩，粒间溶孔极为发育，ϵ_2a，牙哈 10 井，6233.20m，×15，铸体片，单偏光；(C) 藻白云岩，藻格架孔中的硬石膏被部分溶解形成溶孔，ϵ_1y，方 1 井，4602.85m，×15，铸体片，单偏光；(D) 藻白云岩，藻格架孔中的硬石膏被部分溶解形成溶孔，ϵ_1y，方 1 井，4599.40m，×15，铸体片，正交光；(E) 泥—粉晶白云岩，含盐类，部分盐被溶解形成溶孔，ϵ_2s，和 4 井，5345.49m，×15，单偏光；(F) 深灰色泥粉晶藻白云岩，隐约见纹层状结构，石膏多顺层发育，局部发育石膏溶孔，ϵ_1y，方 1 井，4606.05m，岩心；(G) 灰色颗粒白云岩，颗粒由竹叶状颗粒、内碎屑组成，顺层分布，粒间胶结粉晶白云石，溶孔具颗粒形态，多为颗粒溶蚀的铸模孔，顺层发育，ϵ_3，塔中 1 井，3801.85m，岩心；(H) 粉晶藻白云岩，白云石发暗红色光，ϵ_1x，康 2 井，5631.05m，×15，阴极发光

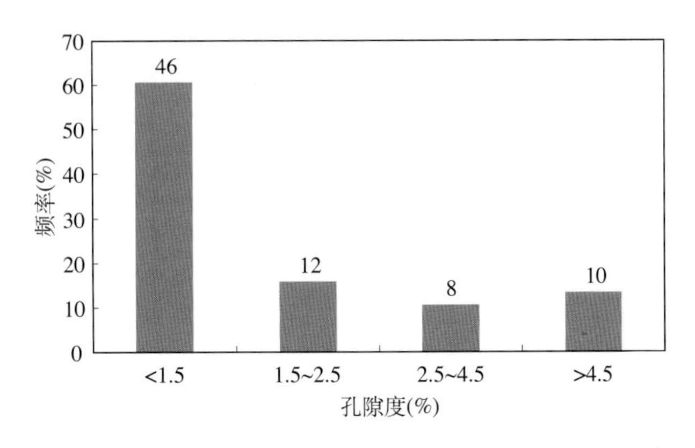

图 5–32　渗透回流白云岩储层（藻、颗粒）孔隙度频率分布直方图

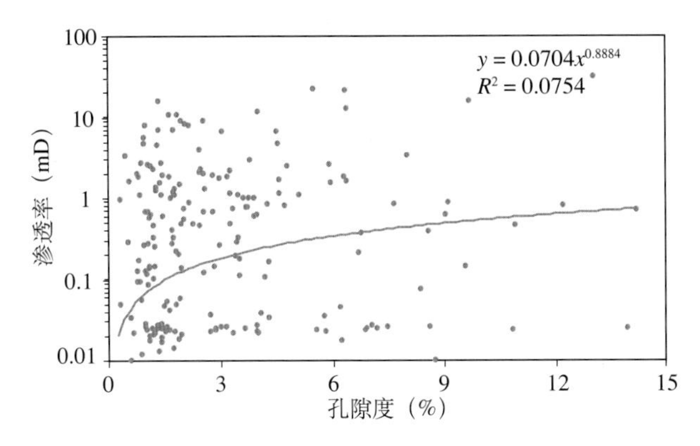

图 5–33　塔里木盆地渗透回流白云岩储层孔隙度—渗透率相关分析图

（五）储层成因

塔里木盆地岩心和薄片所见最典型的渗透回流白云岩储层见于牙哈 7X–1 井中寒武统的第 9 筒心 5827.61 ～ 5833.68m 井段和方 1 井下寒武统的第 19 筒心 4598.20 ～ 4606.80m 井段。前者为颗粒型渗透回流白云岩储层，后者为藻丘型渗透回流白云岩储层。下面以这两口井为例，详细阐述两种不同类型渗透回流白云岩储层的成因。

从牙哈 7X–1 井第 9 筒心岩心综合评价柱状图上可以看出，颗粒型渗透回流白云岩储层发育在泥质泥晶白云岩背景之中（图 5–34），反映了边缘海萨布哈海平面的快速变化。其孔隙类型主要为未白云石化文石鲕溶解形成的铸模孔（图 5–31A）和粒间孔（图 5–31B）。

颗粒型渗透回流白云岩储层形成于干旱气候条件下的碳酸盐岩蒸发台地（或潟湖）成岩环境。储层主要经历的成岩作用类型和序列为：海水胶结作用—同生溶解作用—渗透回流白云石化作用—早表生期大气淡水溶解作用—压实压溶作用—埋藏白云石化作用—裂缝作用—晚表生期大气淡水溶蚀作用—埋藏溶蚀作用—硅化作用。其中能产生孔隙的建设性成岩作用有：渗透回流白云石化作用、早表生期大气淡水溶解作用、裂缝作用和埋藏溶蚀作用。但根据薄片分析，孔隙都是成岩早期形成的，埋藏环境和晚表生期环境对储层的改造并不强烈，这说明了对渗透回流白云岩储层起控制作用的有渗透回流白云石化作用和早表生期大气淡水溶解作用，因为白云石化作用才使得早表生期大气淡水溶蚀形成的孔隙得

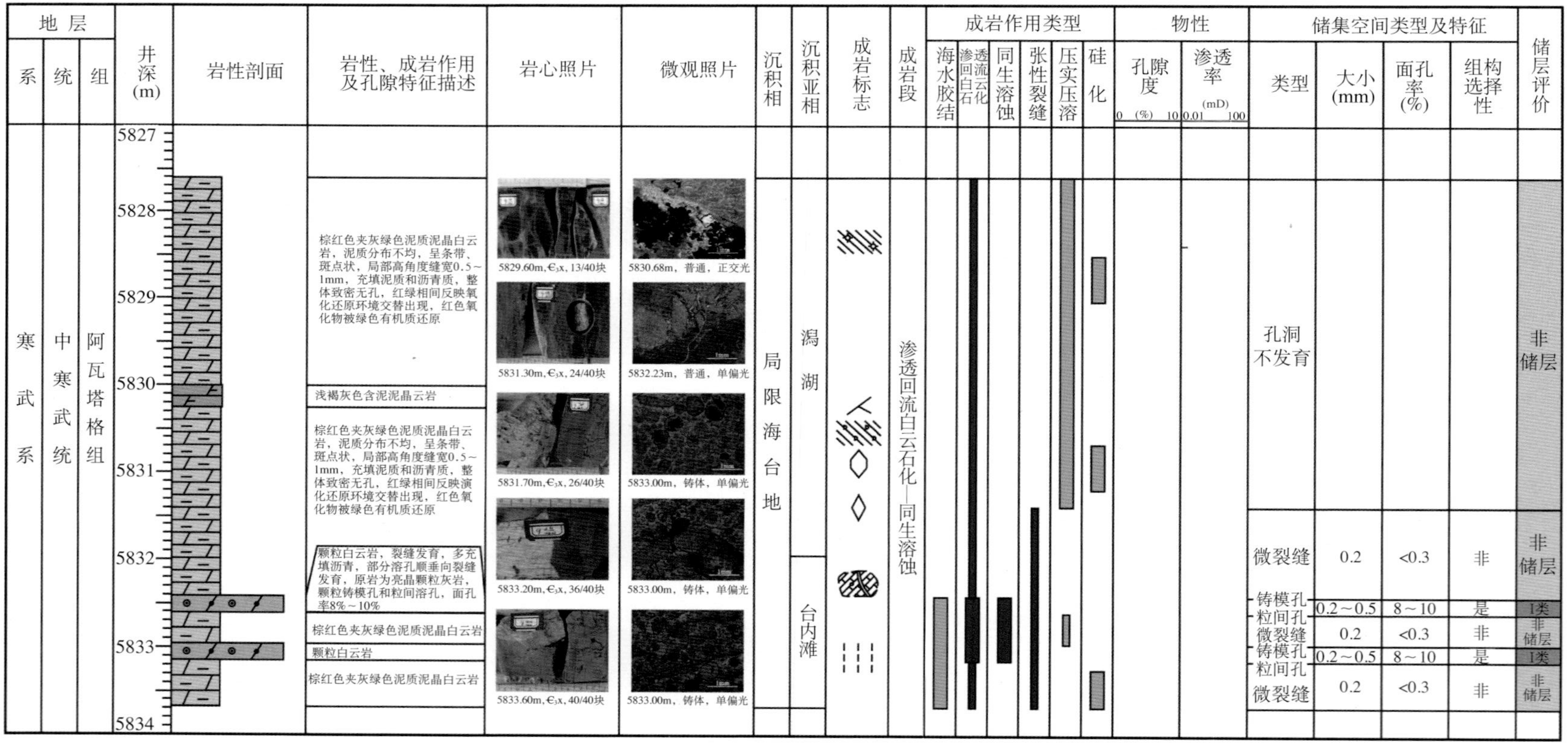

地层：系 寒武系；统 中寒武统；组 阿瓦塔格组

井深(m)：5827、5828、5829、5830、5831、5832、5833、5834

岩性、成岩作用及孔隙特征描述：

棕红色夹灰绿色泥质泥晶白云岩，泥质分布不均，呈条带、斑点状，局部高角度缝宽0.5～1mm，充填泥质和沥青质，整体致密无孔，红绿相间反映氧化还原环境交替出现，红色氧化物被绿色有机质还原

浅褐灰色含泥泥晶云岩

棕红色夹灰绿色泥质泥晶白云岩，泥质分布不均，呈条带、斑点状，局部高角度缝宽0.5～1mm，充填泥质和沥青质，整体致密无孔，红绿相间反映演化还原环境交替出现，红色氧化物被绿色有机质还原

颗粒白云岩，裂缝发育，多充填沥青，部分溶孔顺垂向裂缝发育，原岩为亮晶颗粒灰岩，颗粒铸模孔和粒间溶孔，面孔率8%～10%

棕红色夹灰绿色泥质泥晶白云岩

颗粒白云岩

棕红色夹灰绿色泥质泥晶白云岩

岩心照片：5829.60m, $€_3x$, 13/40块；5831.30m, $€_3x$, 24/40块；5831.70m, $€_3x$, 26/40块；5833.20m, $€_3x$, 36/40块；5833.60m, $€_3x$, 40/40块

微观照片：5830.68m，普通，正交光；5832.23m，普通，单偏光；5833.00m，铸体，单偏光；5833.00m，铸体，单偏光；5833.00m，铸体，单偏光

沉积相：局限海台地

沉积亚相：潟湖；台内滩

成岩段：渗透回流白云石化—同生溶蚀

成岩作用类型：海水胶结；渗透回流白云石化；同生溶蚀；张性裂缝；压实压溶；硅化

物性：孔隙度 0 (%) 10；渗透率 (mD) 0.01 100

类型	大小(mm)	面孔率(%)	组构选择性	储层评价
孔洞不发育				非储层
微裂缝	0.2	<0.3	非	非储层
铸模孔、粒间孔	0.2～0.5	8～10	是	Ⅰ类
微裂缝	0.2	<0.3	非	非储层
铸模孔、粒间孔	0.2～0.5	8～10	是	Ⅰ类
微裂缝	0.2	<0.3	非	非储层

图 5-34　牙哈 7X-1 井第 9 筒心中寒武统渗透回流白云岩储层成岩作用及孔隙特征综合评价柱状图

取心井眼：5827.61 ～ 5833.68m；进尺：6.07m

以保留，才使得未完全白云石化的文石质颗粒能够被大气淡水所溶蚀。

从方1井岩心综合评价柱状图上可以看出，藻丘型渗透回流白云岩储层中含有大量的石膏（图5–35），反映了蒸发台地（或潟湖）沉积。其孔隙类型主要为藻格架孔中石膏溶解形成的溶孔（图5–31C、D）。

藻丘型渗透回流白云岩储层与颗粒型渗透回流白云岩储层一样，也是形成于干旱气候条件下的蒸发台地（或潟湖）成岩环境。储层经历的成岩作用类型和序列为：海水胶结作用—渗透回流白云石化作用—石膏充填作用—石膏溶解作用—压实压溶作用—埋藏胶结作用—裂缝作用—埋藏溶蚀作用—热液改造作用。其中能产生孔隙的建设性成岩作用有：渗透回流白云石化作用、石膏溶解作用、裂缝作用、埋藏溶蚀作用。根据薄片分析，孔隙也是在成岩早期形成的，埋藏环境和晚表生成岩环境对储层的改造并不强烈，孔隙形成关键是石膏溶解作用及渗透回流白云石化作用保留了部分藻格架孔，所以它们是渗透回流白云岩储层形成的主控因素之一。

通过对上述两口井两种类型的渗透回流白云岩储层的解剖，可以分析出渗透回流白云岩储层发育的成因，储层发育最为重要的成岩环境有海水成岩环境、蒸发成岩环境及早表生成岩环境，埋藏期的成岩作用虽然对其有叠加改造作用，但已不构成主控因素。海水成岩环境对储层发育最重要的贡献体现在两个方面：一是大量原生粒间孔、格架孔的发育；二是文石等准稳定矿物的沉淀。蒸发成岩环境卤水选择性白云石化形成渗透回流白云岩的同时，对孔隙最大的贡献体现在四个方面：(1)石膏的沉淀和充填原生孔隙为膏溶孔的形成奠定了物质基础；(2)亮晶方解石胶结物的缺乏使大量原生孔得以保留；(3)不完全白云石化所残留的文石等不稳定矿物为铸模孔的形成奠定了物质基础；(4)白云石化作用形成的白云岩在大气淡水淋溶作用下可以构成坚固的格架。早表生成岩环境大气淡水淋溶作用可以使石膏及未白云石化的文石等不稳定矿物溶解，而白云岩本身不溶解构成格架，使储层物性得以进一步的改善。

镜下观察白云石的结晶程度和有序度中等，可能与浅埋藏成岩环境相关。地球化学特征显示这套白云岩成因上与低温、碱性和偏氧化的蒸发台地环境有关。MgO—CaO呈线性负相关，反映白云岩是交代成因而非沉积成因的（图5–22A）；高Na、P、Mn、Sr和低Fe，导致阴极发光呈明亮发光或棕—橘红色光；Ce^{3+}易氧化成Ce^{4+}而被迁移贫化，呈现Ce负异常，但由于浅埋藏环境中随温度升高，Eu^{3+}易被氧化为难溶的Eu^{4+}，而发生Eu相对富集，影响了Eu明显负异常特征的出现（图5–22B）；$\delta^{18}O$同位素值变化范围0～7‰（PDB），与海水相比明显偏正，$\delta^{13}C$同位素值变化范围0～4‰（PDB）（图5–22C），与海水相比明显偏正；锶同位素比值整体在0.7085～0.7100之间，略高于同期海水值0.7090（图5–22D）。

根据渗透回流白云岩储层的成因，建立了储层的发育模式（图5–1）。侧向上，蒸发台地或潟湖由陆地向台缘（障壁）方向，蒸发盐沉积是逐渐减少的。垂向上，随着气候的进一步干旱，膏岩层将向海一侧迁移，逐渐覆盖于下伏白云石化的各类白云岩储层上。这就导致了蒸发台地或潟湖靠陆一侧，膏岩层下伏的碳酸盐岩往往未发生白云石化或只发生弱白云石化。由于礁（丘）滩体本身具有良好的物性，最容易在原始孔隙中沉淀石膏，并接受回流的镁离子而发生白云石化，故台地（潟湖）—台缘的礁滩体是储层发育的优势相带，而同时在干旱气候背景下，又缺乏亮晶方解石的胶结，所以渗透回流白云岩储层主要发育

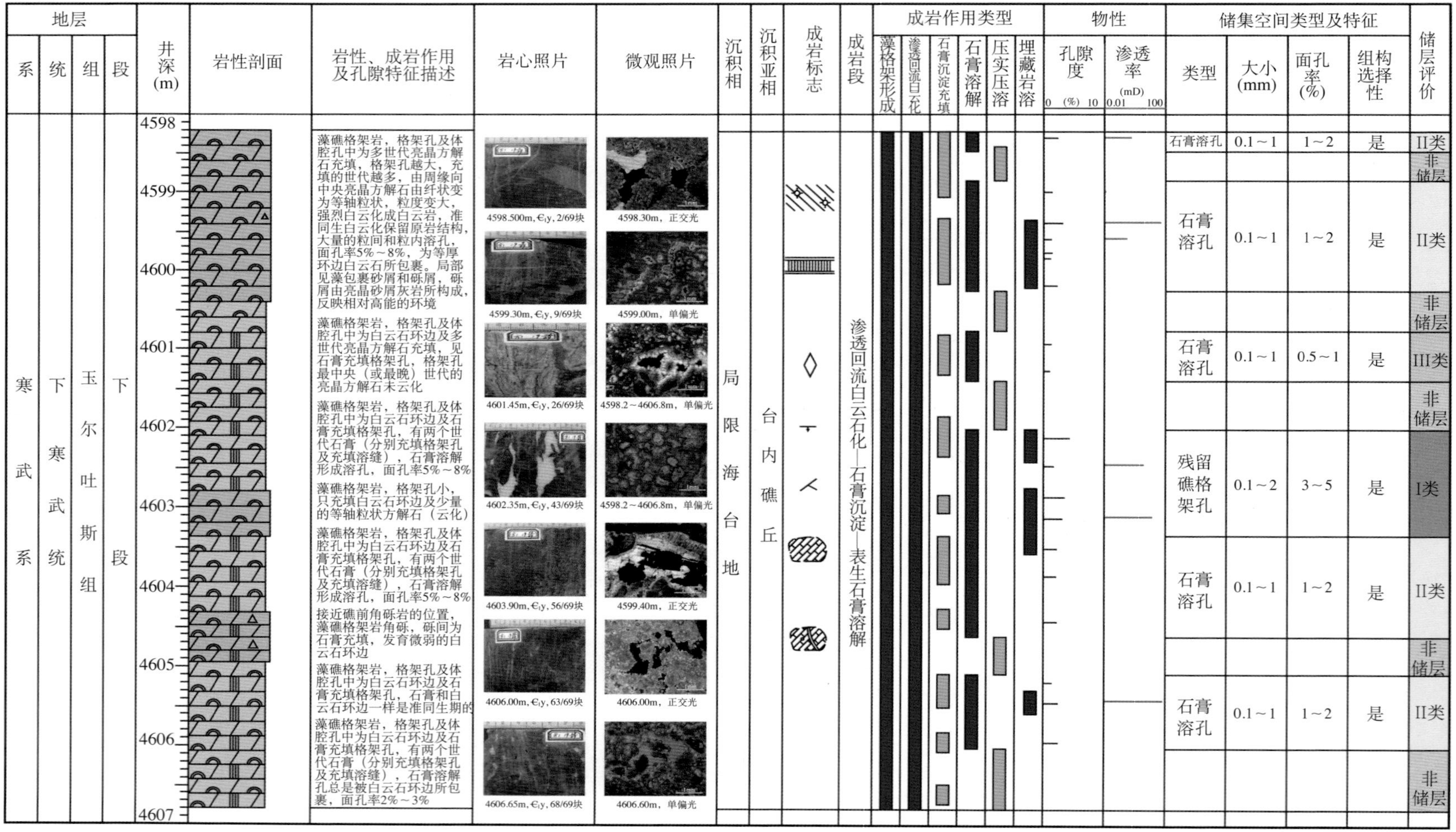

地层：系 寒武系；统 下寒武统；组 玉尔吐斯组；段 下段

井深（m）：4598、4599、4600、4601、4602、4603、4604、4605、4606、4607

岩性剖面

岩性、成岩作用及孔隙特征描述：

藻礁格架岩，格架孔及体腔孔中为多世代亮晶方解石充填，格架孔越大，充填的世代越多，由周缘向中央亮晶方解石由纤状变为等轴粒状，粒度变大，强烈白云化成白云岩，准同生白云化保留原岩结构，大量的粒间和粒内溶孔，面孔率5%～8%，为等厚环边白云石所包裹。局部见藻包裹砂屑和砾屑，砾屑由亮晶砂屑灰岩所构成，反映相对高能的环境

藻礁格架岩，格架孔及体腔孔中为白云石环边及多世代亮晶方解石充填，见石膏充填格架孔，格架孔最中央（或最晚）世代的亮晶方解石未云化

藻礁格架岩，格架孔及体腔孔中为白云石环边及石膏充填格架孔，有两个世代石膏（分别充填格架孔及充填溶缝），石膏溶解形成溶孔，面孔率5%～8%

藻礁格架岩，格架孔小，只充填白云石环边及少量的等轴粒状方解石（云化）

藻礁格架岩，格架孔及体腔孔中为白云石环边及石膏充填格架孔，有两个世代石膏（分别充填格架孔及充填溶缝），石膏溶解形成溶孔，面孔率5%～8%

接近礁前角砾岩的位置，藻礁格架岩角砾，砾间为石膏充填，发育微弱的白云石环边

藻礁格架岩，格架孔及体腔孔中为白云石环边及石膏充填格架孔，石膏和白云石环边一样是准同生期的

藻礁格架岩，格架孔及体腔孔中为白云石环边及石膏充填格架孔，有两个世代石膏（分别充填格架孔及充填溶缝），石膏溶解孔总是被白云石环边所包裹，面孔率2%～3%

岩心照片：
4598.500m, ϵ_1y, 2/69块
4599.30m, ϵ_1y, 9/69块
4601.45m, ϵ_1y, 26/69块
4602.35m, ϵ_1y, 43/69块
4603.90m, ϵ_1y, 56/69块
4606.00m, ϵ_1y, 63/69块
4606.65m, ϵ_1y, 68/69块

微观照片：
4598.30m，正交光
4599.00m，单偏光
4598.2～4606.8m，单偏光
4598.2～4606.8m，单偏光
4599.40m，正交光
4606.00m，正交光
4606.60m，单偏光

沉积相：局限海台地

沉积亚相：台内礁丘

成岩标志

成岩段：渗透回流白云石化—石膏沉淀—表生石膏溶解

成岩作用类型：藻格架形成；渗透回流白云化；石膏沉淀充填；石膏溶解；压实压溶；埋藏岩溶

物性：孔隙度（%）0～10；渗透率（mD）0.01～100

类型	大小（mm）	面孔率（%）	组构选择性	储层评价
石膏溶孔	0.1～1	1～2	是	II类
				非储层
石膏溶孔	0.1～1	1～2	是	II类
				非储层
石膏溶孔	0.1～1	0.5～1	是	III类
				非储层
残留礁格架孔	0.1～2	3～5	是	I类
石膏溶孔	0.1～1	1～2	是	II类
				非储层
石膏溶孔	0.1～1	1～2	是	II类
				非储层

图5-35 方1井第19筒心中寒武统渗透回流白云岩储层成岩作用及孔隙特征综合评价柱状图

取心井段4598.20～4606.80m，进尺8.6m，心长8.6m，收获率100%

于蒸发台地（潟湖）—台缘的礁（丘）滩体中。

综上所述，塔里木盆地渗透回流白云岩储层主要发育于早—中寒武世干旱气候环境，与石膏或膏岩层伴生，受沉积相控制。储层发育的主控因素为：(1) 渗透回流白云石化作用保留了部分原生粒间孔及藻格架孔；(2) 石膏沉淀及溶解作用形成铸模孔；(3) 淡水淋溶作用及未白云石化文石溶解形成颗粒铸模孔、粒间溶孔。

第四节　埋藏白云岩储层

以塔里木盆地上寒武统、下奥陶统蓬莱坝组，四川盆地下二叠统栖霞组，鄂尔多斯盆地马家沟组四段为例，阐述埋藏白云岩储层的特征和成因，四川盆地龙王庙组、洗象池组、黄龙组、长兴—飞仙关组也叠加有埋藏白云石化作用的改造。

一、塔里木盆地上寒武统—蓬莱坝组

（一）地质背景

塔里木盆地埋藏白云岩储层主要发育于中西台地区的上寒武统和下奥陶统蓬莱坝组、鹰山组。上寒武统—下奥陶统蓬莱坝组岩性以白云岩为主，夹少量的白灰岩及石灰质白云岩，而下奥陶统鹰山组下段岩性主要为灰质白云岩或白云质灰岩，到鹰山组上段基本不发育白云岩，总体上，至下而上，地层中的白云石含量是逐渐减少的。

在晚寒武世—早奥陶世塔里木盆地主要是局限海台地向开阔海台地过渡时期，原始沉积环境上表现为礁滩复合体与滩间海的特征。在这个时期，发生的大规模白云石化作用几乎与蒸发岩无关，且从白云石切割缝合线的特征来看，其发生于埋藏压实作用之后。

发生大规模白云石化作用需要有足够的富镁流体，塔里木盆地中西台地区地质发育史中就具备了发生埋藏白云石化作用所需的镁离子，主要有四个来源：(1) 塔东盆地同时代巨厚泥质细粒沉积物在埋藏深度大于 2000m 时，黏土矿物中的蒙皂石要向伊利石转变，并伴随有 Si、Fe、Ca 和 Mg 离子的释放进入孔隙水中，由于埋藏深，所受压力大，孔隙水温度高，导致这种孔隙流体向着压力减低、温度变低的区域流动，其中一部分可能作垂向流动，另一部分，而且是主流部分则沿着层面侧向向上，由盆地进入中西部碳酸盐台地的沉积物中；(2) 滩间海、台内洼地沉积物中黏土矿物的脱水作用释放出镁离子；(3) 多孔沉积物中封存了大量局限—半局限海台地中富镁海水；(4) 高镁方解石、文石质矿物转化为低镁方解石时释放镁离子。

由于塔里木盆地地层具有地质年代老、埋藏深、地层温度和压力高的特点，所以也有利于埋藏白云石化作用的发生，而多期构造运动产生的裂缝等流体通道又为富镁流体起到了很好的输导作用。所有这些地质背景都是塔里木盆地中西台地区发生大规模埋藏白云石化作用的有利条件，也为埋藏白云岩储层的形成奠定了基础。

（二）储层岩性

塔里木盆地上寒武统—蓬莱坝组埋藏白云岩储层以不同粒级的结晶白云岩为特征，包括细晶、中晶及粗晶白云岩（图 5–36），原岩可以是石灰岩，也可以是准同生期白云石化作用形成的白云岩，可以完全重结晶也可以残留部分原岩结构。原岩结构越粗，埋藏白云石化作用时间越长、埋藏深度越大，白云岩的晶粒往往越粗。

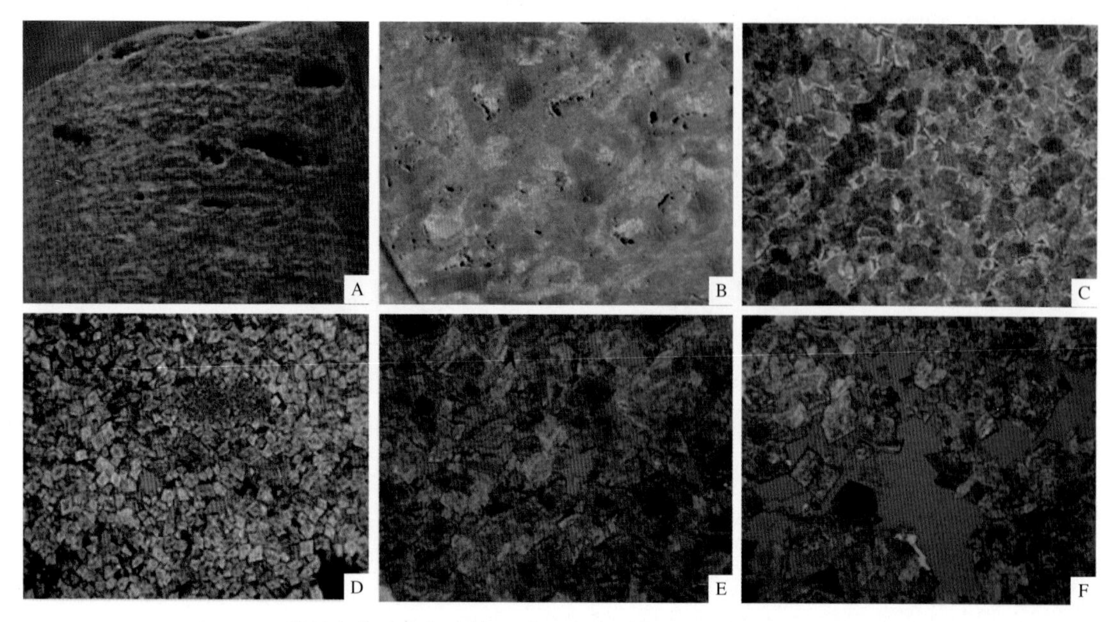

图 5–36　塔里木盆地上寒武统—蓬莱坝组埋藏白云岩储层岩性及孔隙类型

（A）灰色细—中晶白云岩，晶间溶孔和溶蚀孔洞发育，上寒武统，塔中 7 井，8–12/30，岩心；（B）灰色藻粘结粉—细晶白云岩，晶间孔和晶间溶孔发育，下奥陶统蓬莱坝组，塔中 5 井，27–27/44，岩心；（C）细—中晶白云岩，白云石为他形—半自形，多具雾心亮边结构，晶间孔和晶间溶孔发育，下奥陶统蓬莱坝组，东河 12 井，5668.60m，×10，铸体片，单偏光；（D）细晶白云岩，白云石为半自形—自形，晶间溶孔发育，下奥陶统蓬莱坝组，东河 12 井，5761.16m，×10，铸体片，单偏光；（E）中晶白云岩，白云石为半自形—自形，晶间溶孔发育，上寒武统，牙哈 3 井，5967.15m，×10，铸体片，单偏光；（F）中晶白云岩，白云石为半自形—自形，晶间孔及晶间溶孔发育，寒武系，英买 32 井，5409.10m，×10，铸体片，单偏光

（三）储集空间

孔隙类型主要有晶间孔和晶间溶孔，少量的裂缝及溶蚀孔洞（图 5–36）。晶间孔是埋藏白云石化作用的产物，可以是白云石晶体间灰泥溶蚀形成的，也可以是白云石重结晶或交代作用后密度增大体积缩小形成的，也可以是继承性孔隙经埋藏白云石化后的再调整。晶间溶孔是埋藏岩溶作用的产物，是白云石晶体非组构选择性溶解导致晶间孔的溶蚀扩大。大多数的埋藏白云岩储层均受构造裂缝作用及热液作用的叠加改造形成少量的溶蚀孔洞。

（四）储层物性

分层位统计了鹰山组、蓬莱坝组和上寒武统埋藏白云岩储层的物性（图 5–37）。鹰山组 7 个样品的孔隙度大于 4.5%；13 个样品的孔隙度在 2.5% ～ 4.5% 之间；36 个样品的的孔隙度在 1.5% ～ 2.5% 之间；137 个样品的孔隙度小于 1.5%；孔隙度大于 2.5% 的样品约占总样品数的 10%。蓬莱坝组 14 个样品的孔隙度大于 4.5%；32 个样品的孔隙度在 2.5% ～ 4.5% 之间；67 个样品的的孔隙度在 1.5% ～ 2.5% 之间；177 个样品的孔隙度小于 1.5%；孔隙度大于 2.5% 的样品约占总样品数的 16%。上寒武统 39 个样品的孔隙度大于 4.5%；65 个样品的孔隙度在 2.5% ～ 4.5% 之间；127 个样品的孔隙度在 1.5% ～ 2.5% 之间；369 个样品的孔隙度小于 1.5%；孔隙度大于 2.5% 的样品约占总样品数的 17%。从这些数据的统计分析可以知道蓬莱坝组和上寒武统白云岩储层的物性要好于鹰山组。

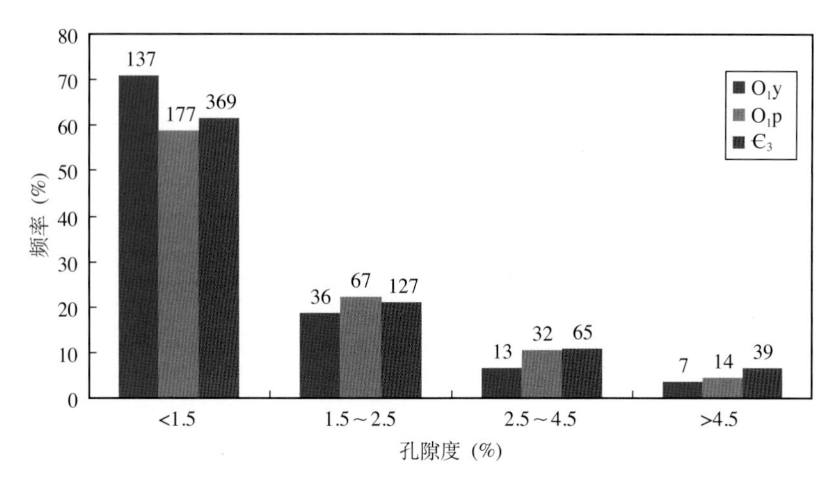

图 5–37　塔里木盆地埋藏白云岩储层孔隙度分布频率图

（五）储层成因

塔里木盆地上寒武统—蓬莱坝组白云岩储层的成因可总结为以下三个方面：(1) 埋藏白云石化作用是埋藏白云岩储层发育的基础，渗透性好的碳酸盐岩为埋藏成岩介质提供了通道，白云岩晶间孔是继承早期孔隙并经埋藏白云石化后的再调整；(2) 埋藏溶蚀作用形成的晶间溶孔是对埋藏白云岩储层储集空间的重要补充，包括有机酸、TSR 及盆地热卤水对白云石晶体的非组构选择性溶蚀导致晶间孔的扩大；(3) 裂缝及热液作用的叠加改造导致沿裂缝发育的溶蚀孔洞，构成埋藏白云岩储层重要的储集空间。

关于白云化在孔隙形成中的作用，长期以来都是争论的话题（Lucia，1999）。Murray（1960）研究了萨斯喀彻温省 Charles 组 Midale 层白云石含量与孔隙度的关系。在这个实例中，最初，随着白云石含量的增加孔隙度下降，直到白云石含量达到 50%，在这之后，随着白云石含量的增加，孔隙度增加。Murray（1960）解释白云石化之所以可以影响孔隙度，是通过方解石的同时溶解并为白云化提供碳酸盐物源的缘故。Midale 层最初是灰泥，对于白云石少于 50% 的样品，未白云化的灰泥在埋藏过程中被压实，“漂浮”的白云石菱面体占据了孔隙，随着白云化程度的增强，孔隙度下降。但当白云石含量达到 50% 时，白云石菱面体开始担当支撑格架的作用，阻止了压实，并随白云石含量的增加，孔隙度也增加。

白云石菱面体之间方解石的消失是理解与白云石相关孔隙的关键。如果白云石菱面体间方解石的消失是由于溶解作用，那么，孔隙度的增加是一次特别的成岩事件。该成岩事件只影响具有特定的地质和埋藏背景的白云岩地层，如沿不整合面的暴露并伴有大气淡水潜流带的溶解作用。Wey1（1960）根据质量守恒原理，指出如果白云石化完全是分子对分子的交代，碳酸盐的来源也很局限，那么，方解石向较高密度的白云石转化时，会导致孔隙度增加 13%。

塔里木盆地埋藏白云石化作用发生于埋藏成岩环境的各个阶段，下面以塔北地区英买 4 井的第 22 筒心 5127.20 ～ 5133.29m 井段（图 5–38）为例说明埋藏白云岩储层的成因。该井段位于鹰山组，距不整合面 70m，不整合面之上为下侏罗统，其原始的岩性存在很强的非均质性，既有泥晶灰岩、颗粒泥晶灰岩，也有泥晶颗粒灰岩、亮晶颗粒灰岩。埋藏白云石化作用发生在具有一定孔渗的含颗粒的石灰岩中，以具有雾心亮边结构的中—粗晶白

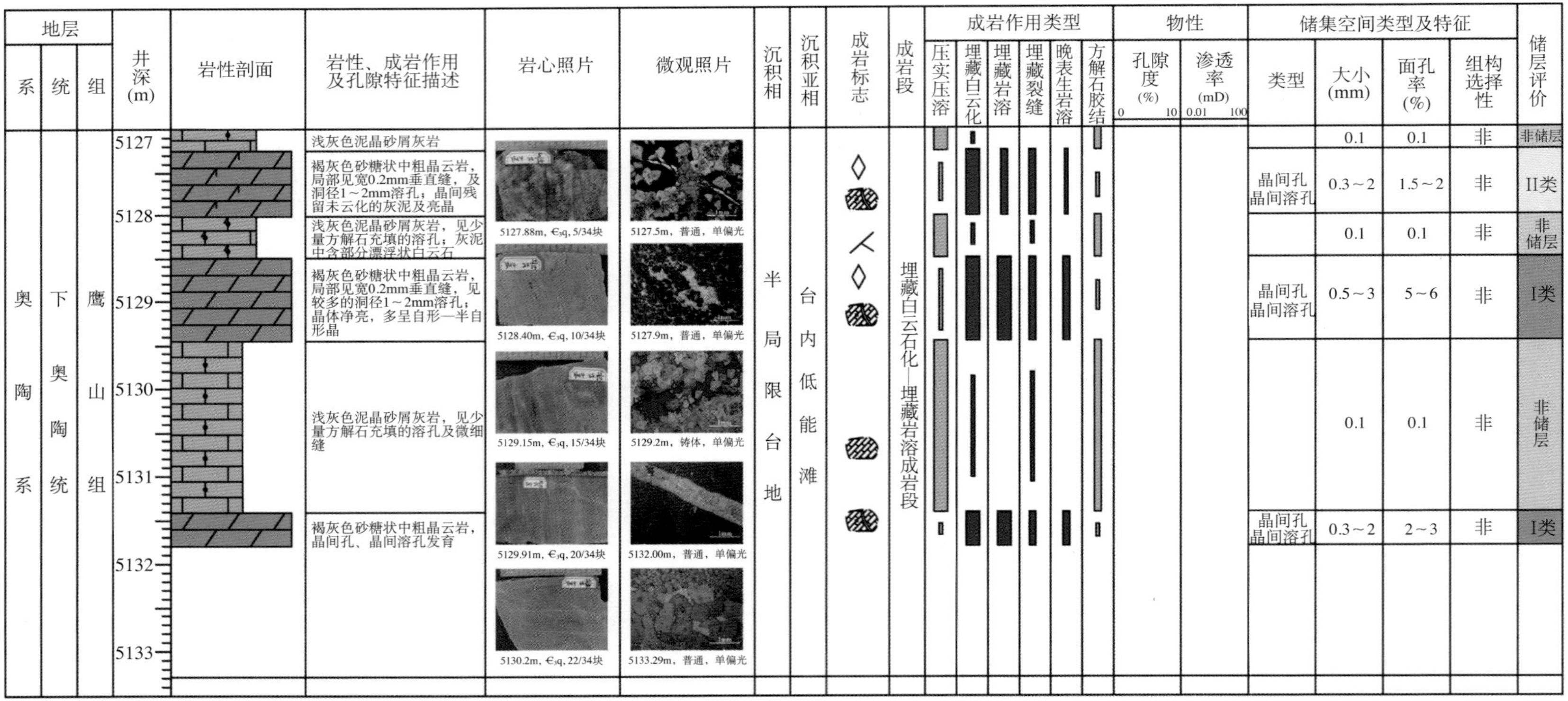
地层
系
统
组
奥陶系
下奥陶统
鹰山组
井深(m)
5127
5128
5129
5130
5131
5132
5133
岩性剖面
岩性、成岩作用及孔隙特征描述
浅灰色泥晶砂屑灰岩
褐灰色砂糖状中粗晶云岩，局部见宽0.2mm垂直缝，及洞径1~2mm溶孔；晶间残留未云化的灰泥及亮晶
浅灰色泥晶砂屑灰岩，见少量方解石充填的溶孔；灰泥中含部分漂浮状白云石
褐灰色砂糖状中粗晶云岩，局部见宽0.2mm垂直缝，见较多的洞径1~2mm溶孔；晶体净亮，多呈自形—半自形晶
浅灰色泥晶砂屑灰岩，见少量方解石充填的溶孔及微细缝
褐灰色砂糖状中粗晶云岩，晶间孔、晶间溶孔发育
岩心照片
5127.88m, €₃q, 5/34块
5128.40m, €₃q, 10/34块
5129.15m, €₃q, 15/34块
5129.91m, €₃q, 20/34块
5130.2m, €₃q, 22/34块
微观照片
5127.5m，普通，单偏光
5127.9m，普通，单偏光
5129.2m，铸体，单偏光
5132.00m，普通，单偏光
5133.29m，普通，单偏光
沉积相
半局限台地
沉积亚相
台内低能滩
成岩标志
成岩段
埋藏白云石化—埋藏岩溶成岩段
成岩作用类型
压实压溶
埋藏白云化
埋藏岩溶
埋藏裂缝
晚表生岩溶
方解石胶结
物性
孔隙度(%)
0
10
渗透率(mD)
0.01
100
储集空间类型及特征
类型
大小(mm)
面孔率(%)
组构选择性
储层评价
0.1
0.1
非
非储层
晶间孔 晶间溶孔
0.3~2
1.5~2
非
II类
0.1
0.1
非
非储层
晶间孔 晶间溶孔
0.5~3
5~6
非
I类
0.1
0.1
非
非储层
晶间孔 晶间溶孔
0.3~2
2~3
非
I类
图 5-38　英买 4 井第 22 筒心下奥陶统鹰山组埋藏白云岩储层成岩作用及孔隙特征综合评价柱状图

云石交代颗粒为特征，且颗粒含量越高，白云石化作用就越强烈，而泥晶灰岩过于致密，亮晶颗粒灰岩的颗粒间都被方解石完全胶结了，两者都缺乏埋藏流体的渗流通道，故基本不发生埋藏白云石化作用。孔隙主要以晶间溶孔为主，含少量晶间孔，主要发育于白云石化作用强烈的白云岩中，从孔隙的类型及演化可以得出埋藏白云岩储层的成因机理和主控因素。

从该段的岩心、薄片分析，岩石由于经历了漫长而复杂的成岩作用，多数原始沉积结构已经消失殆尽，很难恢复埋藏白云石化作用之前的成岩作用，更多的只是根据地质背景进行推测。但这并不重要，因为孔隙主要形成于白云岩中，所以可以肯定，储层的最终形成发生在埋藏白云石化作用之中及之后成岩过程中。英买 4 井经历埋藏成岩环境和晚表生大气淡水成岩环境，5127.20 ～ 5133.29m 井段主要发生的成岩作用序列为：压实压溶作用—埋藏白云石化作用—埋藏溶蚀作用—压实作用—裂缝作用—晚表生大气淡水溶蚀作用—方解石胶结作用。其中主要建设性成岩作用有埋藏白云石化作用、埋藏溶蚀作用、裂缝作用、晚表生大气淡水溶蚀作用。虽然该井段距离潜山面仅 70m，但却没有证据显示孔隙的发育与潜山岩溶作用有关，在埋藏成岩环境中孔隙的形成都是埋藏白云石作用的产物。方解石被白云石交代后密度增大体积缩小形成晶间孔，而埋藏白云石化作用后，白云石晶体间残留灰泥（图 5–39A）被埋藏流体溶蚀形成晶间溶孔（图 5–39B）。这些特征表明埋藏白云石化作用和埋藏岩溶是主要的建设性成岩作用，是形成英买 4 井埋藏白云岩储层的主控因素。

图 5–39　埋藏白云岩储层岩石特征

（A）含灰粗—中晶白云岩，晶体多具雾心亮边、自形结构，残留少量未白云石化的灰泥，溶孔被亮晶方解石充填，$O_{1-2}y$，英买 4 井，5127.50m，×15，铸体片，单偏光；（B）粗—中晶白云岩，晶体多具雾心亮边、自形结构，溶孔极其发育，为残留未白云石化的灰泥溶解形成，$O_{1-2}y$，英买 4 井，5129.20m，×15，铸体片，单偏光

镜下观察，白云石结晶程度和有序度相当高。地球化学特征显示这套白云岩成因上与埋藏成岩环境有关。MgO—CaO 呈线性负相关，反映白云石是交代或重结晶成因而非沉积成因的（图 5–22A）；Fe、Mn 含量低，白云石发光呈昏暗的棕红色光；Ce 显示负异常，但不够明显，是在埋藏成岩过程中，随温度升高，Ce^{3+} 易被还原为难溶的 Ce^{2+} 减缓了 Ce 负异常的出现（图 5–22B）；正常情况下，随着温度升高，Eu 易被氧化，形成难溶解的 Eu^{4+}，使 Eu 富集出现正异常，但分析结果为负异常（图 5–22B），较难于解释原因；埋藏成岩

环境温度升高使白云石的 $\delta^{18}O$ 同位素值偏负为 −4‰ ~ −10‰（PDB），$\delta^{13}C$ 为 −3‰ ~ 2‰（PDB），与埋藏环境中岩石—水相互作用有关的 $\delta^{13}C$ 值是一致的（图 5−22C）；锶同位素普遍高于同期海水值，最高达 0.7110，是埋藏成岩环境锶同位素出现富集的结果（图 5−22D）。

虽然埋藏成岩相控制白云岩储层的分布，但大量案例揭示埋藏白云岩储层主要沿陆棚边缘分布（Amthor 等，1993），可能与埋藏流体的运动主要集中在沉积期或沉积后不久建立起来的高孔隙度—渗透率带有关（Clyde H. Moore，2001）。塔里木盆地下古生界埋藏白云岩储层主要发育于上寒武统及蓬莱坝组，原岩以台缘和台内滩相颗粒灰岩为主，残留颗粒结构，故台缘高能相带及台内点滩是埋藏白云岩储层的主要分布区（图 5−40）。

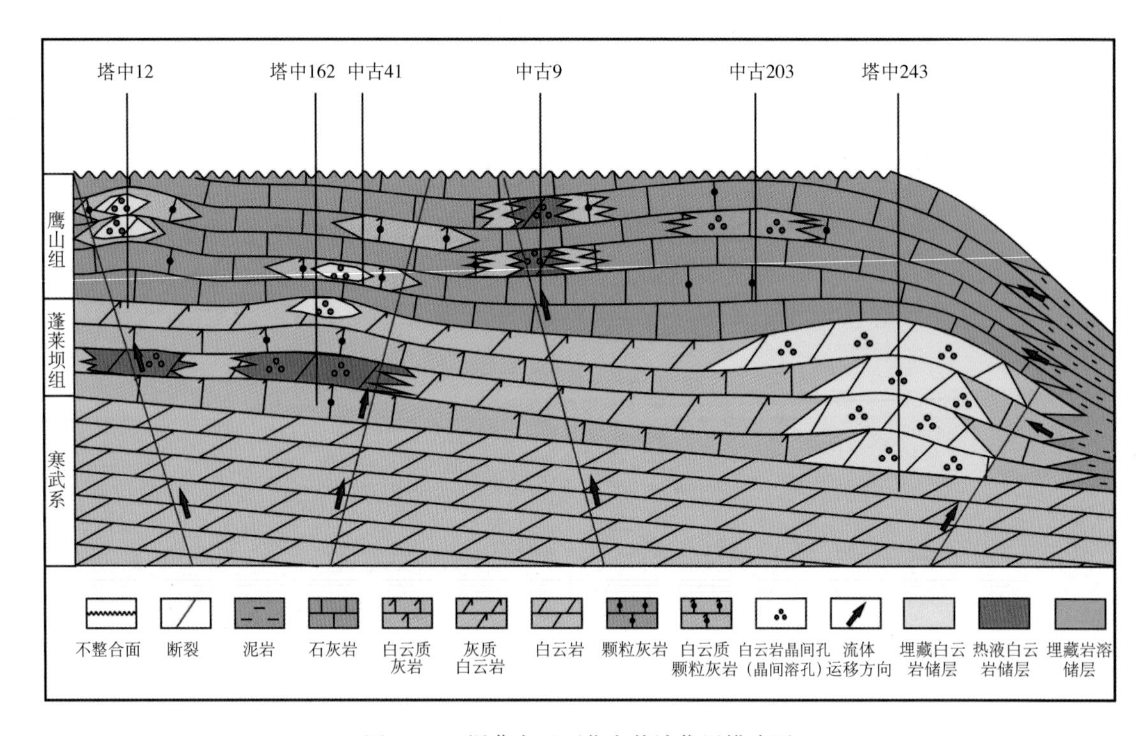

图 5−40　埋藏白云石化和热液作用模式图

台缘及台内礁滩颗粒灰岩优先发生埋藏白云石化，残留颗粒结构，晶粒粗大，
礁间的泥晶灰岩白云石化时间较晚，晶粒较细

二、四川盆地下二叠统栖霞组

（一）地质背景

四川盆地栖霞组是在宽阔碳酸盐岩缓坡背景下沉积的一套海相碳酸盐岩，下部海侵体系域主要为暗色石灰岩，上部高位体系域由浅色石灰岩夹白云岩组成，厚 100 ~ 200m。白云岩储层发育高位域中上部（图 5−41），厚 20 ~ 50m，主要沿龙门山前带分布，盆地内部零星分布。

（二）储层岩性

构成栖霞组白云岩储层的主要岩性有：结晶白云岩、残余颗粒白云岩以及豹斑云灰岩。

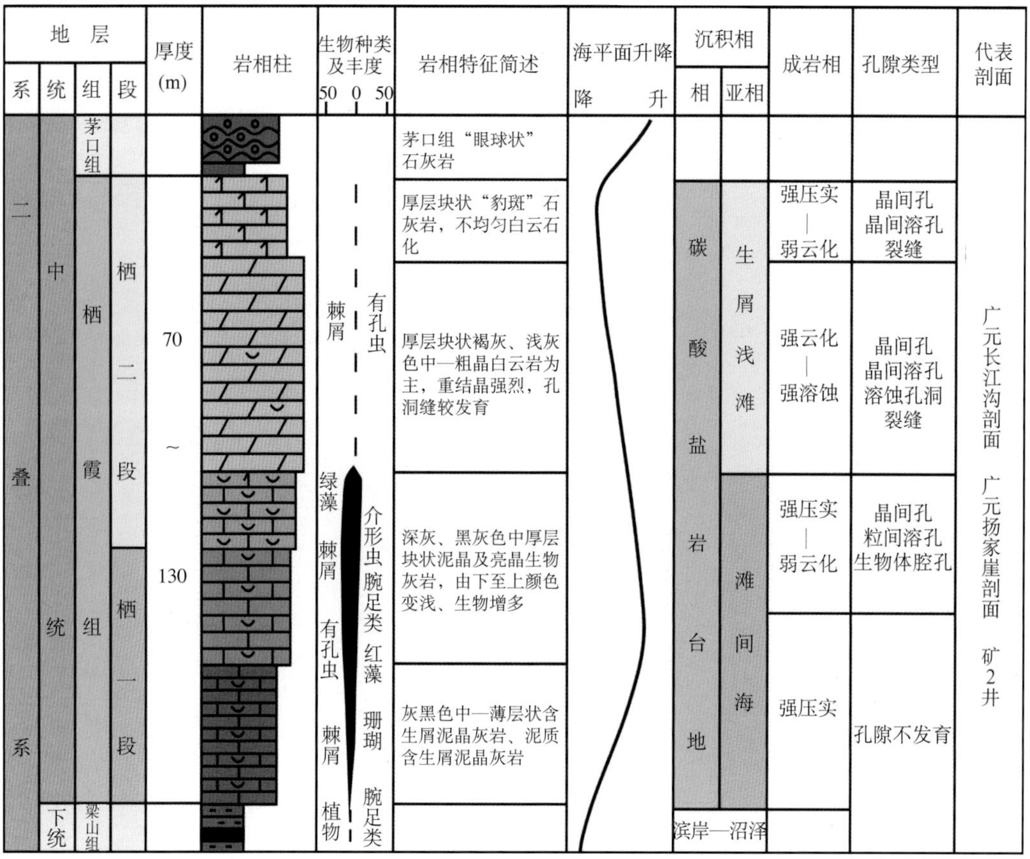

系	统	组	段	厚度(m)	岩相柱	生物种类及丰度（50 0 50）	岩相特征简述	海平面升降（降 升）	沉积相：相	沉积相：亚相	成岩相	孔隙类型	代表剖面
二叠系	中统	茅口组					茅口组“眼球状”石灰岩						广元长江沟剖面 广元扬家崖剖面 矿2井
		栖霞组	栖二段	70～130		棘屑、有孔虫	厚层块状“豹斑”石灰岩，不均匀白云石化		碳酸盐岩台地	生屑浅滩	强压实—弱云化	晶间孔 晶间溶孔 裂缝	
							厚层块状褐灰、浅灰色中—粗晶白云岩为主，重结晶强烈，孔洞缝较发育				强云化—强溶蚀	晶间孔 晶间溶孔 溶蚀孔洞 裂缝	
			栖一段			绿藻、棘屑、有孔虫、棘屑、植物、介形虫、腕足类、红藻、珊瑚、腕足类	深灰、黑灰色中厚层块状泥晶及亮晶生物灰岩，由下至上颜色变浅、生物增多			滩间海	强压实—弱云化	晶间孔 粒间溶孔 生物体腔孔	
							灰黑色中—薄层状含生屑泥晶灰岩、泥质含生屑泥晶灰岩				强压实	孔隙不发育	
	下统	梁山组							滨岸—沼泽				

图 5–41　川西北下二叠统栖霞组成岩作用与孔隙演化综合柱状图（据蒋志斌等）

结晶白云岩（图 5–42A）在露头和岩心尺度表现为“砂糖状”，镜下观察由细晶结构（晶体大小 0.03 ～ 0.1mm）及中—粗晶白云石（晶体大小 0.1 ～ 0.5mm）组成，半自形—自形晶为主，晶体表面较污浊，晶形较好的白云石可见明显的雾心亮边结构，有的具波状消光和机械双晶，偶见少量铁白云石。在阴极发光下，白云石晶体呈较均匀的橘红色，有时可见有较窄的深红色环带。

残余颗粒白云岩（图 5–42B）的典型特征是可见残余颗粒结构，隐约可识别出砂屑、球粒和生屑等颗粒，他们表现为泥晶结构、颜色较暗。颗粒间可见明亮白云石，晶形相对较好，应为孔隙空间下自由生长形成。

豹斑状灰质白云岩 / 云质灰岩，在野外露头特征明显（图 5–42C），整个岩石被不均匀的白云石化，浅色部分为泥晶生屑灰岩，暗色斑块为含白云岩，白云岩主要沿着宿主石灰岩的裂缝或孔洞发育，两者明暗相间，如同豹纹一般。镜下观察（图 5–42D）显示，豹斑灰质白云岩中的白云岩斑主要由粉—细晶白云石组成，晶形较好，以自形晶为主，常见雾心亮边结构，白云岩中可见残留的生屑。

（三）储集空间

栖霞组白云岩的储集空间主要包括：晶间孔、晶间溶孔、溶蚀孔洞、粒间孔及裂缝等。

（1）晶间孔：位于自形—半自形白云石晶粒之间，常呈多面体型（图 5–43A），直径

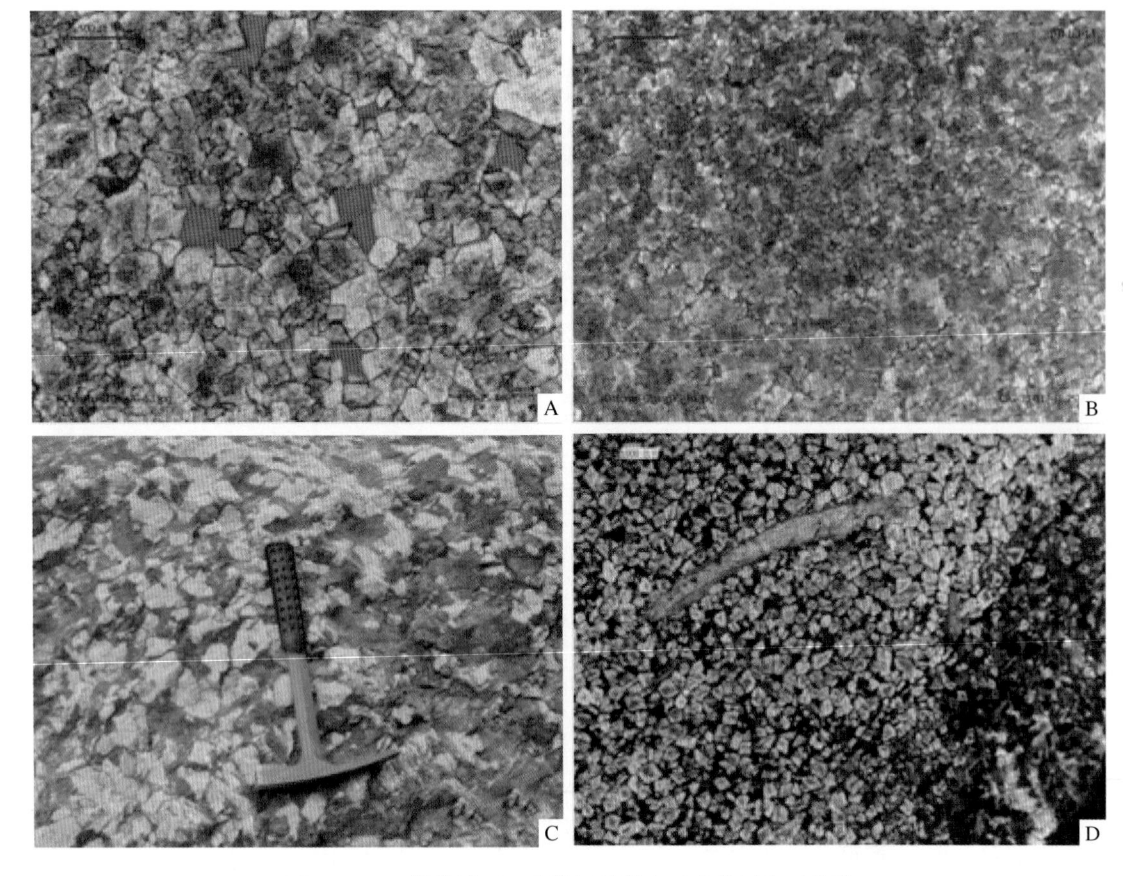

图 5–42　四川盆地下二叠统栖霞组白云岩储层岩石类型

（A）结晶白云岩，长江沟剖面，下二叠统栖霞组，×15，铸体片，单偏光；（B）残余颗粒白云岩，长江沟剖面，下二叠统栖霞组，×15，铸体片，单偏光；（C）豹斑状云质灰岩，长江沟露头照片；（D）豹斑状云质灰岩，长江沟剖面，下二叠统栖霞组，×15，铸体片，单偏光

一般 0.01 ～ 0.5mm，一般情况下孔隙周围的晶粒越大，晶间孔则越大，局部被灰泥或沥青充填—半充填，面孔率一般 1% ～ 2%，局部可达 5% 以上。泥—粉晶白云岩中的晶间孔很小，通常借助于高倍显微镜和扫描电镜才能加以识别。此外，在裂缝和溶洞内充填胶结物之间也发育少量的晶间孔。这类孔隙是栖霞组结晶白云岩中最常见的孔隙类型。

（2）晶间溶孔：是在晶间孔发育的基础上，经过后期溶蚀作用扩大的结果，孔隙直径一般 0.5 ～ 2mm，其显著特征就是孔隙周围可见明显的溶蚀痕迹（图 5–43B）。这类孔隙在溶洞周围的白云岩中尤为发育，面孔率一般为 2% ～ 5%，部分生屑内部的粉晶白云石晶体间、裂缝和溶洞内的亮晶充填物之间也可见少量此类孔隙。晶间溶孔也是栖霞组白云岩储层中较为常见的孔隙类型。

（3）溶蚀孔洞：是在早期晶间孔或晶间溶孔的基础上，继续溶蚀扩大的结果（图 5–43C、D），孔隙直径往往大于晶间孔及晶间溶孔，一般大于 2mm，孔隙周边溶蚀很严重，很难看到原来的孔隙特征，细晶白云岩、中—粗晶白云岩和颗粒白云岩中均可见此类溶蚀孔洞发育。有些溶洞由于较大，薄片下是无法观察到的，部分呈蜂窝状，可能是有机酸或热液溶蚀所致（图 5–43C、D）。局部孔洞被粗—巨晶方解石、粉晶自形石英和沥青半

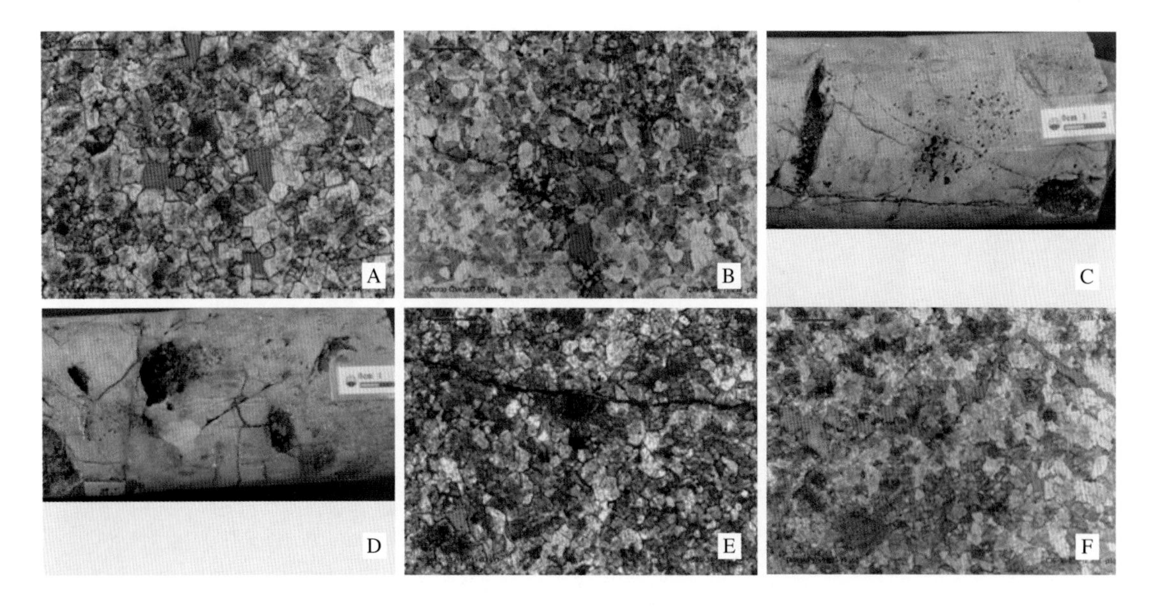

图 5–43　四川盆地下二叠统栖霞组白云岩储集空间类型

(A) 晶间孔，长江沟剖面，下二叠统栖霞组，×10，铸体片，单偏光；(B) 晶间溶孔，长江沟剖面，×10，铸体片，单偏光；(C) 溶蚀孔洞及裂缝，下二叠统栖霞组，矿 2 井，2448.95 ~ 2449.17m，岩心；(D) 溶蚀孔洞及裂缝，下二叠统栖霞组，矿 2 井，2426.71 ~ 2426.97m，岩心；(E) 裂缝，长江沟剖面，×10，铸体片，单偏光；(F) 溶蚀扩大缝，长江沟剖面，×10，铸体片，单偏光

充填，宏观面孔率一般 3% ~ 6%，局部可达 10% 以上。这类孔隙是栖霞组白云岩储层中最主要的储集空间之一。

(4) 粒间孔：主要发育在残余颗粒白云岩之中（图 5–43B），孔隙直径一般 0.05 ~ 0.2mm，局部见溶蚀扩大痕迹。由于残余颗粒之间常常被自生白云石充填，形成晶间孔，因此原生的粒间孔较为少见，但也是栖霞组白云岩较为重要的储集空间。

(5) 裂缝：栖霞组白云岩中裂缝普遍发育，其中主要以构造缝为主，另外还有一些早期的压溶缝，但大多已被后期充填，成为无效缝。钻井岩心及薄片中可以看到裂缝相当发育（图 5–43C 至 F），有些裂缝被明显的溶蚀扩大。据前人研究印支期—燕山期产生的构造缝基本已被充填，现今看到的有效裂缝主要是喜马拉雅期的产物，多为高角度裂缝。由于时代较近，因此裂缝未被充填或半充填，除本身是有效的储集空间外，还可以对整个储层起到连通疏导的作用，在整个下二叠统储层中起到了相当关键的作用。

此外，栖霞组白云岩储层中还可见少量的残余粒间孔、鸟眼孔、生物体腔孔和粒内溶孔等，总体来说比例较小，对储集性能影响不大。

（四）储层物性

不同岩性的物性具有明显差异。从图 5–44 可看出，物性最好的是中—粗晶白云岩，平均孔隙度为 5.38%，最大可达 15.64%，平均渗透率为 1.46mD；其次是细晶白云岩和残余颗粒白云岩，平均孔隙度分别是 3.43% 和 2.84%，平均渗透率为 1.40mD 和 1.565mD；孔隙度最低是豹斑云灰岩，只见有少量晶间孔和晶间溶孔，其平均孔隙度一般小于 1%，但渗透率较高，平均为 3.05mD，可能有微裂缝的贡献。

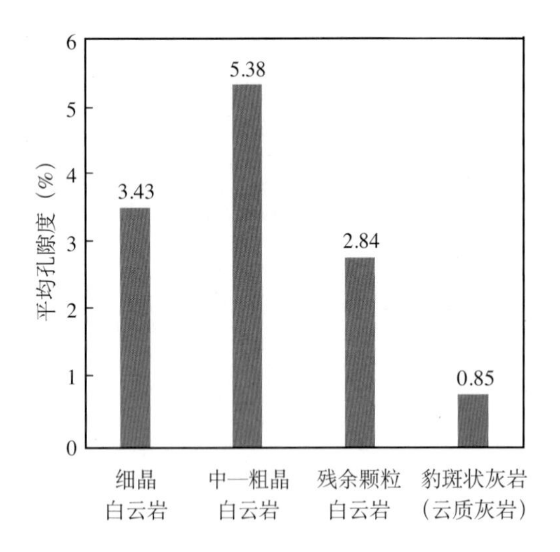

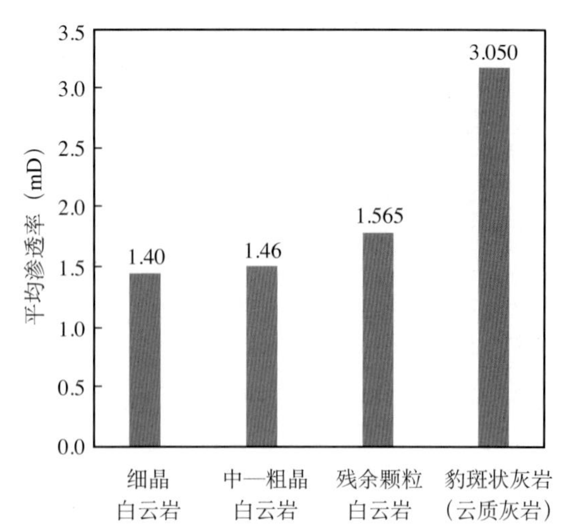

图 5–44　栖霞组岩石类型与孔隙度及渗透率关系直方图（据石新等，2005）

（五）储层成因

栖霞组白云岩储层的形成主要受到沉积微相、白云石化作用、溶蚀作用以及构造作用等因素的控制。

1. 沉积微相

栖霞组中—上部的生屑滩相沉积是形成白云岩储层的物质基础。由于紧靠三级层序界面，准同生期易于暴露遭受大气淡水溶蚀形成高孔渗带，为后来白云石化及有机酸溶解提供流体通道。另外由于生屑滩处于相对高部位，水动力条件较强，因此泥质等杂质含量较少，导致岩性质地较脆，在后期的构造作用中容易产生裂缝，提供储集空间及连通通道。

2. 白云石化作用

埋藏白云石化是储层形成的关键因素。栖霞组白云岩的元素组成有以下特征（表5–7）：Mg/Ca 比值接近 1，十分接近化学剂量的白云石；高的 Sr/Ba 比值和极低的 Fe/Mn 比值，反映其形成时的介质应为海水或咸水，而非淡水。碳氧同位素分析见表 5–8，结晶白云岩的 $\delta^{13}C$ 为 0.93‰ ~ 3.90‰（PDB），$\delta^{18}O$ 为 −10.03‰ ~ −2.65‰（PDB）。白云石宿主石灰岩及相邻层石灰岩的 $\delta^{13}C$ 也都为正值，反映白云石形成时没有或很少有淡水及有机质参与。$\delta^{18}O$ 的高负值可能为埋藏环境下高温作用所致。另外，用碳同位素值计算出的 Z 值为 126.45 ~ 130.73（> 120），反映其形成于海相环境而非淡水环境。

表 5–7　四川盆地二叠系栖霞组白云岩化学元素分析数据

产地	层位	岩性	Mg/Ca（摩尔比）	Sr（mg/kg）	Sr/Ba	Sr/Ca（$\times 10^{-4}$）	Mn（mg/kg）	Fe/Mn
广元长江沟	栖霞组	中晶白云岩	0.81	49.23	13.68	2.3	23.37	—
绵竹汉旺	栖霞组	中晶白云岩	0.91	46.37	28.27	2.23	39.22	—
峨眉一线天	栖霞组	中—粗晶白云岩	0.93	23.95	7.32	1.18	249.9	< 2.0

表 5–8　四川盆地二叠系栖霞组碳氧同位素分析数据

产地	层位	岩性	$\delta^{13}C$ (‰，PDB)	$\delta^{18}O$ (‰，PDB)	Z	t(℃)
广元长江沟	栖霞组	中晶白云岩	0.93	−5.54	126.45	117.8
		下部邻层石灰岩	3.52	−8.34	—	—
绵竹汉旺	栖霞组	中晶白云岩	2.23	−2.65	130.73	94
		邻层石灰岩	2.15	−5.94	—	—
峨眉一线天	栖霞组	中—粗晶白云岩	3.90	−10.03	130.29	159.27
清镇	栖霞组	细—中晶白云岩	2.57	−8.59	128.29	145.36

栖霞组白云石包裹体均一温度为 101 ~ 206℃（表 5–9），另外川西北地区白云岩中也曾发现据波状消光的鞍状白云石（图 5–45A、B），并伴随有迪开石、石英等热液矿物（中国石油勘探开发研究院，2010）。其中鞍状白云石的两相包裹体均一温度为 120 ~ 160℃，这些都说明白云石形成时介质温度是非常高的，应该是埋藏条件下形成的，甚至有深部热液的参与。另外白云石晶间孔内充填的方解石也发育包裹体，其均一温度仅为 50 ~ 84℃，孔内充填的方解石形成时间肯定较白云石晚，但形成温度却较低，这说明白云石在形成过程中可能受到了不同程度高温热事件的影响。从表 5–9 中可见川西南峨眉地区的白云石包裹体均一温度明显高于川西北广元地区，因此，当时大规模峨眉地裂运动所衍生的热事件，如地下岩浆活动、热烘烤等，可能对白云石化的过程有着一定的影响。岩心中可以看到一些沿裂缝分布的白云石（图 5–45C），有的为斑马纹状白云石（图 5–45D），这些可能都与热液成因有关。

表 5–9　四川盆地二叠系栖霞组白云石包裹体均一温度数据

产地	层位	岩性	白云石包裹体均一温度（℃）
广元长江沟	栖霞组	中晶白云岩	101 ~ 110
绵竹汉旺	栖霞组	细—中晶白云岩	168 ~ 206
清镇	栖霞组	细—中晶白云岩	142

岩石学和地球化学等证据表明，栖霞组白云岩形成于埋藏环境，后期局部有热液改造。镁离子来源可能有以下几个方面：来自栖霞组大量高镁方解石质生物（如红藻、棘皮类等）、富黏土地层的埋藏压实水、石灰岩压溶析出的 Mg^{2+} 以及与峨眉山玄武岩的喷发有关的热液。

3. 溶蚀作用

溶蚀作用是改善储层的重要作用。栖霞组溶蚀作用主要分为两个阶段。第一阶段是发生在准同生期，由于生屑滩位置较浅，在高位体系域时期时常有机会暴露出水面，导致大气淡水对其淋滤溶蚀，形成了早期的一些基质孔储集空间。第二阶段是发生在埋藏期，主要是有机酸、TSR 或深部热液等流体对储层的以后孔洞的继续溶蚀扩大（图 5–45C、D）。由于致密岩层后期流体难以进入，因此埋藏时期的溶蚀作用主要发生在已存在的储层，并对其基质孔进行进一步的改善，主要形成一些较大的溶孔溶洞。

图 5–45　四川盆地下二叠统栖霞组热液成因白云石证据

（A）鞍状白云石波状消光，长江沟剖面，下二叠统栖霞组，×25，单偏光；（B）鞍状白云石特有晶形，长江沟剖面，下二叠统栖霞组，×25，铸体片，单偏光；（C）白云石沿裂缝分布，下二叠统栖霞组，周 1 井，3496.5 ~ 3497.23m，岩心；（D）斑马纹状白云石，下二叠统栖霞组，周 1 井，3478.04 ~ 3478.14m，岩心

4. 构造作用

构造作用产生的裂缝系统是连通非均质储层的关键。在四川盆地栖霞组储层中，无论是白云石化作用还是溶蚀作用，都表现出了较强的非均质性，储层分布规律较差，储层之间连通性较差。而喜马拉雅期的构造运动则产生了较为复杂的断裂—裂缝系统，除本身作为储集空间以外，还起到了对储层的连通—输导作用。

三、鄂尔多斯盆地马家沟组四段

鄂尔多斯盆地马家沟组四段（以下简称马四段）沉积时期是马家沟组海侵规模最大、海平面最高的时期，此时的中央古隆起与伊盟隆起鞍部发育碳酸盐滩相沉积，后经埋藏（压实排挤流）白云石化作用而形成大面积展布的厚层白云岩储集体。其平面上围绕中央古隆起带呈“L”形分布。特别是天环坳陷北段白云岩体，南北长约 200km，东西宽约 40 ~ 80km，总面积约 10000km^2，最大厚度达 430m，呈现出一个超大型储集体的轮廓。

然而，由于天环地区下古生界整体处于现今构造的相对低洼部位，构造条件不利于天然气的运聚成藏，因而至今未获勘探突破。但在局部发育有效构造圈闭的地区，以及北部上倾尖灭方向发育构造—地层复合圈闭的地区，仍有可能发现中小规模的天然气藏。

研究表明，该套白云岩属于典型的埋藏白云石化成因。其证据：一是马四段沉积时期海侵规模最大，东部盐洼消失，取而代之的是分布广泛的石灰岩沉积；二是其垂向沉积序列经历了碳酸盐岩缓坡（灰泥丘和含海绵灰泥丘相泥质泥晶灰岩，如定探2井第10筒心）至镶边台地（生屑砂屑云岩，如定探2井第9筒心）的演化；三是天环坳陷北段定探1、定探2、合探1井等马四段岩心普遍见虫孔、生物潜穴和具强烈生物扰动，以及生活于正常海水环境下的古生物化石。古生物化石如：定探1井第18–26/27岩心见螺化石；第20–69/193岩心见典型腕足类、腹足类碎屑和珠角石；第20–81/193岩心见典型螺化石。定探2井岩心薄片中分别见正常海相的棘屑化石和海绵化石（图5–46）。

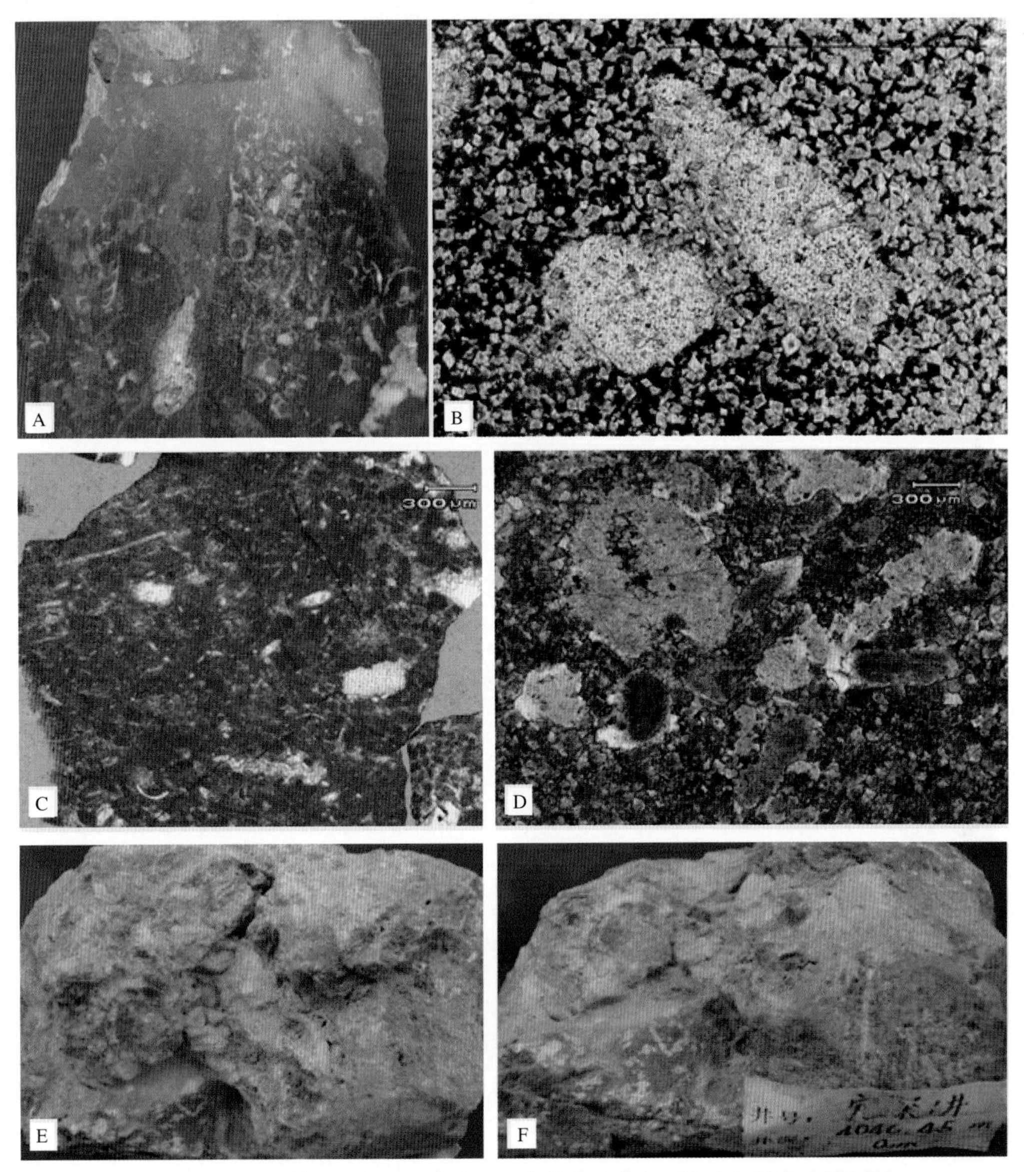

图5–46　天环坳陷北段马四段白云岩中的古生物化石与大气淡水溶蚀证据

（A）泥质泥晶灰岩，沉积相属典型灰泥丘，见典型腕足、腹足类碎屑和珠角石，定探1井，第20–69/193块，岩心；（B）原岩为泥质泥晶灰岩，经埋藏压实排挤流自源白云石化后形成泥质泥晶云岩，其中见典型海绵化石，定探2井，第10–65/97块，×15，单偏光；（C）钙质海绵骨针泥质泥晶灰岩，定探2井，4112m，岩心；（D）棘屑砂屑白云岩，棘屑具干净明亮的大气淡水加大边，定探1井，4103.18m，×15，单偏光；（E和F）发育土黄色、蜂窝状溶蚀孔洞，孔洞中充填浅灰色、灰白色溶积泥，表明属典型风化壳岩溶，定探1井，第16–15/22和16–18/22块，岩心这些表明，沉积期海域盐度正常，该套白云岩属典型埋藏成因，白云化流体很可能与蒸发环境的咸化海水有关。后期可能在局部受到热液作用影响，但更多地表现为充填作用。其储层发育分布模式如图 5–47 所示。

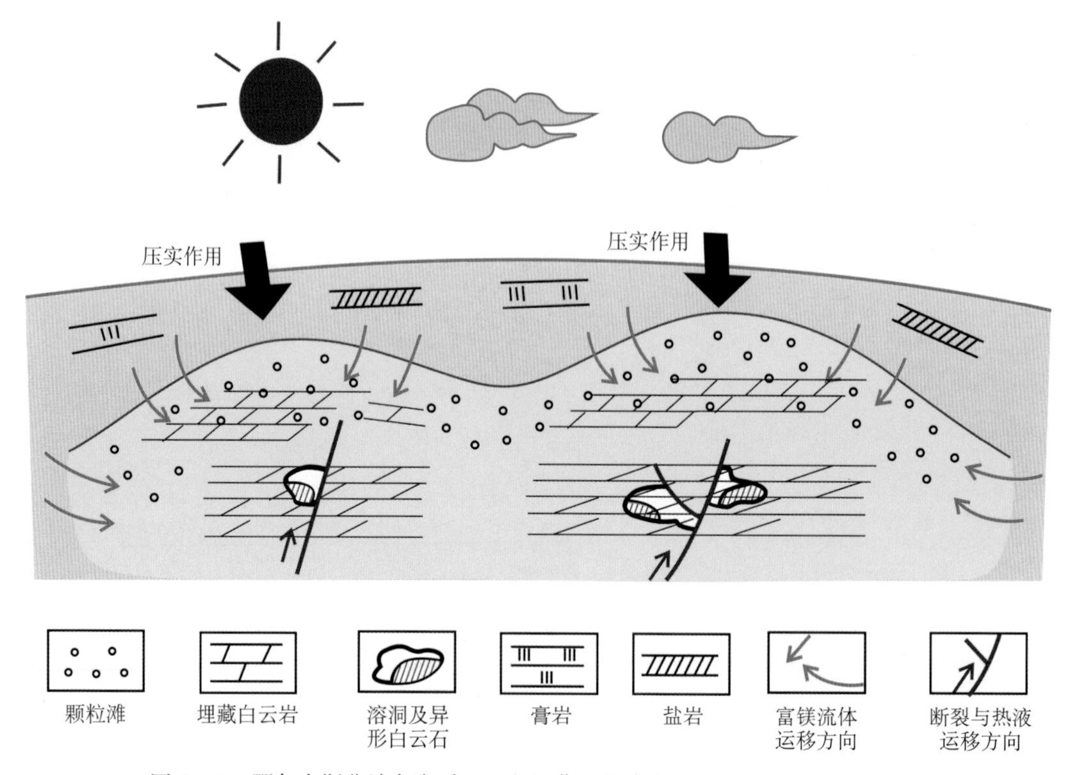

图 5–47 鄂尔多斯盆地奥陶系马四段埋藏—热液白云岩储层发育分布模式图

形成储层的建设性成岩作用除埋藏白云石化外，更重要的是同生期大气淡水溶蚀作用与表生期岩溶作用。前者的证据，如定探 1 井 4103.18m 薄片中见棘屑具干净明亮的大气淡水加大边；后者的证据，如定探 1 井第 16–15/22 和 16–18/22 两块岩心，发育土黄色、蜂窝状溶蚀孔洞，孔洞中充填浅灰色、灰白色溶积泥，表明属典型喀斯特岩溶。据此判断，该筒心至 20 筒心生物扰动白云岩中的溶蚀孔洞（未—半充填、全充填）可能均与水平潜流带岩溶作用有关。

综上，马四段滩相白云岩储层是滩相高能相带、同生期大气淡水溶蚀、埋藏云化和表生期岩溶四个有利因素综合作用的产物。在该白云岩体分布范围内，普遍具有溶蚀孔洞、针孔和裂缝等宏观储集空间以及晶间孔、晶间溶孔等微观储集空间（图 5–48），而且白云岩储层的厚度较大。普遍具有较好的储集物性，但横向非均质性明显。例如，天环坳陷白云岩孔隙度、渗透率在北部岩溶台地的鄂 17—鄂 9—苏 42—鄂 8—鄂 7 井一带最高，平均孔隙度为 1.789% ~ 4.6987%，以鄂 7 井为最高。而渗透率差异明显，介于 0.01346 ~ 22.3037mD。但孔—渗相关性差，其原因与古岩溶作用有关。因为由古岩溶作用形成的储集空间多呈孤立状、斑块状的溶蚀孔洞，与原岩晶间孔连通性差，故可造成高孔低渗的现象。此外，岩溶作用形成的溶孔、溶蚀孔洞，又可因再次埋藏成岩期的自生矿物充填和成岩压实、破裂作用，造成孔隙度降低、渗透率反而增加的现象。

为阐明马四段白云岩成因和与其他段白云岩对比，本书采集了碳氧同位素样品进行测试分析，统计作图后（图 5–49）可得出如下初步认识。

图 5–48　马四段白云岩主要储集空间——溶蚀孔洞、针孔与晶间孔、晶间溶孔

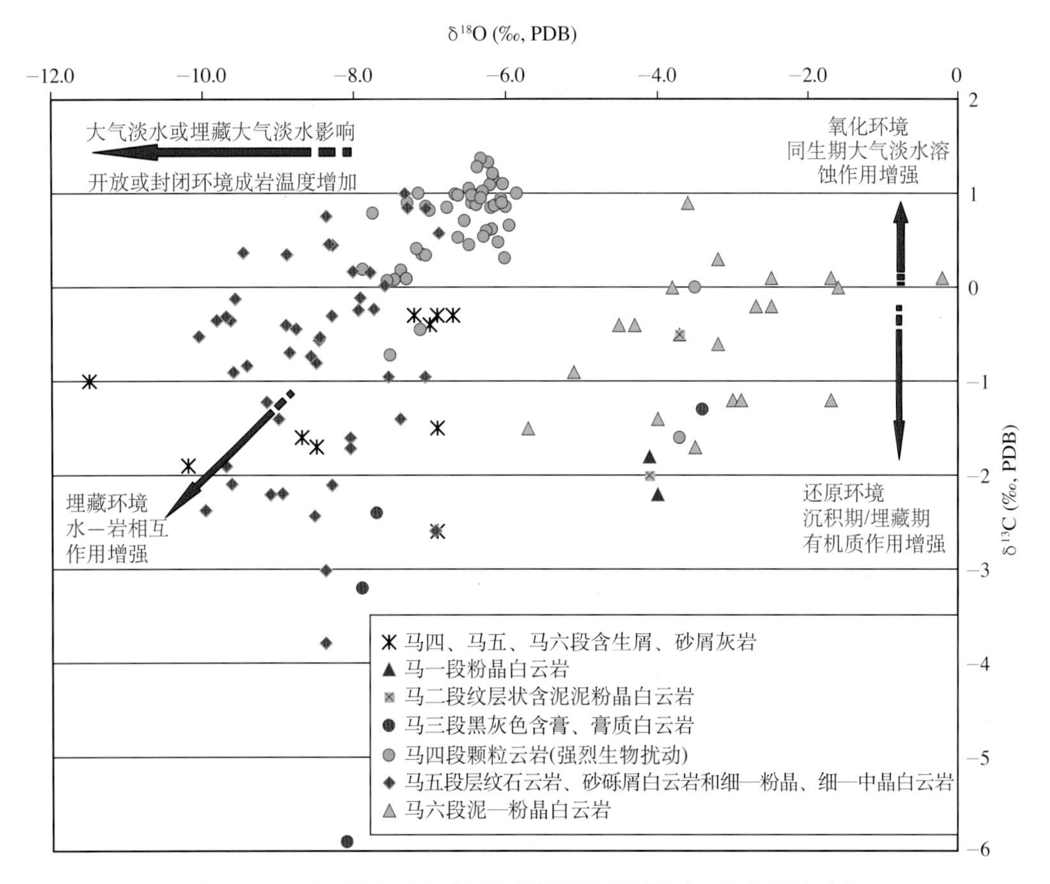

图 5–49　马四段白云岩成因的碳氧同位素判识及与其他段的对比

(1) 马一、马二、马六段泥—粉晶白云岩的氧同位素值均偏正，可能与其岩性致密和同生期大气淡水作用很弱，甚至没有作用有关，这个点群可能代表了当时海水的碳氧同位

素背景值。

(2) 与川东北罗家寨、渡口河、铁山坡下三叠统飞仙关蒸发潟湖有所不同，鄂尔多斯盆地马家沟组五段的碳氧同位素点群突出表现为埋藏白云石化作用掩盖了同生期萨布哈作用。其中，碳同位素值偏正者，可能指示强烈蒸发背景下的萨布哈环境，尤其是同生期大气淡水溶蚀作用（如普遍形成硬石膏铸模孔）；偏负者指示沉积期蒸发潟湖 / 埋藏期卤水中的有机质作用（如马三段的含膏、膏质云岩）；碳氧同位素同步偏负者（协变线），指示曾经历了强烈的水（埋藏卤水）—岩相互作用过程。

(3) 马四段颗粒（强烈生物扰动）白云岩的碳氧同位素比较集中，其碳同位素值明显偏正，可能与其沉积于氧化环境和遭受了强烈的同生期大气淡水溶蚀有关；埋藏白云石化的富镁流体源于马五段蒸发潟湖的埋藏卤水。而且，也具有碳氧同位素同步偏负（协变线）的趋势，指示曾经历了强烈的水（埋藏卤水）—岩相互作用过程。

(4) 马四、马五、马六段的含生屑、砂屑灰岩，其碳氧同位素值同于马五段白云岩的，也表明其经历了强烈的水—岩相互作用，但可能不是富镁流体作用。

(5) 马四、马五段白云岩氧同位素的偏负程度并不大，可见埋藏期热流体白云石化及溶蚀作用应为埋藏热水，而非经典的岩浆热液。

第五节 热液白云岩储层

以塔里木盆地塔中鹰山组为例阐述热液白云岩储层的特征和成因，塔里木盆地上寒武统—下奥陶统蓬莱坝组，四川盆地古生界（龙王庙组、洗象池组、黄龙组、长兴组和飞仙关组），鄂尔多斯盆地马家沟组四段埋藏白云岩往往叠加热液白云石化作用的改造。

一、地质背景

通过热液作用形成的白云岩储层称为热液白云岩储层。塔里木盆地热液活动现象十分丰富，叠加改造前期的岩石和储层导致热液白云岩储层岩性复杂。

热液白云石化模式是 20 世纪 90 年代由 Cervato（1990）和 Boni 等（2000）提出的。2006 年 11 月 AAPG 以“Structurally Controlled Hydrothermal Alteration of Carbonate Reservoirs”为主题出版了一本专辑，引起广泛的关注。构造控制的热液白云石化作用的广义定义是：富镁热液（特别是卤水）在温度和压力升高的埋藏条件下沿着拉张断层或转换断层或断裂系统上升，碰到渗透性差的隔挡层后侧向侵入到渗透性好的围岩中形成的白云石化作用。热液具有较高的温度，能突破白云岩形成的力学障碍。由定义可知，热液作用主要受断层控制，断层为导致石灰岩发生角砾化、淋滤和白云石化的超压热液流体提供了运移通道。导致这些断层形成的构造活动多发生在深埋成岩作用阶段，断裂系统及多孔岩石构成热液的疏导体系。

塔里木盆地经过长期的、多期次的、强烈的构造活动，盆地内下切至深部地壳的断裂异常发育，断裂深度可达 50 ~ 60km。塔里木盆地在震旦—寒武纪、早奥陶世、二叠纪和白垩纪经历了四次地质热事件。其中二叠纪岩浆作用最为强烈，在塔里木盆地分布最为广泛，残余火成岩面积约 $30 \times 10^4 km^2$，影响也最大（图 5–50）。早二叠世末，受北面古天山褶皱带形成及南缘古特提斯洋俯冲活动的影响，塔里木盆地发生伸展作用，处于大陆裂谷型的构造环境中，导致盆地中部、西部及北部地区出现大范围岩浆侵入及火山喷发活动，所形成的火成岩既有基性的也有中酸性的。火山活动期间和期后的热液流体会沿着遍布盆地的深大断裂以及与之相连的断裂—裂缝体系活动，对寒武—奥陶系碳酸盐岩产生显著影响。

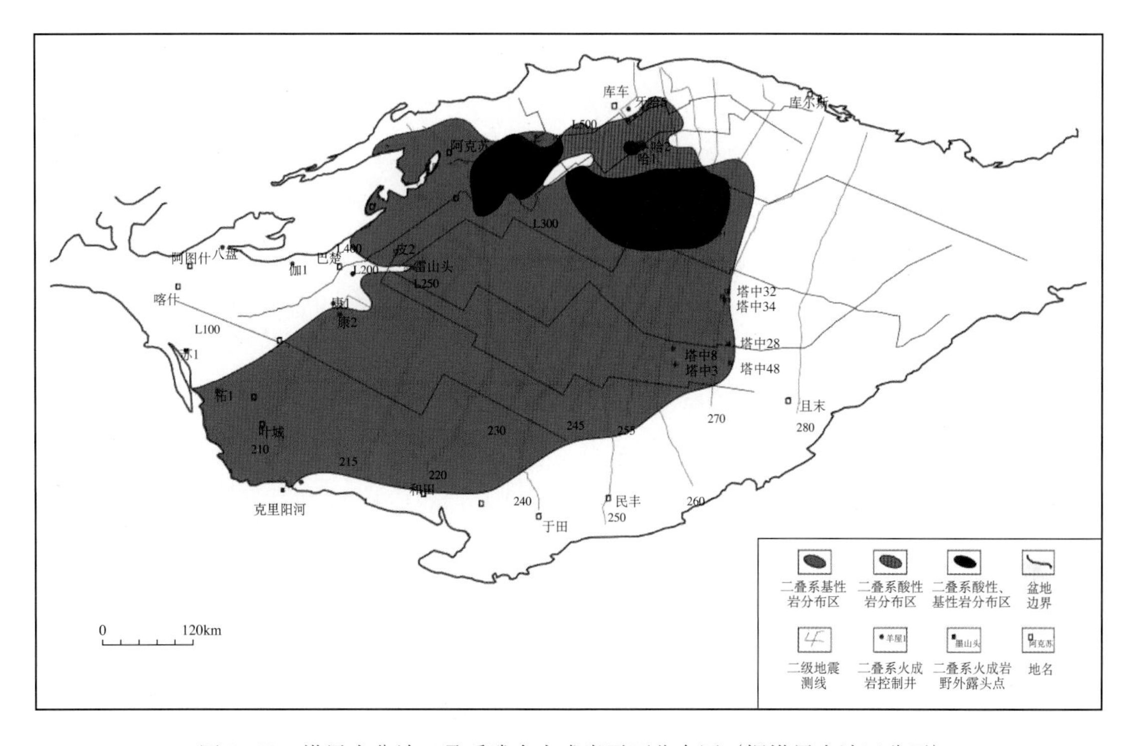

图 5–50　塔里木盆地二叠系残余火成岩平面分布图（据塔里木油田公司）

塔里木盆地寒武—奥陶系碳酸盐岩受到热液作用的现象很普遍。由于热液来源于深部，总体上由深层的寒武系向上至上奥陶统，热液活动逐渐减弱。对正常埋藏的围岩地层产生作用的外来影响主要是两方面：一方面是“热”，比围岩正常地热梯度下的温度高；一方面是“液”，也就是不同性质的流体，包括富 Mg^{2+} 流体、HF、H_2SiO_4 等侵蚀性流体。热液作用的对象可以是石灰岩，也可以是白云岩。野外和钻孔中可以见到热液白云岩（HTD）和热液淋滤石灰岩（HTLL）发育。热液溶蚀石灰岩储层主要在良里塔格组部分钻孔中见到，如塔中 45 井与萤石伴生的裂缝—孔洞储层。热液白云岩储层在寒武系—下奥陶统更加普遍。

二、储层岩性

热液白云岩储层的微观岩性特征为白云岩斑块可以是粗晶、中晶、细晶或不等晶白云岩，岩石组合为云灰岩、灰云岩或石灰岩和云岩的互层，原岩以颗粒灰岩为主（图 5–51）。

在野外，鹰山组顶部不整合面附近有三类现象是非常值得关注的：一是大量斑块状或准层状白云岩，白云石化弱时表现为石灰岩包裹斑块状白云岩，白云石化强时，表现为残留石灰岩被白云岩包裹，白云石化率达 30%；二是顺层分布的洞穴，大多被充填；三是顺不整合面或断层分布的洞穴，大多为热液矿物半充填。

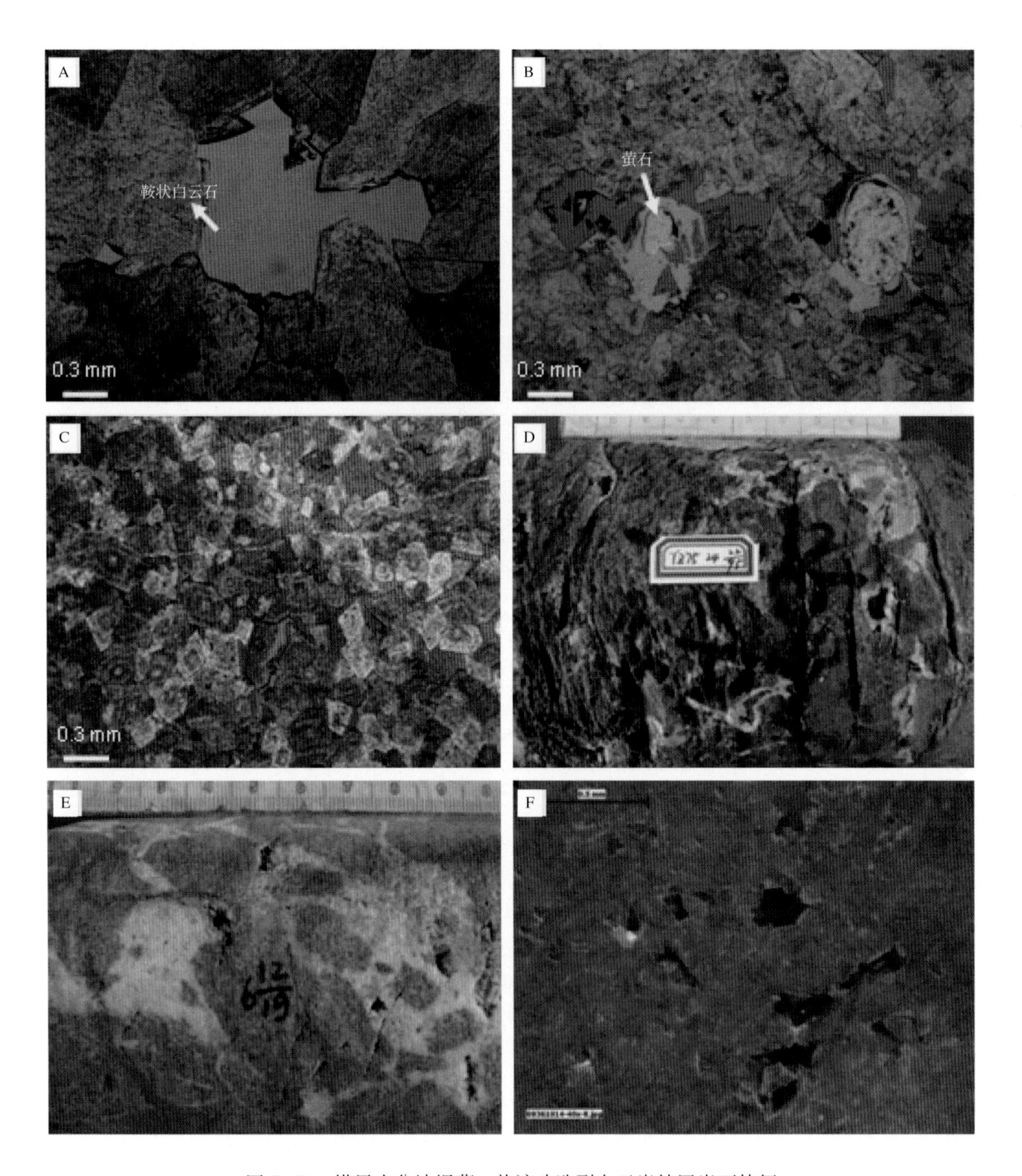

图 5–51　塔里木盆地埋藏—热液改造型白云岩储层岩石特征

（A）裂缝中充填的粗晶鞍状白云石，残留溶孔，中—下奥陶统鹰山组，和 4 井，4477.55 m，×25，铸体片，单偏光；（B）中晶白云岩，溶孔中沉淀萤石，下奥陶统蓬莱坝组，山 1 井，3875.72m，×25；铸体片，单偏光；（C）中晶白云岩，晶体具环带结构，晶间溶孔十分发育，下奥陶统蓬莱坝组，塔中 4 井，3863.9m，×15，铸体片，单偏光；（D）褐灰色中晶白云岩，网状裂缝极其发育，切割岩石呈角砾状，沿裂缝局部发育大溶孔，裂缝及孔隙边缘充填鞍状白云石及石膏，残留部分孔隙，上寒武统，塔中 75 井，4810.3m，岩心；（E）灰色细晶白云岩，发育高角度裂缝，破碎岩石呈角砾状，角砾间充填白色鞍状白云石，残留部分溶孔，岩心表面见油气侵染，上寒武统，塔中 7 井，4097.80m，岩心；（F）细晶白云岩，白云石发棕红—桔红色光，下奥陶统蓬莱坝组，塔中 12 井，5298.85m，阴极发光

三、储集空间

沿断裂、不整合面及层面分布的斑块状或准层状白云岩的储集空间有晶间孔和晶间溶孔，另热液溶蚀作用还可形成沿断层分布的孔洞及洞穴。

孔隙类型主要为：(1) 白云石晶间孔和晶间溶孔；(2) 热液溶蚀洞穴；(3) 裂缝（图 5–51）。孔隙大小特征为：(1) 晶间孔及晶间溶孔的孔径一般为 0.1 ~ 0.5mm，平均 0.3mm；(2) 洞穴的孔径一般为数厘米到数米；(3) 缝的宽度一般为毫米级。

四、储层物性

据塔中 75、英东 2 等井发育鞍状白云石或热液矿物的白云岩储层段的物性统计（图 5–52）：20 个样品的孔隙度大于 4.5%；28 个样品的孔隙度在 2.5% ~ 4.5% 之间；65 个样品的孔隙度在 1.5% ~ 2.5% 之间；134 个样品的孔隙度小于 1.5%；孔隙度大于 2.5% 的样品约占总样品数的 19%。对比埋藏白云岩储层的物性，热液白云岩储层物性比埋藏白云岩储层稍高，反映了热液作用整体上以建设性为主。

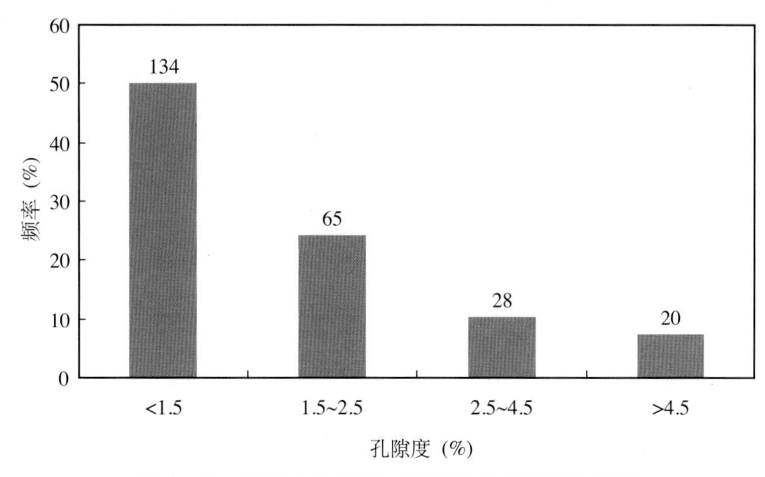

图 5–52　热液白云岩储层孔隙度分布频率直方图

塔北轮南地区的轮深 2 井下奥陶统—上寒武统岩心显示灰色基质白云岩背景上，被乳白色斑状白云石条带穿插，后者发育溶蚀孔洞。镜下观察表明白云石呈自形菱面状—半自形粒状贴面—镶嵌分布，晶间孔中充填少量泥质和沥青，偶见不规则状的构造溶蚀缝，被方解石或沥青质充填。在白云石晶粒较粗的部分，晶间（溶）孔较发育，部分孔隙被沥青不同程度的充填，另外可见粗细不均的溶缝和孤立的小溶孔。该套储层的孔隙度为 1.11% ~ 13.91%，平均 3.97%；渗透率为 0.037 ~ 1.44mD，平均 0.75mD，属中孔低渗储层。

塔中隆起北斜坡中古 9 井鹰山组在石灰岩的背景中，发育热液溶蚀和白云石化作用形成的白云岩孔洞型优质储层，岩心见溶蚀孔洞整体极为发育，分布及大小不均，尺度从针眼状到拳头大。储层段岩心取样分析孔隙度 1.68% ~ 17.75%，平均 10.08%，渗透率 0.403 ~ 1120mD。测井解释 Ⅰ、Ⅱ 类储层 61m，是一套高孔高渗的优质储层。

对一块中古 9 井热液白云岩优质储层（孔隙度 11.5%，渗透率 220mD）的毛细管压力分析（图 5–53），累计进汞饱和度 96.5%，退汞百分数 38.6%，中值压力 0.06MPa，排驱压力 0.01MPa，中值孔喉半径 12.2 μ m，平均孔喉半径 9.3 μ m，储集性能优良。

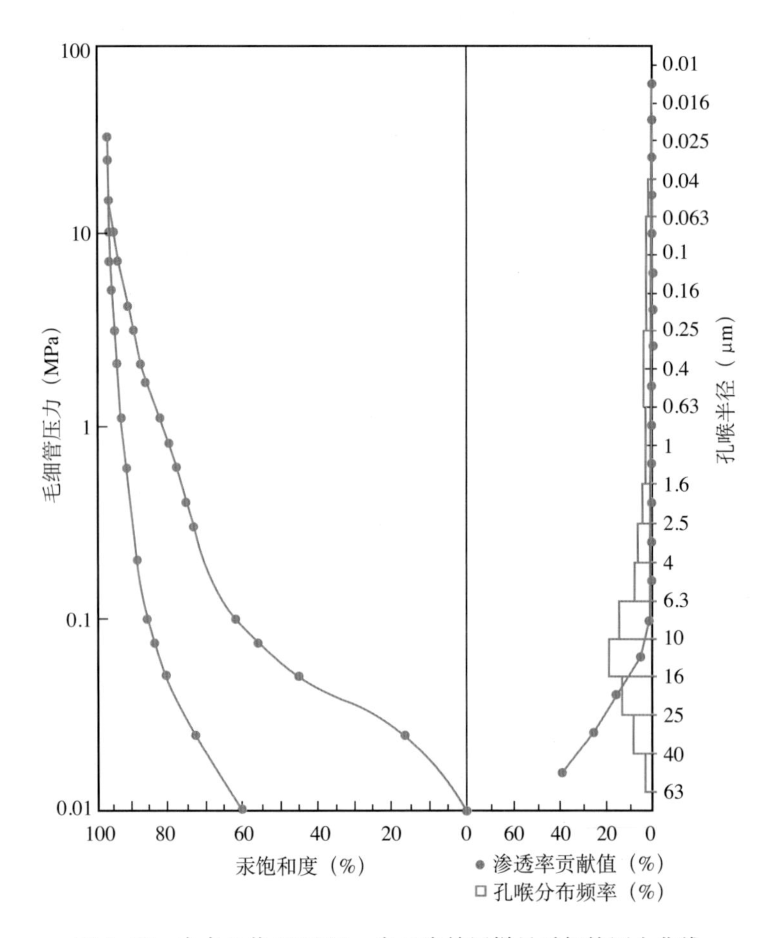

图 5–53　中古 9 井 6266.84m 白云岩储层样品毛细管压力曲线

五、储层成因

白云石结晶程度和有序度都很高，说明是热液逐渐冷却条件下，白云石充分结晶析出的结果。热液白云岩的岩石地球化学特征很明显。分析表明，塔里木盆地奥陶系鹰山组分布的热液白云岩，MgO–CaO 呈线性负相关性，说明白云石发生了重结晶，并非沉积成因（图 5–22A）。这类白云岩富含 Fe 和 Mn，阴极发光片呈明亮发光或红—橘红色发光；随温度升高，Ce^{3+} 易被还原为难溶的 Ce^{2+} 形成相对富集，而沿不整合发生的表生作用是一种氧化环境，Ce 元素应该显示负异常，两种因素综合起来，使 Ce 元素富集的趋正和趋负异常特征都不太明显（图 5–22B）；但在高温环境中，Eu^{3+} 易被氧化为难溶的 Eu^{4+} 而出现 Eu 元素正异常（图 5–22A），说明热液成因的可靠性。此外，从热液中沉淀析出的白云石或受热液作用重结晶的白云石，$\delta^{18}O$ 明显偏负（–20‰ ~ –10‰（PDB）），$\delta^{13}C$ 为 –3‰ ~ 3‰（PDB）（图 5–22C）；锶同位素比值（0.7090 ~ 0.7100）高于同期海水值，与热液富含锶同位素有关，Mg/Ca 比值接近 1（图 5–22D），高于潮坪白云岩，低于蒸发台地白云岩；包裹体均一温度 110 ~ 240℃，也明显高于埋藏白云岩。

在塔里木盆地漫长的演化历史中，发生过四期重要的地质热事件，分别为震旦纪—寒武纪、早奥陶世、二叠纪和白垩纪（陈汉林等，1997）。前两期由于发生较早，均未影响到整个奥陶系，白垩纪岩浆活动主要局限于塔里木盆地周边地区，影响范围较小，只有二叠纪火山活动对塔里木盆地影响较大（贾承造，1997）。二叠纪岩浆活动以大规模基性火山喷发岩为主，少量中酸性喷发岩，几乎所有钻遇二叠系井都见到这套玄武岩，厚度几十米到上百米不等，可见这一时期的岩浆活动规模较大，持续时间较长。伴随火山活动，往往有潜火山岩及火山期后侵入岩的形成，如塔中地区部分钻井钻遇侵入岩体，侵入岩体的岩性主要为辉绿岩。岩浆活动过程中不但能分异出大量的热液流体，而且能将侵入岩体附近的地层流体加热改造为热液流体。

塔里木盆地热液沿深大断裂及不整合面运移，可以影响下古生界多套碳酸盐岩地层，尤以鹰山组最为典型。在塔中—巴楚隆起，大量露头及钻井资料都证实了热液作用的广泛发育，各种热液矿物和与热液白云岩分布于鹰山组的上部，如康2井3821.23～3823.83m井段、塔中3井3887.20～3893.00m井段及中古9井鹰山组发育的优质热液白云岩储层。

以中古9井的热液白云岩储层为例，其成因机理为：(1) 邻近大断裂，具有富镁热液运移的通道；(2) 鹰山组顶部致密颗粒泥晶灰岩可作为热液的隔挡层，而下面的高孔渗的颗粒灰岩则成为热液的汇集区，热液在其中与岩石充分作用形成高孔渗的热液白云岩储层（图5–54）。

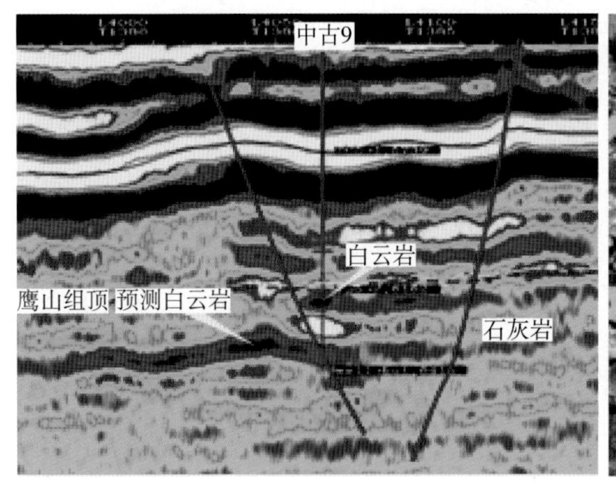

图5–54 中古9井热液白云岩储层地震响应特征及孔隙特征

根据中古9井、轮深2井及其他受到热液作用而形成热液白云岩储层的井的储层发育特征，结合塔里木盆地区域地质背景，可以建立塔里木盆地热液白云岩储层的发育理想模式。该模式反映了热液作用并形成热液白云岩储层主要经历四个主要阶段：(1) 基底老断层的活化和新断层的形成（图5–55A）；(2) 热液沿着活动基底的走滑断裂和转换断裂向上运移，遇到致密碎屑岩之后，侧向流入渗透率更大的石灰岩中，热液流体溶蚀石灰岩并形成溶孔（图5–55B）；(3) 渗透性随着断裂和溶蚀作用不断增强，使得高温富镁热液流体交代方解石形成基质白云石并形成晶间孔（图5–55C）；(4) 随着构造活动的继续，断裂、角砾岩化和溶孔进一步发育，并随后被鞍状白云石及热液矿物充填溶孔（图5–55D）。该模式的本质是深部的热液流体沿着深大断裂运移至不整合面附近的石灰岩中，由于石灰岩上部致密碎屑岩的阻隔而侧向运移，使石灰岩发生白云石化。热液白云石化作用形成的白云岩通常或沿拉张断层和走滑断层发育，或发育在这些断层的周围。

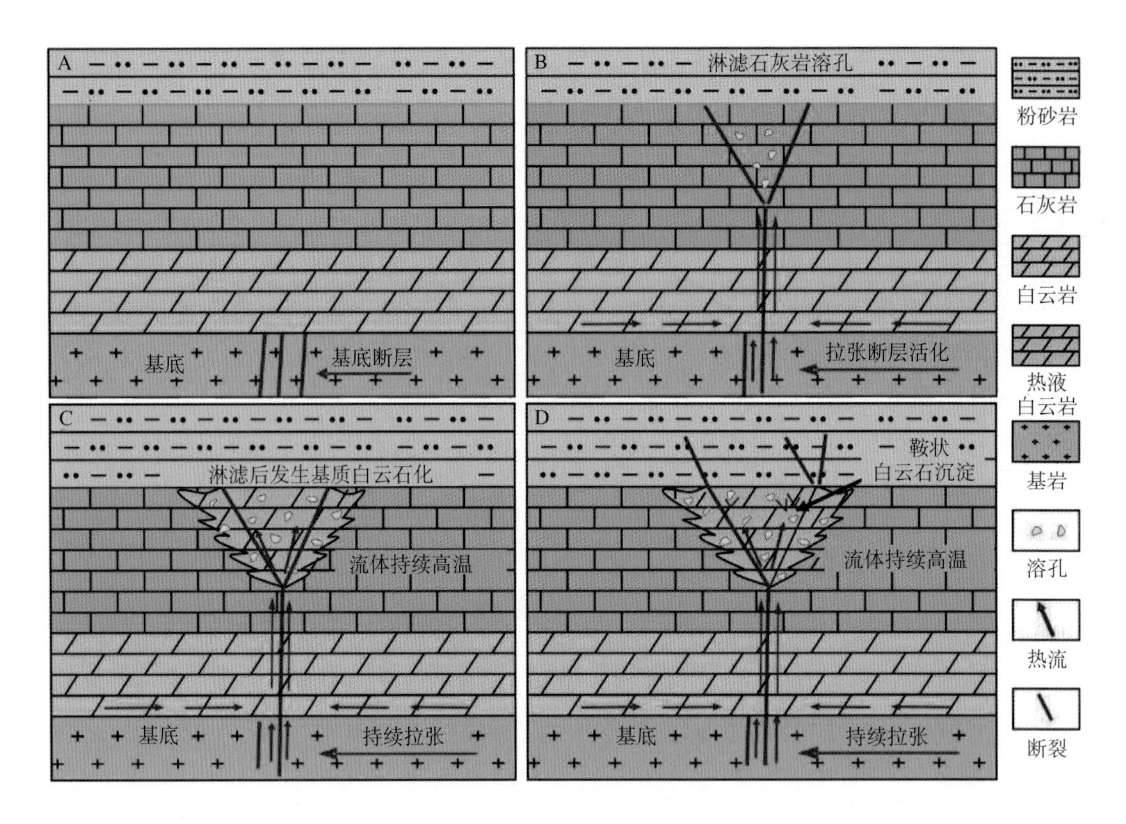

图 5–55　塔里木盆地热液白云岩储层发育模式图

由于热液白云石化作用必须要有通过深大断裂向上运移的深源流体，故不可能形成大规模分布的热液白云岩，而是呈斑块状或花朵状沿断裂分布，晶间孔和晶间溶孔发育，同时还可以形成沿断裂发育的溶蚀孔洞。所以，通过热液活动形成单一成因的热液白云岩规模储层的并不多，更多的是对前期已经形成的储层的叠加改造，如埋藏白云岩储层。

虽然热液不能独自形成大规模的热液白云岩储层，但是由于塔里木盆地热液影响的范围很大，所以对储层改造作用不可小视。热液白云石化作用形成孔隙的演化序列为：(1) 热液溶蚀石灰岩、白云岩形成孔洞；(2) 白云石交代石灰岩或早期白云岩的重结晶形成晶间孔；(3) 鞍状白云石胶结及热液矿物的沉淀。其中，鞍状白云石沿缝洞的胶结及热液矿物的沉淀是破坏孔隙的作用，故热液作用不总是建设性的，但总的来说，对储层的贡献是大于破坏。

综上所述，热液白云岩储层的主控因素为：(1) 热液白云石化过程形成晶间孔和晶间溶孔（与埋藏白云石化类似）；(2) 热液溶蚀作用形成溶孔、洞穴。

这类储层预测的核心要点：(1) 不整合面附近，且上覆地层岩性致密的储层发育处；(2) 有深大断裂沟通的渗透性好的台缘或台内礁滩体是该类储层的有利发育区；(3) 邻近热源区（如英买力低凸起的侵入岩发育区）。

第六节 白云岩储层分布与建模

一、白云岩储层分布

前已述及，白云岩储层可分为两大类：(1) 沉积型白云岩储层，如萨布哈白云岩储层和渗透回流白云岩储层；(2) 埋藏—热液改造型白云岩储层，如埋藏白云岩储层及热液白云岩储层。

对沉积型白云岩储层，规模有效储层发育的条件为沉积相带和古气候，蒸发潮坪及蒸发台地是有利的储层发育区，同生期大气淡水溶蚀是非常重要的建设性成岩作用。

对深层埋藏—热液改造型白云岩储层，规模有效储层发育的条件为：(1) 多孔的高能礁滩相沉积为深层规模有效白云岩储层的发育奠定了物质基础；(2) 埋藏白云石化与热液的联合作用。几大克拉通区发育的一系列断裂为深层热液侵入创造了条件，也为成排、成网分布的串珠状储集体大范围分布提供了基础。

沉积型白云岩储层分布：包括白云石化的礁滩储层和含膏泥晶白云岩储层，均为受沉积相带控制的早期白云石化储层，储集空间主要形成于同生期大气淡水成岩环境不稳定碳酸盐矿物相及石膏的溶解，有效储层分布于三级及四级层序界面之下潮坪—台内向上变浅序列的碳酸盐岩沉积中，具带状及面状分布、有效储层垂向上多套叠置的特点。

深层埋藏—热液改造型白云岩储层分布：在原始沉积相带约束下，在深层形成条带状或斑块状大面积分布的有效储集体，沉积期或沉积后不久建立起来的高孔隙度—渗透率带最容易发生埋藏白云石化作用，这很好地解释了埋藏白云岩的原岩大多为高能滩相颗粒灰岩的原因，可以是台缘高能相带的礁滩，也可以是台内礁滩。当受热液作用叠加改造时，储层往往沿深大断裂分布，垂向上呈串珠状、平面上呈带状—栅状。

由于塔里木盆地中—下寒武统发育大型的蒸发碳酸盐岩台地，塔中—巴楚隆起及塔北隆起萨布哈白云岩储层和渗透回流白云岩储层广泛发育，展布面积近 $8\times10^4km^2$。上寒武统及下奥陶统蓬莱坝组受高能相带控制的埋藏白云岩储层及受断裂控制的热液白云岩储层展布面积近（3 ~ 5）$\times10^4km^2$。

四川盆地雷口坡组沉积时期以蒸发碳酸盐岩台地为特征，广泛发育萨布哈白云岩储层和渗透回流白云岩储层。雷一段以萨布哈白云岩储层为主，残留展布面积 $15\times10^4\ km^2$；雷三段以渗透回流白云岩储层为主，残留展布面积 $10\times10^4\ km^2$，具大面积规模分布的特征。

二、白云岩储层建模

关于白云石化作用在孔隙的形成和破坏中的作用，长期以来都是个争论的话题（Fairbridge，1957；Moore，1989；Lucia，1999）。Murray（1960）研究了萨斯喀彻温省 Charles 组 Midale 层白云石含量与孔隙度的密切关系。在这个实例中，最初，随着白云石含量的增加孔隙度下降，直到白云石含量达到 50%，在这之后，随着白云石含量的增加，孔隙度增加。Murray（1960）解释白云石化之所以可以影响孔隙度，是因为在白云石化作用发生的同时，方解石在发生溶解并为白云石化提供了碳酸盐物源的缘故。Midale 层最初是灰泥，对于白云石少于 50% 的样品，未白云石化的灰泥在埋藏过程中被压实，“漂浮”的白云石菱面体占据了孔隙，随着白云石化程度的增强，孔隙度下降。但当白云石含量达到 50% 时，白云石菱面体开始担当支撑格架的作用，阻止了压实，并随白云石含量的增加，孔隙度也增加。

白云石菱面体之间方解石的消失是理解与白云岩相关孔隙的关键（图 5–56）。如果白云石菱面体间方解石的消失是由于溶解作用，那么，孔隙度的增加是一次特别的成岩事件。该成岩事件只影响具有特定的地质和埋藏背景的白云岩地层，如沿不整合面的暴露并伴有大气淡水潜流带的溶解作用。

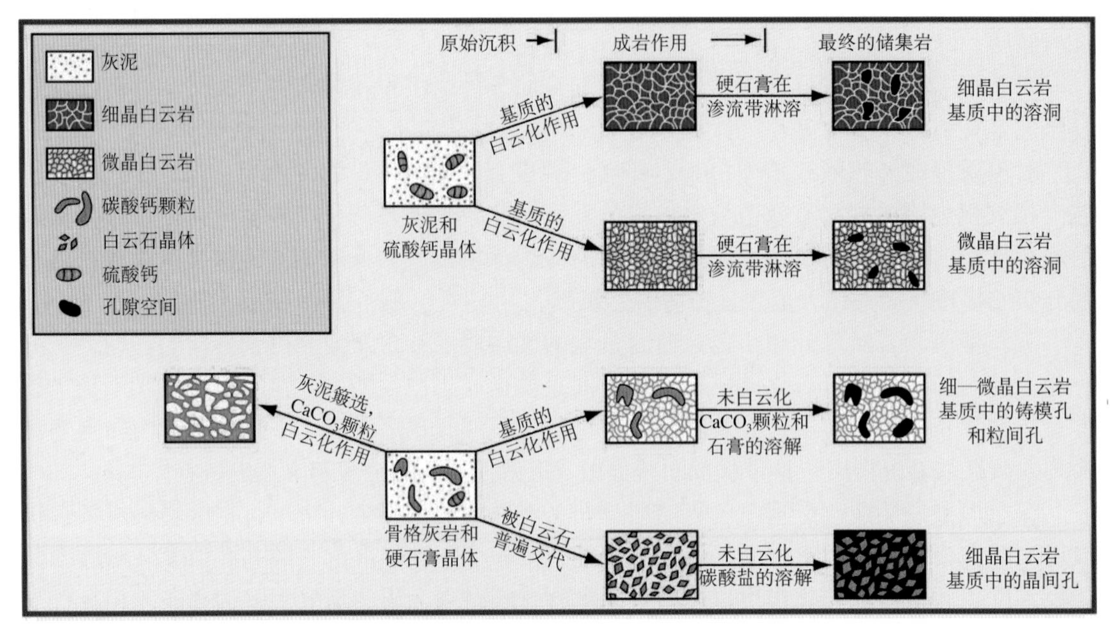

图 5–56　白云石菱面体之间方解石、石膏等的溶解和白云石晶间孔的发育

（据 Ruzyla 和 Friedman，1985）

Wey1（1960）根据质量守恒原理，指出如果白云石化完全是分子对分子的交代，碳酸盐的来源也很局限，那么，方解石向较大比重的白云石转化时，会导致孔隙度增加 13%。

综上所述，白云岩储层储集空间复杂，但其成因不外乎与以下四种建设性成岩作用（表 5–10）中的一种或几种的相互叠合有关。

表 5–10　白云岩储层四种孔隙建造机理

期次	孔洞建造作用		成岩环境	岩性特征	储层类型
1	萨布哈白云石化作用	石膏溶解和膏模孔、砾间孔的形成	蒸发海水成岩环境	含膏泥—粉晶白云岩	萨布哈白云岩储层
2	渗透回流白云石化作用	不稳定矿物、石膏及灰泥的溶解	蒸发海水成岩环境 + 浅埋藏成岩环境	含膏泥—粉晶白云岩 礁滩白云岩	渗透回流白云岩储层
3	埋藏白云石化作用	交代白云石化作用	浅中埋藏成岩环境	残留原岩结构的白云岩或细—中晶白云岩	埋藏白云岩储层
		白云石重结晶作用	中深埋藏成岩环境	中—粗晶白云岩	
4	热液白云石化作用 热液溶蚀作用		深埋藏成岩环境	粗晶白云岩 鞍状白云岩	热液白云岩储层 热液溶蚀洞穴

前已述及，沉积型白云岩储层的分布受沉积相和古气候控制，孔隙发育段主要位于萨布哈和蒸发台地向上变浅旋回的顶部，与暴露及大气淡水淋溶有关，其地质模型如图 5-1 和图 5-2 所示。本节以塔里木盆地为例重点阐述埋藏—热液改造型白云岩储层的地质模型（图 5-40 和图 5-57）。

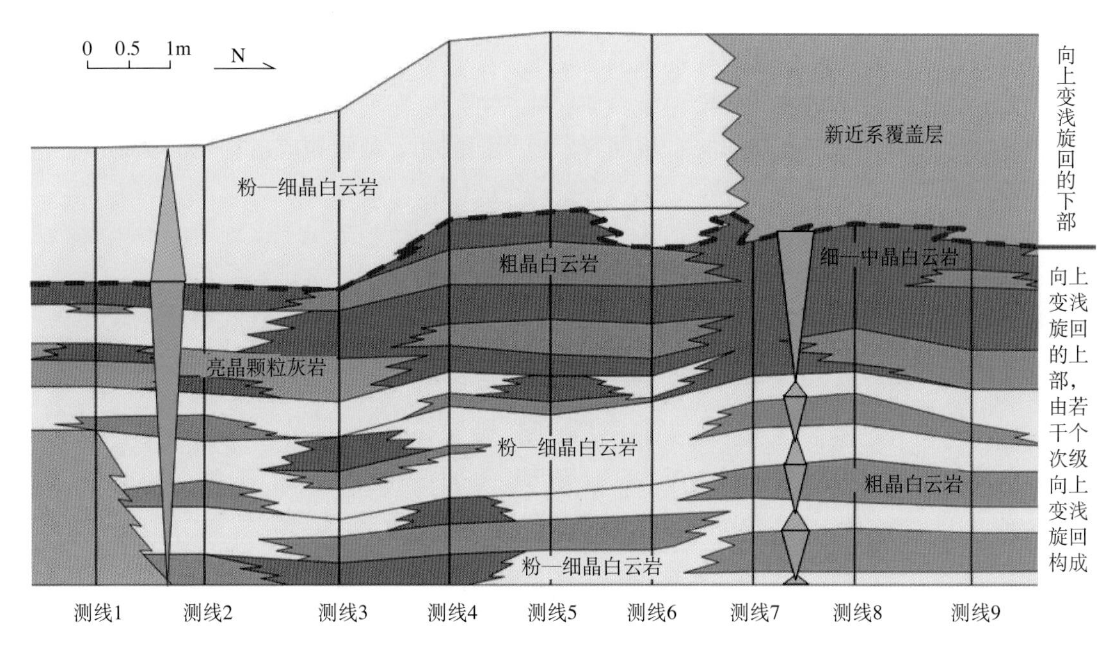

图 5-57　巴楚地区永安坝下奥陶统蓬莱坝组埋藏白云岩储层空间结构模型

塔里木盆地上寒武统白云石化程度高，埋藏白云岩成层分布，下奥陶统蓬莱坝组埋藏白云岩主要分布于台缘带多孔的高能滩相沉积中，泥晶结构石灰岩、致密胶结的颗粒结构石灰岩白云化程度弱，高能相带多孔礁滩相沉积为埋藏白云岩储层的发育提供物质基础。断裂、裂缝和不整合面沟通白云石化流体（包括热液），使得鹰山组局部发育热液白云岩斑块及热液溶蚀洞穴（图 5-40）。

塔里木盆地上寒武统及下奥陶统蓬莱坝组埋藏白云岩非常发育，成层连续分布，厚度可达数百米，但并非所有的埋藏白云岩都是好的储层，存在强烈的非均质性。通过巴楚地区永安坝下奥陶统蓬莱坝组埋藏白云岩露头剖面的精细解剖，发现中晶、粗晶白云岩呈透镜状分布于粉—细晶白云岩中，残余结构揭示中晶、粗晶白云岩的原岩为颗粒灰岩，而晶间孔主要发育在细—中晶、粗—中晶白云岩中，粉—细晶白云岩总体较差。层位上多孔白云岩储层主要发育于四级或五级旋回向上变浅序列的上部，成层分布。这些特征揭示埋藏白云岩储层尽管存在很强的非均质性，但优质白云岩储层的分布也是有规律可循的（图 5-57）。向上变浅序列上部的沉积物粒度总体较粗，而且易于暴露于大气淡水的淋溶造成多孔，这为随后的埋藏白云石化作用和大量残留孔隙的继承奠定了物质基础。

小　结

（1）塔里木盆地、四川盆地和鄂尔多斯盆地主要发育萨布哈白云岩储层、渗透回流白云岩储层、埋藏白云岩储层和热液白云岩储层四种类型。前两者形成于同生期，与干旱气候条件下的蒸发海水成岩环境有关，后两者形成于埋藏期，与埋藏成岩环境的埋藏—热液作用的改造有关。

（2）以四川盆地雷口坡组一段、鄂尔多斯盆地马家沟组和塔里木盆地中—下寒武统为例，系统阐述了萨布哈白云岩储层的特征和成因。有效储层主要发育于萨布哈向上变浅旋回上部的潮坪相膏云岩中，大气淡水成岩环境石膏结核的溶解和膏模孔的形成是储层发育的关键，沉积相、古气候和海平面升降共同控制储层的发育和分布，有效储层发育于层序界面之下的膏云岩沉积中。

（3）以四川盆地雷口坡组三段、川东地区石炭系黄龙组及塔里木盆地中—下寒武统为例，系统阐述了渗透回流白云岩储层的特征和成因。有效储层主要发育于台内礁滩相沉积中；各种原生孔隙往往为石膏充填或与膏岩层互层；大气淡水成岩环境文石质颗粒的溶解和铸模孔的形成、石膏的溶解和膏溶孔的形成是储层发育的关键；沉积相、古气候和海平面升降共同控制储层的发育和分布；有效储层发育于层序界面之下的台地相礁滩相沉积或膏云岩沉积中。

（4）以塔里木盆地上寒武统及下奥陶统蓬莱坝组、四川盆地下二叠统栖霞组、鄂尔多斯盆地马家沟组四段为例，系统阐述了埋藏白云岩储层的特征和成因。储层以中晶、粗晶白云岩为主，原岩为颗粒灰岩，孔隙类型以晶间孔和晶间溶孔为主，部分是对原岩孔隙的继承和再调整。多孔的颗粒灰岩是储层发育的物质基础，埋藏白云石化作用和热液作用的叠加改造是储层发育的关键，被继承的原岩孔隙同样受海平面升降控制，代表了不同级别的层序界面或暴露面。

（5）以塔中地区鹰山组为例，系统阐述了热液白云岩储层的特征和成因。热液作用可以形成沿断裂、裂缝和不整合面分布的准层状或斑块状热液白云岩储层，常伴生鞍状白云石及其他热液矿物，热液作用还可形成热液溶蚀孔洞。

（6）建立了四类白云岩储层的发育分布模型和空间结构模型，揭示了白云岩储层的分布规律，有效地表征了白云岩储层的非均质性，为有效储层预测提供了支撑。

第六章　中国海相碳酸盐岩储层分布与预测

由于我国海相碳酸盐岩多位于叠合盆地中深层的古生界及中生界中下部，如塔里木盆地和鄂尔多斯盆地的寒武—奥陶系、四川盆地的古生界及三叠系，经历了多旋回构造运动的叠加改造，具沉积类型多样、年代古老、时间跨度长、埋藏深度大、埋藏—成岩史漫长而复杂的特点，这导致了中国海相碳酸盐岩储层类型多样，规模储层发育条件和分布复杂。

本章以前述的塔里木、四川和鄂尔多斯盆地重点勘探领域礁滩储层、岩溶储层和白云岩储层类型、特征和成因机理研究为基础，系统总结了碳酸盐岩规模储层的发育条件和分布规律。同时，应用地质—测井—地震一体化的储层预测技术，预测了塔里木、四川和鄂尔多斯盆地重点勘探层位的区域储层分布，为有利勘探区带评价提供了依据。

第一节　储层宏观分布特征

一、规模储层发育条件

（一）物质基础

受沉积相控制的沉积物特征是规模储层发育的物质基础，尤其是沉积型礁滩储层和沉积型白云岩储层。如塔里木盆地塔中北斜坡良里塔格组礁滩储层、四川盆地环开江—梁平海槽长兴组—飞仙关组礁滩储层，储层发育的基础是礁滩沉积，尽管孔隙发育的机理存在差异。又如塔里木盆地中—下寒武统及四川盆地嘉陵江组和雷口坡组与蒸发环境相关的潮间—潮上坪或蒸发碳酸盐岩台地含膏（膏质）碳酸盐沉积为沉积型白云岩储层的发育奠定了物质基础。

后生溶蚀—溶滤型岩溶储层、埋藏—热液改造型白云岩储层理论上受后生成岩改造控制，但后生成岩改造具有很大的物质选择性，高能滩相的颗粒碳酸盐岩似乎更容易发生岩溶作用和白云石化作用，这可能与埋藏流体的运动主要集中在沉积期或沉积后不久建立起来的高孔隙度—渗透率带有关。

塔里木盆地塔中北斜坡晚奥陶世良里塔格组礁滩储层规模发育，台缘礁滩体长220km，宽2～8km，厚100m，有利勘探面积827km^2。四川盆地环开江—梁平海槽长兴组—飞仙关组礁滩储层规模发育，台缘礁滩体长850km，宽2～4km，有利勘探面积1700～3400km^2，厚度300～500m，有效储层垂向上多套叠置（共6套），累计厚度30～50m。除台缘带可以发育规模较大的礁滩储层外，台内同样可以发育规模分布的礁滩储层。如塔里木盆地鹰山组和一间房组台内大面积发育准层状颗粒灰岩滩；四川盆地茅口组、栖霞组、长兴组和飞仙关组台内发育两种类型的礁滩，一是台洼周缘的礁滩，二是台内颗粒灰岩滩，尤其是川东北地区三叠系孤立蒸发台地的鲕滩白云岩已成为重要的勘探对象。台内礁滩垂向上多套颗粒灰岩滩相互叠置，侧向上准层状分布，在向上变浅旋回顶部的颗粒灰岩滩因经常性暴露于大气淡水中，储层发育潜力大。鄂尔多斯盆地台缘及台内礁滩发育规模有待进一步的研究，在盆地南缘中—上奥陶统发现礁滩储层，有效储层为礁顶或礁盖白云石化的生屑砂屑灰岩。

由于塔里木盆地中—下寒武统发育大型的蒸发碳酸盐岩台地，塔中—巴楚隆起及塔北隆起萨布哈白云岩储层和渗透回流白云岩储层广泛发育，展布面积近 $8 \times 10^4 km^2$。上寒武统及下奥陶统蓬莱坝组受高能相带控制的埋藏白云岩储层展布面积近（3 ~ 5）$\times 10^4 km^2$。四川盆地嘉陵江组和雷口坡组沉积时期以蒸发碳酸盐岩台地为特征，广泛发育萨布哈白云岩储层和渗透回流白云岩储层。雷一段以萨布哈白云岩储层为主，残留展布面积 $15 \times 10^4 km^2$；雷三段以渗透回流白云岩储层为主，残留展布面积 $10 \times 10^4 km^2$，具大面积规模分布的特征。

（二）地质背景

地质背景对碳酸盐岩储层发育的控制表现在两个方面：一是地质背景对沉积作用的控制最终体现在对储层发育物质基础的控制上，如前述的沉积型礁滩储层和沉积型白云岩储层；二是地质背景对后生成岩改造的控制最终体现在对储层分布和规模的控制上，最为典型的是后生溶蚀—溶滤型岩溶储层、埋藏—热液改造型白云岩储层，本书重点阐述后者。

塔中—巴楚地区奥陶系鹰山组直接为良里塔格组覆盖，缺一间房组和吐木休克组，代表 10Ma 的地层缺失，缺失面积 $5 \times 10^4 km^2$，是地壳垂直升降运动的结果，为塔中—巴楚地区奥陶系鹰山组顶部大面积层间岩溶储层的发育提供了地质背景。古隆起及宽缓的斜坡部位为深层潜山岩溶储层和顺层岩溶储层规模化发育提供地质背景。如塔北轮古地区鹰山组石灰岩潜山，展布面积 $1561 \times 10^4 km^2$，上覆地层为石炭系，缝洞体积占岩石总体积的 6% ~ 10%；又如牙哈—英买力地区寒武系白云岩潜山构造，展布面积 $2073 \times 10^4 km^2$，上覆地层为侏罗—白垩系，呈角度不整合接触，虽然缝洞不如石灰岩潜山发育，但围岩为规模发育的埋藏白云岩储层，长期古隆起为潜山岩溶储层的发育提供了地质背景；再如塔北南缘奥陶系一间房组和鹰山组一段发育顺层岩溶储层，展布面积超过 $1 \times 10^4 km^2$，以桑塔木组剥蚀线为界，北部的潜山隆起和南部的斜坡区为顺层岩溶储层大面积发育提供了地质背景。

四川盆地以白云岩风化壳储层为主，主要见于雷口坡组，上覆地层为须家河组陆相砂泥岩，下伏地层视剥蚀程度的不同可以出露雷口坡组一段至四段不同层位的地层，总体以垂直升降运动为主，但幅度不同导致雷口坡组地层剥蚀程度不同，为雷口坡组白云岩风化壳储层的发育提供了地质背景。如龙岗地区中三叠统雷口坡组四段白云岩风化壳储层，缝洞的围岩为渗透回流白云岩储层，为上三叠统须家河组陆相砂泥岩覆盖，两者之间呈平行不整合接触，展布面积 $8 \times 10^4 km^2$。

鄂尔多斯盆地以白云岩风化壳储层为主，主要见于马家沟组五段，上覆地层为石炭系本溪组陆相砂泥岩，下伏地层为马家沟组五段含膏（膏质）泥粉晶白云岩，两者之间呈微角度不整合接触。垂直升降运动为马家沟组五段大面积白云岩风化壳储层的发育提供了地质背景，展布面积 $20 \times 10^4 km^2$。

另外，断裂和裂缝系统为受裂缝控制岩溶储层、热液白云岩储层的发育提供了地质背景，岩溶缝洞和热液白云岩沿断裂及裂缝呈栅状分布，不受深度限制。如英买 1-2 井区背斜构造顶部发育的断裂系统为一间房组和鹰山组受裂缝控制岩溶储层的发育提供了地质背景；又如塔北、塔西南及塔中地区局部发育的热液白云岩储层往往与深大断裂有关或主要位于断垒带上。断裂和裂缝系统的发育规模控制了受裂缝控制岩溶储层和热液白云岩储层的分布规模。

（三）成孔作用

建设性成岩作用是在一定地质背景下发生的对特定沉积物或岩石的后生成岩改造，由于碳酸盐岩储层以次生孔隙为主，尤其是中国海相叠合盆地碳酸盐岩储层，绝大多数碳酸盐岩储层的储集空间都是建设性成岩作用的产物。建设性成岩作用主要发生在以下三个阶段：(1) 准同生期沉积—成岩环境控制早期孔隙发育，并为深层成岩流体的活动提供了通道；(2) 多旋回构造运动控制多期次岩溶孔洞、溶洞和裂缝的发育；(3) 流体—岩石相互作用控制深部溶蚀与孔洞的发育。

1. 后生溶蚀—溶滤型岩溶储层

通过塔里木盆地5种后生溶蚀—溶滤型岩溶储层特征及成因的解剖，总结出后生溶蚀—溶滤型岩溶储层主要发育6种建设性成岩作用（参见表4–11），实际上是多旋回构造运动控制多期次岩溶孔洞、溶洞和裂缝发育的具体体现。

2. 白云岩储层

通过塔里木、四川和鄂尔多斯盆地4种白云岩储层特征及成因的解剖，总结出白云岩储层主要发育4种建设性成岩作用（参见表5–10）。沉积型白云岩储层实际上是准同生期沉积—成岩环境控制早期孔隙发育的具体体现，并为深层成岩流体的活动提供了通道，埋藏—热液改造型白云岩储层实际上是流体—岩石相互作用控制深部溶蚀与孔洞发育的具体体现。白云石化作用对孔隙发育所起的作用仍存在争议，埋藏—热液改造型白云岩中的晶间孔大多是对早期各种类型孔隙的继承和调整，晶间溶孔及溶蚀孔洞与埋藏成岩环境有机酸、盆地热卤水、TSR及热液作用有关。

3. 沉积型礁滩储层

礁滩作为特殊的沉积体，可以是各种岩溶作用和白云石化作用的产物，甚至包括同生期不稳定矿物的溶解作用。如塔中上奥陶统良里塔格组礁滩储层是同生期大气淡水溶解作用和埋藏溶蚀作用的产物，环开江—梁平海槽长兴组—飞仙关组礁滩白云岩储层的储集空间主要与埋藏白云石化作用有关。

事实上，不管是礁滩储层、岩溶储层还是白云岩储层，其成因都是从沉积到成岩的不同阶段各种建设性成岩作用叠合的结果（表6–1）。

表6–1 塔里木、四川和鄂尔多斯盆地主要碳酸盐岩储层成因

盆地	储层类型	主要建设性成岩作用	次要建设性成岩作用
塔里木盆地	牙哈—英买力地区白云岩风化壳储层	埋藏白云石化作用 喀斯特岩溶作用	热液溶蚀作用
	英买1–2井区受断裂控制岩溶储层	垂向岩溶作用	层间岩溶作用
	轮南低凸起石灰岩潜山储层	喀斯特岩溶作用	垂向岩溶作用
	塔北南缘奥陶系顺层岩溶储层	顺层岩溶作用	层间岩溶作用
	塔中北斜坡鹰山组层间岩溶储层	层间岩溶储层	热液溶蚀作用 热液白云化作用
	塔中北斜坡良里塔格组礁滩储层	同生溶解作用	埋藏溶蚀作用
	中—下寒武统萨布哈白云岩储层	同生溶解作用 萨布哈白云石化作用	埋藏白云石化作用

续表

盆地	储层类型	主要建设性 成岩作用	次要建设性 成岩作用
塔里木 盆地	中—下寒武统渗透回流白云岩储层	同生溶解作用 渗透回流白云石化作用	埋藏白云石化作用
	上寒武统—蓬莱坝组埋藏白云岩储层	埋藏白云石化作用	埋藏溶蚀作用
四川 盆地	川东石炭系渗透回流白云岩储层	渗透回流白云石化作用	埋藏白云石化作用 层间岩溶作用
	环开江—梁平海槽长兴组礁滩白云岩储层	埋藏白云石化作用	埋藏溶蚀作用
	环开江—梁平海槽飞仙关组鲕滩白云岩储层	同生溶解作用 渗透回流白云石化作用	埋藏白云石化作用 埋藏溶蚀作用
	中坝气田雷口坡组三段渗透回流白云岩储层	渗透回流白云石化作用	埋藏白云石化作用
	磨溪气田雷口坡组一段萨布哈白云岩储层	同生溶解作用 萨布哈白云石化作用	埋藏白云石化作用
	龙岗地区雷口坡组四段白云岩风化壳储层	喀斯特岩溶作用	埋藏白云石化作用
鄂尔多 斯盆地	靖边气田马家沟组五段白云岩风化壳储层	喀斯特岩溶作用 萨布哈白云石化作用	埋藏白云石化作用
	盆地南缘上奥陶统礁滩储层	埋藏白云石化作用	埋藏溶蚀作用
	盆地东部上寒武统—马家沟组盐间及盐下萨布哈白云岩储层	同生溶解作用 萨布哈白云石化作用	埋藏白云石化作用
	盆地西缘奥陶系受断裂控制岩溶储层	垂向岩溶作用	层间岩溶作用
	中央隆起马家沟组四段埋藏白云岩储层	埋藏白云石化作用	热液溶蚀作用 热液白云化作用

二、规模储层分布特征

从储层类型及特征、储层成因及规模有效储层发育条件分析可知，不同类型的储层具有不同的分布特征。

（一）沉积型礁滩储层

礁滩体主要分布于台缘及台内。台缘带礁滩体呈条带状断续分布，单层厚度大，礁核相格架岩发育，伴生的滩沉积也很发育，甚至以滩沉积为主；台内礁滩体沿台洼周缘或平坦台地大面积层状分布，以滩为主，礁核相格架岩欠发育，单层厚度相对较小，但累计厚度可以很大。礁滩储层分布有两个特点：一是滩沉积是有效储层，礁核相的格架岩往往比较致密或礁核相格架岩不发育；二是有效储层主要分布于三级及四级层序界面之下向上变浅序列的台缘或台内礁滩体的上部，可能与储集空间主要形成于早表生大气淡水成岩环境不稳定碳酸盐矿物相的溶解有关，埋藏白云石化形成的晶间孔是对早期孔隙的继承和调整。

反映有效储层分布特点的最典型实例有塔中良里塔格组台缘礁滩储层、环开江—梁平海槽长兴组礁滩白云岩储层和飞仙关组鲕滩白云岩储层。塔中良里塔格组台缘礁滩体的有效储层主要分布在棘屑灰岩滩中，礁核相的格架岩很致密，塔中 62 井揭示有效储层有三套，均位于层序界面之下向上变浅序列的上部。环开江—梁平海槽长兴组礁滩体的有效储层主要分布在礁体上部的生屑灰岩滩中，而且发生白云石化，共 3 套，代表 3 次海平面升降旋回导致的3次礁核相格架岩→滩相生屑灰岩的3次旋回，礁核相的格架岩很致密，白云石化强度远不如礁体上部的生屑灰岩滩。环开江—梁平海槽飞仙关组鲕滩的有效储层主要分布在鲕粒白云岩中，共3套，代表3次海平升降旋回导致的3次鲕滩暴露，未见礁核相沉积。

（二）后生溶蚀—溶滤型岩溶储层

沿不整合面分布，可以是平行不整合面，形成层间岩溶储层，也可以是角度不整合面，形成潜山岩溶储层及白云岩风化壳储层。后生溶蚀—溶滤型储层可从古隆起高部位经斜坡区一直延伸到向斜区低部位，在斜坡区还可形成顺层岩溶储层。岩溶缝洞平面上似层状大面积分布，主要分布在距不整合面0～50m的深度范围，垂向上受多期岩溶作用的控制呈楼房式多套叠置，非均质性明显。与断层或裂缝相关的垂向岩溶作用形成的缝洞构成受断裂控制岩溶储层的储集空间，垂向上呈串珠状、平面上呈带状—栅状分布，距不整合面的深度可以更大。

塔里木盆地塔北地区从轮南潜山高部位到南部的斜坡区为潜山岩溶储层及顺层岩溶储层的发育提供了很好的地质背景。塔中—巴楚平坦台地多期次的垂直升降运动为蓬莱坝组、鹰山组多套层间岩溶储层的发育提供了很好的地质背景。英买1–2井区背斜构造背景为受断裂控制岩溶储层的发育提供地质背景。四川盆地雷口坡组沉积末期及鄂尔多斯盆地马家沟组沉积末期的构造运动为白云岩风化壳储层的发育提供了地质背景。

后生溶蚀—溶滤型岩溶储层主要为缝洞，包括表生期和埋藏期形成的缝洞、以缝洞充填物为载体的储集空间（基质孔及小的孔洞为主）、洞穴垮塌使围岩角砾岩化形成裂缝和沿裂缝发育的溶孔（图6–1）。

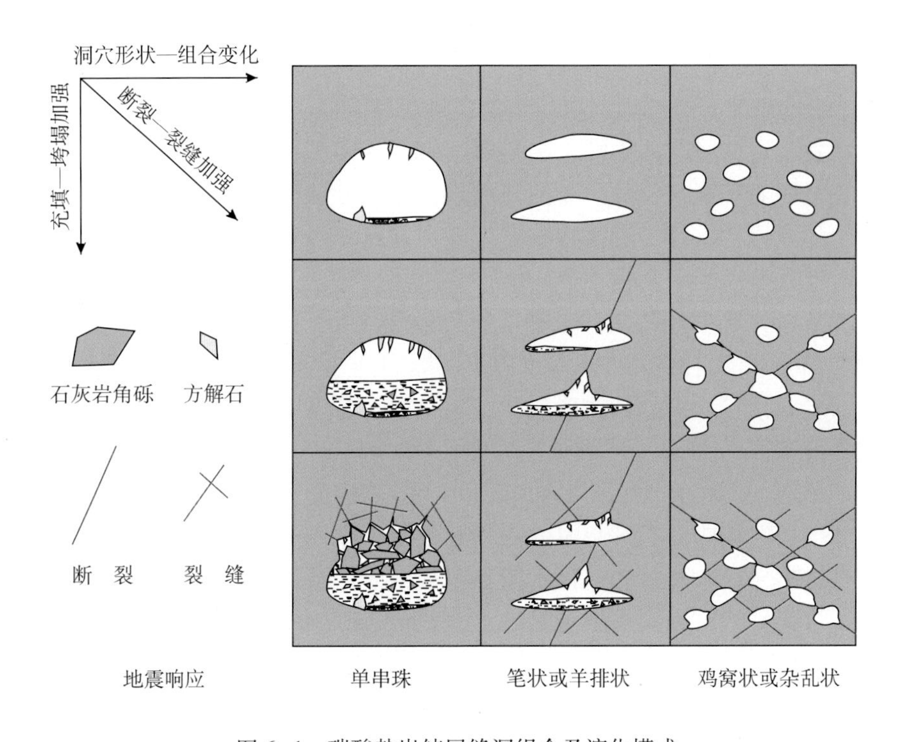

图6–1 碳酸盐岩储层缝洞组合及演化模式

（三）沉积型白云岩储层

主要包括萨布哈白云岩储层和渗透回流白云岩储层，干旱气候条件下的蒸发环境是这两类储层发育的气候背景，受相带控制，主要见于蒸发潮间—潮上坪环境含膏（膏质）泥—粉晶白云岩、蒸发台地及台缘带礁滩白云岩（粒间往往为石膏充填）中，膏溶孔、铸模孔、粒间孔及格架孔是主要的储集空间。

所以，沉积型白云岩储层的分布主要受古气候和沉积相带控制。塔里木盆地中—下寒武统、四川盆地三叠系飞仙关组—嘉陵江组—雷口坡组、鄂尔多斯盆地中—上寒武统及马家沟组沉积时期均为干旱气候，在蒸发潮间—潮上坪环境及蒸发台地及台缘带大面积发育沉积型白云岩储层，侧向上与膏岩层 / 盐岩层呈相变关系，垂向上与膏岩层 / 盐岩层互层。

由于早表生期大气淡水成岩环境不稳定碳酸盐矿物相及石膏的溶解是沉积型白云岩储层主要的成孔机理，所以，有效储层分布于三级及四级层序界面之下蒸发潮坪—台内向上变浅序列上部的碳酸盐沉积中（图 4–9），具带状及面状分布、有效储层垂向上多套叠置的特点。这也很好地解释了四川盆地雷口坡组、塔里木盆地中—下寒武统及鄂尔多斯盆地马家沟组所见到的大套含膏（膏质）泥粉晶白云岩、含膏（膏质）礁滩白云岩只有位于层序界面之下时才发育成有效储层，而且越远离层序界面，溶蚀作用越弱，储层物性越差，层序界面代表的暴露和溶蚀时间越长，有效储层发育的厚度越大，顺层序界面呈层状叠置分布。

（四）埋藏—热液改造型白云岩储层

以塔里木盆地上寒武统、下奥陶统蓬莱坝组中—粗晶白云岩储层为代表，埋藏白云石化作用往往在原始沉积相带约束下，在深层形成条带状或斑块状大面积分布的有效储集体。沉积期或沉积后不久建立起来的高孔隙度—渗透率带最容易发生埋藏白云石化作用，这很好地解释了埋藏白云岩的原岩大多为高能滩相颗粒灰岩的原因，可以是台缘高能相带的礁滩，也可以是台内礁滩，可依据沉积环境重建进行埋藏白云岩储层预测。

由于埋藏白云岩储层的晶间孔大多是对早期各种类型孔隙的继承和调整，晶间溶孔及溶蚀孔洞与埋藏成岩环境有机酸、盆地热卤水、TSR 及热液作用有关，因此，埋藏白云石化作用发生前的原岩孔隙特征直接影响了埋藏白云石化的强度和埋藏白云岩储层晶间孔丰度。塔里木盆地巴楚地区永安坝下奥陶统蓬莱坝组埋藏白云岩精细的储层建模充分揭示了这一观点。埋藏白云岩中多孔白云岩有以下的分布特点：(1) 中—粗晶白云岩呈透镜状分布于粉—细晶白云岩中，残余结构揭示原岩为颗粒灰岩；(2) 晶间孔主要发育在细—中、粗—中晶白云岩中，粉—细晶白云岩总体较差；(3) 多孔白云岩储层主要发育于四级或五级旋回向上变浅序列的上部。这说明了以下两个问题：(1) 多孔的滩相沉积物为埋藏白云化介质提供了通道，而且邻近层序界面的滩相沉积物因暴露和大气淡水淋溶容易导致滩相沉积物多孔；(2) 埋藏白云岩储层中的晶间孔是继承早期孔隙并经埋藏白云石化后的再调整，同时为有机酸、TSR 及盆地热卤水及热液提供了通道，为晶间溶孔和溶蚀孔洞的发育奠定了基础。这很好地解释了塔里木盆地上寒武统—鹰山组埋藏白云岩非常发育，厚数百米，但并不是所有的埋藏白云岩都是有效储层，大多数埋藏白云岩都是致密的。

热液作用可以形成热液白云岩储层，受断裂、裂缝及不整合面控制，形成沿断裂、裂缝及不整合面分布的斑块状、花朵状及准层状的热液白云岩储层及热液溶蚀洞穴。热液作用是深层孔隙建造和保存非常重要的建设性成岩作用，尤其是在热液活动普遍的地区，叠加改造先期发育的多孔岩层，可以形成规模优质储层。

第二节 储层分布预测

一、规模储层预测方法

（一）测井储层识别

储集空间结构是碳酸盐岩储层最基本的特征，故认识碳酸盐岩储层特征的核心是孔隙、裂缝和洞穴的发育特征及其组合状况。对于储层测井识别来说，主要从储集空间形态上来研究，因为储层储集空间的几何形态决定了储层的物性和测井响应特征；而不同类型的储层有其特有的孔—缝—洞组合关系，根据测井识别的孔—缝—洞组合关系，再结合沉积相、古气候及其他区域地质背景资料，就能定性地判别储层类型。

1. 塔里木盆地测井储层识别

在岩心、薄片标定的基础上，可以利用常规测井、成像测井资料很好地识别出塔里木盆地碳酸盐岩储层的孔洞型、裂缝型、裂缝—孔洞型和洞穴型四类储集空间，尤其是利用各种成像方法组合能很好地对孔洞的大小、分布、连通性、与裂缝的关系以及充填物的充填状况进行详细区分。

1）孔洞型储层测井识别

孔洞型储层可以分为小孔孔洞型储层和大孔孔洞型储层，虽然都为孔洞型储层，但是由于孔洞发育特征的不同，使得它们的测井响应特征也有很大的差异。塔中 1 号坡折带上奥陶统良里塔格组的沉积型礁滩储层是最为典型的小孔孔洞型储层，如塔中 826 井 5667 ~ 5681m 井段（图 6–2），其以测井曲线平滑为特征，自然伽马测井值较低，井径一般变化不大，三孔隙度测井幅度变化小，电阻率曲线变化较光滑，从地层全井眼微电阻率扫描成像

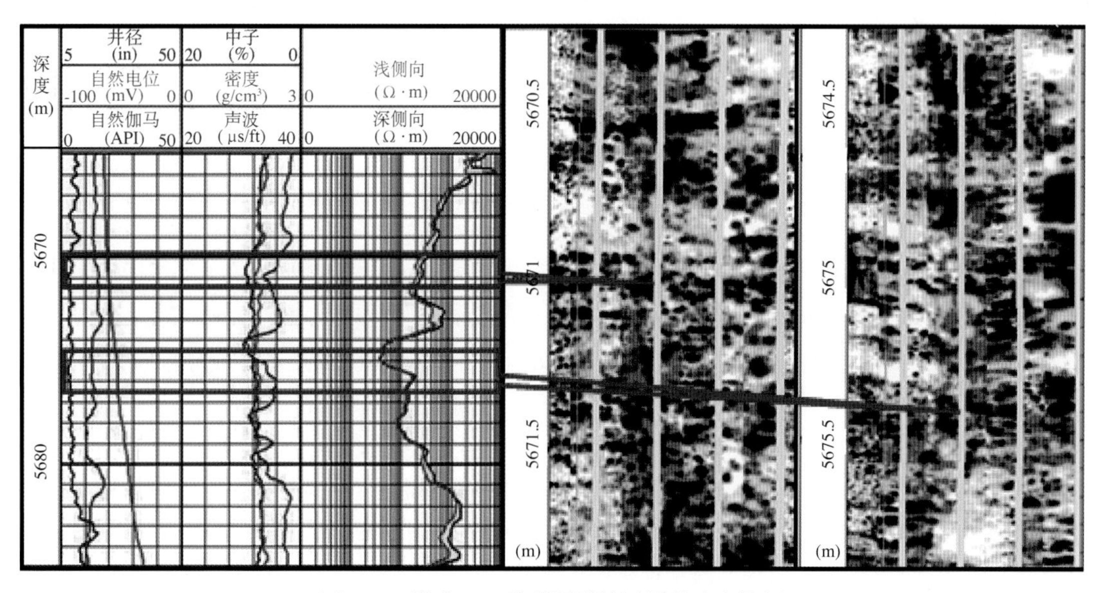

图 6–2 塔中 826 井孔洞型储层测井响应特征

测井可以清晰地看到豹斑状小的孔洞密集分布。而顺层岩溶型储层是大孔孔洞型储层的典型，如轮古东地区的 5712 ~ 5730m 井段（图 6–3），其以测井曲线变化剧烈为特征，自然伽马测井值较前者高，井径变化较大，三孔隙度测井变化幅度较大，尤其是密度测井在大孔洞处可能受其影响，大幅降低，地层全井眼微电阻率扫描成像测井可以清晰地看见一个个孤立发育的溶蚀孔洞。

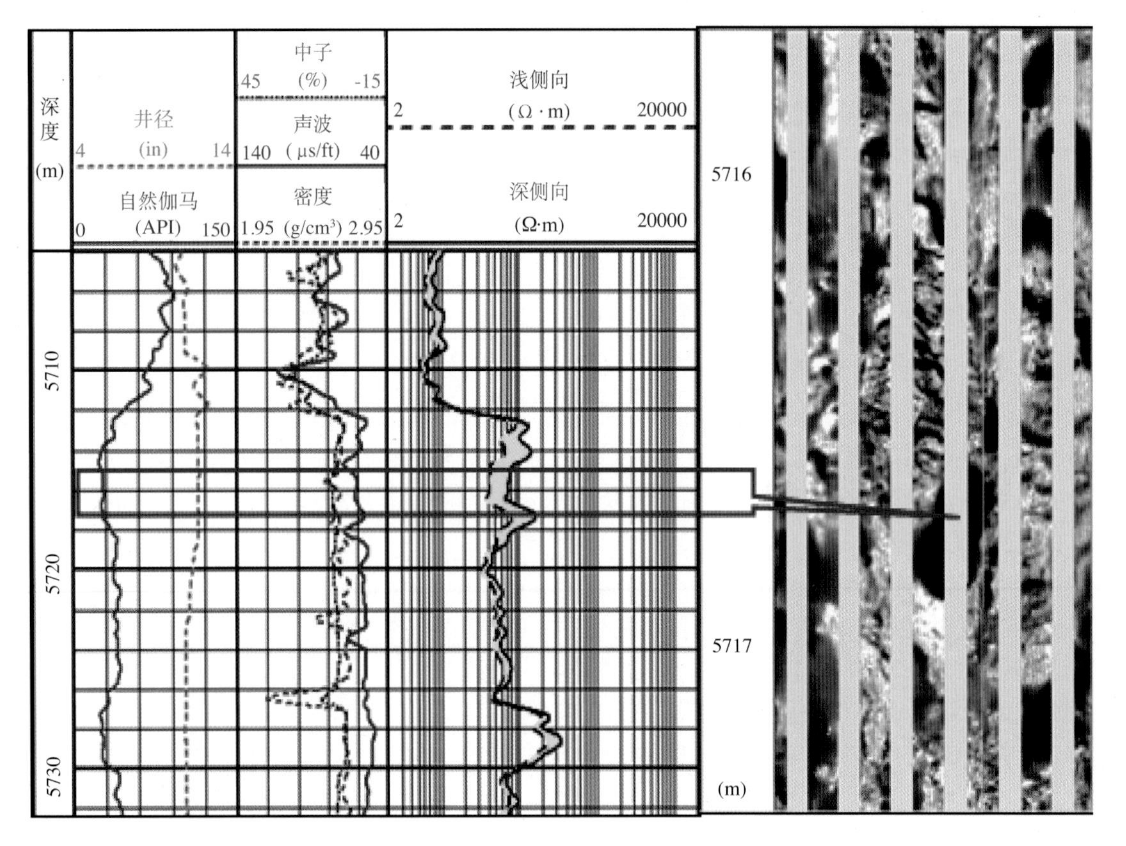

图 6–3　轮古 391 井较大孔洞型储层测井响应特征

2）裂缝型储层测井识别

裂缝型储层的测井响应特征与裂缝产状有较大关系，尤其在双侧向测井和声波测井上表现明显。裂缝为低角度裂缝时，深侧向主电流通过裂缝，而浅侧向主电流则垂直裂缝，因此深、浅双侧向测井曲线呈负差异（图 6—4A）；裂缝为高角度裂缝时，深、浅侧向主电流与裂缝的关系则与低角度裂缝相反，因此深、浅双侧向具有明显正差异，而且由于裂缝的低电阻率使其电阻率曲线呈“U”形变化（图 6—4B）。纵波时差测井在高角度裂缝地层几乎不受裂缝影响，在低角度裂缝和网状裂缝地层时差会稍有增大。未充填裂缝或泥质充填缝均呈暗色线状，但泥质充填缝因裂缝中充满泥质而引起自然伽马的升高，未充填裂缝自然伽马值几乎没有变化，方解石全充填缝在 FMI 成像测井上表现为连续亮色线状正弦曲线，方解石半充填缝呈断续亮色线状正弦曲线。裂缝是受断裂控制的岩溶型储层的重要储集空间之一，如英买 1–2 井区中—下奥陶统一间房组—鹰山组发育的裂缝型储层，以 5880 ~ 5940m 井段为例（图 6–5），上部主要表现为低角度裂缝型储层的特征，而下部表现为高角度裂缝型储层的特征。

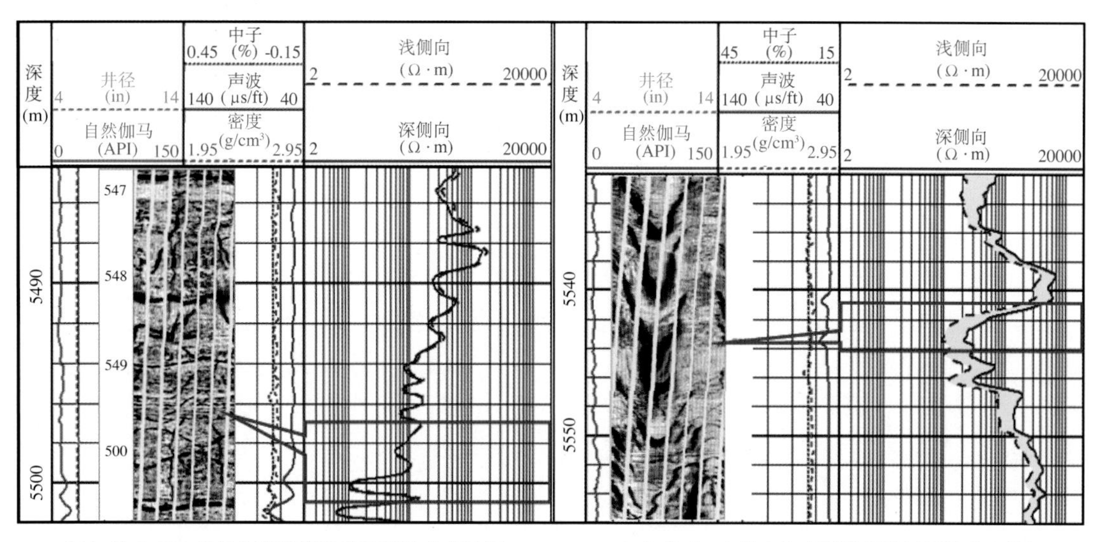

（A）轮古 100 井低角度裂缝型储层测井响应特征　（B）轮古 18 井高角度裂缝型储层测井响应特征

图 6–4　裂缝型储层测井响应特征

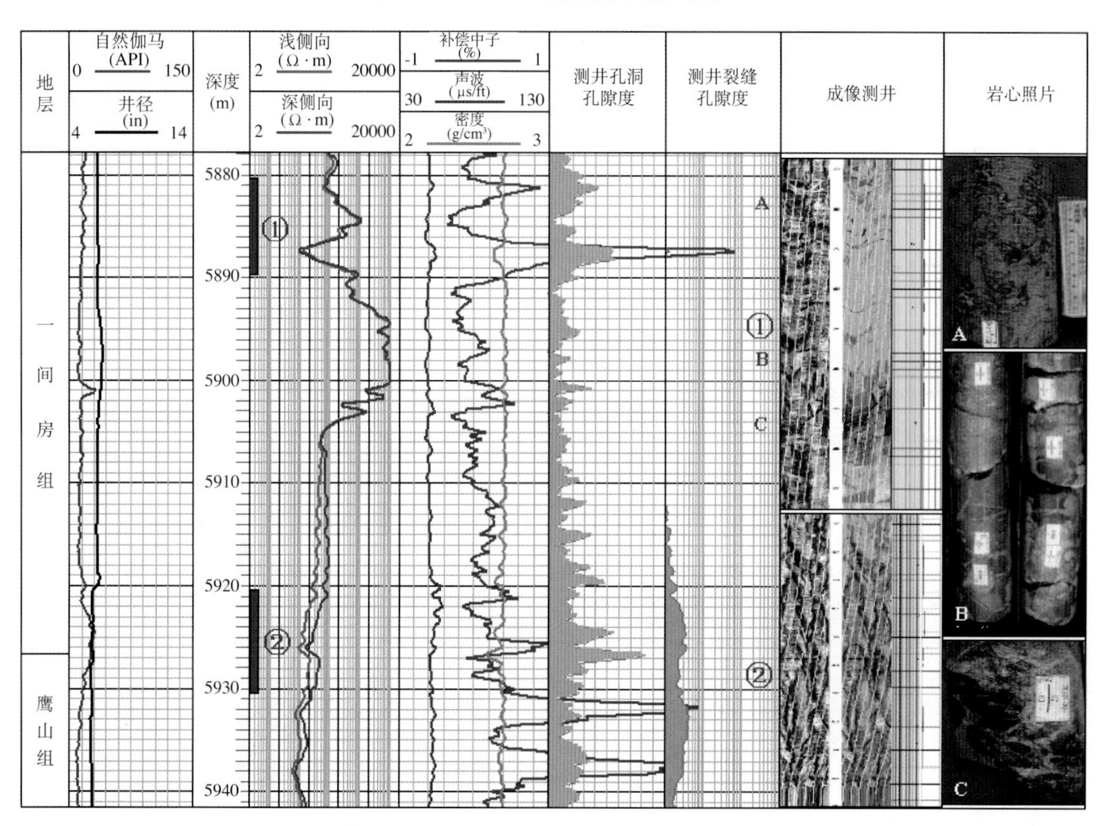

图 6–5　英买 2–3 井裂缝型储层测井响应特征

3）裂缝—孔洞型储层测井识别

由于裂缝—孔洞型储层综合了裂缝型及孔洞型储层的特征，因此在测井资料上综合反映了裂缝与孔洞的响应特征。FMI 成像测井图上表现为深色或黑色的正弦曲线和斑点；深、浅双侧向在油、气层处呈正差异；当孔洞发育时，中子、声波、自然伽马测井值均有一定程度的增高；密度值会降低。通过大量地质资料和成像资料观察，裂缝—孔洞型储层主要存在两种类型：(1) 组合裂缝—孔洞型，该类储层裂缝和孔洞相互之间不沟通或沟通少，从 FMI 成像图上可以清楚地看见暗色正弦状曲线和豹斑状孔洞，如轮南 63 井 5838 ~ 5850m 井段（图 6–6）；(2) 溶蚀裂缝—孔洞型，该类储层孔洞主要沿裂缝溶蚀发育，裂缝与孔洞相互沟通共同组成溶蚀裂缝—孔洞型储层，此类储层往往发育在溶洞的顶部或底部，这类缝洞组合的层段更容易成为有效的储层，如塔中 72 井 5121 ~ 5129.5m 井段（图 6–7）。溶蚀裂缝—孔洞型储层的中子、声波、自然伽马测井值均有较大的增高；密度值有一定程度的降低；深、浅双侧向在油、气层处由于侵入程度不同而呈正差异，并且有扩径指示；在 FMI 成像图上可见到裂缝有进一步溶蚀扩大的现象，并且溶蚀孔洞主要由裂缝相连。由于裂缝是岩溶流体的通道，因此裂缝—孔洞型储层主要发育于潜山岩溶储层、顺层岩溶储层、层间岩溶储层及热液白云岩储层等岩溶储层中。

4）洞穴型储层测井识别

洞穴是石灰岩潜山岩溶储层、白云岩风化壳储层的主要储集空间，但顺层岩溶储层、层间岩溶储层中也会发育少量的大型洞穴。如塔中 58 井 4713 ~ 4722m 井段，发育一层间岩溶成因的大型洞穴，其测井响应特征在 FMI 成像图上显示极板拖行暗色条带夹局部亮色团块，偶极子声波成像测井（DSI）图像上严重干涉表现为“人”字形条纹（图 6–8）。可以看出，成像测井是识别洞穴型储层最有利的方法。

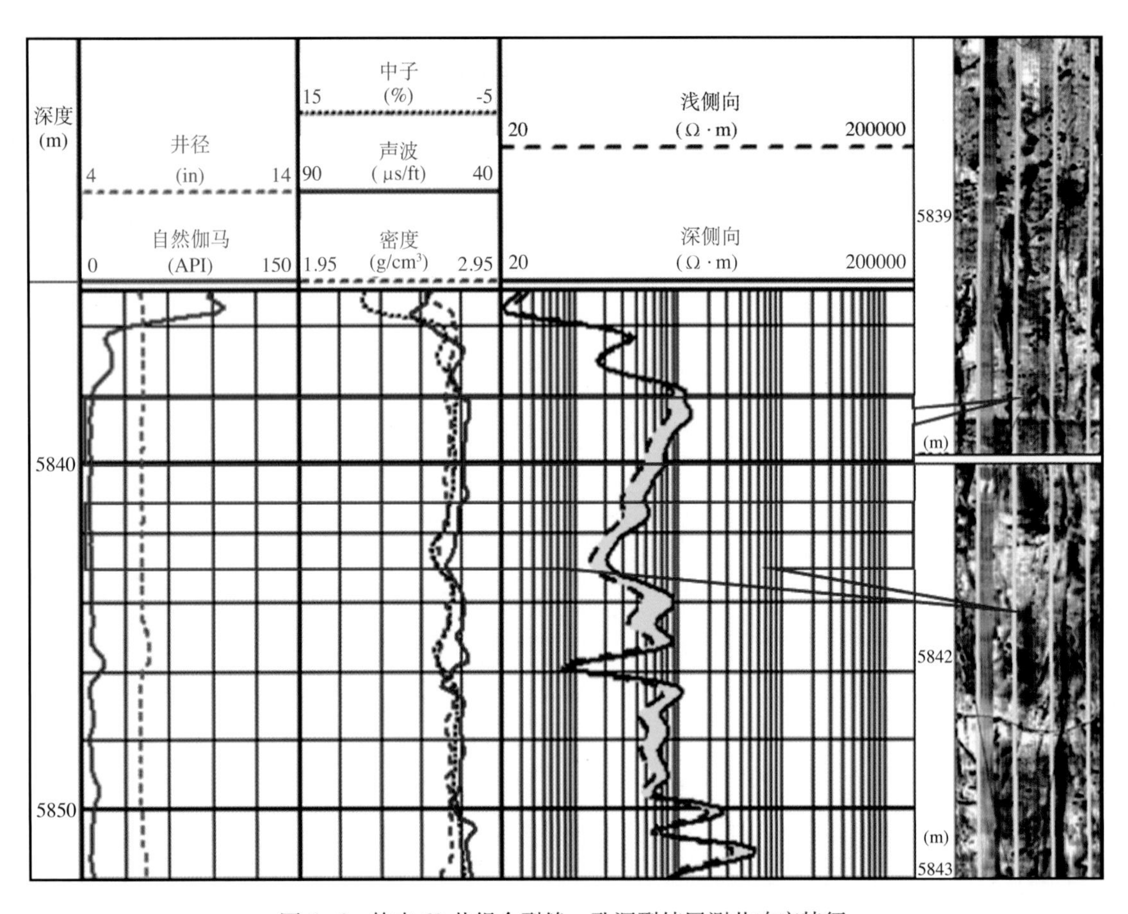

图 6–6　轮南 63 井组合裂缝—孔洞型储层测井响应特征

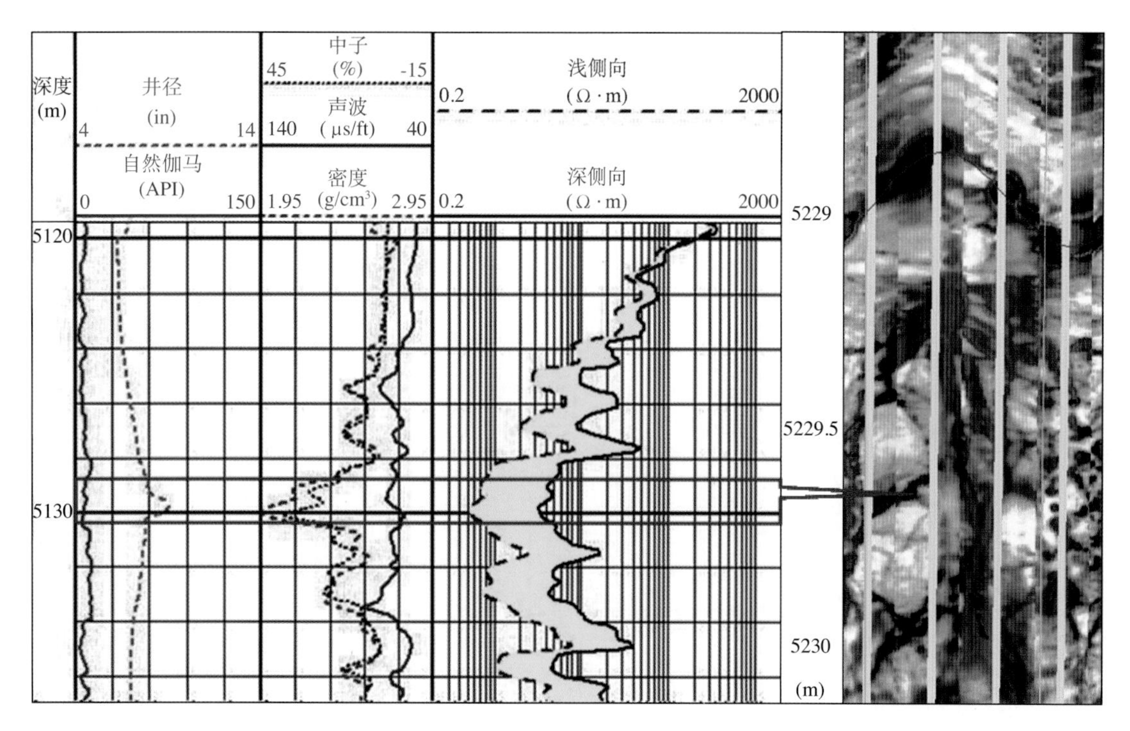

图 6–7 塔中 72 井溶蚀裂缝—孔洞型储层测井响应特征

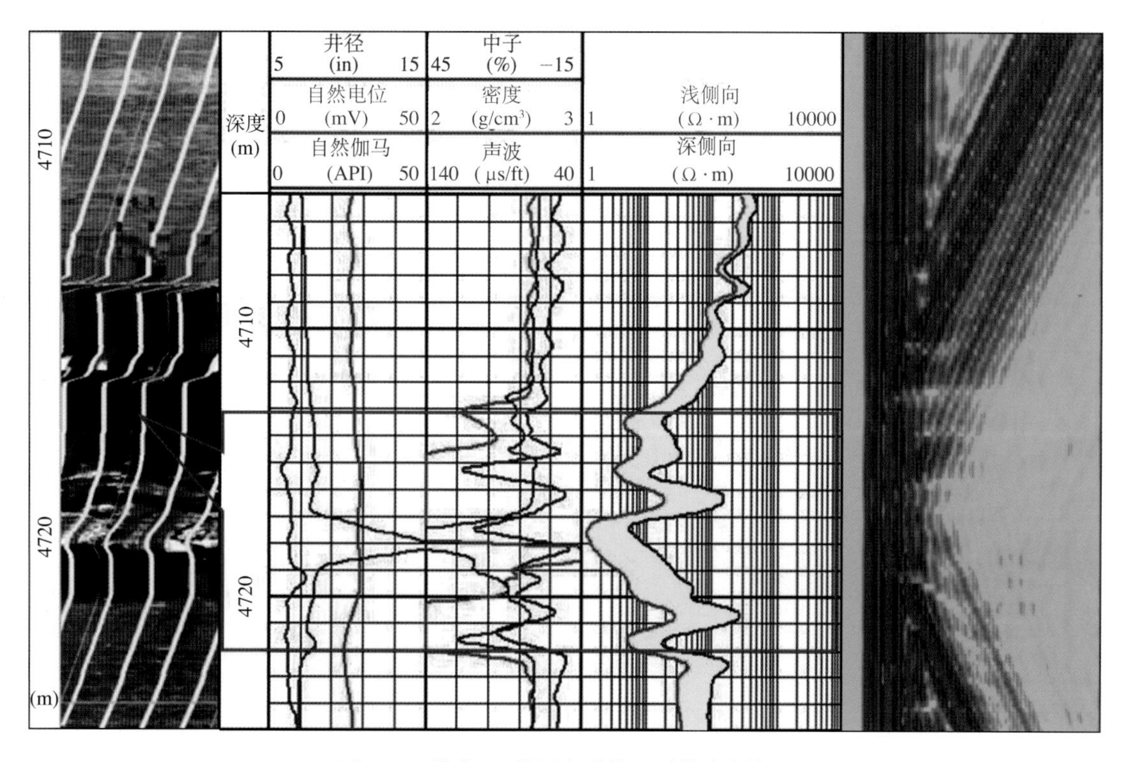

图 6–8 塔中 58 井洞穴型储层测井响应特征

洞穴型储层在常规测井曲线上有明显的变化，其响应特征为：深、浅双侧向、微球形聚焦测井数值很低，且有差异；密度、声波测井值急剧减小，中子测井值急剧增大。由于有些溶洞会被泥质、岩石碎屑和方解石充填，从而引起测井响应特征不尽相同。若溶洞被泥质全充填，测井测量的自然伽马和补偿中子应接近于正常沉积地层泥岩趋势线；若溶洞中被部分泥质充填，则自然伽马出现由泥质引起的高值；由于这些泥质未被上覆岩层压实，其束缚水远高于正常压实情况下的束缚水含量，使中子含氢指数比正常高得多，并且由于未被压实的泥质易被钻井液侵蚀垮塌，从而造成井径增大或呈锯齿状变化。若溶洞未被充填，溶洞内主要由钻井液、地层水或部分油气充填，测井测量的自然伽马、电阻率很低，井径异常增大。泥质未充填溶洞自然伽马测井值一般小于 30API（图 6–9A）；半充填溶洞自然伽马测井值一般小于 70API（图 6–9B）；全充填溶洞自然伽马测井值一般大于 70API（图 6–9C）。被岩石碎屑、方解石等碎屑岩全充填的溶洞，相对于泥质充填，井径、自然伽马幅度变化不明显，电阻率、密度降低程度小，声波时差增大程度小（图 6–9D）。

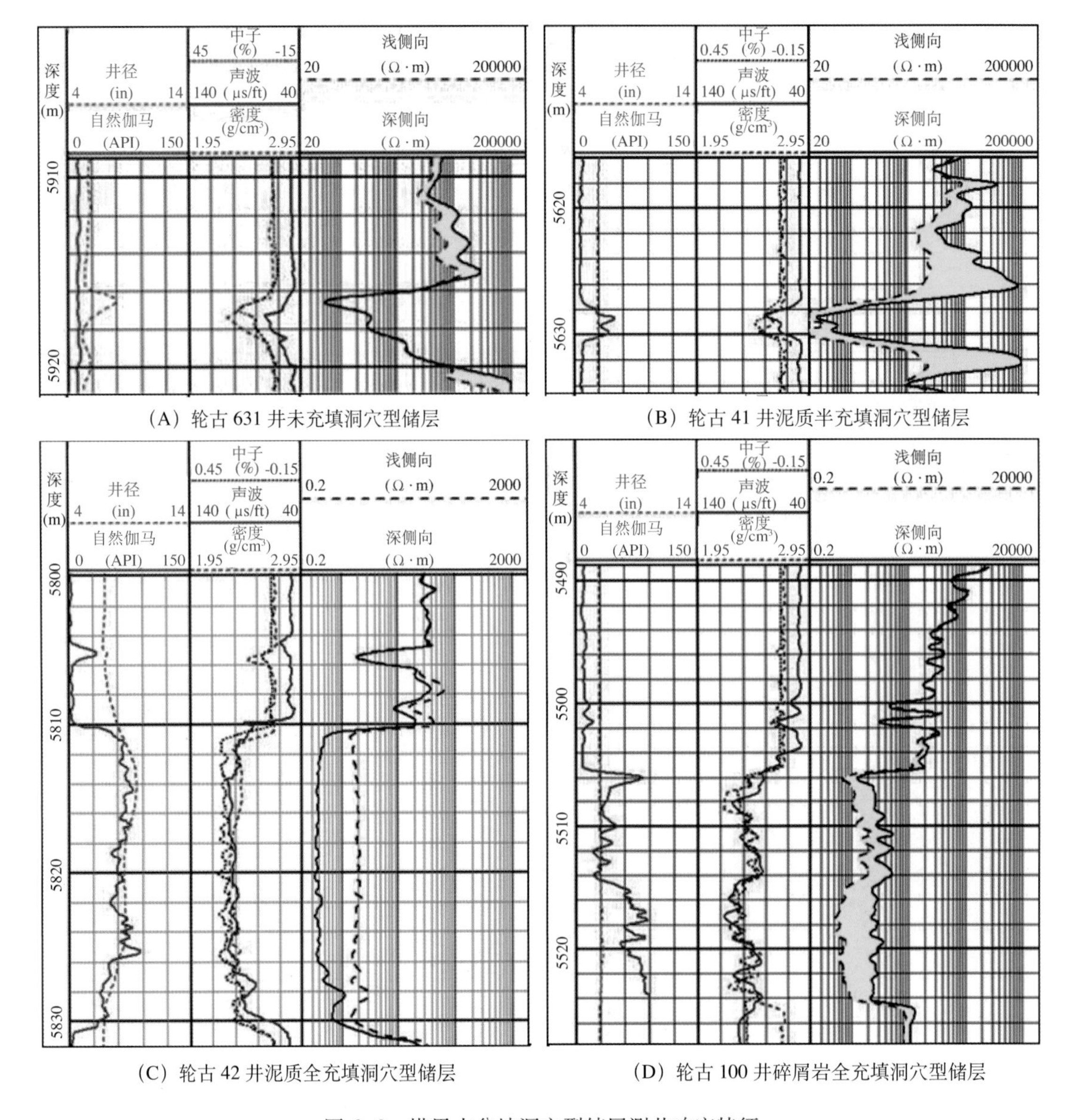

图 6–9　塔里木盆地洞穴型储层测井响应特征

在统计了大量孔、缝、洞及其组合的测井响应特征的基础上，结合塔里木盆地沉积相、古气候及其他区域地质背景资料，建立了不同成因的储层类型与孔—缝—洞组合的定性关系（表 6–2）。

除了上述方法定性识别储层类型之外，还可根据储层形成机理的特殊性来识别储层类型，如沉积型白云岩储层和热液白云岩储层在测井响应特征上就具有特殊性。

利用自然伽马可以识别萨布哈和渗透回流白云岩储层。

通常利用测井的自然伽马等资料能够定性解释沉积相，而中—下寒武统的萨布哈白云岩储层—渗透回流白云岩储层的发育主要受沉积相控制，故可根据自然伽马曲线来识别它们。潮上带萨布哈白云岩储层由于暴露在水面之上，常常接收来自陆源的泥质，故自然伽马的测井曲线应该表现为高值，而渗透回流白云岩储层主要发育在蒸发台地（或潟湖）中，岩性以颗粒白云岩、礁丘白云岩为主，故自然伽马的测井曲线应该表现为低值，且密度测井值也会比萨布哈白云岩储层有所降低。利用这一原理能很好地分析出牙哈地区中寒武统的白云岩储层类型（图 6–10）。

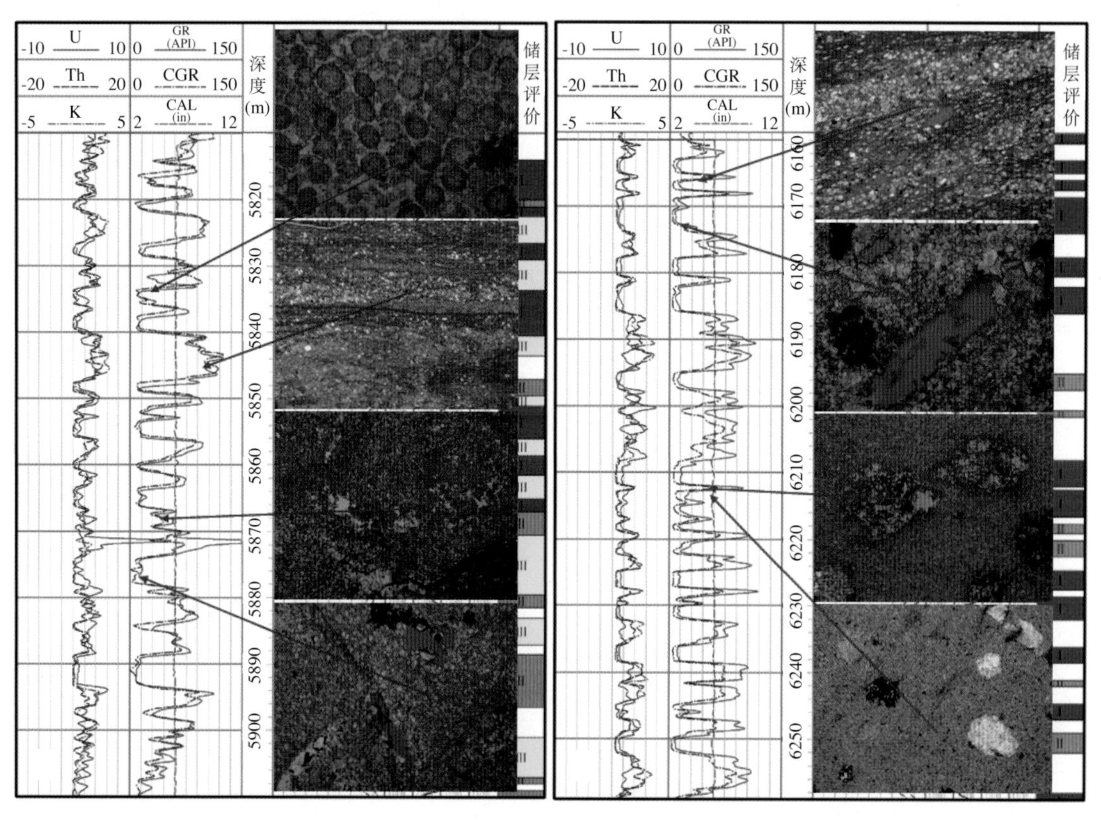

（A）牙哈 7X–1 井　　（B）牙哈 10 井

图 6–10　塔里木盆地沉积型白云岩储层测井识别图标

5）利用 U、Th、K 识别具有热液矿物充填的热液白云岩储层

自然伽马能谱测井测量 U、Th、K，根据 U 不反映黏土含量，而 TH、K 反映黏土含量的特性，可以分析 GR 的升高是热液矿物沉淀引起的还是泥质矿物引起的，当 U 出现异常增高，而 Th、K 没有出现异常时，再结合 RD 和 RS 曲线反映高角度裂缝的双轨特征及成

表 6–2　塔里木盆地碳酸盐岩储层测井响应特征

测井项目	孔缝洞特征及其可能对应的储层类型					
	孔洞型	裂缝型	裂缝—孔洞型	洞穴型	泥质、碎屑充填的洞穴	致密围岩
	沉积型礁滩储层 层间岩溶储层 顺层岩溶储层 萨布哈白云岩储层 渗透回流白云岩储层 埋藏白云岩储层 热液白云岩储层	层间岩溶储层 顺层岩溶储层 石灰岩潜山岩溶储层 埋藏白云岩储层 热液白云岩储层 白云岩风化壳储层 受断裂控制岩溶储层	层间岩溶储层 顺层岩溶储层 石灰岩潜山岩溶储层 萨布哈白云岩储层 埋藏白云岩储层 热液白云岩储层 白云岩风化壳储层	层间岩溶储层 顺层岩溶储层 石灰岩潜山岩溶储层 白云岩风化壳储层 热液白云岩储层	石灰岩潜山岩溶储层 白云岩风化壳储层	非储层
浅侧向电阻率	明显低值、40Ω · m	50 ~ 1000Ω · m	50 ~ 1000Ω · m	< 100Ω · m	< 100Ω · m	50 ~ 1000Ω · m
深侧向电阻率	明显低值、< 40Ω · m	50 ~ 2000Ω · m	50 ~ 2000Ω · m	< 200Ω · m	< 200Ω · m	50 ~ 2000Ω · m
声波	明显增大	曲线平直，接近骨架值 47 ~ 49 μs/ft	> 48 μs/ft	明显增大	曲线有起伏 60 ~ 80 μs/ft	曲线平直，接近骨架值
中子	明显增大	曲线平直，接近零	> 2%	明显增大	曲线起伏 0 ~ 6%	曲线平直，接近零
密度	明显低值、 < 2.35g/cm³	曲线有较小幅度起伏，接近白云岩骨架值约为 2.87g/cm³	曲线有较小幅度起伏， < 2.87g/cm³	明显低值， 小于 2.35g/cm³	2.65g/cm³ 左右， 曲线有起伏	接近骨架值约为 2.87g/cm³
自然伽马	低值、一般< 15API	一般< 15API	一般< 15API	一般< 15API	> 30API	一般< 15API
井径	严重扩径	部分有扩径现象	部分有扩径现象	严重扩径	一般都有扩径	井径接近钻头直径
电成像	“豹斑”状不规则黑色星点分布	未充填缝或泥质充填缝呈暗色线状	兼有孔洞型与裂缝储层特征	大段的黑色暗条纹	大段的黑色暗条纹	—

像测井资料可以定性判别热液白云岩储层，如塔中 75 井上寒武统 4795 ~ 4820m 井段（图 6–11），引起 U 异常的位置正好是鞍状白云石、高温硬石膏沿裂缝沉淀的位置。

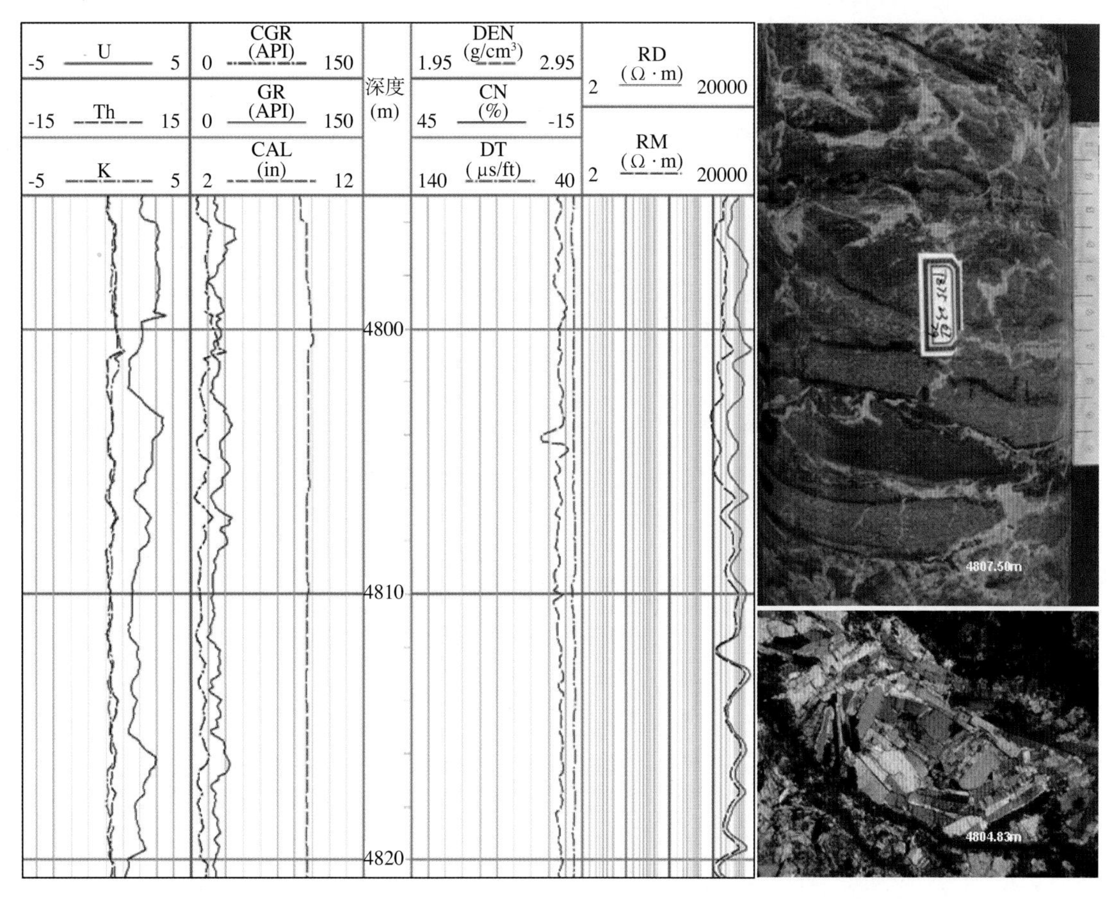

图 6–11 塔里木盆地塔中 75 井热液白云岩储层测井识别图版

6）利用成像测井资料识别无热液矿物沉淀的热液白云岩储层

热液白云岩储层形成于多孔的地层中，且顶底还需要有好的封隔层，如果封隔层的岩性是脆性的碳酸盐岩时，那么当钻遇到热液白云岩储层地层时，储层顶部和底部的封隔层由于应力释放很容易产生诱导缝。根据这一特性能在电成像测井图上识别出热液白云岩储层的发育位置，如中古 9 井鹰山组发育于石灰岩背景中的热液白云岩储层的识别。该井发育多层热液白云岩储层，每一层储层段及上、下地层的成像特征具有惊人的相似性，即在多孔的热液白云岩储层的顶底都见发育诱导缝的致密的石灰岩，紧邻发育诱导缝的致密石灰岩是纹层状的致密石灰岩；此外最顶部一次热液白云岩储层的溶孔最大，这正好说明了热液有向上运移并在顶部汇集的特性（图 6–12）。综上所述，利用成像测井资料识别无热液矿物沉淀的热液白云岩储层的模式为：致密碳酸盐岩—发育诱导缝的致密碳酸盐岩—多孔白云岩—发育诱导缝的致密碳酸盐岩—致密碳酸盐岩。

2. 四川盆地测井储层识别

四川盆地主要有 8 种不同成因类型碳酸盐岩储层：礁滩白云岩储层、台内礁滩石灰岩储层、萨布哈白云岩储层、渗透回流白云岩储层、微生物成因白云岩储层、埋藏白云岩储层、白云岩风化壳储层和受裂缝控制岩溶储层。不同成因碳酸盐岩储层，在常规测井特征

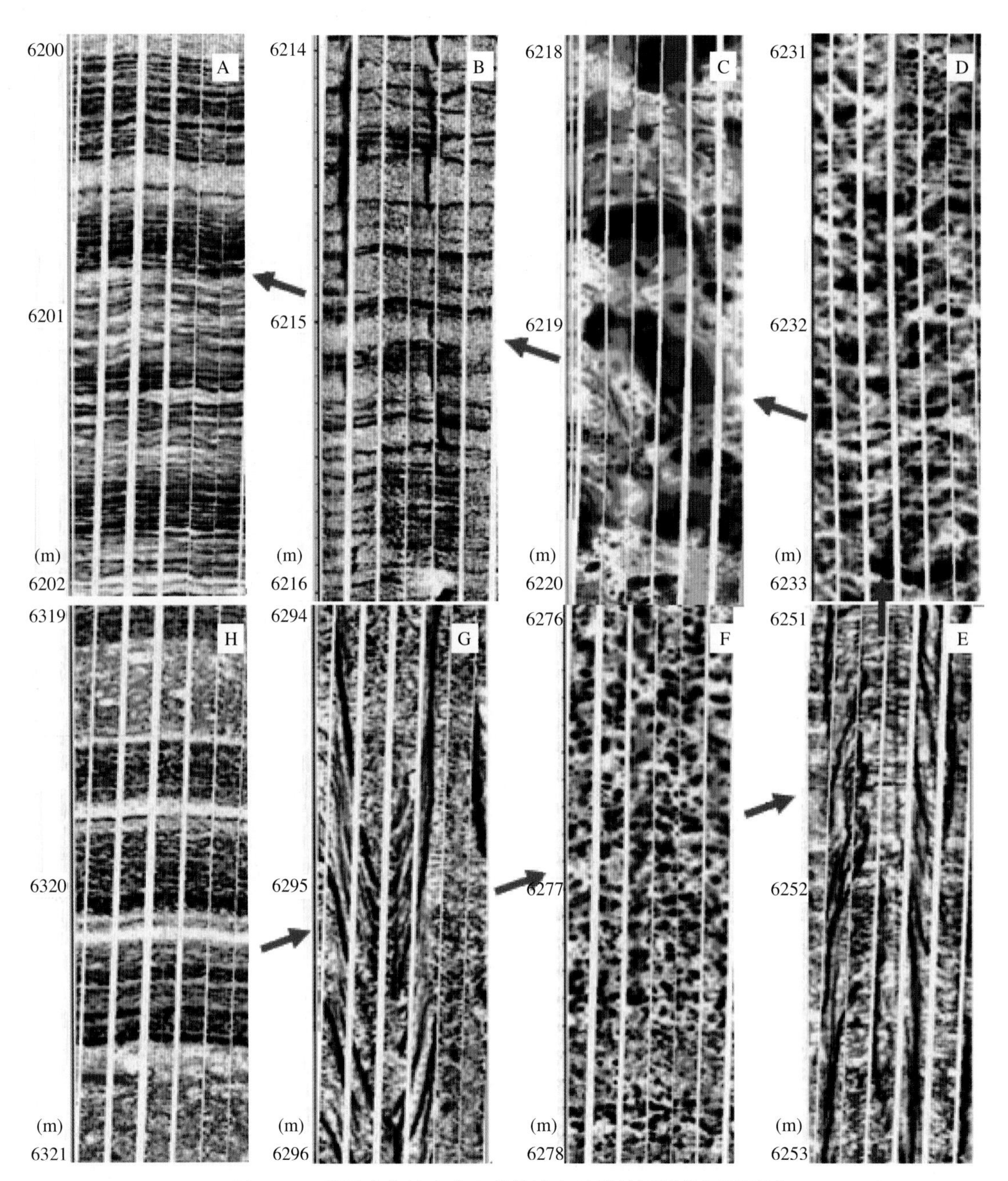

图 6-12 塔里木盆地中古 9 井热液白云岩储层测井识别图标

上略存在些差异，但总体上共同的测井特征为：低自然伽马、低电阻率、中—低声波时差、中—低密度、中—高补偿中子。所有类型的碳酸盐岩储集空间都是由孔、洞、缝构成的，可以分为两大类储层类型：孔洞型储层和裂缝—孔洞型储层。利用测井技术，特别是电成像测井识别储层孔、洞、缝已经是一项成熟的技术，不同类型储层具有不同测井特征，通过岩心与测井标定，建立不同储层类型测井综合识别图版，可以实现不同类型储层识别。

本书只是针对四川盆地飞仙关组—长兴组礁滩白云岩储层和台内礁滩石灰岩储层进行研究。通过精细岩心描述，根据岩心和电成像特征上，孔—洞组合关系、孔—孔组合关系，将孔—洞型储层细分为三类：较连通型、局部连通型和孤立型储层，将裂缝—孔洞型储层按照缝的产状分为低角度裂缝—孔洞型储层、斜交裂缝—孔洞型储层和高角度裂缝—孔洞型储层。岩心与测井进行标定，制作了不同类型储层电成像典型特征解释图版，对研究区井进行储层类型识别。

1）孔洞型储层

孔洞型储层在常规测井上主要特征为：低自然伽马、低电阻率、中—低声波时差、中—低密度，中—高补偿中子、电阻率曲线为高阻背景下相对降低，且电阻率曲线波动相对平缓（图 6–13）。本书将此类储层按照孔洞在岩心面的分布特点，进一步将孔洞型储层划分为三类：较连通型、局部连通型和孤立型。结合岩心的标定，建立了孔洞型储层电成像特征图版。

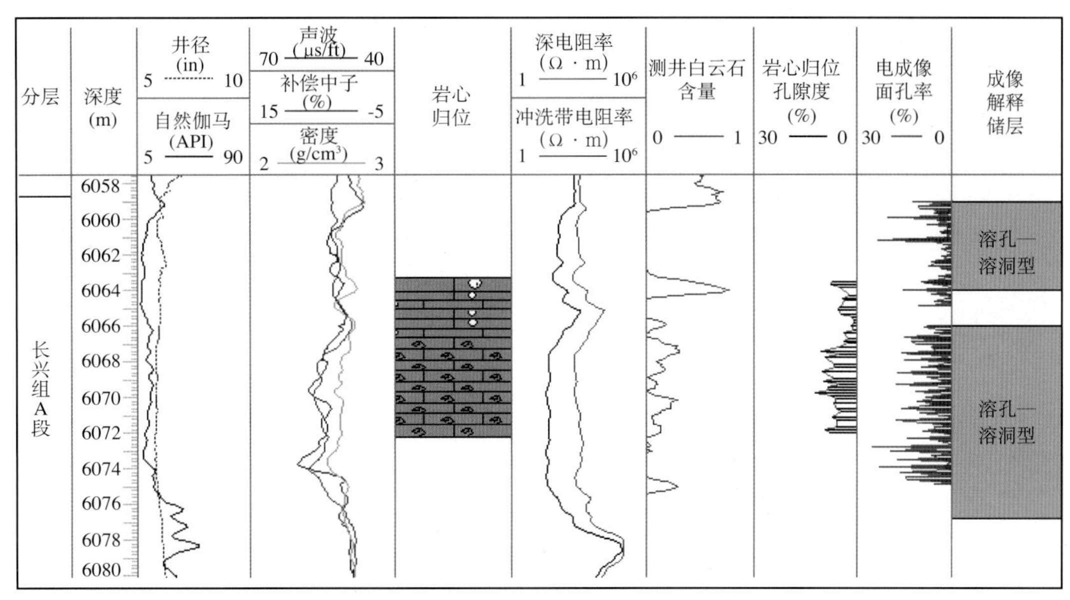

图 6–13　龙岗 11 井（台内）孔洞型储层常规测井特征图

（1）较连通型储层：该类储层物性较好，平均孔隙度大于 12%，渗透率大于 10mD，电成像静态图像为暗黄色，动态图像可看到溶蚀孔洞发育，较连通型储层可以细分为以下三种小类。

① 均匀分布型储层（图 6–14），溶孔溶蚀程度较高，电成像图像溶孔洞特征明显，溶孔分布相对均匀，溶孔直径大小差异不大。

② 针状溶孔型储层（图 6–15），溶孔直径 0.1 ～ 4mm，低于成像测井分辨率，在 FMI 图像特征上溶孔特征不明显，但静态图像暗色为低电阻率特征，反映钻井液侵入，该类储层在常规测井为储层特征，储层物性较好。

③ 垂直分布溶孔型（图 6–16），该类储层特点为溶孔沿着岩心表面垂直带状分布，在 FMI 成像特征类似垂直溶蚀缝发育，静态图像暗色为低电阻率特征，该类储层在研究区分布较少，但储层物性较好。

（2）局部连通型储层（图 6–17）：储层物性也较好，孔隙度在 6% ～ 12% 之间，渗透率在 0.1 ～ 10mD 之间，静态图像暗色，动态加强图像上溶蚀孔洞分布不均匀，集中发育在局部。

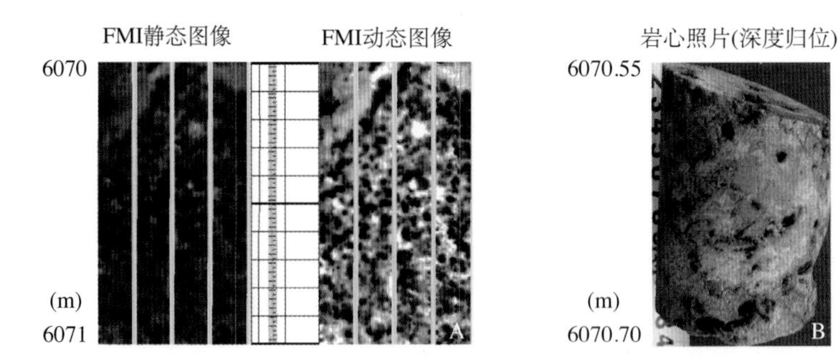

图 6-14 龙岗 11 井（台内）溶孔均匀分布型储层 FMI 成像特征及岩心特征

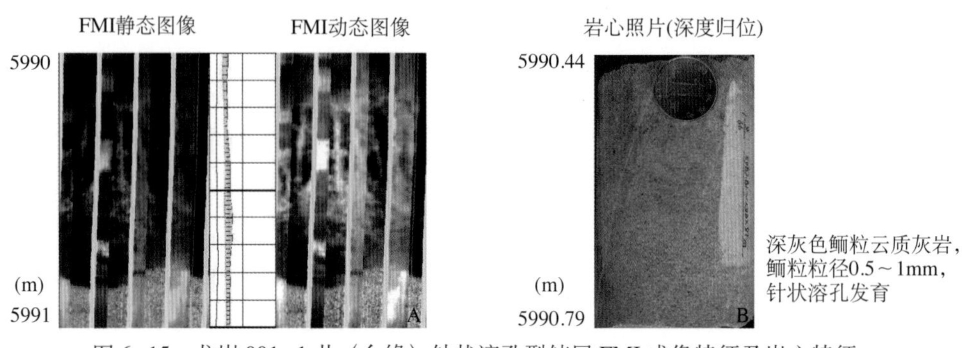

图 6-15 龙岗 001-1 井（台缘）针状溶孔型储层 FMI 成像特征及岩心特征

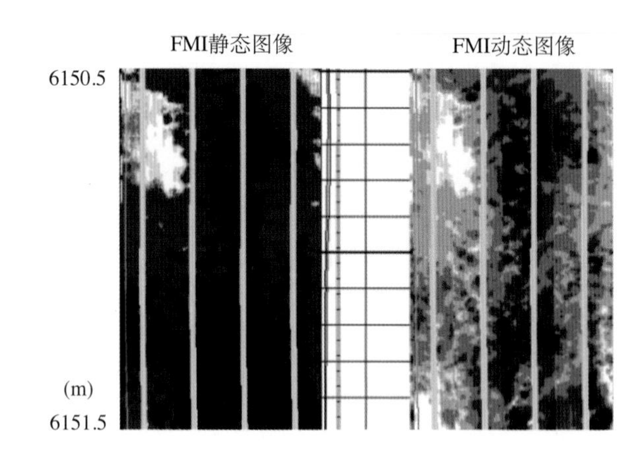

图 6-16 龙岗 001-3 井（台缘）垂直分布型储层 FMI 成像特征

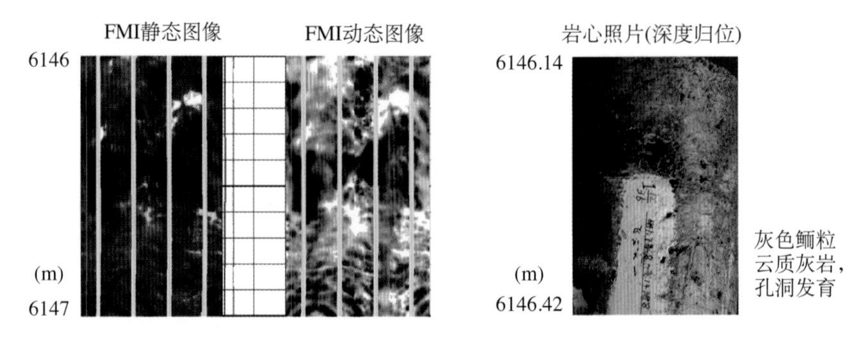

图 6-17 龙岗 001-3 井（台缘）局部连通型储层 FMI 成像特征及岩心特征

（3）溶孔孤立型储层（图 6–18）：此类储层物性差，低孔隙度、极低渗透率，FMI 静态图像亮色为高电阻率特征，溶孔零星分布，孤立且不连通，往往出现在大套储层内部，或者在致密层中少量分布。

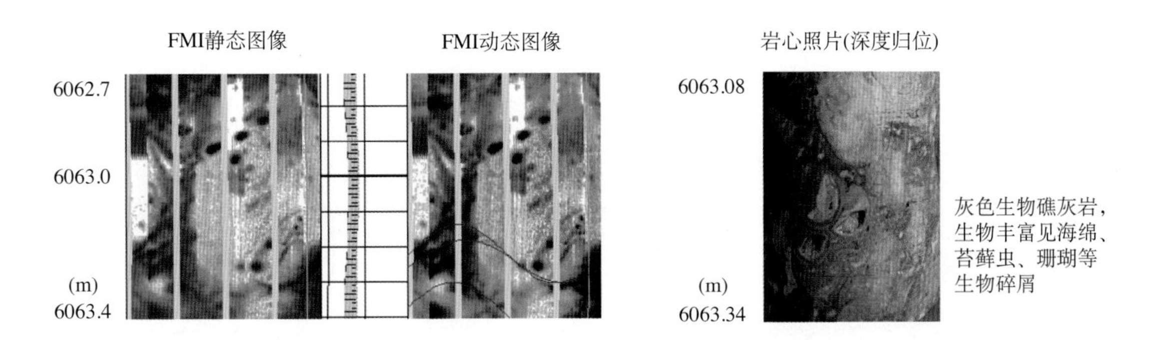

图 6–18　龙岗 11 井（台内）溶孔孤立型储层 FMI 成像特征及岩心特征

针对这类孔洞型储层，溶孔在电成像特征上比较容易识别，利用电成像特征可以在非取心井进行储层类型的识别。溶孔在岩心面孔率的大小反映地下岩层溶蚀程度强弱，本书根据电成像上暗色斑点反映岩心溶孔这个基础，采用数字图像处理技术，提取溶孔面积并计算溶孔面孔率大小，可以定量化评价溶蚀程度强弱，该方法结合前面储层类型定性解释，能够较好地表达储层纵向非均质性（图 6–19）。

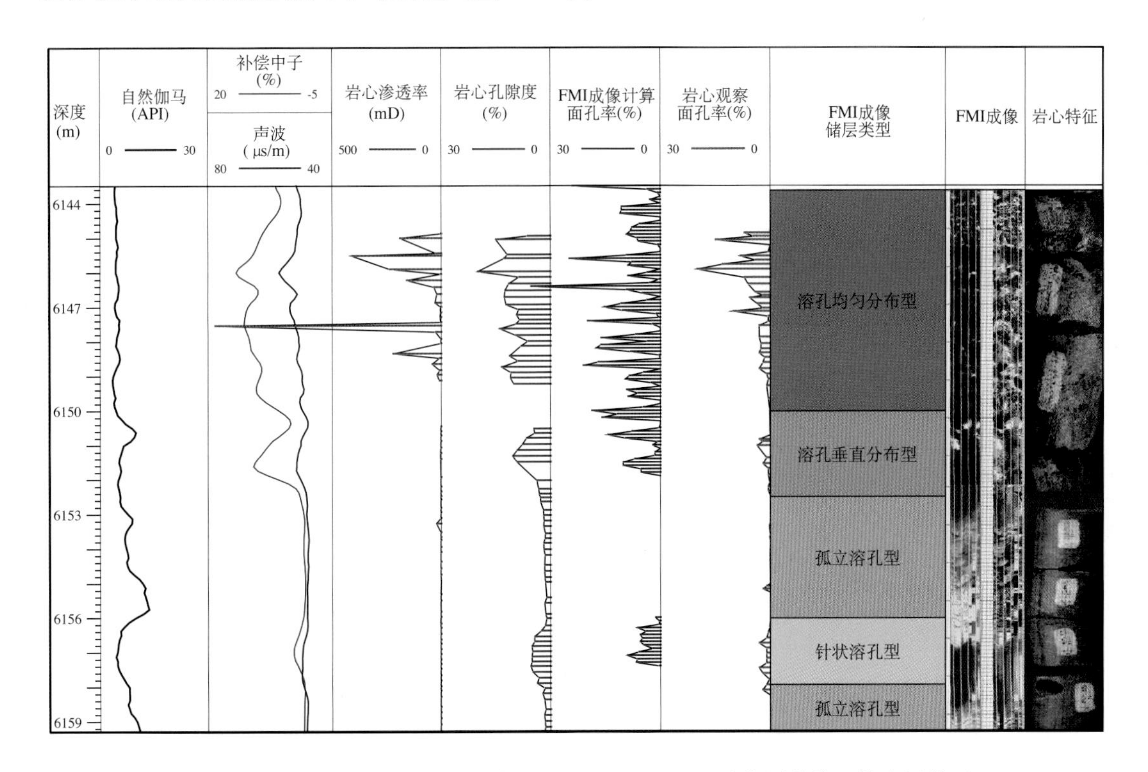

图 6–19　龙岗 001–3 井（台缘）6144 ~ 6159mFMI 成像测井储层综合评价图

2）裂缝—孔洞型储层

岩心观察表明，龙岗地区裂缝按照产状主要有以下类型：低角度裂缝（图 6–20A）、斜交缝（图 6–20B）、高角度裂缝（图 6–20C）。按照成因有以下类型：溶蚀缝（图 6–20D）、构造缝（图 6–20E）、缝合线成岩缝（图 6–20F）。

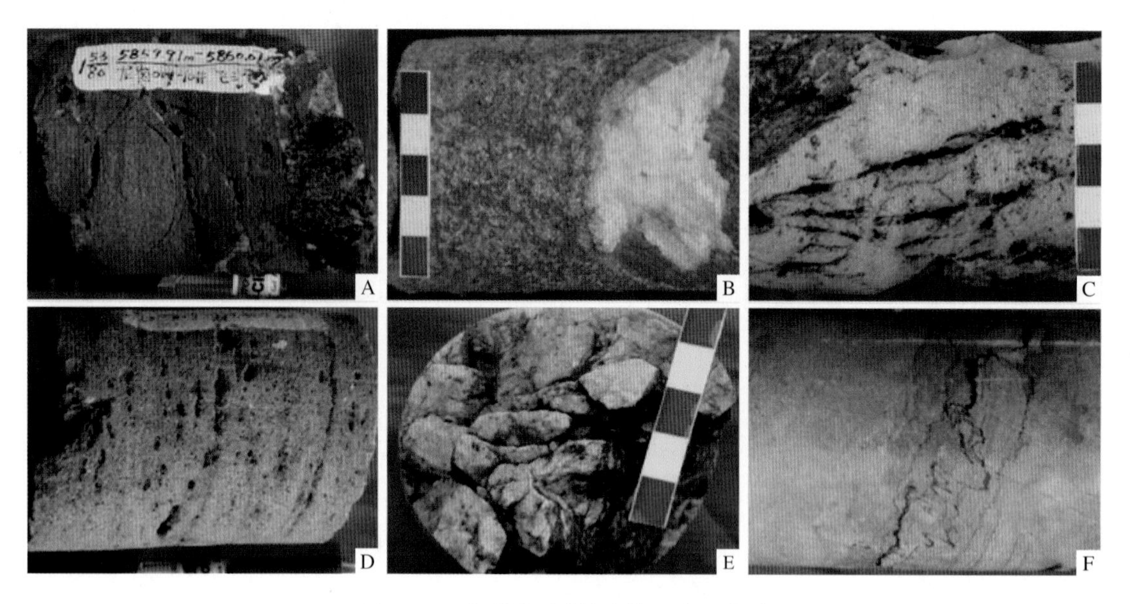

图 6–20　龙岗地区裂缝产状及成因类型

（A）低角度裂缝，龙岗 001–10 井，5859.91 ~ 5860.07m；（B）斜交缝（方解石充填），龙岗 001–12 井，6218.3 ~ 6128.4m；（C）岩心高角度构造缝，龙岗 2 井，6128.28 ~ 6128.38m；（D）层间薄弱带溶蚀缝，龙岗 001–11 井，6082.23 ~ 6082.39m；（E）共轭剪切缝，龙岗 2 井，6218.3 ~ 6128.4m；（F）缝合线构造，龙岗 3 井，5942 ~ 5943m

裂缝—孔洞型储层在常规测井上主要特征与孔洞型储层相似，理论上是电阻率曲线波动相对尖锐，但是实际上特征不特别明显（图 6–21），但在电成像上表现非常明显（图 6–22 至图 6–26）。

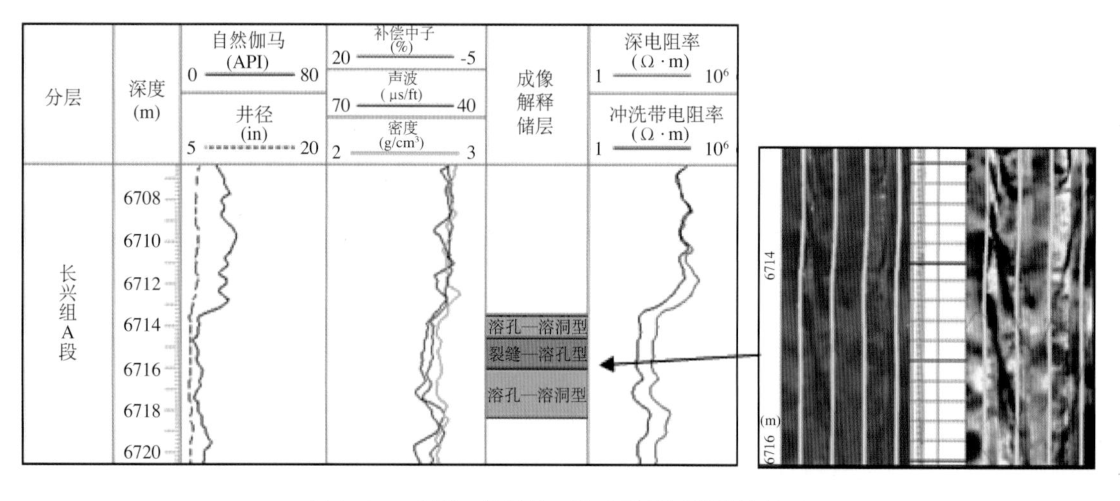

图 6–21　龙岗 8 井裂缝—溶孔型储层测井特征图

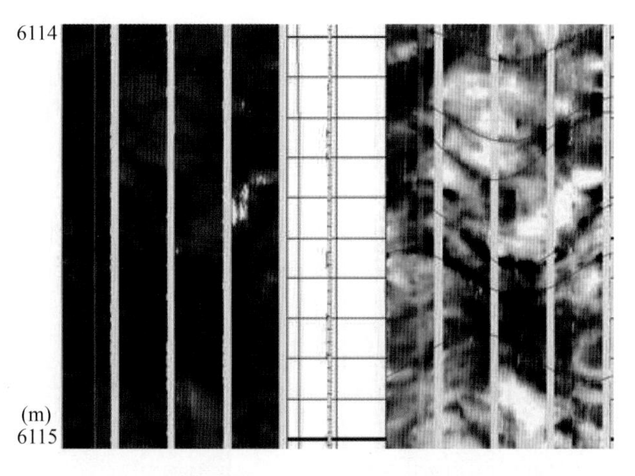

图 6–22　龙岗 1 井 6114 ~ 6115m 低角度裂缝电成像特征

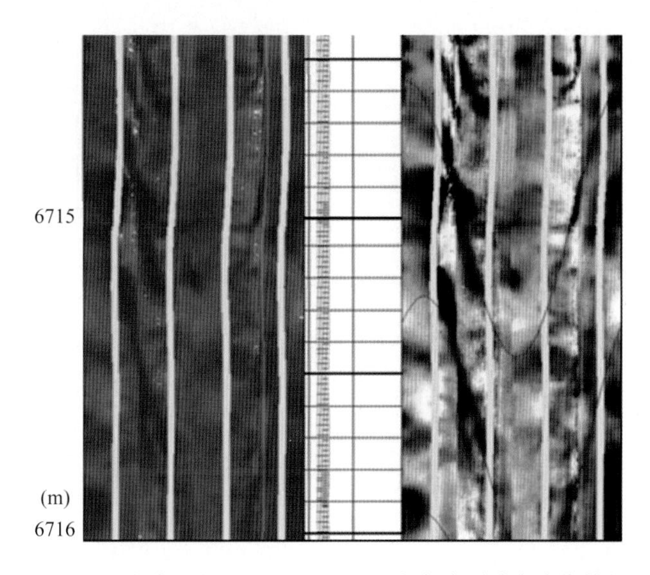

图 6–23　龙岗 8 井 6714.5 ~ 6716m 高角度裂缝电成像特征

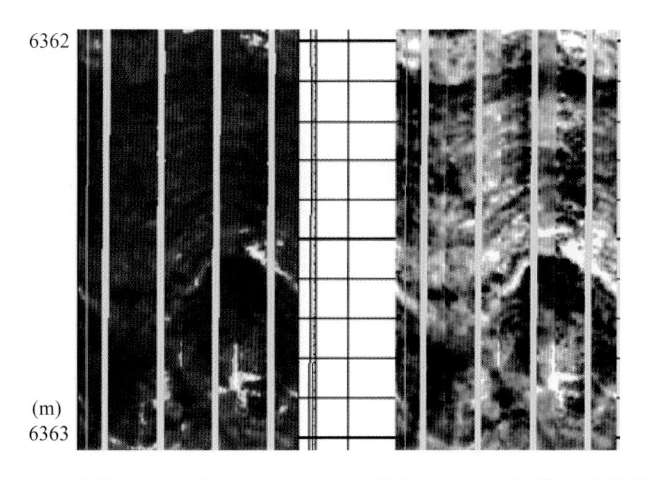

图 6–24　龙岗 001–3 井 6362 ~ 6115m 低角度顺层溶蚀缝电成像特征

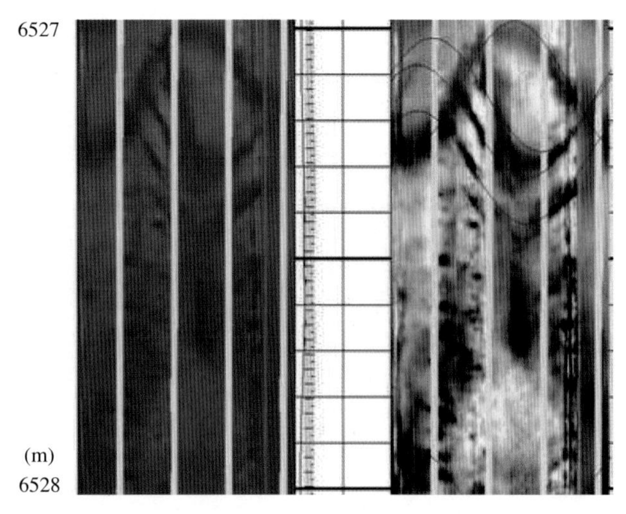

图 6–25　龙岗 8 井 6527 ~ 6528m 构造剪切缝电成像特征

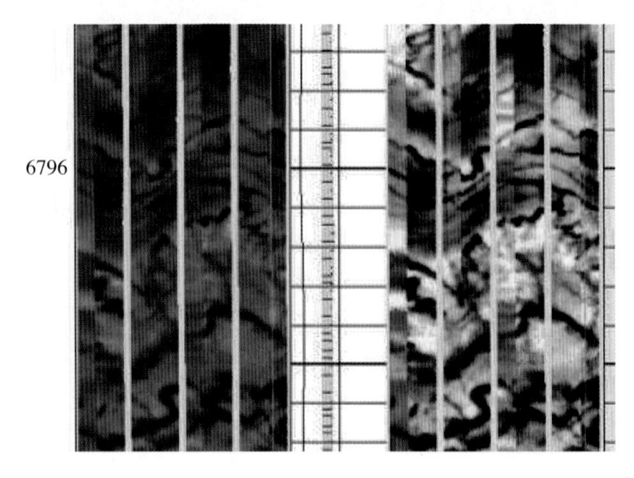

图 6–26　龙岗 11 井 5795.5 ~ 5796.7m 缝合线构造电成像特征

以上这些典型的裂缝电成像图版，可以识别裂缝—孔洞型储层单井纵向分布。经过分析认为：

(1) 纵向上飞仙关组储层类型主要为孔洞型，长兴组为裂缝—孔洞型和孔洞型。

(2) 平面上裂缝主要发育在台缘带，台内裂缝明显减少，台内区主要为层间缝发育和少量低角度裂缝发育。飞仙关组主要为低角度裂缝内夹斜交缝和高角度裂缝，平面分布总体上以低角度裂缝为主，局部龙岗 8 井和龙岗 27 井以高角度裂缝为主；龙岗长兴组高角度裂缝、斜交缝和低角度裂缝均有分布，裂缝类型平面分布非均质性强，平面上以高角度裂缝为主，局部以低角度裂缝和斜交缝为主。

3) 两种成因储层测井特征对比分析

本书主要针对四川盆地飞仙关组—长兴组礁滩白云岩储层和台内礁滩石灰岩储层，在测井特征上共同特点就是：低自然伽马、低电阻率、中—低声波时差、中—低密度、中—高补偿中子。不同点就是：礁滩白云岩储层白岩石含量大于礁滩石灰岩储层，利用测井计算白云石含量曲线，可以很明显区分这两类储层（图 6–27、图 6–28）。

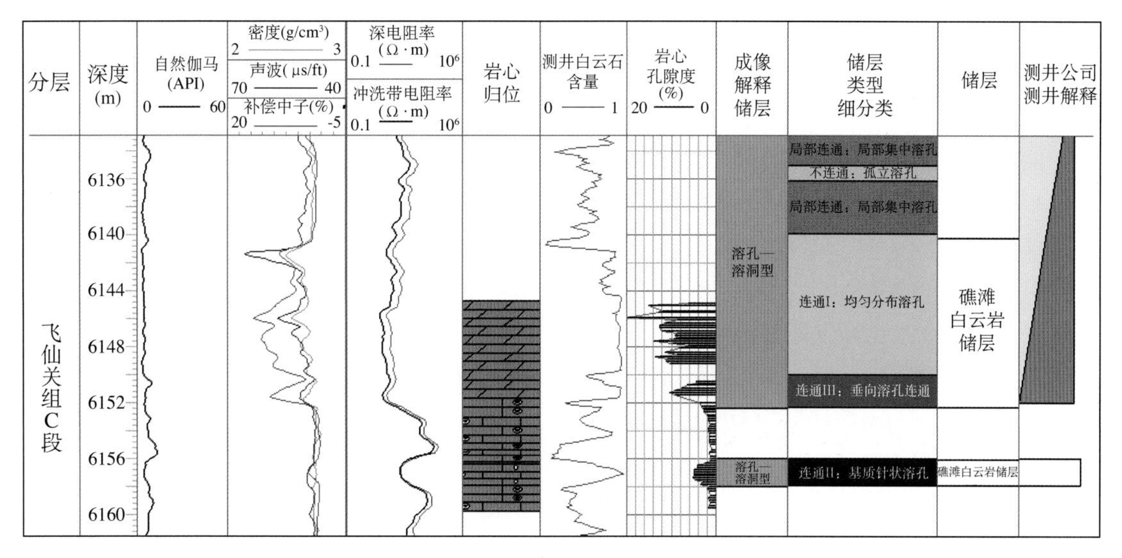

图 6–27　龙岗 001–3 井飞仙关组礁滩白云岩储层（台缘）测井特征图

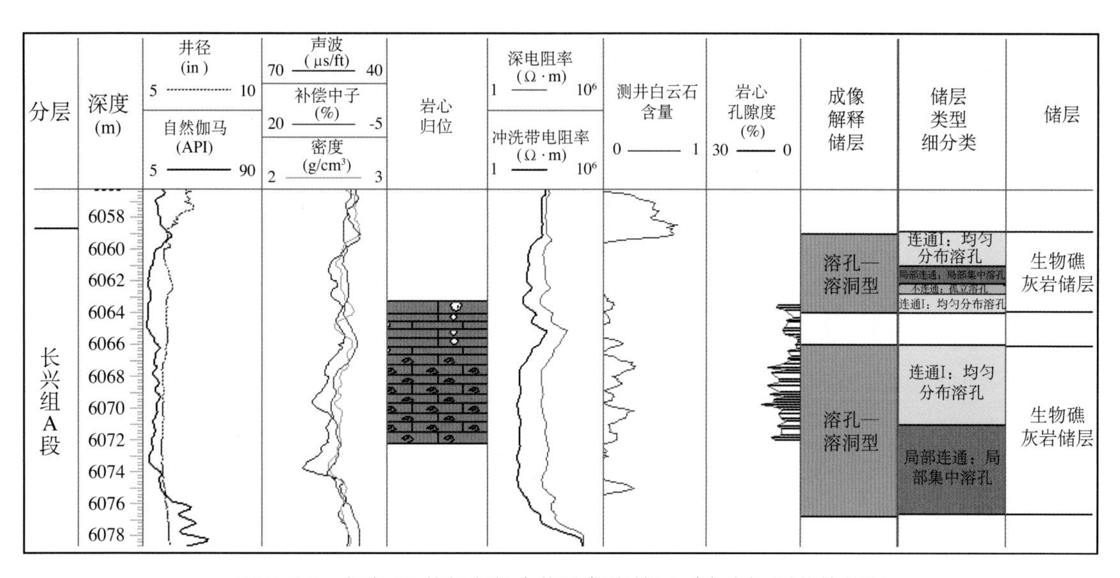

图 6–28　龙岗 11 井长兴组生物礁灰岩储层（台内）测井特征图

（二）地震储层预测

1. 礁滩储层地震预测技术

礁滩主要发育在碳酸盐岩台地边缘相带，礁滩体的发育往往会在地貌上形成相对的隆起，另一方面，礁滩往往选择在古地貌高部位进行建造。礁滩体外形呈塔状、透镜状、丘状和桌状等地震反射面貌，不同的形态受海平面升降影响较大，内部多为空白反射，或者呈断续—杂乱状。礁滩储层与致密的碳酸盐岩相比较会有波阻抗值较低、地震波振幅值较大和频率较低的特征。

据此，优选古地貌、剖面特征识别、波阻抗反演和波形分类等方法对塔中良里塔格组及龙岗长兴组—飞仙关组礁滩储集体进行预测，实践证明整套地震储层预测方法对碳酸盐岩礁滩储集体预测效果良好。

1）塔中奥陶系礁滩储层识别与预测

（1）古地貌方法预测礁滩。

塔中 1 号断层于加里东运动早期形成、晚期结束，其活动控制了塔中 1 号构造带乃至塔中隆起的发育形成。奥陶纪，受断裂活动的影响，塔中地区碳酸盐岩台地局部抬升，造成地形的相对差异，塔中 1 号礁滩体就此形成。桑塔木组泥岩段沉积时期代表海侵时期，该段能够识别的地震反射辅助层基本能够代表最大海泛面，将其拉平，能够反映出礁滩体营造时期的古地貌特征，在塔中北部斜坡带该层保留全，将其作为上奥陶统礁滩体古地貌恢复的参考层面，计算参考层顶界至石灰岩顶的地层厚度，可得到该区北斜坡上奥陶统礁滩体岩溶古地貌图（图 6–29），清晰显示沿台缘带发育的条带状展布的生物礁建隆。良里塔格组礁滩体地层沿塔中 1 号坡折带发育，在东部发育窄而厚，形成高而陡的礁体特征，向西变为薄而宽的滩体特征；由台缘外带向内带，由礁体过渡为滩相。

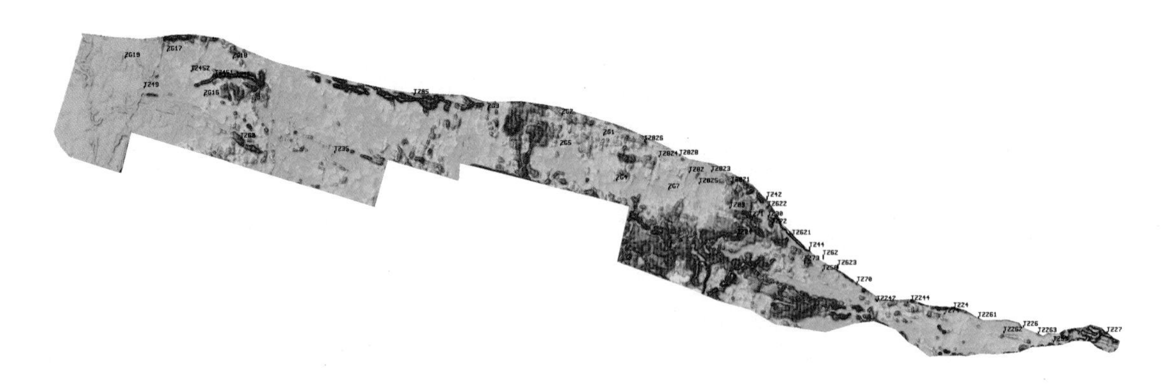

图 6–29 塔中地区上奥陶统良里塔格组沉积期古地貌图

中—晚奥陶世，塔中隆起的北、东、南向被深海环绕成半岛，西部主要为碳酸盐岩台地沉积，北部台地边缘位于 1 号断裂带，南部台地边缘靠近南缘断裂。从塔中地区钻遇的生物礁产出特征分析，中—晚奥陶世早期，北部台缘地带水体浅，水动力强，水质较清，期间海平面上升速率与碳酸盐生长速率基本保持一致，有利于生物礁的生长和礁滩沉积的形成，主要的礁体类型为骨架礁和碎屑滩（塔中 45 井、塔中 30 井等）。中—晚奥陶世晚期，海平面上升，北部台缘向台内迁移至 10 号断裂带附近。此阶段，礁滩在古碳酸盐岩台地逐渐沉没过程中生长，主要发育灰泥丘；而 1 号断裂带附近海平面的上升速率大于碳酸盐生长速率，水体加深，水质浊，属混积陆棚相，生物礁生长受到抑制，不发育礁滩。随着海平面的变化，生物礁的发育部位有向台内迁移的规律，类型上由高能的礁滩相向低能的灰泥丘相转变。

（2）剖面特征识别礁滩。

塔中上奥陶统造礁生物主要为加积式生长，礁体与周缘沉积的高差较大。在地震剖面上表现出明显的上凸外形，呈丘状、透镜状、塔状、尖峰状等多种结构特征，反映海平面变化的频繁。结合钻井分析，这些上凸外形均位于礁核部位，造礁生物的发育明显快于周缘平坦区。大多数礁体具有近对称结构，在东部出现北陡南缓的不对称结构。礁体底部形态多近于平直，具有明显的反射界面，反映出礁体与基岩明显的差异。沿北部台地边缘分布的部分礁体地面呈上凸形态，而有一部分礁体地面模糊不清（图 6–30）。

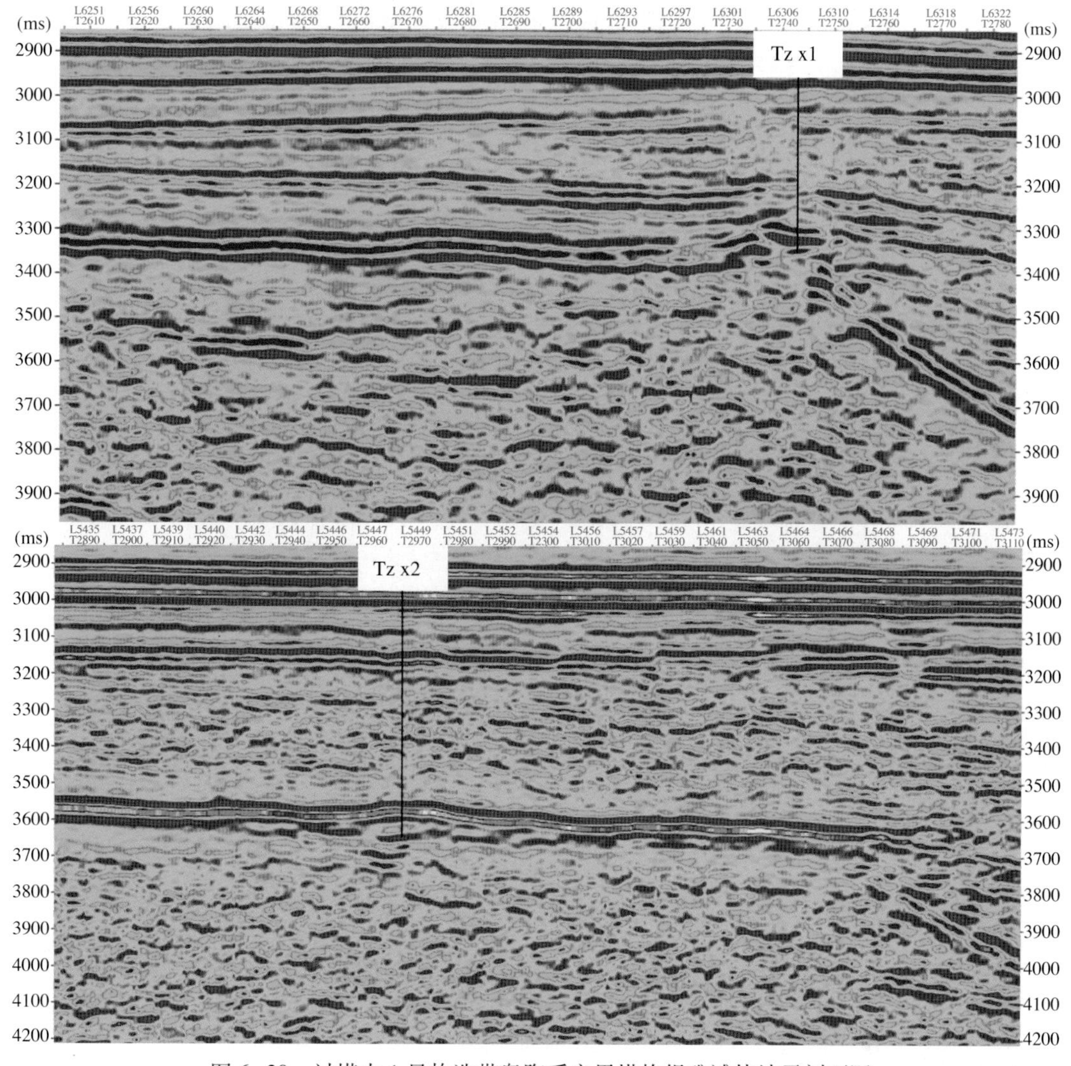

图 6–30　过塔中 1 号构造带奥陶系良里塔格组礁滩体地震剖面图

上奥陶统礁滩体沉积之后，由于快速的海侵造成生物礁发育中止，其上巨厚的上奥陶统桑塔木组泥岩向礁体顶部超覆减薄现象明显，反映礁体建隆被淹没后的清晰轮廓。

（3）波形分类方法识别礁滩。

基于波形分类的地震相方法可以反映沉积相的平面展布。根据地震波形的变化划分出五类波形，应用人工神经网络算法进行运算，最终求得该区地震相平面展布情况，可以发现地震相平面展布与沉积相展布情况具有良好的对应关系。地震相中第一类波形为边缘礁相和台内礁相；第二类表示台缘滩相和台内滩相；第三类表示较差的台内滩相储层所在的区域；第四类和第五类表示滩间海所在的区域（图 6–31）。

（4）波阻抗反演方法识别生物礁。

从塔中 83 井区反演连井剖面上可以清晰地分辨出泥质条带石灰岩段、颗粒灰岩段和含泥灰岩段，与地质分层吻合极好（图 6–32）。从石灰岩顶界向下较窄的由红色、黄色和绿色组成的层状条带是泥质条带灰岩段，阻抗值分布在 12500 ～ 13500 m · kg/（s · m^3）之间。单井标定结果表明低阻抗区反映了生物礁储层的存在，与几口井吻合良好。

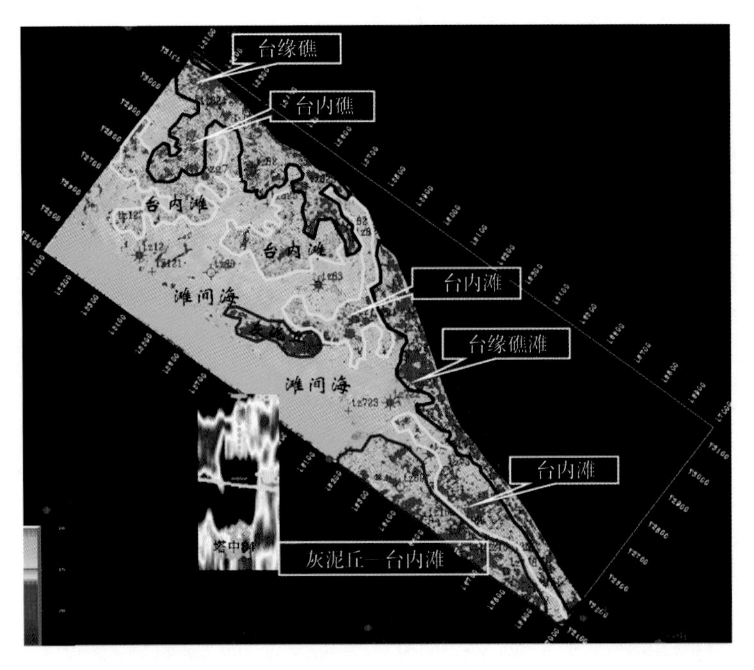

图 6–31　塔中 82—塔中 16 井区良里塔格组地震相平面图展示礁滩体的发育

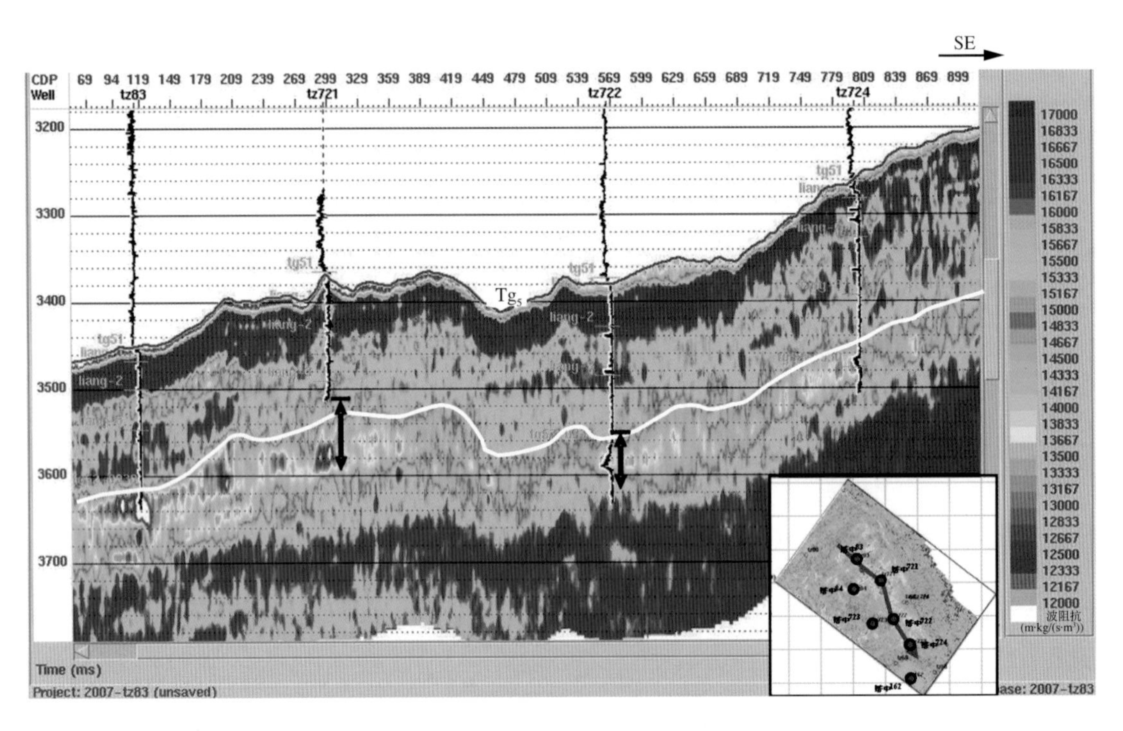

图 6–32　塔中 83—塔中 721—塔中 722—塔中 724 井奥陶系石灰岩连井波阻抗剖面图

2）龙岗长兴组—飞仙关组礁滩白云岩储层精细描述

龙岗长兴组—飞仙关组礁滩白云岩储层地震预测除采用上述的四种技术手段外，针对礁滩白云岩储层精细描述，还在生物礁储层地质模型及地震响应特征、基于叠前—叠后联合反演的储层精细描述两个方面开展了特色研究。

（1）生物礁储层地质模型及地震响应特征。

四川盆地长兴组的生物骨架灰岩（礁核）多数为非储层，而骨架岩之上的生屑滩白云石化形成储层（图6–33）。飞仙关组鲕滩也一样，有效储层为位于滩体上部的鲕粒白云岩。因此，为了与人们习惯上所称的生物礁储层相一致，使用的生物礁的概念包含着礁滩复合体的含义。生物礁是指具有坚固格架构造的造礁生物在海底构成的块状生物岩体，或非造礁生物大量快速堆积而成的碳酸盐岩建隆（生物滩、层礁、碳酸盐丘等）。

经过井震精细标定，礁滩储层在地震剖面和波阻抗剖面上表现为“一强一低”的地震响应特征，即在地震剖面上表现为连续的强振幅，在波阻抗剖面上表现为低阻抗（图6–34A，B）。对于优质储层，用声波时差和密度曲线（即波阻抗曲线）是可以识别的。

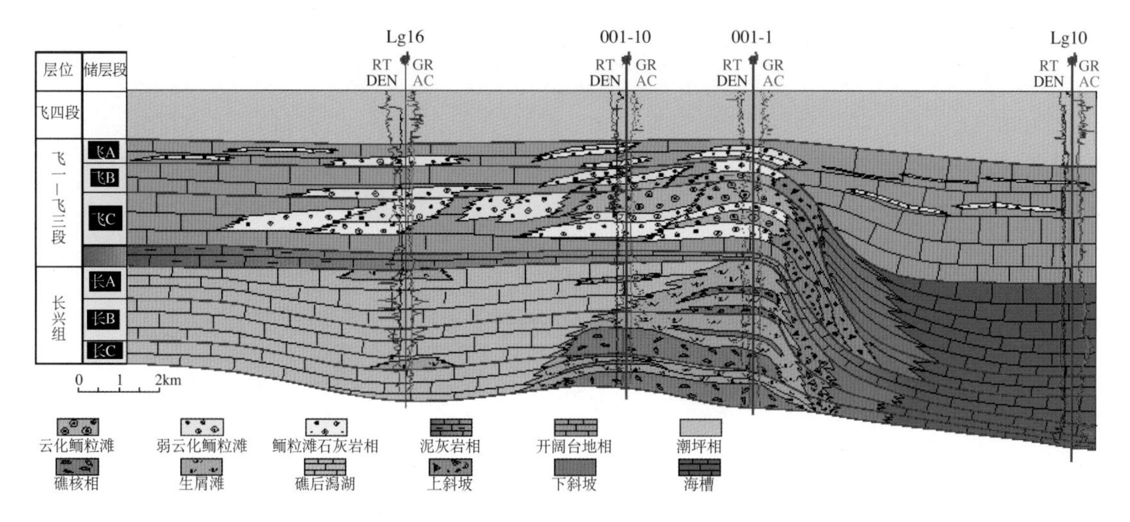

图6–33　四川盆地长兴组—飞仙关组礁滩储层地质模型

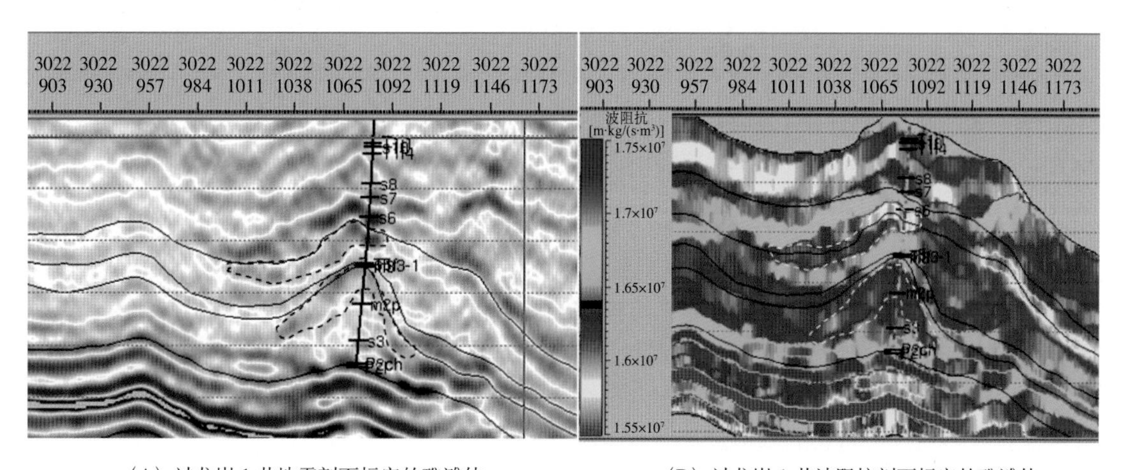

（A）过龙岗1井地震剖面标定的礁滩体　　（B）过龙岗1井波阻抗剖面标定的礁滩体

图6–34　礁滩储层的地震响应特征

（2）基于叠前—叠后联合反演的储层精细描述。

叠前—叠后联合弹性反演某种意义上来说是声阻抗的推广，其原理类似，都是基于褶积模型，也需要补充低频成分。与叠后波阻抗反演相比，最大的不同是其反射系数是入射角的函数，叠后波阻抗反演是入射角为零度时的情况。另外，其输入是多个数据体，如近、中、远道部分叠加地震数据体，也可以是AVO反演输出的结果，每个数据体需要有相应的低频模型和子波。

本次反演将CRP道集按入射角小（0 ~ 8°）、中（9° ~ 16°）、大（17° ~ 40°）分角度部分叠加产生三个数据体作为输入，并产生三个低频模型，对每个数据体进行精细的标定并提取相应的子波，最后反演得到纵波阻抗、横波阻抗、密度反演数据体，在此基础上计算生成泊松比数据体。有了反演纵波阻抗和泊松比数据体，就可对两数据体进行交会，并用井的储层进行标定和刻度，然后进行可视化检测得到礁滩储层三维空间分布图（图6–35）。

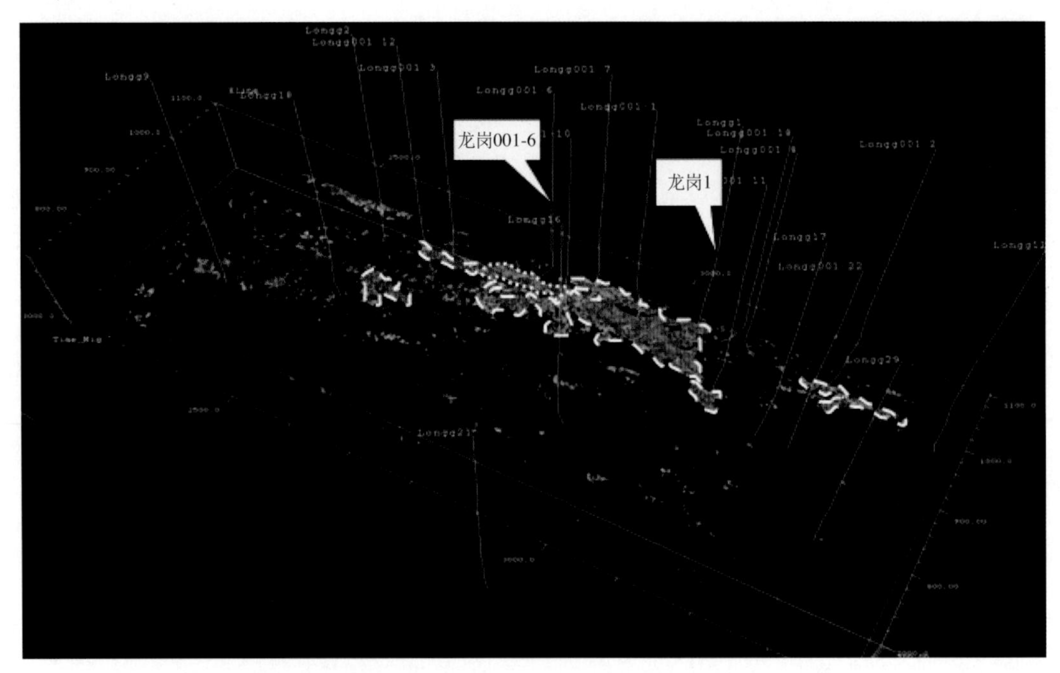

图6–35　龙岗1井区飞仙关组鲕滩白云岩储层空间分布图

2. 岩溶储层地震预测技术

1）塔中奥陶系岩溶储层识别与预测

塔中地区下奥陶统鹰山组层间岩溶储层总体发育串珠状强振幅、杂乱反射和弱反射三种地震响应特征，优质储层岩溶分带特征明显，岩溶斜坡带储层更发育。分频振幅、平均频率、相关长度以及多属性约束井—震联合反演等地质—地震多信息储层综合预测与分析技术，能够分层次刻画不同级别岩溶储层的分布规律，提高储层预测的精度。

（1）下奥陶统岩溶古地貌恢复。

塔中地区构造演化复杂：早奥陶世早—中期，塔中台地隆升，之后整体沉降，下奥陶统鹰山组超覆在蓬莱坝组之上；早奥陶世晚期至中奥陶世，塔中台地再次整体抬升，中央断垒带剧烈隆起，遭受风化淋滤时间长达15Ma，其影响范围覆盖整个塔中—巴楚地区，形成广泛分布的岩溶储层。晚奥陶世早期，开始接受沉积，至奥陶纪末、志留系沉积前，塔中隆起整体再次强烈抬升，造成主垒带东段上奥陶统和下奥陶统鹰山组剥蚀殆尽，早海西运动的抬升使断垒带东段塔中1号构造带高部位寒武系出露。由于塔中地区上奥陶统良里塔格组和下奥陶统在主垒带剥蚀严重，再加上塔中 1 号带台地边缘生物礁的向上营建作用，利用上奥陶统良里塔格组厚度很难大面积恢复中加里东期下奥陶统岩溶古地貌特征。然而，中加里东末早期和中期塔中的两期隆升具有继承性，利用下奥陶统残余厚度基本能够反映中加里东末期下奥陶统的岩溶古地貌特征。

（2）古地貌控制了岩溶储层的分带特征。

中加里东期，塔中地区下奥陶统鹰山组顶界的古地貌特征表现为：自塔中 1 号带向南，发育岩溶斜坡和岩溶次高地（图 6–36），其中塔中 83—塔中 54—中古 8 井—中古 17 井均位于岩溶斜坡区。在塔中 83 井区和塔中 45 井区，有效储集体主要分布在垂直渗流带和水平潜流带内，两个带厚度共约 160m；塔中 721、722、83、45 等井在钻井过程中均钻遇开启程度较高的大型缝洞和出现放空及钻井液漏失现象。另外，后期的埋藏溶蚀作用改善了早期岩溶储集系统的连通性，形成各种串珠状溶蚀孔洞。本区油气储层几乎都分布在岩溶发育带，反映岩溶作用对储层具有明显的控制作用。总体看，古地貌控制了岩溶储层的分带特征，岩溶斜坡区储层最发育。

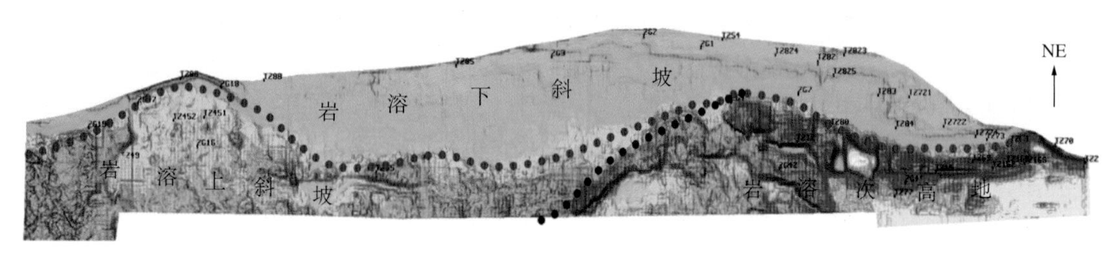

图 6–36　塔中地区中加里东期下奥陶统鹰山组顶界古地貌图

（3）利用井—震一体化数据平台综合识别岩溶储层地震响应特征。

利用在塔中地区建立的井—震一体化数据平台，结合储层分析统计结果，对 23 口典型井的有效储层段进行了井—震关系标定，分析了高产、低产和干井等不同储层发育程度井的地震响应特征，总结出下奥陶统鹰山组岩溶储层在地震剖面上具有三类地震响应特征（图 6–37）。

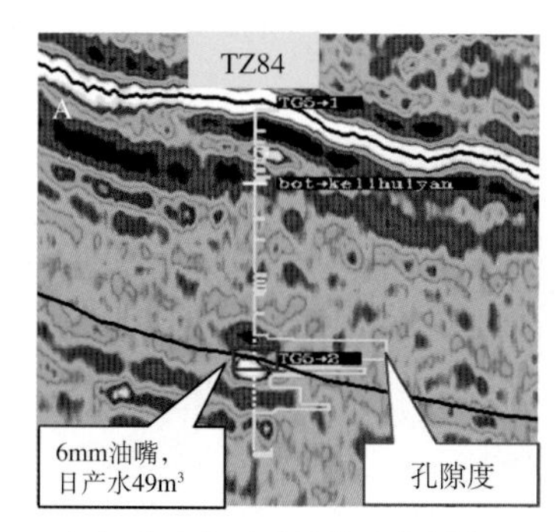

（A）串珠状强反射地震响应剖面

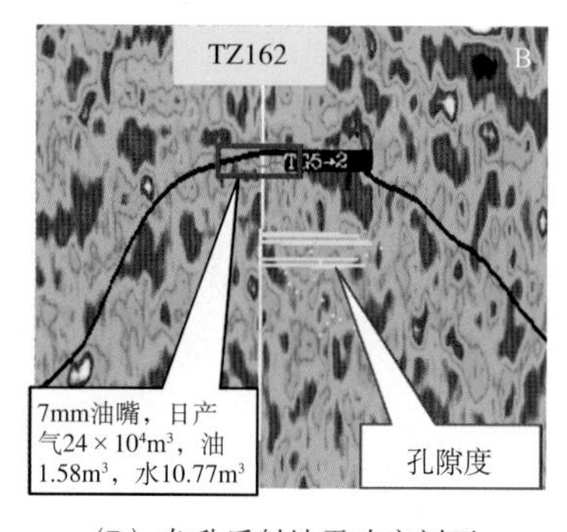

（B）杂乱反射地震响应剖面

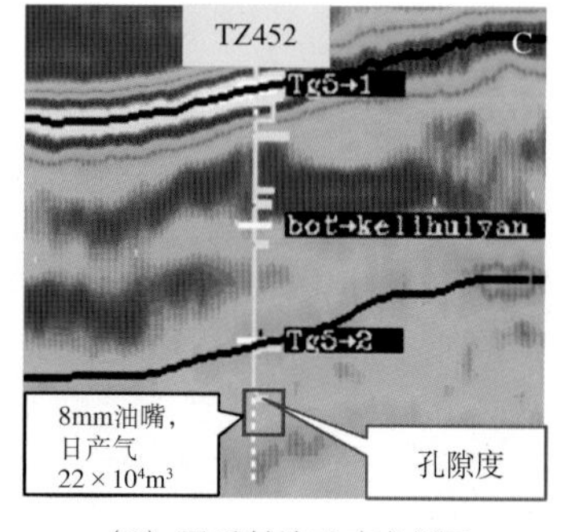

（C）弱反射地震响应剖面

图 6–37　塔中下奥陶统鹰山组岩溶储层典型地震响应特征剖面

① 串珠状强振幅地震响应特征：地震剖面上表现为“串珠状”强反射，纵向上主要分布在鹰山组不整合风化壳上部，往往发育在断裂带附近，具有穿层发育特点；平面上为强振幅，调谐频率塔中 83 井区一般为 23 ～ 25Hz，塔中 45 井区一般为 14 ～ 15Hz；以孔洞

型储层为主，次为裂缝—孔洞型储层，主要分布在斜坡带。该类储层钻井揭示为高产井或水井，以塔中 83 井、塔中 84 井、塔中 722 井、中古 17 井为代表。

② 杂乱反射地震响应特征：地震剖面上表现为杂乱反射，主要发育在岩溶次高地。中—强振幅，调谐频率为 23 ~ 25Hz，属裂缝—孔洞型和裂缝型储层。该类储层钻井揭示以低产井和干井为主，以塔中 162 井、塔中 12 井为代表。

③ 弱反射地震响应特征：剖面上具体表现为弱反射地震响应；平面上为弱振幅，调谐频率杂乱，属裂缝—孔洞型储层，主要发育在塔中西部岩溶次高地。该类储层仅有塔中 452 井钻遇，为低产井。

（4）岩溶储层地震多属性综合分析技术及应用。

岩溶储层综合分析技术就是针对不同类型岩溶储层，在储层地震响应特征分析基础上，对属性进行相关分析，确保属性应用的独立性，最终确定相应的优化属性组合。针对鹰山组顶风化壳地震响应特征分类和属性优选结果认为分频均方根振幅能够较好刻画串珠状大型孔洞型储层分布特征，相关长度能够突出风化壳孔洞型储层分布特征，平均频率能够宏观预测风化壳岩溶储层分布特征；地震—测井联合反演技术，能够很好地预测风化壳储层“似层状”纵、横向展布特征，总之，多种技术可以满足在不同勘探阶段中分层次有效刻画不同级别岩溶储层分布规律的要求。

从工区内下奥陶统风化壳钻井岩溶分带厚度的统计可知，下奥陶统鹰山组岩溶储层主要分布在 Tg_5''（下奥陶统顶界）向上 100m、向下 150m 的范围内，因此，选取 Tg_5'' 向上 30ms 到向下 50ms 时窗进行地震属性提取。

本书主要利用分频振幅、相关长度和平均频率等分频解释技术对塔中 83 井区下奥陶统风化壳串珠状大型孔洞型储层进行了精细刻画，预测结果与钻井吻合程度较高（图 6–38）。图 6–38A 为分频振幅预测图，红色强振幅分布区，反映以塔中 83 井和塔中 84 井等为代表的强振幅串珠状孔洞型储层发育区，黄绿色为中值振幅，主要沿构造轴向展布，反映以塔中 162 井为代表的孔洞—裂缝型储层发育区。图 6–38B 为塔中 83 井区的相关长度图，红色和绿色分别为低相关和较低相关区，是孔洞型储层发育区，代表井为塔中 83 井和塔中 84 井等。图 6–38C 为瞬时频率预测图，红色和绿色为低频—中频分布区，为孔洞型和孔洞—裂缝型储层发育区的综合响应，代表井为塔中 83 和塔中 162 等井。

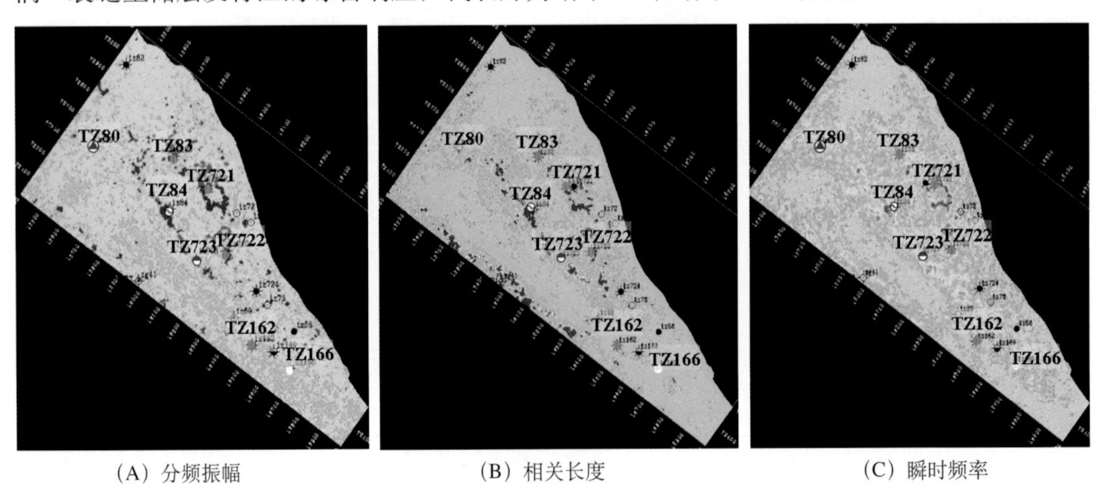

（A）分频振幅　　（B）相关长度　　（C）瞬时频率

图 6–38　塔中 83 井区鹰山组分频振幅、相关长度和瞬时频率地震储层预测图

多属性约束井—震联合反演技术是应用神经网络等多种数学分析方法，从地震数据体中自动提取有关储层物性、岩性信息的一种或多种优化属性组合与目标测井曲线建立关系，将得到的相关度最大的属性组合用于估算整个地震数据体的曲线属性特征，来达到预测储层的目的。该方法避免了基于模型地震反演方法中会出现层状模型化的现象，基本满足了碳酸盐岩非均质储层预测的要求。利用该技术对塔中 83 井区进行了波阻抗和孔隙度反演，取得了良好的应用效果，为井位部署和储量研究提供了依据。图 6–39A 为波阻抗反演剖面，红色低波阻抗和绿色中波阻抗带为储层较发育地带，阻抗值小于 15000m · kg/（s · m^3），岩溶储层在纵向上主要发育在下奥陶统顶界 Tg_5'' 以下 40ms 内，横向上为准层状展布，内部具有非均质特点，从塔中 83 井到塔中 724 井，储层整体呈由好变差、由厚变薄的趋势，与古地貌分带特征基本一致，反映了岩溶古地貌对储层发育的控制作用。图 6–39B 为反演的孔隙度平面图，图中红色和白色代表储层发育区，孔隙度在 3% 以上。预测结果与塔中 83 井等实钻井吻合，多属性预测结果符合储层分布特点。

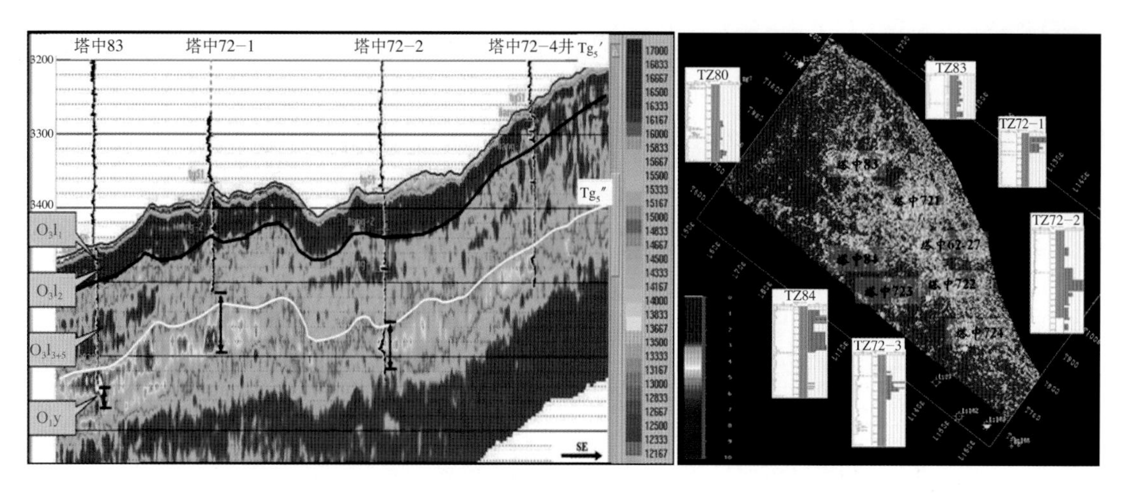

（A）波阻抗剖面图　　（B）孔隙度平面图

图 6–39　塔中 83 井区下奥陶统鹰山组岩溶储层波阻抗剖面与孔隙度平面图

2）轮古地区奥陶系缝洞储层精细描述

首先通过提高地震资料的信噪比、分辨率和保真度以及空间偏移归位的准确性处理技术的应用，突出潜山顶面以及内幕缝洞体的精细成像，为缝洞型储层的预测奠定可靠的基础。

缝洞体是碳酸盐岩油藏开发的最基本单元，周围被相对致密或渗透性较差的隔挡层遮挡，以溶蚀界面或断裂为界，由裂缝网络相互串通、由溶孔与溶洞组合而成的相对独立的流体连通体。所谓缝洞体储集体三维雕刻就是利用三维地震资料，以测井资料为指导，通过敏感属性提取和叠前、叠合反演手段，应用聚类技术，实现岩溶缝洞体的雕刻，对缝洞储集体通过量化指标在三维空间进行精细刻画的一种技术手段。

（1）井—震储层标定及响应特征识别：充分利用一体化研究平台，在储层主控因素指导下，进行准确的测井、地震和地质综合标定，即岩心标定测井、测井标定地震，特别是开展碳酸盐岩成像测井的地震标定，明确不同类型组合的碳酸盐岩储层的地球物理响应特征。

从轮古碳酸盐岩缝洞体精细标定分析，溶蚀孔洞及裂缝尺度和规模较小时，在地震剖面上常表现为次强振幅反射或是杂乱状反射；而由洞穴型储层以及较大规模的裂缝—孔洞型储层组成的缝洞体，在地震剖面上往往表现为强的“串珠状”反射特征。

（2）裂缝预测技术：碳酸盐岩溶洞的形成是经过裂隙—溶隙—溶道—溶洞—洞穴的过程，因此溶洞的形成起始于裂缝和断裂，裂缝及断裂成为岩溶作用的先期通道，增加了地表水及地下水与碳酸盐岩的接触面积和溶蚀范围，改善了碳酸盐岩的渗流作用，甚至在碳酸盐岩内部形成一个可代谢的淡水溶蚀系统。轮古地区洞穴多发育于断裂带或断裂较发育区，洞穴及多种岩溶现象与断裂有密切关系，在多组断裂的交会部位，易形成大型洞穴。裂缝预测对于研究岩溶储层的发育特征有着重要的作用。

在轮古地区，先后采用了曲率技术、倾角导向技术、相干技术、AFE 技术等，发现采用高频段数据 AFE 技术预测裂缝的效果比较好（图 6–40）。

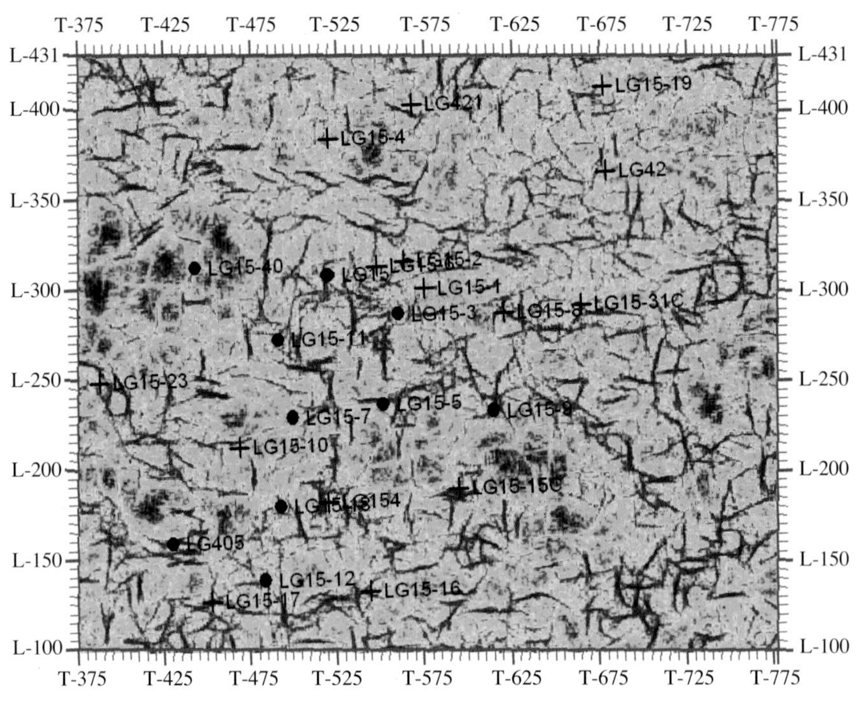

图 6–40　轮古 15 区块表层储层高频 AFE 相干图（黄、红色为裂缝）

（3）缝洞体地震正演分析：为更深入分析缝洞体的地震响应特征，利用模型正演对轮古地区不同类型碳酸盐岩缝洞体进行正演研究（图 6–41），取得以下认识：①当缝洞体规模一致时，尽管缝洞组合形式不一样，但在常规地震剖面上表现为基本相当的“串珠状”，是缝洞群的整体响应，而不是其中某个溶洞的反映；②顶部以碎屑岩覆盖的碳酸盐岩地层，溶洞距离碳酸盐岩顶越近，振幅由弱到强再到弱，最后极性反转，这是由地震波的干涉造成的；③奥陶系顶面、内幕储层发育时，地震表现顶部为强反射，内幕为杂乱反射；④奥陶系顶面、内幕储层发育时，地震表现顶部为强反射，内幕为“串珠状”异常即强短轴反射或杂乱反射。

（4）缝洞体定量化描述：量化研究的第一步就是要确定缝洞储层发育的空间位置。由于不同的缝洞体有效储集空间以及其中的油气富集程度的差异，两个大小相同充填不同流体的缝洞体，在地震剖面上所反映的串珠大小是不一样的（图 6-42）。因此，在时深转换过程中有必要通过精细速度研究，将时间域波阻抗转换到深度域波阻抗，直观反映缝洞体实际的空间形态、大小。

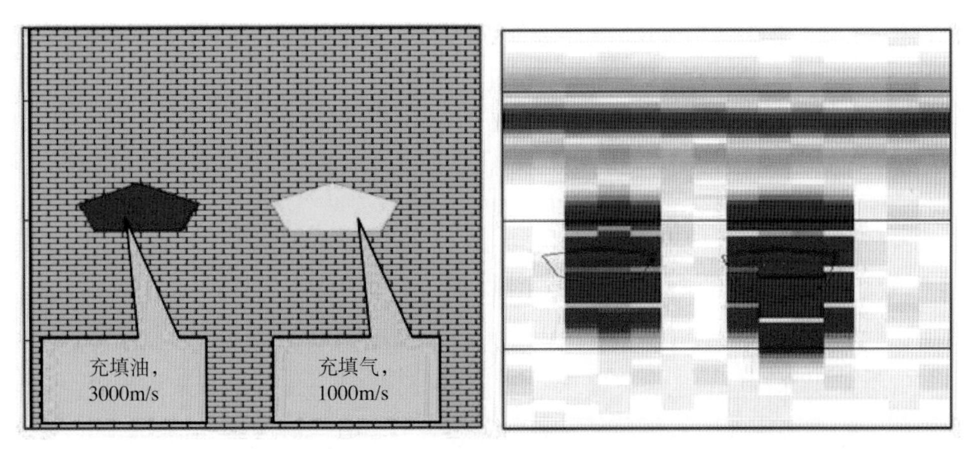

图 6-41　大小相同缝洞充填不同流体的正演模型（左）与正演结果（右）

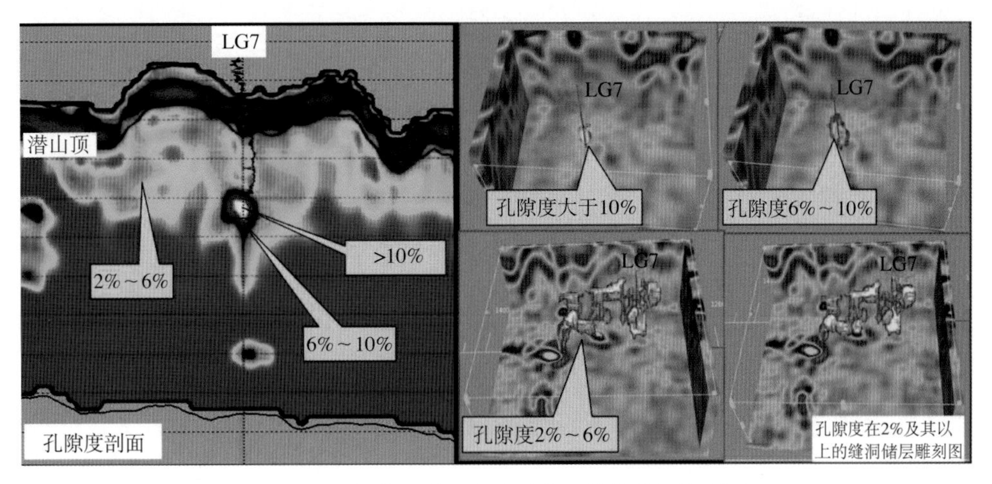

图 6-42　轮古 7 缝洞体孔隙度属性体分级雕刻图

第二步就是要明确缝洞储层的空间形态。以前常用分频振幅属性（单频体）或反射强度属性来识别溶洞，但由于地震伴生相位的存在，分频属性与反射强度都会形成纵向上的“长串”，不能反映溶洞的真实顶、底界面。为了提高反演的准确性，通过先反演再正演的方法结合，并通过三维可视化雕刻技术将预测的波阻抗属性体进行空间雕刻，从而得到缝洞空间的真实形态。

第三步就是确定缝洞储层的规模。关键是要先计算出缝洞储层在空间上的孔隙度分布特征，算出一个能代表缝洞体储层空间特点的孔隙度属性体。根据不同类型储层的孔隙度与密度进行交会，得到洞穴型储层密度与孔隙度的关系式、裂缝孔洞型储层密度与孔隙度的关系式以及裂缝型储层密度与孔隙度的关系式。从基于真实地质地震条件的正演分析，建立一个校正关系式对缝洞体进行体积校正，再利用校正后的碳酸盐岩孔隙度属性体进行三维空间定量雕刻，计算缝洞体储层的有效储集空间（图 6-43）。

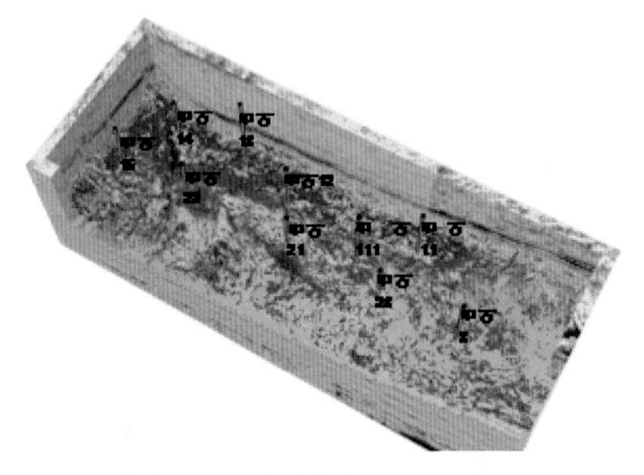

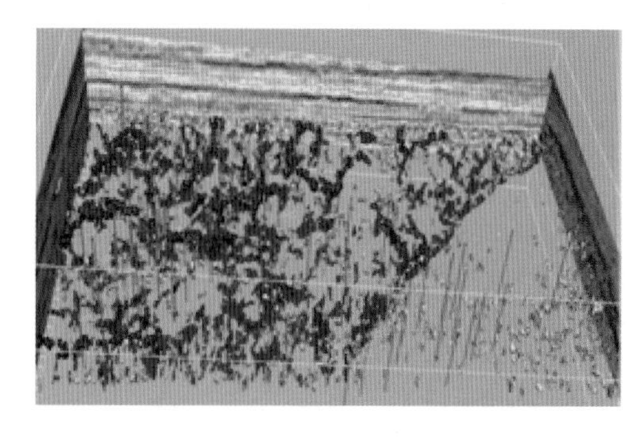

（A）中古 8 井区下奥陶统鹰山组缝洞雕刻图　　　　（B）轮古西三维区下奥陶统鹰山组缝洞体雕刻图

图 6–43　确定缝洞储层规模的雕刻图

缝洞体定量雕刻，关键有四个技术环节：①地震资料的保幅、保真，消除地震成像过程中造成的假“串珠”反射；②“串珠”反射所代表的缝洞储层的有效性识别，进一步提高缝洞预测的精度；③建立定量解释量版，对地震对缝洞储层的放大效应进行校正；④三维可视化，透视掉不反映缝洞体的部分，突出反映缝洞体的部分，更易于划分缝洞单元，便于勘探开发井位部署与研究。

（5）缝洞系统划分与评价：缝洞系统以岩溶古地貌的连续、相似或断裂两边的同成因储层发育区作为主体，以地貌突变带、大型槽谷、大型断裂、地质异常体的边界作为边界来划分的。在划分的具体操作过程中不仅要综合使用古地貌、古岩溶、地震属性和缝洞雕刻等静态技术，还要结合开发生产曲线、压力动态曲线和缝洞连通性分析等动态手段。同时需要遵循两个主要基本原则：首先要在相同的岩溶带内划分缝洞系统，其次是在三级地貌研究的基础上以地表明河为界划分缝洞系统。

缝洞体的划分与评价为滚动勘探与开发提供了有效手段，以上述原则为依据，以轮古西精细古地貌恢复、精细古水系刻画为基础，运用缝洞雕刻技术结合钻井资料，将轮古潜山区共划分出 104 个缝洞系统，总面积 616.4km^2，其中 38 个尚未钻探，剩余 47 个已钻探成功的缝洞系统中 14 个已高效开发、4 个已有高效井（图 6–44）。其中轮南 8、轮古 801 和轮古 1 井虽相隔很近，尽管位置相邻，深度相当，且是同期形成，但因其分属不同水系，故将其划分为三个不同的缝洞系统。

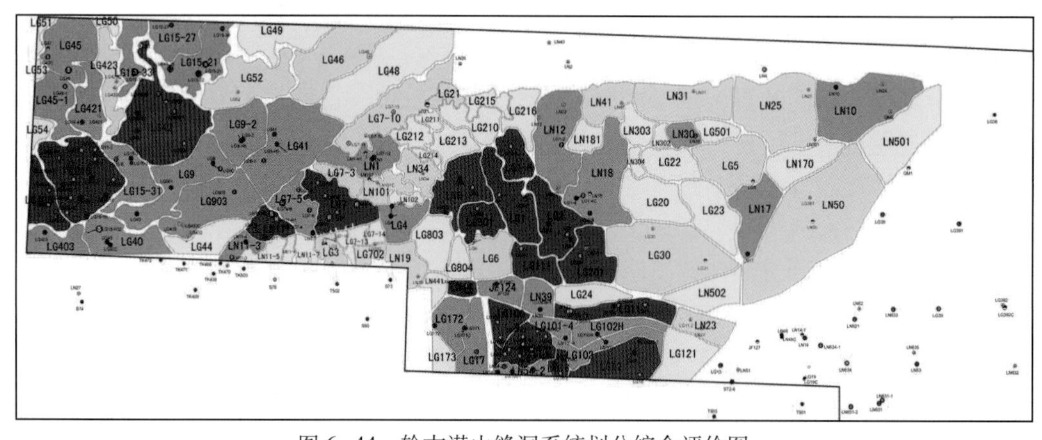

图 6–44　轮古潜山缝洞系统划分综合评价图

3. 白云岩储层地震预测技术

以塔中奥陶系蓬莱坝组埋藏—热液改造型白云岩储层为例阐述白云岩储层的地震预测技术。埋藏—热液白云岩储层以不同晶粒的细、中、粗晶白云岩为特征。

1）埋藏—热液改造型白云岩储层地震响应特征

埋藏—热液改造型白云岩储层分布受埋藏热液活动范围限制，储层预测要围绕下述三个原则 ；(1) 多孔沉积物或岩石（如高能相带颗粒碳酸盐岩）为储层发育奠定了物质基础 ；(2) 具有埋藏热液形成条件的地区 ；(3) 具有埋藏热液的运移通道，沿埋藏热液通道的附近是这类储层的有利发育区。断层、古潜山面、层序界面、基底拆离面、裂缝系统是常见的流体通道。

由构造控制的热液白云岩主要发生在伸展断层的上盘和扭张走滑断裂带内，由于断层拆离造成的地层下沉，在岩层顶部往往会出现线状凹陷或洼地。

塔里木盆地塔中地区奥陶系蓬莱坝组埋藏—热液改造型白云岩在走滑断层的控制下比较发育，横切中古 5 井、中古 9 井的地震剖面（图 6–45）可以发现，在地层的顶部由于断层的拆离造成地层下沉，在岩层顶部出现了线状凹陷。这种现象成为识别埋藏—热液白云岩储层的地震响应特征。

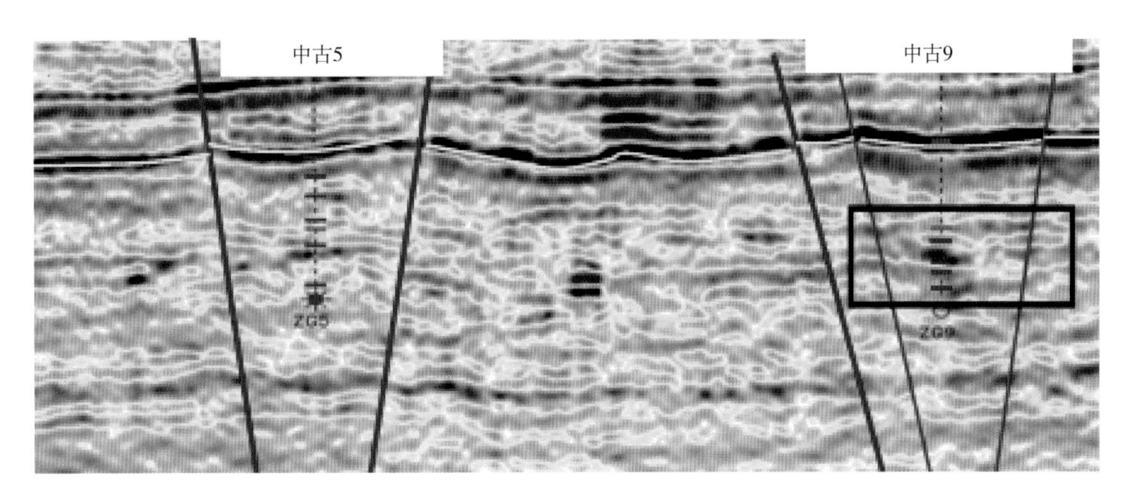

图 6–45　过中古 5 井、中古 9 井地震剖面揭示的
由于断层的拆离造成地层下沉，岩层顶部的线状凹陷

2）塔中奥陶系埋藏白云岩储层预测

针对埋藏—热液改造型白云岩的地震响应特征，开展不同井区敏感属性试验，优化属性组合，多组逐步判别分别分析、主成分分析、综合判别分析等步骤，刻画了塔中下奥陶统蓬莱坝组埋藏—热液改造型白云岩储层的分布（图 6–46）。

均方根振幅是通过专家优化方法选择的振幅类地震属性。振幅类属性除受采集、处理的影响外，其他影响因素中反映最敏感的就是溶蚀孔洞，塔中埋藏—热液改造型白云岩储层中发育的溶蚀孔洞的反射特征表现为强弱振幅都发育，一般在弱振幅背景下强振幅或次强振幅区为溶蚀孔洞发育的有利区带。通过储层的预测，该区小于 7000m 的埋藏—热液改造型白云岩储层有利区面积为 1550km^2。

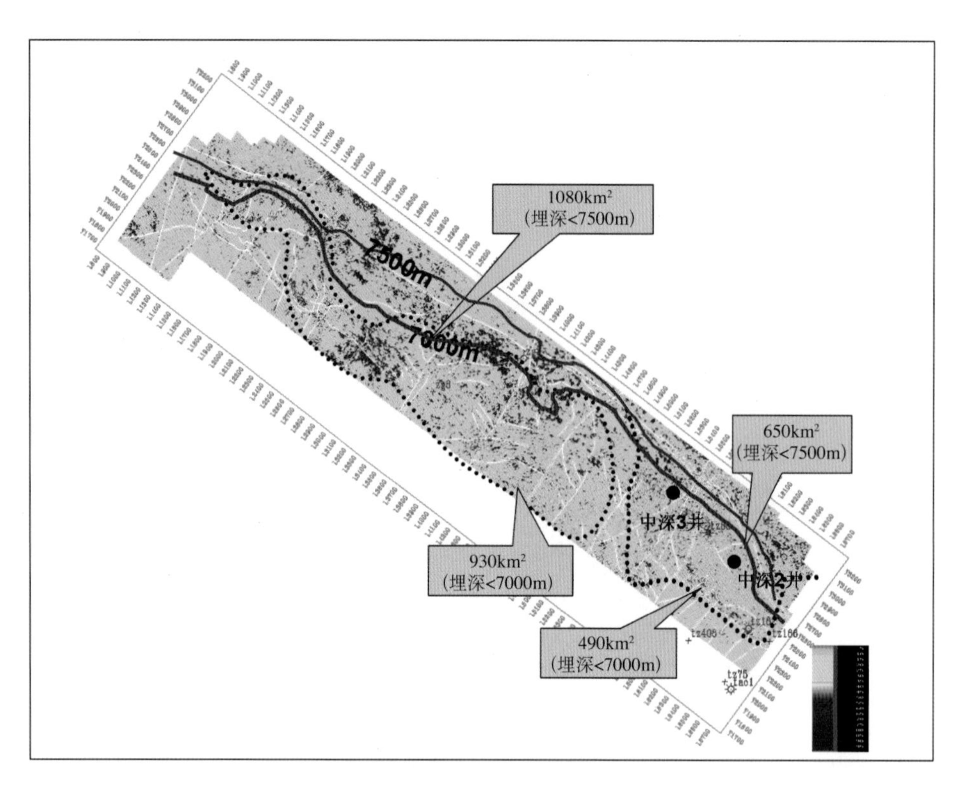

图 6–46　塔中下奥陶统蓬莱坝组中段埋藏—热液改造型白云岩储层预测图

二、规模储层分布预测

在塔里木、四川和鄂尔多斯盆地碳酸盐岩储层类型、特征和成因机理研究的基础上，建立了储层地质模型，分析了规模储层发育条件和分布规律，为储层预测奠定了基础。同时，应用前述的地质、测井和地震一体化的储层识别和预测技术，尤其是礁滩储层的测井识别和地震预测技术、岩溶缝洞的地震雕刻技术，在两个层面上预测了储层分布。一是编制了三大盆地重点层位盆地级的储层预测图，成果在新区新领域评价和有利区带优选中得到了应用；二是编制了三大盆地现实勘探区块目的层系储层预测图，成果在探井和高效开发井部署、油田增储上产中得到应用。

（一）塔里木盆地

1. 上奥陶统良里塔格组

上奥陶统良里塔格组主要发育礁滩体储层，特别是台缘带礁滩储层。主要分布在塔中隆起北坡 1 号构造带，储集性能相对优良，Ⅰ、Ⅱ、Ⅲ类储层均可发育，向西延伸至巴楚隆起北部，并在西缘露头出露地表。塔中隆起南坡延伸至玛南也有礁滩体储层发育，中 2 井、和 3 井、玛 401 井等钻遇，以Ⅱ—Ⅲ类储层为主。塔北从轮古东—哈拉哈塘—英买 1 号构造北部发育一个礁滩带，其横向宽度、纵向厚度较大，从东向西减小，整体储集条件也从东向西变差，轮古东良里塔格组礁滩体储层油气发现较多，哈拉哈塘乡 3 井获低产油流。塘南台地也从地震反射结构特征上发现了台地边缘，实施的塘南 1 井取心证实颗粒滩、灰泥丘、藻礁较发育，测井解释上部发育少量Ⅱ、Ⅲ类储层，下部Ⅰ、Ⅱ类储层更发育。

除礁滩体储层外，良里塔格组在塔北隆起剥蚀线附近、塔中高垒带周围、和田河玛扎塔格构造带及剥蚀线周围还发育石灰岩潜山岩溶储层，其中塔中高垒带良里塔格组潜山岩溶储层获得工业油气流（图 6–47），埋藏深度小于 7000m 的礁滩储层有效勘探面积 $1.75\times10^4km^2$，潜山岩溶储层有效勘探面积 $0.50\times10^4km^2$。

2. 中奥陶统一间房组

一间房组在塔北东部、古城、罗西、巴楚北部发育台缘礁滩储层，在塔北南部发育台内滩储层，储集性能整体为Ⅱ、Ⅲ类，主要沿塔北台地、巴楚—塔中台地及罗西台地边缘发育。一间房组在塔北南缘同时发育顺层岩溶储层，在英买力南部构造发育受断裂控制岩溶储层，局部存在缝洞型优质储层，已经成为目前的重点勘探领域。在巴楚隆起北部剥蚀线附近发育层间岩溶储层，在塔北南缘剥蚀线以北发育潜山岩溶储层（图 6–48）。

埋藏深度小于 7000m 的礁滩储层有效勘探面积 $2.00\times10^4km^2$，层间岩溶储层有效勘探面积 $0.40\times10^4km^2$，顺层岩溶储层（含英买 1–2 井区受断裂控制岩溶储层）有效勘探面积 $0.70\times10^4km^2$，潜山岩溶储层有效勘探面积 $0.15\times10^4km^2$。

3. 中奥陶统鹰山组上段

鹰山组上段在塔北东北部（特别是轮南古隆起）发育潜山岩溶储层，是轮南—塔河大油田的主体储层层位。在塔北南部同时发育顺层岩溶储层，在英买力南部构造发育受断裂控制岩溶储层，局部存在缝洞型优质储层，已经成为目前的重点勘探领域。在塔中北斜坡大面积发育层间岩溶储层，是目前塔中隆起最大规模油气开发的层位。这套层间岩溶储层向南延伸至塔中隆起南斜坡，向西延伸至巴楚隆起的大部分地区，是下一步值得探索的领域。在轮南—古城、塔中北斜坡、罗西台地发育礁滩储层，钻探证实以Ⅱ、Ⅲ类储层为主，局部遭受强烈埋藏溶蚀、热液白云石化和裂缝改造可形成优质储层。在玛扎塔格构造带、玛东构造带发育潜山岩溶储层，和田河气田玛 4、玛 8 井获得工业气流（图 6–49）。

埋藏深度小于 7000m 的礁滩储层有效勘探面积 $2.15\times10^4km^2$，层间岩溶储层有效勘探面积 $6.15\times10^4km^2$，顺层岩溶储层（含英买 1–2 井区受断裂控制岩溶储层）有效勘探面积 $0.90\times10^4km^2$，潜山岩溶储层有效勘探面积 $1.60\times10^4km^2$。

4. 下奥陶统鹰山组下段

鹰山组下段在塔中北部、塔中高垒带、玛东构造带剥蚀线附近及塔北剥蚀线附近发育潜山岩溶储层。在塔北隆起南部、巴楚断裂隆起带、塔中断裂隆起带发育层间岩溶储层，塔北南缘部分地区发育顺层岩溶储层。在轮南—古城、塔中北坡、塔中南坡、罗西台地发育礁滩储层，以Ⅱ、Ⅲ类储层为主（图 6–50）。

埋藏深度小于 7000m 的礁滩储层有效勘探面积 $2.35\times10^4km^2$，层间岩溶储层有效勘探面积 $1.10\times10^4km^2$，顺层岩溶储层（含英买 1–2 井区受断裂控制岩溶储层）有效勘探面积 $0.70\times10^4km^2$，潜山岩溶储层有效勘探面积 $0.55\times10^4km^2$。

5. 下奥陶统蓬莱坝组

下奥陶统蓬莱坝组白云岩受到白云石化和热液岩溶双重影响。塔北的东河构造带、塔中高垒带、鸟山构造发育白云岩风化壳储层及热液白云岩储层。塔中—巴楚隆起断裂构造带发育热液白云岩储层。罗西台地边缘及轮南—古城台地边缘与台地内部颗粒滩发育埋藏白云岩储层，渗透性好的台缘、台内礁滩体是Ⅰ—Ⅱ类埋藏白云岩储层，断裂发育带又受到晚期热液作用对储层的叠加改造，也多发育为Ⅰ—Ⅱ类储层，潜山带受到表生岩溶作用改造，也最易受到晚期埋藏、热液流体的改造，储层最好（图 6–51）。

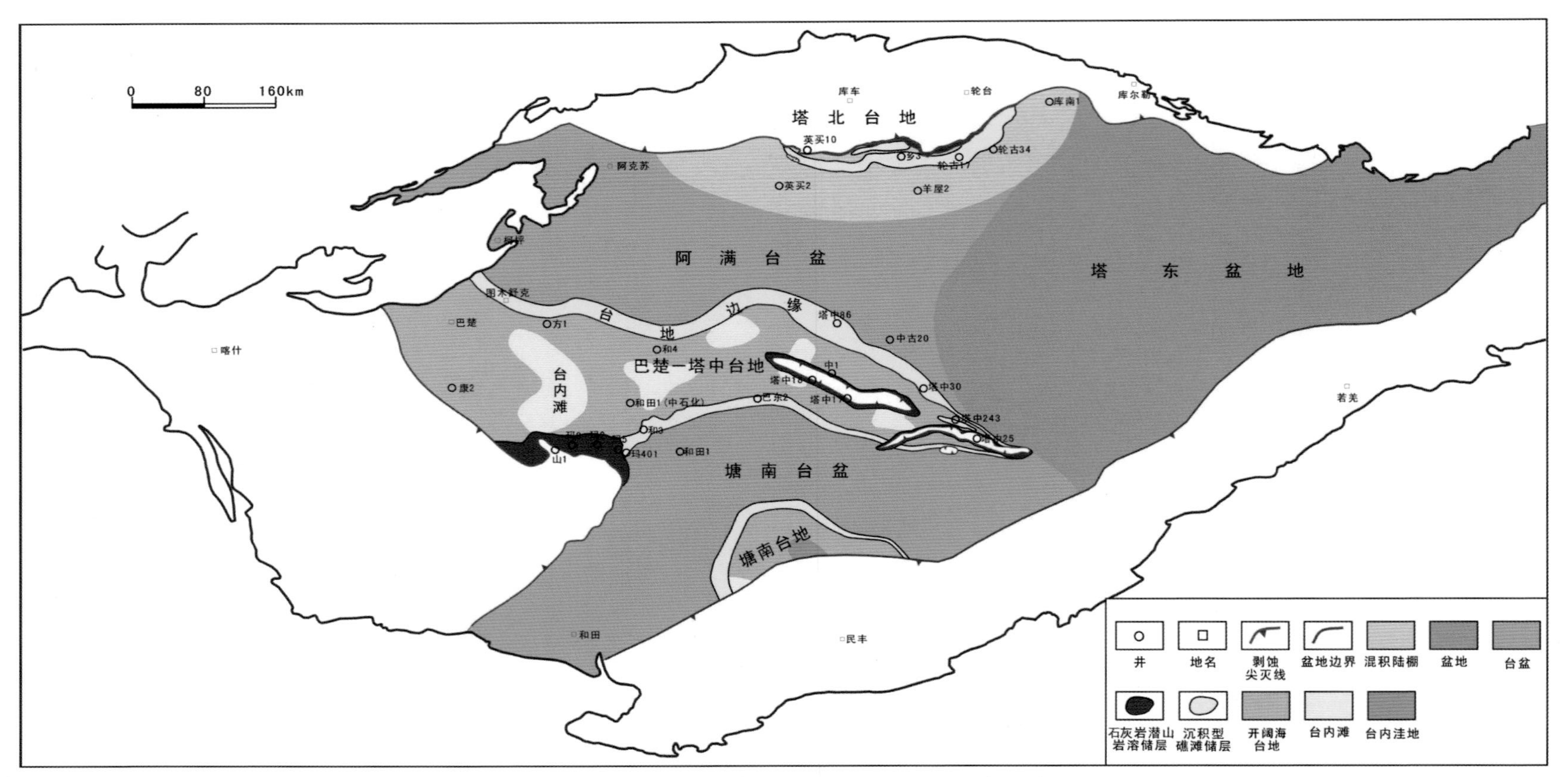

图 6-47　塔里木盆地上奥陶统良里塔格组储层分布预测图

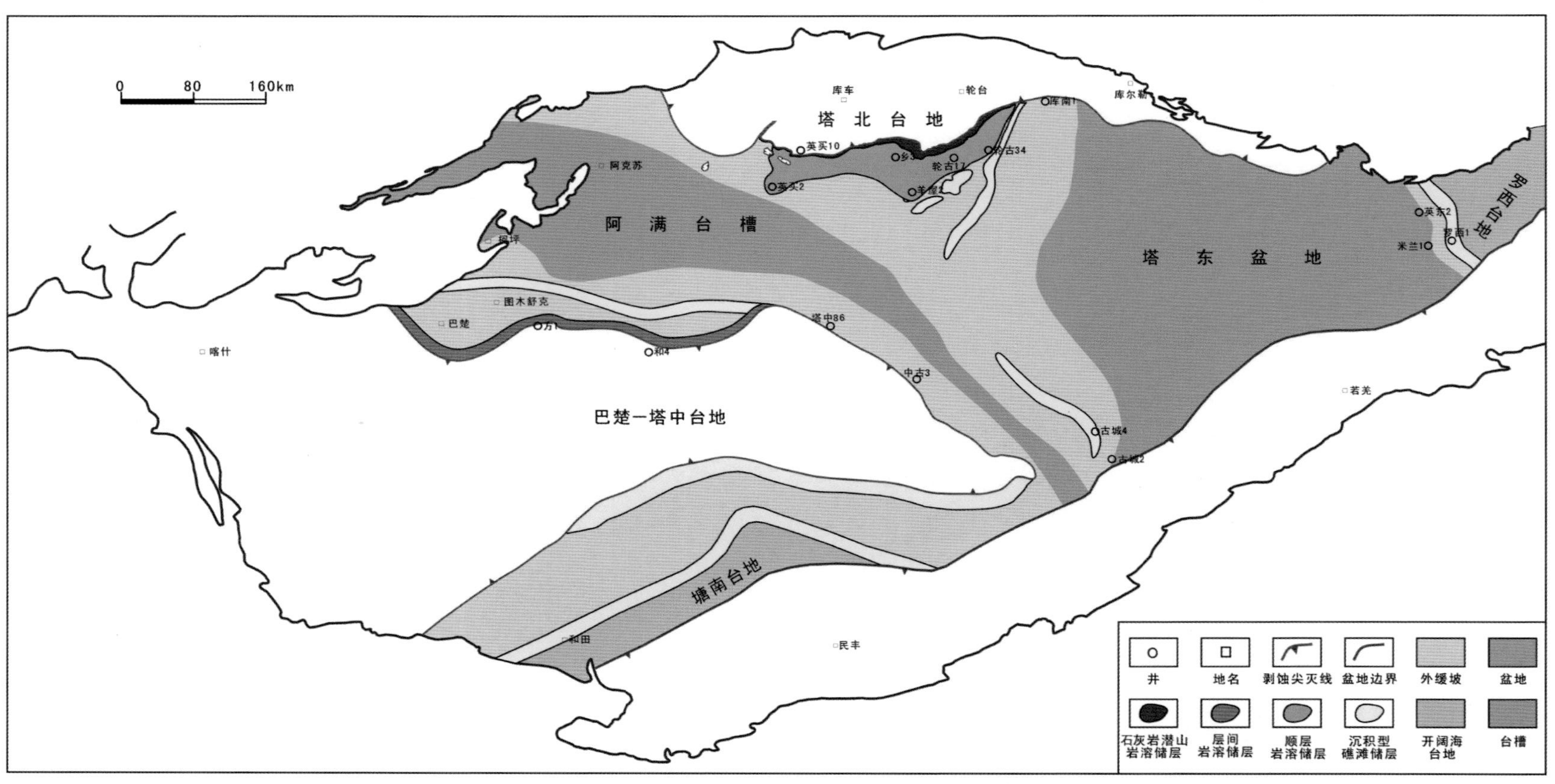

图 6-48 塔里木盆地中奥陶统一间房组储层分布预测图

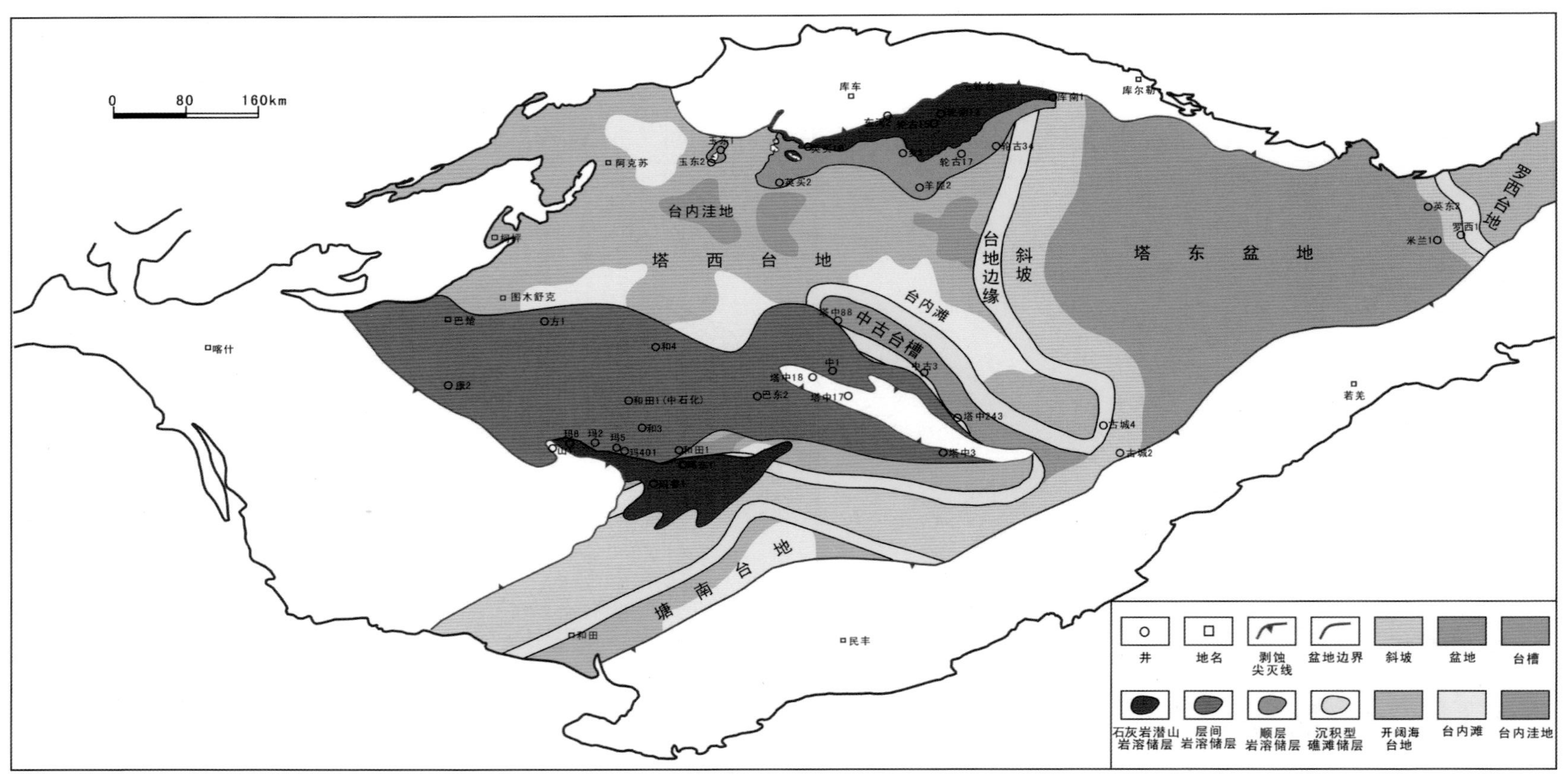

图 6–49　塔里木盆地中奥陶统鹰山组上部储层分布预测图

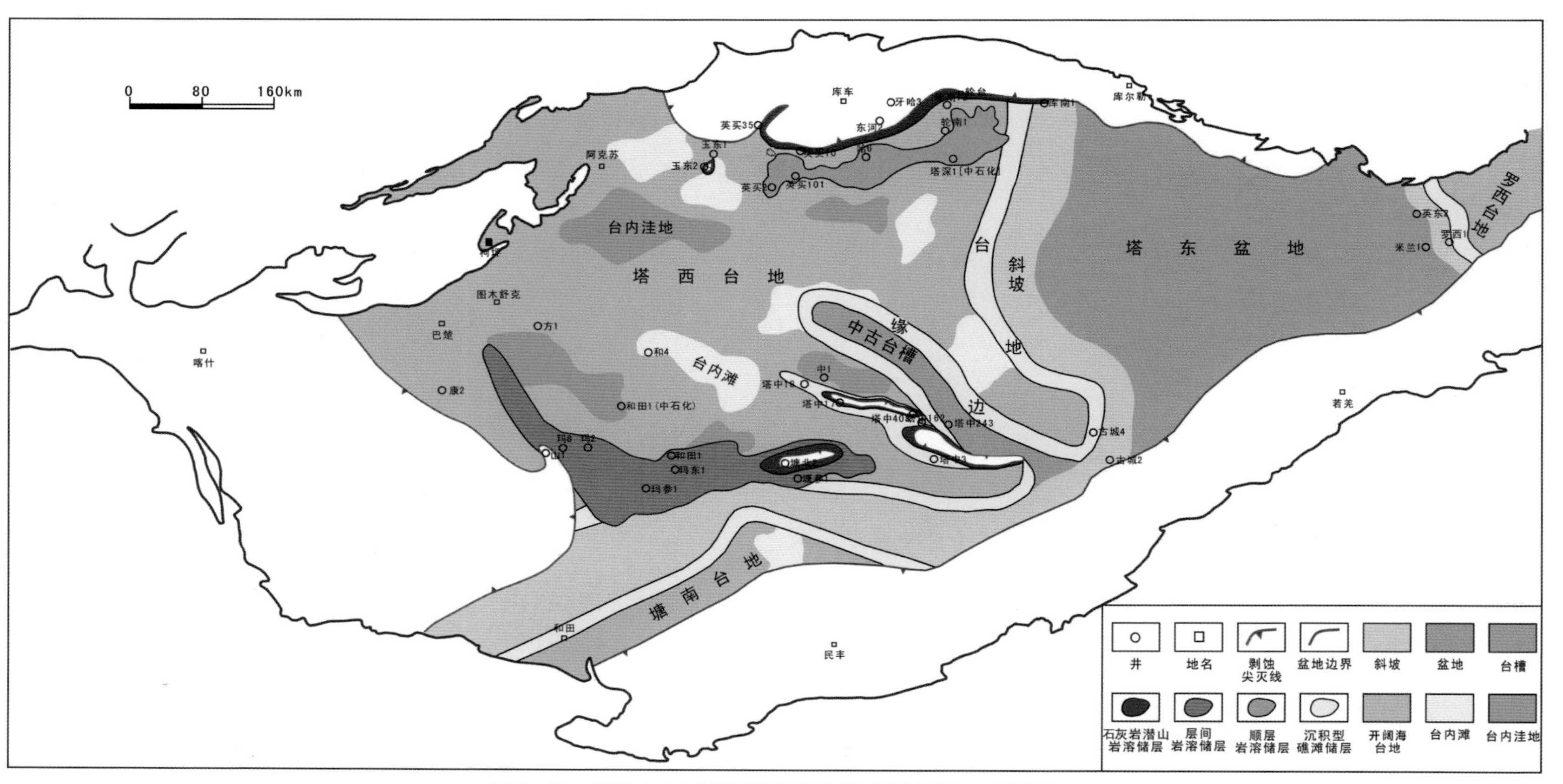

图 6-50　塔里木盆地下奥陶统鹰山组下部储层分布预测图

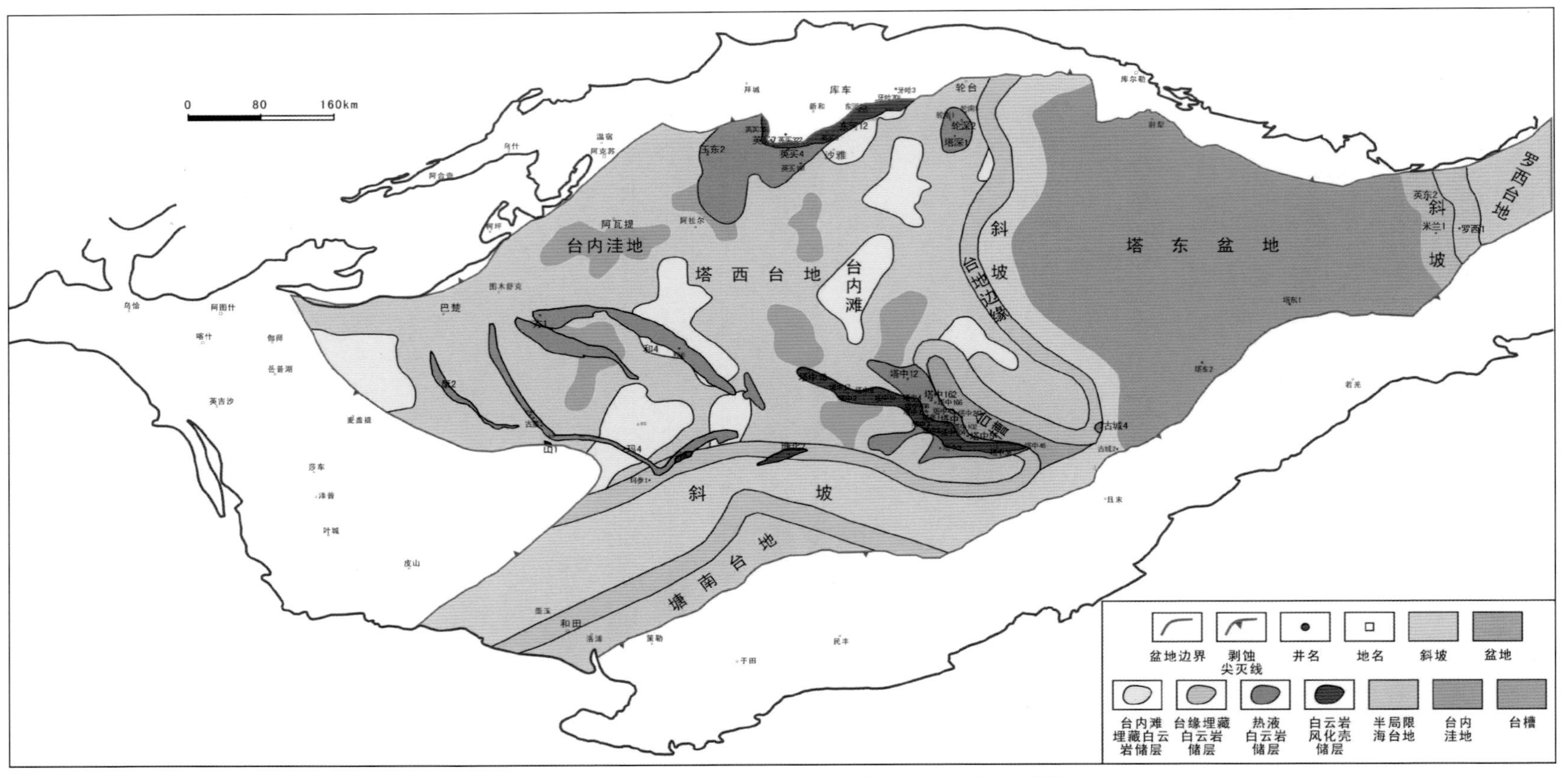

图 6–51 塔里木盆地下奥陶统蓬莱坝组下部储层分布预测图

白云岩风化壳储层有效勘探面积 $2.35\times10^4km^2$，热液白云岩储层有效勘探面积 $1.10\times10^4km^2$，台缘滩埋藏白云岩储层有效勘探面积 $0.70\times10^4km^2$，台内滩埋藏白云岩储层有效勘探面积 $0.55\times10^4km^2$。

6. 上寒武统白云岩储层

上寒武统白云岩储层类型较多，渗透性好的台缘或台内礁滩体是埋藏白云岩储层的有利发育区，靠近深大断裂，具有一定孔渗的碳酸盐岩带及潜山带是热液白云岩储层的有利发育区。塔深 1—古城 4 台地边缘及罗西台地边缘发育埋藏白云岩储层，牙哈—英买力北部潜山区发育白云岩风化壳储层。塔北北部及塔中—巴楚隆起断裂构造带发育热液白云岩储层。渗透性好的台缘、台内礁滩体是Ⅰ—Ⅱ类埋藏白云岩储层。此外，断裂发育带受到晚期热液作用，对储层进行叠加改造，也多发育Ⅰ—Ⅱ类储层；潜山带不仅受到表生岩溶作用改造，也最易受到晚期埋藏、热液流体的改造，储层最好（图 6–52）。

白云岩风化壳储层有效勘探面积 $2.35\times10^4km^2$，热液白云岩储层有效勘探面积 $1.15\times10^4km^2$，台缘滩埋藏白云岩储层有效勘探面积 $3.80\times10^4km^2$，台内滩埋藏白云岩储层有效勘探面积 $2.55\times10^4km^2$。

7. 中寒武统白云岩储层

中寒武统白云岩储层主要受沉积相及断裂共同控制。发育萨布哈白云岩储层和渗透回流白云岩储层，局部地区又受埋藏白云石化、热液白云石化作用影响，位于局限台地潮上带的膏云坪、位于蒸发台地内的礁滩体是有利储层发育区；有利储层位于盆地中西部的膏盐湖周缘。局限台地潮上带的膏云坪发育萨布哈白云岩储层，台缘、台内礁滩体发育渗透回流白云岩储层和埋藏白云岩储层。整体发育以Ⅱ—Ⅲ类储层为主。局部断裂发育带又受到晚期热液白云石化作用对储层的叠加改造，可发育Ⅰ—Ⅱ类储层（图 6–53）。

萨布哈白云岩储层和渗透回流白云岩储层的有效勘探面积 $6.75\times10^4km^2$，埋藏白云岩储层的有效勘探面积 $1.80\times10^4km^2$，热液白云岩储层的有效勘探面积 $0.40\times10^4km^2$，另在牙哈—英买力地区发育少量的白云岩风化壳储层，面积 $0.10\times10^4km^2$。

8. 下寒武统白云岩储层

下寒武统上部干旱气候背景主要发育萨布哈白云岩储层和渗透回流白云岩储层，局部地区又受埋藏白云石化、热液白云石化作用影响和沉积相的控制。位于局限台地潮上带的膏云坪、位于蒸发潟湖内的礁滩体是有利储层发育区；有利储层位于盆地中西部的膏盐湖周缘。局限台地潮上带的膏云坪发育萨布哈白云岩储层，台缘、台内礁滩体发育渗透回流白云岩储层和埋藏白云岩储层。下寒武统下部，塔中、塔北、塔东、巴楚古隆起发育埋藏白云岩储层和热液白云岩储层。塔里木盆地下寒武统白云岩储层整体为Ⅱ—Ⅲ类储层，局部断裂发育带又受到晚期热液白云石化对储层的叠加改造，可发育Ⅰ—Ⅱ类储层（图 6–54）。

萨布哈白云岩储层和渗透回流白云岩储层的有效勘探面积 $5.85\times10^4km^2$，埋藏白云岩储层的有效勘探面积 $0.95\times10^4km^2$，热液白云岩储层的有效勘探面积 $0.40\times10^4km^2$。

（二）四川盆地

1. 二叠系长兴组

长兴组主要发育礁滩储层，礁滩储层可分礁滩白云岩储层和礁滩石灰岩储层两种类型，

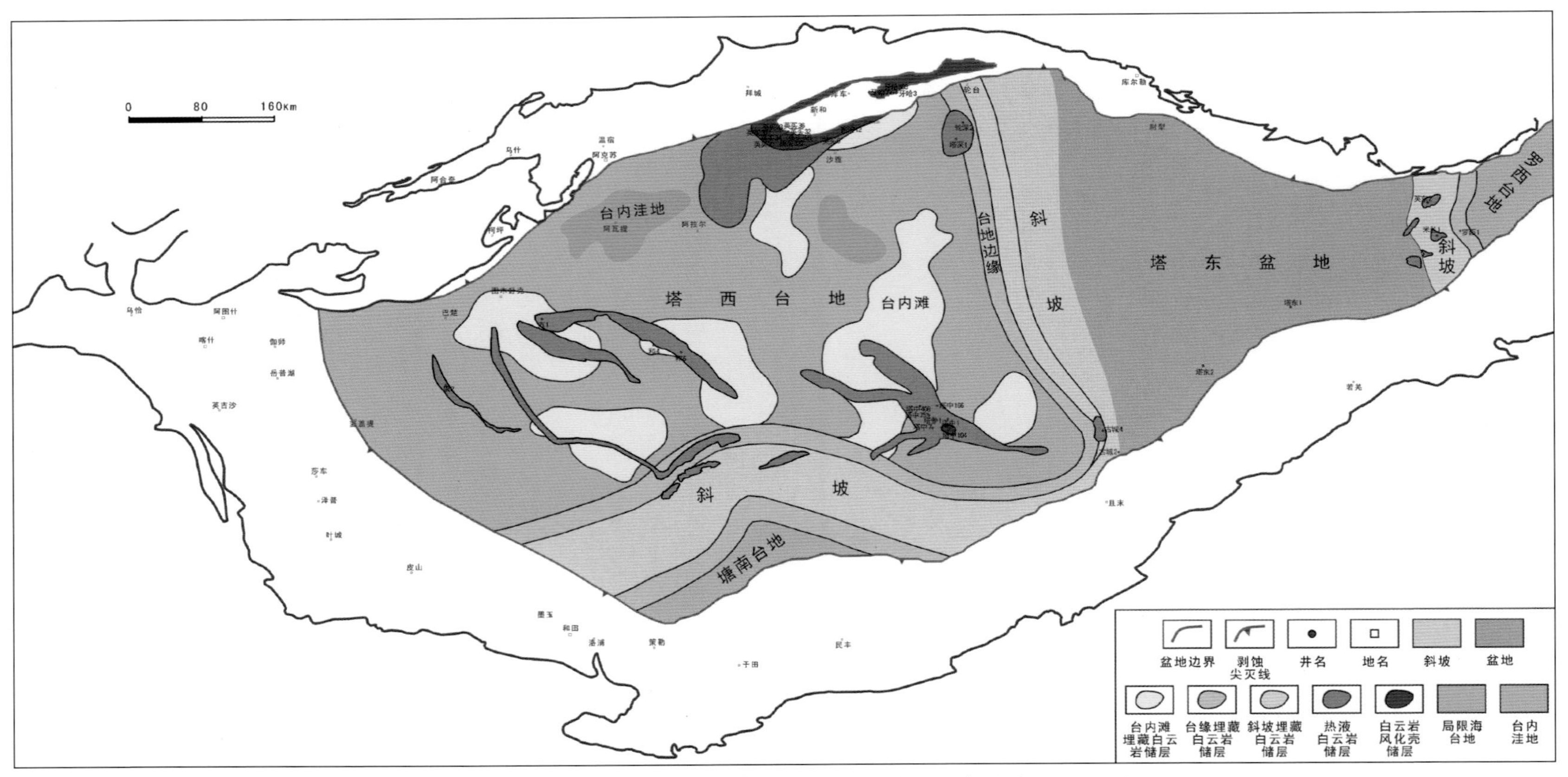

图 6-52　塔里木盆地上寒武统白云岩储层分布预测图

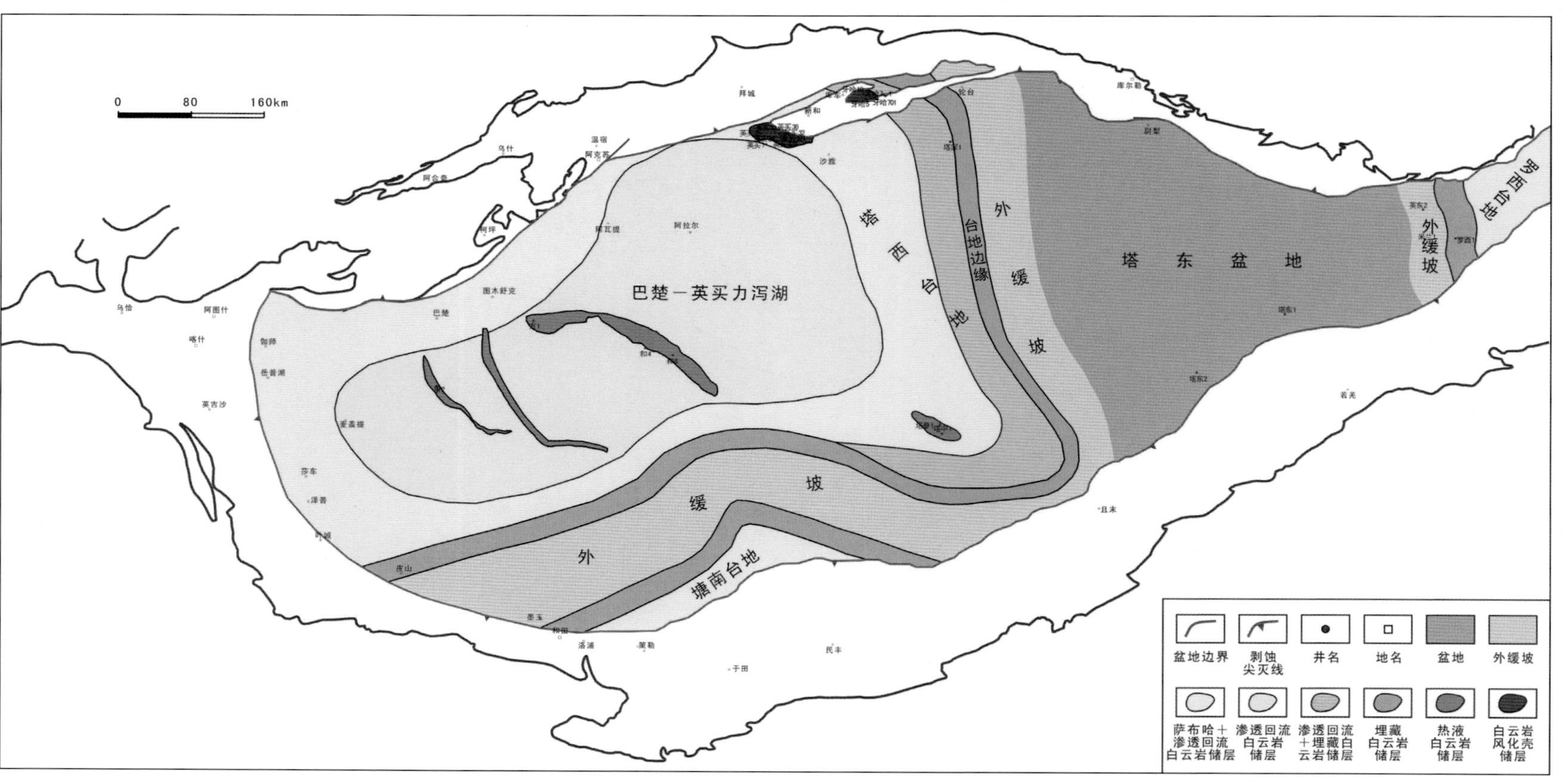

图 6—53　塔里木盆地中寒武统白云岩储层分布预测图

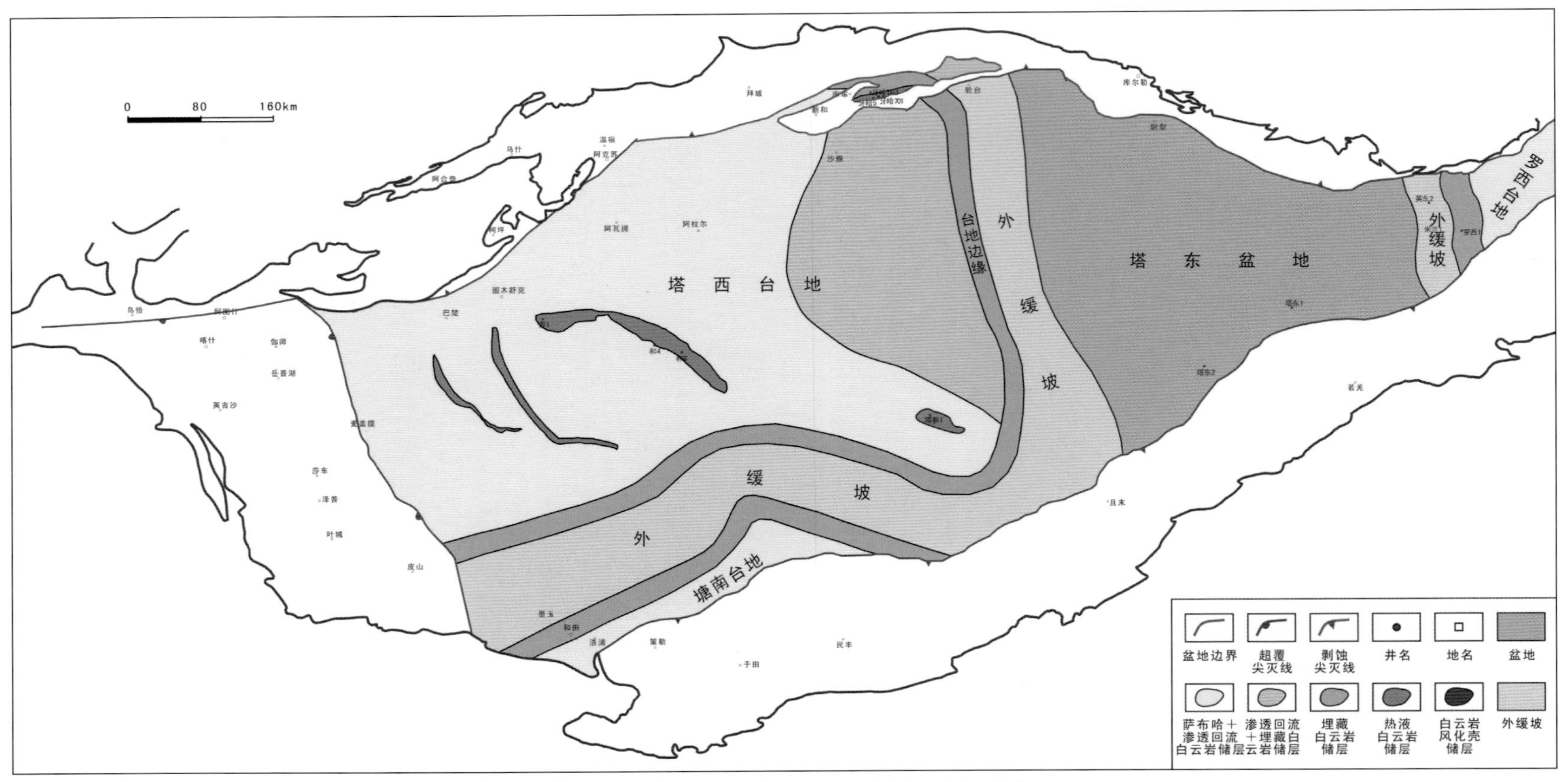

图 6–54　塔里木盆地下寒武统白云岩储层分布预测图

进一步细分为台地边缘礁滩白云岩储层、台洼边缘礁滩白云岩储层、台内点礁石灰岩储层和台洼边缘生屑滩石灰岩储层。各类储层的区域展布见图6–55。

台地边缘礁滩白云岩储层环开江—梁平海槽东西两条台缘带及城口—鄂西海槽台地边缘地区分布，储集岩以生物礁复合体中残余生屑白云岩、礁骨架白云岩、细晶白云岩为主，白云石晶间孔、晶间溶孔及生物格架溶孔为主要储集空间，孔隙度较大，储层单层厚度较大，储层物性较好，面积约9500km^2。

台洼边缘礁滩白云岩储层分布在盐亭—潼南台洼边缘向海一侧（北东侧），以生物礁复合体中生屑滩白云岩为主要储集岩，晶间孔及生物格架溶孔为主要储集空间，白云化程度较高，但较台地边缘生屑滩云化程度弱。生屑白云岩单层厚度较薄，但分布广，面积约12500km^2。

台内点礁石灰岩储层主要分布在开江—梁平海槽和盐亭—潼南台洼之间的开阔碳酸盐岩台地内，以龙岗11井、石宝2井等井区为标志，岩性主要为未云化或弱云化的礁石灰岩，以残余骨架孔和体腔溶孔为主要储集空间，单层厚度较大但单个面积有限，总面积约2600km^2。

台洼边缘生屑滩石灰岩储层分布在盐亭—潼南台洼边缘向陆一侧（西南侧），该区生物礁不发育，储层以生屑滩石灰岩为主，主要为生物溶孔和粒间微孔，孔隙度较低，储层单层厚度较薄，储集性能相对较差，裂缝对该类储层的有效性起着关键作用。该储层分布范围较广，面积约10000km^2。

综合沉积微相、岩石类型、孔隙类型、孔隙度、储层厚度和储层分布规模等因素，按表6–3评价标准，将台缘礁滩白云岩储层评为Ⅰ类储层，台洼边缘礁滩白云岩和台内点礁石灰岩储层评为Ⅱ类储层，台洼边缘生屑滩石灰岩储层评为Ⅲ类储层。

表6–3　长兴组礁滩储层有利区分类标准

分类	微相	岩性	孔隙类型	孔隙度（%）	单层厚度（m）
Ⅰ类区	礁滩（礁组合生屑滩）、鲕粒滩	溶孔白云岩	粒间孔、粒内孔	＞6	＞20
Ⅱ类区	礁滩（礁组合生屑滩）、鲕粒滩	灰质白云岩 云质石灰岩	粒内孔、裂缝	4～6	10～20
Ⅲ类区	生屑滩（礁组合生屑滩）、鲕粒滩	溶孔石灰岩	粒内孔	＜4	＜10

2. 三叠系飞仙关组

飞仙关组主要发育鲕滩储层，分台缘鲕滩白云岩储层、台洼边缘鲕滩石灰岩储层和台内鲕滩石灰岩储层三类。研究表明，鲕滩储层与相带和层序界面密切相关，其分布见图6–56和图6–57。

鲕滩白云岩储层主要发育在飞一段—飞二段，沿开江—梁平海槽西侧龙岗台地边缘带及川东北孤立台地边缘分布（图6–56）。主要储集岩为残余鲕粒白云岩、细—中晶白云岩，储集空间以晶间孔、粒间孔、粒内孔及超大溶孔为主，孔隙度较高，储层单层厚度大，分布面积约11000km^2。

台洼边缘鲕滩石灰岩储层也主要发育在飞一段—飞二段，环绕盐亭—潼南台洼边缘分

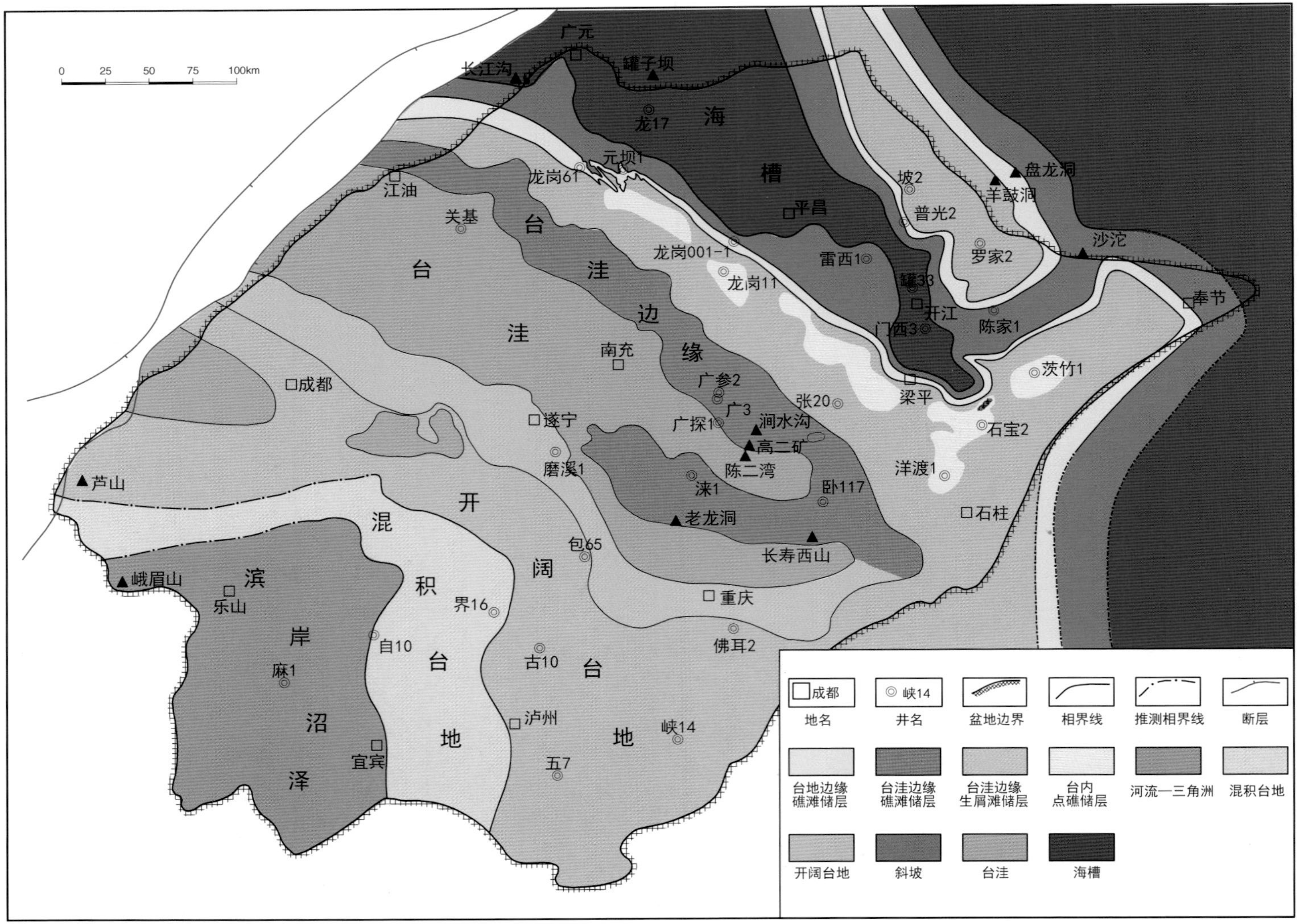

图 6-55　四川盆地二叠系长兴组礁滩储层分布预测图

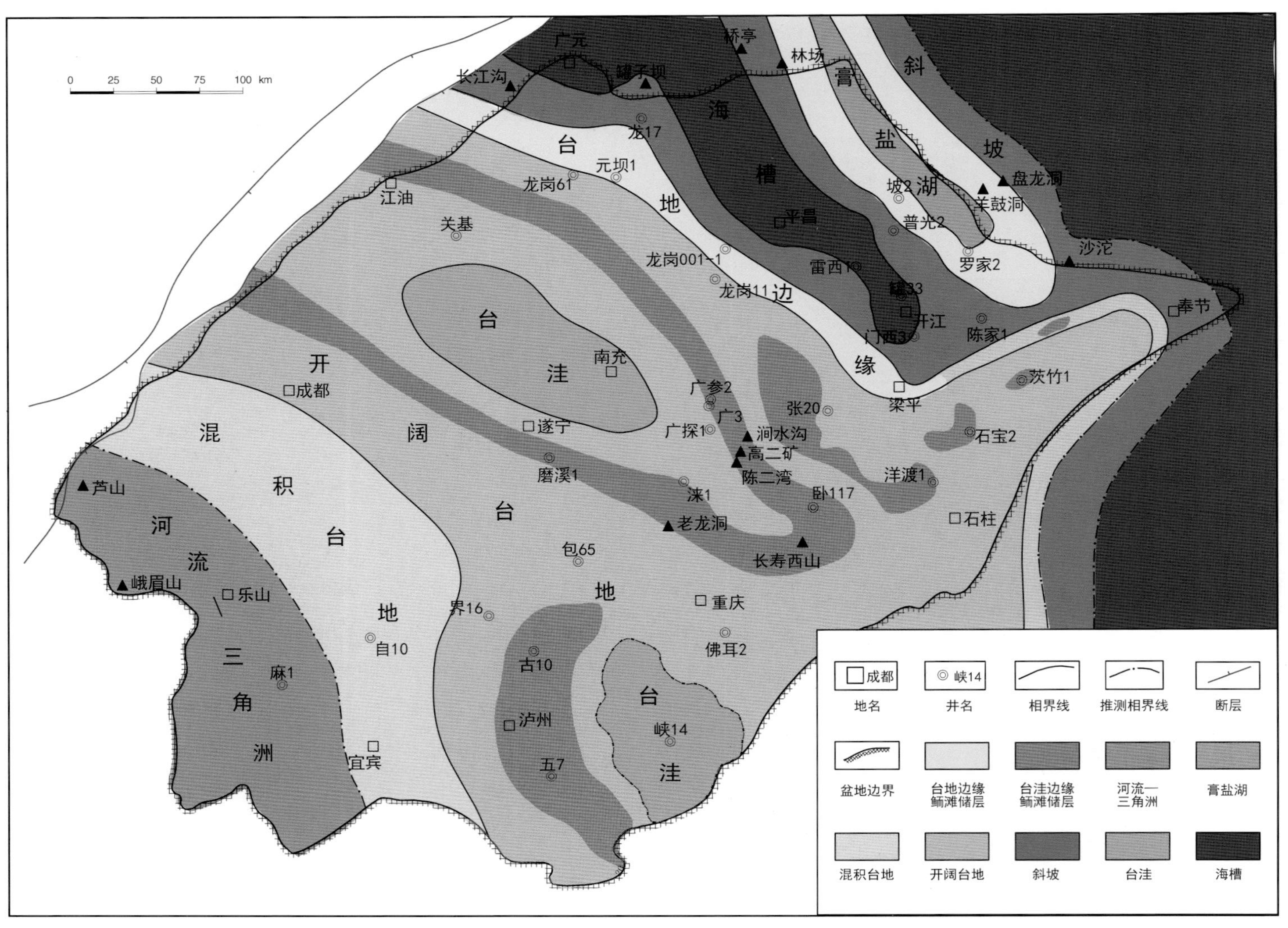

图6-56 四川盆地三叠系飞仙关组一—二段鲕滩储层分布预测图

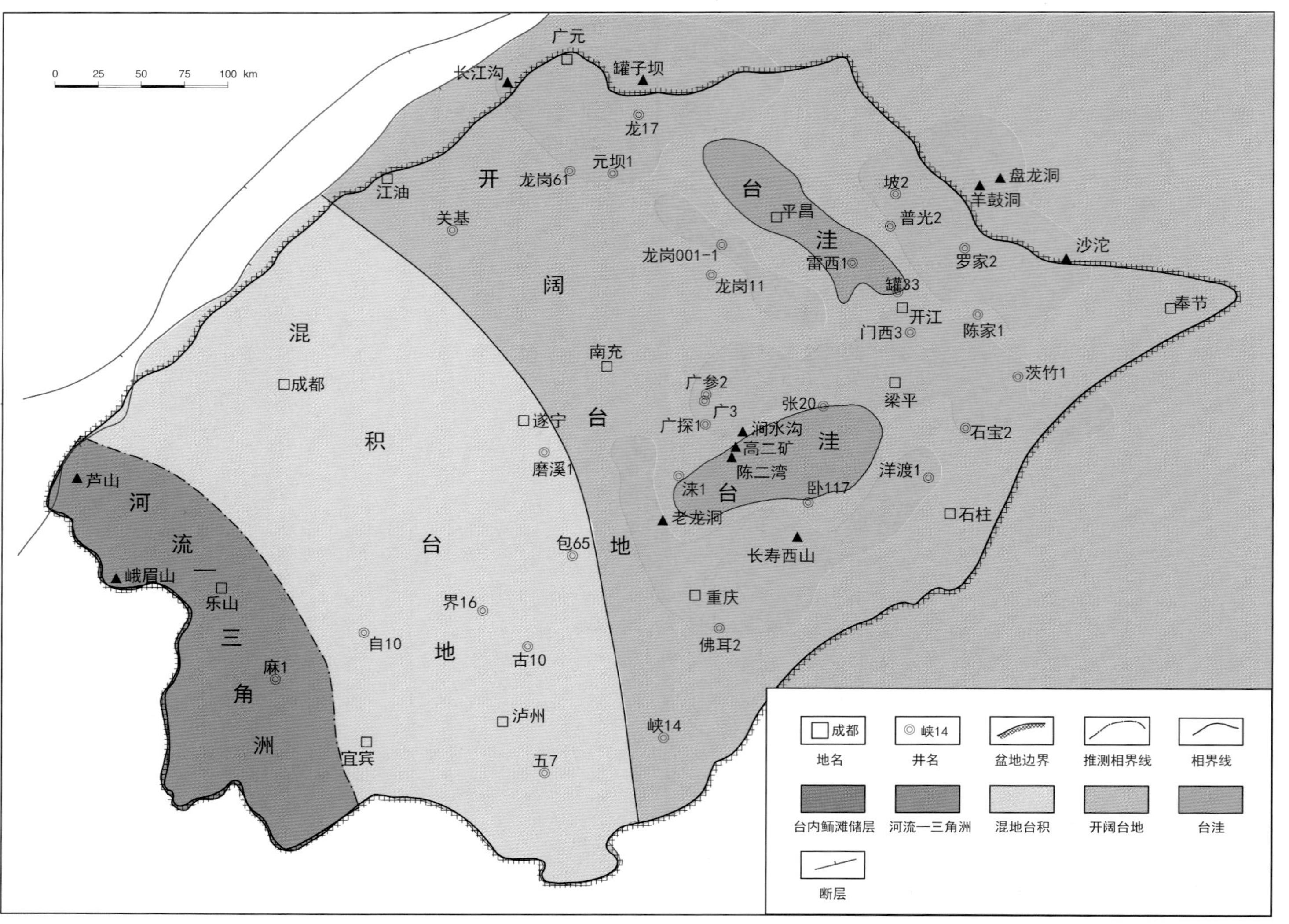

图 6–57　四川盆地三叠系飞仙关组三段鲕滩储层分布预测图

布；该类储层岩性主要是鲕粒石灰岩和云质鲕粒石灰岩，显示鲕滩白云石化程度较弱或未发生白云石化的特点；储集空间以粒内溶孔为主，孔隙间的连通靠构造裂缝；鲕粒石灰岩储层单层厚度相对较薄，但总厚度较大，是相对较好的储层，分布面积约 20000km^2。

台内鲕滩石灰岩储层发育于飞仙关组三段。随着台洼被充填，飞三段沉积时期的古地理格局总体表现为台内缓坡背景，鲕粒滩在盆地范围内广泛发育，尤其在早期发育海槽的周缘地区规模较大（图 6–57）。以川东草滩和龙会场气田为例，滩相储层主要是鲕粒石灰岩，发育粒内溶蚀孔，在有裂缝沟通时可以形成有效储集空间。该类储层单层厚度小，分布面积广，面积达 40000km^2。

3. 三叠系雷口坡组

雷口坡组发育白云岩型和岩溶型两类储层，其中白云岩型储层包括渗透回流白云岩储层和萨布哈白云岩储层，该类储层与沉积环境密切相关；岩溶型储层则表现为白云岩风化壳储层，该类储层受岩相和岩溶古地貌的双重控制。

萨布哈白云岩储层主要发育在雷一段，岩性主要为潟湖边缘潮坪相含膏颗粒白云岩及含膏泥粉晶白云岩；储集空间为石膏溶孔、粒间溶孔和白云石晶间孔，孔隙度 5% ～ 15%；储层单层厚度不大，一般几十厘米至 1m 左右，累计厚度可达 5 ～ 15m，川中磨溪、潼南、广安等地区储层厚度较大，最厚可达 25m；主要分布在川中泸州—开江古隆起以西地区，面积可达 3×10^4km^2（图 6–58）。

渗透回流白云岩储层主要发育在雷三段，储集岩为砂砾屑白云岩、藻粘结砂屑白云岩，主要储集空间为残余粒间孔、粒间溶孔和粒内溶孔。以中坝气田为例，平均孔隙度在 4.0% 以上，大于 1% 的占 80% 以上；平均渗透率在 3mD 以上，大于 0.01mD 占 70% 以上；储层厚度 40 ～ 80m，最厚可达 100m；主要沿龙门山前带分布，面积约 1×10^4km^2（图 6–59）。

白云岩风化壳储层可以发育于雷口坡组的不同层位，视剥蚀程度的不同可以出露雷一、二、三、四段，上覆须家河组陆相碎屑岩，主要岩性是含膏泥晶白云岩、粉细晶白云岩和颗粒白云岩，储集空间有残留粒间孔、铸模孔、粒内溶孔、晶间孔、膏模孔和裂缝；储层单层厚度小，但分布范围较广，在川中龙岗—元坝地区规模分布，面积约 3×10^4km^2；从龙岗 173 井日产超过 20×10^4m^3 稳产一年多的试采情况看，该类储层有良好的储集性能（图 6–60）。

（三）鄂尔多斯盆地

鄂尔多斯盆地的主体面积为 25×10^4km^2，奥陶系储层类型主要包括：(1) 盆地南缘礁滩储层；(2) 古隆起东部盐间萨布哈白云岩储层；(3) 古隆起鞍部马家沟组四段埋藏—热液改造型白云岩储层；(4) 古隆起中东部白云岩风化壳储层；(5) 古隆起西部上奥陶统受断裂控制岩溶储层。

以盆地 31 口区域探井的地层分层、岩心描述、薄片鉴定、常规测井解释为基础，结合其他钻井资料，并结合盆地北缘和西缘 6 条、南缘 8 条和东缘 1 条露头剖面资料，编制了盆地级规模储层分布图（图 6–61 至图 6–65）。

盆地南缘礁滩储层：主要依据淳 2、淳探 1、旬探 1、平 1 及耀参 1、永参 1、新耀 2 井资料，以及陇县背锅山、礼泉县东庄、淳化铁瓦殿、富平小园和将军山、耀县桃曲坡等露头剖面资料编制而成。目前可确认的礁带面积约 2500km^2，属礁滩白云岩型和礁滩岩溶

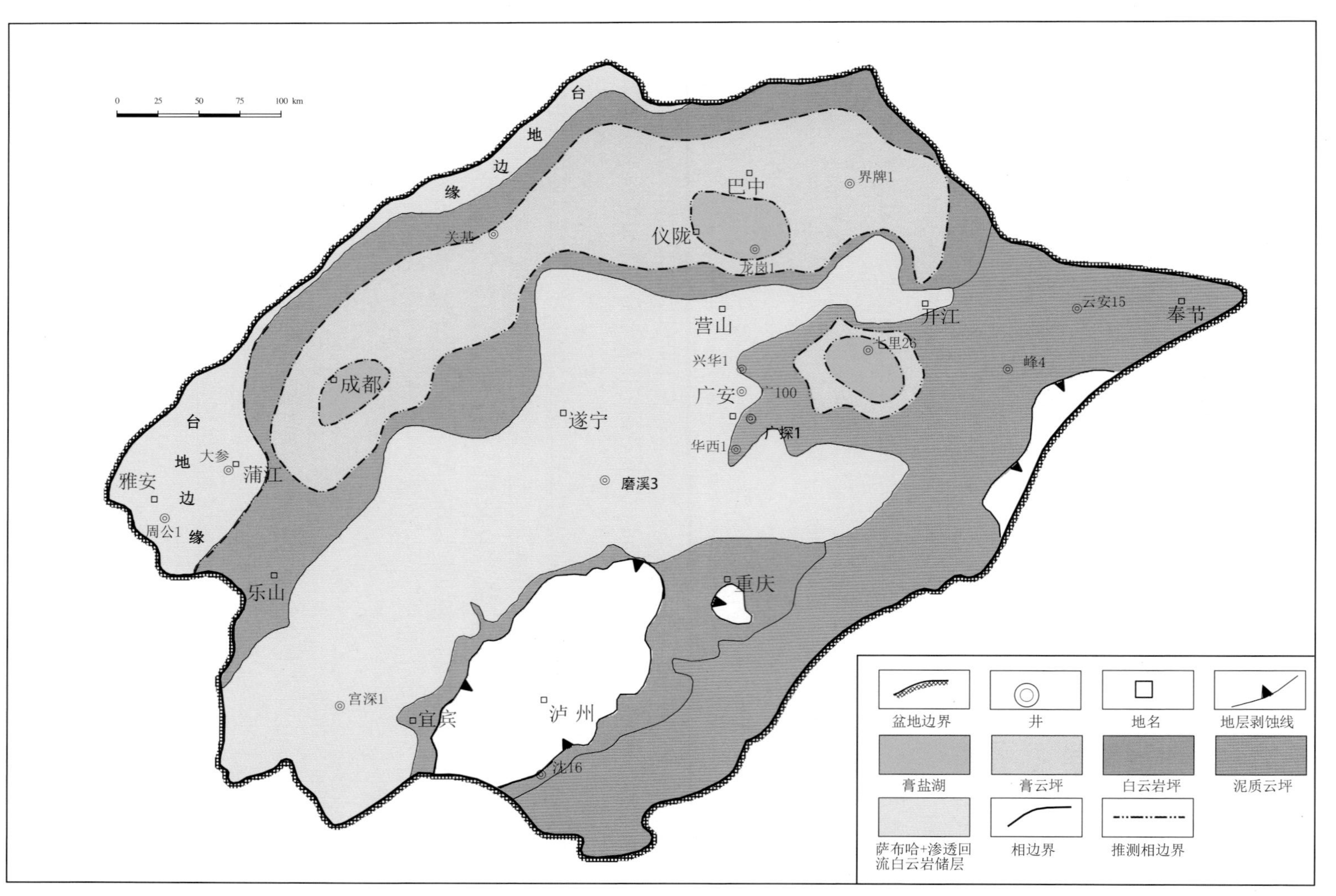

图 6–58 四川盆地三叠系雷口坡组一段萨布哈白云岩储层和渗透回流白云岩储层分布预测图

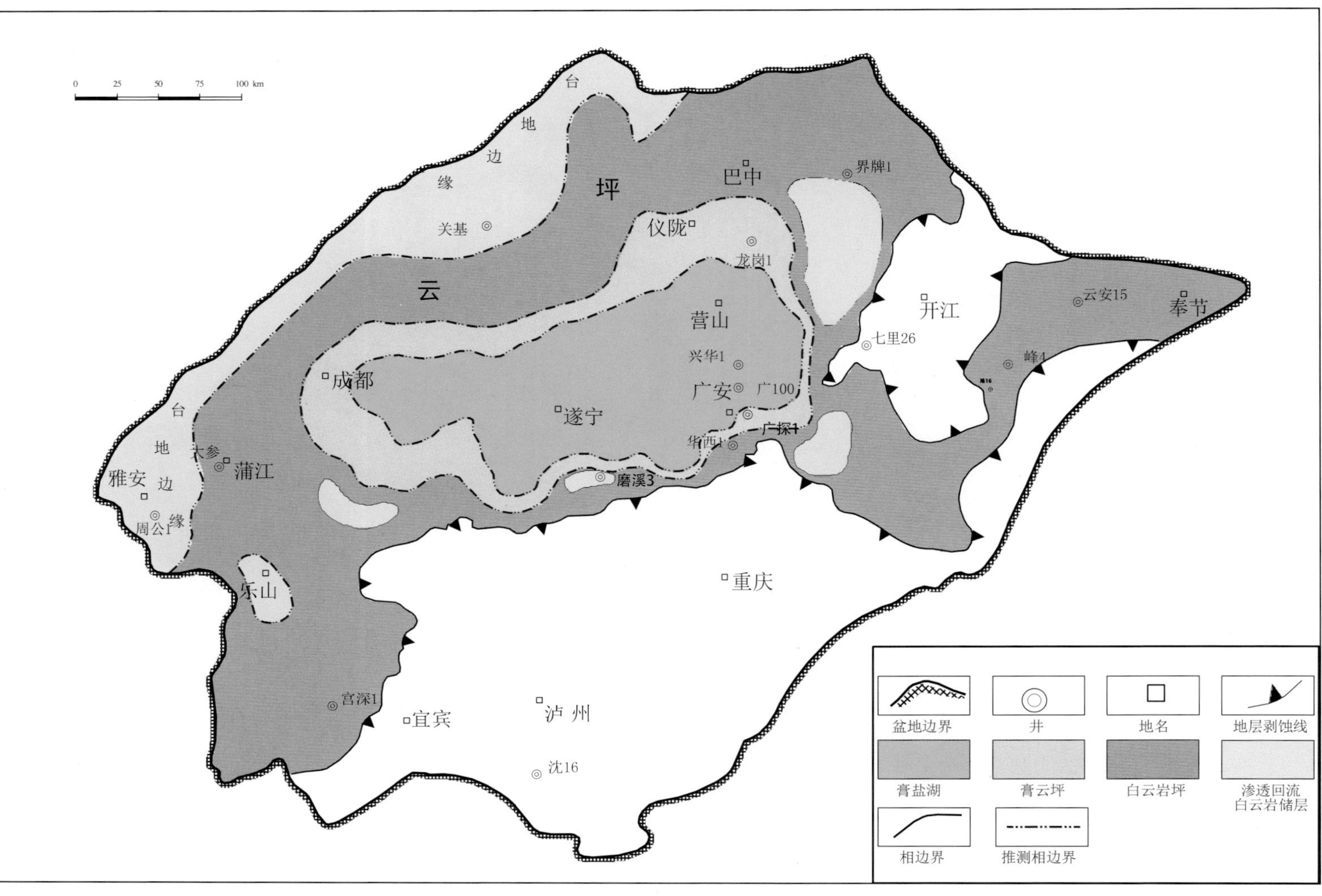

图 6–59 四川盆地三叠系雷口坡组三段渗透回流白云岩储层分布预测图

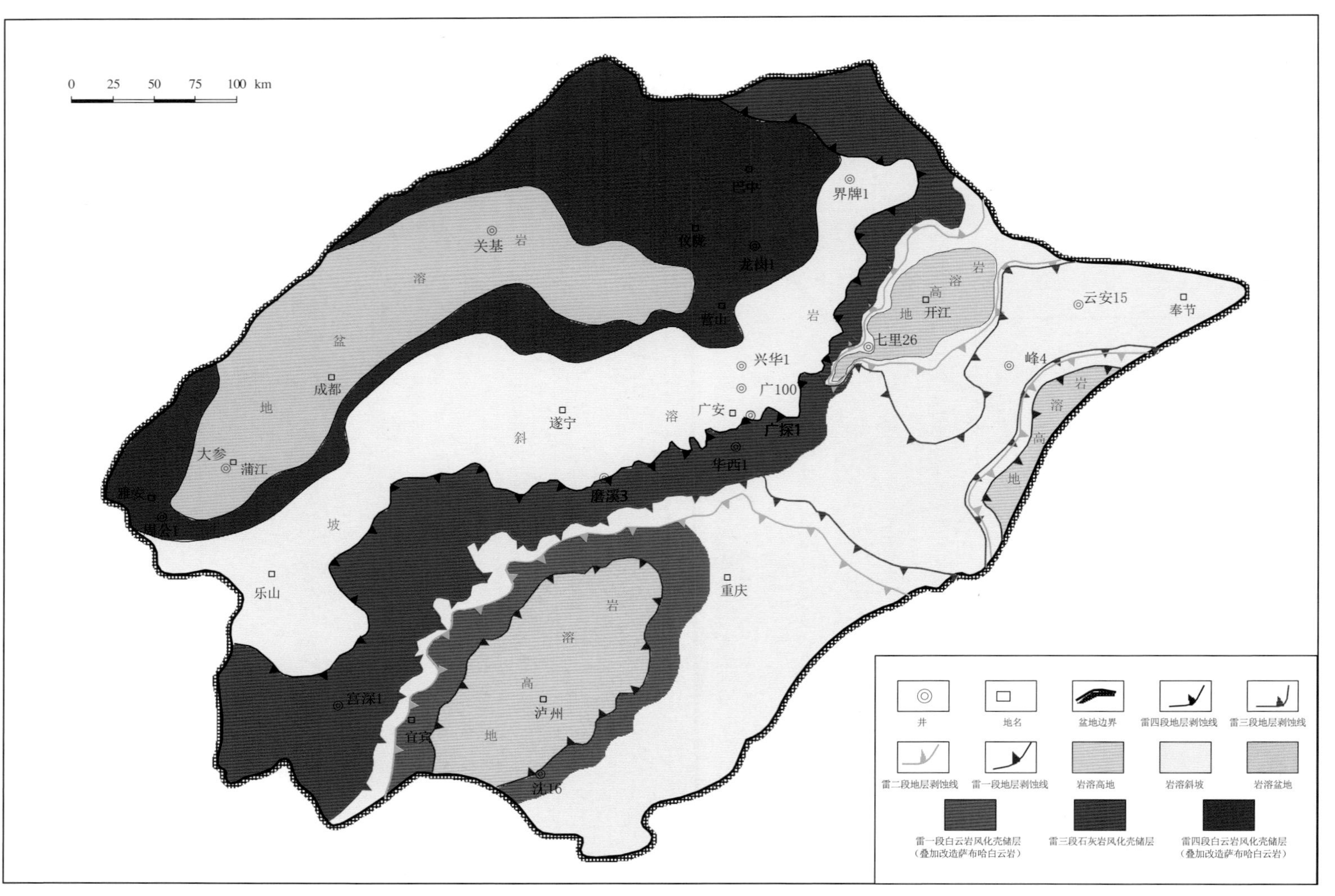

图 6–60　四川盆地三叠系雷口坡组顶部白云岩风化壳储层分布预测图

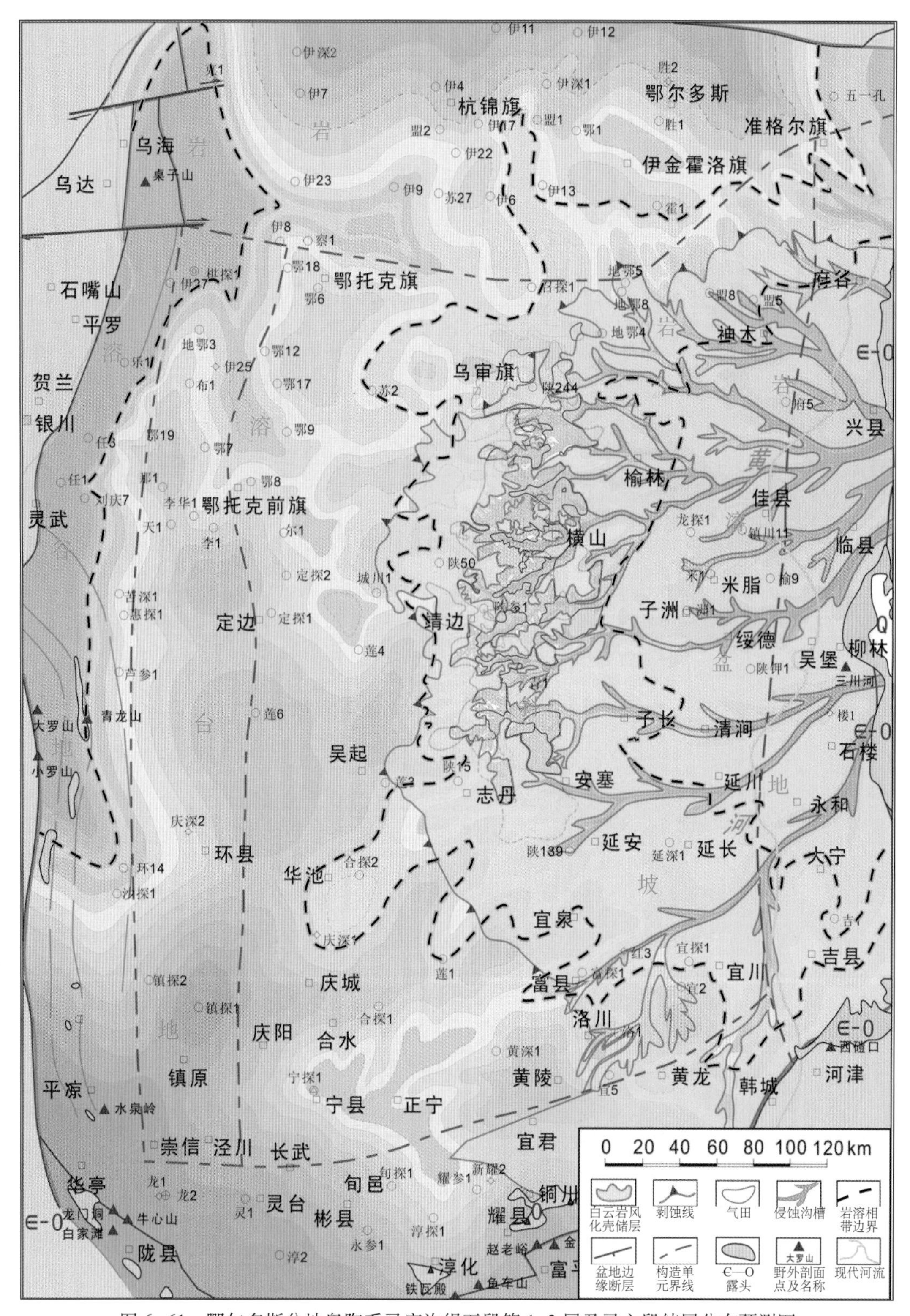

图 6–61 鄂尔多斯盆地奥陶系马家沟组五段第 1+2 层及马六段储层分布预测图

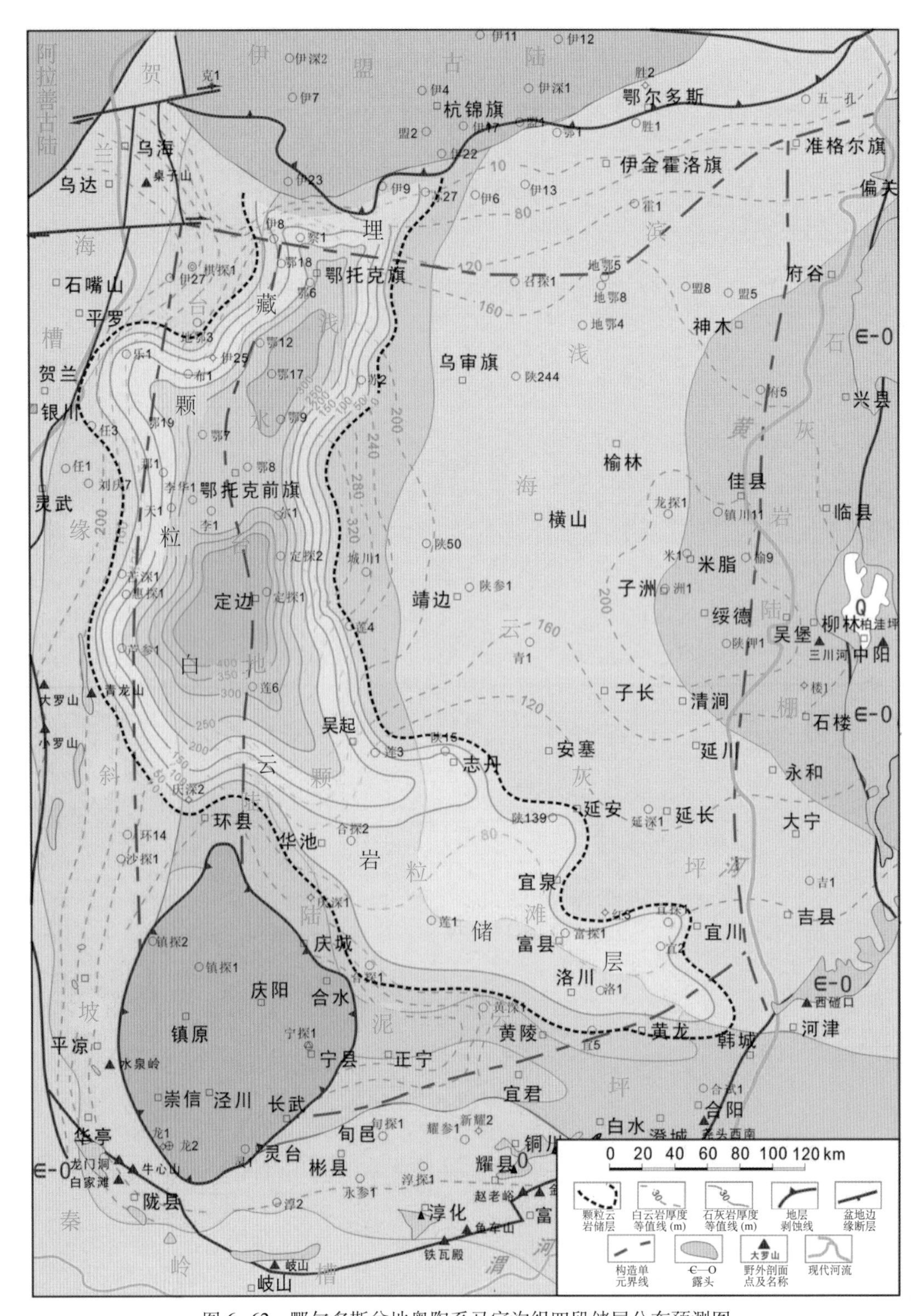

图 6–62 鄂尔多斯盆地奥陶系马家沟组四段储层分布预测图

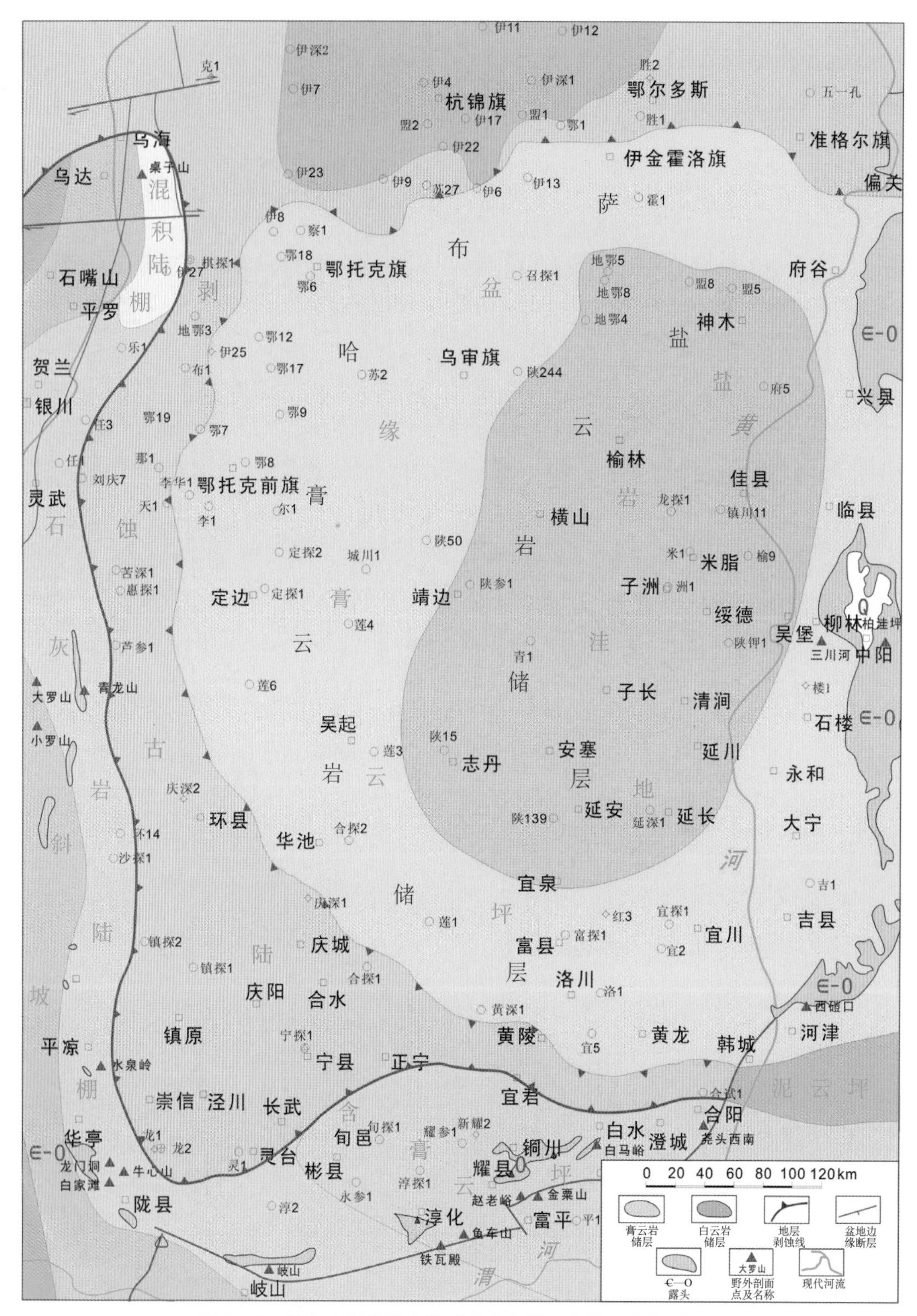

图 6-63　鄂尔多斯盆地奥陶系马家沟组三段储层分布预测图

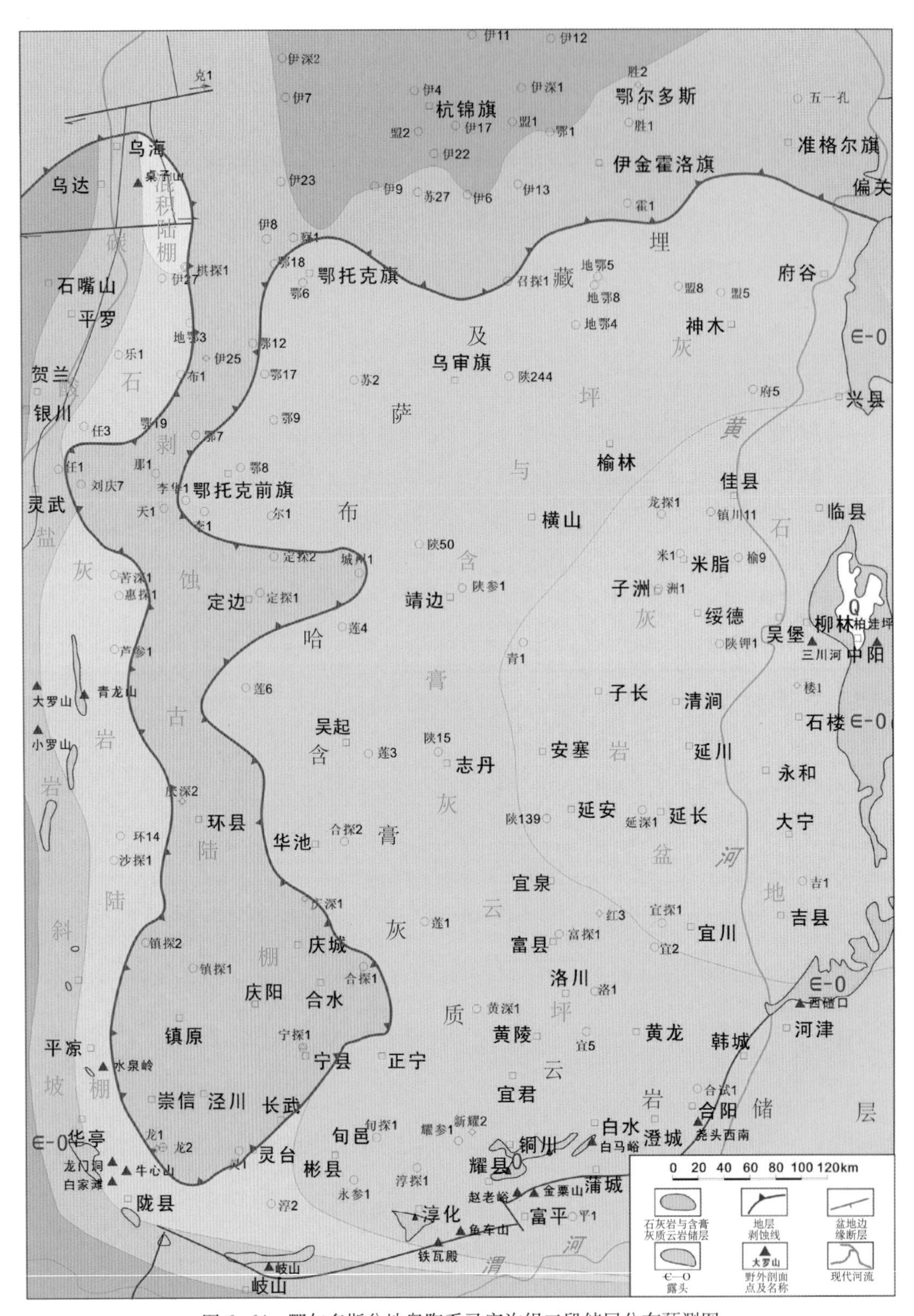

图 6-64　鄂尔多斯盆地奥陶系马家沟组二段储层分布预测图

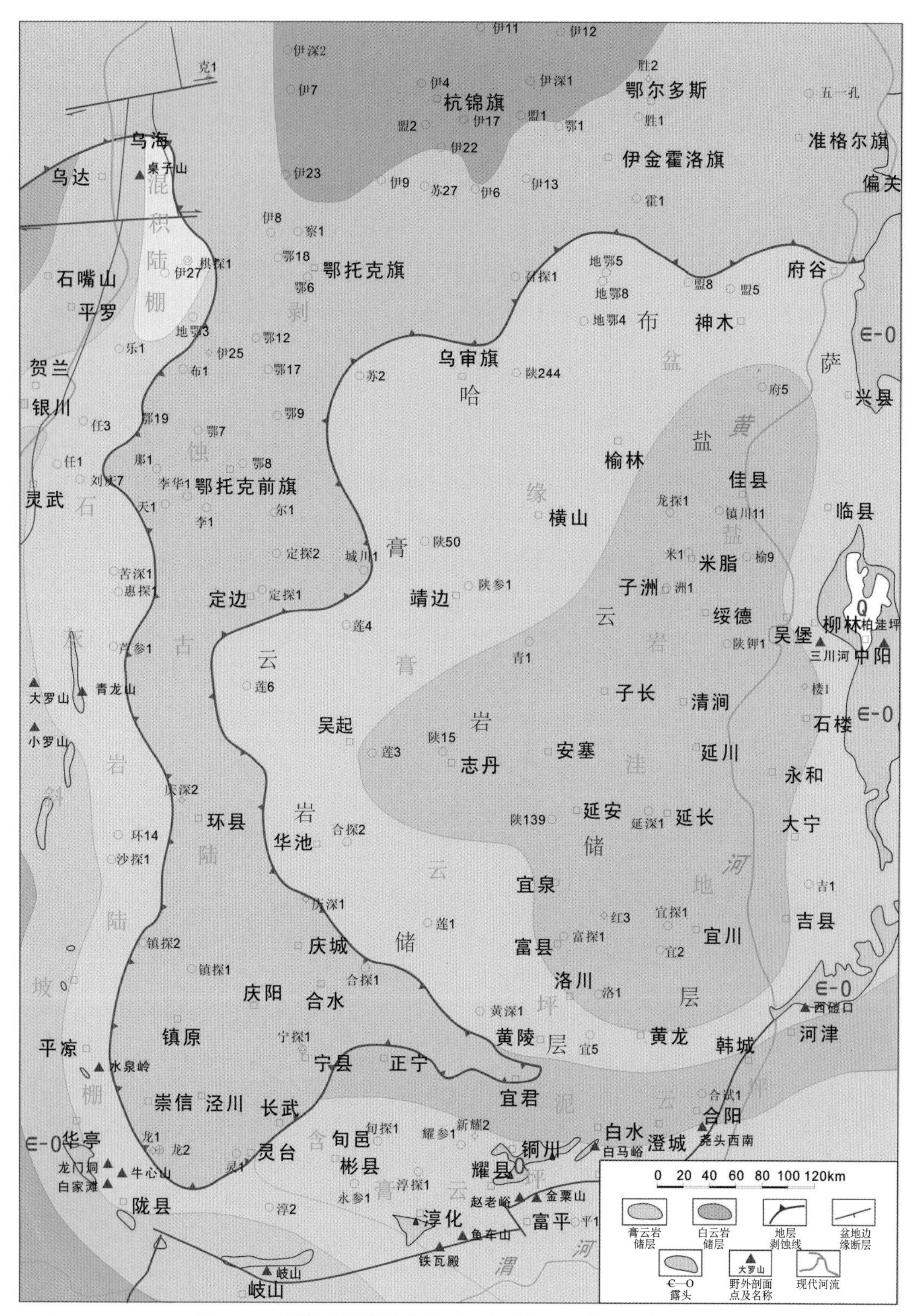

图 6–65　鄂尔多斯盆地奥陶系马家沟组一段储层分布预测图

型储层，兼具四川盆地环开江—梁平海槽长兴组与塔里木盆地塔中1号带良里塔格组礁滩储层的特征。

古隆起东部盐间萨布哈白云岩储层：主要依据榆9、龙探1、米1、陕参1、陕15、陕139、莲3、富探1、洛1、宜2、宜探1等井资料，并结合岩相古地理图编制而成。分布面积达 5×10^4km²，储集空间类型主要为晶间孔和晶间溶孔。

古隆起鞍部马家沟组四段埋藏—热液改造型白云岩储层：主要依据棋探1、鄂19、惠探1、那1、天1、天深1、定探1、定探2、莲3、莲6、庆深1、庆深2、黄深1、富探1、洛1、宜2、宜探1等井资料，并结合岩相古地理图编制而成。分布面积逾万平方千米，最大厚度达430m，呈现出一个超大型储集体的轮廓，其储集空间类型主要为晶间孔、晶间溶孔、溶蚀孔洞和大型溶洞。

古隆起西部上奥陶统受断裂控制岩溶储层：主要依据棋探1、伊8、伊25、苏39、鄂6、鄂7、鄂8、鄂9、鄂12、鄂19井、那1、天1、天深1、李1、李华1等井资料，并结合盆地西缘露头剖面如内蒙乌海—苏白沟、645厂东山、西来峰、焦化厂等剖面编制而成。目前钻井控制的分布面积约2500km²，具有垂直渗流带与水平潜流带双层结构，总体上充填程度较低、残余有效储集空间规模大，特别是垂向上多层溶洞叠置、平面上连片和纵横贯通、连通性好的特点，这非常类似于塔里木盆地南缘斜坡区奥陶系岩溶储层。

古隆起中东部白云岩风化壳储层：勘探成果最丰，编图所依据资料也最为丰富，几乎应用了上述所有探井的资料。分布面积近 8×10^4km²，其中仅马五$_1$分布面积就达 4×10^4km²，由硬石膏铸模孔与溶蚀孔洞和裂缝构成“三位一体”储集空间的储集体。

小　结

（1）规模储层发育的条件有物质基础、地质背景和成孔作用。

①受沉积相控制的沉积物特征是规模储层发育的物质基础，如多孔颗粒石灰岩沉积为礁滩、渗透回流和埋藏白云岩储层的规模发育奠定物质基础，膏云岩沉积为萨布哈白云岩储层的发育奠定物质基础，即使是岩溶储层，高能滩相的颗粒碳酸盐岩似乎更容易发生岩溶作用。

②地质背景对碳酸盐岩储层发育的控制表现在两个方面：一是地质背景对沉积作用的控制最终体现在对储层发育物质基础的控制上；二是地质背景对后生成岩改造的控制最终体现在对储层分布和规模的控制上。古隆起及宽缓的斜坡部位为顺层/潜山岩溶储层规模化发育提供地质背景；古气候和古地理为沉积型白云岩储层的规模化发育提供地质背景。

③同生期沉积—成岩环境控制早期孔隙发育，并为深层成岩流体的活动提供了通道；受多旋回构造运动控制的多期次溶蚀—溶滤作用控制岩溶孔洞、溶洞与裂缝的发育；流体—岩石相互作用导致的埋藏白云石化作用、埋藏溶蚀作用及热液作用控制了深层规模储层大面积多层系分布和保存。

（2）受规模储层发育条件的制约，不同类型储层有其特有的分布特征。

①礁滩体主要分布于台缘及台内：台缘带礁滩体呈条带状断续分布，台内礁滩体沿台洼周缘或平坦台地大面积层状分布。礁滩储层分布有两个特点：一是滩相沉积是有效储层，礁核相的格架岩往往比较致密或礁核相格架岩不发育；二是有效储层主要分布于三级及四级层序界面之下向上变浅序列的台缘或台内礁滩体的上部，可能与储集空间主要形成于大气淡水成岩环境不稳定碳酸盐矿物相的溶解有关，埋藏白云石化形成的晶间孔是对早期孔隙的继承和调整。

②后生溶蚀—溶滤型储层可从古隆起高部位经斜坡区一直延伸到向斜区低部位。岩溶缝洞平面上似层状大面积分布，主要分布在距不整合面 0 ~ 50m 的深度范围，垂向上受多期岩溶作用的控制呈楼房式多套叠置。与断层或裂缝相关的垂向岩溶作用形成的缝洞垂向上呈串珠状、平面上呈带状—栅状分布，距不整合面的深度可以更大。

③沉积型白云岩储层的分布主要受古气候和沉积相带控制，储层主要发育于蒸发环境潮间—潮上坪含膏（膏质）泥粉晶白云岩、蒸发台地及台缘带礁滩白云岩中，有效储层位于层序界面之下向上变浅旋回的上部。层序界面代表的暴露和溶蚀时间越长，有效储层发育的厚度越大，顺层序界面呈层状叠置分布。

④沉积期或沉积后不久建立起来的高孔隙度—渗透率带最容易发生埋藏白云石化作用，热液白云石化和热液溶蚀作用受断裂、裂缝及不整合面控制，所以，埋藏—热液改造型白云岩储层往往在原始沉积相带和断裂系统的约束下，在深层形成条带状、斑块状或似层状大面积分布的有效储集体。

（3）以塔里木盆地和四川盆地为例，系统分析了测井储层类型（孔洞型储层、裂缝型储层、裂缝—孔洞型储层、洞穴型储层、热液白云岩储层）的测井响应特征，建立了测井储层类型与基于储层特征和成因研究的储层成因类型之间的关系，为利用测井资料综合分析储层成因类型提供了依据。

（4）以塔里木盆地和四川盆地为例，系统分析了礁滩储层、岩溶储层和白云岩储层的地震响应特征，尤其是礁滩储层的地震识别技术和岩溶储层的缝洞雕刻技术，为利用地震资料预测储层分布提供了技术手段。

（5）应用地质—测井—地震一体化的储层预测技术，预测了塔里木盆地、四川盆地和鄂尔多斯盆地重点勘探层位的区域储层分布，为有利勘探区带评价提供了依据。

结 束 语

由于我国海相碳酸盐岩多位于叠合盆地中深层的古生界及中生界中—下部，如塔里木盆地和鄂尔多斯盆地的寒武—奥陶系、四川盆地的古生界及三叠系，经历了多旋回构造运动的叠加改造，具沉积类型多样、年代古老、时间垮度长、埋藏深度大、埋藏—成岩史漫长而复杂的特点，这导致了中国海相碳酸盐岩储层类型多样，成因和分布复杂。

一、中国海相碳酸盐岩储层的特殊性

（一）碳酸盐岩储层类型多样

中国海相碳酸盐岩储层可划分为 3 大类 12 个亚类，而且不同类型储层都有典型的油气藏或工业油气流井实例，但三大盆地的规模储层又各有各的特色。

虽然塔中北斜坡良里塔格组发育有礁滩储层，但塔里木盆地的规模储层主要为后生溶蚀—溶滤型岩溶储层，如轮南低凸起奥陶系石灰岩潜山岩溶储层、塔北南缘围斜区奥陶系顺层岩溶储层、牙哈—英买力地区寒武系白云岩风化壳储层、英买 1–2 井区奥陶系受断裂控制岩溶储层、塔中北斜坡鹰山组层间岩溶储层（叠加热液作用改造）等，不整合面、断裂及表生岩溶作用（包括热液作用）控制了岩溶储层的发育和分布。

四川盆地规模储层主要为白云石化的礁滩储层，如川东石炭系黄龙组颗粒白云岩储层、环开江—梁平海槽龙岗和普光地区长兴组生物礁白云岩和飞仙关组鲕滩白云岩储层、川东北孤立碳酸盐岩台地飞仙关组鲕滩白云岩储层、川西北中坝地区雷口坡组颗粒白云岩储层等，礁滩沉积为规模储层的发育奠定了物质基础，白云石化作用及溶解作用是孔隙发育和保存的关键。白云石化作用可以发生于与蒸发气候相关的同生期，也可以发生于埋藏期。

鄂尔多斯盆地靖边气田的储层类型实际上是马家沟组五段与蒸发潮坪相关的萨布哈白云岩储层叠加了表生期风化壳岩溶作用的改造，形成了现今的白云岩风化壳储层。塔里木盆地牙哈—英买力地区寒武系、四川盆地雷口坡组也发育有白云岩风化壳储层，但三者之间有明显的区别。

总之，我国海相小克拉通盆地储层类型齐全，沉积—成岩型、层间—层内溶滤型、埋藏—热液型储层占主导地位，并规模发育。

（二）碳酸盐岩储层成因特殊

中国海相碳酸盐岩储层的发育受以下四个方面的因素控制：(1) 受沉积相控制的沉积物特征构成了储层发育的物质基础，尤其是沉积型礁滩储层，埋藏白云岩储层的原岩以高能滩相沉积为主；(2) 蒸发的古气候背景及沉积相带控制了沉积型白云岩储层的发育，含膏（或膏质）泥晶白云岩和粒屑白云岩是储层的主要载体；(3) 多旋回构造运动控制了后生溶蚀—溶滤型岩溶储层多层系大面积的发育；(4) 漫长而复杂的埋藏史控制了埋藏—热液改造型白云岩储层的发育和保存。

中国海相叠合盆地碳酸盐岩储层大多是多种建设性成岩作用长期叠合成因的。如塔中良里塔格组礁滩储层，物质基础、同生期大气淡水淋溶及埋藏溶解作用共同控制了储层的发育；塔中鹰山组层间岩溶储层明显叠加了晚期热液作用的改造，导致沿断裂分布的热液白云岩及热液溶蚀孔洞的发育；牙哈—英买力地区寒武系白云岩风化壳储层，多期次的白云石化作用、喀斯特岩溶作用及热液作用共同控制了储层的发育；轮南低凸起的潜山岩溶储层和塔北南缘奥陶系顺层岩溶储层是受多旋回构造运动控制的多期次岩溶作用叠合的结果。四川盆地环开江—梁平海槽长兴组礁滩储层，物质基础、埋藏白云石化作用及埋藏溶蚀作用，甚至热液作用共同控制了储层的发育；环开江—梁平海槽飞仙关组鲕滩白云岩储层，物质基础、同生期大气淡水淋溶及多期次白云石化作用，甚至埋藏溶蚀作用共同控制了储层的发育；川东地区石炭系黄龙组渗透回流白云岩储层，物质基础、同生期大气淡水淋溶及多期次白云石化作用，甚至埋藏溶蚀作用共同控制了储层的发育；靖边气田白云岩风化壳储层是同生期大气淡水淋溶、萨布哈白云石化作用叠加表生喀斯特岩溶作用的产物。

需要指出的是，即使储层的成因是多种建设性成岩作用长期叠合的结果，但总有其主控因素决定储层的规模发育。如轮南低凸起的潜山岩溶储层和塔北南缘奥陶系顺层岩溶储层，虽然是受多旋回构造运动控制的多期次岩溶作用叠合的结果，但主控因素分别为喀斯特岩溶作用和顺层岩溶作用。

总之，顺层和层间岩溶作用形成似层状、大面积分布的有效储层，拓展了勘探范围。埋藏白云石化与热液作用控制深层有效储层规模发育，拓展了勘探深度。

（三）碳酸盐岩规模储层分布复杂

正因为中国海相叠合盆地碳酸盐岩储层成因的特殊性，导致了碳酸盐岩储层分布的特殊性，表现为不同类型碳酸盐岩储层垂向上相互叠置，侧向上相互交替，优质储层的发育不受深度的限制。

以塔里木盆地英买力地区英买 4 井为例阐述不同类型碳酸盐岩储层垂向上的相互叠置。蓬莱坝组垂向上以发育多套埋藏白云岩储层为主，晶间孔和晶间溶孔发育，距侏罗系和鹰山组之间的不整合面深度超过 200m；鹰山组为一套石灰岩和白云岩互层的地层，白云岩晶间孔和晶间溶孔发育，与蓬莱坝组一样是一套典型的埋藏白云岩储层，而石灰岩地层垂向上发育多套缝洞系统，分别漏失钻井液和清水 $439.8m^3$ 和 $240m^3$，距侏罗系和鹰山组之间的不整合面深度小于 200m。英买 4 井展示了 3 套埋藏白云岩储层和两套后生溶蚀—溶滤型岩溶储层的垂向叠置。塔中北斜坡垂向上发育 3 套储层，分别为良里塔格组的礁滩储层、鹰山组的层间岩溶储层叠加热液作用的改造、蓬莱坝组的埋藏白云岩储层，不同类型储层呈楼房式多套叠置展布。

以四川盆地雷口坡组白云岩风化壳储层为例阐述不同类型碳酸盐岩储层侧向上的相互交替。前已述及，雷口坡组视剥蚀强度的不同可出露雷一段至雷四段不同层位的地层，上覆地层为须家河组陆相碎屑岩。不整合面之下雷口坡组白云岩风化壳储层的岩溶缝洞并不是很发育，而且大被充填或半充填，构不成优质储层，但是缝洞的围岩可以是优质的渗透回流白云岩储层（出露雷三段时）或萨布哈白云岩储层（出露雷一段时），不同类型储层侧向上相互交替，构成不整合面之下大面积分布的优质储层。塔里木盆地牙哈—英买力地区寒武系为白云岩风化壳储层与埋藏白云岩储层侧向上相互交替；鄂尔多斯盆地马家沟组五段为白云岩风化壳储层与萨布哈白云岩储层侧向上相互交替。

勘探实践已经证实，碳酸盐岩优质储层的发育不受深度的限制，与碎屑岩储层不同，物性与深度之间没有必然的对应关系，深层存在孔隙发育与保存的机理。塔里木盆地轮东

1井埋深6800m仍发育洞高4.50m的大型洞穴，塔深1井埋深6000～7000m，大型溶洞仍完好保存，8000m井深白云岩溶蚀孔洞发育。美国阿纳达科盆地志留系碳酸盐岩气藏埋藏深度8000～9000m，可采储量$792.87\times10^8m^3$，岩性为不整合面之下的石灰岩和白云岩，孔隙类型有粒内溶孔、砾间孔和溶蚀孔洞、溶蚀扩大的裂缝。四川盆地通南巴地区元坝侧1井于二叠系长兴组7360～7390m测试获气，无阻流量达$50\times10^4m^3/d$。

规模储层发育条件有地质背景、物质基础和成孔机理。古隆起及宽缓的斜坡部位为深层顺层/潜山岩溶储层规模化发育提供地质背景，古气候和古地理为沉积型白云岩储层的规模化发育提供地质背景；高能相带沉积为礁滩和埋藏白云岩储层的规模发育奠定物质基础；受多旋回构造运动控制的多期次溶蚀—溶滤作用、埋藏白云石化作用及热液作用控制了深层规模储层大面积多层系分布和保存。

二、中国海相碳酸盐岩特殊性成因

多旋回构造运动的叠加改造是导致中国海相叠合盆地碳酸盐岩储层成因和分布特殊性的重要原因，表现在以下三个方面：(1)同生期沉积—成岩环境控制早期孔隙发育，并为深层成岩流体活动提供通道；(2)多旋回构造运动控制多期次岩溶孔洞、溶洞与裂缝的发育；(3)流体—岩石相互作用控制深部溶蚀与孔洞的发育。

同生期沉积—成岩环境对早期孔隙发育的控制主要表现在海平面下降导致沉积物暴露，大气淡水对不稳定矿物相（高镁方解石、文石、石膏和盐岩）的组构选择性溶解形成膏溶孔、铸模孔、粒间及粒内溶孔等，以基质孔为主，相对比较均质。如前述的沉积型礁滩储层和沉积型白云岩储层的储集空间主要形成于早期，并为深层成岩流体的活动提供了通道。

多旋回构造运动对多期次岩溶孔洞、溶洞与裂缝发育的控制主要表现在碳酸盐岩地层的风化剥蚀和岩溶缝洞的形成上，形成不同类型的后生溶蚀—溶滤型岩溶储层，岩溶缝洞是非组构选择性溶蚀形成的，具有极强的非均质性。

流体—岩石相互作用对深部溶蚀与孔洞发育的控制主要表现在碳酸盐岩地层受有机酸、盆地热卤水、TSR和热液作用的影响形成非组构选择性溶蚀孔洞和洞穴上，早期的继承性孔隙和断裂是深部流体重要的通道，埋藏—热液改造型白云岩储层主要形成于这一阶段。表生期形成的沉积型礁滩储层、沉积型白云岩储层和后生溶蚀—溶滤型岩溶储层进入埋藏环境同样可以受到深部流体的溶蚀改造，使储层物性得到进一步的改善。

总之，碳酸盐岩储层的储集空间可以形成于成岩过程的各个阶段，同生期不稳定矿物相的溶解作用、表生期碳酸盐岩的岩溶作用及埋藏期深部流体的溶蚀作用均可发育不同类型的储集空间，形成不同的叠加改造方式和储层类型，这是导致中国海相叠合盆地碳酸盐岩储层成因和分布特殊性的重要原因。

参考文献

陈国俊，王琪，孟自芳，郑建京 . 2002. 塔里木盆地西部寒武—奥陶系储层分布特征 . 新疆地质，z1：91–95.

昌俊杰，罗顺社，王正允，魏新善，门福信 . 2008. 靖边潜台南部奥陶系马五 1 亚段储层特征研究 . 石油地质与工程，22（5）：41–43.

陈景山，李忠，王振宇，谭秀成，李凌，马青 . 2007. 塔里木盆地奥陶系碳酸盐岩古岩溶作用与储层分布 . 沉积学报，25（6）：858–868.

陈善勇 . 2004. 塔里木盆地轮古西地区奥陶系古岩溶储层特征 . 西安石油大学学报（自然科学版），19（4）：9–12.

代宗仰，徐世琦，尹宏，杨天泉 . 2007. 乐山—龙女寺寒武和奥陶系储层类型研究 . 西南石油大学学报，29（4）：16–20.

代宗仰，周翼等 . 2001. 塔中央上奥陶统礁、滩相储层的特征及评价 . 西南石油学院学报，23（4）：1–4.

丁熊，谭秀成，罗冰，黄勇斌，范玲 . 2008. 基于灰色模糊理论的多参数碳酸盐岩储层评价 . 西南石油大学学报，30（5）：88–92.

傅海成，张承森，赵良孝，李玉兰，袁仕俊，郭海霞 . 2006. 塔里木盆地轮南奥陶系碳酸盐岩储层类型测井识别方法 . 西安石油大学学报（自然科学版），21（5）：38–41.

范嘉松，郭丽 . 2000. 川东上二叠统礁相及其储集层特征 . 海相油气地质，5（2）：152–152.

范嘉松，王予卯，等 . 2002. 广西西部二叠纪生物礁中的海绵、水螅动物化石 . 古生物学报，41（3）：334–348.

范嘉松，闻传芬 . 1992. 贵州中三叠世生物礁的再研究：三叠纪钙结壳的发现 . 科学通报，37（5）：438–440.

范嘉松，吴亚生 . 1992. 我国生物礁研究中的问题及发展方向 . 石油与天然气地质，13（4）：463–464.

范嘉松，吴亚生 . 2002. 川东二叠纪生物礁的再认识 . 石油与天然气地质，23（1）：12–18.

范嘉松，吴亚生 . 2002. 广西、贵州和川东二叠纪生物礁的钙藻化石及其古生态环境 . 微体古生物学报，19（4）：337–347.

范嘉松，吴亚生 . 2004. 从塔北隆起奥陶纪钙藻化石探讨奥陶纪的古环境 . 微体古生物学报，21（3）：251–266.

方少仙，侯方浩等 . 2003. 上震旦统灯影组中非叠层生态系蓝细菌白云岩 . 沉积学报，21（1）：96–105.

方少仙，侯方浩，李凌，王兴志，罗玉宏，王安平，李俊良，白洋 . 2000. 四川华蓥山以西石炭系黄龙组沉积环境的再认识 . 海相油气地质，5（2）：158–166.

顾家裕，张兴阳，罗平，罗忠，方辉 . 2005. 塔里木盆地奥陶系台地边缘生物礁、滩发育特征 . 石油与天然气地质，26（3）：277–283.

顾家裕 . 1999. 塔里木盆地轮南地区下奥陶统碳酸盐岩岩溶储层特征及形成模式 . 古地理学报，1（1）：54–60.

何江，方少仙，侯方浩，杨西燕 . 2009. 鄂尔多斯盆地中部气田中奥陶统马家沟组岩溶型储层特征 . 石油与天然气地质，3：350–356.

何江，沈昭国，方少仙，侯方浩，傅锁堂，徐黎明，马振芳，阎荣辉 . 2007. 鄂尔多斯盆地中部前石炭纪岩溶古地貌恢复 . 海相油气地质，12（2）：8–16.

侯方浩，方少仙，沈昭国，董兆雄，蒋裕强 . 2005. 白云岩体表生成岩裸露期古风化壳岩溶的规模 . 海相油气地质，10（1）：19–30.

侯方浩，王安平 . 1999. 四川震旦系灯影组天然气藏储渗体的再认识 . 石油学报，20（6）：16–21.

侯方浩，吴诒，等 . 2002. 鄂尔多斯盆地中奥陶统马家沟组沉积环境模式 . 海相油气地质，7（1）：38–46.
侯方浩，吴诒，等 . 2003. 鄂尔多斯盆地中奥陶统马家沟组沉积环境与岩相发育特征 . 沉积学报，21（1）：106–112.
何莹，胡东风，张箭，黎平，盘昌林，王岩，刘大成 . 2008. 四川盆地大湾—毛坝—铁山坡地区飞仙关组储层特征及其主控因素 . 中国地质，35（5）：922–939.
黄思静，Hairuo QING，胡作维，王春梅，郜晓勇，邹明亮，王庆东 . 2007. 四川盆地东北部三叠系飞仙关组碳酸盐岩成岩作用和白云岩成因的研究现状和存在问题 . 地球科学进展，22（5）：495–503.
黄先平，杨雨 . 2003. 川东北部地区下三叠统飞仙关组鲕滩储层发育控制因素及地质分布规律 . 海相油气地质，8（3）：89–97.
蒋裕强，董兆雄，陈善勇，方少仙 . 2006. 千米桥地区奥陶纪海底及浅埋藏环境白云石化作用 . 西部探矿工程，18（9）：111–113.
孔金平，刘效曾 . 1998. 塔里木盆地塔中地区奥陶系碳酸盐岩储层空隙研究 . 矿物岩石，18（3）：25–33.
库丽曼，刘树根，徐国强，李国蓉 . 2004. 和田古隆起区下古生界碳酸盐岩储层特征 . 天然气工业，24（6）：25–29.
旷红伟 . 1999. 塔里木盆地轮南地区中奥陶统储层特征研究 . 江汉石油学院学报，21（4）：33–35.
雷卞军，强子同 . 1991. 川东上二叠统生物礁成岩作用与孔隙演化 . 石油与天然气地质，12（4）：364–375.
雷卞军，强子同 . 1994. 川东及邻区上二叠统生物礁的白云岩化 . 地质论评，40（6）：534–543.
李知维，沈昭国，侯方浩，方少仙，蒋裕强 . 2006. 四川盆地川中—川南过渡带中三叠统雷口坡组雷一^{1}亚段储集层特征及发育环境 . 内蒙古石油化工，32（6）：90–93.
李昌，周肖，寿建峰，徐美茹，张荣虎 . 2010. FMI 测井技术在川东北地区碳酸盐岩溶孔溶洞型储层评价中的应用 . 海相油气地质，15（3）：59–64.
李瑞，杨光惠，胡奇凯 . 2003. 鄂尔多斯盆地碳酸盐岩储层测井产能预测研究 . 勘探地球物理进展，26（2）：109–113.
李越，王建坡，沈安江，黄智斌 . 2007. 新疆巴楚中奥陶统上部一间房组瓶筐石礁丘的演化意义 . 古生物学报，46（3）：347–354.
林忠民 . 2002. 塔河油田奥陶系碳酸盐岩储层特征及成藏条件 . 石油学报，23（3）：23–26.
刘成川，向丹，黄大志 . 2005. 川东北 PG 构造三叠系飞仙关组台缘鲕滩储层特征 . 天然气工业，25（7）：17–19.
刘树根，马永生，王国芝，蔡勋育，黄文明，张长俊，徐国盛，雍自权，盘昌林 . 2008. 四川盆地震旦系—下古生界优质储层形成与保存机理 . 油气地质与采收率，15（1）：1–5.
刘玉魁，郑多明，王建宁，闵磊，吴建国，冯游文 . 2005. 塔里木盆地英买力低凸起奥陶系碳酸盐岩储层特征及其成岩作用 . 天然气地球科学，16（5）：587–591.
鲁新便，吴铭东，等 . 2002. 塔河油田下奥陶统碳酸盐岩储层对比及储层剖面模型 . 新疆地质，20（3）：196–200.
陆正元，罗平 . 2003. 四川盆地下二叠统断层与缝洞发育关系研究 . 成都理工大学学报（自然科学版），30（1）：64–68.
吕修祥，杨宁， 扬海军，李建交 . 2008. 塔里木盆地断裂活动对奥陶系碳酸盐岩储层的影响 . 中国科学，D 辑，S1.
马永生，储昭宏 . 2008. 普光气田台地建造过程及其礁滩储层高精度层序地层学研究 . 石油与天然气地质，29（5）：548–556.
苗继军，贾承造，邹才能，邓述友，苟柱明，宋玉斌，侯向辉 . 2007. 塔中地区下奥陶统岩溶风化壳储层特征与勘探领域 . 天然气地球科学，18（4）：497–500，606.
莫午零，吴朝东 . 2006. 碳酸盐岩风化壳储层的地球物理预测方法 . 北京大学学报（自然科学版），42（6）：

704–707.
倪新锋，王招明，杨海军，沈安江，张丽娟，乔占峰，郑兴平，赵宽志 . 2010. 塔北地区奥陶系碳酸盐岩储层岩溶作用 . 油气地质与采收率，17（5）：1–5.
倪新锋，杨海军，沈安江，张丽娟，乔占峰，赵宽志，韩利军 . 2010. 塔北地区奥陶系灰岩段裂缝特征及其对岩溶储层的控制 . 石油学报，31（6）：15–23.
倪新锋，张丽娟，沈安江，乔占峰，韩利军 . 2010. 塔里木盆地英买力—哈拉哈塘地区奥陶系岩溶储集层成岩作用及孔隙演化 . 古地理学报，12（4）：467–479.
潘文庆，刘永福，Dickson J A D，沈安江，韩杰，叶瑛，高宏亮，关平，张丽娟，郑兴平 . 2009. 塔里木盆地下古生界碳酸盐岩热液岩溶的特征及地质模型 . 沉积学报，27（5）：983–994.
强子同，刘元平 . 1996. 激光显微取样稳定同位素分析 . 天然气工业，16（6）：86–89.
强子同，文应初 . 1992. 川东鄂西上二叠统生物礁白云石化岩石学和地球化学 . 地球化学，2：158–165.
乔琳，沈昭国，方少仙，侯方浩，傅锁堂，徐黎明，马振芳，阎荣辉 . 2007. 鄂尔多斯盆地靖边潜台及其周边地区中奥陶统马家沟组马五 1—4 亚段储层非均质性主要控制因素 . 海相油气地质，12（1）：12–20.
乔占峰，李国蓉，龙胜祥，姜忠正，胡文燕，李文茂 . 2010. 川东北地区飞仙关组层序地层特征及演化模式 . 沉积学报，28（3）：463–470.
沈安江，潘文庆，郑兴平，张丽娟，乔占峰，莫妮亚 . 2010. 塔里木盆地下古生界岩溶型储层类型及特征 . 海相油气地质，15（2）：20–29.
沈安江，王招明，杨海军，郑剑锋 . 2006. 塔里木盆地塔中地区奥陶系碳酸盐岩储层成因类型、特征及油气勘探潜力 . 海相油气地质，11（4）：1–12.
沈安江，郑剑锋，顾乔元 . 2008. 塔里木盆地巴楚地区中奥陶统一间房组露头礁滩复合体储层地质建模及其对塔中地区油气勘探的启示 . 地质通报，7（1）：137–148.
沈安江，周进高，辛勇光，罗宪婴 . 2008. 四川盆地雷口坡组白云岩储层类型及成因 . 海相油气地质，13（4）：19–28.
师永民，陈广坡，潘建国，陶云光，张耀堂 . 2004. 储层综合预测技术在塔里木盆地碳酸盐岩中的应用 . 天然气工业，24（12）：51–53.
孙东，张虎权，潘文庆，王宏斌，韩剑发，滕团余，敬兵，王振卿 . 2010. 塔中地区碳酸盐岩洞穴型储集层波动方程正演模拟 . 新疆石油地质，1：44–46.
孙东，张虎权，王宏斌，韩剑发，敬兵 . 2010. 一体化研究方法在塔中地区碳酸盐岩储层预测巾的应用 . 海相油气地质，1：68–72.
唐洪明，江同文，史鸿翔，刘平礼 . 2009. 酸压产能与潜山储层地质特征关系研究 . 西南石油大学学报，31（2）：67–70.
王宏斌，张虎权，卫平生，孙东，王振卿，李闯 . 2010. 碳酸盐岩地震储层学在塔中地区生物礁滩复合体油气勘探中的应用 . 岩性油气藏，22（2）：18–23.
王欢欢，朱光有，薛海涛，张水昌，张秋茶，张斌，苏劲，武芳芳 . 2009. 碳酸盐岩风化壳型有效储层的形成与控制因素研究——以塔里木盆地英买力—牙哈地区为例 . 天然气地球科学，2.
王雷，史基安，王琪，王金鹏，赵欣，孙秀建，赵力彬 . 2005. 鄂尔多斯盆地西南缘奥陶系碳酸盐岩储层主控因素分析 . 油气地质与采收率，12（4）：10–13.
王敏芳，曾治平 . 2004. 鄂尔多斯盆地下奥陶统碳酸盐岩储层特性研究 . 重庆石油高等专科学校学报，6（1）：13–14，26.
王琪，陈国俊 . 2002. 塔里木盆地西在酸盐岩成岩演化与储层形成关系 . 新疆地质，20（1）：23–28.
王琪，史基安，等 . 2001. 塔里木盆地西部碳酸盐岩成岩环境特征及其对储层物性的控制作用 . 沉积学报，19（4）：548–555.
王招明，张丽娟，王振宇，韩剑发，刘运宏，沈安江 . 2007. 塔里木盆地奥陶系礁滩体特征与油气勘探 . 中国石油勘探，12（6）：1–7.
王保全，强子同，张帆，王兴志，王一，曹伟 . 2009. 鄂尔多斯盆地奥陶系马家沟组马五段白云岩的同位素地球化学特征 . 地球化学，38（5）：472–479.
王思仪，王兴志，张帆，王一刚，王宪文 . 2006. 川东高峰场地区飞仙关组储层研究 . 天然气勘探与开发，29（1）：6–9.
王兴志，方少仙 . 1998. 四川盆地灯影组储层原生孔隙内胶结物研究 . 西南石油学院学报，20（3）：1–6.
王兴志，侯方浩 . 1998. 资阳灯影组二、三段微相组合对储层的控制 . 石油与天然气地质，19（3）：254–261.
王兴志，王一刚，等 . 2002. 四川盆地东部晚二叠世—早三叠世飞仙关期礁滩特征与海平面变化 . 沉积学报，20（2）：249–254.
王一，王兴志，王一刚，文应初，强子同，王保全，邓静 . 2009. 川东北下三叠统飞仙关组白云岩的地球化学特征 . 沉积学报，6：1043–1049.
王一刚，刘划一，文应初，杨雨，张静 . 2002. 川东北飞仙关组鲕滩储层分布规律、勘探方法与远景预测 . 天然气工业，z1：14–19.
王一刚，刘志坚 . 1996. 川东石炭系储层有机包裹体、储层沥青与烃类运聚关系 . 沉积学报，14（4）：77–83.
王一刚，文应初，洪海涛，夏茂龙，何颋婷，宋蜀筠 . 2007. 四川盆地三叠系飞仙关组气藏储层成岩作用研究拾零 . 沉积学报，25（6）：831–839.
王一刚，文应初 . 1996. 川东石炭系碳酸盐岩储层孔隙演化中的古岩溶和埋藏溶解作用 . 天然气工业，16（6）：18–23.
王一刚，张静，刘兴刚，徐丹舟，师晓蓉，宋蜀筠，文应初 . 2005. 四川盆地东北部下三叠统飞仙关组碳酸盐蒸发台地沉积相 . 古地理学报，7（3）：357–371.
吴欣松，魏建新，昌建波，韩剑发 . 2009. 碳酸盐岩古岩溶储层预测的难点与对策 . 中国石油大学学报：(自然科学版)，33（6）：16–21.
吴志强，闫桂京，杜丽筠 . 2003. 鄂尔多斯盆地碳酸盐岩风化壳储层综合评价技术 . 海洋地质动态，19（6）：31–36.
夏义平，柴桂林 . 2000. 塔里木盆地轮南地区下奥陶统碳酸盐岩储层的控制因素分析 . 现代地质，14（2）：185–190.
肖玉茹，王敦则，等 . 2003. 新疆塔里木盆地塔河油田奥陶系古洞穴型碳酸盐岩储层特征及其受控因素 . 现代地质，17（1）：92–98.
薛小红，赵学钦，陈沛，杨海军，韩杰 . 2008. 英买 32 区块寒武系沉积储层研究 . 重庆科技学院学报（自然科学版），10（3）：4–7.
杨宁，吕修祥，陈梅涛，郑多明 . 2008. 塔里木盆地轮南、塔河油田碳酸盐岩储层特征研究——以沙 107 井和轮古 40 井为例 . 石油实验地质，30（3）：247–251.
杨宁，吕修祥，郑多明 . 2005. 塔里木盆地火成岩对碳酸盐岩储层的改造作用 . 西安石油大学学报，（自然科学版），20（4）：1–4.
杨威，魏国齐，王清华，赵仁德，刘效曾 . 2003. 和田河气田奥陶系碳酸盐岩储层特征及建设性成岩作用 . 天然气地球科学，14（3）：191–195.
杨园园，朱玉波，胡志方，田纳新，陆光辉，李薇 . 2006. 塔中地区下古生界碳酸盐岩储层特点及预测方法 . 大庆石油地质与开发，25（3）：7–9.
尤东华，李忠权，钱一雄，李慧莉，蔡习尧，周芳芳 . 2010. 自然伽马能谱测井对不同成因碳酸盐岩岩溶储层的响应——以塔里木盆地碳酸盐岩岩溶储层为例 . 石油天然气学报，1：264–267.
于炳松，樊太亮，黄文辉，刘忠宝，高志前 . 2007. 层序地层格架中岩溶储层发育的预测模型 . 石油学报，

28（4）：41–45.
杨雨，王一刚，等 . 2001. 川东飞仙关组沉积相与鲕滩气藏的分布 . 天然气勘探与开发，24（3）：18–21.
杨雨，文应初 . 2002. 川东北开江—梁平海槽发育对 T1f 鲕粒岩分布的控制 . 天然气工业，z1：30–32.
张静，王一刚 . 2003. 四川宣汉河口地区飞仙关早期碳酸盐蒸发台地边缘沉积特征 . 天然气工业，23（2）：19–22.
张海涛，时卓 . 2008. 古风化壳的裂缝性碳酸盐岩储层测井分类评价方法研究 . 测井技术，32（6）：566–570.
张宏，郑浚茂，杨道庆，杨春峰，常炳章，张驰 . 2008. 塔中卡塔克区块古岩溶储层地震预测技术 . 石油学报，29（1）：69–74.
张涛，闫相宾 . 2007. 塔里木盆地深层碳酸盐岩储层主控因素探讨 . 石油与天然气地质，28（6）：745–754.
张旭光 . 2002. 利用地震信息检测碳酸盐岩溶洞 . 石油物探，41（3）：359–362.
赵军，海川，张承森 . 2008. 测井储层描述在塔中 I 号礁滩体中的应用 . 岩性油气藏，20（2）：86–90.
赵军，夏宏权，等 . 2003. 测井资料在碳酸盐岩洞—裂缝型储层产能评价中的应用 . 现代地质，17（1）：99–104.
赵军，张永忠，杨林，邓宁，李维彦，何宗斌 . 2005. 横波各向异性在碳酸盐岩裂缝性储层评价中的应用 . 石油地球物理勘探，40（2）：196–199，203.
赵明，甘华军，岳勇，姜华，林正良，方欣欣 . 2009. 塔里木盆地古城隆起西端奥陶系碳酸盐岩储层特征及预测 . 中国地质，26（1）：93–100.
赵文智，杨晓萍，Steve KERSHAW. 2006. 四川盆地南部志留系碳酸盐泥丘储层发育特征 . 地质学报，80（10）：1615–1615.
赵文智，朱光有，张水昌，赵雪凤，孙玉善，王红军，杨海军，韩剑发 . 2009. 天然气晚期强充注与塔中奥陶系深部碳酸盐岩储集性能改善关系研究 . 科学通报，20：3218–3230.
赵裕辉，邓军 . 2009. 精细波形分类法在塔河油田碳酸盐岩储层预测中的应用 . 吐哈油气，1：75–79.
赵宗举，　　　王招明，沈安江 . 2007. 塔里木盆地奥陶系边缘相分布及储层主控因素 . 石油与天然气地质，28（6）：738–744.
郑剑锋，沈安江，莫妮亚，刘永福 . 2010. 塔里木盆地寒武系—下奥陶统白云岩成因及识别特征 . 海相油气地质 . 15（1）：6–14.
郑兴平，沈安江，寿建峰，潘文庆 . 2009. 埋藏岩溶洞穴垮塌深度定量图版及其在碳酸盐岩缝洞型储层地质评价预测中的意义 . 海相油气地质，14（4）：55–59.
郑兴平，寿建峰，朱国华，沈安江 . 2009. 塔中 I 号坡折带上奥陶统礁滩的白云石化及其储集意义 . 海相油气地质，14（1）：41–45.
周进高，邓红婴，范国章，宫清顺，郑兴平，辛勇光 . 2008. 塔中 I 号断裂带奥陶系良里塔格组礁滩储集体模式与预测 . 海相油气地质，13（3）：17–23.
周进高，邓红婴 . 2003. 鄂尔多斯盆地奥陶系碳酸盐岩储层非均质性评价 . 海相油气地质，8（1）：68–73.
周彦，谭秀成，刘宏，杨金利，姚宴波，李俊良，钟华，林建平 . 2009. 四川盆地磨溪构造嘉二段孔隙型碳酸盐岩储层的评价 . 石油学报，30（3）：372–378.
朱光有，张水昌，梁英波，马永生，戴金星，周国源 . 2006. TSR 对深部碳酸盐岩储层的溶蚀改造——四川盆地深部碳酸盐岩优质储层形成的重要方式 . 岩石学报，22（8）：2182–2194.
Adams J. E., M. L. Rhodes. 1961. Dolomitization by seepage refluxion. Bulletin American Association of Petroleum Geologists, 44, 1912–1920.
Amthor J. E., E. W. Mountjoy, H. G. Machel. 1993. Subsurface dolomites in Upper Devonian Leduc Formation buildups, central part of Rimbey-Meadowbrook reef trend, Alberta, Canada. Bulletin of Canadian Society of Petroleum Geology, 41, 164–185.

Anderson T. F., M. A. Arthur. 1983. Stable isotopes of oxygen and carbon and their application to sedimentologic and paleoenvironmental problems, in M. A. Arthur, ed., Stable Isotopes in Sedimentary Geology, Tulsa, OK. SEPM Short Course, 10, 1–1 to 1–151.

Banner J. L.. 1995. Application of the trace element and isotopic geochemistry of strontium to studies of carbonate diagenesis. Sedimentology, 42, 805–824.

Banner J. L., G. J. Wasserburg, P. E Dobson, A. B. Carpenter, C. H. Moore. 1989. Isotopic and trace element constraints on the origin and evolution of saline groundwaters from central Missouri. Geochimica et Cosmochimica Acta, 53, 383–398.

Budd D. A., U. Hammes, W. B. Ward. 2000. Cathodoluminescence in calcite cements: new insights on Pb and Zn sensitizing, Mn activation, and Fe quenching at low trace-element concentrations. Journal of Sedimentary Research, 70, 217–226.

Burke W. H., R. E. Denison, E. A. Hetherington, R. B. Koepnick, H. F. Nelson, J. B. Otto. 1982. Variation of seawater $^{87}Sr/^{86}Sr$ throughout Phanerozoic time. Geology, 10, 516–519.

Choquette P. W., F. C. Trusell. 1978. A procedure for making the Titan-yellow stain for Mg calcite permanent. Journal of Sedimentary Petrology, 48, 639–641.

Choquette P. W., L. C. Pray. 1970. Geologic nomenclature and classification of porosity in sedimentary carbonates. American Association of Petroleum Geologists Bulletin, 54, 207–250.

Dickson J. A. D.. 1965. A modified staining technique for carbonates in thin section. Nature, 205, 587.

Dickson J. A. D.. 1966. Carbonate identification and genesis as revealed by staining. Journal of Sedimentary Petrology, 36, 491–505.

Dickson J. A. D.. 1990. Carbonate mineralogy and chemistry, in M. E. Tucker, and V. P. Wright, eds., Carbonate Sedimentology, Oxford. B lackwell Scientific Publications, 284–313.

Dickson J. A. D.. 1993. Crystal growth diagrams as an aid to interpreting the fabrics of calcite aggregates. Journal of Sedimentary Petrology, 63, 1–17.

Dunham R. J.. 1962. Classification of carbonate rocks according to their depositional texture, in W. E. Ham, ed., Classification of Carbonate Rocks, Tulsa, OK. American Association of Petroleum Geologists Memoir, 1, 108–121.

Elderfield H.. 1986. Strontium isotope stratigraphy. Palaeogeography, Palaeoclimatology, Palaeoecology, 57, 71–90.

Frank J. R., A. B. Carpenter, T. W. Oglesby. 1982. Cathodoluminescence and composition of calcite cement in Taum Sauk limestones Upper Cambrian, southeast Missouri. Journal of Sedimentary Petrology, 52, 631–638.

Goldstein R. H., T. J. Reynolds. 1994. Systematics of Fluid Inclusions in Diagenetic Minerals. SEPM Short Course Note Series, 31: Tulsa, OK, SEPM, 199.

Graham R, Davis, Langhorne B, Smith Jr.. 2006. Structurally Controlled Hydrothermal Dolomite Reservoir Facies: An overview. ulletin American Association of Petroleum Geologists, 89, 1636–1684.

Halley R. B., R M. Harris. 1979. Fresh water cementation of a 1,000 year-old oolite. Journal of Sedimentary Petrology, 49, 969–988.

Hardie L. A.. 1987. Dolomitization, a critical view of some current views. Journal of Sedimentary Petrology, 57, 166–183.

Hemming N. G., W. J. Meyers, J. C. Grams. 1989. Cathodoluminescence in diagenetic calcites: the roles of Fe and Mn as deduced from electron probe and spectrophotometric measurements. Journal of Sedimentary Petrology, 59, 404–411.

Heydari E.. 2000. Porosity loss, fluid flow and mass transfer in limestone reservoirs: Application to the Upper

Jurassic Smackover Formation. AAPG, 84, 100—118.

Hoefs J.. 1987. Stable Isotope Geochemistry Third Edition. New York, Springer-Verlag, 241.

James N. E, E W. Choquette. 1990. Limestones- the sea-floor diagenetic environment, in I. A. Mcllreath, and D. W. Morrow, eds., Diagenesis, Ottowa, Ontario, Canada. Geological Association of Canada, 13—34.

Kinsman D. J. J.. 1969. Interpretation of Sr^{2+} concentration in carbonate minerals and rocks. Journal of Sedimentary Petrology, 39, 486—508.

Klosterman M. J.. 1981. Applications of fluid inclusion techniques to burial diagenesis in carbonate rock sequences, Louisiana State University, Applied Carbonate Research Program. Technical Series Contribution, 7, 101.

Lohmann K. C.. 1988. Geochemical patterns of meteoric diagenetic systems and their application to studies of paleokarst, in N. P. James, and P. W. Choquette, eds., Paleokarst. New York, Springer-Verlag, 58—80.

Longman M. W.. 1980. Carbonate diagenetic textures from nearsurface diagenetic environments. American Association of Petroleum Geologists Bulletin, 64, 461—487.

Loucks R. G.. 1999. Paleocave carbonate reservoirs: origins, burial-depth modifications, spatial complexity, and reservoir implications. Journal of Sedimentary Research, 83, 1795—1834.

Lucia F. J.. 1983. Petrophysical parameters estimated from visual descriptions of carbonate rocks ; a field classification of carbonate pore space. Journal of Petroleum Technology, 35, 629—637.

Lucia F. J.. 1995a. Lower Paleozoic Cavern Development, Collapse, and Dolomitization, Franklin Mountains, E1 Paso, Texas, in D. A. Budd, A. H. Sailer, and P. M. Harris, eds., Unconformities and Porosity in Carbonate Strata. AAPG Memoir, 63, 279—300.

Lucia F. J.. 1995b. Rock-fabric/Petrophysical Classification of carbonate pore space for reservoir characterization. American Association of Petroleum Geologists Bulletin, 79, 1275—1300.

Lucia F. J.. 1999. Carbonate Reservoir Characterization. Berlin Heidelberg, Springer-Verlag,226.

Lucia F. J., R. P. Major. 1994. Porosity evolution through hypersaline reflux dolomitization, in B. Purser, M.Tucker, and D. Zenger, eds., Dolomites. International Association of Sedimentologists Special Publication, 21, 325—341.

Machel H. G.. 1985. Cathodoluminescence in calcite and dolomite and its chemical interpretation. Geoscience Canada, 12, 139—147.

Marshall D. J.. 1988. Cathodoluminescence of Geological Materials. Winchester, MA, Allen & Unwin, 128.

McKenzie J. A.. 1981. Holocene dolomitization of calcium carbonate sediments from the coastal sabkhas ofAbu Dhabi, U.A.E. ; a stable isotope study. Journal of Geology, 89, 185—198.

Moore C. H. 2001. C arbonate Reservoirs: Porosity Evolution and Diagenesis in a Sequence Stratigraphic Framework. Elsevier, Amsterdam, 444.

Moore C. H.. 1985. Upper Jurassic subsurface cements, a case history, in N. Schneidermann, and P. M. Harris, eds.. Carbonate Cements, Tulsa, OK, SEPM Special Publication, 36, 291—308.

Moore C. H.. 1989. Carbonate Diagenesis and Porosity. New York, Elsevier, 338 .

Moore C. H.. 2001. Porosity Evolution and Diagenesis in a Sequence Stratigraphic Framework [Developments in Sedimentology, 55]. New York, Elsevier, 460.

Moore C. H., A. Chowdhury, E. Heydari. 1986. Variation of ooid mineralogy in Jurassic Smackover Limestone as control of ultimate diagenetic potential. American Association of Petroleum Geologists Bulletin, 70, 622—628.

Moore C. H., Y. Druckman. 1981. Burial diagenesis and porosity evolution, Upper Jurassic Smackover, Arkansas and Louisiana. American Association of Petroleum Geologists Bulletin, 65, 597—628.

Moore C. H., E. A. Graham, L. S. Land. 1976. Sediment transport and dispersal across the deep fore-reef and island slope -55m to -305m, Discovery Bay, Jamaica. Journal of Sedimentary Petrology, 46, 174—187.

Morse J. W., F. T. Mackenzie. 1990. Geochemistry of Sedimentary Carbonates. New York, Elsevier Scientific Publ.

Co., 696.

Morse J. W., F. T. Mackenzie. 1990. Geochemistry of Sedimentary Carbonates. New York, Elsevier Scientific Publ. Co., 696.

Mucci A., J. W. Morse. 1983. The incorporation of Mg^{2+} and Sr^{2+} into calcite overgrowths: influences of growth rate and solution composition. Geochimica et Cosmochimica Acta, 47, 217–233.

Palmer A. N.. 1995. Geochemical Models for the Origin of Macroscopic Solution Porosity in Carbonate Rocks, in D. A. Budd, A. H. Sailer, and P. M. Harris, eds., Unconformities and Porosity in Carbonate Strata.AAPG Memoir, 63, 77–101.

Prezbindowski D. R.. 1980. Microsampling technique for stable isotopic analyses of carbonates. Journal of Sedimentary Petrology, 50, 643–644.

Roedder E., R. J. Bodnar. 1980. Geologic pressure determinations from fluid-inclusion studies. Annual Review of Earth and Planetary Sciences, 8, 263–301.

Scholle P. A., R. B. Halley. 1985. Burial diagenesis: out of sight, out of mind!, in N. Schneidermann, and P. M. Harris, eds.. Carbonate Cements, Tulsa, OK. SEPM Special Publication, 36, 309–334.

Shepherd T. J., Rankin, A.H., D. H. M. Alderton. 1985. A Practical Guide to Fluid Inclusion Studies. Glasgow, Blackie & Sons, 239.

Shinn E. A.. 1968. Practical significance of birdseye structures in carbonate rocks. Journal of Sedimentary Petrology, 38, 215–223.

Stueber A. M., P. Pushkar, E. A. Hetherington. 1984. A strontium isotopic study of Smackover brines and associated solids, southern Arkansas. Geochimica et Cosmochimica Acta, 48, 1637–1649.

Veizer J.. 1983b. Trace elements and isotopes in sedimentary carbonates, in R. J. Reeder, ed., Carbonates. Mineralogy and Chemistry: Reviews in Mineralogy, 11, Washington, D.C., Mineralogical Society of America, 265–299.